二级建造师继续教育教材
——市政公用工程

《二级建造师继续教育教材》编委会　编著

机 械 工 业 出 版 社

本书既包括新法规、新标准、新规范，也包括工程项目管理的新理论、新方法以及近年来工程建设的新技术、新结构、新材料及新工艺。

全书共3篇11章。第一篇为行业制度标准。从建设行业管理角度入手，扼要介绍了建造师制度的建立、注册管理，建设工程的安全、施工、造价、招标等方面的新法律、法规、标准和技术规范，以及2017版施工合同示范文本的重点内容，简要介绍了建筑市场信用体系建设。第二篇为公共专业知识。以建设组织新模式为主线，介绍了建设工程总承包、建设工程招标投标、全过程工程咨询和BIM技术应用等专业知识。第三篇为专业新技术。详细介绍了城市建设新技术、市政公用工程的新技术，列举了大量工程实例。

本书主要用于二级建造师（市政公用工程专业）的继续教育，也可用于建造师的业务学习和市政公用工程专业技术人员的培训。

图书在版编目（CIP）数据

市政公用工程/《二级建造师继续教育教材》编委会编著. —北京：机械工业出版社，2020.8（2024.3重印）

二级建造师继续教育教材

ISBN 978-7-111-66283-9

Ⅰ.①市…　Ⅱ.①二…　Ⅲ.①市政工程-建筑师-继续教育-教材
Ⅳ.①TU99

中国版本图书馆CIP数据核字（2020）第142128号

机械工业出版社（北京市百万庄大街22号　邮政编码100037）
策划编辑：闫云霞　　　　责任编辑：闫云霞　张大勇　范秋涛
责任校对：李　伟　张晓蓉　封面设计：张　静
责任印制：郜　敏
三河市国英印务有限公司印刷
2024年3月第1版第8次印刷
184mm×260mm · 25.5印张 · 614千字
标准书号：ISBN 978-7-111-66283-9
定价：109.00元

电话服务
客服电话：010-88361066
010-88379833
010-68326294

网络服务
机　工　官　网：www.cmpbook.com
机　工　官　博：weibo.com/cmp1952
金　　书　　网：www.golden-book.com
机工教育服务网：www.cmpedu.com

《二级建造师继续教育教材——市政公用工程》编委会

主　编　邱　尚

副主编　张劲松　杨旻紫

编著者（排名不分先后）

蒋　红　宣敏燕　姜　葵　邱　尚　盛果兴
郭　峥　张劲松　杨旻紫　孙　巍　颜　龄
李守继　陈　钟　吴大江　刘　辉　李　黎
蒋雅洁　杨　光　尤嘉庆　朱海平　陈思铎
王玉涵　梁　露　杨　璐　盛　宗　王　康
汪　浩

前　言

根据建设部《注册建造师管理规定》（建设部令第 153 号）和住房和城乡建设部颁发的《注册建造师继续教育管理办法》等相关规定，继续教育是注册建造师应当履行的义务，也是申请延续注册的条件之一。为进一步提高二级注册建造师综合素质和执业能力，提供继续教育条件，提升建设工程项目管理水平，保证工程质量安全，促进建设行业高质量发展，我们组织编写了《二级建造师继续教育教材——市政公用工程》。

本教材编写时，充分考虑二级建造师执业涉及的法规、政策、技术、管理、经营等理论和日新月异的实践知识，以及进一步贯彻落实住房和城乡建设部关于建筑改革与发展工作会议精神，以加快建造师执业的转变，促进建筑产业现代化。同时为帮助二级建造师及时掌握、适时更新业务知识，适应建筑业新时代新发展新技术，教材编写注重政策与理论相结合，理论与实践相结合。

本教材分行业制度标准、公共专业知识、专业新技术 3 篇共 11 章，既包括执业制度、新法规、新标准、新规范，也包括工程项目管理的新理论、新方法以及近年来工程建设的新技术、新结构、新材料及新工艺。教材扼要介绍了我国建造师制度的建立、建造师的执业与注册管理，解读了建设工程最新或现行的法规、标准、规范和施工合同等，介绍了工程总承包、建设工程招标投标、全过程工程咨询、BIM 技术应用等专业新知识，详细介绍了城市建设和市政公用工程的新技术，重点突出了新技术应用方法的介绍，列举大量案例，对实际工作具有指导意义。

教材聚焦建筑业发展前沿，具有丰富的实践性、知识性和开放性。其结构合理、体系完整、实例典型、图文并茂、简明扼要、易读易懂。在教材编写过程中，参考了大量建筑业同行先进的研究成果，汲取了多位专家的宝贵意见和建议，在此一并表示感谢。

本教材主要适用于二级建造师（市政公用工程专业）的继续教育，也可用于建造师的业务学习和市政公用工程专业技术人员培训。

本教材虽经反复推敲核证，仍难免有不妥甚至疏漏之处，恳请广大读者提出宝贵意见。

编著者

目　录

第三篇　专业新技术

第一篇

行业制度标准

第一章　建造师管理概述

第一节　建造师执业资格制度

一、建造师执业资格制度的形成发展

建造师执业资格制度起源于1834年的英国，迄今为止世界上许多发达国家已经建立了该项制度。改革开放以来，在我国建设领域已建立了注册建造师、注册建筑师、注册结构工程师、注册监理工程师、注册造价工程师、注册房地产估价师等执业资格制度。我国1997年11月颁布的《中华人民共和国建筑法》明确规定：从事建筑活动的专业技术人员，应当依法取得相应的执业资格证书，并在执业资格证书许可的范围内从事建筑活动。2002年12月5日，人事部、建设部联合印发了《建造师执业资格制度暂行规定》（人发〔2002〕111号），这标志着我国建造师执业资格制度正式建立。该《规定》明确，我国建造师是指从事建设工程项目总承包和施工管理关键岗位的专业技术人员。

（一）国外简介

建造师制度最早起源于英国，成熟于美国，后逐步发展到其他发达国家，如德国等欧洲国家，日本、新加坡等亚洲国家。我国建造师制度主要借鉴了美国建造师和英国皇家建造师制度。

国外建造师制度从根本上看都是一种人才评价和人才管理制度。人才评价主要体现在评价内容和评价手段两个方面：评价内容主要有“知识与能力评价”和“信用评价”；评价手段主要是“评估+面试”。

1. 英国建造师制度

英国对知识与能力的评价包括被认可的专业学历教育、满足规定的管理年限、提交有关工作报告并接受面试，面试中应体现管理的能力和良好的职业道德。信用评价是对职业经理的综合评价，是建造师制度建设的重要内容。

英国的评价手段可以概括为“评估+面试”，所谓评估，就是根据建造师的教学大纲对建造师所受的高等教育专业学历进行认定，只要取得被认可的专业学历教育证书就可以，而不采取专业考试的方式。所谓面试，是由3名业内的专业人士（考官）当面测试应试者解决实际问题的能力。

在管理体制方面，英国对建造师进行管理的政府部门是英国贸易与工业部（简称DIT），但它不直接管理建筑业各类人员执业资格。英国建造师是由英国皇家特许建造师学会负责，该学会是一个主要由从事建筑工程管理的专业人员组织起来的社会团体，根据学会章程对会员进行管理，执业资格设置的有关情况由学会向政府设置的资格管理机构报告。

英国建造师的入门要求是具有被认可的建筑工程管理等专业的大学本科及以上学历，最少有3年管理实践经验。在专业划分方面，英国建造师不分专业，其原因有二：第一，要求申请人所取得的学历是被英国皇家特许建造学会认可的专业学历，学历背景大多都是工程项目管理，不是什么学历都能被认可，这从另一个侧面体现了英国建造师的专业性。第二，英国建造师具有完善的管理体制，具有良好的信誉，一般不跨专业执业。

2. 美国建造师制度

美国的建造师制度是一种自愿的、非政府的证书认证制度，对知识与能力的评价体现为被政府认可的专业学历教育、满足规定的管理年限，通过全美统一的书面考试，对建造师接受的高等教育和实践经验进行正式的认证。美国的认证制度从1971年开始，至今仅几十年，但发展很快。这种制度针对的是那些通过自身教育背景和实际工程管理经验而有资格获取证书的个人。由于是针对具有建筑工程专业教育背景的管理层人员，因此建造师通过多种途径而获得的学识和经验，都可使其有资格参加此考试。经验丰富的从业人员和刚刚步入建造行业的新手均有可能取得证书。建造师证书发给个人，持有证书的人员，即表明其具有管理整个工程或具体局部工程项目的实际技能与知识水平。

在管理体制方面，美国建造师认证由美国建造师学会（AIC）所属的“AIC建造师认证委员会”负责。美国建造师学会是一个主要由从事建筑工程管理的专业人员组织起来的社会团体，学会根据学会章程对会员进行管理，是一种“个人会员制”的社会团体。“认证委员会”是指它的理事会和顾问委员会。认证委员会是个半自治性团体，在美国建造师学会（AIC）的资助下运作。美国建造师协会与政府之间有联系协调的机制，主要负责制定有关的专业标准，受政府管理制约较多。但是美国对建造师资格的认证是一种非官方的行为，这一点与我国注册建造师的考试认证和注册管理是统一由住建部、人社部组织的政府行为有很大区别。

（二）我国建造师执业资格制度的建立与发展

1995年，建设部开始在建设工程施工管理方面推行项目法施工，印发《建筑施工企业项目经理资质管理办法》（建发〔1995〕1号），建立了项目经理资质制度。2002年12月5日，人事部和建设部联合下发《建造师执业资格制度暂行规定》（人发〔2002〕111号），决定对建设工程项目总承包及施工管理的专业技术人员，实行建造师执业资格制度。

随着中央政府简化政府行政审批政策的推行，2003年2月27日国务院在《国务院关于取消第二批行政审批项目和改变一批行政审批项目管理方式的决定》（国发〔2003〕5号）中明确“取消建筑施工企业项目经理资质核准，由注册建造师代替并设立过渡期”。为了贯彻国务院的《决定》，建设部于2003年4月23日以《关于建筑业企业项目经理资质管理制度向建造师执业资格制度过渡有关问题的通知》（建市〔2003〕86号），明确了将建筑业企业项目经理资质管理制度向建造师执业资格制度过渡的有关政策。从2003年1月5日起，国家对我国境内从事建设工程项目总承包及施工管理的专业技术人员开始实行了建造师执业资格制度。建造师执业资格制度是对项目经理资质管理制度的继承和发展。2008年2月27日，5年过渡期结束，注册建造师执业资格制度正式取代已运行了十多年的建筑业企业项目经理资质行政审批制度，我国大、中型施工项目的项目经理必须由注册建造师担任。

为了加强对注册建造师的管理，规范注册建造师的执业行为，提高工程项目管理水平，保证工程质量和安全，依据《建筑法》《行政许可法》《建设工程质量管理条例》等法律、行政法规，2006年12月11日建设部发布了《注册建造师管理规定》（建设部令第153号），对于强化注册建造师的管理，规范注册建造师的执业行为，提高工程项目管理水平，保证工程质量和安全方面起到了重要作用。2008年2月26日，建设部在《注册建造师管理规定》（建设部令第153号）的基础上，发布了《注册建造师执业管理办法（试行）》（建市〔2008〕48号），进一步细化了注册建造师执业管理事项，规范了执业行为。

为促进全国建筑业健康、协调、可持续发展，2014年7月1日，住建部印发《关于推进建筑业发展和改革的若干意见》（建市〔2014〕92号）。《意见》明确指出，要推进行政审批制度改革，坚持淡化工程建设企业资质、强化个人执业资格的方向，对现有企业资质管理制度进行相应的改革，个人执业资格制度将建立健全。

二、我国建造师执业资格制度

（一）我国建造师执业资格制度的原则

我国建立建造师执业资格制度是适应市场经济对人力资源配置起基础作用的需要，是推进施工企业体制改革、提高工程质量的需要，是提高队伍素质和工程技术人员国际地位的需要。

我国建造师执业资格制度建立所遵循的原则是：统一规划、分级分专业、统分结合分级管理。统一规划是指将建造师纳入全国专业技术人员执业资格制度统一规划。分级分专业是指根据我国现行行政管理体制的实际情况，结合现行的施工企业资质管理办法，将建造师划分为两个等级，每个等级划分为若干个专业。统分结合分级管理是指人社部、住建部对全国的建造师制度实行统一的监督管理，国务院各专业部门按职责分工，负责本专业建造师制度的管理。人社部、住建部和国务院各专业部门负责全国一级建造师的管理，各省人社厅、住建厅和同级各专业部门负责本省的二级建造师的管理。

（二）我国建造师执业资格制度的定位

我国的建造师制度的定位是依法设立的政府行为，是针对个人的市场准入制度，政府对责任重大、社会通用性强、关系国家和公众利益以及人民生命财产安全的专业领域实行个人执业市场准入控制。这种控制体现的是对进入某个专业领域独立执业能力（基本准入）的基本要求，不是对执业能力的最高要求。

（三）我国建造师执业资格制度体系组成

我国建造师执业资格制度体系由“三个体系，一个监督机制”构成。

（1）三个体系。一是科学公正的评价体系，执业资格的评价体系包括三个标准，即教育评估标准，主要针对高等院校；职业实践标准，主要针对个人；资格考试标准，主要针对广大考生。二是动态管理的注册体系。建造师制度规定每三年为一个注册周期，对每个建造师而言，每个周期都有职业道德、继续教育要求。三是具有法律地位的执业责任体系。通过条例或部门规章的形式发布执业标准，明确建造师的权利、义务和责任。

（2）一个监督机制。建造师的行为要接受政府和行业的监督。

（四）我国建造师执业资格制度的主要文件

目前我国建造师执业资格制度，主要有考试制度、注册制度、继续教育制度、执业制度和信用档案制度。这些制度主要内容多以部令和规范性文件的形式予以规定和体现。从文件的作用和功能上来看，建造师制度的文件可分为两大类：建造师执业资格类文件和注册建造师管理类文件。

（1）建造师执业资格类文件。包括人事部和建设部联合发布《关于印发〈建造师执业资格制度暂行规定〉的通知》（人发〔2002〕111号）《关于建造师专业划分有关问题的通知》（建市〔2003〕232号）《关于印发〈建造师执业资格考试实施办法〉和〈建造师执业资格考试认定办法〉的通知》（国人部发〔2004〕16号）以及《关于建造师资格考试、相关科目、专业类别调整有关问题的通知》（国人厅发〔2006〕213号）等，明确了建造师的执业定位、执业资格考试制度和管理体制等，重点对建造师执业资格的获取途径、获取条件及建造师执业资格管理等进行了规定，确立了我国建造师执业资格制度。

（2）注册建造师管理类文件。包括《注册建造师管理规定》（建设部令第153号）《关于印发〈一级建造师注册实施办法〉的通知》（建市〔2007〕101号）《关于印发〈注册建造师执业工程规模标准〉（试行）的通知》（建市〔2007〕171号）《关于印发〈注册建造师施工管理签章文件目录〉（试行）的通知》（建市〔2007〕42号）《关于印发〈注册建造师执业管理办法〉的通知》（建市〔2008〕48号）《关于印发〈注册建造师施工管理签章文件表格〉（试行）的通知》（建市〔2008〕49号）以及《关于印发〈注册建造师继续教育管理暂行办法〉的通知》（建市〔2010〕192号），构成了我国注册建造师管理的系列文件，以规范注册执业、继续教育、信用档案建设等行为。

第二节　建造师的注册、执业和继续教育

一、注册建造师的定义、分类和管理机构

（一）注册建造师定义和分类

注册建造师是指通过考核认定或考试合格取得中华人民共和国建造师资格证书，并按照相关规定注册，取得中华人民共和国建造师注册证书和执业印章，担任施工单位项目负责人及从事相关活动的专业技术人员。未取得注册证书和执业印章的建造师，不得担任大、中型建设工程项目的施工单位项目负责人，不得以注册建造师的名义从事相关活动。因此，取得建造师资格证书、注册证书并处于执业状态是成为注册建造师的三个必要环节。

注册建造师实行注册执业管理制度，取得资格证书的人员，经过注册方能以注册建造师的名义执业。注册建造师类别分为一级注册建造师和二级注册建造师（一级注册建造师

划分为10个专业，分别是建筑工程、公路工程、铁路工程、民航机场工程、港口与航道工程、水利水电工程、市政公用工程、通信与广电工程、矿业工程和机电工程；二级注册建造师划分为6个专业，分别是建筑工程、公路工程、水利水电工程、机电工程、矿业工程和市政公用工程）。

（二）注册建造师的管理机构

注册建造师的执业范围广泛，可以在勘察、设计、施工、监理、招标代理、造价咨询等单位执业，其工作成果的优劣对人民群众的生命财产安全乃至我国的经济建设产生影响。因此有必要加强注册建造师的注册执业活动的监督管理，确保高素质的工程建设从业人员进入注册建造师队伍，对注册建造师注册执业活动监督管理是国家行政机关的行政行为。

管理机构的职责分工：国务院建设主管部门负责全国注册建造师的注册管理监督工作，国务院交通、水利等有关部门按照国务院规定的职责分工，对有关专业注册建造师的执业活动实施监督管理。县级以上地方人民政府建设主管部门负责对本行政区域内的注册建造师的注册管理监督工作；县级以上地方人民政府交通、水利等有关部门在各自职责范围内，对本行政区域内有关专业注册建造师的执业活动实施监督管理。

二、建造师的注册

注册业务主要类型有初始注册、延续注册、变更注册、增项注册、注销注册和重新注册。

资格证书签发之日起的首次注册称为“初始注册”；初始注册者，可自资格证书签发之日起3年内提出申请。逾期未申请者，须符合本专业继续教育的要求后方可申请初始注册。

注册有效期满需继续执业应办理“延续注册”，在注册有效期届满30日前，按照《注册建造师管理规定》（以下简称《管理规定》）第七条、第八条的规定申请延续注册，延续注册有效期为3年。

在注册有效期内，注册建造师变更执业单位，应当与原聘用单位解除劳动关系，并按照《管理规定》第七条、第八条的规定办理变更注册手续，变更注册后仍延续原注册有效期。

需要增加执业专业，应办理专业“增项注册”，按照《管理规定》第七条的规定申请专业增项注册，并提供相应的资格证明。

有《管理规定》第十七条所列情形，由相关主管部门办理“注销注册”；被注销注册或者不予注册的，在重新具备注册条件后，可按规定申请“重新注册”。

三、注册建造师的执业

（一）执业规定

1）取得资格证书的人员应当受聘于一个具有建设工程勘察、设计、施工、监理、招标代理、造价咨询等一项或者多项资质的单位，经注册后方可从事相应的执业活动。担任施工单位项目负责人的，应当受聘并注册于一个具有施工资质的企业。

2）注册建造师的具体执业范围按照《注册建造师执业工程规模标准》执行。注册建造师可以从事建设工程项目总承包管理或施工管理，建设工程项目管理服务，建设工程技术经济咨询，以及法律、行政法规和国务院建设主管部门规定的其他业务。

3）建设工程施工活动中形成的有关工程施工管理文件，应当由注册建造师签字并加盖执业印章。施工单位签署质量合格的文件上，必须有注册建造师的签字盖章。

4）二级注册建造师可在全国范围内以二级注册建造师名义执业。工程所在地各级建设主管部门和有关部门不得增设或者变相设置跨地区承揽工程项目执业准入条件。

（二）执业范围

1）注册建造师应当在其注册证书所注明的专业范围内从事建设工程施工管理活动，具体执业按照《注册建造师执业工程范围》执行，见表1-1。未列入或新增工程范围由国务院建设主管部门会同国务院有关部门另行规定。

表1-1 注册建造师执业工程范围

序号	注册专业	工程范围
1	建筑工程	房屋建筑、装饰装修，地基与基础、土石方、建筑装修装饰、建筑幕墙、预拌商品混凝土、混凝土预制构件、园林古建筑、钢结构、高耸建筑物、电梯安装、消防设施、建筑防水、防腐保温、附着升降脚手架、金属门窗、预应力、爆破与拆除、建筑智能化、特种专业
2	公路工程	公路，地基与基础、土石方、预拌商品混凝土、混凝土预制构件、钢结构、消防设施、建筑防水、防腐保温、预应力、爆破与拆除、公路路面、公路路基、公路交通、桥梁、隧道、附着升降脚手架、起重设备安装、特种专业
3	铁路工程	铁路，土石方、地基与基础、预拌商品混凝土、混凝土预制构件、钢结构、附着升降脚手架、预应力、爆破与拆除、铁路铺轨架梁、铁路电气化、铁路桥梁、铁路隧道、城市轨道交通、铁路电务、特种专业
4	民航机场工程	民航机场，土石方、预拌商品混凝土、混凝土预制构件、钢结构、高耸构筑物、电梯安装、消防设施、建筑防水、防腐保温、附着升降脚手架、金属门窗、预应力、爆破与拆除、建筑智能化、桥梁、机场场道、机场空管、航站楼弱电系统、机场目视助航、航油储运、暖通、空调、给水排水、特种专业
5	港口与航道工程	港口与航道，土石方、地基与基础、预拌商品混凝土、混凝土预制构件、消防设施、建筑防水、防腐保温、附着升降脚手架、爆破与拆除、港口及海岸、港口装卸设备安装、航道、航运梯级、通航设备安装、水上交通管制、水工建筑物基础处理、水工金属结构制作与安装、船台、船坞、滑道、航标、灯塔、栈桥、人工岛、筒仓、堆场道路及陆域构筑物、围堤、护岸、特种专业
6	水利水电工程	水利水电，土石方、地基与基础、预拌商品混凝土、混凝土预制构件、钢结构、建筑防水、消防设施、起重设备安装、爆破与拆除、水工建筑物基础处理、水利水电金属结构制作与安装、水利水电机电设备安装、河湖整治、堤防、水工大坝、水工隧洞、送变电、管道、无损检测、特种专业
7	矿业工程	矿山，地基与基础、土石方、高耸构筑物、消防设施、防腐保温、环保、起重设备安装、管道、预拌商品混凝土、混凝土预制构件、钢结构、建筑防水、爆破与拆除、隧道、窑炉、特种专业
8	市政公用工程	市政公用，土石方、地基与基础、预拌商品混凝土、混凝土预制构件、预应力、爆破与拆除、环保、桥梁、隧道、道路路面、道路路基、道路交通、城市轨道交通、城市及道路照明、体育场地设施、给水排水、燃气、供热、垃圾处理、园林绿化、管道、特种专业
9	通信与广电工程	通信与广电，通信线路、微波通信、传输设备、交换、卫星地球站、移动通信基站、数据通信及计算机网络、本地网、接入网、通信管道、通信电源、综合布线、信息化工程、铁路信号、特种专业
10	机电工程	机电、石油化工、电力、冶炼，钢结构、电梯安装、消防设施、防腐保温、起重设备安装、机电设备安装、建筑智能化、环保、电子、仪表安装、火电设备安装、送变电、核工业、炉窑、冶炼机电设备安装、化工石油设备、管道安装、管道、无损检测、海洋石油、体育场地设施、净化、旅游设施、特种专业

2）大中型工程施工项目负责人必须由本专业注册建造师担任。一级注册建造师可担任大、中、小型工程施工项目负责人，二级注册建造师可以承担中、小型工程施工项目负责人。各专业大、中、小型工程分类标准按《关于印发〈注册建造师执业工程规模标准〉（试行）的通知》（建市〔2007〕171号）执行。

3）注册建造师不得同时担任两个及以上建设工程施工项目负责人。发生下列情形之一的除外：

① 同一工程相邻分段发包或分期施工的。

② 合同约定的工程验收合格的。

③ 因非承包方原因致使工程项目停工超过120天（含），经建设单位同意的。

4）注册建造师担任施工项目负责人期间原则上不得更换。如发生下列情形之一的，应当办理书面交接手续后更换施工项目负责人：

① 发包方与注册建造师受聘企业已解除承包合同的。

② 发包方同意更换项目负责人的。

③ 因不可抗力等特殊情况必须更换项目负责人的。

建设工程合同履行期间变更项目负责人的，企业应当于项目负责人变更5个工作日内报建设行政主管部门和有关部门及时进行网上变更。

注册建造师担任施工项目负责人，在其承建的建设工程项目竣工验收或移交项目手续办结前，除以上规定的情形外，不得变更注册至另一企业。

（三）执业签章管理

1）担任建设工程施工项目负责人的注册建造师应当按《注册建造师施工管理签章文件目录》和配套表格要求，在建设工程施工管理相关文件上签字并加盖执业印章，签章文件作为工程竣工备案的依据。省级人民政府建设行政主管部门可根据本地实际情况，制定担任施工项目负责人的注册建造师签章文件补充目录。

2）担任建设工程施工项目负责人的注册建造师对其签署的工程管理文件承担相应责任。注册建造师签章完整的工程施工管理文件方为有效。注册建造师有权拒绝在不合格或者有弄虚作假内容的建设工程施工管理文件上签字并加盖执业印章。

3）担任建设工程施工项目负责人的注册建造师在执业过程中，应当及时、独立完成建设工程施工管理文件签章，无正当理由不得拒绝在文件上签字并加盖执业印章。担任工程项目技术、质量、安全等岗位的注册建造师，是否在有关文件上签章，由企业根据实际情况自行规定。

4）建设工程合同包含多个专业工程的，担任施工项目负责人的注册建造师，负责该工程施工管理文件签章。专业工程独立发包时，注册建造师执业范围涵盖该专业工程的，可担任该专业工程施工项目负责人。分包工程施工管理文件应当由分包企业注册建造师签章。分包企业签署质量合格的文件上，必须由担任总包项目负责人的注册建造师签章。

5）因续期注册、企业名称变更或印章污损遗失不能及时盖章的，经注册建造师聘用企业出具书面证明后，可先在规定文件上签字后补盖执业印章，完成签章手续。

6）修改注册建造师签字并加盖执业印章的工程施工管理文件，应当征得所在企业同意后，由注册建造师本人进行修改；注册建造师本人不能进行修改的，应当由企业指定同等资格条件的注册建造师修改，由其签字并加盖执业印章。

（四）注册建造师的权利和义务

1. 注册建造师的权利

1）使用注册建造师名称。

2）在规定范围内从事执业活动。

3）在本人执业活动中形成的文件上签字并加盖执业印章。

4）保管和使用本人注册证书、执业印章。

5）对本人执业活动进行解释和辩护。

6）接受继续教育。

7）获得相应的劳动报酬。

8）对侵犯本人权利的行为进行申述。

2. 注册建造师的义务

1）遵守法律、法规和有关管理规定，恪守职业道德。

2）执行技术标准、规范和规程。

3）保证执业成果的质量，并承担相应责任。

4）接受继续教育，努力提高执业水准。

5）保守在执业中知悉的国家秘密和他人的商业、技术等秘密。

6）与当事人有利害关系的，应当主动回避。

7）协助注册管理机关完成相关工作。

四、建造师的继续教育

为进一步提高注册建造师职业素质，根据《注册建造师管理规定》（建设部令第153号），住房和城乡建设部于2010年11月印发了《注册建造师继续教育管理暂行办法》（建市〔2010〕192号）。《注册建造师继续教育管理暂行办法》指出注册建造师按规定参加继续教育，是申请初始注册、延续注册、增项注册和重新注册（以下统称注册）的必要条件。注册建造师应通过继续教育，掌握工程建设有关法律法规、标准规范，增强职业道德和诚信守法意识，熟悉工程建设项目管理新方法、新技术，总结工作中的经验教训，不断提高综合素质和执业能力。

（一）组织管理

国务院住房城乡建设主管部门对全国注册建造师的继续教育工作实施统一监督管理，国务院有关部门负责本专业注册建造师继续教育工作的监督管理，省级住房城乡建设主管部门负责本地区注册建造师继续教育工作的监督管理。

建造师参加继续教育的组织工作采取分级与分专业相结合的原则。国务院住房城乡建设、铁路、交通、水利、工业信息化、民航等部门或其委托的行业协会（以下统称为专业牵头部门），组织本专业一级注册建造师参加继续教育，各省级住房城乡建设主管部门组织二级注册建造师参加继续教育。

（二）学时要求

建造师在每一个注册有效期内应当达到国务院建设主管部门规定的继续教育要求。继续教育分为必修课和选修课，在每一注册有效期内各为60学时。注册一个专业的建造师在每一注册有效期内应参加继续教育不少于120学时，其中必修课60学时，选修课60学时。

注册两个及以上专业的，每增加一个专业还应参加所增加专业60学时的继续教育，其中必修课30学时，选修课30学时。

（三）学习权利

注册建造师在参加继续教育期间享有国家规定的工资、保险、福利待遇。建筑业企业及勘察、设计、监理、招标代理、造价咨询等用人单位应重视注册建造师继续教育工作，督促其按期接受继续教育。其中建筑业企业应为从事在建工程项目管理工作的注册建造师提供经费和时间支持。

第三节　建造师的法律责任和执业行为管理

一、建造师的法律责任

1. 注册违法行为应承担的法律责任

《注册建造师管理规定》中规定，隐瞒有关情况或者提供虚假材料申请注册的，建设主管部门不予受理或者不予注册，并给予警告，申请人1年内不得再次申请注册。以欺骗、贿赂等不正当手段取得注册证书的，由注册机关撤销其注册，3年内不得再次申请注册，并由县级以上地方人民政府建设主管部门处以罚款。其中没有违法所得的，处以1万元以下的罚款；有违法所得的，处以违法所得3倍以下且不超过3万元的罚款。聘用单位为申请人提供虚假注册材料的，由县级以上地方人民政府建设主管部门或者其他有关部门给予警告，责令限期改正；逾期未改正的，可处以1万元以上3万元以下的罚款。

2. 继续教育违法行为应承担的法律责任

建造师应按规定参加继续教育，接受培训测试，不参加继续教育或继续教育不合格的不予注册。对于采取弄虚作假等手段取得《注册建造师继续教育证书》的，一经发现，立即取消其继续教育记录，并记入不良信用记录，对社会公布。

3. 无证或未办理变更注册执业应承担的法律责任

根据《注册建造师管理规定》，未取得注册证书和执业印章，担任大、中型建设工程项目施工单位项目负责人，或者以注册建造师的名义从事相关活动的，其所签署的工程文件无效，由县级以上地方人民政府建设主管部门或者其他有关部门给予警告，责令停止违法活动，并可处以1万元以上3万元以下的罚款。

未办理变更注册而继续执业的，由县级以上地方人民政府建设主管部门或者其他有关部门责令限期改正；逾期不改正的，可处以5000元以下的罚款。

4. 执业活动中违法行为应承担的法律责任

根据《注册建造师管理规定》，注册建造师在执业活动中有下列行为之一的，由县级以上地方人民政府建设主管部门或者其他有关部门给予警告，责令改正，没有违法所得的，处以1万元以下的罚款；有违法所得的，处以违法所得3倍以下且不超过3万元的罚款：①不履行注册建造师义务；②在执业过程中，索贿、受贿或者谋取合同约定费用外的其他利益；③在执业过程中实施商业贿赂；④签署有虚假记载等不合格的文件；⑤允许他人以自己的名义从事执业活动；⑥同时在两个或者两个以上单位受聘或者执业；⑦涂改、倒卖、出租、出借或以其他形式非法转让资格证书、注册证书和执业印章；⑧超出执业范围和聘用单位业务范围从事执业活动；⑨法律、法规、规章禁止的其他行为。

5. 未提供注册建造师信用档案信息应承担的法律责任

根据《注册建造师管理规定》，注册建造师或者其聘用单位未按照要求提供注册建造师信用档案信息的，由县级以上地方人民政府建设主管部门或者其他有关部门责令限期改正；逾期未改正的，可处以1000元以上1万元以下的罚款。

6. 注册执业人员因过错造成质量安全事故应承担的法律责任

《建设工程质量管理条例》的规定，注册建筑师、注册建造师、注册结构工程师、注册监理工程师等注册执业人员，因过错造成质量事故的，责令停止执业1年；造成重大质量事故的，吊销执业资格证书，5年以内不予注册；情节特别恶劣的，终身不予注册。《注册建造师管理规定》明确注册建造师承担的行政责任主要有：停止执业、吊销执业资格、限制注册、没收违法所得、行政罚款和行政警告。《建设工程安全管理条例》规定设计单位和注册建筑师等注册执业人员应当对其设计负责；施工单位的项目负责人应当由取得相应执业资格的人员担任；施工单位的主要负责人、项目负责人、专职安全生产管理人员应当经建设行政主管部门或者其他有关部门考核合格后方可任职；注册执业人员未执行法律法规和工程建设强制性标准的，责令停止执业3个月以上1年以下；情节严重的，吊销职业资格证书，5年内不予注册；造成重大安全事故的，终身不予注册；构成犯罪的，依照刑法有关规定追究刑事责任。

7. 政府主管部门及其工作人员违法行为应承担的法律责任

《注册建造师管理规定》的规定，县级以上人民政府建设主管部门及其工作人员，在注册建造师管理工作中，有下列情形之一的，由其上级行政机关或者监察机关责令改正，对直接负责的主管人员和其他直接责任人员依法给予处分；构成犯罪的，依法追究刑事责任：①对不符合法定条件的申请人准予注册的；②对符合法定条件的申请人不予注册或者不在法定期限内做出准予注册决定的；③对符合法定条件的申请不予受理或者未在法定期限内初审完毕的；④利用职务上的便利，收受他人财物或者其他好处的；⑤不依法履行监督管理职责或者监督不力，造成严重后果的。

二、注册建造师的执业行为管理

为进一步规范建筑市场秩序，健全建筑市场诚信体系，加强对建筑市场各方主体的监管，营造诚实守信的市场环境，住建部于2007年1月12日发布《建筑市场诚信行为信息管理办法》（建市〔2007〕9号），进一步明确了诚信行为信息类型、定义以及公布制度。

诚信行为信息包括良好行为记录和不良行为记录。良好行为记录是指建筑市场各方主体在工程建设过程中严格遵守有关工程建设的法律、法规、规章或强制性标准，行为规范，诚信经营，自觉维护建筑市场秩序，受到各级建设行政主管部门和相关专业部门的奖励和表彰，所形成的良好行为记录。不良行为记录是指建筑市场各方主体在工程建设过程中违反有关工程建设的法律、法规、规章或强制性标准和执业行为规范，经县级以上建设行政主管部门或其委托的执法监督机构查实和行政处罚，形成的不良行为记录。《全国建筑市场各方主体不良行为记录认定标准》（建办市〔2011〕38号）由住建部制定和颁布。

诚信行为记录实行公布制度。诚信行为记录由各省、自治区、直辖市建设行政主管部门在当地建筑市场诚信信息平台上统一公布。其中，不良行为记录信息的公布时间为行政处罚决定做出后7日内，公布期限一般为6个月至3年；良好行为记录信息公布期限一般为3年，法律、法规另有规定的从其规定。公布内容应与建筑市场监管信息系统中的企业、人员和项目管理数据库相结合，形成信用档案，内部长期保留。

（一）注册执业人员不良行为记录认定标准

为了完善建筑市场注册执业人员诚信体系建设，规范执业行为和市场秩序，依据相关法律、法规和部门规章，根据各行业特点，2007年住建部发布了《全国建筑市场注册执业人员不良行为记录认定标准》。该标准所涉及的执业人员包括注册建筑师、勘察设计注册工程师、注册建造师、注册监理工程师。标准所列不良行为，是指违反相关法律、法规、部门规章，被实施行政处罚的不良行为。行为代码的编制参照《全国建筑市场各方主体不良行为记录认定标准》，注册建造师代码为P1。

该标准依据的法律、法规、规章主要有：

1）《中华人民共和国行政许可法》。

2）《中华人民共和国建筑法》。

3）《中华人民共和国注册建筑师条例》。

4）《中华人民共和国注册建筑师条例实施细则》。

5）《建设工程勘察设计管理条例》。

6）《建设工程安全生产管理条例》。

7）《建设工程质量管理条例》。

8）《勘察设计注册工程师管理规定》。

9）《注册建造师管理规定》。

10）《注册监理工程师管理规定》。

（二）注册建造师不良行为及处罚

注册建造师的不良行为分为资质（J-1）、执业（J-2）和其他（J-3）三种类别。具体的不良行为认定为16种。

1）（行为代码J-1-01）未取得相应的资质，擅自承担《注册建造师执业工程规模标准》规定执业范围的工程。

注册建造师具体执业范围按照《注册建造师执业工程规模标准》执行。未取得注册证书和执业印章，担任大、中型建设工程项目施工单位项目负责人，或者以注册建造师的名义从事相关活动的，其所签署的工程文件无效，由县级以上地方人民政府建设主管部门或者其他有关部门给予警告，责令停止违法活动，并可处以1万元以上3万元以下的罚款。

（法律依据：《建筑法》第十四条、《注册建造师管理规定》第二十一条；处罚依据：《注册建造师管理规定》第三十五条）

2）（行为代码J-1-02）超出执业范围和聘用单位业务范围从事执业活动。

注册建造师在执业活动中有此不良行为的，由县级以上地方人民政府建设主管部门或者其他有关部门给予警告，责令改正，没有违法所得的，处以1万元以下的罚款；有违法所得的，处以违法所得3倍以下且不超过3万元的罚款。

（法律依据：《注册建造师管理规定》第二十一条；处罚依据：《注册建造师管理规定》第二十七条）

3）（行为代码 J-1-03）隐瞒有关情况或者提供虚假材料申请注册的。

隐瞒有关情况或者提供虚假材料申请注册的，建设主管部门不予受理或者不予注册，并给予警告，申请人 1 年内不得再次申请注册。

（处罚依据：《注册建造师管理规定》第三十三条）

4）（行为代码 J-1-04）以欺骗、贿赂等不正当手段取得注册证书的。

以欺骗、贿赂等不正当手段取得注册证书的，由注册机关撤销其注册，3 年内不得再次申请注册，并由县级以上地方人民政府建设主管部门处以罚款。其中没有违法所得的，处以 1 万元以下的罚款；有违法所得的，处以违法所得 3 倍以下且不超过 3 万元的罚款。

（处罚依据：《注册建造师管理规定》第三十四条）

5）（行为代码 J-1-05）拒绝接受继续教育的。

注册建造师在每一个注册有效期内应当达到国务院建设主管部门规定的继续教育要求。注册建造师有义务接受继续教育，努力提高执业水准。未达到注册建造师继续教育要求的，不予续期注册。

（法律依据：《注册建造师管理规定》第二十三条、第二十五条；处罚依据：《注册建造师管理规定》第十五条）

6）（行为代码 J-1-06）涂改、倒卖、出租、出借或以其他形式非法转让资格证书、注册证书和执业印章的。

注册建造师在执业活动中有此不良行为的，由县级以上地方人民政府建设主管部门或者其他有关部门给予警告，责令改正，没有违法所得的，处以 1 万元以下的罚款；有违法所得的，处以违法所得 3 倍以下且不超过 3 万元的罚款。

（法律依据：《注册建造师管理规定》第二十六条；处罚依据：《注册建造师管理规定》第三十七条）

7）（行为代码 J-1-07）聘用单位破产、聘用单位被吊销营业执照、聘用单位被吊销或者撤回资质证书、已与聘用单位解除聘用合同关系、注册有效期满且未延续注册、年龄超过 65 周岁、死亡或不具有完全民事行为能力以及其他导致注册失效的情形下，未办理变更注册而继续执业的。

违反规定未办理变更注册而继续执业的，由县级以上地方人民政府建设主管部门或者其他有关部门责令限期改正；逾期不改正的，可处以 5000 元以下的罚款。

（法律依据：《注册建造师管理规定》第十六条；处罚依据：《注册建造师管理规定》第三十六条）

8）（行为代码 J-2-01）泄露在执业中知悉的国家秘密和他人的商业、技术等秘密的。

（法律依据：《注册建造师管理规定》第二十五条）

9）（行为代码 J-2-02）执业与当事人有利害关系的项目的。

（法律依据：《注册建造师管理规定》第二十五条）

10）（行为代码 J-2-03）索贿、受贿或者谋取合同约定费用外的其他利益的。

（法律依据：《注册建造师管理规定》第二十六条）

11）（行为代码 J-2-04）实施商业贿赂的。

（法律依据：《注册建造师管理规定》第二十六条）

12）（行为代码 J-2-05）签署有虚假记载等不合格的文件的。

（法律依据：《注册建造师管理规定》第二十六条）

13）（行为代码 J-2-06）允许他人以自己的名义从事执业活动的。

（法律依据：《注册建造师管理规定》第二十六条）

14）（行为代码 J-2-07）同时在两个或者两个以上单位受聘或者执业的。

（法律依据：《注册建造师管理规定》）

注册建造师在执业活动中有上述第 8）种至第 14）种不良行为的，由县级以上地方人民政府建设主管部门或者其他有关部门给予警告，责令改正，没有违法所得的，处以 1 万元以下的罚款；有违法所得的，处以违法所得 3 倍以下且不超过 3 万元的罚款。

（法律依据：《注册建造师管理规定》第二十一条；处罚依据：《注册建造师管理规定》第十六条）

15）（行为代码 J-2-08）未向注册机关提供准确、完整的注册建造师信用档案信息的。

注册建造师或者其聘用单位未按照要求提供注册建造师信用档案信息的，由县级以上地方人民政府建设主管部门或者其他有关部门责令限期改正；逾期未改正的，可处以 1000 元以上 1 万元以下的罚款。

（法律依据：《注册建造师管理规定》；处罚依据：《注册建造师管理规定》第三十八条）

16）（行为代码 J-3-01）在注册、执业和继续教育活动中，有法律法规及国务院建设主管部门相关规定中禁止的行为，对于违反法律、法规规定的不良行为按照相关法律、法规及国务院建设主管部门相关规定处理。

（法律依据：法律、法规及国务院建设主管部门相关规定；处罚依据：法律、法规及国务院建设主管部门相关规定）

（三）安徽省建筑市场信用管理暂行办法（建市〔2019〕89 号）简介

为建立健全安徽省建筑市场信用体系，规范全省建筑市场秩序，营造“守信联合激励、失信联合惩戒”的市场环境，安徽省住房和城乡建设厅制定《安徽省建筑市场信用管理暂行办法》（建市〔2019〕89 号），主要内容有：

1）适用范围。安徽省行政区域内建筑市场信用管理。建筑市场信用管理是指在房屋建筑和市政基础设施工程建设活动中，对建筑市场各方主体信用信息的认定、归集、公开、评价、使用及监督管理。建筑市场各方主体，包括从事工程建设活动、招标投标活动的建设单位和勘察、设计、施工、监理、招标代理、施工图审查、造价咨询、质量检测等单位及相关从业人员。相关从业人员是指从事工程建设活动的注册建筑师、勘察设计注册工程师、注册建造师、注册监理工程师、注册造价工程师等注册执业人员，以及企业法定代表人、项目负责人、项目总监、技术负责人等技术经济管理人员。

2）监督管理。安徽省住房城乡建设主管部门负责本省行政区域内建筑市场各方主体的信用管理工作，制定建筑市场信用管理制度并组织实施，完善本省行业公共信用信息管理系统对建筑市场各方主体信用信息认定、归集、交换、公开、评价和使用进行监督管理，并向全国建筑市场监管公共服务平台推送建筑市场各方主体信用信息。

市级住房城乡建设主管部门负责本行政区域内建筑市场各方主体的信用管理工作，对本地县级住房城乡建设主管部门建筑市场信用管理工作进行监督指导。

县级住房城乡建设主管部门负责本行政区域内建筑市场各方主体的信用管理工作。

按照“谁监管、谁负责，谁产生、谁负责”的原则，做出信用信息认定的部门，负责审核建筑市场各方主体信用信息的及时性、真实性和完整性。

3）信用信息类别和定义。信用信息由基本信息、优良信用信息、不良信用信息构成，不再由企业基本分和企业项目信用分构成。

基本信息：包括单位名称、统一社会信用代码等注册登记（备案）信息、资质信息、工程项目信息、企业社会贡献度（包括吸纳本地就业人数、年度纳税等）；从业人员身份信息、注册信息、执业信息等。基本信息以本省系统企业及个人相关数据为基础，其他信息由各级住房城乡建设主管部门负责归集。

优良信用信息：企业和个人的优良信用信息可以由企业或各级住房城乡建设主管部门及其委托的各级建筑市场监督、质量安全监督机构等单位，依据良好行为事实，按照规定的程序进行申报，经审核、确认等程序完成信用信息的归集。

不良信用信息：企业和个人的不良信用信息由各级住房城乡建设行政主管部门及其委托的各级建筑市场监督、质量安全监督机构等单位，通过开展日常监督检查、组织各类执法检查和督查活动、建筑生产安全事故调查、事故安全生产条件复核以及群众举报、书面及网上投诉等途径，依据不良行为事实，对建筑市场相关企业和个人的不良信用信息进行系统录入、审核、确认等程序完成信用信息的归集。

4）列入建筑市场主体“黑名单”的情形有：利用虚假材料、以欺骗手段取得企业资质的；发生转包、出借资质，受到行政处罚的；发生重大及以上工程质量安全事故，或1年内累计发生2次及以上较大工程质量安全事故，或发生性质恶劣、危害性严重、社会影响大的较大工程质量安全事故，受到行政处罚的；经法院判决或仲裁机构裁决，认定为拖欠工程款，且拒不履行生效法律文书确定的义务的。

5）信息公开。各级住房城乡建设主管部门应当建立健全信用信息公开制度，及时公开建筑市场各方主体的信用信息。建筑市场各方主体的信用信息公开期限为：基本信用信息长期公开；优良信用信息公开期限为3年；不良信用信息公开期限为6个月至3年，并不得低于相关行政处罚期限。具体公开期限由不良信用信息的认定部门确定；对“黑名单”企业，在管理期限内未再次发生符合列入“黑名单”情形行为的，由原列入部门将其从“黑名单”移出，转为不良信用信息，公开期限为3年，并不得低于相关行政处罚、处理期限。

三、注册建造师执业不良行为处理处罚案例

（一）申报二级建造师注册弄虚作假行为

案例：安徽省铜陵市王某提供虚假毕业证书取得执业资格，申请二级建造师注册。为加强注册执业管理，根据《行政许可法》第六十九条、第七十九条以及《注册建造师管理规定》（建设部令第153号）第三十四条的规定，安徽省住房和城乡建设厅决定撤销王某的二级建造师执业资格注册，且3年内不得再次申请注册。

（二）违法分包建设工程违法行为

案例：2016年4月，被告建筑公司从某新农村投资建设有限公司处承包一集中居住区建筑工程后，将该工程承包给无施工资质的被告杨某，杨某及其父又将该工程混凝土浇筑、砌筑、内外粉刷等项目分包给无施工资质的原告夏某。夏某按约进行了施工。2017年4月，

原告夏某因追要工程欠款以及工人工资等事宜与被告发生矛盾告上法庭。

审理：

本案中没有证据证明杨某父子是被告建筑公司的工作人员，故表明被告杨某父子共同承接了该工程，其相对于建筑公司是实际施工人。杨某父子又将部分工程分包给原告夏某，原告相对于杨某父子是实际施工人。因原告及被告杨某父子均无施工资质，且分包行为违反法律法规强制性规定，故原、被告之间的合同是无效合同，但原告已按合同约定完成了施工任务，并已确定了工程价款。实际施工人要求参照合同约定支付工程款的，法院应予支持。据此，法院判决被告杨某父子给付原告工程欠款33万元，被告建筑公司承担连带责任。

法律评析：

第一，我国对从事建筑活动的建设工程企业实行资质等级许可制度。《建筑法》第13条规定："从事建筑活动的建筑施工企业、勘察单位、设计单位和工程监理单位，按照其拥有的注册资本、专业技术人员、技术装备和已完成的建筑工程业绩等资质条件，划分为不同的资质等级，经资质审查合格，取得相应等级的资质证书后，方可在其资质等级许可的范围内从事建筑活动。"因此，承包建筑工程的单位应当持有依法取得的资质证书，并在其资质等级许可的业务范围内承揽工程。

第二，违法分包建设工程应承担连带责任。我国《合同法》第272条规定："……承包人不得将其承包的全部建设工程转包给第三人或者将其承包的全部建设工程肢解以后以分包的名义分别转包给第三人。禁止承包人将工程分包给不具备相应资质条件的单位。禁止分包单位将其承包的工程再分包。建设工程主体结构的施工必须由承包人自行完成。"总承包人明知建筑施工承包人没有相应的资质，具有过错，应当承担连带责任。

第三，当前建筑业领域资质挂靠、非法转包等现象问题突出。一些资质较低甚至没有资质的建筑企业、工程队乃至个人，挂靠具有较高建筑资质的企业，参与竞标并成功竞标现象比较常见。尽管法律法规对建设工程分包有严格的限制，但在实际运作中，具有相应资质的建筑公司在中标后，往往将工程分包或转包给资质较低或没有资质的建筑企业、工程队甚至个人。此类现象，轻则影响工程质量，重则关系民生安全，比如工程款纠纷往往涉及拖欠农民工工资等问题，处理不当易影响民生及社会稳定。

（三）出借资质违法行为

案例：某商品住宅工程建筑面积96953m^2，由A开发公司开发，施工总承包单位为B工程公司，施工合同价款为12768万元。该工程于2015年6月5日开工。当地住房城乡建设主管部门接到上级住房城乡建设主管部门转来举报人反映该工程涉嫌存在违法违规问题的转办材料后，随即进行了调查。

查处情况：

B公司授权委托的第五分公司经理甲承认，乙于2015年春节后主动找上门，以交1.5%管理费的名义由乙承揽该工程，乙是实际施工人；B公司未与乙签订劳务合同，未帮其缴纳社保。甲提供了内部承包合同、B公司转账给乙的凭证、乙支付有关设备材料的租赁采购费用的明细。

处理结果：

当地住房城乡建设主管部门责令B公司改正出借资质行为，并处以已完工的工程合同价款 3078 万元的 2%的罚款，人民币陆拾壹万伍仟陆佰元整（￥615600 元）。

处理依据：

B 公司的行为符合《建筑工程施工转包违法发包等违法行为认定查处管理办法（试行）》第十一条第（一）项关于“没有资质的单位或个人借用其他施工单位的资质承揽工程”和第（七）项关于“合同约定由施工总承包单位或专业承包单位负责采购或租赁的主要建筑材料、构配件及工程设备或租赁的施工机械设备，由其他单位或个人采购、租赁，或者施工单位不能提供有关采购、租赁合同及发票等证明，又不能进行合理解释并提供材料证明”的情形。

依据《建筑法》第六十六条关于“建筑施工企业转让、出借资质证书或者以其他方式允许他人以本企业的名义承揽工程的，责令改正，没收违法所得，并处罚款，可以责令停业整顿，降低资质等级；情节严重的，吊销资质证书”。

《建设工程质量管理条例》第六十一条关于“违反本条例规定，勘察、设计、施工、工程监理单位允许其他单位或者个人以本单位名义承揽工程的，责令改正，没收违法所得，…，对施工单位处工程合同价款 2%以上 4%以下的罚款；可以责令停业整顿，降低资质等级；情节严重的，吊销资质证书”。

（四）无施工机构无资质违法行为

上海“莲花河畔景苑”倒楼案：2009 年 6 月 27 日 5 时 30 分许，上海市闵行区莲花南路罗阳路口西侧，“莲花河畔景苑”小区一栋在建的 13 层住宅楼整体倾倒，造成 1 名工人被压死亡、经济损失 1900 余万元的重大事故（无人受伤），事故现场附近 130 多户居民被疏散至临时安置点。

法院经审理查明，被告人秦永林作为建设方上海梅都房地产开发有限公司的现场负责人，秉承张志琴（上海梅都房地产开发有限公司董事长、另案处理）的指令将属于施工方总包范围的地下车库开挖工程，直接交给没有公司机构且不具备资质的被告人张耀雄组织施工，并违规指令施工人员开挖、堆土，对本案倒楼事故的发生负有现场管理责任。

被告人张耀杰身为施工方上海众欣建筑有限公司主要负责人，违规使用他人专业资质证书投标承接工程，致使工程项目的专业管理缺位，且放任建设单位违规分包土方工程给其没有专业资质的亲属，对本案倒楼事故的发生负有领导和管理责任。

被告人陆卫英虽然挂名担任工程项目经理，实际未从事相应管理工作，但其任由施工方在工程招标投标及施工管理中以其名义充任项目经理，默许甚至配合施工方以此应付监管部门的监督管理和检查，致使工程施工脱离专业管理，由此造成施工隐患难以通过监管被发现、制止，因而对本案倒楼事故的发生仍负有不可推卸的责任。

被告人张耀雄没有专业施工队伍及资质，违规承接工程项目，并盲从建设方指令违反工程安全管理规范进行土方开挖和堆土施工，最终导致倒楼事故发生，是本案事故发生的直接责任人员。

被告人乔磊作为监理方上海光启建设监理有限公司的总监，对工程项目经理名实不符的违规情况审查不严，对建设方违规发包土方工程疏于审查，在对违规开挖、堆土提出异议未果后，未能有效制止，对本案倒楼事故发生负有未尽监理职责的责任。

被告人夏建刚作为施工方的现场负责人，施工现场的安全管理是其应负的职责，但其任由工程施工在没有项目经理实施专业管理的状态下进行，且放任建设方违规分包土方工程、违规堆土，致使工程管理脱节，对倒楼事故的发生也负有现场管理责任。

法院认为，作为工程建设单位、施工单位、监理单位的工作人员以及土方施工的具体实施者，6名被告人在“莲花河畔景苑”工程项目的不同岗位和环节中，本应上下衔接、互相制约，却违反安全管理规定，不履行、不能正确履行或者消极履行各自的职责、义务，最终导致“莲花河畔景苑”7号楼整体倾倒、1人被压死亡和经济损失1900余万元的重大事故的发生。据此，认为6名被告人均已构成重大责任事故罪，且属情节特别恶劣。

第四节　建造师的职业道德建设

一、职业道德基本范畴

职业道德具有相对独立的规范体系，形成独特的规范模式。一般来说，职业道德的基本范畴包括职业理想、职业态度、职业责任、职业纪律、职业良心、职业荣誉和职业作风等，这些因素又从特定的方面反映出职业道德的特定本质和规律，同时又相互配合，形成一个严谨的职业道德模式。

1. 职业理想

理想是人生的奋斗目标，是对未来有实现可能的设想，是对美好未来的向往和追求。职业理想应建立在个人的专业知识与能力、兴趣和职业激情的基础上，只有这几项内容重叠的部分，才可确立为自己的职业理想。职业理想是一种职业人生的认识和态度。职业理想是职业道德的灵魂，在职业生活中，只有树立崇高合理的职业理想，才能正确对待自己从事的职业，做到敬业、乐业、勤业，在职业工作中表现出良好的道德品质，对社会做出应有的贡献。建造师的职业理想应从发展社会生产力，和社会的整体利益出发，在职业工作中努力做好本职工作，全心全意为人民服务，为社会主义现代化建设服务。

2. 职业态度

职业态度是指人们对职业所持的评价和行为倾向，是从业者对社会、对其他职业和广大社会成员，履行职业义务的基础，包括职业认知、职业情感和职业行为。影响职业态度的因素大致分为四大类：自我因素，包括个人的兴趣、能力、抱负、价值观、自我期望等；职业因素，包括职业市场的需求、职业的薪水待遇、工作环境、发展机会等；家庭因素，包括家庭的社会地位、父母期望、家庭背景等；社会因素，包括同学关系、社会地位、社会期望等。一个人的成功因素中，积极主动、努力、毅力、乐观、信心、爱心和责任等积极的因素占80%左右，无论从事何种工作，成功的基础均取决于职业态度。

3. 职业责任

职业责任是指从事一定职业的人们，对社会和他人所负的职责。职业责任是社会义务、使命、任务的具体体现，它规定了职业人员的职业行为的具体内容，是其进行职业义务的依据，具有差异性、独立性和强制性三方面的特征。人们对职业责任的认识体验，就产生了职业责任感、职业义务感，这对人们在职业活动中道德行为的产生有重大的影响，职业人员只有认识到自己所担负的责任，把它变成自己内心的道德情感和信念，才能自觉地从事本职工作，并在职业活动中克服困难，努力做好本职工作，表现出良好的职业道德行为。

4. 职业纪律

职业纪律是指人们在特定的职业范围内从事职业活动时，为了维持职业活动的正常秩序，保证职业责任的履行，必须遵守的规矩和准则，具有一致性、特殊性和法规强制性三方面的特征。要遵守好职业纪律，必须从三方面做起：①熟知职业纪律，避免无知违纪；②严守职业纪律，不能明知故犯；③自觉遵守职业纪律，养成严于律己的习惯。

5. 职业良心

职业良心是指在履行职业义务的过程中，人们内心所形成的职业道德责任感和对自己职业道德行为的自我评价、自我调节能力。它是职业人员对职业责任的自觉意识，具有时代性、内隐性和自育性的特点。在职业劳动中，人们把应尽的职业责任变为内心的道德情感、道德信念，这就形成了职业良心。职业良心一旦形成，往往左右着人们职业道德的各个方面，贯穿在职业行为过程的各个阶段，对人们的职业活动有着巨大的作用。培养职业良心要贯穿于执业活动的全过程，职业活动前要进行导向分选，职业活动中要进行监督调节，职业活动后要进行总结评判。对于符合职业道德要求的行为，加以肯定并发扬光大；对于不符合职业道德的行为坚决抛弃，对于偏离职业道德的行为予以纠正。

6. 职业荣誉

职业荣誉是对职业行为的社会价值所做出的公认的客观评价及正确的主观认识。从客观方面说，职业荣誉是社会对一个人履行义务的德行和贡献的评价和赞赏；从主观方面看，职业荣誉是职业良心中知耻心、自尊心、自爱心的表现。职业荣誉是职业道德的重要范畴，要树立正确的职业荣誉观，应从以下几个方面做努力：一是坚持社会主义核心价值观，树立正确的职业荣辱观；二是争取职业荣誉的动机要纯洁；三是获取职业荣誉的手段要正当，通过认真履行职业义务，自觉遵守职业纪律，尽职尽责完成本职工作，做出更大的贡献，赢得肯定；四是对待职业荣誉的态度要谦虚，懂得获得职业成功时集体的重要性。

7. 职业作风

职业作风是职业群体在职业生活中，从整体上形成的一种普遍的、稳定的职业态度和职业行为倾向，它不是职业群体内部个体成员作风的简单叠加，而是个体在相互影响，相互作用的过程中，形成的一种整体形象。人们的职业活动中，职业作风作为一种习惯力量，支配着职业劳动者的思想和行为。职业作风是职业道德的重要范畴，社会主义的优良职业作风具有积极的潜移默化的教育作用，它好比一个职业道德的大熔炉，把新的成员迅速锻炼成良好的职业道德的从业者，使老的从业者继续保持优良的职业道德传统。树立良好的职业作风，必须做到实事求是、坚持真理、工作积极、认真负责、忠诚坦白、平等待人、发扬民主、团结互助。劳动者在职业实践活动中既为社会、为人民提供了服务，实现了社会价值，同时也实现了自我价值。

二、职业道德基本规范

1. 爱岗敬业

爱岗敬业是指立足岗位，忠于职守，认真负责，努力完成自己的本职工作。爱岗敬业首先是爱岗，就是热爱自己的工作岗位，热爱本职工作。爱岗是对人们工作态度的一种普遍要求。热爱本职工作，就是职业工作者以正确的态度对待各种职业劳动，努力培养热爱自己所从事的工作的幸福感、荣誉感。其次是敬业，就是用一种严肃的态度对待自己的工作，勤勤恳恳，兢兢业业，忠于职守，尽职尽责。爱岗与敬业精神是相通的，是相互联系在一起的。爱岗是敬业的基础，敬业是爱岗的具体表现，不爱岗就很难做到敬业，不敬业也很难说是真正的爱岗。要做到爱岗敬业，应从以下几点着力：一是要正确处理职业理想和理想职业的关系；二是要正确处理国家需要与个人兴趣爱好的关系；三是要正确处理职业选择与个人自身条件的关系；四是要正确处理所从事的职业与物质利益的关系。

2. 诚实守信

诚实守信是在职业活动中，诚实对人、诚实办事、恪守信誉。诚实的人能忠实于事物的本来面目，不歪曲、不篡改事实，同时也不隐瞒自己的真实思想，光明磊落，言语真切，处事实在。诚实的人反对投机取巧，趋炎附势，吹拍奉迎，见风使舵，争功诿过，弄虚作假，口是心非。守信，就是信守诺言，说话算数，讲信誉，重信用，履行自己应承担的义务。诚实和守信两者意思是相通的，是互相联系在一起的。诚实是守信的基础，守信是诚实的具体表现，不诚实很难做到守信，不守信也很难说是真正的诚实。诚和信是内心和外部行为合一的道德修养境界，即“知行合一”。要做到诚实守信，应从以下几点着力：一是重质量，重服务，重信誉；二是诚实劳动，合法经营；三是实事求是，不讲假话；四是提高技能，创造名牌产品。

3. 办事公道

办事公道是指从业人员在办理事情处理问题时，要站在公正的立场上，按照同一标准和同一原则办事的职业道德规范。人们生活在世界上，就要与人打交道，就要处理各种关系，这就存在办事是否公道的问题，每个从业人员都有一个办事公道问题。办事公道不公道，关键在于是否以“群众方便不方便”“群众满意不满意”“群众答应不答应”为标准来衡量自己的工作。要做到办事公道，应从以下几点着力：一是要热爱真理，追求真理；二是要坚持原则，不徇私情；三是要不谋私利，反腐倡廉；四是要有一定的辨识能力。

4. 服务群众

服务群众就是在自己的岗位上全心全意为人民服务，把人民群众的需要作为一切工作的出发点，把群众最迫切需要解决的问题作为工作的着力点，把群众最关心的问题作为工作的出发点。时时刻刻为群众着想，急群众所急，忧群众所忧，乐群众所乐。要做到服务群众，应从以下几点着力：一是要树立服务群众的观念；二是要真心对待群众；三是要尊重群众；四是做每件事都要方便群众。

5. 奉献社会

奉献社会就是全心全意为社会做贡献，是为人民服务精神的最高体现。奉献就是不计较个人得失，兢兢业业，任劳任怨。一个人不论从事什么行业的工作，不论在什么岗位，都可以做到奉献社会。奉献社会是一种人生境界，是一种融在一生事业中的高尚人格。

奉献社会与爱岗敬业、诚实守信、办事公道、服务群众这四项规范相比较，是职业道德中的最高境界，同时也是做人的最高境界。爱岗敬业、诚实守信是对从业人员的职业行为的基础要求，是首先应当做到的。做不到这两项要求，就很难做好工作。办事公道、服务群众比前两项要求高了一些，需要有一定的道德修养作基础。奉献社会，则是这五项要求中最高的境界。

第二章　建设工程新法规解读

第一节　《中华人民共和国安全生产法》解读及案例

一、总况

（一）制定的目的

《中华人民共和国安全生产法》（以下简称《安全生产法》）是为了加强安全生产工作，防止和减少生产安全事故，保障人民群众生命和财产安全，促进经济社会持续健康发展而制定的。

（二）《安全生产法》变迁史

《安全生产法》由中华人民共和国第九届全国人民代表大会常务委员会第二十八次会议于2002年6月29日通过公布，自2002年11月1日起施行。2014年8月31日第十二届全国人民代表大会常务委员会第十次会议通过《全国人民代表大会常务委员会关于修改〈中华人民共和国安全生产法〉的决定》，自2014年12月1日起施行。

（三）《安全生产法》的内容

《安全生产法》共7章114条。第一章总则（第一条~第十六条），第二章生产经营单位的安全生产保障（第十七条~第四十八条），第三章从业人员的安全生产权利义务（第四十九条~第五十八条），第四章安全生产的监督管理（第四十九条~第七十五条），第五章生产安全事故的应急救援与调查处理（第七十六条~第八十六条），第六章法律责任（第八十七条~第一百一十一条），第七章附则（第一百一十二条~第一百一十四条）。

（四）《安全生产法》的十大重点内容

（1）以人为本，坚持安全发展　本法明确提出安全生产工作应当以人为本，将坚持安全发展写入了总则，对于坚守红线意识、进一步加强安全生产工作、实现安全生产形势根本性好转的奋斗目标具有重要意义。（第三条）

（2）建立完善安全生产方针和工作机制　将安全生产工作方针完善为“安全第一、预防为主、综合治理”，进一步明确了安全生产的重要地位、主体任务和实现安全生产的根本途径。本法提出要建立生产经营单位负责、职工参与、政府监管、行业自律、社会监督的工作机制，进一步明确了各方安全职责。（第三条）

（3）落实“三个必须”，确立安全生产监管执法部门地位　按照安全生产管理行业必须管安全、管业务必须管安全、管生产经营必须管安全的要求，本法一是规定国务院和县级以上地方人民政府应当建立健全安全生产工作协调机制，及时协调、解决安全生产监督管理中的重大问题。二是明确各级政府安全生产监督管理部门实施综合监督管理，有关部门在各自职责范围内对有关“行业、领域”的安全生产工作实施监督管理。三是明确各级安全生产监督管理部门和其他负有安全生产监督管理职责的部门作为行政执法部门，依法开展安全生产行政执法工作，对生产经营单位执行法律、法规、国家标准或者行业标准的情况进行监督检查。(第八条、第九条、第六十二条)

(4) 强化乡镇人民政府以及街道办事处、开发区管理机构安全生产职责　乡镇街道是安全生产工作的重要基础，有必要在立法层面明确其安全生产职责，同时针对各地经济技术开发区、工业园区的安全监管体制不顺、监管人员配备不足、事故隐患集中、事故多发等突出问题，本法明确乡镇人民政府以及街道办事处、开发区管理机构等地方人民政府的派出机关应当按照职责，加强对本行政区域内生产经营单位安全生产状况的监督检查，协助上级人民政府有关部门依法履行安全生产监督管理职责。(第八条)

(5) 明确生产经营单位安全生产管理机构、人员的设置、配备标准和工作职责　本法一是明确矿山、金属冶炼、建筑施工、道路运输单位和危险物品的生产、经营、储存单位，应当设置安全生产管理机构或者配备专职安全生产管理人员，将其他生产经营单位设置专门机构或者配备专职人员的从业人员下限由 300 人调整为 100 人。二是规定了安全生产管理机构以及管理人员的七项职责，主要包括拟定本单位安全生产规章制度、操作规程、应急救援预案，组织宣传贯彻安全生产法律、法规，组织安全生产教育和培训，制止和纠正违章指挥、强令冒险作业、违反操作规程的行为，督促落实本单位安全生产整改措施等。三是明确生产经营单位做出涉及安全生产的经营决策，应当听取安全生产管理机构以及安全生产管理人员的意见。(第二十一条~第二十三条)

(6) 明确了劳务派遣单位和用工单位的职责和劳动者的权利义务　一是规定生产经营单位应当将被派遣劳动者纳入本单位从业人员统一管理，对被派遣劳动者进行岗位安全操作规程和安全操作技能的教育和培训。劳务派遣单位应当对被派遣劳动者进行必要的安全生产教育和培训。二是明确被派遣劳动者享有本法规定的从业人员的权利，并应当履行本法规定的从业人员的义务。(第二十五条、第五十八条)

(7) 建立事故隐患排查治理制度　本法把加强事前预防、强化隐患排查治理作为一项重要内容：一是生产经营单位必须建立事故隐患排查治理制度，采取技术、管理措施消除事故隐患。二是政府有关部门要建立健全重大事故隐患治理督办制度，督促生产经营单位消除重大事故隐患。三是对未建立隐患排查治理制度、未采取有效措施消除事故隐患的行为，设定了严格的行政处罚。(第三十八条、第九十八条、第九十九条)

(8) 推进安全生产标准化建设　结合多年来的实践经验，本法在总则部分明确生产经营单位应当推进安全生产标准化工作，提高安全生产水平。(第四条)

(9) 推行注册安全工程师制度　本法确立了注册安全工程师制度，并从两个方面加以推进：一是危险物品的生产、储存单位以及矿山、金属冶炼单位应当有注册安全工程师从事安全生产管理工作，鼓励其他单位聘用注册安全工程师。二是建立注册安全工程师按专业分类管理制度，授权国务院人力资源和社会保障部门、安全生产监督管理等部门制定具体实施办法。(第二十四条)

(10) 推进安全生产责任保险

二、重点条文解读

第二条 在中华人民共和国领域内从事生产经营活动的单位（以下统称生产经营单位）的安全生产，适用本法；有关法律、行政法规对消防安全和道路交通安全、铁路交通安全、水上交通安全、民用航空安全以及核与辐射安全、特种设备安全另有规定的，适用其规定。

【解读】本条不仅限定安全生产法的适用范围是生产经营单位的安全生产，同时还对特定领域安全管理的法律适用做出灵活处理，本条规定不是适用除外的规定，并没有排除《安全生产法》在这些领域的适用，只是明确相关法律优先适用，当这些领域法律、行政法规中未做规定的，仍然要适用本法的规定。

第三条 安全生产工作应当以人为本，坚持安全发展，坚持安全第一、预防为主、综合治理的方针，强化和落实生产经营单位的主体责任，建立生产经营单位负责、职工参与、政府监管、行业自律和社会监督的机制。

【解读】本条是关于安全生产工作的理念、方针和机制等内容的规定；内容进一步完善了安全生产工作方针，重申了强化和落实生产经营单位主体责任，补充了有关安全生产工作机制的内容，条文中五个方面互相配合、互相促进，共同构成五位一体的安全生产工作机制。

第五条 生产经营单位的主要负责人对本单位的安全生产工作全面负责。

【解读】生产经营单位的主要负责人是生产经营活动的决策者和指挥者，是生产经营单位的最高领导者和管理者。一般情况下，生产经营单位的主要负责人就是其法定代表人。需要注意的是，实践中存在法定代表人和实际经营决策人相分离的情况，不具体负责企业的日常生产经营，或者生产经营单位的法定代表人因生病或学习等原因长期缺位，由其他负责人主持生产经营单位的全面工作。在这种情况下，那些真正全面组织、领导企业生产经营活动的实际负责人就是本条所说的生产经营单位的主要负责人。

第六条 生产经营单位的从业人员有依法获得安全生产保障的权利，并应当依法履行安全生产方面的义务。

【解读】从业人员是生产经营活动的直接操作者，既是安全生产保护的对象，又是实现安全生产的基本要素，在安全生产工作中居于核心和关键的地位。加强安全生产工作的首要目的是保障广大从业人员的人身安全，这是以人为本原则的基本要求。无论从安全生产工作的目的还是客观需要出发，都必须保障从业人员安全生产方面的权利，明确其应当履行的义务。

第十条 国务院有关部门应当按照保障安全生产的要求，依法及时制定有关的国家标准或者行业标准，并根据科技进步和经济发展适时修订。

生产经营单位必须执行依法制定保障安全生产的国家标准或者行业标准。

【解读】保障安全生产的国家标准或者行业标准，是做好安全生产工作的重要技术规范，是安全生产监督管理的重要依据，在规范生产经营单位的行为、保障安全生产工作中具有十分重要的作用。国家标准和行业标准可以分为强制性标准和推荐性标准。保障人体健康、人身、财产安全的标准和法律、行政法规规定强制执行的标准是强制性标准，其他标准是推荐性标准。《安全生产法》中规定的保障安全生产的国家标准和行业标准，属于强制性标准，具有强制执行的效力。

第十八条　生产经营单位的主要负责人对本单位安全生产工作负有下列职责：

（1）建立、健全本单位安全生产责任制。

（2）组织制订本单位安全生产规章制度和操作规程。

（3）组织制订并实施本单位安全生产教育和培训计划。

（4）保证本单位安全生产投入的有效实施。

（5）督促、检查本单位的安全生产工作，及时消除生产安全事故隐患。

（6）组织制订并实施本单位的生产安全事故应急救援预案。

（7）及时、如实报告生产安全事故。

【解读】本条是关于生产经营单位的主要负责人对本单位安全生产工作所负职责的规定；要求生产经营单位的主要负责人不仅要建立、健全企业安全制度同时又要保证各项制度的有效落实。

【案例】2019年7月8日11时28分许，位于深圳市福田区的深圳市体育中心改造提升拆除工程工地发生一起坍塌事故，造成3人死亡，3人受伤。该项目施工单位董事长王某未认真履行公司安全生产第一责任人职责、未及时消除生产安全隐患，事故发生后，组织相关人员统一口径对抗调查，对事故发生负有主要管理责任；其行为违反了本法第十八条规定，最终受到相应处罚。

第十九条　生产经营单位的安全生产责任制应当明确各岗位的责任人员、责任范围和考核标准等内容。

生产经营单位应当建立相应的机制，加强对安全生产责任制落实情况的监督考核，保证安全生产责任制的落实。

【解读】安全生产责任制是生产经营单位安全生产管理的核心制度；安全生产责任制真正落实到位，关键是内容是否明确、监督考核机制是否完备。安全生产责任制主要内容应当包括以下五个方面：一是生产经营单位的各级负责生产和经营的管理人员，在完成生产或者经营任务的同时，对保证生产安全负责。二是各职能部门的人员，对自己业务范围内有关的安全生产负责。三是班组长、特种作业人员对其岗位的安全生产工作负责。四是所有从业人员应在自己本职工作范围内做到安全生产。五是各类安全责任的考核标准以及奖惩措施。

第二十条　生产经营单位应当具备的安全生产条件所必需的资金投入，由生产经营单位的决策机构、主要负责人或者个人经营的投资人予以保证，并对由于安全生产所必需的资金投入不足导致的后果承担责任。

有关生产经营单位应当按照规定提取和使用安全生产费用，专门用于改善安全生产条件。安全生产费用在成本中据实列支。安全生产费用提取、使用和监督管理的具体办法由国务院财政部门会同国务院安全生产监督管理部门征求国务院有关部门意见后制定。

【解读】生产经营单位要具备安全生产条件特别是持续具备安全生产条件，必须有相应的资金投入。实施安全生产费用提取和使用制度的效果比较明显，对于建立企业安全生产长效投入机制发挥了积极作用。为了进一步提升这项制度的权威性，更好地规范安全生产费用的提取和使用，这次修改《安全生产法》将其上升为一项法律制度，明确规定有关生产经营单位应当按照规定提取和使用安全生产费用，专门用于改善安全生产条件。

第二十一条　矿山、金属冶炼、建筑施工、道路运输单位和危险物品的生产、经营、储存单位，应当设置安全生产管理机构或者配备专职安全生产管理人员。

前款规定以外的其他生产经营单位，从业人员超过一百人的，应当设置安全生产管理机构或者配备专职安全生产管理人员；从业人员在一百人以下的，应当配备专职或者兼职的安全生产管理人员。

【解读】因为安全生产涉及社会公共安全和公共利益，所以生产经营单位安全生产管理机构的设置和安全生产管理人员的配备，政府需要进行管理和干预。安全生产的局面不会自然出现，必须有人具体管、具体负责。落实生产经营单位的安全生产主体责任，需要生产经营单位在内部组织架构和人员配置上对安全生产工作予以保障。安全生产管理机构和安全生产管理人员，是生产经营单位开展安全生产管理工作的重要前提，在生产经营单位的安全生产中发挥着不可或缺的重要作用。

【案例】某建筑工程公司因效益不好，公司领导决定进行改革，减负增效。经研究将公司安全部撤销，安全管理人员 8 人中，4 人下岗，4 人转岗，原安全部承担的工作转由工会中的 2 人负责。由于公司领导撤销安全部门，整个公司的安全工作仅仅由 2 名负责工会工作的人员兼任，致使该公司上下对安全生产工作普遍不重视，安全生产管理混乱，经常发生人员伤亡事故。

本案中建筑公司出现的情况是很常见的，建筑施工单位本来就是事故多发、危险性较大、生产安全问题比较突出的领域，更应当将安全生产放在首要位置来抓，否则难免出现安全问题甚至发生事故。

第二十五条　生产经营单位应当对从业人员进行安全生产教育和培训，保证从业人员具备必要的安全生产知识，熟悉有关的安全生产规章制度和安全操作规程，掌握本岗位的安全操作技能，了解事故应急处置措施，知悉自身在安全生产方面的权利和义务。未经安全生产教育和培训合格的从业人员，不得上岗作业。

生产经营单位使用被派遣劳动者的，应当将被派遣劳动者纳入本单位从业人员统一管理，对被派遣劳动者进行岗位安全操作规程和安全操作技能的教育和培训。劳务派遣单位应当对被派遣劳动者进行必要的安全生产教育和培训。

生产经营单位接收中等职业学校、高等学校学生实习的，应当对实习学生进行相应的安全生产教育和培训，提供必要的劳动防护用品。学校应当协助生产经营单位对实习学生进行安全生产教育和培训。

生产经营单位应当建立安全生产教育和培训档案，如实记录安全生产教育和培训的时间、内容、参加人员以及考核结果等情况。

【解读】本条不仅要求生产经营单位对派遣劳动者进行岗位安全操作规程和安全操作技能的教育和培训，也要求生产经营单位对接收的实习学生进行相应的安全生产教育和培训，提供必要的劳动防护用品，还明确要求了学校要协助生产经营单位做好安全生产教育和培训工作。

本条还明确了生产经营单位应当建立安全生产教育和培训档案，如实记录安全生产教育和培训的时间、内容、参加人员以及考核结果等情况。信息记录和档案管理制度有利于提高培训的计划性和针对性，保障培训效果。同时，也便于负有安全生产监督管理职责的部门通过查阅档案记录，加强监督检查，适时掌握生产经营单位安全生产教育和培训的实际情况。

【案例】 2018 年 7 月 17 日 15 时 50 分许，位于长沙经济技术开发区的湖南某包装印务有限公司在改造仓库照明设施过程中发生一起高处坠落事故，造成 1 人死亡。经调查，事故直接原因是黎某安全意识淡薄，违反安全操作规程，在未戴安全帽、未系安全带的情况下进行高处作业，间接原因为该公司未依法对其进行安全教育和培训；未对高处作业进行审批；未安排专门人员进行现场安全管理；未采取技术、管理措施，及时发现消除黎某高处作业时未戴安全帽、未系安全带的安全隐患。

第二十七条　生产经营单位的特种作业人员必须按照国家有关规定经专门的安全作业培训，取得相应资格，方可上岗作业。

特种作业人员的范围由国务院安全生产监督管理部门会同国务院有关部门确定。

【解读】 由于特种作业人员所从事的工作潜在危险性较大，一旦发生事故不仅会给作业人员自身的生命安全造成危害，而且也容易对其他从业人员以至人民群众的生命和财产安全造成威胁。因此，本条规定特种作业人员必须经过专门安全作业培训，取得相应资格，才能上岗作业。

【案例】 2018 年 6 月 7 日，南昌市安全生产监督管理局执法人员对江西某电气有限公司进行检查时，发现该公司特种作业人焊工王某未进行安全作业培训，未取得上岗作业证进行焊接作业。上述事实违反了《安全生产法》第二十七条的规定，执法人员于 2018 年 6 月 15 日对该公司开具了行政处罚决定书。

第三十二条　生产经营单位应当在有较大危险因素的生产经营场所和有关设施、设备上，设置明显的安全警示标志。

【解读】 在有较大危险因素的生产经营场所或者有关设施、设备上设置明显的安全警示标志，可以提醒、警告作业人员或其他有关人员时刻清醒认识所处环境的危险，提高注意力，加强自身安全保护，严格遵守操作规程，减少生产安全事故的发生。

【案例】 2019 年 6 月 29 日 11 时许，合肥市某废旧物资回收有限公司在废旧材料堆放场吊装废旧钢材时，一名作业人员被吊装的钢筋砸中身亡。事故原因为该公司未严格落实企业安全生产主体责任，吊装时未设置安全警示标志，未安排专门人员进行现场管理，在作业区域有人的情况下违规进行吊装。起重机驾驶人周某被立案侦查，同时合肥市应急管理局依据《安全生产法》给予回收公司行政处罚。

第三十四条　生产经营单位使用的危险物品的容器、运输工具，以及涉及人身安全、危险性较大的海洋石油开采特种设备和矿山井下特种设备，必须按照国家有关规定，由专业生产单位生产，并经具有专业资质的检测、检验机构检测、检验合格，取得安全使用证或者安全标志，方可投入使用。检测、检验机构对检测、检验结果负责。

【解读】 本条对这两类产品的安全规定了双重保障要求：首先，这两类产品必须根据国家有关规定，由专业生产单位生产，其他任何单位和个人不得生产。其次，在投入使用前，还必须经取得专业资质的检测、检验机构检测、检验合格，取得安全使用证或者安全标志，未经检测、检验或者经检测、检验不合格的，不得投入使用。

【案例】 2017 年 11 月 8 日福建省某科技有限公司年产 60 万 t 己内酰胺项目一期工程动力站项目处于正常施工状态，已进入动力部烟囱 80m 段施工阶段，正常施工时间为上午 6 时至 11 时，下午 1 时至 5 时。事故当天动力站项目烟囱施工模板工班组共 11 人计划提前上工，于上午 11 时左右进入施工现场，并分三批乘升降机上往施工平台。前两批模板工乘坐配备防坠系统的升降机安全到达施工平台后，11 时 20 分第三批乘坐另一台未配备防坠系统的升降机（据了解此设备专为运料设备，非载人设备）上往施工平台，上升途中罐笼失去控制，并沿导轨坠落至地面。坠落冲击力造成事故升降机罐笼严重变形，罐笼内三名模板工坠落受伤，经医院抢救无效死亡。事故间接原因为施工单位安全生产主体责任履行不够到位，施工升降设备进场未严格把关，且未对施工升降机维护保养情况进行有效监督管理，该设备未经过相关专业机构检验、检测即投入使用。

第四十一条　生产经营单位应当教育和督促从业人员严格执行本单位的安全生产规章制度和安全操作规程；并向从业人员如实告知作业场所和工作岗位存在的危险因素、防范措施以及事故应急措施。

【解读】生产经营单位的安全生产规章制度和安全操作规程具有很强的针对性和可操作性，对保障安全生产意义重大。一方面生产经营单位要对从业人员进行安全生产规章制度和安全操作规程教育和培训；另一方面，也应当教育和督促从业人员严格执行本单位的安全生产规章制度和安全操作规程。要结合本单位实际，制订有针对性的制度，采取多种有效的措施（包括奖惩措施），监督、促使从业人员严格遵守本单位的安全生产规章制度和安全操作规程。

【案例】2019 年 7 月 5 日 16 时 38 分左右，在宝钢股份公司钢管条钢事业部内，上海某钢管作业服务有限公司在作业过程中发生一起物体打击事故，造成 1 人死亡，事故原因为该公司安全生产主体责任未落实，各级管理人员未能及时发现、制止违章作业，主要负责人未能督促、检查本单位安全生产工作，及时消除生产安全事故隐患。该公司未能教育和督促从业人员严格执行本单位的安全生产规章制度和安全操作规程；未能采取技术、管理措施，及时发现并消除事故隐患；上海市应急管理局于 2019 年 9 月 25 日对该公司做出行政处罚决定。

第四十二条　生产经营单位必须为从业人员提供符合国家标准或者行业标准的劳动防护用品，并监督、教育从业人员按照使用规则佩戴、使用。

【解读】本条从保护从业人员的角度规定了生产经营单位不仅要为从业人员提供符合国家标准或行业标准的劳动防护用品，同时还有监督、教育从业人员佩戴、使用的责任。

【案例】2019 年 4 月 30 日 16 时许，某公司位于翔安区华论国际大厦 9 楼的装修工程项目部内，电工高某在调整室内照明线路时，从该公司自制的便携式木折梯上摔落至地面，头部流血且无法动弹。在场的地板装修工苏某以及空调安装工徐某、曾某听到摔落声后即过来查看，苏某随即拨打了 120 急救和 110 报警电话。120 急救人员到达现场后，判断高某已经死亡。本次事故的直接原因是死者高某在进行高处作业的时候未配备防护措施，同时生产经营单位安全生产主体责任落实不到位，安全生产管理机构和人员缺失，不能有效监督、教育从业人员按照使用规则佩戴、使用劳动防护用品。

第五十四条　从业人员在作业过程中，应当严格遵守本单位的安全生产规章制度和操作规程，服从管理，正确佩戴和使用劳动防护用品。

【解读】从业人员除应严格遵守有关安全生产的法律、法规外，还应当严格遵守生产经营单位的安全生产规章制度和操作规程。这是从业人员在安全生产方面的一项法定义务。从业人员必须增强遵章守纪意识，不折不扣地遵守安全生产规章制度和操作规程，确保安全。

【案例】 2019年9月4日下午10时10分左右雷某帮贵州省某新型材料厂运输138块规格为2480mm×600mm×200mm的ALC板（蒸压加气混凝土板）到柳州市，该厂帮装好车后，雷某就驾驶桂BX77XX拖桂BY7XX挂回柳州市，途经柳江区三都镇，其妻子韦某上车一同前往柳石路4××号莲花城保障房施工工地。9月5日上午8时左右，雷某从工地东面（临柳石路）大门进入工地，右转弯沿着工地的北面行驶至北面中段，然后停下来，等待前面的货车排队卸货30~40min，继续行驶至工地的西面，解松挂车绑绳，转弯行驶至9号楼的北面停下，将挂车上的绑绳全部解开，从挂车左侧甩往右侧，上午10时10分左右，雷某在移动倒车调整车辆位置时，挂车上右后部一块重约240kg的ALC板从约3m高坠落至地面，砸中正在观察倒车情况的韦某，造成韦某重伤。经过调查查明事故是由于雷某安全生产意识不强，违反操作规程，在未开始卸车时就解松挂车绑绳，ALC板之间和ALC单体处于不稳定状态，加上雷某倒车调整车辆位置，致使ALC板从挂车后部约3m高坠落至地面，造成事故发生，雷某的不安全的驾驶行为是造成此次事故发生的重要原因，ALC板坠落是造成此次事故发生的直接原因。

第七十九条　危险物品的生产、经营、储存单位以及矿山、金属冶炼、城市轨道交通运营、建筑施工单位应当建立应急救援组织；生产经营规模较小的，可以不建立应急救援组织，但应当指定兼职的应急救援人员。

危险物品的生产、经营、储存、运输单位以及矿山、金属冶炼、城市轨道交通运营、建筑施工单位应当配备必要的应急救援器材、设备和物资，并进行经常性维护、保养，保证正常运转。

【解读】 危险物品的生产、经营、储存单位以及矿山、建筑施工单位的生产经营活动具有较高的风险，事故发生概率相对较高，影响面也较大。对这些单位的应急救援能力建设提出了更高的要求。

【案例】 某建筑施工单位有从业人员1000多人。该单位安全部门的负责人多次向主要负责人提出要建立应急救援组织。但单位负责人另有看法，认为建立这样一个组织，平时用不上，还总得花钱养着，划不来。真有了事情，可以向上级报告，请求他们支援就行了。由于单位主要负责人有这样的认识，该建筑施工单位一直没有建立应急救援组织。后受到有关部门行政处罚。

第九十四条　生产经营单位有下列行为之一的，责令限期改正，可以处五万元以下的罚款；逾期未改正的，责令停产停业整顿，并处五万元以上十万元以下的罚款，对其直接负责的主管人员和其他直接责任人员处一万元以上两万元以下的罚款：

（1）未按照规定设置安全生产管理机构或者配备安全生产管理人员的。

（2）危险物品的生产、经营、储存单位以及矿山、金属冶炼、建筑施工、道路运输单位的主要负责人和安全生产管理人员未按照规定经考核合格的。

（3）未按照规定对从业人员、被派遣劳动者、实习学生进行安全生产教育和培训，或者未按照规定如实告知有关的安全生产事项的。

（4）未如实记录安全生产教育和培训情况的。

（5）未将事故隐患排查治理情况如实记录或者未向从业人员通报的。

（6）未按照规定制订生产安全事故应急救援预案或者未定期组织演练的。

（7）特种作业人员未按照规定经专门的安全作业培训并取得相应资格，上岗作业的。

【解读】本条是关于生产经营单位未依法履行有关安全生产义务的法律责任的规定。一是明确了处罚范围，二是明确了处罚的尺度。

【案例1】2017年11月22日0时20分左右，柳州市某工贸有限公司摇纸工人姚某在纸机车间二层操控行吊将重约1t的纸品从1号造纸机吊运至地面，在此过程中粗麻制吊绳断裂，"L"形载货铁架发生倾覆并砸中地面工人蓝某头部，吊装的纸品、木架及"L"形载货铁架将蓝某压住。事故发生后，现场工人立即推开压在蓝某身上的重物，并拨打公司负责人和120医疗急救中心电话。事故间接原因是该工贸有限公司未对姚某等从业人员进行安全生产教育和培训，未能保证其具备必要的安全生产知识和熟悉有关行吊的安全操作规程；在进行吊装危险作业时，未安排人员进行现场管理、指挥；未能按照劳动服务公司制订的《行吊安全操作规程》向从业人员提供符合规范要求的吊具（即钢丝绳），从而酿成事故。

【案例2】2019年1月25日13时13分许，浙江某建设集团有限公司总承包的东阳市某家居用品市场建设工地，在进行三楼屋面构架混凝土浇筑施工时发生一起坍塌事故，造成5人死亡，5人受伤。经调查，该建设集团有限公司存在以经济责任制承包方式成立花园家居用品市场施工项目部，项目部主要关键岗位人员未到岗履职，特种作业人员无证上岗，模板钢管扣件支撑作业人员未取得上岗证；施工项目部未按照要求编制专项方案；对东阳市建设工程质量安全监督站及监理单位下达的上述安全隐患整改要求未认真组织整改，在未按规定完成整改情况下擅自施工等违法行为。

第二节　《安徽省建设工程安全生产管理办法》解读

2016年2月15日，李锦斌省长签署第265号省政府令，公布《安徽省建设工程安全生产管理办法》（以下简称《办法》），《办法》于2016年4月1日起施行，2018年11月19日省人民政府第31次常务会议通过《安徽省人民政府关于修改部分规章的决定》，将办法第三十条删去。

（一）《办法》出台的必要性

《安徽省建筑安全生产管理办法》（以下简称《旧办法》）于2000年9月20日由省政府颁布，该办法施行16年多，对加强建筑安全生产管理、保障人民群众生命和财产安全发挥了重要作用。由于国家2014年12月1日新修订施行《安全生产法》，对安全生产方针、监督体制、制度措施等方面做出了新规范，为此有必要根据上位法，结合安徽省实际，以解决建设工程领域建筑体量增大、技术工艺复杂、施工难度和风险大的安全问题，在《旧办法》的基础上，修订形成新的《办法》。

（二）《办法》的内容

该办法共5章35条，第一章总则7条，第二章主体责任16条，第三章监督管理5条，第四章法律责任5条，第五章附则2条。

一、重点条文解读

第二条　本办法适用于本省行政区域内从事建设工程的新建、扩建、改建和拆除等有关活动及其安全生产监督管理。

本办法所称建设工程，是指土木工程、建筑工程、线路管道和设备安装工程及装修工程。

【解读】明确办法使用范围。适用于安徽省行政区域内从事土木工程、建筑工程、线路管道和设备安装工程及装修工程的新建、扩建、改建和拆除等有关活动及其安全生产监督管理。

第三条 建设工程安全生产工作应当以人为本，坚持安全发展的理念，坚持安全第一、预防为主、综合治理的方针，坚持管生产必须管安全和谁主管谁负责的原则。

【解读】此条是贯彻习近平总书记“始终把人民生命安全放在首位”“发展决不能以牺牲人的生命为代价”“这必须作为一条不可逾越的红线”的要求。落实李克强总理“安全生产是人命关天的大事，是不能踩的‘红线’”的要求。也是根据新《安全生产法》第三条：安全生产工作应当以人为本制定本条。强化了安全生产人命关天、生命至上理念。

第四条 建设单位、勘察单位、设计单位、施工单位、工程监理单位及其他与建设工程安全生产有关的单位是建设工程安全生产的责任主体，依法承担建设工程安全生产的相关责任。

【解读】本条明确了参建主体的责任：建设单位、勘察设计、施工单位、监理单位等责任主体单位依法履职。本条明确了参与工程建设活动主体的义务，就是必须遵守安全生产法律、法规的规定，保证建设工程安全生产。本条规定的安全生产法律、法规，是指国家有关安全生产的法律、行政法规、地方性法规、自治条例、单行条例，这些都是所有参与工程建设活动的主体所必须遵守的，条例其他条款规定必须遵守的法律、法规，也都是指这个范围。

第八条 建设单位应当将建设工程发包给具有相应资质等级的勘察、设计、施工、工程监理等单位，并依照法律、行政法规的规定，在合同中明确双方的安全责任。

建设单位不得对勘察、设计、施工、工程监理等单位提出不符合建设工程安全生产法律、法规和强制性标准规定的要求，不得压缩合同约定的工期。

【解读】此条根据《建筑法》第十五条、第二十二条及《建设工程安全生产条例》第七条规定制定，是对建设单位在依法发包、明确双方安全责任和在施工活动中进行干预的限制性规定。

建设单位对整个工程建设活动有着主导作用，但并不意味着建设单位可以想怎么干就怎么干，必须遵守国家有关的法律法规和标准。建设单位在选择勘察、设计、施工、工程监理单位时，必须按照法律法规的规定，选择有相应资质的单位，同时要在合同中明确各自的安全责任，相互监督、相互督促。

建设单位无论是在选择承包单位，还是在工程建设活动过程中，都不得提出违反法律、法规和强制性标准的要求。

本条还规定了建设单位不得压缩合同约定的工期。建设单位不能为了早日发挥项目的效益，迫使施工单位大量增加人力、物力投入、简化施工程序、赶工期，损害施工单位的利益，甚至造成生产安全事故。

第十条 建设单位在申请领取施工许可证或者办理安全监督手续时，应当提供危险性较大的分部分项工程清单和安全管理措施。

建设单位应当督促施工单位落实危险性较大的分部分项工程安全管理措施。

【解读】 本条是关于建设单位在办理施工许可证或者开工报告时，必须报送安全施工措施的规定。《建筑法》第八条对申请领取施工许可证的条件做了明确规定，其中第（六）项规定：有保证工程质量和安全的具体措施。危险性较大的分部分项工程（以下简称“危大工程”），是指房屋建筑和市政基础设施工程在施工过程中，容易导致人员群死群伤或者造成重大经济损失的分部分项工程。安全施工措施是工程施工中，针对工程的特点、施工现场环境、施工方法、劳动组织、作业方法、使用的机械、动力设备、变配电设施、驾设工具以及各项安全防护设施等制订的确保安全施工的措施，是施工组织设计的一项重要内容。

此条最后明确在危大工程实施时负有的责任：督促施工单位落实危险性较大的分部分项工程安全管理措施，说明建设单位并不只是需要提供危大工程清单和安全管理措施，在危大工程实施过程中依然要进行监督管理。

第十一条 危险性较大的分部分项工程施工前，施工单位应当按照国家规定编制、论证安全专项施工方案，组织安全专项施工方案交底、实施、验收和监测。

勘察、设计单位应当配合施工单位制订超过一定规模的危险性较大的分部分项工程安全专项施工方案，参与方案论证。

施工单位应当在施工现场公示危险性较大的分部分项工程，对超过一定规模的危险性较大的分部分项工程，应当明确专职安全生产管理人员进行现场监督。

工程监理单位应当对危险性较大的分部分项工程实施现场监理，对超过一定规模的危险性较大的分部分项工程实施旁站监理。

【解读】 此条是依据《建设工程安全生产条例》和《危险性较大的分部分项工程安全管理规定》中的内容制定，明确勘察、设计、施工、工程监理单位在危大工程管理中的责任。一是规定施工单位应当按照国家规定编制、论证危险性较大的分部分项工程安全专项施工方案，组织安全专项施工方案交底、实施、验收和监测，在施工现场公示危险性较大的分部分项工程，并安排专职安全生产管理人员进行现场监督；二是规定勘察、设计单位应当配合施工单位制定超过一定规模的危险性较大的分部分项工程安全专项施工方案并参与方案论证；三是规定工程监理单位应当对危险性较大的分部分项工程实施现场监理，对超过一定规模的危险性较大的分部分项工程实施旁站监理。

第十二条 勘察、设计单位应当按照法律法规和强制性标准进行勘察、设计，对基坑开挖、地下暗挖、吊装、爆破、高大模板和高边坡作业等涉及施工安全的重点部位和环节在勘察、设计文件中予以注明，提出防范生产安全事故的指导意见，并在开工前向施工单位交底。

【解读】 此条是依据《建筑法》第五十六条和《建设工程安全生产条例》第十二条、第十三条制定，工程建设强制性标准是工程建设技术和经验的总结、积累，对保证建设工程质量和安全起着重要作用。勘察单位在进行勘察作业时，也易发生安全事故。为了保证勘察作业人员的安全，要求勘察人员必须严格执行操作规程；同时，还应当采取措施保证各类管线、设施和周边建筑物、构筑物的安全，这也是保证作业人员安全的需要。设计单位应当考虑施工安全操作和防护的需要，对涉及施工安全的重点部位和环节在设计文件中注明，并对防范生产安全事故提出指导意见。设计单位的工程设计文件对保证建筑结构安全非常重要；同时，设计单位在编制设计文件时，应当结合建设工程的具体特点和实际情况，考虑施工安全作业和安全防护的需要，为施工单位制订安全防护措施提供技术保障。重点部位和环节在施工单位作业前，勘察单位要对勘察情况，设计单位应当就设计意图、设计文件向施工单位做出说明和技术交底，并对防范生产安全事故提出指导意见。

第十三条　施工现场的安全由施工单位负责。实行施工总承包的，由总承包单位负责。

总承包单位依法将建设工程分包给其他单位的，分包合同中应当明确各自在安全生产方面的权利、义务。总承包单位和分包单位对分包工程的安全生产承担连带责任。

分包单位应当服从总承包单位的安全生产管理，分包单位不服从管理导致生产安全事故的，由分包单位承担主要责任。

【解读】 此条是依据《建筑法》第四十五条和《建设工程安全生产条例》第二十四条制定，是关于实行施工总承包的，总承包单位与分包单位安全责任划分的规定。施工总承包是指发包单位将建设工程的施工任务，包括土建施工和有关设施、设备安装调试的施工任务，全部发包给一家具备相应的施工总承包资质条件的承包单位，由该施工总承包单位对全过程向建设单位负责，直到工程竣工，向建设单位交付符合设计要求和合同约定的建设工程的承包方式。实行施工总承包的，施工现场由总承包单位全面统一负责，包括工程质量、建设工期、造价控制、施工组织等，由此，施工现场的安全生产也应当由施工总承包单位负责。

分包合同是确定总承包单位与分包单位权利与义务的依据。分包合同是总承包合同的承包人（分包合同的发包人）与分包人之间订立的合同。分包合同中对于分包单位承担的工程任务、工期、款项、质量责任、安全责任等都要依法做出明确约定，这是双方进行工程施工的依据，也是双方确定相应责任的依据。就施工总承包而言，对于分包工程发生的安全责任以及违约责任，受损害方可以向总承包单位请求赔偿，也可以向分包单位请求赔偿，总承包单位进行赔偿后，有权对不属于自己的责任赔偿依据分包合同向分包单位追偿；同样的，分包单位先赔偿的，也有权就不属于自己的责任赔偿依据分包合同向总承包单位追偿。这样规定，一方面强化了总承包单位和分包单位的安全责任意识，另一方面有利于保护受损害者的合法权益。

总承包单位既然对施工现场的安全生产负总责，就要求分包单位服从总承包单位的管理。施工现场情况复杂，有的一个施工工地，会同时有几个不同的分包单位在施工，因此，针对安全生产来说，就是要服从总承包单位的安全生产管理，包括制订安全生产责任制度，遵守相关的规章制度和操作规程等。如果由于分包单位不服从总承包单位的管理，导致生产安全事故的发生，应当由分包单位承担主要责任。

第二十条　施工作业人员应当履行下列安全生产义务：

（1）依法取得相应的岗位证书。

（2）遵守安全生产标准、制度和操作规程。

（3）正确使用安全防护用品、机械设备。

（4）服从安全生产管理。

（5）接受安全生产教育和培训，参加安全应急演练。

（6）法律、法规规定的其他安全生产义务。

【解读】 根据《建筑法》第四十七条、《安全生产法》第六条和《建设工程安全生产条例》第三十三条制定，是对作业人员的安全责任的规定。

施工现场的作业人员是安全施工的主体，施工单位要保障作业人员的安全，同时，作业人员也必须遵守有关的规章制度，做到安全生产。安全施工的强制性标准是针对施工过程中的安全管理和安全技术所制订的标准，是必须强制执行的。安全生产的规章制度是施工单位根据本单位的实际情况和工程的特点，依据法律、法规的要求所制订的有关安全生产的具体制度。安全生产的操作规程是施工单位为保障安全生产而对各工种的操作技术和具体程序所做的规定，是具体指导从业人员进行安全生产的重要技术准则。

作业人员能否安全、熟练地操作各种设施设备，能否认识到生产作业活动中的危险源和安全隐患、服从安全管理、是否接受安全教育培训等，往往决定一个生产经营单位的安全水平。做好安全生产工作，必须充分发挥作业人员的主观能动性，不断提高从业人员的安全意识和安全素质。无论从安全生产工作的目的还是客观需要出发，都必须保障作业人员安全生产方面的权利，明确其应当履行的义务。

第二十三条　工程监理单位应当对施工单位的下列安全管理事项进行审查：

（1）项目负责人、专职安全生产管理人员和特种作业人员的资格。

（2）安全生产管理制度落实情况。

（3）安全文明施工费使用情况。

（4）安全技术措施、安全专项施工方案及实施情况。

（5）分包单位的安全生产许可证和资质，相关从业人员的资格。

（6）机械设备和施工机具的维护、保养、使用情况。

（7）安全生产教育培训情况。

（8）法律、法规和强制性标准规定的其他事项。

【解读】根据《建设工程安全生产条例》第十四条和《建设工程监理规范》中的要求制定，是对工程监理单位应该审查施工单位安全管理事项内容的规定。

工程监理单位对施工安全的责任主要体现在审查施工组织设计中的安全技术措施或者专项施工方案是否符合工程建设强制性标准，审查关键岗位人员资格、安全文明措施费用使用落实情况等。

第二十五条　监督检查人员应将检查的时间、地点、内容、发现的问题及其处理情况，做出书面记录，由监督检查人员和被监督检查单位的负责人或者项目负责人确认。

监督检查机构及其监督检查人员负责督促被监督检查单位对检查中发现的安全隐患进行整改。

监督检查情况和查处结果应当按照规定向社会公布，接受社会监督。

【解读】根据《安全生产法》第六十五条和《国务院办公厅关于推广随机抽查规范事中事后监管的通知》第二条第（四）项的要求制定，是对监督检查人员应当对检查的有关情况做出书面记录并请被检查单位负责人共同签字、督促被检查单位进行隐患整改和监督结果向社会公布的规定。

要求安全生产监督检查人员将检查时间、地点、内容、发现的问题及其处理情况做出书面记录，并由检查人员和被检查单位负责人签字，其目的在于使每次检查都有据可查，更好地规范检查行为，确保检查效果。

检查人员和被检查单位的负责人在书面记录上签字，是对其行为的一种有效的监督和制约，有利于促使他们提高工作责任心，保证检查的效果；同时，签字也为发生生产安全事故时确定和分清责任提供了有效的依据。因此，检查人员和被检查单位的负责人都应当在检查记录上签字。

督促监督检查单位对检查中发现的安全隐患进行整改是检查工作的闭合环节，是真正落实企业主体责任的结果。

向社会公布是把安全生产工作置于全社会的监督之下，群防群治，才能真正做好监督检查工作。

第二十六条　县级以上人民政府住房和城乡建设、交通运输、水利等行政主管部门应当按照国家和省社会信用体系建设的规定，建立本行业建设工程安全生产信用信息系统，记录并依法公开市场主体的信用信息。

【解读】此条是对监管结果公布制度和信用信息公示制度的规定。

安徽省《关于进一步加强社会信用体系建设的意见》中规定：加强公共信用信息应用。政府部门要发挥带头示范作用，在公共资源交易、招标投标、行政审批、市场准入、资质审核、政府性资金安排、就业服务、评优评先等行政与社会管理事项中，以及食品药品安全、环境保护、教育和科研、国土资源开发利用、水利建设、安全生产、社会治安、产品质量、工程建设、旅游管理、电子商务、证券期货、融资担保、股权投资、中介服务等关系人民群众切身利益、经济健康发展、社会和谐稳定的重点领域，充分应用公共信用信息，加强事中事后监管。健全失信联合惩戒机制。行政、司法和社会管理机构要依法依规建立失信黑名单制度，通过自身信息系统、省企业信用信息公示系统和省公共信用信息共享服务平台，交换发布制假售假、偷逃税费、逃废债务、恶意欠薪、消防违法、安全生产违法、严重交通违法、失信被执行人等失信信息。制定失信行为惩戒办法，综合运用市场性、行政监管性、行业性、司法性、社会性等约束和惩戒手段，对失信主体实行多部门、跨地区联合惩戒，使失信者寸步难行。

第二十七条　建设工程安全事故的调查处理依照有关法律、法规和本省有关规定实施，依法及时向社会公布事故调查报告，并告知相关部门。

依法需要对事故发生单位和有关人员实施行政处罚、处分的，事故调查组应当自事故调查报告批复之日起 15 日内，将违法违纪行为的事实、证据等相关材料，移送有处罚、处分权的机关。

县级以上人民政府住房和城乡建设、交通运输、水利等行政主管部门应当做好本行政区域内建设工程安全事故的统计、报告工作，建立建设工程安全事故约谈制度，并定期发布建设工程安全生产动态。

【解读】本条是对事故处理情况向社会公布、事故调查报告批复时间以及定期统计分析生产安全事故情况的规定。

将生产安全事故的有关情况向社会公布，有几个方面的意义：①这是公众知情权的体现和要求；②有利于提高群众的安全生产意识；③有利于发挥社会各界对安全生产工作的监督作用；④可以促使负有安全生产监督管理职责的部门和有关生产经营单位（特别是发生事故的单位）进一步增强责任心，认真依法履行安全生产监督管理职责，加强安全生产工作。

事故调查报告只有经过有关人民政府批复后，才具有效力，才能被执行和落实。重大事故、较大事故、一般事故的调查报告的批复时限为 15 日，起算时间是接到事故调查报告之日，这是一个硬性规定，在任何情况下，15 日的期限不得延长。

定期统计分析生产安全事故的情况，对于全面把握和了解某一地区的安全生产状况，及时总结经验教训，做好安全生产决策，加强安全生产管理等，具有重要意义。在全面、准确地对事故进行统计的基础上，需要认真地对事故进行分析，即对事故的种类、原因、特点以及造成的伤亡、损失等进行研究、分析、归纳，总结事故经验教训，为有关安全生产决策提供依据。

第三十条　建设单位违反本办法第十条规定，未按规定提供危险性较大的分部分项工程清单和安全管理措施的，由县级以上人民政府住房和城乡建设、交通运输、水利等行政主管部门责令限期改正；逾期未改正的，处10000元以上30000元以下罚款。

【解读】此条在2018年11月7日发布的《安徽省人民政府关于修改部分规章的决定》（安徽省人民政府令第285号）中已删，删去的原因是提供危险性较大的分部分项工程清单和安全管理措施是建设单位办理施工许可证的必要条件之一，未提供建设行政主管部门就不会下发施工许可证，因此不存在逾期未改正。

第三十二条　施工单位负责项目管理的技术人员违反本办法第十八条规定，未告知施工班组、作业人员安全施工技术要求的，由县级以上人民政府住房和城乡建设、交通运输、水利等行政主管部门责令限期改正；逾期未改正的，处5000元以上10000元以下罚款。

【解读】此条是对应第十八条的罚则，规定了行使处罚权力的主体是县级以上人民政府住房和城乡建设、交通运输、水利等行政主管部门，被处罚的主体是施工单位负责项目管理的技术人员。

第三节　《中华人民共和国消防法》解读

一、立法的目的和意义

《中华人民共和国消防法》（以下简称《消防法》）是全国人民代表大会常务委员会批准的中国国家法律文件，共7章，74条。

《消防法》的制定是为了进一步加强我国的消防工作，其宗旨有三个方面：一是预防火灾和减少火灾危害；二是保护公民人身、公共财产和公民财产的安全，维护公共安全；三是保障社会主义现代化建设的顺利进行。特别是该法把保护公民人身安全放在首位，体现了生命安全第一宝贵的原则。

《消防法》作为我国历史上第一部完整、科学、权威的消防法律，自1998年施行以来，有力地推动了我国消防法治建设、社会化消防管理、公共消防设施建设以及消防监督执法规范化、提升政府应急救援能力、火灾隐患整改等方面的工作，对预防和减少火灾危害，保护人身、财产安全，维护公共安全，发挥了重要作用。

二、2019年修正《消防法》的背景和主要变化

2019年新修正的《消防法》是根据国务院关于开展工程建设项目审批制度改革、精简审批环节的要求和《中共中央办公厅国务院办公厅关于调整住房和城乡建设部职责机构编制的通知》等文件中关于将公安部指导建设工程消防设计审查验收职责划入住房和城乡建

设部的规定，对相应条款进行修改，调整建设工程消防设计审查验收的主管部门，并对建设工程消防设计验收审查的具体规定进行了调整和完善。新《消防法》实施，意味着建筑业步入新消防时代。与原《消防法》相比，主要变化有：

1）原由消防机构承担的建设工程消防设计审核和消防验收许可或备案职能划转至住房城乡建设部门。审验哪些工程，具体的审验和备案等行政审批，备案抽查、监督管理等，均由住房城乡建设部门负责。

2）原由消防机构承担的对建设工程行政处罚职能划转至住房城乡建设部门。对在建筑工程审验、检查等过程中发现的违法行为，住房城乡建设部门依照《消防法》进行罚款、三停、强制执行等行政处罚。

3）住房城乡建设部门承担部分信息报送工作。责令停产停业，对经济和社会生活影响较大的，由住房和城乡建设主管部门或者应急管理部门报请本级人民政府依法决定。

4）应急管理部门被赋予新的职能。如对辖区的消防工作进行监督管理；应当加强消防法律、法规的宣传，并督促、指导、协助有关单位做好消防宣传教育工作；对消防安全重点单位报本级人民政府备案；制定和公布消防产品相关政策；向本级人民政府书面报告重大火灾隐患等。

5）新的称谓变化，在新法中分别用“消防救援机构”和“国家综合性消防救援队”取代了原法中的“公安机关消防机构”和“公安消防队”，“应急管理部门”取代了原法中的“公安机关”，统一了改革后新机构称谓。

三、消防工作方针

我国消防工作应贯彻“预防为主、防消结合”的方针，即把同火灾做斗争的两个基本手段，预防火灾和扑救火灾结合起来。在消防工作中，要把火灾预防放在首位，积极贯彻落实各项防火措施，力求防止火灾的发生。

消防工作要坚持专门机关与群众相结合的原则，按照政府统一领导、部门依法监管、单位全面负责、公民积极参与的原则，实行消防安全责任制，建立健全社会化的消防工作网络。

四、建设工程火灾预防相关规定

（一）建设工程消防质量责任

建设单位、设计单位、施工单位、工程监理单位为建设工程消防质量责任的四方责任主体，具体是：

（1）建设单位　建设工程的建设单位应当选用具有国家规定资质等级的消防设计、施工单位，选用合格的消防产品和满足防火性能要求的建筑构件、建筑材料及室内装修装饰材料；实行工程监理的建设工程，应当将消防施工质量一并委托监理。

（2）设计单位　设计单位应当按照国家工程建筑消防技术标准进行设计，编制符合要求的消防设计文件，选用的消防产品和有防火性能的建筑构件、建筑材料及室内装饰装修材料应当注明规格、性能等技术指标，其质量要求必须符合国家标准、行业标准。

目前，我国已经发布的这类标准有《建筑设计防火规范》《高层民用建筑设计防火规范》《建筑内部装修设计防火规范》《火灾自动报警系统设计规范》《自动喷水灭火系统设计规范》《建筑灭火器配置设计规范》等涉及建筑防火设计、消防设施设计、自动消防设施施工及验收等方面的国家标准20多部。这些标准都是国家强制性标准。

（3）施工单位 施工单位应当按照国家工程建设消防技术标准和经消防设计审核合格或者备案的消防设计文件组织施工，查验消防产品和有防火性能要求的建筑构件、建筑材料及室内装修装饰材料的质量，保证消防施工质量。

（4）工程监理单位 工程监理单位应当按照国家工程建设消防技术标准和经消防设计审核合格或者备案的消防设计文件实施工程监理，核查消防产品和有防火性能要求的建筑构件、建筑材料及室内装修装饰材料的证明文件。

（二）建设工程的消防验收

对按照国家工程建设消防技术标准需要进行消防设计的建设工程，实行建设工程消防设计审查验收制度。

国务院住房和城乡建设主管部门规定应当申请消防验收的建设工程竣工，建设单位应当向住房和城乡建设主管部门申请消防验收。依法应当进行消防验收的建设工程，未经消防验收或者消防验收不合格的，禁止投入使用；其他建设工程经依法抽查不合格的，应当停止使用。

（三）消防产品核查检验和检测

建筑构件、建筑材料和室内装修、装饰材料的防火性能必须符合国家标准；没有国家标准的，必须符合行业标准。人员密集场所室内装修、装饰，应当按照消防技术标准的要求，使用不燃、难燃材料。

电器产品、燃气用具的产品标准，应当符合消防安全的要求。电器产品、燃气用具的安装、使用及其线路、管路的设计、敷设、维护保养、检测，必须符合消防技术标准和管理规定。

在建工程的建设单位或施工单位应当组织对消防产品实施安装前的核查、检验，保存核查记录和检验报告备案，核查、检验不合格的不得安装。建设工程竣工验收前，建设单位应当委托具备相应资质的检测机构对自动消防系统进行技术检测。

（四）消防安全责任人职责

单位的主要负责人是本单位的消防安全责任人，应当履行下列职责：

1）落实消防安全责任制，制订本单位的消防安全制度、消防安全操作规程，制订灭火和应急疏散预案。

2）按照国家标准、行业标准配置消防设施、器材，设置消防安全标志，并定期组织检验、维修，确保完好有效。

3）对建筑消防设施每年至少进行一次全面检测，确保完好有效，检测记录应当完整准确，存档备查。

4）保障疏散通道、安全出口、消防车通道畅通，保证防火防烟分区、防火间距符合消防技术标准。

5）组织防火检查，及时消除火灾隐患。

6）组织进行有针对性的消防演练。

7）法律、法规规定的其他消防安全职责。

重点工程的施工现场多为消防安全重点单位，除应当履行所有单位都应当履行的职责外，还应当履行下列消防安全职责：

1）确定消防安全管理人，组织实施本单位的消防安全管理工作。

2）建立消防档案，确定消防安全重点部位，设置防火标志，实行严格管理。

3）实行每日防火巡查，并建立巡查记录。

4）对职工进行岗前消防安全培训，定期组织消防安全培训和消防演练。

（五）消防安全制度

单位应当结合本单位的特点，建立健全各项消防安全制度和保障消防安全的操作规程，并公布执行。

单位消防安全制度主要包括下列内容：

1）消防安全教育、培训、消防演练。

2）消防（控制室）值班，防火巡查、检查，火灾隐患整改。

3）消防设施、器材检测、维修，安全疏散设施管理，电器产品，燃气用具及其线路、管路的检测和管理。

4）用火、用电、易燃易爆危险品安全管理。

5）专职消防队和志愿消防队的组织、管理。

6）消防安全工作考评和奖惩。

（六）施工现场管理责任

建设工程施工现场的消防安全由施工单位负责。实行施工总承包的，由总承包单位负责，分包单位向总承包单位负责，服从总承包单位对施工现场的消防安全管理。

因施工等特殊情况需要使用明火作业的，应当按照规定事先办理审批手续，采取相应的消防安全措施；作业人员应当遵守消防安全规定。进行电焊、气焊等具有火灾危险作业的人员和自动消防系统的操作人员，必须持证上岗，并遵守消防安全操作规程。

建筑物局部改造扩建或装修时，建设单位和施工单位应当在合同中明确消防安全责任，配置消防器材专人监护，共同采取措施，保证施工及使用区域的消防安全。施工单位应当在施工组织设计中编制消防安全技术措施和专项施工方案，并由专职安全管理人员进行现场监督。

（七）制定应急预案

县级以上地方人民政府应当针对本行政区域内灾害事故性质、特点和可能造成的社会危害，组织有关部门制定应急预案。

应急预案主要包括应急管理工作的组织管理体系和职责；灾害事故的防护与预警机制；灾害事故的报告、现场紧急处置、安全防护救护等处置程序；公安、发展改革、财政、交通运输、民政、安全监督、环境保护等部门和医疗救护、供水电气、通信等单位的应急保障措施等。应急预案应适应最不利情况下应急救援的需要，并根据实际情况适时组织修订和完善。

五、监督检查

《消防法》第五章规定政府及政府各部门依法履行监督的职责。

1）按照法定的职权和程序进行消防设计审查、消防验收、备案抽查和消防安全检查，做到公正、严格、文明、高效。

2）进行消防设计审查、消防验收、备案抽查和消防安全检查等，不得收取费用，不得利用职务谋取利益；不得利用职务为用户、建设单位指定或者变相指定消防产品的品牌、销售单位或者消防技术服务机构、消防设施施工单位。

3）在执行职务时，应当自觉接受社会和公民的监督。

六、法律责任

《消防法》第六章规定了违反本法规定的具体行为及应受何种处罚，处罚的对象，处罚的裁决机关。

1. 对不符合消防设计审查、消防验收要求的行为处罚

有下列行为之一的，由住房和城乡建设主管部门、消防救援机构按照各自职权责令停止施工、停止使用或者停产停业，并处三万元以上三十万元以下罚款：

1）依法应当进行消防设计审查的建设工程，未经依法审查或者审查不合格，擅自施工的。

2）依法应当进行消防验收的建设工程，未经消防验收或者消防验收不合格，擅自投入使用的。

3）本法第十三条规定的其他建设工程验收后经依法抽查不合格，不停止使用的。

建设单位未依照本法规定在验收后报住房和城乡建设主管部门备案的，由住房和城乡建设主管部门责令改正，处五千元以下罚款。

2. 对不按消防技术标准设计、施工的行为处罚

有下列行为之一的，由住房和城乡建设主管部门责令改正或者停止施工，并处一万元以上十万元以下罚款：

1）建设单位要求建筑设计单位或者建筑施工企业降低消防技术标准设计、施工的。

2）建筑设计单位不按照消防技术标准强制性要求进行消防设计的。

3）建筑施工企业不按照消防设计文件和消防技术标准施工，降低消防施工质量的。

4）工程监理单位与建设单位或者建筑施工企业串通，弄虚作假，降低消防施工质量的。

第四节　建设工程其他新规章解读

一、《建筑工程施工许可管理办法》（中华人民共和国住房和城乡建设部令第 18 号）修改对照

为了加强对建筑活动的监督管理，维护建筑市场秩序，保证建筑工程的质量和安全，中华人民共和国住房和城乡建设部制定《建筑工程施工许可管理办法》（中华人民共和国住房和城乡建设部令第 18 号，本节简称《新办法》），自 2014 年 10 月 25 日起施行。同时，1999 年 10 月 15 日建设部令第 71 号发布、2001 年 7 月 4 日建设部令第 91 号修正的《建筑工程施工许可管理办法》废止。

《新办法》的条文表述更规范，内容更注重工程监管、信息公开、责任到人、量化处罚标准，主要变化如下：

（1）规范办理程序　《新办法》规定在办理许可证时证明文件不齐全或失效的情况下，

应当当场或5日内一次告知建设单位需要补正的全部内容。《新办法》规定的申领施工许可证的条件，还规定县级以上地方住建部门不得增设办理施工许可证的其他条件。

(2) 建立事后检查制度 《新办法》规定发证机关应当建立颁发施工许可证后的监督检查制度，对取得施工许可证后条件发生变化、延期开工、中止施工等行为进行监督检查，发现违法违规行为及时处理。

(3) 加强信息公开、公示 《新办法》规定施工许可证应在施工现场公开。发证机关应当将办理施工许可证的依据、条件、程序、期限以及需要提交的全部材料等，在办公场所和有关网站予以公示。发证机关做出的施工许可决定，应当予以公开，公众有权查阅。

(4) 量化处罚标准 《新办法》规定对于未取得施工许可证或者为规避办理施工许可证将工程项目分解后擅自施工的，对建设单位处以工程合同价款1%以上2%以下罚款；对施工单位处以3万元以下罚款。

(5) 责任到人，处罚到人 《新办法》规定建立工程质量安全责任制并落实到人。规定单位罚款处罚的，对单位直接负责的主管人员和其他直接责任人员处单位罚款数额5%以上10%以下罚款。单位及相关责任人受到处罚的，作为不良行为记录予以通报。

《建筑工程施工许可管理办法》重点修改对照见表2-1（黑体字为修改部分）。

表2-1 《建筑工程施工许可管理办法》重点修改对照

住建部令第18号 2014年	建设部令第91号 2001年
第四条 建设单位申请领取施工许可证，应当具备下列条件，并提交相应的证明文件： **(一)依法应当办理用地批准手续的**，已经办理该建筑工程用地批准手续 (二)在城市、镇规划区的建筑工程，已经取得建设工程规划许可证 (三)施工场地已经基本具备施工条件，**需要征收房屋的，其进度符合施工要求** (四)已经确定施工企业。按照规定应当招标的工程没有招标，应当公开招标的工程没有公开招标，或者肢解发包工程，以及将工程发包给不具备相应资质条件的企业的，所确定的施工企业无效 (五)有满足施工需要的技术资料，施工图设计文件已按规定**审查合格** (六)有保证工程质量和安全的具体措施。施工企业编制的施工组织设计中有根据建筑工程特点制订的相应质量、安全技术措施。建立工程质量安全责任制并落实到人。专业性较强的工程项目编制了专项质量、安全施工组织设计，并按照规定办理了工程质量、安全监督手续 (七)按照规定应当委托监理的工程已委托监理 (八)建设资金已经落实。建设工期不足一年的，到位资金原则上不得少于工程合同价的50%，建设工期超过一年的，到位资金原则上不得少于工程合同价的30%。建设单位应当提供**本单位截至申请之日无拖欠工程款情形的承诺书或者能够表明其无拖欠工程款情形的其他材料**，以及银行出具的到位资金证明，有条件的可以实行银行付款保函或者其他第三方担保 (九)法律、行政法规规定的其他条件 县级以上地方人民政府住房城乡建设主管部门不得违反法律法规规定，增设办理施工许可证的其他条件	第四条 建设单位申请领取施工许可证，应当具备下列条件，并提交相应的证明文件： (一)已经办理该建筑工程用地批准手续 (二)在城市规划区的建筑工程，已经取得建设工程规划许可证 (三)施工场地已经基本具备施工条件，需要拆迁的，其拆迁进度符合施工要求 (四)已经确定施工企业。按照规定应该招标的工程没有招标，应该公开招标的工程没有公开招标，或者肢解发包工程，以及将工程发包给不具备相应资质条件的，所确定的施工企业无效 (五)有满足施工需要的施工图纸及技术资料，施工图设计文件已按规定进行了审查 (六)有保证工程质量和安全的具体措施。施工企业编制的施工组织设计中有根据建筑工程特点制订的相应质量、安全技术措施，专业性较强的工程项目编制的专项质量、安全施工组织设计，并按照规定办理了工程质量、安全监督手续 (七)按照规定应该委托监理的工程已委托监理 (八)建设资金已经落实。建设工期不足一年的，到位资金原则上不得少于工程合同价的50%，建设工期超过一年的，到位资金原则上不得少于工程合同价的30%。建设单位应当提供银行出具的到位资金证明，有条件的可以实行银行付款保函或者其他第三方担保 (九)法律、行政法规规定的其他条件

（续）

住建部令第18号 2014年	建设部令第91号 2001年
第五条 申请办理施工许可证，应当按照下列程序进行： （一）建设单位向发证机关领取《建筑工程施工许可证申请表》 （二）建设单位持加盖单位及法定代表人印鉴的《建筑工程施工许可证申请表》，并附本办法第四条规定的证明文件，向发证机关提出申请 （三）发证机关在收到建设单位报送的《建筑工程施工许可证申请表》和所附证明文件后，对于符合条件的，应当自收到申请之日起十五日内颁发施工许可证；对于证明文件不齐全或者失效的，**应当当场或者五日内一次告知建设单位需要补正的全部内容**，审批时间可以自证明文件补正齐全后做相应顺延；对于不符合条件的，应当自收到申请之日起十五日内书面通知建设单位，并说明理由 建筑工程在施工过程中，建设单位或者施工单位发生变更的，应当重新申请领取施工许可证	第五条 申请办理施工许可证，应当按照下列程序进行： （一）建设单位向发证机关领取《建筑工程施工许可证申请表》 （二）建设单位持加盖单位及法定代表人印鉴的《建筑工程施工许可证申请表》，并附本办法第四条规定的证明文件，向发证机关提出申请 （三）发证机关在收到建设单位报送的《建筑工程施工许可证申请表》和所附证明文件后，对于符合条件的，应当自收到申请之日起十五日内颁发施工许可证；对于证明文件不齐全或者失效的，应当限期要求建设单位补正，审批时间可以自证明文件补正齐全后做相应顺延；对于不符合条件的，应当自收到申请之日起十五日内书面通知建设单位，并说明理由 建筑工程在施工过程中，建设单位或者施工单位发生变更的，应当重新申请领取施工许可证
第六条 建设单位申请领取施工许可证的工程名称、地点、规模，应当符合依法签订的施工承包合同 施工许可证应当放置在施工现场备查，**并按规定在施工现场公开**	第六条 建设单位申请领取施工许可证的工程名称、地点、规模，应当与依法签订的施工承包合同一致 施工许可证应当放置在施工现场备查
第十条 发证机关应当将办理施工许可证的依据、条件、程序、期限以及需要提交的全部材料和申请表示范文本等，在办公场所和有关网站予以公示 **发证机关做出的施工许可决定，应当予以公开，公众有权查阅**	
第十一条 发证机关应当建立颁发施工许可证后的监督检查制度，对取得施工许可证后条件发生变化、延期开工、中止施工等行为进行监督检查，发现违法违规行为及时处理	
第十二条 对于未取得施工许可证或者为规避办理施工许可证将工程项目分解后擅自施工的，由有管辖权的发证机关责令停止施工，**限期改正，对建设单位处工程合同价款1%以上2%以下罚款；对施工单位处3万元以下罚款**	第十条 对于未取得施工许可证或者为规避办理施工许可证将工程项目分解后擅自施工的，由有管辖权的发证机关责令改正，对于不符合开工条件的责令停止施工，并对建设单位和施工单位分别处以罚款
第十三条 建设单位采用欺骗、贿赂等不正当手段取得施工许可证的，由原发证机关撤销施工许可证，责令停止施工，并处1万元以上3万元以下罚款；构成犯罪的，依法追究刑事责任	第十一条 对于采用虚假证明文件骗取施工许可证的，由原发证机关收回施工许可证，责令停止施工，并对责任单位处以罚款；构成犯罪的，依法追究刑事责任
第十四条 建设单位隐瞒有关情况或者提供虚假材料申请施工许可证的，发证机关不予受理或者不予许可，并处1万元以上3万元以下罚款；构成犯罪的，依法追究刑事责任 **建设单位伪造或者涂改施工许可证的，由发证机关责令停止施工，并处1万元以上3万元以下罚款；构成犯罪的，依法追究刑事责任**	第十二条 对于伪造施工许可证的，该施工许可证无效，由发证机关责令停止施工，并对责任单位处以罚款；构成犯罪的，依法追究刑事责任 对于涂改施工许可证的，由原发证机关责令改正，并对责任单位处以罚款；构成犯罪的，依法追究刑事责任

（续）

住建部令第 18 号　2014 年	建设部令第 91 号　2001 年
第十五条　依照本办法规定，给予单位罚款处罚的，对单位直接负责的主管人员和其他直接责任人员处单位罚款数额 5%以上 10%以下罚款 **单位及相关责任人受到处罚的，作为不良行为记录予以通报**	第十三条　本办法中的罚款，法律、法规有幅度规定的从其规定。无幅度规定的，有违法所得的处 5000 元以上 30000 元以下的罚款，没有违法所得的处 5000 元以上 10000 元以下的罚款
第十六条　发证机关及其工作人员，违反本办法，有下列情形之一的，由其上级行政机关或者监察机关责令改正；情节严重的，对直接负责的主管人员和其他直接责任人员，依法给予行政处分： **（一）对不符合条件的申请人准予施工许可的** **（二）对符合条件的申请人不予施工许可或者未在法定期限内做出准予许可决定的** **（三）对符合条件的申请不予受理的** **（四）利用职务上的便利，收受他人财物或者谋取其他利益的** **（五）不依法履行监督职责或者监督不力，造成严重后果的**	第十四条　发证机关及其工作人员对不符合施工条件的建筑工程颁发施工许可证的，由其上级机关责令改正，对责任人员给予行政处分；徇私舞弊、滥用职权的，不得继续从事施工许可管理工作；构成犯罪的，依法追究刑事责任 对于符合条件、证明文件齐全有效的建筑工程，发证机关在规定时间内不予颁发施工许可证的，建设单位可以依法申请行政复议或者提起行政诉讼
第十八条　本办法关于施工许可管理的规定适用于其他专业建筑工程。有关法律、行政法规有明确规定的，从其规定 **《中华人民共和国建筑法》第八十三条第三款规定的建筑活动，不适用本办法** 军事房屋建筑工程施工许可的管理，按国务院、中央军事委员会制定的办法执行 **【说明】**《建筑法》第八十三条第三款规定的建筑活动："抢险救灾及其他临时性房屋建筑和农民自建低层住宅的建筑活动"	第十六条　本办法关于施工许可管理的规定适用于其他专业建筑工程。有关法律、行政法规有明确规定的，从其规定 抢险救灾工程、临时性建筑工程、农民自建两层以下（含两层）住宅工程，不适用本办法 军事房屋建筑工程施工许可的管理，按国务院、中央军事委员会制定的办法执行
第二十条　本办法自 2014 年 10 月 25 日起施行。1999 年 10 月 15 日建设部令第 71 号发布，2001 年 7 月 4 日建设部令第 91 号修正的《建筑工程施工许可管理办法》同时废止	第十九条　本办法自 1999 年 12 月 1 日起施行

二、《建筑工程施工发包与承包计价管理办法》（中华人民共和国住房和城乡建设部令第 16 号）修改对照

为了规范建筑工程施工发包与承包计价行为，维护建筑工程发包与承包双方的合法权益，促进建筑市场的健康发展，中华人民共和国住房和城乡建设部制定《建筑工程施工发包与承包计价管理办法》（中华人民共和国住房和城乡建设部令第 16 号）。该《办法》共 27 条，自 2014 年 2 月 1 日起施行。建设部 2001 年 11 月 5 日发布的《建筑工程施工发包与承包计价管理办法》（建设部令第 107 号）予以废止。

《建筑工程施工发包和承包计价管理办法》重点修改对照见表 2-2 所示（黑体字为修改部分）。

表 2-2 《建筑工程施工发包和承包计价管理办法》重点修改对照

住建部令第 16 号 2014 年	建设部令第 107 号 2001 年
第二条 在中华人民共和国境内的建筑工程施工发包与承包计价(以下简称工程发承包计价)管理,适用本办法 本办法所称建筑工程是指房屋建筑和市政基础设施工程 **本办法所称工程发承包计价包括编制工程量清单、最高投标限价、招标标底、投标报价,进行工程结算,以及签订和调整合同价款等活动** 【说明】去掉了"房屋建设工程"和"市政基础设施工程"定义。重新定义了"工程发包承包计价"	第二条 在中华人民共和国境内的建筑工程施工发包与承包计价(以下简称工程发承包计价)管理,适用本办法 本办法所称建筑工程是指房屋建筑和市政基础设施工程 本办法所称房屋建筑工程,是指各类房屋建筑及其附属设施和与其配套的线路、管道、设备安装工程及室内外装饰装修工程 本办法所称市政基础设施工程,是指城市道路、公共交通、供水、排水、燃气、热力、园林、环卫、污水处理、垃圾处理、防洪、地下公共设施及附属设施的土建、管道、设备安装工程 工程发承包计价包括编制施工图预算、招标标底、投标报价、工程结算和签订合同价等活动
第五条 国家推广工程造价咨询制度,对建筑工程项目实行全过程造价管理 【说明】去掉了原发包与承包管理办法第五条。从工料单价法和综合单价法转向"工程量清单"	第五条 施工图预算、招标标底和投标报价由成本(直接费、间接费)、利润和税金构成。其编制可以采用以下计价方法: (一)工料单价法。分部分项工程量的单价为直接费。直接费以人工、材料、机械的消耗量及其相应价格确定。间接费、利润、税金按照有关规定另行计算 (二)综合单价法。分部分项工程量的单价为全费用单价。全费用单价综合计算完成分部分项工程所发生的直接费、间接费、利润、税金
【说明】去掉原发包与承包管理办法第六条	第六条 招标标底编制的依据为: (一)国务院和省、自治区、直辖市人民政府建设行政主管部门制定的工程造价计价办法以及其他有关规定 (二)市场价格信息
第六条 全部使用国有资金投资或者以国有资金投资为主的建筑工程(以下简称国有资金投资的建筑工程),应当采用工程量清单计价;非国有资金投资的建筑工程,鼓励采用工程量清单计价 **国有资金投资的建筑工程招标的,应当设有最高投标限价;非国有资金投资的建筑工程招标的,可以设有最高投标限价或者招标标底** **最高投标限价及其成果文件,应当由招标人报工程所在地县级以上地方人民政府住房城乡建设主管部门备案**	
第七条 工程量清单应当依据国家制定的工程量清单计价规范、工程量计算规范等编制。工程量清单应当作为招标文件的组成部分	
第八条 最高投标限价应当依据工程量清单、工程计价有关规定和市场价格信息等编制。招标人设有最高投标限价的,应当在招标时公布最高投标限价的总价,以及各单位工程的分部分项工程费、措施项目费、其他项目费、规费和税金	
第九条 招标标底应当依据工程计价有关规定和市场价格信息等编制	第九条 招标标底和工程量清单由具有编制招标文件能力的招标人或其委托的具有相应资质的工程造价咨询机构、招标代理机构编制 投标报价由投标人或其委托的具有相应资质的工程造价咨询机构编制

（续）

住建部令第16号　2014年	建设部令第107号　2001年
第十条　投标报价不得低于工程成本，不得高于最高投标限价 **投标报价应当依据工程量清单、工程计价有关规定、企业定额和市场价格信息等编制**	第七条　投标报价应当满足招标文件要求 投标报价应当依据企业定额和市场价格信息，并按照国务院和省、自治区、直辖市人民政府建设行政主管部门发布的工程造价计价办法进行编制
第十一条　投标报价低于工程成本或者高于最高投标限价总价的，评标委员会应当否决投标人的投标 对是否低于工程成本报价的异议，评标委员会可以参照国务院**住房城乡建设主管部门和省、自治区、直辖市人民政府住房城乡建设主管部门**发布的有关规定进行评审	第十条　对是否低于成本报价的异议，评标委员会可以参照建设行政主管部门发布的计价办法和有关规定进行评审
第十二条　招标人与中标人应当根据中标价订立合同。不实行招标投标的工程由发承包双方协商订立合同 **合同价款的有关事项由发承包双方约定，一般包括合同价款约定方式，预付工程款、工程进度款、工程竣工价款的支付和结算方式，以及合同价款的调整情形等** 【说明】*新发包与承包管理办法去掉了"在承包方编制的施工图预算的基础上"*	第十一条　招标人与中标人应当根据中标价订立合同 不实行招标投标的工程，在承包方编制的施工图预算的基础上，由发承包双方协商订立合同
第十三条　发承包双方在确定合同价款时，应当考虑市场环境和生产要素价格变化对合同价款的影响 **实行工程量清单计价的建筑工程，鼓励发承包双方采用单价方式确定合同价款** **建设规模较小、技术难度较低、工期较短的建筑工程，发承包双方可以采用总价方式确定合同价款** **紧急抢险、救灾以及施工技术特别复杂的建筑工程，发承包双方可以采用成本加酬金方式确定合同价款**	第十二条　合同价可以采用以下方式： （一）固定价。合同总价或者单价在合同约定的风险范围内不可调整 （二）可调价。合同总价或者单价在合同实施期内，根据合同约定的办法调整 （三）成本加酬金
第十四条　发承包双方应当在合同中约定，发生下列情形时合同价款的调整方法： **（一）法律、法规、规章或者国家有关政策变化影响合同价款的** **（二）工程造价管理机构发布价格调整信息的** **（三）经批准变更设计的** **（四）发包方更改经审定批准的施工组织设计造成费用增加的** **（五）双方约定的其他因素**	第十三条　发承包双方在确定合同价时，应当考虑市场环境和生产要素价格变化对合同价的影响
第十五条　发承包双方应当根据国务院住房城乡建设主管部门和省、自治区、直辖市人民政府住房城乡建设主管部门的规定，结合工程款、建设工期等情况在合同中约定预付工程款的具体事宜 **预付工程款按照合同价款或者年度工程计划额度的一定比例确定和支付，并在工程进度款中予以抵扣** 【说明】*新发包与承包管理办法去掉了"包工包料情况"*	第十四条　建筑工程的发承包双方应当根据建设行政主管部门的规定，结合工程款、建设工期和包工包料情况在合同中约定预付工程款的具体事宜
第十六条　承包方应当按照合同约定向发包方提交已完成工程量报告。发包方收到工程量报告后，应当按照合同约定及时核对并确认	
第十七条　发承包双方应当按照合同约定，定期或者按照工程进度分段进行工程款结算**和支付**	第十五条　建筑工程发承包双方应当按照合同约定定期或者按照工程进度分段进行工程款结算

（续）

住建部令第16号　2014年	建设部令第107号　2001年
第十八条　工程完工后，应当按照下列规定进行竣工结算： （一）承包方应当在工程完工后的约定期限内提交竣工结算文件 **（二）国有资金投资建筑工程的发包方，应当委托具有相应资质的工程造价咨询企业对竣工结算文件进行审核，并在收到竣工结算文件后的约定期限内向承包方提出由工程造价咨询企业出具的竣工结算文件审核意见；逾期未答复的，按照合同约定处理，合同没有约定的，竣工结算文件视为已被认可** 非国有资金投资的建筑工程发包方，应当在收到竣工结算文件后的约定期限内予以答复，逾期未答复的，按照合同约定处理，合同没有约定的，竣工结算文件视为已被认可；发包方对竣工结算文件有异议的，应当在答复期内向承包方提出，并可以在提出异议之日起的约定期限内与承包方协商；发包方在协商期内未与承包方协商或者经协商未能与承包方达成协议的，应当委托工程造价咨询企业进行竣工结算审核，并在协商期满后的约定期限内向承包方提出由工程造价咨询企业出具的竣工结算文件审核意见 **（三）承包方对发包方**提出的工程造价咨询企业竣工结算审核意见有异议的，在接到该审核意见后一个月内，可以向有关**工程造价管理机构或者有关行业组织**申请调解，调解不成的，可以依法申请仲裁或者向人民法院提起诉讼 发承包双方在合同中对本条第（一）项、第（二）项的期限没有明确约定的，应当按照国家有关规定执行；国家没有规定的，可认为其约定期限均为28日	第十六条　工程竣工验收合格，应当按照下列规定进行竣工结算： （一）承包方应当在工程竣工验收合格后的约定期限内提交竣工结算文件 （二）发包方应当在收到竣工结算文件后的约定期限内予以答复。逾期未答复的，竣工结算文件视为已被认可 （三）发包方对竣工结算文件有异议的，应当在答复期内向承包方提出，并可以在提出之日起的约定期限内与承包方协商 （四）发包方在协商期内未与承包方协商或者经协商未能与承包方达成协议的，应当委托工程造价咨询单位进行竣工结算审核 （五）发包方应当在协商期满后的约定期限内向承包方提出工程造价咨询单位出具的竣工结算审核意见 发承包双方在合同中对上述事项的期限没有明确约定的，可认为其约定期限均为28日 发承包双方对工程造价咨询单位出具的竣工结算审核意见仍有异议的，在接到该审核意见后一个月内可以向县级以上地方人民政府建设行政主管部门申请调解，调解不成的，可以依法申请仲裁或者向人民法院提起诉讼 工程竣工结算文件经发包方与承包方确认即应当作为工程决算的依据
第十九条　工程竣工结算文件经发承包双方签字确认的，应当作为工程决算的依据，**未经对方同意，另一方不得就已生效的竣工结算文件委托工程造价咨询企业重复审核。发包方应当按照竣工结算文件及时支付竣工结算款** **竣工结算文件应当由发包方报工程所在地县级以上地方人民政府住房城乡建设主管部门备案** **【说明】***新发包与承包管理办法第十九条拓展了旧发包与承包管理办法第十六条规定"工程竣工结算文件经发包方与承包方确认，即应当作为工程决算的依据"*	
第二十条　造价工程师编制工程量清单、最高投标限价、招标标底、投标报价、工程结算审核和工程造价鉴定文件，应当签字并加盖造价工程师执业专用章	第十七条　招标标底、投标报价、工程结算审核和工程造价鉴定文件应当由造价工程师签字，并加盖造价工程师执业专用章
第二十一条　县级以上地方人民政府**住房城乡建设主管部门**应当**依照有关法律、法规和本办法规定**，加强对建筑工程发承包计价活动的监督检查**和投诉举报的核查，并有权采取下列措施：** **（一）要求被检查单位提供有关文件和资料** **（二）就有关问题询问签署文件的人员** **（三）要求改正违反有关法律、法规、本办法或者工程建设强制性标准的行为** **县级以上地方人民政府住房城乡建设主管部门应当将监督检查的处理结果向社会公开**	第十八条　县级以上地方人民政府建设行政主管部门应当加强对建筑工程发承包计价活动的监督检查

（续）

住建部令第16号 2014年	建设部令第107号 2001年
第二十二条 造价工程师在**最高投标限价**、招标标底或者投标报价编制、工程结算审核和工程造价鉴定中，**签署有虚假记载、误导性陈述的工程造价成果文件的，记入造价工程师信用档案，依照《注册造价工程师管理办法》进行查处；构成犯罪的，依法追究刑事责任**	第十九条 造价工程师在招标标底或者投标报价编制、工程结算审核和工程造价鉴定中，有意抬高、压低价格，情节严重的，由造价工程师注册管理机构注销其执业资格
第二十三条 工程造价咨询企业在建筑工程计价活动中，出具有虚假记载、误导性陈述的工程造价成果文件的，记入工程造价咨询企业信用档案，由县级以上地方人民政府住房城乡建设主管部门责令改正，处1万元以上3万元以下的罚款，并予以通报	
第二十六条 省、自治区、直辖市人民政府住房城乡建设主管部门可以根据本办法制定实施细则	第二十三条 本办法由国务院建设行政主管部门负责解释
第二十七条 本办法自2014年2月1日起施行。建设部2001年11月5日发布的《建筑工程施工发包与承包计价管理办法》（建设部令第107号）同时废止	第二十四条 本办法自2001年12月1日起施行

三、《房屋建筑和市政基础设施工程竣工验收规定》（建质〔2013〕171号）修改对照

为规范房屋建筑和市政基础设施工程的竣工验收，保证工程质量，住房和城乡建设部制定《房屋建筑和市政基础设施工程竣工验收规定》（建质〔2013〕171号）。该《规定》共14条，自2013年12月2日起施行。原《房屋建筑工程和市政基础设施工程竣工验收暂行规定》（建建〔2000〕142号）予以废止。新旧验收规定重点修改对照见表2-3（黑体字为修改部分）。

表2-3 新旧验收规定重点修改对照

《房屋建筑和市政基础设施工程竣工验收规定》（建质〔2013〕171号）	《房屋建筑工程和市政基础设施工程竣工验收暂行规定》（建建〔2000〕142号）
第三条 国务院**住房和城乡建设主管部门**负责全国工程竣工验收的监督管理 县级以上地方人民政府建设主管部门负责本行政区域内工程竣工验收的监督管理，**具体工作可以委托所属的工程质量监督机构实施**	第三条 国务院建设行政主管部门负责全国工程竣工验收的监督管理工作 县级以上地方人民政府建设行政主管部门负责本行政区域内工程竣工验收的监督管理工作
第四条 工程竣工验收由建设单位负责组织实施 【说明】去掉原验收规定中"县级以上地方人民政府建设行政主管部门应当委托工程质量监督机构对工程竣工验收实施监督"	第四条 工程竣工验收工作，由建设单位负责组织实施 县级以上地方人民政府建设行政主管部门应当委托工程质量监督机构对工程竣工验收实施监督

（续）

《房屋建筑和市政基础设施工程竣工验收规定》（建质〔2013〕171号）	《房屋建筑工程和市政基础设施工程竣工验收暂行规定》（建建〔2000〕142号）
第五条 工程符合下列要求方可进行竣工验收： （一）完成工程设计和合同约定的各项内容 （二）施工单位在工程完工后对工程质量进行了检查，确认工程质量符合有关法律、法规和工程建设强制性标准，符合设计文件及合同要求，并提出工程竣工报告。工程竣工报告应经项目经理和施工单位有关负责人审核签字 （三）对于委托监理的工程项目，监理单位对工程进行了质量评估，具有完整的监理资料，并提出工程质量评估报告。工程质量评估报告应经总监理工程师和监理单位有关负责人审核签字 （四）勘察、设计单位对勘察、设计文件及施工过程中由设计单位签署的设计变更通知书进行了检查，并提出质量检查报告。质量检查报告应经该项目勘察、设计负责人和勘察、设计单位有关负责人审核签字 （五）有完整的技术档案和施工管理资料 （六）有工程使用的主要建筑材料、建筑构配件和设备的进场试验报告，**以及工程质量检测和功能性试验资料** （七）建设单位已按合同约定支付工程款 （八）有施工单位签署的工程质量保修书 **（九）对于住宅工程，进行分户验收并验收合格，建设单位按户出具《住宅工程质量分户验收表》** （十）建设主管部门及工程质量监督机构责令整改的问题全部整改完毕 **（十一）法律、法规规定的其他条件** **【说明】**去掉原验收规定中的（九）、（十）款	第五条 工程符合下列要求方可进行竣工验收： （一）完成工程设计和合同约定的各项内容 （二）施工单位在工程完工后对工程质量进行了检查，确认工程质量符合有关法律。法规和工程建设强制性标准，符合设计文件及合同要求，并提出工程竣工报告。工程竣工报告应经项目经理和施工单位有关负责人审核签字 （三）对于委托监理的工程项目，监理单位对工程进行了质量评估，具有完整的监理资料，并提出工程质量评估报告。工程质量评估报告应经总监理工程师和监理单位有关负责人审核签字 （四）勘察、设计单位对勘察、设计文件及施工过程中由设计单位签署的设计变更通知书进行了检查，并提出质量检查报告。质量检查报告应经该项目勘察、设计负责人和勘察、设计单位有关负责人审核签字 （五）有完整的技术档案和施工管理资料 （六）有工程使用的主要建筑材料、建筑构配件和设备的进场试验报告 （七）建设单位已按合同约定支付工程款 （八）有施工单位签署的工程质量保修书 （九）城乡规划行政主管部门对工程是否符合规划设计要求进行检查，并出具认可文件 （十）有公安消防、环保等部门出具的认可文件或者准许使用文件 （十一）建设行政主管部门及其委托的工程质量监督机构等有关部门责令整改的问题全部整改完毕
第六条 工程竣工验收应当按以下程序进行： （一）工程完工后，施工单位向建设单位提交工程竣工报告，申请工程竣工验收。实行监理的工程，工程竣工报告须经总监理工程师签署意见 （二）建设单位收到工程竣工报告后，对符合竣工验收要求的工程，组织勘察、设计、施工、监理等单位组成验收组，制订验收方案。**对于重大工程和技术复杂工程，根据需要可邀请有关专家参加验收组** （三）建设单位应当在工程竣工验收7个工作日前将验收的时间、地点及验收组名单书面通知负责监督该工程的工程质量监督机构 （四）建设单位组织工程竣工验收 1. 建设、勘察、设计、施工、监理单位分别汇报工程合同履约情况和在工程建设各个环节执行法律、法规和工程建设强制性标准的情况 2. 审阅建设、勘察、设计、施工、监理单位的工程档案资料 3. 实地查验工程质量 4. 对工程勘察、设计、施工、设备安装质量和各管理环节等方面做出全面评价，形成经验收组人员签署的工程竣工验收意见 参与工程竣工验收的建设、勘察、设计、施工、监理等各方不能形成一致意见时，应当协商提出解决的方法，待意见一致后，重新组织工程竣工验收	第六条 工程竣工验收应当按以下程序进行： （一）工程完工后，施工单位向建设单位提交工程竣工报告，申请工程竣工验收。实行监理的工程，工程竣工报告须经总监理工程师签署意见 （二）建设单位收到工程竣工报告后，对符合竣工验收要求的工程，组织勘察、设计、施工、监理等单位和其他有关方面的专家组成验收组，制订验收方案 （三）建设单位应当在工程竣工验收7个工作日前将验收的时间、地点及验收组名单书面通知负责监督该工程的工程质量监督机构 （四）建设单位组织工程竣工验收 1. 建设、勘察、设计、施工、监理单位分别汇报工程合同履约情况和在工程建设各个环节执行法律、法规和工程建设强制性标准的情况 2. 审阅建设、勘察、设计、施工、监理单位的工程档案资料 3. 实地查验工程质量 4. 对工程勘察、设计、施工、设备安装质量和各管理环节等方面做出全面评价，形成经验收组人员签署的工程竣工验收意见 参与工程竣工验收的建设、勘察、设计、施工、监理等各方不能形成一致意见时，应当协商提出解决的方法，待意见一致后，重新组织工程竣工验收

（续）

《房屋建筑和市政基础设施工程竣工验收规定》（建质〔2013〕171号）	《房屋建筑工程和市政基础设施工程竣工验收暂行规定》（建建〔2000〕142号）
第七条　工程竣工验收合格后，建设单位应当及时提出工程竣工验收报告。工程竣工验收报告主要包括工程概况，建设单位执行基本建设程序情况，对工程勘察、设计、施工、监理等方面的评价，工程竣工验收时间、程序、内容和组织形式，工程竣工验收意见等内容 工程竣工验收报告还应附有下列文件： （一）施工许可证 （二）施工图设计文件审查意见 （三）本规定第五条（二）、（三）、（四）、（八）项规定的文件 （四）验收组人员签署的工程竣工验收意见 （五）法规、规章规定的其他有关文件 **【说明】**去掉了原规定中的（五）、（六）款	第七条　工程竣工验收合格后，建设单位应当及时提出工程竣工验收报告。工程竣工验收报告主要包括工程概况，建设单位执行基本建设程序情况，对工程勘察、设计、施工、监理等方面的评价，工程竣工验收时间、程序、内容和组织形式、工程竣工验收意见等内容 工程竣工验收报告还应附有下列文件： （一）施工许可证 （二）施工图设计文件审查意见 （三）本规定第五条（二）、（三）、（四）、（九）、（十）项规定的文件 （四）验收组人员签署的工程竣工验收意见 （五）市政基础设施工程应附有质量检测和功能性试验资料 （六）施工单位签署的工程质量保修书 （七）法规、规章规定的其他有关文件
第九条　建设单位应当自工程竣工验收合格之日起15日内，依照**《房屋建筑和市政基础设施工程竣工验收备案管理办法》（住房和城乡建设部令第2号）**的规定，向工程所在地的县级以上地方人民政府建设主管部门备案	第九条　建设单位应当自工程竣工验收合格之日起15日内，依照《房屋建筑工程和市政基础设施工程竣工验收备案管理暂行办法》的规定，向工程所在地的县级以上地方人民政府建设行政主管部门备案
第十二条　省、自治区、直辖市人民政府**住房和城乡建设主管部门**可以根据本规定制定实施细则	第十二条　省、自治区、直辖市人民政府建设行政主管部门可以根据本规定制定实施细则
第十三条　本规定由国务院**住房和城乡建设主管部门**负责解释	第十三条　本规定由国务院建设行政主管部门负责解释
第十四条　本规定自发布之日起施行。**《房屋建筑工程和市政基础设施工程竣工验收暂行规定》（建建〔2000〕142号）同时废止**	第十四条　本规定自发布之日起施行

四、《建筑工程施工发包与承包违法行为认定查处管理办法》（建市规〔2019〕1号）解读

住房和城乡建设部根据相关法律法规，结合建筑活动实践，制定《建筑工程施工发包与承包违法行为认定查处管理办法》（建市规〔2019〕1号，以下简称《办法》）。该《办法》共20条，自2019年1月1日起施行。

第一条　为规范建筑工程施工发包与承包活动中违法行为的认定、查处和管理，保证工程质量和施工安全，有效遏制发包与承包活动中的违法行为，维护建筑市场秩序和建筑工程主要参与方的合法权益，根据《中华人民共和国建筑法》《中华人民共和国招标投标法》《中华人民共和国合同法》《建设工程质量管理条例》《建设工程安全生产管理条例》《中华人民共和国招标投标法实施条例》等法律法规，以及《全国人大法工委关于对建筑施工企业母公司承接工程后交由子公司实施是否属于转包以及行政处罚两年追溯期认定法律适用问题的意见》（法工办发〔2017〕223号），结合建筑活动实践，制定本办法。

【解读】该《办法》是住建部在建市〔2014〕118号《建筑工程施工转包违法分包等违法行为认定查处管理办法（试行)》［以下简称《办法（试行)》］的基础上，结合建筑领域的改革及试行过程中发现的问题，进行的修订完善并调整规范了文件名称。该《办法》的颁布实施，对进一步规范建筑业市场秩序，加强建筑工程质量安全保障，起到更加积极的作用。

第二条　本办法所称建筑工程，是指房屋建筑和市政基础设施工程及其附属设施和与其配套的线路、管道、设备安装工程。

第五条　本办法所称违法发包，是指建设单位将工程发包给个人或不具有相应资质的单位、肢解发包、违反法定程序发包及其他违反法律法规规定发包的行为。

第六条　存在下列情形之一的，属于违法发包：

（1）建设单位将工程发包给个人的。

（2）建设单位将工程发包给不具有相应资质的单位的。

（3）依法应当招标未招标或未按照法定招标程序发包的。

（4）建设单位设置不合理的招标投标条件，限制、排斥潜在投标人或者投标人的。

（5）建设单位将一个单位工程的施工分解成若干部分发包给不同的施工总承包或专业承包单位的。

【解读】删除了《办法（试行）》规定的违法发包情形中的“建设单位将施工合同范围内的单位工程或分部分项工程又另行发包的”及“建设单位违反施工合同约定，通过各种形式要求承包单位选择其指定分包单位的”的违法发包情形。民事法律规范的“违约”不纳入违法发包情形。

1）建设单位将施工合同范围内的单位工程或分部分项工程又另行发包，如构成肢解发包，基于肢解发包已在《办法》中有明确禁止性规定，不必重复规定；如不构成肢解发包，则属于双方施工合同调整范畴，不宜纳入行政管理违法行为查处。

2）对于技术性要求较高的专业工程，建设单位指定或限定专业施工单位，有利于工程质量保证和提高建设效率，禁止指定分包无明确上位法依据；结合国际惯例 FIDIC 合同体系规定，指定分包在国际工程中并不禁止，为了与国际惯例接轨，适应一带一路战略需要，不宜将指定分包纳入违法处理。

第七条　本办法所称转包，是指承包单位承包工程后，不履行合同约定的责任和义务，将其承包的全部工程或者将其承包的全部工程肢解后以分包的名义分别转给其他单位或个人施工的行为。

第八条　存在下列情形之一的，应当认定为转包，但有证据证明属于挂靠或者其他违法行为的除外：

（1）承包单位将其承包的全部工程转给其他单位（包括母公司承接建筑工程后将所承接工程交由具有独立法人资格的子公司施工的情形）或个人施工的。

（2）承包单位将其承包的全部工程肢解以后，以分包的名义分别转给其他单位或个人施工的。

（3）施工总承包单位或专业承包单位未派驻项目负责人、技术负责人、质量管理负责人、安全管理负责人等主要管理人员，或派驻的项目负责人、技术负责人、质量管理负责人、安全管理负责人中一人及以上与施工单位没有订立劳动合同且没有建立劳动工资和社会养老保险关系，或派驻的项目负责人未对该工程的施工活动进行组织管理，又不能进行合理解释并提供相应证明的。

(4) 合同约定由承包单位负责采购的主要建筑材料、构配件及工程设备或租赁的施工机械设备，由其他单位或个人采购、租赁，或施工单位不能提供有关采购、租赁合同及发票等证明，又不能进行合理解释并提供相应证明的。

(5) 专业作业承包人承包的范围是承包单位承包的全部工程，专业作业承包人计取的是除上缴给承包单位“管理费”之外的全部工程价款的。

(6) 承包单位通过采取合作、联营、个人承包等形式或名义，直接或变相将其承包的全部工程转给其他单位或个人施工的。

(7) 专业工程的发包单位不是该工程的施工总承包或专业承包单位的，但建设单位依约作为发包单位的除外。

(8) 专业作业的发包单位不是该工程承包单位的。

(9) 施工合同主体之间没有工程款收付关系，或者承包单位收到款项后又将款项转拨给其他单位和个人，又不能进行合理解释并提供材料证明的。

两个以上的单位组成联合体承包工程，在联合体分工协议中约定或者在项目实际实施过程中，联合体一方不进行施工也未对施工活动进行组织管理的，并且向联合体其他方收取管理费或者其他类似费用的，视为联合体一方将承包的工程转包给联合体其他方。

【解读】 1) 明确母公司承接工程后交由子公司实施认定转包的情形。目前建筑业存在建筑施工单位将其承包的工程交由其集团下属独立法人资格的子公司施工的情形，根据《公司法》规定，子公司相对于母公司而言，不同于分公司相对于总公司，分公司不具有法人资格，其民事责任由总公司承担，子公司有着自己的法人治理结构、管理体制和资质资格条件，独立承担民事责任，子公司应当属于《建设工程质量管理条例》第七十八条转包定义中的“他人”。母公司通过自身资质、能力和业绩等优势中标或承接工程后，转给子公司实施，损害了招标人、其他投标人的利益，不利于项目建设的质量、安全管控，扰乱了建筑市场的管理。所以《办法》转包情形中规定：承包单位将其承包的全部工程转给其他单位（包括母公司承接建筑工程后将所承接工程交由具有独立法人资格的子公司实施的情形）或个人施工的认定为转包。

2) 主要管理人员特定阶段尚未签订劳动合同的不视为转包。按照《办法（试行）》规定：“施工单位在施工现场派驻的项目负责人、技术负责人、质量管理负责人、安全管理负责人中一人以上与施工单位没有订立劳动合同，或没有建立劳动工资或社会养老保险关系”的将认定为挂靠。考虑到根据《劳动合同法》和《社会保险法》规定，用人单位应当在用工之日起 30 日内签署劳动合同并缴纳社会保险，所以此类情况下如果施工单位主要管理人员已经同用人单位建立用工关系，但尚在法律规定签署劳动合同和缴纳社会保险的期限内，可以进行合理解释并提供相应证明的，该期间不宜以未订立劳动合同未发生工资和社会养老保险关系而认定为转包。因此修订后的《办法》将该情形调整纳入转包后，增加了“又不能进行合理解释并提供相应证明的”的条件规定。

3) 新增承包单位“转付”工程款认定为转包的情形。在正常、合法的施工承包关系中，施工单位在承接工程之后，工程款一般情况下应当由建设单位支付给承包单位，两者之间应当存在直接的工程款收付关系。在专业分包工程的工程款支付主体也是如此。如果工程款支付上不是上述情况，或者工程款支付给承包单位后，该承包单位又将款项转拨或收取管理费等类似费用后转拨给其他单位和个人的，又不能进行合理解释的，应当认定为转包。

4）新增联合体内部认定转包的情形。联合体承包指的是某承包单位为了承揽不适于自己单独承包的工程项目而与其他单位联合，以一个承包人的身份去承包的行为，两个以上法人或者其他组织可以组成一个联合体，以一个承包人的身份共同承包。一般适用于大型、复杂结构工程建设项目。联合体承包模式本身并不被法律禁止，且在一些技术复杂、大型项目中强强联合的联合体模式有利于提高项目实施能力。但在实践中，有些施工企业在投标时与其他单位组成联合体，然后通过联合体协议或者在实际施工过程中，工程的所有施工及组织管理等均由联合体其他单位来完成和履行，联合体一方既不进行施工也不对施工活动进行组织管理，并且还收取联合体其他单位的管理费或其他类似费用。这种情形实质上是以联合体为名的承包单位之间实施的变相转包行为，扰乱了建筑市场招标投标和项目管理秩序，损害了招标人和其他投标人利益，对这种情形《办法》规定视为转包予以查处。

5）以“专业作业承包人”的称谓替代“劳务分包单位”。《国务院办公厅关于促进建筑业持续健康发展的意见》（国办发〔2017〕19号）指出：“推动建筑业劳务企业转型，大力发展木工、电工、砌筑、钢筋制作等以作业为主的专业企业。”住建部《关于培育新时期建筑产业工人队伍的指导意见（征求意见稿）》提出，将逐步取消“劳务分包”的概念与劳务分包资质审批，鼓励设立专业作业企业，促进建筑业农民工向技术工人转型。为了与建筑业改革新政相适应，推进建筑业劳务企业转型，《办法》将“劳务分包单位”改成“专业作业承包人”，意味着建筑业专业作业将不再强制要求劳务分包资质。

第九条　本办法所称挂靠，是指单位或个人以其他有资质的施工单位的名义承揽工程的行为。

前款所称承揽工程，包括参与投标、订立合同、办理有关施工手续、从事施工等活动。

第十条　存在下列情形之一的，属于挂靠：

（1）没有资质的单位或个人借用其他施工单位的资质承揽工程的。

（2）有资质的施工单位相互借用资质承揽工程的，包括资质等级低的借用资质等级高的，资质等级高的借用资质等级低的，相同资质等级相互借用的。

（3）本办法第八条第一款第（1）至（9）项规定的情形，有证据证明属于挂靠的。

第十一条　本办法所称违法分包，是指承包单位承包工程后违反法律法规规定，把单位工程或分部分项工程分包给其他单位或个人施工的行为。

第十二条　存在下列情形之一的，属于违法分包：

（1）承包单位将其承包的工程分包给个人的。

（2）施工总承包单位或专业承包单位将工程分包给不具备相应资质单位的。

（3）施工总承包单位将施工总承包合同范围内工程主体结构的施工分包给其他单位的，钢结构工程除外。

（4）专业分包单位将其承包的专业工程中非劳务作业部分再分包的。

（5）专业作业承包人将其承包的劳务再分包的。

（6）专业作业承包人除计取劳务作业费用外，还计取主要建筑材料款和大中型施工机械设备、主要周转材料费用的。

【解读】 删除了《办法（试行）》中“施工合同中没有约定，又未经建设单位认可，施工单位将其承包的部分工程交由其他单位施工的”违法分包情形。总承包商对部分工程进行分包，除了涉及主体结构和资质管理等法律特别限制外，应由承包商自主决定或通过发承包双方在合同中进行约定，即便承包商未按合同约定进行分包或未经建设单位同意分包，应由发承包双方通过合同关系进行处理或追究违约责任，不宜作为违法情形进行认定处罚。

第十四条 县级以上地方人民政府住房和城乡建设主管部门如接到人民法院、检察机关、仲裁机构、审计机关、纪检监察等部门转交或移送的涉及本行政区域内建筑工程发包与承包违法行为的建议或相关案件的线索或证据，应当依法受理、调查、认定和处理，并把处理结果及时反馈给转交或移送机构。

【解读】 此为新增条款。施工过程中有关当事人往往为了掩饰违法行为，采取签订阴阳合同、制作虚假材料等应对行政机关的检查，而行政主管机关基于行政调查的措施和权限限制，往往无法发现和认定施工单位的违法行为。而施工当事人在不同阶段基于不同利益需求，又会在合同纠纷或民事争议过程中，主动提出项目实施过程中存在违法发包、转包、挂靠、违法分包等违法行为及证据，法院、审计等机关在审理和调查处理相关案件时，对发现存在发包与承包违法行为时，如将相关证据、线索或生效法律文书移送建设行政主管部门的，此时建设行政主管部门应当及时受理和查处。建立该联动机制，有利于进一步扼制建筑市场违法行为的发生。

第十五条 县级以上人民政府住房和城乡建设主管部门对本行政区域内发现的违法发包、转包、违法分包及挂靠等违法行为，应当依法进行调查，按照本办法进行认定，并依法予以行政处罚。

（1）对建设单位存在本办法第五条规定的违法发包情形的处罚：

1）依据本办法第六条（1）（2）项规定认定的，依据《中华人民共和国建筑法》第六十五条、《建设工程质量管理条例》第五十四条规定进行处罚。

2）依据本办法第六条（3）项规定认定的，依据《中华人民共和国招标投标法》第四十九条、《中华人民共和国招标投标法实施条例》第六十四条规定进行处罚。

3）依据本办法第六条（4）项规定认定的，依据《中华人民共和国招标投标法》第五十一条、《中华人民共和国招标投标法实施条例》第六十三条规定进行处罚。

4）依据本办法第六条（5）项规定认定的，依据《中华人民共和国建筑法》第六十五条、《建设工程质量管理条例》第五十五条规定进行处罚。

5）建设单位违法发包，拒不整改或者整改后仍达不到要求的，视为没有依法确定施工企业，将其违法行为记入诚信档案，实行联合惩戒。对全部或部分使用国有资金的项目，同时将建设单位违法发包的行为告知其上级主管部门及纪检监察部门，并建议对建设单位直接负责的主管人员和其他直接责任人员给予相应的行政处分。

（2）对认定有转包、违法分包违法行为的施工单位，依据《中华人民共和国建筑法》第六十七条、《建设工程质量管理条例》第六十二条规定进行处罚。

（3）对认定有挂靠行为的施工单位或个人，依据《中华人民共和国招标投标法》第五十四条、《中华人民共和国建筑法》第六十五条和《建设工程质量管理条例》第六十条规定进行处罚。

（4）对认定有转让、出借资质证书或者以其他方式允许他人以本单位的名义承揽工程的施工单位，依据《中华人民共和国建筑法》第六十六条、《建设工程质量管理条例》第六十一条规定进行处罚。

（5）对建设单位、施工单位给予单位罚款处罚的，依据《建设工程质量管理条例》第七十三条、《中华人民共和国招标投标法》第四十九条、《中华人民共和国招标投标法实施条例》第六十四条规定，对单位直接负责的主管人员和其他直接责任人员进行处罚。

（6）对认定有转包、违法分包、挂靠、转让出借资质证书或者以其他方式允许他人以本单位的名义承揽工程等违法行为的施工单位，可依法限制其参加工程投标活动、承揽新的工程项目，并对其企业资质是否满足资质标准条件进行核查，对达不到资质标准要求的限期整改，整改后仍达不到要求的，资质审批机关撤回其资质证书。

对2年内发生2次及以上转包、违法分包、挂靠、转让出借资质证书或者以其他方式允许他人以本单位的名义承揽工程的施工单位，应当依法按照情节严重情形给予处罚。

（7）因违法发包、转包、违法分包、挂靠等违法行为导致发生质量安全事故的，应当依法按照情节严重情形给予处罚。

第十六条　对于违法发包、转包、违法分包、挂靠等违法行为的行政处罚追溯期限，应当按照法工办发〔2017〕223号文件的规定，从存在违法发包、转包、违法分包、挂靠的建筑工程竣工验收之日起计算；合同工程量未全部完成而解除或终止履行合同的，自合同解除或终止之日起计算。

【解读】此为新增条款。《行政处罚法》第二十九条规定："违法行为在两年内未被发现的，不再给予行政处罚。法律另有规定的除外。前款规定的期限，从违法行为发生之日起计算；违法行为有连续或者继续状态的，从行为终了之日起计算。"建设工程由于其特殊性，建设周期长，若存在违法发包、转包、违法分包、挂靠等违法行为的，该违法行为处于连续或继续状态的特征比较明显。竣工验收是工程完成建设目标的标志，是全面考核基本建设成果，检验设计和工程质量的重要步骤，竣工验收合格的项目经备案后即从基本建设转入生产或使用。因此，建设工程若存在违法发包、转包、违法分包、挂靠等行为，其行为终了之日应界定为建设工程竣工验收合格之日。有些工程因特殊情况出现工程完工前双方解除或终止合同的情形，此时的"终了之日"为合同解除或终止之日。

第十七条　县级以上人民政府住房和城乡建设主管部门应将查处的违法发包、转包、违法分包、挂靠等违法行为和处罚结果记入相关单位或个人信用档案，同时向社会公示，并逐级上报至住房和城乡建设部，在全国建筑市场监管公共服务平台公示。

第十九条　本办法中施工总承包单位、专业承包单位均指直接承接建设单位发包的工程的单位；专业分包单位是指承接施工总承包或专业承包企业分包专业工程的单位；承包单位包括施工总承包单位、专业承包单位和专业分包单位。

第二十一条　本办法自2019年1月1日起施行。2014年10月1日起施行的《建筑工程施工转包违法分包等违法行为认定查处管理办法（试行）》（建市〔2014〕118号）同时废止。

五、《危险性较大的分部分项工程安全管理规定》（住房和城乡建设部令第37号）解读

为加强对房屋建筑和市政基础设施工程中危险性较大的分部分项工程安全管理，有效

防范生产安全事故，住房和城乡建设部依据《中华人民共和国建筑法》《中华人民共和国安全生产法》《建设工程安全生产管理条例》等法律法规，制定发布《危险性较大的分部分项工程安全管理规定》（住房和城乡建设部令第37号，以下简称《规定》）。该规定共7章40条，自2018年6月1日起施行。

（一）发布背景

十九大报告指出，要树立安全发展理念，弘扬生命至上、安全第一的思想，健全公共安全体系，完善安全生产责任制，坚决遏制重特大安全事故。施工过程中，危险性较大的分部分项工程（以下简称危大工程）具有数量多、分布广、管控难、危害大等特征，一旦发生事故，将会造成严重后果和不良社会影响。据有关数据统计，近年来全国房屋建筑和市政基础设施工程领域死亡3人以上的较大安全事故中，大多数发生在基坑工程、模板工程及支撑体系、起重吊装及安装拆卸工程等危大工程范围内。为切实做好危大工程安全管理，减少群死群伤事故发生，从根本上促进建筑施工安全形势的好转，维护人民群众生命财产的安全，住房和城乡建设部研究制定该规定。

该规定在《危险性较大工程安全专项施工方案编制及专家论证审查办法》和《危险性较大的分部分项工程安全管理办法》的基础上，针对近年来危大工程安全管理面临的新问题、新形势，重点解决危大工程安全管理体系不健全、危大工程安全管理责任不落实以及法律责任和处罚措施不完善三个方面问题。

（二）主要内容

1. 明确危大工程定义及范围

危大工程是指房屋建筑和市政基础设施工程在施工过程中，容易导致人员群死群伤或造成重大经济损失的分部分项工程。危大工程及超过一定规模的危大工程范围将由国务院住房城乡建设主管部门另行制定。省级住房城乡建设主管部门可以结合本地区实际情况，补充本地区危大工程范围。

2. 强化危大工程参与各方主体的责任

勘察单位应根据工程实际及工程周边环境资料，在勘察文件中说明地质条件可能造成的工程风险。设计单位应当在设计文件中注明涉及危大工程的重点部位和环节，提出保障工程周边环境安全和工程施工安全的意见，必要时进行专项设计。建设单位应当组织勘察、设计等单位在施工招标文件中列出危大工程清单，要求施工单位在投标时补充完善危大工程清单并明确相应的安全管理措施；应当按照施工合同约定及时支付危大工程施工技术措施费以及相应的安全防护文明施工措施费，保障危大工程施工安全。

3. 确立危大工程专项施工方案的编制和论证

（1）施工单位应当在危大工程施工前组织工程技术人员编制专项施工方案。实行施工总承包的，专项施工方案应当由施工总承包单位组织编制。危大工程实行分包的，专项施工方案可以由相关专业分包单位组织编制。

（2）专项施工方案应当由施工单位技术负责人审核签字、加盖单位公章，并由总监理工程师审查签字、加盖执业印章后方可实施。危大工程实行分包并由分包单位编制专项施工方案的，专项施工方案应当由总承包单位技术负责人及分包单位技术负责人共同审核签字并加盖单位公章。

（3）对于超过一定规模的危大工程，施工单位应当组织召开专家论证会对专项施工方案进行论证。实行施工总承包的，由施工总承包单位组织召开专家论证会。专家论证前专项施工方案应当通过施工单位审核和总监理工程师审查。专家应当从地方人民政府住房城乡建设主管部门建立的专家库中选取，符合专业要求且人数不得少于5名。与本工程有利害关系的人员不得以专家身份参加专家论证会。

（4）专家论证会后，应当形成论证报告，对专项施工方案提出通过、修改后通过或者不通过的一致意见。专家对论证报告负责并签字确认。专项施工方案经论证需修改后通过的，施工单位应当根据论证报告修改完善后，重新履行本规定相关程序。专项施工方案经论证不通过的，施工单位修改后应当按照本规定的要求重新组织专家论证。

4. 完善现场安全管理措施

（1）施工单位应当在施工现场显著位置公告危大工程名称、施工时间和具体责任人员，并在危险区域设置安全警示标志。

（2）专项施工方案实施前，编制人员或者项目技术负责人应当向施工现场管理人员进行方案交底。施工现场管理人员应当向作业人员进行安全技术交底，并由双方和项目专职安全生产管理人员共同签字确认。

（3）施工单位应当严格按照专项施工方案组织施工，不得擅自修改专项施工方案。因规划调整、设计变更等原因确需调整的，修改后的专项施工方案应当按照本规定重新审核和论证。涉及资金或者工期调整的，建设单位应当按照约定予以调整。

（4）施工单位应当对危大工程施工作业人员进行登记，项目负责人应当在施工现场履职。项目专职安全生产管理人员应当对专项施工方案实施情况进行现场监督，对未按照专项施工方案施工的，应当要求立即整改，并及时报告项目负责人，项目负责人应当及时组织限期整改。施工单位应当按照规定对危大工程进行施工监测和安全巡视，发现危及人身安全的紧急情况，应当立即组织作业人员撤离危险区域。

（5）监理单位应当结合危大工程专项施工方案编制监理实施细则，并对危大工程施工实施专项巡视检查。

（6）监理单位发现施工单位未按照专项施工方案施工的，应当要求其进行整改；情节严重的，应当要求其暂停施工，并及时报告建设单位。施工单位拒不整改或者不停止施工的，监理单位应当及时报告建设单位和工程所在地住房城乡建设主管部门。

（7）对于按照规定需要进行第三方监测的危大工程，建设单位应当委托具有相应勘察资质的单位进行监测。监测单位应当编制监测方案。监测方案由监测单位技术负责人审核签字并加盖单位公章，报送监理单位后方可实施。监测单位应当按照监测方案开展监测，及时向建设单位报送监测成果，并对监测成果负责；发现异常时，及时向建设、设计、施工、监理单位报告，建设单位应当立即组织相关单位采取处置措施。

（8）对于按照规定需要验收的危大工程，施工单位、监理单位应当组织相关人员进行验收。验收合格的，经施工单位项目技术负责人及总监理工程师签字确认后，方可进入下一道工序。危大工程验收合格后，施工单位应当在施工现场明显位置设置验收标识牌，公示验收时间及责任人员。

（9）危大工程发生险情或者事故时，施工单位应当立即采取应急处置措施，并报告工程所在地住房城乡建设主管部门。建设、勘察、设计、监理等单位应当配合施工单位开展应急抢险工作。

（10）危大工程应急抢险结束后，建设单位应当组织勘察、设计、施工、监理等单位制订工程恢复方案，并对应急抢险工作进行后评估。

（11）施工、监理单位应当建立危大工程安全管理档案。施工单位应当将专项施工方案及审核、专家论证、交底、现场检查、验收及整改等相关资料纳入档案管理。监理单位应当将监理实施细则、专项施工方案审查、专项巡视检查、验收及整改等相关资料纳入档案管理。

（三）惩戒措施

该规定共有11条罚则，对危大工程参与各方违法违规行为分门别类明确了处罚措施。

（1）建设单位有下列行为之一的，责令限期改正，并处1万元以上3万元以下的罚款；对直接负责的主管人员和其他直接责任人员处1000元以上5000元以下的罚款。

1）未按照本规定提供工程周边环境等资料的。

2）未按照本规定在招标文件中列出危大工程清单的。

3）未按照施工合同约定及时支付危大工程施工技术措施费或者相应的安全防护文明施工措施费的。

4）未按照本规定委托具有相应勘察资质的单位进行第三方监测的。

5）未对第三方监测单位报告的异常情况组织采取处置措施的。

（2）勘察单位未在勘察文件中说明地质条件可能造成的工程风险的，责令限期改正，依照《建设工程安全生产管理条例》对单位进行处罚；对直接负责的主管人员和其他直接责任人员处1000元以上5000元以下的罚款。

（3）设计单位未在设计文件中注明涉及危大工程的重点部位和环节，未提出保障工程周边环境安全和工程施工安全的意见的，责令限期改正，并处1万元以上3万元以下的罚款；对直接负责的主管人员和其他直接责任人员处1000元以上5000元以下的罚款。

（4）施工单位未按照本规定编制并审核危大工程专项施工方案的，依照《建设工程安全生产管理条例》对单位进行处罚，并暂扣安全生产许可证30日；对直接负责的主管人员和其他直接责任人员处1000元以上5000元以下的罚款。

（5）施工单位有下列行为之一的，依照《中华人民共和国安全生产法》《建设工程安全生产管理条例》对单位和相关责任人员进行处罚：

1）未向施工现场管理人员和作业人员进行方案交底和安全技术交底的。

2）未在施工现场显著位置公告危大工程，并在危险区域设置安全警示标志的。

3）项目专职安全生产管理人员未对专项施工方案实施情况进行现场监督的。

（6）施工单位有下列行为之一的，责令限期改正，处1万元以上3万元以下的罚款，并暂扣安全生产许可证30日；对直接负责的主管人员和其他直接责任人员处1000元以上5000元以下的罚款：

1）未对超过一定规模的危大工程专项施工方案进行专家论证的。

2）未根据专家论证报告对超过一定规模的危大工程专项施工方案进行修改，或者未按照本规定重新组织专家论证的。

3）未严格按照专项施工方案组织施工，或者擅自修改专项施工方案的。

（7）施工单位有下列行为之一的，责令限期改正，并处1万元以上3万元以下的罚款；对直接负责的主管人员和其他直接责任人员处1000元以上5000元以下的罚款：

1）项目负责人未按照本规定现场履职或者组织限期整改的。

2）施工单位未按照本规定进行施工监测和安全巡视的。

3）未按照本规定组织危大工程验收的。

4）发生险情或者事故时，未采取应急处置措施的。

5）未按照本规定建立危大工程安全管理档案的。

（8）监理单位有下列行为之一的，依照《中华人民共和国安全生产法》《建设工程安全生产管理条例》对单位进行处罚；对直接负责的主管人员和其他直接责任人员处1000元以上5000元以下的罚款：

1）总监理工程师未按照本规定审查危大工程专项施工方案的。

2）发现施工单位未按照专项施工方案实施，未要求其整改或者停工的。

3）施工单位拒不整改或者不停止施工时，未向建设单位和工程所在地住房城乡建设主管部门报告的。

（9）监理单位有下列行为之一的，责令限期改正，并处1万元以上3万元以下的罚款；对直接负责的主管人员和其他直接责任人员处1000元以上5000元以下的罚款：

1）未按照本规定编制监理实施细则的。

2）未对危大工程施工实施专项巡视检查的。

3）未按照本规定参与组织危大工程验收的。

4）未按照本规定建立危大工程安全管理档案的。

（10）监测单位有下列行为之一的，责令限期改正，并处1万元以上3万元以下的罚款；对直接负责的主管人员和其他直接责任人员处1000元以上5000元以下的罚款：

1）未取得相应勘察资质从事第三方监测的。

2）未按照本规定编制监测方案的。

3）未按照监测方案开展监测的。

4）发现异常未及时报告的。

（11）县级以上地方人民政府住房城乡建设主管部门或者所属施工安全监督机构的工作人员，未依法履行危大工程安全监督管理职责的，依照有关规定给予处分。

六、《建筑工程五方责任主体项目负责人质量终身责任追究暂行办法》（建质〔2014〕124号）解读

为加强房屋建筑和市政基础设施工程（以下简称建筑工程）质量管理，提高质量责任意识，强化质量责任追究，保证工程建设质量，住房和城乡建设部根据《中华人民共和国建筑法》《建设工程质量管理条例》等法律法规，制定《建筑工程五方责任主体项目负责人质量终身责任追究暂行办法》（建质〔2014〕124号）。该《办法》共20条，自2014年8月25日起施行。

（一）明确定义

建筑工程五方责任主体项目负责人是指承担建筑工程项目建设的建设单位项目负责人、勘察单位项目负责人、设计单位项目负责人、施工单位项目经理、监理单位总监理工程师。建筑工程开工建设前，建设、勘察、设计、施工、监理单位法定代表人应当签署授权书，明确本单位项目负责人。

建筑工程五方责任主体项目负责人质量终身责任，是指参与新建、扩建、改建的建筑工程项目负责人按照国家法律法规和有关规定，在工程设计使用年限内对工程质量承担相应责任。

（二）监督管理

国务院住房城乡建设主管部门负责对全国建筑工程项目负责人质量终身责任追究工作进行指导和监督管理。县级以上地方人民政府住房城乡建设主管部门负责对本行政区域内的建筑工程项目负责人质量终身责任追究工作实施监督管理。

（三）五方主体责任

建设单位项目负责人对工程质量承担全面责任，不得违法发包、肢解发包，不得以任何理由要求勘察、设计、施工、监理单位违反法律法规和工程建设标准，降低工程质量，其违法违规或不当行为造成工程质量事故或质量问题应当承担责任。

勘察、设计单位项目负责人应当保证勘察设计文件符合法律法规和工程建设强制性标准的要求，对因勘察、设计导致的工程质量事故或质量问题承担责任。

施工单位项目经理应当按照经审查合格的施工图设计文件和施工技术标准进行施工，对因施工导致的工程质量事故或质量问题承担责任。

监理单位总监理工程师应当按照法律法规、有关技术标准、设计文件和工程承包合同进行监理，对施工质量承担监理责任。

（四）质量终身责任

（1）符合下列情形之一的，县级以上地方人民政府住房城乡建设主管部门应当依法追究项目负责人的质量终身责任：

1）发生工程质量事故。

2）发生投诉、举报、群体性事件、媒体报道并造成恶劣社会影响的严重工程质量问题。

3）由于勘察、设计或施工原因造成尚在设计使用年限内的建筑工程不能正常使用。

4）存在其他需追究责任的违法违规行为。

（2）工程质量终身责任实行书面承诺和竣工后永久性标牌等制度。

（3）项目负责人应当在办理工程质量监督手续前签署工程质量终身责任承诺书，连同法定代表人授权书，报工程质量监督机构备案。项目负责人如有更换的，应当按规定办理变更程序，重新签署工程质量终身责任承诺书，连同法定代表人授权书，报工程质量监督机构备案。

（4）建筑工程竣工验收合格后，建设单位应当在建筑物明显部位设置永久性标牌，载明建设、勘察、设计、施工、监理单位名称和项目负责人姓名。

（五）质量终身责任信息档案

建设单位应当建立建筑工程各方主体项目负责人质量终身责任信息档案，工程竣工验收合格后移交城建档案管理部门。项目负责人质量终身责任信息档案包括下列内容：

（1）建设、勘察、设计、施工、监理单位项目负责人姓名，身份证号码，执业资格，所在单位，变更情况等。

（2）建设、勘察、设计、施工、监理单位项目负责人签署的工程质量终身责任承诺书。

（3）法定代表人授权书。

（六）责任追究

（1）发生该办法第六条所列情形之一的，对建设单位项目负责人按以下方式进行责任追究：

1）项目负责人为国家公职人员的，将其违法违规行为告知其上级主管部门及纪检监察部门，并建议对项目负责人给予相应的行政、纪律处分。

2）构成犯罪的，移送司法机关依法追究刑事责任。

3）处单位罚款数额5%以上10%以下的罚款。

4）向社会公布曝光。

（2）发生该办法第六条所列情形之一的，对勘察单位项目负责人、设计单位项目负责人按以下方式进行责任追究：

1）项目负责人为注册建筑师、勘察设计注册工程师的，责令停止执业1年；造成重大质量事故的，吊销执业资格证书，5年以内不予注册；情节特别恶劣的，终身不予注册。

2）构成犯罪的，移送司法机关依法追究刑事责任。

3）处单位罚款数额5%以上10%以下的罚款。

4）向社会公布曝光。

（3）发生该办法第六条所列情形之一的，对施工单位项目经理按以下方式进行责任追究：

1）项目经理为相关注册执业人员的，责令停止执业1年；造成重大质量事故的，吊销执业资格证书，5年以内不予注册；情节特别恶劣的，终身不予注册。

2）构成犯罪的，移送司法机关依法追究刑事责任。

3）处单位罚款数额5%以上10%以下的罚款。

4）向社会公布曝光。

（4）发生该办法第六条所列情形之一的，对监理单位总监理工程师按以下方式进行责任追究：

1）责令停止注册监理工程师执业1年；造成重大质量事故的，吊销执业资格证书，5年以内不予注册；情节特别恶劣的，终身不予注册。

2）构成犯罪的，移送司法机关依法追究刑事责任。

3）处单位罚款数额5%以上10%以下的罚款。

4）向社会公布曝光。

七、《建筑工程设计招标投标管理办法》解读

《建筑工程设计招标投标管理办法》（住房和城乡建设部令第33号）（以下简称《办法》），由住房和城乡建设部2017年1月24日发布，并于2017年5月1日施行。该办法共38条，是在原《建筑工程设计招标投标管理办法》（建设部令第82号）基础上进行修订的。

（一）修订的必要性

招标投标制度是社会主义市场经济体制的重要组成部分，建筑工程设计招标投标的规章是规范建筑设计市场健康有序发展的重要保障，原《建筑工程设计招标投标管理办法》（建设部令第82号）于2000年发布实施，对规范建筑工程设计招标投标活动发挥了重要

作用。

但随着建筑设计市场的发展变化，在建筑设计招标投标过程中，招标项目范围过宽、招标办法单一、建筑设计特点体现不足、评标制度不完善、评标质量不高等问题逐渐凸显。

为解决上述问题，繁荣建筑设计创作，提升建筑设计水平，建立符合建筑工程设计活动内在要求、适应设计特点、鼓励高水平方案胜出的招标方式方法。住房和城乡建设部做出在已经建立了建筑设计招标投标的基本法规框架上，对原《建筑工程设计招标投标管理办法》进行了修订。

（二）修订的内容

1. 新增的内容

（1）新增设计团队招标方式　《办法》第六条规定："建筑工程设计招标可以采用设计方案招标或者设计团队招标，招标人可以根据项目特点和实际需要选择。"

（2）鼓励建筑工程实行设计总包　《办法》第九条规定："鼓励建筑工程实行设计总包。实行设计总包的，按照合同约定或者经招标人同意，设计单位可以不通过招标方式将建筑工程非主体部分的设计进行分包。"

（3）新增关于联合体投标的相关规定　《办法》第十一条规定："招标人应当在资格预审公告、招标公告或者投标邀请书中载明是否接受联合体投标。采用联合体形式投标的，联合体各方应当签订共同投标协议，明确约定各方承担的工作和责任，就中标项目向招标人承担连带责任。"

（4）新增关于设计团队评审内容的相关规定　《办法》第十八条规定："采用设计团队招标的，评标委员会应当对投标人拟从事项目设计的人员构成、人员业绩、人员从业经历、项目解读、设计构思、投标人信用情况和业绩等进行评审。"

（5）新增关于使用未中标方案的相关规定　《办法》第二十六条规定："招标人、中标人使用未中标方案的，应当征得提交方案的投标人同意并付给使用费。"

（6）加快推进电子招标投标　《办法》第二十八条规定："住房城乡建设主管部门应当加快推进电子招标投标，完善招标投标信息平台建设，促进建筑工程设计招标投标信息化监管。"

2. 调整的内容

（1）增加了可以不进行招标的情形范围　《办法》第四条规定："建筑工程设计招标范围和规模标准按照国家有关规定执行，有下列情形之一的，可以不进行招标：①采用不可替代的专利或者专有技术的；②对建筑艺术造型有特殊要求，并经有关主管部门批准的；③建设单位依法能够自行设计的；④建筑工程项目的改建、扩建或者技术改造，需要由原设计单位设计，否则将影响功能配套要求的；⑤国家规定的其他特殊情形。"

（2）关于招标文件内容的调整　《办法》第十条规定了招标文件应该包括的内容，其中明确规定，招标文件中应该包含"设计费或者计费方法"的内容。要求招标人明示价格，潜在投标人可根据设计费或计费方法确定是否参加投标。

（3）对投标文件提交期限进行了调整　原《办法》按照工程等级对投标文件提交时间予以分别规定。《办法》第十三条规定："招标人应当确定投标人编制投标文件所需要的合理时间，自招标文件开始发出之日起至投标人提交投标文件截止之日止，时限最短不少于20日。"

（4）对评标委员会专家构成进行了调整 《办法》第十六条规定：“评标由评标委员会负责。评标委员会由招标人代表和有关专家组成。评标委员会人数为5人以上单数，其中技术和经济方面的专家不得少于成员总数的2/3。建筑工程设计方案评标时，建筑专业专家不得少于技术和经济方面专家总数的2/3。评标专家一般从专家库随机抽取，对于技术复杂、专业性强或者国家有特殊要求的项目，招标人也可以直接邀请相应专业的中国科学院院士、中国工程院院士、全国工程勘察设计大师以及境外具有相应资历的专家参加评标。投标人或者与投标人有利害关系的人员不得参加评标委员会。”

（5）园林工程设计招标投标参照本办法执行 《办法》第三十七条规定：“市政公用工程及园林工程设计招标投标参照本办法执行。”

3. 删除的内容

取消招标备案制度。原《办法》第七条规定：“依法必须招标的建筑工程项目，招标人自行组织招标的，应当在发布招标公告或者发出招标邀请书15日前，持有关材料到县级以上地方人民政府建设行政主管部门备案；招标人委托招标代理机构进行招标的，招标人应当在委托合同签订后15日内，持有关材料到县级以上地方人民政府建筑行政主管部门备案。备案机关应当在接受备案之日起5日内进行审核，发现招标人不具备自行招标条件、代理机构无相应资格、招标前期条件不具备、招标公告或者招标邀请书有重大瑕疵的，可以责令招标人暂时停止招标活动。备案机关逾期未提出异议的，招标人可以实施招标活动。”《办法》取消了关于招标备案的相关规定，这也是政府简政放权的重要的体现。

第三章　建设工程标准规范解析

第一节　建筑工程施工质量验收统一标准（GB 50300—2013）解析

一、建筑工程施工质量系列验收规范概述

（一）建筑工程施工质量验收规范的发展过程

1. 1966年原国家建筑工程部批准试行《建筑安装工程质量检验评定标准》（GBJ 22—1966），该评定标准是在1956年颁布的《建筑安装工程施工及验收暂行技术规定》（翻译苏联的工程建设标准）的基础上增、减、修、补而成，共16个分项，每个分项内容包括“质量要求”“检验方法”和“质量评定”三个部分，工程质量分为优良、合格、不合格三个等级。

2. 1974年由原国家基本建设委员会完成对GBJ 22—1966的重大修订，颁布实施了《建筑安装工程质量检验评定标准》（TJ 301—1974），按专业工程进行分册，分为《建筑工程》（TJ 301—1974）《管道工程》（TJ 302—1974）《电气工程》（TJ 303—1975）《通风工程》（TJ 304—1974）《通用机械设备安装工程》（TJ 305—1975）《钢筋混凝土预制构件工程》（TJ 321—1976）等。建筑工程的分项工程增加到32个，每个分项工程按照主要项目、一般项目、允许偏差项目检验评定等级。

3. 改革开放以后，为了适应新的需求，原城乡建设环境保护部建筑工程标准研究中心组织对TJ 301—1974进行修订，对各专业质量验收内容进行重新归并，形成了一个建筑安装工程质量检验评定标准系列，1988年11月由原城乡建设环境保护部颁布，1989年9月1日起施行。该评定标准系列包括《建筑安装工程质量检验评定统一标准》（GBJ 300—1988）《建筑工程质量检验评定标准》（GBJ 301—1988）《建筑采暖卫生和煤气工程质量检验评定标准》（GBJ 302—1988）《建筑电气安装工程质量检验评定标准》（GBJ 303—1988）《通风与空调工程质量检验评定标准》（GBJ 304—1988）《电梯安装工程质量检验评定标准》（GBJ 310—1988）。《建筑安装工程质量检验评定统一标准》（GBJ 300—1988）规定，建筑安装工程质量应按分项、分部和单位工程进行检验评定，分为合格、优良两个等级。单位工程质量由企业技术负责人组织企业有关部门进行检验评定，并将有关评定资料提交当地工程质量监督部门或主管部门核定。

4. 进入21世纪以后，随着我国经济建设的发展，市场经济逐步形成，标准规范适用环境发生巨大变化，原系列标准政企不分、责任不明、施工类规范和检验标准不统一等弊端

日益显现。同时，工程质量管理制度也发生了变革，2000 年 1 月，《建设工程质量管理条例》颁布实施，工程质量管理由核验制改为备案制。2001 年 7 月，建设部颁布实施了《建筑工程施工质量验收统一标准》（GB 50300—2001），并相继颁布了《建筑装饰装修工程质量验收规范》（GB 50210—2001）《建筑地基基础施工质量验收规范》（GB 50202—2002）等专业验收规范，共同组成全新的工程质量验收规范体系。该验收规范将有关建筑工程的施工及验收规范和工程质量检验评定标准合并，统一建筑工程施工质量的验收方法、质量标准和程序；强调过程控制，增加过程检测项目；明确施工责任，增加了建筑工程施工现场质量管理和质量控制要求；明确质量责任，增加对验收人员资格要求。明确工程验收应在施工单位自行检查评定的基础上，参与建设活动的有关单位共同对检验批、分项、分部、单位工程的质量进行抽样复检，工程质量只规定了合格等级。

5. 随着工程建设新技术、新工艺、新材料的较快发展，《建筑工程施工质量验收统一标准》（GB 50300—2001）在实施过程中仍有很多需要改进完善的空间，根据建设部《关于印发〈2007 工程建设标准制定、修订计划（第一批）〉的通知》（建标〔2007〕125 号）要求，由中国建筑科学研究院会同有关单位对该标准进行了修订。编制组经过大量调查研究，总结了原统一标准的实施经验，改进、完善、丰富了标准内容，在征求各专业验收规范主编单位和其他方面的意见，对标准的具体内容进行反复讨论、协调和修改完善后形成《建筑工程施工质量验收统一标准》（GB 50300—2013）送审稿。2013 年 11 月 1 日，住建部批准发布了《建筑工程施工质量验收统一标准》（GB 50300—2013），该标准自 2014 年 6 月 1 日起正式实施，原《建筑工程施工质量验收统一标准》（GB 50300—2001）同时废止。

建筑工程施工质量验收规范的每一次修订，都是顺应经济建设发展的需求，对我国建设工程施工管理工作和工程质量管理工作起到积极的推动作用，使我国工程建设标准化工作得到完善，为工程建设的顺利进行提供技术保证。

（二）建筑工程施工质量系列验收规范的指导原则

建筑工程施工质量系列验收规范编制的指导原则是“验评分离、强化验收、完善手段、过程控制”。

1. 验评分离

将以前验评标准中的质量检验与质量评定的内容分开，将以前施工及验收规范中的施工工艺和质量验收的内容分开，将验评标准中的质量检验与施工规范中的质量验收衔接，形成工程质量验收规范。施工及验收规范中的施工工艺部分作为企业标准或行业推荐性标准；验评标准中的评定部分，主要是为企业操作工艺水平进行评价，可作为行业推荐性标准，为社会及企业的创优评价提供依据。

2. 强化验收

将施工规范中的验收部分与验评标准中的质量检验内容合并起来，形成一个完整的工程质量验收规范，是建设工程必须完成的最低质量标准，是施工单位必须达到的施工质量标准，也是建设单位验收工程质量所必须遵守的规定，其规定的质量指标都必须达到。强化验收还体现只设合格一个质量等级、增加过程检测项目等方面。

3. 完善手段

以往不论是施工规范还是验评标准，对质量指标的科学检测重视不够，以至评定及验收中，科学的数据较少。为量化质量指标，《建筑工程施工质量验收统一标准》（GB

50300—2013）统一了工程质量检测的程序、方法、仪器设备等，主要是从三个方面着手改进。一是完善材料、设备的检测；二是改进施工阶段的施工试验；三是增加分部工程、单位工程的抽测项目，减少或避免人为因素的干扰和主观评价的影响。工程质量检测作为验收手段，可分为基本试验、施工试验和竣工工程有关安全、使用功能抽样检测三个部分。基本试验具有法定性，其质量指标、检测方法都有相应的国家或行业标准，其方法、程序、设备仪器以及人员素质都应符合有关标准的规定，其试验一定要符合相应标准方法的程序及要求，要有复演性，其数据要有可比性。施工试验是施工单位进行的质量控制，判定质量时，要注意试验的技术条件，试验程序需要第三方见证，以保证其统一性和公正性。竣工抽样检测是为了确认施工检测的程序、方法、数据的规范性和有效性，为保证工程的结构安全和使用功能提供数据。

4. 过程控制

过程控制是根据工程质量的特点进行的质量管理。工程质量验收体现在施工质量全过程控制的基础上。一是体现在建立过程控制的各项制度；二是体现在基本规定中关于控制设置的要求，如强化中间控制和合格控制，强调施工必须有操作依据，并提出了把综合施工质量水平的考核作为质量验收的要求；三是体现在验收的本身，检验批、分项、分部、单位工程的验收，就是过程控制。

（三）建筑工程施工质量系列验收规范体系

目前常用的施工质量系列验收规范包括：

1. 《建筑工程施工质量验收统一标准》（GB 50300）
2. 《建筑地基基础工程施工质量验收规范》（GB 50202）
3. 《砌体工程施工质量验收规范》（GB 50203）
4. 《混凝土结构工程施工质量验收规范》（GB 50204）
5. 《钢结构工程施工质量验收规范》（GB 50205）
6. 《木结构工程施工质量验收规范》（GB 50206）
7. 《屋面工程质量验收规范》（GB 50207）
8. 《地下防水工程质量验收规范》（GB 50208）
9. 《建筑地面工程施工质量验收规范》（GB 50209）
10. 《建筑装饰装修工程质量验收标准》（GB 50210）
11. 《建筑给水排水及采暖工程施工质量验收规范》（GB 50242）
12. 《通风与空调工程施工质量验收规范》（GB 50243）
13. 《建筑电气工程施工质量验收规范》（GB 50303）
14. 《电梯工程施工质量验收规范》（GB 50310）
15. 《智能建筑工程施工质量验收规范》（GB 50339）
16. 《建筑节能工程施工质量验收标准》（GB 50411）
17. 《铝合金结构工程施工质量验收规范》（GB 50576）
18. 《建筑防腐蚀工程施工质量验收规范》（GB 50224）
19. 《钢管混凝土工程施工质量验收规范》（GB 50628）

标准规范体系的落实和执行，还需要有关标准的支持，主要包括施工技术标准、操作规程、管理标准和有关企业标准、试验方法标准、检测技术标准、施工质量评价标准等。

（四）《建筑工程施工质量验收统一标准》的作用

《建筑工程施工质量验收统一标准》的作用主要有：

1. 指导专业规范的编制

《建筑工程施工质量验收统一标准》规定了房屋建筑工程各专业工程施工质量验收规范编制的统一准则，对检验批、分项、分部、单位工程的划分、质量指标的设置和要求、验收程序和组织提出了原则要求，用以指导各专业施工质量验收规范的编制，使系列规范统一协调。

2. 配套用于工程验收

《建筑工程施工质量验收统一标准》规定了单位工程的划分和组成、质量指标的设置、验收的程序和组织；各专业工程质量验收规范规定了检验批、分项工程和分部工程质量验收指标的具体内容。所以，在进行单位工程施工质量验收时，必须执行统一标准和各专业质量验收规范，相互协调，同时满足二者的要求，共同来完成一个单位工程的质量验收。

二、《建筑工程施工质量验收统一标准》（GB 50300—2013）要点解析

（一）施工现场质量管理总体要求

【标准条文】 3.0.1 施工现场应具有健全的质量管理体系、相应的施工技术标准、施工质量检验制度和综合施工质量水平评定考核制度。施工现场质量管理可按本标准附录 A 的要求进行检查记录。

【条文说明】 3.0.1 建筑工程施工单位应建立必要的质量责任制度，应推行生产控制和合格控制的全过程质量控制，应有健全的生产控制和合格控制的质量管理体系。不仅包括原材料控制、工艺流程控制、施工操作控制、每道工序质量检查、相关工序间的交接检验以及专业工种之间等中间交接环节的质量管理和控制要求，还应包括满足施工图设计和功能要求的抽样检验制度等。施工单位还应通过内部的审核与管理者的评审，找出质量管理体系中存在的问题和薄弱环节，并制订改进的措施和跟踪检查落实等措施，使质量管理体系不断健全和完善，是使施工单位不断提高建筑工程施工质量的基本保证。

【解析】 本条是对施工现场施工单位质量管理的总体要求，施工单位应按照国家现行有关质量管理的法律法规和《建设工程项目管理规范》（GB/T 50326）《工程建设施工企业质量管理规范》（GB/T 50430）、施工质量系列验收规范等，履行质量管理职责，对建设工程的施工质量负责。施工企业应坚持预防为主的原则，按照策划、实施、检查、处置的循环方式进行系统运作。施工企业应在各管理层次中明确质量管理的组织协调部门和岗位，并规定其职责。施工合同签订后 30 日内，项目部根据施工合同和企业要求确定质量目标，编制完成质量策划书，报企业技术负责人审批后实施。施工企业应对项目质量目标实施情况进行考核，并留有记录。

施工现场质量管理检查内容包括项目部质量管理体系、现场质量责任制、主要专业工种操作岗位证书、图纸会审记录、地质勘查资料、施工技术标准、施工组织设计、施工方案编制及审批、物资采购管理制度、施工设施和机械设备管理制度、计量设备配备、检测试验管理制度、工程质量检查验收制度等。施工单位自检完成后，填写《施工现场质量管理检查记录》，项目负责人签字后报监理单位，监理单位检查后，由总监签检查

结论。

施工现场应建立健全质量管理制度，如质量责任制，明确各级管理人员质量责任制，每月进行考核评价；质量例会制度，一般分为周例会、月例会和质量专题会，由项目经理组织召开，并留有书面记录；质量检查制度，施工过程中应加强质量检查，质量检查分为日常检查、定期检查、不定期检查、隐蔽工程检查、工序质量检查等，检查应有详细的检查记录和明确的检查结论，对不符合要求的期限整改，并留有书面整改及复查记录；质量改进制度，对质量检查中发现的质量偏差定期或按节点进行统计分析，制订纠正措施和预防措施，避免相同问题重复出现；质量奖罚制度，施工企业和项目部对项目质量控制的过程和结果进行考核和奖罚；资料管理制度，明确专人负责工程质量资料的收集、整理、保存和管理，工程资料应归类整理，编目清楚，做到及时、齐全、真实、签章有效、书写工整，施工日志必须详细记录当日的天气、施工部位、施工质量、施工安全、质量问题的处理、原材料进场、验收、试块制作等情况；关键工序质量控制制度，项目技术负责人应明确关键工序，针对关键工序划分质量控制点，制订质量控制措施，质量控制点包括工程施工的重点、难点以及涉及结构安全和重要使用功能的部位，在关键工序质量控制中应留有相应的质量记录，项目结束后对质量记录进行收集、整理并归档保存；成品保护制度，根据工程特点，编制成品保护方案，在施工过程中对成品、半成品进行保护管理；样板引路制度，施工前，在施工现场做样板，经验收合格再进行大面积施工；持证上岗制度，建立专业工种人员及证书登记台账，并造册管理，定期更新，组织专业工种人员培训取证，做到持证上岗等。

（二）施工质量控制

【标准条文】 3.0.3 建筑工程的施工质量控制应符合下列规定：

1）建筑工程采用的主要材料、半成品、成品、建筑构配件、器具和设备应进行进场检验。凡涉及安全、节能、环境保护和主要使用功能的重要材料、产品，应按各专业工程施工规范、验收规范和设计文件等规定进行复验，并应经监理工程师检查认可。

2）各施工工序应按施工技术标准进行质量控制，每道施工工序完成后，经施工单位自检符合规定后，才能进行下道工序施工。各专业工种之间的相关工序应进行交接检验，并应记录。

3）对于监理单位提出检查要求的重要工序，应经监理工程师检查认可，才能进行下道工序施工。

【条文说明】 3.0.3 本条规定了建筑工程施工质量控制的主要方面：

1）用于建筑工程的主要材料、半成品、成品、建筑构配件、器具和设备的进场检验和重要建筑材料、产品的复验。为把握重点环节，要求对涉及安全、节能、环境保护和主要使用功能的重要材料、产品进行复检，体现了以人为本、节能、环保的理念和原则。

2）为保障工程整体质量，应控制每道工序的质量。目前各专业的施工技术规范正在编制，并陆续实施，施工单位可按照执行。考虑到企业标准的控制指标应严格于行业和国家标准指标，鼓励有能力的施工单位编制企业标准，并按照企业标准的要求控制每道工序的施工质量。施工单位完成每道工序后，除了自检、专职质量检查员检查外，还应进行工序交接检查，上道工序应满足下道工序的施工条件和要求；同样相关专业工序之间也应进行交接检验，使各工序之间和各相关专业工程之间形成有机的整体。

3）工序是建筑工程施工的基本组成部分，一个检验批可能由一道或多道工序组成。根据目前的验收要求，监理单位对工程质量控制到检验批，对工序的质量一般由施工单位通过自检予以控制，但为保证工程质量，对监理单位有要求的重要工序，应经监理工程师检查认可，才能进行下道工序施工。

【解析】本条对施工现场的质量控制从建筑材料、施工工序以及重要工序三个方面提出具体要求。

1. 建筑材料质量控制

建筑材料应进场检验，重要材料应复验。

进场检验是指对进入施工现场的建筑材料、构配件、设备及器具，按相关标准的要求进行检验，并对其质量、规格及型号等是否符合要求做出确认的活动。施工单位采购和建设单位提供的建筑材料、半成品、成品、建筑构配件、器具和设备均应进行进场检验，未经验收的不得用于工程施工。进场验收应有建设单位、监理单位、施工单位共同参加，主要检查材质证明和产品合格证明、随行技术资料、质量、外观、型号、数量等，验收过程、记录和标识应符合相关规定，验收完成后应签字确认。

复验是指建筑材料、设备等进入施工现场后，在外观质量检查和质量证明文件核查符合要求的基础上，按照有关规定从施工现场抽取试样送至实验室进行检验的活动。对需要复验确认的材料应及时按照相关检验标准现场取样，并报具有检验资质的单位进行检验，检验合格后方可使用。施工企业应按照规定的职责、权限和方式对验收不合格的材料、构配件进行处理，并记录处理结果。

进场材料经验收后，应按照平面布置及材料储存、运输、使用加工的要求合理堆码，分类存放，堆放时需标识生产厂家，出厂（进场）时间、技术状态等信息。

2. 施工工序质量控制

工序施工前，项目技术负责人应根据施工组织设计或专项方案的要求，向质量管理人员、班组长进行技术交底，并办理签字手续。在施工过程中应认真落实三检制度，三检制度是指自检、互检、交接检。自检是指一道工序结束后，由操作者按照质量标准，对本工序的工艺质量进行检查。互检是指由施工员组织在同一工程中的有关班组进行相互检查。交接检是指由质量检查员组织的前后工序班组参加的交接检查。对检查中发现的问题，应进行整改，整改应留有书面记录。未整改完毕的不可进行下一工序施工。

3. 重要工序检查认可

工序是施工过程的基本单元，由生产者控制其质量。监理单位应参加工程全部实体的验收，但难以控制每道工序，对于涉及结构安全或重要使用功能的工序，监理单位应予以控制，要求施工单位在经过监理工程师检查认可后，才能进行下道工序施工。未实行监理的建筑工程，建设单位相关人员应履行本标准涉及的监理职责。

（三）施工质量验收

1. 验收的定义

【标准条文】 2.0.7 验收

建筑工程质量在施工单位自行检查合格的基础上，由工程质量验收责任方组织，工程建设相关单位参加，对检验批、分项、分部、单位工程及其隐蔽工程的质量进行抽样检验，对技术文件进行审核，并根据设计文件和相关标准以书面形式对工程质量是否达到合格做出确认。

【解析】验收是该标准的核心内容，在术语中给出了验收的定义，阐明了验收的条件、组织、层次、方法、依据、结论等。

验收的条件：施工单位自行检查合格。标准强调了施工单位在验收前应进行自检，除本条外，标准第 3.0.3、3.0.6、6.0.4、6.0.5 条都要求施工单位自检，自检是验收的基础，任何验收必须先自检，后验收。本条还要求自检合格，即自检发现的问题已进行整改，达到合格标准。

验收的组织：工程质量验收责任方组织，工程建设相关单位参加。不同的过程质量验收，组织和参加人员也不同，本标准规定检验批验收应由专业监理工程师组织施工单位项目专业质量检查员、专业工长等进行验收；分项工程验收应由专业监理工程师组织施工单位项目专业技术负责人等进行验收；分部工程验收应由总监理工程师组织施工单位项目负责人和项目技术、质量负责人等进行验收。勘察、设计单位项目负责人和施工单位技术、质量部门负责人应参加地基与基础部分工程的验收。设计单位项目负责人和施工单位技术、质量部门负责人应参加主体结构、节能分部工程的验收。建设单位收到工程竣工报告后，应由建设单位项目负责人组织监理、施工、设计、勘察等单位项目负责人进行单位工程验收。

验收的层次：检验批、分项、分部、单位工程验收及其隐蔽工程。建筑工程施工质量验收应划分为单位工程、分部工程、分项工程和检验批。检验批可根据施工、质量控制和专业验收的需要，按工程量、楼层、施工段、变形缝等进行划分。建筑工程的分部、分项工程划分宜按标准附录 B 采用。分部工程可按专业性质、工程部位确定，当分部工程较大或较复杂时，可按材料种类、施工特点、施工程序、专业系统及类别等将分部工程划分为若干子分部工程。具备独立施工条件并能形成独立使用功能的建筑物或构筑物为一个单位工程，对于规模较大的单位工程，可将其能形成独立使用功能的部分划分为一个子单位工程。

验收的方法：抽样检验，对技术文件进行审核。对工程实体进行抽样检验，对施工过程中形成的技术文件、资料进行审核。如在检验批验收中应对工程实体的主控项目、一般项目进行抽样检验，对施工操作依据、质量验收记录等进行审核。

验收的依据：设计文件和相关标准。标准第 3.0.7 条规定建筑工程施工质量验收合格应符合工程勘察、设计文件的规定和本标准及相关专业验收规范的规定。勘察、设计文件是施工的依据，必须按经施工图审查合格的设计文件施工，施工中不得随意变更设计文件，如必须修改时，应按程序由原设计单位进行修改，并出具正式的变更手续。重大设计变更，还必须经原施工图审查机构审查合格后方可实施。

验收的结论：书面形式确认工程质量是否合格。一是要求验收结果应采用书面形式，验收应形成资料，由参与验收的人员签字认可；二是工程质量验收结论要么合格，要么不合格。

2. 验收方案

【标准条文】 3.0.5 当专业验收规范对工程中的验收项目未做出相应规定时，应由建设单位组织监理、设计、施工等相关单位制订专项验收要求。涉及安全、节能、环境保护等项目的专项验收要求应由建设单位组织专家论证。

4.0.7 施工前，应由施工单位制订分项工程和检验批的划分方案，并由监理单位审核。对于附录 B 及相关专业验收规范未涵盖的分项工程和检验批，可由建设单位组织监理、施工等单位协商确定。

【条文说明】 3.0.5 为适应建筑工程行业的发展，鼓励“四新”技术的推广应用，保证建筑工程验收的顺利进行，本条规定对国家、行业、地方标准没有具体验收要求的分项工程及检验批，可由建设单位组织制订专项验收要求，专项验收要求应符合设计意图，包括分项工程及检验批的划分、抽样方案、验收方法、判定指标等内容，监理、设计、施工等单位可参与制订。为保证工程质量，重要的专项验收要求应在实施前组织专家论证。

4.0.7 随着建筑工程领域的技术进步和建筑功能要求的提升，会出现一些新的验收项目，并需要有专门的分项工程和检验批与之相对应。对于本标准附录 B 及相关专业验收规范未涵盖的分项工程、检验批，可由建设单位组织监理、施工等单位在施工前根据工程具体情况协商确定，并据此整理施工技术资料和进行验收。

【解析】以上两条要求施工单位施工前依据标准和各专业验收规范的规定，划分分项工程和检验批，并由监理单位审核，施工过程中根据经审核的检验批和分项工程划分方案进行验收。对国家、行业、地方标准没有具体验收要求的分项工程及检验批，可由建设单位组织监理、设计、施工单位制订专项验收要求，专项验收要求应符合设计意图，包括分项工程及检验批的划分、抽样方案、验收方法、判定指标等内容。检验批和分项工程的划分方案确定后，不得随意更改。

3. 验收总体要求

【标准条文】 3.0.6 建筑工程施工质量应按下列要求进行验收：

1）工程质量验收均应在施工单位自检合格的基础上进行。

2）参加工程施工质量验收的各方人员应具备相应的资格。

3）检验批的质量应按主控项目和一般项目验收。

4）对涉及结构安全、节能、环境保护和主要使用功能的试块、试件及材料，应在进场时或施工中按规定进行见证检验。

5）隐蔽工程在隐蔽前应由施工单位通知监理单位进行验收，并应形成验收文件，验收合格后方可继续施工。

6）对涉及结构安全、节能、环境保护和使用功能的重要分部工程应在验收前按规定进行抽样检验。

7）工程的观感质量应由验收人员现场检查，并应共同确认。

【条文说明】 3.0.6 本条规定了建筑工程施工质量验收的基本要求：

1）工程质量验收的前提条件为施工单位自检合格，验收时施工单位对自检中发现的问题已完成整改。

2）参加工程施工质量验收的各方人员资格包括岗位、专业和技术职称等要求，具体要求应符合国家、行业和地方有关法律、法规及标准、规范的规定，尚无规定时可由参加验收的单位协商确定。

3）主控项目和一般项目的划分应符合各专业验收规范的规定。

4）见证检验的项目、内容、程序、抽样数量等应符合国家、行业和地方有关规范的规定。

5）考虑到隐蔽工程在隐蔽后难以检验，因此隐蔽工程在隐蔽前应进行验收，验收合格后方可继续施工。

6）本标准修订适当扩大抽样检验的范围，不仅包括涉及结构安全和使用功能的分部工程，还包括涉及节能、环境保护等的分部工程，具体内容可由各专业验收规范确定，抽样检验和实体检验结果应符合有关专业验收规范的规定。

7）观感质量可通过观察和简单的测试确定，观感质量的综合评价结果应由验收各方共同确认并达成一致。对影响观感及使用功能或质量评价为差的项目应进行返修。

【解析】对验收的要求是本标准的核心内容，不论哪一个专业施工质量验收规范中有着什么样的具体要求，这一条是关于施工质量验收活动必须遵循的。本条集中提出七点具体要求，下面逐条说明。

1）施工单位自检合格是验收的前提条件，目的是为了落实施工单位对质量管理的直接责任。

2）工程质量验收应由具有一定工程技术理论、工程实践经验并且熟悉验收规范和工程情况的人来执行，所以规定了验收人员应具备相应资格，包括岗位、专业和技术职称等要求。

3）检验批是指按同一生产条件或按规定的方式汇总起来供检验用的，由一定数量样本组成的检验体，是工程质量验收最基本的单元，其他各层次的质量验收均建立在检验批的基础上。检验批质量按照各专业验收规范规定的主控项目、一般项目进行验收，达到相应规定，检验批即通过验收，不能随意扩大内容范围。

主控项目是指建筑工程中对安全、卫生、环境保护和公众利益起决定性作用的检验项目。主控项目的条文是必须达到的要求，是确定该检验批主要性能的，如果达不到规定的质量指标，降低要求就相当于降低该工程项目的性能指标，就会严重影响工程的安全性能。如混凝土、砂浆的强度等级是保证混凝土结构、砌体工程强度的重要性能必须全部达到要求。

一般项目是指除主控项目以外的检验项目。虽然对安全、卫生、环境保护和公众利益不起决定性作用，但对工程使用功能和美观等有一定的影响，对这些项目的要求也是应该达到的，只是可以适当放宽一些。如钢筋安装、模板安装允许偏差、施工缝留置及处理、防水层表面质量等。

4）见证取样制度是工程质量管理的一项重要制度。《房屋建筑工程和市政基础设施工程实行见证取样和送检的规定》中要求涉及结构安全的试块、试件和材料见证取样和送检的比例不得低于有关技术标准中规定应取样数量的30%。具体送检试块、试件及材料种类和数量应在施工前制订见证取样检测计划，下列试块、试件和材料必须实施见证取样和送检：用于承重结构的混凝土试块；用于承重墙体的砌筑砂浆试块；用于承重结构的钢筋及连接接头试件；用于承重墙的砖和混凝土小型砌块；用于拌制混凝土和砌筑砂浆的水泥；用于承重结构的混凝土中使用的掺加剂；地下、屋面、厕浴间使用的防水材料；国家规定必须实行见证取样和送检的其他试块、试件和材料。见证人员应由建设单位或监理单位具备建筑施工试验知识的专业技术人员担任。在施工过程中，见证人员应按照见证取样和送检计划，对施工现场的取样和送检进行见证，取样人员应在试样或其包装上做出标识、封志。标识和封志应标明工程名称、取样部位、取样日期、样品名称和样品数量，并由见证人员和取样人员签字。见证人员应制作见证记录，并将见证记录归入施工技术档案。见证人员和取样人员应对试样的代表性和真实性负责。承担见证取样检测的单位应具有相应资质。

5）有关工序完成后，将被下道工序覆盖，在覆盖前，应对其质量进行检查验收，确保不留隐患。隐蔽工程施工完毕后，由施工单位自检合格并通知监理单位进行验收，项目专业监理工程师组织施工单位项目专业技术负责人、施工员（专业工长）、专业质量检查员进行验收并在隐蔽工程验收记录上签署意见，隐蔽验收记录应留存影像资料。

6）有关工序完成后，有可能改变前道工序原来的质量情况，对一些特别重要的质量指标，如混凝土强度、防水效果等，也需要进行验证性检测。一般采用非破损或微破损检测。具体检测内容、数量等可由各专业验收规范确定。

7）观感质量是指通过观察和必要的量测所反映的工程外在质量。观感质量评价是全面评价一个分部、单位工程的外观及使用功能质量，能够促进施工过程管理和成品保护。观感质量检查不是单纯的外观检查，而是实地对工程的一个全面检查，一是核查分项、分部工程验收的正确性，如工程完工，绝大部分的安全可靠性能和使用功能已达到要求，但如果出现不应出现的缺陷和严重影响使用功能的情况，如地面严重空鼓、起砂、墙面空鼓粗糙、门窗开关不灵、关闭不严等质量缺陷，就说明在分项、分部工程验收时，掌握标准不严。二是对分项、分部无法测定和不便测定的项目进行检查，如在单位工程观感评价中，建筑物的全高垂直度、上下窗位置偏移及一些线角顺直等项目，只有在单位工程质量最终检查时，才能了解得更确切。

4. 验收抽样

【标准条文】 3.0.4 符合下列条件之一时，可按相关专业验收规范的规定适当调整抽样复验、试验数量，调整后的抽样复验、试验方案应由施工单位编制，并报监理单位审核确认。

1）同一项目中由相同施工单位施工的多个单位工程，使用同一生产厂家的同品种、同规格、同批次的材料、构配件、设备。

2）同一施工单位在现场加工的成品、半成品、构配件用于同一项目中的多个单位工程。

3）在同一项目中，针对同一抽样对象已有检验成果可以重复利用。

3.0.8 检验批的质量检验，可根据检验项目的特点在下列抽样方案中选取：

1）计量、计数或计量 计数的抽样方案。

2）一次、二次或多次抽样方案。

3）对重要的检验项目，当有简易快速的检验方法时，选用全数检验方案。

4）根据生产连续性和生产控制稳定性情况，采用调整型抽样方案。

5）经实践证明有效的抽样方案。

3.0.9 检验批抽样样本应随机抽取，满足分布均匀、具有代表性的要求，抽样数量应符合有关专业验收规范的规定。当采用计数抽样时，最小抽样数量尚应符合表3-1的要求。

明显不合格的个体可不纳入检验批，但应进行处理，使其满足有关专业验收规范的规定，对处理的情况应予以记录并重新验收。

表 3-1 检验批最小抽样数量

检验批的容量	最小抽样数量	检验批的容量	最小抽样数量
2~15	2	151~280	13
16~25	3	281~500	20
26~90	5	501~1200	32
91~150	8	1201~3200	50

3.0.10 计量抽样的错判概率 α 和漏判概率 β 可按下列规定采取：

1）主控项目：对应于合格质量水平的 α 和 β 均不宜超过 5%。

2）一般项目：对应于合格质量水平的 α 不宜超过 5%，β 不宜超过 10%。

【条文说明】 3.0.4 本条规定了可适当调整抽样复验、试验数量的条件和要求。

1）相同施工单位在同一项目中施工的多个单位工程，使用的材料、构配件、设备等往往属于同一批次，如果按每一个单位工程分别进行复验、试验势必会造成重复，且必要性不大，因此规定可适当调整抽样复检、试验数量，具体要求可根据相关专业验收规范的规定执行。

2）施工现场加工的成品、半成品、构配件等符合条件时，可适当调整抽样复验、试验数量。但对施工安装后的工程质量应按分部工程的要求进行检测试验，不能减少抽样数量，如结构实体混凝土强度检测、钢筋保护层厚度检测等。

3）在实际工程中，同一专业内或不同专业之间对同一对象有重复检验的情况，只需分别填写验收资料。例如混凝土结构隐蔽工程检验批和钢筋工程检验批，装饰装修工程和节能工程中对门窗的气密性试验等。因此本条规定可避免对同一对象的重复检验，可重复利用检验成果。

调整抽样复验、试验数量或重复利用已有检验成果应有具体的实施方案，实施方案应符合各专业验收规范的规定，并事先报监理单位认可。施工或监理单位认为必要时，也可不调整抽样复验、试验数量或不重复利用已有检验成果。

3.0.8 对检验批的抽样方案可根据检验项目的特点进行选择。计量、计数检验可分为全数检验和抽样检验两类。对于重要且易于检查的项目，可采用简易快速的非破损检验方法时，宜选用全数检验。

本条在计量、计数抽样时引入了概率统计学的方法，提高抽样检验的理论水平，作为可采用的抽样方案之一。鉴于目前各专业验收规范在确定抽样数量时仍普遍采用基于经验的方法，本标准仍允许采用“经实践证明有效的抽样方案”。

3.0.9 条规定了检验批的抽样要求。目前对施工质量的检验大多没有具体的抽样方案，样本选取的随意性较大，有时不能代表母体的质量情况。因此本条规定随机抽样应满足样本分布均匀、抽样具有代表性等要求。

对抽样数量的规定依据国家标准《计数抽样检验程序第 1 部分：按接收质量限（AQL）检索的逐批检验抽样计划》（GB/T 2828.1—2012），给出了检验批验收时的最小抽样数量，其目的是要保证验收检验具有一定的抽样量，并符合统计学原理，使抽样更具代表性。最小抽样数量有时不是最佳的抽样数量，因此本条规定抽样数量尚应符合有关专业验收规范的规定。3.0.9 适用于计数抽样的检验批，对计量—计数混合抽样的检验批可参考使用。

检验批中明显不合格的个体主要可通过肉眼观察或简单的测试确定，这些个体的检验指标往往与其他个体存在较大差异，纳入检验批后会增大验收结果的离散性，影响整体质量水平的统计。同时，也为了避免对明显不合格个体的人为忽略情况，本条规定对明显不合格的个体可不纳入检验批，但必须进行处理，使其符合规定。

3.0.10 关于合格质量水平的错判概率 α，是指合格批被判为不合格的概率，即合格批被拒收的概率；漏判概率 β 为不合格批被判为合格批的概率，即不合格批被误收的概率。抽样检验必然存在这两类风险，通过抽样检验的方法使检验批100%合格是不合理的也是不可能的，在抽样检验中，两类风险一般控制范围是：$\alpha=1\%\sim5\%$；$\beta=5\%\sim10\%$。对于主控项目，其 α、β 均不宜超过5%；对于一般项目，α 不宜超过5%，β 不宜超过10%。

【解析】 标准第2.0.7条验收中要求"对检验批、分项、分部、单位工程及其隐蔽工程的质量进行抽样检验"，以上条款就是对如何抽样进行的规定。

第3.0.4条是本次标准修订的特色之一，解决重复抽样验收的问题。当符合规定的条件时，适当调整（主要是减少）抽样复验、试验的数量，可降低检验成本，节约时间。在实际工程中，同一专业内或不同专业之间对同一对象难免会有重复检验的情况，每次检验都需要分别填写验收资料。例如主体结构分部对混凝土结构墙体已验收，节能工程分部也需对墙体验收；装饰装修工程和节能工程中对门窗的气密性试验等。因此本条规定可避免对同一对象的重复检验，可重复利用检验成果，只需复制后分别归档即可。

第3.0.8条规定对检验批的抽样方案可根据检验项目的特点进行选择。本条在计量、计数抽样时引入了概率统计学的方法，作为可采用的抽样方案之一。鉴于目前各专业验收规范在确定抽样数量时仍采用基于经验的方法，本标准仍允许采用"经实践证明有效的抽样方案"。

第3.0.9条规定了检验批的抽样要求，目的是使抽样满足样本分布均匀、抽样具有代表性等要求。检验批中"明显不合格的个体"（统计学中称为"异常值"），按照《数据的统计处理和解释正态样本异常值的判定和处理》（GB/T 4883）的规定，对异常值可剔除。这些个体的异常值往往与其他个体存在较大差异，纳入检验批统计后会增大验收结果的离散性，影响整体质量水平的评估。异常值可能是总体固有的随机变异性的极端表现，也可能是由于试验条件和试验方法的偶然偏离所致，或产生于检测过程人为失误。异常值主要可通过肉眼观察或较简便的测试确定。为了避免出于某种目的的对异常值的人为剔除，对任何异常值，若无从技术上、物理上说明其异常的充分理由，则不得剔除或进行修正。剔除的异常值应进行处理，使其满足有关专业验收规范的规定，对处理的情况应予以记录并重新验收。

第3.0.10条规定了计量抽样的风险控制。错判概率 α 和漏判概率 β 在质量检验中是难以避免的客观存在，需要运用统计方法理论进行评定。

（四）检验批验收

检验批是工程质量验收最基本的单元，分项工程可由一个或若干检验批组成，分项工程划分成检验批有助及时纠正施工中出现的质量问题，其他各层次的质量验收均建立在检验批验收的基础上，因此关于检验批的质量验收就显得尤为重要。

1. 检验批划分

【标准条文】 4.0.5 检验批可根据施工、质量控制和专业验收需要，按工程量、楼层、施工段、变形缝等进行划分。

【条文说明】 4.0.5 多层及高层建筑的分项工程可按楼层或施工段来划分检验批，单层建筑的分项工程可按变形缝等划分检验批；地基基础的分项工程一般划分为一个检验批，有地下层的基础工程可按不同地下层划分检验批；屋面工程的分项工程可按不同楼层屋面划分为不同的检验批；其他分部工程中的分项工程，一般按楼层划分检验批；对于工程量较少的分项工程可划分为一个检验批。安装工程一般按一个设计系统或设备组别划分为一个检验批。室外工程一般划分为一个检验批。散水、台阶、明沟等含在地面检验批中。

按检验批验收有助于及时发现和处理施工中出现的质量问题，确保工程质量，也符合施工实际需要。

地基基础中的土方工程、基坑支护工程及混凝土结构工程中的模板工程，虽不构成建筑工程实体，但因其是建筑工程施工中不可缺少的重要环节和必要条件，其质量关系到建筑工程的质量和施工安全，因此将其列入施工验收的内容。

【解析】 本标准第 4.0.7 规定，施工前，应由施工单位制订分项工程和检验批的划分方案，并由监理单位审核。对于附录 B 及相关专业验收规范未涵盖的分项工程和检验批，可由建设单位组织监理、施工等单位协商确定。检验批通常按以下规定划分：主体分部的分项工程：多层及高层建筑工程中可按楼层或施工段来划分检验批，单层建筑工程中的分项工程可按变形缝等划分。屋面分部工程中的分项工程按不同楼层屋面可划分为不同的检验批。其他分部工程中的分项工程，一般按楼层划分检验批。安装工程一般按一个设计系统或设备组别划分。散水、台阶、明沟等含在地面检验批中。幕墙子分部工程各分项工程的检验批应按下列规定划分：①相同设计、材料、工艺和施工条件的幕墙工程每 $1000m^2$ 应划分为一个验收批，不足 $1000m^2$ 也应划分为一个检验批（一般情况下按楼层划分，如一层或东立面一至二层等）。②同一单位工程的不连续的幕墙工程应单独划分检验批。③对于异形或有特殊要求的幕墙，检验批的划分应根据幕墙的结构、工艺特点及幕墙工程规模，由监理单位（或建设单位）和施工单位协商确定。钢结构子分部工程检验批划分的原则：①单层钢结构可按变形缝划分。②多层及高层钢结构可按楼层或施工段划分。③钢结构制作可按构件类型划分。④压型金属板工程可按屋面、墙面、楼面划分。⑤对原材料及成品进行的验收，可以根据工程规模及进料实际情况合并或分批划分。⑥复杂结构可按独立的空间刚度单元划分。外墙保温工程应按以下规定划分：①采用相同材料、工艺施工做法的墙面，扣除门窗洞口后的保温墙面面积每 $1000m^2$ 划分为一个检验批。②检验批的划分也可根据与施工流程相一致且方便施工与验收的原则，由施工单位与监理单位双方协商确定。室外工程可统一划分为一个检验批。

2. 检验批验收的程序和组织

【标准条文】 6.0.1 检验批应由专业监理工程师组织施工单位项目专业质量检查员、专业工长等进行验收。

【条文说明】 6.0.1 检验批验收是建筑工程施工质量验收的最基本层次，是单位工程质量验收的基础，所有检验批均应由专业监理工程师组织验收。验收前，施工单位应完成自检，对存在的问题自行整改处理，然后申请专业监理工程师组织验收。

【解析】 检验批的质量验收应该由专业质量检查员进行检查，符合要求后，认真填写检验批验收表，提交监理或建设单位验收，同时应提交涉及本检验批的质量控制资料。专业监理工程师或建设单位项目专业技术负责人进行验收，填写有关结论并签字。没有实行监理的项目，由建设单位项目专业技术负责人签字；实行监理的项目，由专业监理工程师签字即可，不必监理单位和建设单位同时签字。

检验批验收程序如图 3-1 所示。

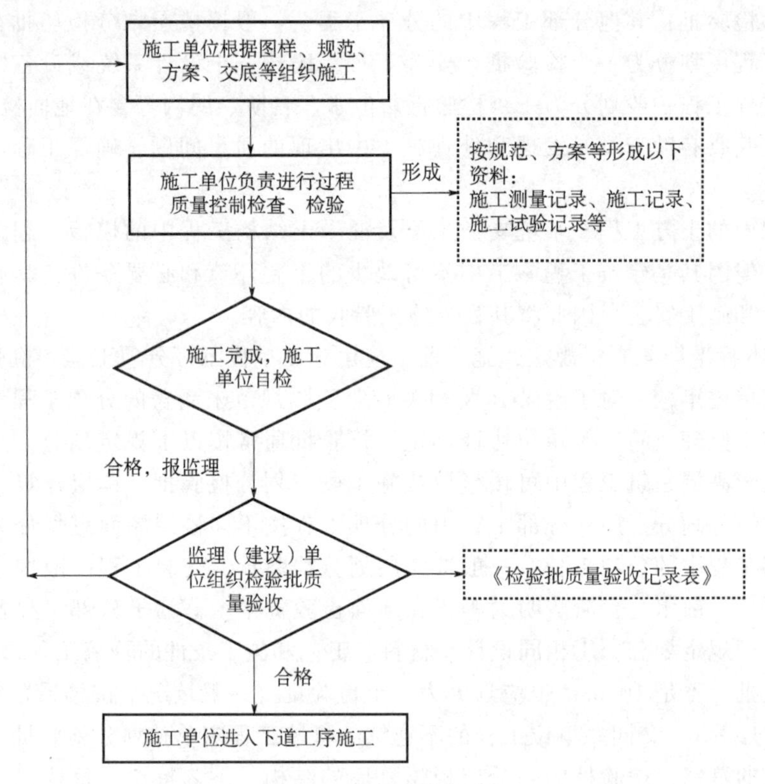

图 3-1　检验批验收程序

3. 检验批验收合格标准

【标准条文】 5.0.1 检验批质量验收合格应符合下列规定：

1）主控项目的质量经抽样检验均应合格。

2）一般项目的质量经抽样检验合格。当采用计数抽样时，合格点率应符合有关专业验收规范的规定，且不得存在严重缺陷。对于计数抽样的一般项目，正常检验一次、二次抽样可按本标准附录 D 判定。

3）具有完整的施工操作依据、质量验收记录。

【条文说明】 5.0.1 检验批是施工过程中条件相同并有一定数量的材料、构配件或安装项目，由于其质量水平基本均匀一致，因此可以作为检验的基本单元，并按批验收。

检验批是工程验收的最小单位，是分项工程、分部工程、单位工程质量验收的基础。检验批验收包括资料检查、主控项目和一般项目检验。质量控制资料反映了检验批从原材料到最终验收的各施工工序的操作依据、检查情况以及保证质量所必需的管理制度等。对其完整性的检查，实际是对过程控制的确认，是检验批合格的前提。

检验批的合格与否主要取决于对主控项目和一般项目的检验结果。主控项目是对检验批的基本质量起决定性影响的检验项目，须从严要求，因此要求主控项目必须全部符合有关专业验收规范的规定，这意味着主控项目不允许有不符合要求的检验结果。对于一般项目，虽然允许存在一定数量的不合格点，但某些不合格点的指标与合格要求偏差较大或存在严重缺陷时，仍将影响使用功能或观感质量，对这些部位应进行维修处理。

为了使检验批的质量满足安全和功能的基本要求，保证建筑工程质量，各专业验收规范应对各检验批的主控项目、一般项目的合格质量给予明确的规定。

依据《计数抽样检验程序第 1 部分：按接收质量限（AQL）检索的逐批检验抽样计划》（GB/T 2828.1—2012）给出了计数抽样正常检验一次抽样、二次抽样结果的判定方法。具体的抽样方案应按有关专业验收规范执行。如有关规范无明确规定时，可采用一次抽样方案，也可由建设、设计、监理、施工等单位根据检验对象的特征协商采用二次抽样方案。

举例说明表 D.0.1-1 和表 D.0.1-2 的使用方法：对于一般项目正常检验一次抽样，假设样本容量为 20，在 20 个试样中如果有 5 个或 5 个以下试样被判为不合格时，该检验批可判定为合格；当 20 个试样中有 6 个或 6 个以上试样被判为不合格时，则该检验批可判定为不合格。对于一般项目正常检验二次抽样，假设样本容量为 20，当 20 个试样中有 3 个或 3 个以下试样被判为不合格时，该检验批可判定为合格；当有 6 个或 6 个以上试样被判为不合格时，该检验批可判定为不合格；当有 4 或 5 个试样被判为不合格时，应进行第二次抽样，样本容量也为 20 个，两次抽样的样本容量为 40，当两次不合格试样之和为 9 或小于 9 时，该检验批可判定为合格，当两次不合格试样之和为 10 或大于 10 时，该检验批可判定为不合格。

表 D.0.1-1 和表 D.0.1-2 给出的样本容量不连续，对合格判定数有时需要进行取整处理。例如样本容量为 15，按表 D.0.1-1 插值得出的合格判定数为 3.571，取整可得合格判定数为 4，不合格判定数为 5。

【解析】本条规定了检验批的合格标准，条文说明做了详尽的解释。检验批质量验收内容和具体判定标准见国家颁布的各项专业工程质量验收规范，专业验收规范中对不同分项工程的主控项目和一般项目都有明确的质量规定。主控项目必须全部合格，一般项目应达到专业验收规范规定的合格标准，施工过程中形成的质量控制资料应完整。

检验批质量验收记录可按本标准附录 E 的规定填写，表中工程名称、施工单位、分包单位等，均应填写全称，并应与合同文件上的名称及图章相一致，不得出现简写或略写。项目经理、分包项目经理应是合同中指定的项目负责人（如有变更，应有书面委托，并经施工单位、建设或监理单位认可）。“分项工程名称”应具体填写本检验批所在的分项工程的名称，如“钢筋”“模板”“砖砌体”等；“检验批部位”的填写应具体到层次、轴线，如“三层 11 轴~26 轴”。监理（建设）单位在收到施工单位的验收记录后，应立即组织有关人员对该检验批进行验收。在施工单位自行验收评定的基础上，结合日常通过平行检查、旁站或巡视等手段的检查，对主控项目和一般项目逐项进行验收。对符合施工质量验收规范要求的项目，可以填写“符合要求”等，对不符合要求的项目，暂不填写，待处理后再验收填写。检验批验收不合格应及时处理，否则将影响后续检验批和相关的分项工程、分部工程的验收。

（五）分项工程验收

分项工程质量验收是在检验批验收合格的基础上进行，是归纳整理的作用，没有实质性的验收内容。

1. 分项工程划分

【标准条文】 4.0.4 分项工程可按主要工种、材料、施工工艺设备类别等进行划分。

4.0.6 建筑工程的分部、分项工程划分宜按本标准附录 B 采用。

【条文说明】 4.0.4 分项工程是分部工程的组成部分，由一个或若干个检验批组成。

4.0.6 本次修订对分部工程、分项工程的设置进行了适当调整。

【解析】 标准第 4.0.7 规定，施工前，应由施工单位制订分项工程和检验批的划分方案，并由监理单位审核。对于附录 B 及相关专业验收规范未涵盖的分项工程和检验批，可由建设单位组织监理、施工等单位协商确定。建筑和结构工程分项工程的划分可以按主要工种划分，也可按施工程序的先后和使用材料的不同划分。按工种划分，如瓦工的砌砖工程，木工的模板工程，油漆工的涂饰工程；按使用材料的不同划分，玻璃幕墙与石材幕墙工程等；按施工顺序先后划分：地面基层、水泥砂浆面层等；设备安装工程的分项工程一般应按工种种类及设备组别等划分，同时也可按系统、区段来划分；其他分部工程的分项工程划分不需强行统一，可以按楼层、分区、分段划分。要根据工程的具体类型和情况划定大小适度的分项工程，保证同一工序各段的分项工程划分的统一性，克服随意性。分项工程的划分应既便于质量管理和工程质量控制，又便于质量验收。

2. 分项工程验收的程序和组织

【标准条文】 6.0.2 分项工程应由专业监理工程师组织施工单位项目专业技术负责人等进行验收。

【条文说明】 6.0.2 分项工程由若干个检验批组成，也是单位工程质量验收的基础。验收时在专业监理工程师组织下，可由施工单位项目技术负责人对所有检验批验收记录进行汇总，核查无误后报专业监理工程师审查，确认符合要求后，由项目专业技术负责人在分项工程质量验收记录中签字，然后由专业监理工程师签字通过验收。

在分项工程验收中，如果对检验批验收结论有怀疑或异议时，应进行相应的现场检查核实。

【解析】 施工单位项目专业质量检查员填写分项工程验收记录表，由施工单位的项目专业技术负责人检查后做出评价并签字，交监理单位或建设单位验收。分项工程质量验收由监理工程师（或建设单位的专业负责人）组织项目专业技术负责人等进行验收。验收合格后，在验收结论栏填写“合格或符合要求”并签字；不同意则暂不填写，待处理后再验收。

分项工程验收程序如图 3-2 所示。

3. 分项工程验收合格标准

【标准条文】 5.0.2 分项工程质量验收合格应符合下列规定：

1） 所含检验批的质量均应验收合格。

2） 所含检验批的质量验收记录应完整。

【条文说明】 5.0.2 分项工程的验收是以检验批为基础进行的。一般情况下，检验批和分项工程两者具有相同或相近的性质，只是批量的大小不同而已。分项工程质量合格的条件是构成分项工程的各检验批验收资料齐全完整，且各检验批均已验收合格。

【解析】 分项工程验收时应注意以下两点：①检查检验批是否将整个工程覆盖。②检查有混凝土、砂浆强度要求的检验批，到龄期后是否达到规范规定。

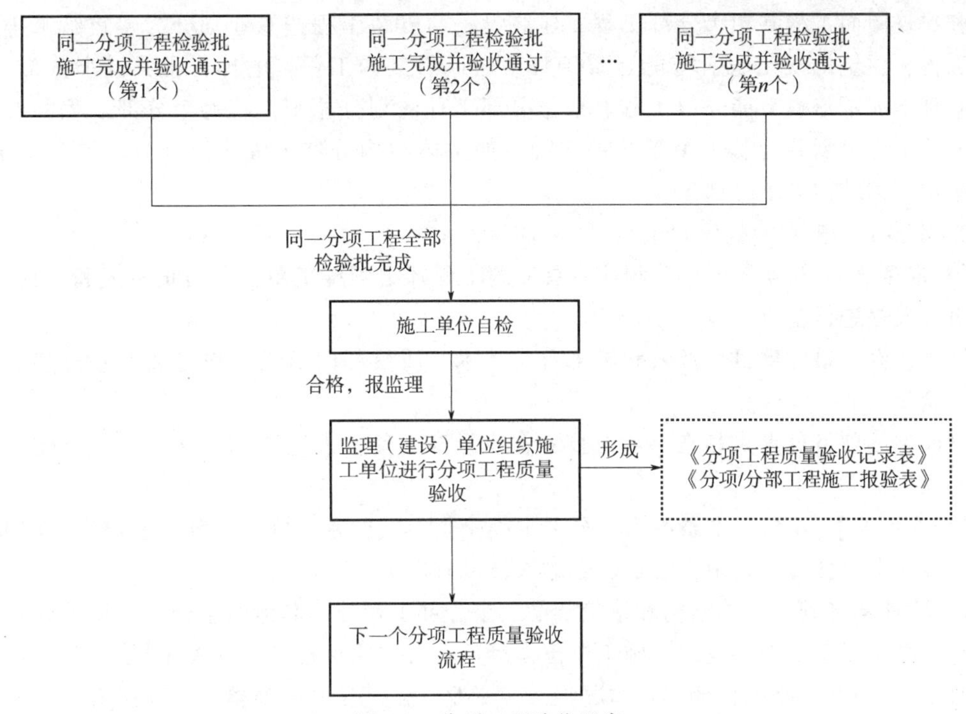

图 3-2　分项工程验收程序

分项工程质量验收记录可按本标准附录 F 的规定填写，分项工程表头部分应注明本分项工程名称，以及本分项工程所在的分部（子分部）工程的名称，如主体分部混凝土结构子分部钢筋分项工程质量验收记录。在分项工程验收合格的基础上，由监理单位的专业监理工程师或建设单位的项目专业技术负责人在监理单位验收结论中可填写“本分项工程经验收符合规范和设计要求，验收合格”。

（六）分部工程验收

由于分项工程的体系较小，工种比较单一，不易反映出工程中的全部质量全貌，所以按工程的重要部位、专业划分为分部（子分部）工程。分部工程是一个中间环节，是一个阶段的工程质量的汇总，通过对阶段性分部（子分部）工程的质量验收，可以在过程中找出质量问题，及时纠偏，制订防范措施，落实质量责任，以便准确地判断其工程质量水平。

1. 分部工程划分

【标准条文】 4.0.3 分部工程应按下列原则划分：

1）可按专业性质、工程部位确定。

2）当分部工程较大或较复杂时，可按材料种类、施工特点、施工程序、专业系统及类别等将分部工程划分为若干子分部工程。

【条文说明】 4.0.3 分部工程是单位工程的组成部分，一个单位工程往往由多个分部工程组成。

当分部工程较大且较复杂时，为便于验收，可将其中相同部分的工程或能形成独立专业体系的工程划分成若干个子分部工程。

本次修订，增加了建筑节能分部工程。

【解析】 建筑与结构按主要部位划分为地基与基础工程、主体结构工程、建筑装饰装修工程和建筑屋面工程共四个分部工程。建筑设备与安装工程按专业划分为建筑给水排水及采暖工程、建筑电气工程、智能建筑工程、通风与空调工程、电梯工程共五个分部工程。本次修订增加了建筑节能分部工程。根据分部工程的划分原则，将每个分部工程能形成专业体系的工程又划分为若干个子分部工程。如主体结构分部工程可以划分为混凝土结构、砌体结构、钢结构等子分部工程。

2. 分部工程验收的程序和组织

【标准条文】 6.0.3 分部工程应由总监理工程师组织施工单位项目负责人和项目技术、质量负责人等进行验收。

勘察、设计单位项目负责人和施工单位技术、质量部门负责人应参加地基与基础部分工程的验收。

设计单位项目负责人和施工单位技术、质量部门负责人应参加主体结构、节能分部工程的验收。

【条文说明】 6.0.3 本条给出了分部工程验收组织的基本规定。就房屋建筑工程而言，在所包含的十个分部工程中，参加验收的人员可有以下三种情况：

1）除地基基础、主体结构和建筑节能三个分部工程外，其他七个分部工程的验收组织相同，即由总监理工程师组织，施工单位项目负责人和项目技术负责人等参加。

2）由于地基与基础分部工程情况复杂，专业性强，且关系到整个工程的安全，为保证质量，严格把关，规定勘察、设计单位项目负责人应参加验收，并要求施工单位技术、质量部门负责人也应参加验收。

3）由于主体结构直接影响使用安全，建筑节能是基本国策，直接关系到国家资源战略、可持续发展等，故这两个分部工程，规定设计单位项目负责人应参加验收，并要求施工单位技术、质量部门负责人也应参加验收。

参加验收的人员，除指定的人员必须参加验收外，允许其他相关人员共同参加验收。

由于各施工单位的机构和岗位设置不同，施工单位技术、质量负责人允许是两位人员，也可以是一位人员。

勘察、设计单位项目负责人应为勘察、设计单位负责本工程项目的专业负责人，不应由与本项目无关或不了解本项目情况的其他人员、非专业人员代替。

【解析】 分部工程的验收由施工单位的质量、技术部门负责人先组织检查验收，自检合格后填写验收记录，并将本分部工程所涉及的相关质量控制资料提交监理（建设）单位申请验收，其质量控制资料应包括各子分部、分项、检验批中所含的资料。建设（监理）单位在收到施工单位的验收申请后，由总监理工程师或建设单位项目负责人组织相关人员进行验收，所有参加验收的各方人员都必须具有相应的验收资格。验收组应对施工单位所报的质量控制资料进行核查，检查安全和功能检验（检测）报告是否符合有关规范的要求，并对观感质量进行检查，全部内容符合要求后，对分部（子分部）工程做出综合验收结论。

分部工程验收程序如图 3-3 所示。

3. 分部工程验收合格标准

【标准条文】 5.0.3 分部工程质量验收合格应符合下列规定：

1）所含分项工程的质量均应验收合格。

2）质量控制资料应完整。

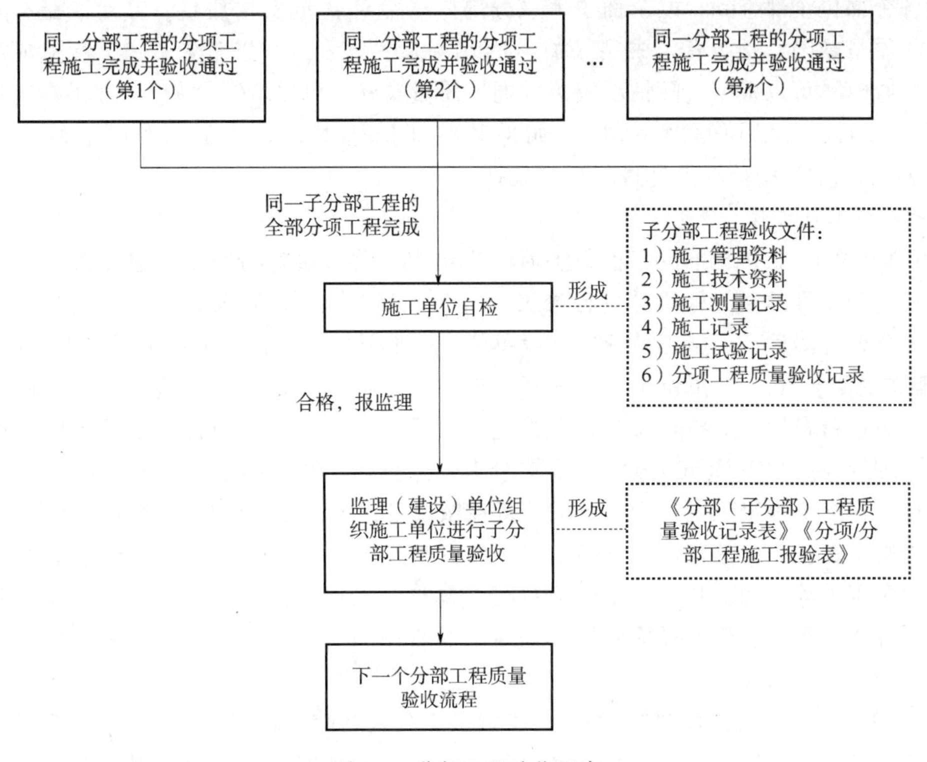

图 3-3　分部工程验收程序

3）有关安全、节能、环境保护和主要使用功能的抽样检验结果应符合相应规定。

4）观感质量应符合要求。

【条文说明】 5.0.3 分部工程的验收是以所含各分项工程验收为基础进行的。首先，组成分部工程的各分项工程已验收合格且相应的质量控制资料齐全、完整。此外，由于各分项工程的性质不尽相同，因此作为分部工程不能简单地组合而加以验收，尚须进行以下两类检查项目：

1）涉及安全、节能、环境保护和主要使用功能的地基与基础、主体结构和设备安装等分部工程应进行有关的见证检验或抽样检验。

2）以观察、触摸或简单量测的方式进行观感质量验收，并结合验收人的主观判断，检查结果并不给出"合格"或"不合格"的结论，而是综合给出"好""一般""差"的质量评价结果。对于"差"的检查点应进行返修处理。

【解析】 分部工程质量验收记录可按本标准附录 G 的规定填写，对于质量控制资料应核查和归纳各检验批、分项工程的验收记录资料，施工操作依据、质量检查记录是否配套完整，包括原材料、构配件出厂合格证及按规定进行的试验的资料；各专业施工质量验收规范所规定必需的质量控制资料；核对各种资料的内容、数据及验收人员的签字是否规范。各专业施工质量验收规范中所规定有关安全、节能、环境保护和主要使用功能的抽样检验结果应符合相应规定，在核查时应注意，在开工之前确定的项目是否都进行了检测；逐一检查每个检测报告，核查每个检测项目的检测方法、程序是否符合有关标准规定；检测结果是否达到规范的要求；检测报告的审批程序签字是否完整。观感质量验收时，尽可能将工程的各个部位全部查到，以全面了解该分部（子分部）的实物质量。其目的是检查工程本身有无质量缺陷，是否有因成品保护不足以及工序交叉、子分部交叉施工所造成的观感缺陷。验收时，可以根据实际情况宏观掌握。质量较好，可以填写“好”；如果没有较明显达不到要求的，可以填写“一般”；如果某些部位达不到要求的，有明显缺陷，填写“差”。对于“差”的检查点应进行返工处理。

（七）竣工预验收

【标准条文】 6.0.5 单位工程完工后，应组织有关人员进行自检。总监理工程师应组织各专业监理工程师对工程质量进行竣工预验收。存在施工质量问题时，应由施工单位及时整改。整改完毕后，由施工单位向建设单位提交工程竣工报告，申请工程竣工验收。

【条文说明】 6.0.5 单位工程完成后，施工单位应首先依据验收规范、设计图纸等组织有关人员进行自检，对检查发现的问题进行必要的整改。监理单位应根据本标准和《建设工程监理规范》（GB/T 50319）的要求对工程进行竣工预验收。符合规定后由施工单位向建设单位提交工程竣工报告和完整的质量控制资料，申请建设单位组织竣工验收。

工程竣工预验收由总监理工程师组织，各专业监理工程师参加，施工单位由项目经理、项目技术负责人等参加，其他各单位人员可不参加。工程预验收除参加人员与竣工验收不同外，其方法、程序、要求等均应与工程竣工验收相同。竣工预验收的表格格式可参照工程竣工验收的表格格式。

【解析】 本标准修订后增加了在申请工程竣工验收之前，总监理工程师应组织工程竣工预验收的规定，组织竣工预验收可以及时发现并整改存在的质量问题，提高竣工验收通过率，是加强质量控制、提高验收效率的有效措施。因为单位工程竣工验收参加单位及人员较多，组织难度大，如果不能顺利通过验收会导致时间上的延误，竣工预验收作为竣工验收前的一次演练，可以提前发现工程实体或资料中存在的问题并及时整改。竣工预验收的方法同正式竣工验收，只是参加人员仅为监理和施工两方。

（八）竣工验收

竣工验收是全面考核建设工作，检查是否符合设计要求和工程质量标准规范的重要环节，建设工程经验收合格的，方可交付使用。建设工程竣工验收应当具备下列条件：完成建设工程设计和合同约定的各项内容；有完整的技术档案和施工管理资料；有工程使用的主要建筑材料、建筑构配件和设备的进场试验报告；有勘察、设计、施工、工程监理等单位分别签署的质量合格文件；有施工单位签署的工程保修书。

1. 单位工程划分

【标准条文】 4.0.2 单位工程应按下列原则划分：

1）具备独立施工条件并能形成独立使用功能的建筑物或构筑物为一个单位工程。

2）对于规模较大的单位工程，可将其能形成独立使用功能的部分划分为一个子单位工程。

【条文说明】 4.0.2 单位工程应具有独立的施工条件和能形成独立的使用功能。在施工前可由建设、监理、施工单位商议确定，并据此收集整理施工技术资料和进行验收。

【解析】 单位工程要具有独立施工条件并能形成独立使用功能。在工程开工前可由建设、监理、施工单位共同商议，根据工程的建筑设计分区、结构缝的设置、使用功能差异等情况来确定是否要划分及划分若干子单位工程。

2. 竣工验收的程序和组织

【标准条文】 6.0.6 建设单位收到工程竣工报告后，应由建设单位项目负责人组织监理、施工、设计、勘察等单位项目负责人进行单位工程验收。(强制性条文)

【条文说明】 6.0.6 单位工程竣工验收是依据国家有关法律、法规及规范、标准的规定，全面考核建设工作成果，检查工程质量是否符合设计文件和合同约定的各项要求。竣工验收通过后，工程将投入使用，发挥其投资效应，也将与使用者的人身健康或财产安全密切相关。因此工程建设的参与单位应对竣工验收给予足够的重视。

单位工程质量验收应由建设单位项目负责人组织，由于勘察、设计、施工、监理单位都是责任主体，因此各单位项目负责人应参加验收，考虑到施工单位对工程负有直接生产责任，而施工项目部不是法人单位，故施工单位的技术、质量负责人也应参加验收。

在一个单位工程中，对满足生产要求或具备使用条件，施工单位已自行检验，监理单位已预验收的子单位工程，建设单位可组织进行验收。由几个施工单位负责施工的单位工程，当其中的子单位工程已按设计要求完成，并经自行检验，也可按规定的程序组织正式验收，办理交工手续。在整个单位工程验收时，已验收的子单位工程验收资料应作为单位工程验收的附件。

【解析】工程完工经竣工预验收后，施工单位向建设单位提交《工程竣工报告》，申请工程竣工验收，实行监理的工程，《工程竣工报告》必须经总监理工程师签署意见。建设单位收到《工程竣工报告》后，对符合竣工验收条件的工程，组织勘察、设计、施工、监理等单位和其他有关方面专家组成验收组，制订验收方案。工程竣工验收组可根据工程特点，划分为若干专业小组。验收组审阅工程档案资料，实地查验工程实体是否符合设计文件和质量标准要求，并对观感质量进行评估，综合各方面的评价，形成验收组人员签署的工程竣工验收意见。

该条关于勘察单位应参加单位工程验收的规定，对于工程地质和地下水水文情况复杂的工程十分必要。此外，随着城市地下空间应用的发展，越来越多的工程涉及地下复杂的工程地质和水文地质，勘察单位参加单位工程验收是工程质量的保障条件之一。

单位工程竣工验收程序如图 3-4 所示。

3. 单位工程质量合格标准

【标准条文】 5.0.4 单位工程质量验收合格应符合下列规定：

1）所含分部工程的质量均应验收合格。

2）质量控制资料应完整。

3）所含分部工程中有关安全、节能、环境保护和主要使用功能的检验资料应完整。

4）主要使用功能的抽查结果应符合相关专业验收规范的规定。

5）观感质量应符合要求。

【条文说明】 5.0.4 单位工程质量验收也称质量竣工验收，是建筑工程投入使用前的最后一次验收，也是最重要的一次验收。验收合格的条件有以下五个方面：

1）构成单位工程的各分部工程应验收合格。

2）有关的质量控制资料应完整。

3）涉及安全、节能、环境保护和主要使用功能的分部工程检验资料应复查合格，这些检验资料与质量控制资料同等重要。资料复查要全面检查其完整性，不得有漏检缺项，其

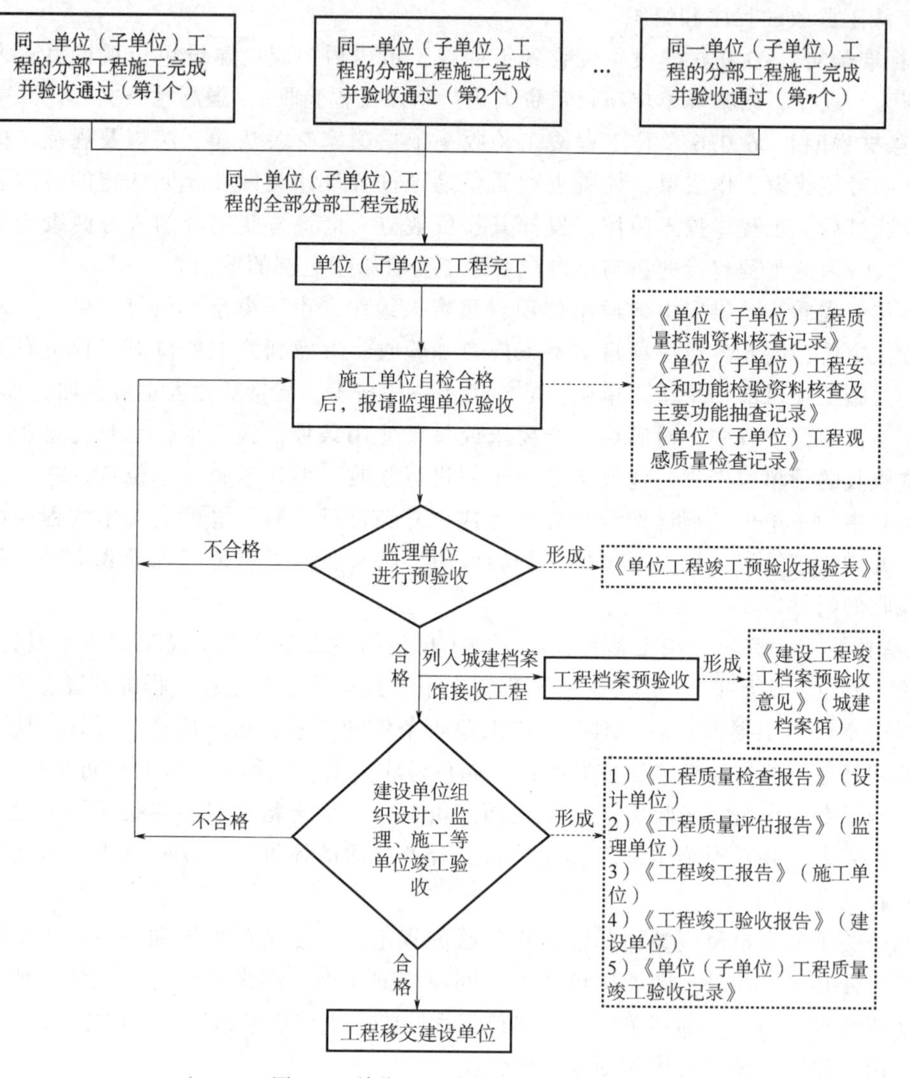

图 3-4　单位工程竣工验收程序

次复核分部工程验收时要补充进行的见证抽样检验报告，这体现了对安全和主要使用功能等的重视。

4）对主要使用功能应进行抽查。这是对建筑工程和设备安装工程质量的综合检验，也是用户最为关心的内容，体现了本标准完善手段、过程控制的原则，也将减少工程投入使用后的质量投诉和纠纷。因此，在分项、分部工程验收合格的基础上，竣工验收时再做全面检查。抽查项目是在检查资料文件的基础上由参加验收的各方人员商定，并用计量、计数的方法抽样检验，检验结果应符合有关专业验收规范的规定。

5）观感质量应通过验收。观感质量检查须由参加验收的各方人员共同进行，最后共同协商确定是否通过验收。

【解析】 单位工程质量竣工验收记录、质量控制资料核查记录、安全和功能检验资料核查记录及观感质量检查记录应按本标准附录 H 的规定填写。由施工单位的质量（技术）部门负责人对各个分部进行检查评定，所含的全部分部工程检查合格后，注明共验收几个分部，经验收符合标准及设计要求几个分部，如“共7个分部，经查7个分部，符合标准及设计要求7个分部”。

本标准第5.0.7条规定，工程质量控制资料应齐全完整，当部分资料缺失时，应委托有资质的检测机构按有关标准进行相应的实体检验或抽样检验。在实际工程中偶尔会遇到遗漏检验或资料丢失而导致部分施工验收资料不全的情况，使工程无法正常验收，由有资质的检测机构完成的检测报告可用于施工质量验收，给出了解决问题的办法。

观感质量检查的方法同分部（子分部）工程。单位工程观感质量验收是一个综合性验收。实际上是复查各分部（子分部）工程验收后，到单位工程竣工时的质量变化，成品保护情况，以及在分部（子分部）验收时还没有形成的观感质量等。单位工程观感质量验收时，应根据单位工程质量检查记录中所列的检查项目，对工程的外围，有代表性的房间、部位以及设备等都要检查到。可以逐点进行评价，然后再综合评价；也可以逐项进行评价；还可以按大的方面综合评价。评价时，由现场参加检查验收的人员共同确定，其中总监理工程师的意见具有主导性，确定过程中，应多听取验收组其他成员的意见，最后给出“好”“一般”“差”的评价。在“观感质量综合评价”栏填写“好”“一般”“差”。

建设单位项目负责人在以上所有检查评价的基础上，与验收组各方成员共同协商，对工程质量是否符合设计和规范要求以及总体质量水平做出综合评价。

（九）质量不符合要求的处理方式

【标准条文】 2.0.16 返修

对施工质量不符合标准规定的部位采取的整修等措施。

2.0.17 返工

对施工质量不符合标准规定的部位采取的更换、重新制作、重新施工等措施。

5.0.6 当建筑工程施工质量不符合规定时，应按下列规定进行处理：

1）经返工或返修的检验批，应重新进行验收。

2）经有资质的检测机构检测鉴定能够达到设计要求的检验批，应予以验收。

3）经有资质的检测机构检测鉴定达不到设计要求，但经原设计单位核算认可能够满足安全和使用功能的检验批，可予以验收。

4）经返修或加固处理的分项、分部工程，满足安全及使用功能要求时，可按技术处理方案和协商文件的要求予以验收。

5.0.8 经返修或加固处理仍不能满足安全或使用要求的分部工程及单位工程，严禁验收。(强制性条文)

【条文说明】 5.0.6 一般情况下，不合格现象在检验批验收时就应发现并及时处理，但实际工程中不能完全避免不合格情况的出现，本条给出了当质量不符合要求时的处理办法：

1）检验批验收时，对于主控项目不能满足验收规范规定或一般项目超过偏差限值的样本数量不符合验收规定时，应及时进行处理。其中，对于严重的缺陷应重新施工，一般的缺陷可通过返修、更换予以解决，允许施工单位在采取相应的措施后重新验收。如能够符合相应的专业验收规范要求，应认为该检验批合格。

2）当个别检验批发现问题，难以确定能否验收时，应请具有资质的法定检测机构进行检测鉴定。当鉴定结果认为能够达到设计要求时，该检验批应可以通过验收。这种情况通常出现在某检验批的材料试块强度不满足设计要求时。

3）如经检测鉴定达不到设计要求，但经原设计单位核算、鉴定，仍可满足相关设计规范和使用功能要求时，该检验批可予以验收。这主要是因为一般情况下，标准、规范的规定是满足安全和功能的最低要求，而设计往往在此基础上留有一些余量。在一定范围内，会出现不满足设计要求而符合相应规范要求的情况，两者并不矛盾。

4）经法定检测机构检测鉴定后认为达不到规范的相应要求，即不能满足最低限度的安全储备和使用功能时，则必须进行加固或处理，使之能满足安全使用的基本要求。这样可能会造成一些永久性的影响，如增大结构外形尺寸，影响一些次要的使用功能。但为了避免建筑物的整体或局部拆除，避免社会财富更大的损失，在不影响安全和主要使用功能条件下，可按技术处理方案和协商文件进行验收，责任方应按法律法规承担相应的经济责任和接受处罚。需要特别注意的是，这种方法不能作为降低质量要求、变相通过验收的一种出路。

5.0.8 分部工程及单位工程经返修或加固处理后仍不能满足安全或重要的使用功能时，表明工程质量存在严重的缺陷。重要的使用功能不满足要求时，将导致建筑物无法正常使用，安全不满足要求时，将危及人身健康或财产安全，严重时会给社会带来巨大的安全隐患，因此对这类工程严禁通过验收，更不得擅自投入使用，需要专门研究处置方案。

【解析】 5.0.6 条给出了当质量不符合要求时的处理办法：

返工返修，重新验收。在检验批验收时，其主控项目不能满足验收规范规定或一般项目超过偏差限值时，对严重的质量缺陷应推倒重来；一般的质量缺陷通过翻修或更换器具、设备予以解决。施工单位在采取相应措施处理完毕后，可以重新按程序验收，如能够符合相应的专业工程质量验收规范，则认为该检验批合格，通过验收。如某住宅楼一层①~⑨轴砖砌体工程作为一个检验批在验收时，检查砖的出厂合格证和试验报告，发现砖的强度等级为 MU5，达不到设计要求的 MU10，施工单位拆除一层①~⑨轴砖砌体后重新用 MU10 砖砌筑，则该砖砌体工程的质量可以重新按程序进行验收。

检测合格，应予验收。当检验批验收时发现不能确定能否满足标准规范或设计要求时，应请具有资质的法定检测单位进行检测，当鉴定结果能够达到设计要求时，该检验批仍应予以验收。如某住宅楼一层①~⑨轴砖砌体工程作为一个检验批在验收时，发现施工过程中施工单位未留置砂浆试块，不能确定其强度能否达到设计要求，施工单位请具有资质的法定检测单位对住宅楼一层①~⑨轴砖砌体的砂浆强度进行了检测，结果表明砂浆强度能够达到设计要求，则该检验批应认为通过验收。

设计认可，可以验收。在检验批验收时发现某项质量指标达不到规范的要求，委托具有资质的法定检测单位进行检测，经检测鉴定仍达不到设计要求，但经过原设计单位核算，认为仍能满足结构安全和使用功能，可以不进行加固补强等措施，该检验批可以予以验收。这是因为在一般情况下，规范标准给出了满足安全和功能的最低限度要求，而设计往往在此基础上留有一些余量，因而当某项质量指标达不到设计要求，只要差距不大，仍在设计预先留的余量范围内，则仍可满足结构安全和使用功能。如经设计计算，混凝土强度为 26MPa 即可满足结构要求，设计图实际采用 C30 混凝土，施工单位的混凝土试块试验报告表明达不到设计要求 C30，请具有资质的法定检测单位进行检测，其检测结果为 28MPa，虽然仍未达到设计要求 C30，经过原设计单位核算能够大于原设计计算的 26MPa，设计认为是安全的，可以不返工或加固处理。由设计单位出具正式的认可证明文件后，则可以进行验收。

加固处理，让步验收。这种情况是指在验收中发现了更为严重的质量缺陷，经过有资质的法定检测单位检测鉴定后，认为达不到规范标准的相应要求，再经设计单位核算，也达不到设计要求，就是说这些缺陷造成工程质量不能满足最低限度的安全储备和使用功能。这时应对发现的问题调查和分析，找出原因，经过建设单位、施工单位、监理单位、设计单位等共同协商，同意按一定的技术方案进行加固处理，使之能保证其满足安全使用的基本要求。这样会造成一些永久性的缺陷，如改变结构外形尺寸，影响一些次要的使用功能等。为了避免社会财富更大的损失，在不影响安全和主要使用功能条件下可按处理技术方案和协商文件进行验收，这是有条件的验收，责任方应承担经济损失或赔偿等经济责任。所谓改变结构外形尺寸，是指使原设计的结构外形尺寸有了改变，如为了满足安全和使用功能进行加固补强后，加厚了墙体，缩小了房间的使用面积，降低建筑物高度；增设支柱、牛腿梁，改变了房间形状或建筑物外形等。

第5.0.8为强制性条文，对于出现这种情况的极个别工程，验收规范以强制性条文形式加以规定，严禁验收，必须坚决贯彻执行。

第二节 建设工程工程量清单计价规范（GB 50500—2013）解析

一、我国工程量清单的产生与发展

（一）我国清单计价模式的发展历程

工程量清单计价模式的发展历程以工程量清单计价规范为标志。分为以下三个历程：

1）第一个历程2003—2008年第1版工程量清单计价规范（2003版）颁布实施。

2）第二个历程2008—2013年第2版工程量清单计价规范（2008版）颁布实施。

3）第三个历程2013年至今第3版工程量清单计价规范（2013版）颁布实施（以下简称“13规范”）。

（二）工程量清单计价的特点

（1）规定性　通过制定统一的建设工程工程量清单计价方法，达到规范计价行为的目的。这些规则和办法是强制性的，工程建设各方面都应该遵守。一是规定全部使用国有资金或国有资金投资为主的大中型建设工程应按计价规范规定执行；二是明确工程量清单是招标文件的组成部分，并规定了招标人在编制工程量清单时必须做到项目编码、项目名称、计量单位、工程量计算规则等四统一，并且要用规定的标准格式来表述。

（2）实用性　计价规范附录中工程量清单项目及计算规则的项目名称表现的是工程实体项目，项目名称明确清晰，工程量计算规则简洁明了，特别还列有项目特征和工程内容。易于编制工程量清单时确定具体项目名称和投标报价。

（3）竞争性　一是《建设工程工程量清单计价规范》中的措施项目，在工程量清单中只列“措施项目”一栏，具体采用什么措施，如模板、脚手架、临时设施、施工排水等详细内容由投标人根据企业的施工组织设计，视具体情况报价，是企业竞争项目，是留给企业的竞争空间。二是《建设工程工程量清单计价规范》中人工、材料和施工机械没有具体的消耗量，将工程消耗量定额中的工、料、机价格和利润、管理费全面放开，由市场的供求关系自行确定价格。投标企业可以依据企业的定额和市场价格信息，也可以参照建设行政主管部门发布的社会平均消耗量定额进行报价。

二、《建设工程工程量清单计价规范》(GB 50500—2013) 要点解析

(一) 总则

总则共7条，从整体上叙述了规范的编制依据和编制原则。

(二) 术语

(1) 工程量清单　载明建设工程的分部分项工程项目、措施项目、其他项目、规费项目和税金项目等的名称和相应数量的明细清单。

(2) 招标工程量清单　招标人依据国家标准、招标文件、设计文件以及施工现场实际情况编制的，随招标文件发布供投标报价的工程量清单。

(3) 已标价工程量清单　构成合同文件组成部分的投标文件中已标明价格，经算术性错误修正 (如有) 且承包人已确认的工程量清单，包括对其的说明和表格。

(4) 分部分项工程　分部分项工程是单项或单位工程的组成部分，是按结构部位、路段长度及施工特点或施工任务将单项或单位工程划分为若干分部的工程；分项工程是分部工程的组成部分，是按不同施工方法、材料、工序及路段长度等分部工程划分为若干个分项的工程。

(5) 措施项目　为完成工程项目施工，发生于该工程施工准备和施工过程中的技术、生活、安全、环境保护等方面项目。

(6) 项目编码　分部分项工程和措施项目清单名称的阿拉伯数字标识。

(7) 项目特征　构成分部分项工程项目、措施项目自身价值的本质特征。

(8) 综合单价　完成一个规定计量单位的分部分项工程和措施清单项目所需的人工费、材料和工程设备费、施工机具使用费和企业管理费、利润以及一定范围内的风险费用。

(9) 风险费用　隐含于已标价工程量清单综合单价中，用于化解发承包双方在工程合同中约定内容和范围内的市场波动风险的费用。

(10) 工程成本　承包人为实施合同工程并达到质量标准，在确保安全施工的前提下，必须消耗或使用的人工、材料、工程设备、施工机械台班及其管理等方面发生的费用和按规定缴纳的规费和税金。

(11) 单价合同　发承包双方约定以工程量清单及其综合单价进行合同价款计算、调整和确认的建设工程施工合同。

(12) 总价合同　发承包双方约定以施工图及预算和有关条件进行合同价款计算、调整和确认的建设工程施工合同。

(13) 成本加酬金合同　发承包双方约定以施工工程成本再加合同约定酬金进行合同价款计算、调整和确认的建设工程施工合同。

(14) 工程造价信息　工程造价管理机构根据调查和测算发布的建设工程人工、材料、工程设备、施工机械台班的价格信息，以及各类工程的造价指数、指标。

(15) 工程变更　合同工程实施过程中由发包人提出或由承包人提出经发包人批准的合同工程任何一项工作的增、减、取消或施工工艺、顺序、时间的改变；设计图纸的修改；施工条件的改变；招标工程量清单的错、漏从而引起合同条件的改变或工程量的增减变化。

（16）暂列金额 招标人在工程量清单中暂定并包括在合同价款中的一笔款项。用于施工合同签订时尚未确定或者不可预见的所需材料、设备、服务的采购，施工中可能发生的工程变更、合同约定调整因素出现时的工程价款调整以及发生的索赔、现场签证确认等的费用。

（17）暂估价 招标人在工程量清单中提供的用于支付必然发生但暂时不能确定价格的材料、工程设备的单价以及专业工程的金额。

（18）计日工 在施工过程中，承包人完成发包人提出的施工图纸以外的零星项目或工作，按合同中约定的综合单价计价的一种方式。

（19）总承包服务费 总承包人为配合协调发包人进行的专业工程分包，发包人自行采购的设备、材料等进行保管以及施工现场管理、竣工资料汇总整理等服务所需的费用。

（20）安全文明施工费 承包人按照国家法律、法规等规定，在合同履行中为保证安全施工、文明施工、保护现场内外环境等所采用的措施发生的费用。

（21）索赔 在工程合同履行过程中，合同当事人一方因非己方的原因而遭受损失，按合同约定或法规规定应由对方承担责任，从而向对方提出补偿的要求。

（22）现场签证 发包人现场代表（及其授权的监理人、工程造价咨询人）与承包人现场代表就施工过程中涉及的责任事件所做的签认证明。

（23）提前竣工（赶工）费 承包人应发包人的要求，采取加快工程进度的措施，使合同工程工期缩短产生的，应由发包人支付的费用。

（24）误期赔偿费 承包人未按照合同工程的计划进度施工，导致实际工期大于合同工期与发包人批准的延长工期之和，承包人应向发包人赔偿损失发生的费用。

（25）单价项目 工程量清单中以单价计价的项目，即根据合同工程图纸（含设计变更）和相关工程现行国家计量规范规定的工程量计算规则进行计量，与已标价工程量清单相应综合单价进行价款计算的项目。

（26）总价项目 工程量清单中以总价计价的项目，即此类项目在相关工程现行国家计量规范中无工程量计算规则，以总价（或计算基础乘费率）计算的项目。

（27）工程计量 发承包双方根据合同约定，对承包人完成合同工程的数量进行的计算和确认。

（28）工程结算 发承包双方根据合同约定，对合同工程在实施中、终止时、已完工后进行的合同价款计算、调整和确认。包括期中结算、终止结算、竣工结算。

（29）招标控制价（又称最高投标限价） 招标人根据国家或省级．行业建设主管部门颁发的有关计价依据和办法，以及拟定的招标文件和招标工程量清单，编制的招标工程的最高限价。

（30）投标价 投标人投标时报出的工程合同价。

（31）签约合同价（合同价款） 发承包双方在施工合同中约定的，即包括了分部分项工程费、措施项目费、其他项目费、规费和税金的合同总额。

（32）合同价款调整 在合同价款调整因素出现后，发承包双方根据合同约定，对合同价款进行变动的提出、计算和确认。

（三）一般规定

1. 计价方式

1）规范规定了建设工程的计价方式。该条为强制性条文，规定使用国有资金投资的建设工程发承包必须采用工程量清单计价，非国有资金投资的建设工程发承包宜采用工程量清单计价。规定了不采用工程量清单方式计价的非国有投资工程建设项目，除不执行工程量清单计价的专门性规定外，其他条文均应执行。

2）工程量清单应采用综合单价计价。该条为强制性条文，即约定包括除规费和税金以外的全部费用，均应采用综合单价法计价。

3）措施项目清单中的安全文明施工费应按照国家或省级、行业建设主管部门的规定计价，不得作为竞争性费用，该条规定了安全文明施工费的计价原则，是强制性条文。

4）规费和税金应按国家或省级、行业建设主管部门的规定计算，不得作为竞争性费用。本条规定了规费和税金的计价原则，是强制性条文，其费用内容和计取标准都不是发承包人能自主确定的，更不是由市场竞争决定的。主要内容包括社会保险费、养老保险费、医疗保险费、失业保险费、工伤保险费、生育保险费、住房公积金、工程排污费。

2. 发包人提供材料和工程设备

该条款为新增条款，共5条，依据《建设工程质量管理条例》等编写。

1）发包人提供的材料和工程设备（以下简称甲供材料）应在招标文件中按照规范规定填写《发包人提供材料和工程设备一览表》，写明甲供材料的名称、规格、数量、单价、交货方式、交货地点。承包人投标时，甲供材料单价应计入相应项目的综合单价中，签约后，发包人应按合同约定扣除甲供材料款，不予支付。

承包人投标时，甲供材料单价应计入相应项目的综合单价中，签约后，发包人应按合同约定扣除甲供材料款，不予支付。

2）承包人应根据合同工程进度计划的安排，向发包人提交甲供材料交货的日期计划，发包人应按计划提供。

3）发包人提供的甲供材料如规格、数量或质量不符合合同要求，或由于发包人原因发生交货日期延误、交货地点及交货方式变更等情况的，发包人应承担由此增加的费用和（或）工期延误，并应向承包人支付合理利润。

4）发承包双方对甲供材料的数量发生争议不能达成一致的，应按照相关工程的计价定额同类项目规定的材料消耗量计算。

5）若发包人要求承包人采购已在招标文件中确定为甲供材料的，材料价格应由发承包双方根据市场调查确定，并应另行签订补充协议。

3. 承包人提供材料和工程设备

1）除合同约定的发包人提供的甲供材料外，合同工程所需的材料和工程设备应由承包人提供，承包人提供的材料和工程设备均应由承包人负责采购、运输和保管。本条规定了承包人提供材料、工程设备的要求。

2）承包人应按合同约定将采购材料和工程设备的供货人及品种、规格、数量和供货时间等提交发包人确认，并负责提供材料和工程设备的质量证明文件。

3）对承包人提供的材料和工程设备检测不符合合同约定的质量标准，承包人应立即更换，由此增加的费用（或）工期延误由承包人承担。

4. 计价风险

该部分条款共5条。主要条款内容解析如下：

1）计价风险分担原则：建设工程发承包必须在招标文件、合同中明确计价中的风险内容和范围，不得采用无限风险、所有风险或类似语句规定计价中的风险内容和范围。根据我国工程建设特点，投标人应完全承担的风险是技术风险和管理风险，应不完全承担的是法律、法规、规章和政策变化的风险。该条款进一步明确了工程计价的风险范围，此条为强制性条文。

2）发包人承担的风险：国家法律、法规、规章和政策发生的变化；省级或行业建设主管部门发布的人工费调整，但承包人对人工费或人工单价的报价高于发布的除外；由政府定价或政府指导价管理的原材料等价格进行了调整。

3）由于市场物价波动影响合同价款，应由发承包双方合理分摊并在合同中约定。合同中没有约定，发承包双方发生争议时的调整原则：材料、工程设备的涨幅超过招标时基准价格5%以上由发包人承担；施工机械使用费涨幅超过招标时的基准价格10%以上由发包人承担。

由于承包人使用机械设备、施工技术以及组织管理水平等自身原因造成施工费用增加的，应由承包人全部承担。

不可抗力发生时，影响合同价款的调整原则：工程本身的损害、因工程损害导致第三方人员伤亡和财产损失以及运至施工场地用于施工的材料和待安装的设备的损害，由发包人承担；发包人、承包人人员伤亡由其所在单位负责，并承担相应费用；承包人的施工机械设备损坏及停工损失，由承包人承担；停工期间，承包人应发包人要求留在施工场地的必要的管理人员及保卫人员的费用由发包人承担；工程所需清理、修复费用，由发包人承担。

（四）工程量清单编制

该部分条款共6节19条，其中4条为强制性条文。主要条款内容解析如下：

1. 一般规定

1）明确了招标工程量清单应该由具有编制能力的招标人或受其委托具有相应资质的工程造价咨询人编制。作为招标文件的组成部分其准确性和完整性应由招标人负责，并作为编制招标控制价、投标报价、计算或调整工程量、索赔等的依据之一。

2）招标工程量清单应以单位（项）工程为单位编制，应由分部分项工程项目清单、措施项目清单、其他项目清单、规费和税金项目清单组成。

3）编制工程量清单应依据：计价规范和相关工程的国家计量规范；国家或省级、行业建设主管部门颁发的计价依据和办法；建设工程设计文件；与建设工程有关的标准、规范、技术资料；拟定的招标文件；施工现场情况、地勘水文资料、工程特点及常规施工方案；其他相关资料。

2. 分部分项工程项目

分部分项工程项目清单必须载明五个构成要素：项目编码、项目名称、项目特征、计量单位和工程量。必须根据相关工程现行国家计量规范规定的项目编码、项目名称、项目特征、计量单位和工程量计算规则进行编制。

3. 措施项目

措施项目必须根据相关工程现行国家计量规范的规定编制，该条为强制性条文。鉴于工程建设施工特点和承包人组织施工采用的施工措施并不完全一致，规定应根据拟建项目的实际情况列项。

4. 其他项目

项目清单应按照下列内容列项：暂列金额；暂估价（包括材料暂估单价、工程设备暂估单价、专业工程暂估价）；计日工；总承包服务费。

由于工程建设标准的高低、工程建设的复杂程度、施工工期的长短都影响其他项目清单具体内容，不足部分编制人应根据工程的具体情况进行补充。暂列金额应根据工程特点按有关计价规定进行估算。暂估价中的材料、工程设备暂估单价应根据工程造价信息或参照市场价格估算，列出明细表；专业工程暂估价应按不同专业、按有关计价规定估算，列出明细表。计日工应列出项目名称、计量单位和暂估数量；总包服务费应列出服务项目及其内容。

5. 规费

规费项目清单应按照下列内容列项：社会保险费（包括养老保险费、失业保险费、医疗保险费、工伤保险费、生育保险费）；住房公积金；工程排污费。

规费是政府和权力部门规定必须缴纳的费用，政府和权力部门可根据形势发展的需要对规范项目进行调整，因此对未列的项目，应根据省级政府或省级有关权力部门的规定进行列项。

6. 税金

税金项目清单应包括下列内容：营业税；城市维护建设税；教育费附加；地方教育附加。出现本条未列的项目，应根据税务部门的规定列项。

（五）招标控制价

招标控制价部分共3节21条，其中强制性条文2条。

1. 一般规定

国有资金投资的工程建设项目必须编制招标控制价，招标控制价应由具有编制能力的招标人或受其委托具有相应资质的工程造价咨询人编制和复核。当招标控制价超过批准概算时，招标人应将其报原概算审批部门审核。招标人应在发布招标文件时公布招标控制价，同时应将招标控制价及有关资料报送工程所在地或有该工程管辖权的行业管理部门工程造价管理机构备查。

2. 编制与复核

（1）编制与复核依据　计价规范；国家或省级、行业建设主管部门颁发的计价定额和计价办法；建设工程设计文件及相关资料；拟定的招标文件及招标工程量清单；与建设项目相关的标准、规范、技术资料；施工现场情况、工程特点及常规施工方案；工程造价管理机构发布的工程造价信息；工程造价信息没有发布的，参照市场价；其他的相关资料。

（2）编制原则

1）明确综合单价风险费用的责任人：综合单价中应包括拟定的招标文件中划分的应由投标人承担的风险范围和费用。招标文件没有明确的，如是工程造价咨询人编制，应提请招标人明确。如是招标人编制，应予明确。

2）规定了编制招标文件时，单价项目的计价原则：分部分项工程和措施项目中的单价项目，应根据拟定的招标文件和招标工程量清单项目中的特征描述及有关要求确定综合单价计算。招标文件中提供了暂估单价的材料和工程设备，按暂估的单价计入综合单价。综合单价应包括招标文件要求投标人所承担的风险内容及其范围产生的风险费用。

3）规定了编制招标文件时，措施项目费中的总价项目计价原则：措施项目费应根据拟定的招标文件和常规施工方案按规定计价。

4）其他项目费和税金的计价原则：暂列金额应按招标工程量清单中列出的金额填写；暂估价中的材料、工程设备单价应按招标工程量清单中列出的单价计入综合单价；暂估价中的专业工程金额应按招标工程量清单中列出的金额填写；计日工应按招标工程量清单中列出的项目根据工程特点和有关计价依据确定综合单价计算；总承包服务费应根据招标工程量清单列出的内容和要求估算。

3. 投诉与处理

规定赋予了投标人对招标人不按计价规范规定编制招标控制价进行投诉的权利；对工程造价管理机构是否受理投诉的条件、审查期限及是否受理投诉的处理期限、受理投诉后的复查及期限进行了规定。

招标人根据招标控制价复查结论，需要修改公布的招标控制价的，且最终招标控制价的发布时间至投标截止时间不足15天的，应当延长投标文件的截止时间。

（六）投标报价

投标报价部分共2节13条，其中强制性条文2条。

1. 一般规定

本规定对投标报价的编制主体、报价原则等做了专门性的规定。

1）投标报价的编制主体：应由投标人或受其委托具有相应资质的工程造价咨询人编制。

2）投标报价的基本要求：编制投标报价的最基本特征是投标人自主报价，这是市场竞争形成价格的体现。投标报价不得低于工程成本，这是投标报价的基本原则。投标报价高于招标控制价应予废标。

投标人应该根据招标工程量清单填报价格，项目编码、项目名称、项目特征、计量单位、工程量必须与招标工程量清单一致。

2. 编制与复核

1）投标报价的编制和复核依据：计价规范；国家或省级、行业建设主管部门颁发的计价办法；企业定额，国家或省级、行业建设主管部门颁发的计价定额；招标文件、工程量清单及其补充通知、答疑纪要；建设工程设计文件及相关资料；施工现场情况、工程特点及拟定的投标施工组织设计或施工方案；与建设项目相关的标准、规范等技术资料；市场价格信息或工程造价管理机构发布的工程造价信息；其他的相关资料。

2）分部分项工程费应依据招标文件及其招标工程量清单中分部分项工程量清单项目的特征描述确定综合单价计算。综合单价中应考虑招标文件中要求投标人承担的风险范围和费用，在施工过程中当出现的风险内容和范围（幅度）在招标文件规定的范围内时，合同价款不做调整。

3）措施项目费应根据招标文件中的措施项目清单及投标时拟定的施工组织设计或施工方案按规范规定自主确定。其中安全文明施工费应按照国家、行业建设主管部门的规定计算。

4）其他项目费应按规定报价：暂列金额应按招标工程量清单中列出的金额填写；材料、工程设备暂估价应按招标工程量清单中列出的单价计入综合单价；专业工程暂估价应按招标工程量清单中列出的金额填写；计日工应按招标工程量清单中列出的项目和数量，自主确定综合单价并计算计日工总额；总承包服务费应根据招标工程量清单中列出的内容和提出的要求自主确定。

5）规费和税金应按国家、行业建设主管部门的规定计算。

6）投标人填报单价合同的注意事项：招标工程量清单与计价表中列明的所有需要填写的单价和合价的项目，投标人均应填写且只允许有一个报价。未填写单价和合价的项目，视为此项费用已包含在已标价工程量清单中其他项目的单价和合价之中。竣工结算时，此项目不得重新组价予以调整。

7）投标总价的计算原则：应当与分部分项工程费、措施项目费、其他项目费和规费、税金的合计金额一致。

（七）合同价款约定

该部分共 2 节 5 条。主要对工程合同价款的约定做了原则规定，保证合同价款结算的依法进行。

（1）一般规定　对不同发包方式的合同约定以及采用的合同形式做了规定，实行招标的工程合同价款应在中标通知书发出之日起 30 日内，由发承包双方依据招标文件和中标人的投标文件在书面合同中约定。合同约定不得违背招标投标文件中关于工期、造价、质量等方面的实质性内容。招标文件与中标人投标文件不一致的地方，以投标文件为准；不实行招标的工程合同价款，在发承包双方认可的工程价款基础上，由发承包双方在合同中约定；实行工程量清单计价的工程，应当采用单价合同；合同工期较短、建设规模较小，技术难度较低，且施工图设计已审查完备的建设工程可以采用总价合同；紧急抢险、救灾以及施工技术特别复杂的建设工程可以采用成本加酬金合同。

（2）约定内容　发承包双方应在合同条款中对下列事项进行约定：预付工程款的数额、支付时间及抵扣方式；安全文明施工措施的支付计划、使用要求等；工程计量与支付工程进度款的方式、数额及时间；工程价款的调整因素、方法、程序、支付及时间；施工索赔与现场签证的程序、金额确认与支付时间；承担计价风险的内容、范围以及超出约定内容、范围的调整办法；工程竣工价款结算编制与核对、支付及时间；工程质量保证（保修）金的数额、预留方式及时间；违约责任以及发生工程价款争议的解决方法及时间；与履行合同、支付价款有关的其他事项等。

（3）合同约定不明时的处理方式　合同中没有按照上述约定内容约定或约定不明的，若发承包双方在合同履行中发生争议由双方协商确定；协商不能达成一致的，按本规范的规定执行。

（八）工程计量

该部分共 3 节 15 条，其中强制性条文 2 条。明确规定了工程计量的原则，不同合同形式下工程计量的要求等。

1. 一般规定

规定了工程量计算的根本原则，并确定了工程计量和成本加酬金的计量方式：工程量应当按照相关工程的现行国家计量规范规定的工程量计算规则计算。工程计量可选择按月或按工程形象进度分段计量，具体计量周期在合同中约定。因承包人原因造成的超范围施工或返工的工程量，发包人不予计量。

2. 单价合同的计量

1）工程量确定的原则：工程量必须以承包人完成合同工程应予计量的工程量确定。工程计量时，若发现招标工程量清单中出现缺项、工程量偏差，或因工程变更引起工程量的增减，应按承包人在履行合同过程中实际完成的工程量计算。进一步明确了招标人或其委托的工程造价咨询人编制的工程量清单的责任，体现了权、责对等的原则。

2）承包人应当按照合同约定的计量周期和时间，向发包人提交当期已完工程量报告。发包人应在收到报告后 7 天内核实，并将核实计量结果通知承包人。发包人未在约定时间内进行核实的，则承包人提交的计量报告中所列的工程量视为承包人实际完成的工程量。

3）发包人认为需要进行现场计量核实时，应在计量前 24h 通知承包人，承包人应为计量提供便利条件并派人参加。双方均同意核实结果时，则双方应在上述记录上签字确认。承包人收到通知后不派人参加计量，视为认可发包人的计量核实结果。发包人不按照约定时间通知承包人，致使承包人未能派人参加计量，计量核实结果无效。

4）如承包人认为发包人的计量结果有误，应在收到计量结果通知后的 7 天内向发包人提出书面意见，并附上其认为正确的计量结果和详细的计算资料。发包人收到书面意见后，应对承包人的计量结果进行复核后通知承包人。承包人对复核计量结果仍有异议的，按照合同约定的争议解决办法处理。

5）承包人完成已标价工程量清单中每个项目的工程量后，发包人应要求承包人派人共同对每个项目的历次计量报表进行汇总，以核实最终结算工程量。发承包双方应在汇总表上签字确认。

3. 总价合同的计量

1）总价合同的计量原则：采用工程量清单方式招标形成的总价合同，其招标工程量清单与合同工程实施中工程量的差异应予调整。采用经审定批准的施工图纸及其预算方式发包形成的总价合同，除按照工程变更规定的工程量增减外，总价合同各项目的工程量应为承包人用于结算的最终工程量。

2）总价合同计量的依据：总价合同项目的计量应以合同工程经审定批准的施工图纸为依据，发承包双方应在合同中约定工程计量的形象目标或时间节点承包人实际完成的工程量，是进行工程目标管理和控制进度支付的依据。

3）总价合同的计量和复核程序：承包人应在合同约定的每个计量周期内，对已完成的工程进行计量，并向发包人提交达到工程形象目标完成的工程量和有关计量资料的报告。

（九）合同价款调整

该部分共 15 节 59 条。对所有涉及合同价款调整、变动的因素或其范围进行了归纳，包括索赔、现场签证等内容。

1. 一般规定

1）发承包双方应当按照合同约定调整合同价款的事项（但不限于）：法律法规变化、工程变更、项目特征描述不符、工程量清单缺项、工程量偏差、物价变化、暂估价、计日工、现场签证、不可抗力、提前竣工（赶工补偿）、误期赔偿、施工索赔、暂列金额、发承包双方约定的其他调整事项。

2）出现合同价款调增事项（不含工程量偏差、计日工、现场签证、施工索赔）后的 14 天内，承包人应向发包人提交合同价款调增报告并附上相关资料，若承包人在 14 天内未提交合同价款调增报告的，视为承包人对该事项不存在调整价款。

3）出现合同价款调减事项（不含工程量偏差、计日工、现场签证、施工索赔）后的

14 天内，发包人应向承包人提交合同价款调增报告并附相关资料，发包人在 14 天内未提交合同价款调减报告的，应视为发包人对该事项不存在调整价款。

4）发（承）包人应在收到承（发）包人合同价款调增（减）报告及相关资料之日起 14 日内对其核实，予以确认的应书面通知承（发）包人。当有疑问时，应向承（发）包人提出协商意见。发（承）包人在收到合同价款调增（减）报告之日起 14 天内未确认也未提出协商意见的，应视为承（发）包人提出的合同价款调增（减）报告已被发（承）包人认可。发（承）包人提出协商意见的，承（发）包人应在收到协商意见后的 14 天内对其核实，予以确认的应书面通知发（承）包人。承（发）包人在收到发（承）包人的协商意见后 14 天内既不确认也未提出不同意见的，应视为发（承）包人提出的意见已被承（发）包人认可。

发包人与承包人对合同价款调整的不同意见不能达成一致的，只要对发承包双方履约不产生实质影响，双方应继续履行合同义务，直到其按照合同约定的争议解决方式得到处理。

经发承包双方确认调整的合同价款，作为追加（减）合同价款，应与工程进度款或结算款同期支付。

2. 法律法规变化

法律法规发生变化时合同价款的调整原则：招标工程以投标截止日前 28 天，非招标工程以合同签订前 28 天为基准日，其后国家的法律、法规、规章和政策发生变化引起工程造价增减变化的，发承包双方应当按照省级或行业建设主管部门或其授权的工程造价管理机构据此发布的规定调整合同价款。

3. 工程变更

建设工程施工合同签订时是以静态的承包范围、设计标准、施工条件为前提的，发承包双方权利和义务也是以此为基础的。随着施工条件变化和发包人要求变化等原因可能会引起已标价工程量清单项目或其工程量、措施项目发生变化，统称工程变更，因此会产生合同价款的调整。

1）工程变更的具体调整原则和方法如下：

①当工程变更引起已标价工程量清单项目或其工程数量发生变化，应按照下列规定调整：已标价工程量清单中有适用于变更工程项目的，采用该项目的单价；但当工程变更导致该清单项目的工程数量发生变化，且工程量偏差超过 15%，此时，该项目单价的调整应按照工程量偏差的规定调整。

②已标价工程量清单中没有适用，但有类似于变更工程项目的，可在合理范围内参照类似项目的单价。

③已标价工程量清单中没有适用也没有类似于变更工程项目的，由承包人根据变更工程资料、计量规则和计价办法、工程造价管理机构发布的信息价格和承包人报价浮动率提出变更工程项目的单价，报发包人确认后调整。承包人报价浮动率可按下列公式计算：

招标工程：承包人报价浮动率 $L=(1-\text{中标价}/\text{招标控制价})\times100\%$

非招标工程：承包人报价浮动率 $L=(1-\text{报价值}/\text{施工图预算})\times100\%$

④已标价工程量清单中没有适用也没有类似于变更工程项目，且工程造价管理机构发布的信息价格缺价的，由承包人根据变更工程资料、计量规则、计价办法和通过市场调查等取得有合法依据的市场价格提出变更工程项目的单价，报发包人确认后调整。

2）工程变更引起施工方案改变，并使措施项目发生变化的，承包人提出调整措施项目费的，应事先将拟实施的方案提交发包人确认，并详细说明与原方案措施项目相比的变化情况。拟实施的方案经发承包双方确认后执行，应按照下列规定调整措施项目费：

①安全文明施工费，按照实际发生变化的措施项目调整。

②采用单价计算的措施项目费，按照实际发生变化的措施项目按本规范的规定确定单价。

③按总价（或系数）计算的措施项目费，按照实际发生变化的措施项目调整，但应考虑承包人报价浮动因素，即调整金额按照实际调整金额乘以本规范规定的承包人报价浮动率计算。

如果承包人未事先将拟实施的方案提交给发包人确认，则视为工程变更不引起措施项目费的调整或承包人放弃调整措施项目费的权利。

3）如果工程变更项目出现承包人在工程量清单中填报的综合单价与发包人招标控制价或施工图预算相应清单项目的综合单价偏差超过15%，则工程变更项目的综合单价可由发承包双方按照下列规定调整：

①当 $P_0<P_1(1-L)\times(1-15\%)$ 时，该类项目的综合单价按照 $P_1(1-L)\times(1-15\%)$ 调整。

②当 $P_0>P_1\times(1+15\%)$ 时，该类项目的综合单价按照 $P_1\times(1+15\%)$ 调整。

式中　P_0——承包人在工程量清单中填报的综合单价；

P_1——发包人招标控制价或施工预算相应清单项目的综合单价；

L——承包人报价浮动率。

4）如果发包人提出的工程变更，因为非承包人原因删减了合同中的某项原定工作或工程，致使承包人发生的费用或（和）得到的收益不能被包括在其他已支付或应支付的项目中，也未被包含在任何替代的工作或工程中，则承包人有权提出并得到合理的利润补偿。

4. 项目特征描述不符

工程项目特征是用来表述分部分项清单项目的实质内容，用于区别计价规范中同一清单条目下各个具体的清单项目。项目特征是确定综合单价的前提，是履行合同义务的基础。

1）发包人在招标工程量清单中对项目特征的描述，应被认为是准确和全面的，并且与实际施工要求相符。承包人应按照发包人提供的工程量清单，根据其项目特征描述的内容及有关要求实施合同工程，直到其被改变为止。

2）合同履行期间，出现实际施工设计图纸（含设计变更）与招标工程量清单任一项目的特征描述不符，且该变化引起该项目的工程造价增减变化的，应按照实际施工的项目特征重新确定相应工程量清单项目的综合单价，计算调整的合同价款。

5. 工程量清单缺项

1）合同履行期间，由于招标工程量清单中的缺项，新增分部分项工程清单项目的，应按照清单规范规定确定单价并调整合同价款。

2）新增分部分项工程清单项目，引起措施项目发生变化的，应按照本规范的规定，在承包人提交的实施方案被发包人批准后调整合同价款。

3）由于招标工程量清单中分部分项工程出现缺项，引起措施项目发生变化的，应按照本规范的规定，在承包人提交的实施方案被发包人批准后，计算调整的措施费用。

6. 工程量偏差

1）合同履行期间，出现工程量偏差，且符合本规范规定的，发承包双方应调整合同价款。

2）对于任一招标工程量清单项目，如果因本条规定的工程量偏差和第 9.3 条规定的工程变更等原因导致工程量偏差超过 15%，调整的原则为：当工程量增加 15%以上时，其增加部分工程量的综合单价应予调低；当工程量减少 15%以上时，减少后剩余部分的工程量的综合单价应予调高。

3）如果工程量出现本规范的变化，且该变化引起相关措施项目相应发生变化，如按系数或单一总价方式计价的，工程量增加的措施项目费调增，工程量减少的措施项目费适当调减。

【案例 1】某工程项目的招标控制价为 2300 万元，中标人的投标报价为 1945 万元。其中：楼地面工程中铺贴地砖项目招标工程量清单数量为 $8950m^2$，施工过程中调整为 $11500m^2$，假设地砖的投标单价为 150 元/m^2。外墙涂料的工程量为 $10800m^2$，后为提高外立面效果，将外墙涂料变更为外墙真石漆，且清单项目中无类似项目，当地工程造价管理机构发布的当月施工材料信息价为 56 元/m^2，合同约定的价格调整系数为 0.9，问该如何调整该工程的工程价款?

【解】（1）本工程的报价浮动率 L =（1−中标价/招标控制价）×100%

=（1−1945/2300）×100%

=15.43%

（2）该子目的工程单价是否调整，如何调整?

1）确定该工程量偏差是否影响工程单价调整

（11500÷8950−1）×100%＝28.5%>15%，

故需要调整综合单价。

2）调整后的综合单价　150×（1−15.43%）= 126.85（元/m^2）

（3）因地砖数量变化引起的工程价款的调整

1）因工程量变更 15%以内的工程价款调整：

$895m^2$×15%×150 元/m^2 = 20.1 万元

2）因工程量变更 15%以外的工程价款调整：

[$11500m^2$−$8950m^2$×（1+15%）]×150 元/m^2×0.9 = 16.3 万元

3）因工程量变更引起的工程价款调整：

20.1+16.3 = 36.4（万元）

（4）外墙乳胶漆变更为外墙真石漆的工程价款调整

1）外墙乳胶漆的定额人工费为 3.55 元/m^2

乳胶漆主材费为 14.83 元/m^2

其他材料费为 0.84 元/m^2

管理费和利润为 1.73 元/m^2

该子目优惠后的综合单价＝（3.55+14.83+0.84+1.73）×（1−15.43%）

= 17.71（元/m^2）

2）外墙真石漆的定额人工费为 2.51 元/m^2

乳胶漆主材费为 65.1 元/m^2

其他材料费为 1.94 元/m^2

管理费和利润为 1.15 元/m^2

该子目优惠后的综合单价 =（2.51+65.1+1.94+1.15）×（1−15.43%）

=59.79（元/m^2）

3）因工程材料变更引起的工程价款调整：

10800×（59.79−17.71）= 45.45（万元）

（5）故调整后的该工程价款为：1945+36.4+45.45 = 2026.85（万元）。

7. 计日工

计日工是在施工过程中，合同工程范围以外出现零星工程或工作，按合同中约定的单价计价的一种方式。发包人通知承包人以计日工方式实施的零星工作，承包人应予执行。

8. 物价变化

在合同履行期间，出现工程造价管理机构发布的人工、材料、工程设备和机械台班价格波动影响合同价格变化时应根据合同约定的价格调整方式调整合同价款。承包人采购材料和工程设备的，应在合同中约定可调材料、工程设备单价变化超过5%，超过部分的价格应予调整。应按照价格系数调整法或价格差额调整法计算调整的材料设备费和施工机械费。

1）价格指数法：即价格调整公式法。因人工、材料和工程设备、施工机械台班等价格波动影响合同价格时，根据招标人提供，并由投标人在投标函附录中的价格指数和权重表约定的数据，按下列公式计算差额并调整合同价款：

$$\Delta P = P_0\left[A + \left(B_1\frac{F_{t1}}{F_{01}} + B_2\frac{F_{t2}}{F_{02}} + B_3\frac{F_{t3}}{F_{03}} + \cdots + B_n\frac{F_{tn}}{F_{0n}}\right) - 1\right] \tag{3-1}$$

式中　ΔP——需调整的价格差额；

P_0——约定的付款证书中承包人应得到的已完成工程量的金额，此项金额应不包括价格调整、不计质量保证金的扣留和支付、预付款的支付和扣回，约定的变更及其他金额已按现行价格计价的，也不在内；

A——定值权重（即不调部分的权重）；

B_1、B_2、B_3、…、B_n——各可调因子的变值权重（即可调部分的权重），为各可调因子在投标函投标总报价中所占的比例；

F_{t1}、F_{t2}、F_{t3}、…、F_{tn}——各可调因子的现行价格指数，是指约定的付款证书相关周期最后一天的前42天的各可调因子的价格指数；

F_{01}、F_{02}、F_{03}、…、F_{0n}——各可调因子的基本价格指数，是指基准日期的各可调因子的价格指数。

以上价格调整公式中的各可调因子、定值和变量权重，以及基本价格指数及其来源在投标函附录价格指数和权重表中约定。价格指数应首先采用工程造价管理机构提供的价格指数，缺乏上述价格指数时，可采用工程造价管理机构提供的价格代替。

2）暂时确定调整差额。在计算调整差额时得不到现行价格指数，可暂用上一次价格指数计算，并在以后的付款中再按实际价格指数进行调整。

3）权重的调整。约定的变更导致原定合同中的权重不合理时，由承包人和发包人协商后进行调整。

4）承包人工期延误后的价格调整。由于承包人原因未在约定的工期内竣工的，对原约定竣工日期后继续施工的工程，使用公式调整价格时，应采用原约定竣工日期与实际竣工日期的两个价格指数中较低的一个作为现行价格指数。

5）若可调因子包括了人工在内，则不再对其进行单项调整。

【案例 2】××工程约定采用价格指数法调整合同价款，具体约定见表 3-2，本期完成合同价款为：2361245.33 元，其中：已按现行价格计算的计日工价款 8000 元，发承包双方确认应增加索赔金额 6030.21 元，请计算应调整的合同价款差额。

表 3-2 承包人提供材料和工程设备一览表

（适用于价格指数调整法）

工程名称：××工程　　　　标段：　　　　第 1 页　共 1 页

序号	名称、规格、型号	变值权重 B	基本价格指数	现行价格指数	备注
1	人工费	0.18	110%	121%	
2	钢材	0.11	4000 元/t	4320 元/t	
3	预拌混凝土 C30	0.16	340 元/m^3	353 元/m^3	
4	煤矸石砖	0.05	78 元/百块	120 元/百块	
5	机械费	0.08	100%	100%	
	定值权重 A	0.42	—	—	
	合计	1	—	—	

【解】（1）本期完成合同价款应扣除已按现行价格计算的计日工价款和确认的索赔额：

2361245.33−8000−6030.21＝2347215.12（元）

（2）用式（3-1）计算：

$$\Delta P=2347215.12\times\left[0.42+\left(0.18\times\frac{121}{110}+0.11\times\frac{4320}{4000}+0.16\times\frac{353}{340}+0.05\times\frac{120}{78}+0.08\times\frac{100}{100}\right)-1\right]$$

$$=2347215.12\times[0.42+(0.18\times1.1+0.11\times1.08+0.16\times1.04+0.05\times1.54+0.08\times1)-1]$$

$$=2347215.12\times[0.42+(0.198+0.1188+0.1664+0.077+0.08)-1]$$

$$=2347215.12\times0.0602$$

$$=141302.35$$

本期应增加合同价款 141302.35 元。

9. 暂估价

暂估价是指招标人在工程量清单中提供的用于支付必须发生但暂时不能确定价格的材料、工程设备的单价以及专业工程的金额。

（1）材料和工程设备暂估价　当发包人在招标工程量清单中给定暂估价的材料、工程设备属于依法必须招标的，由发承包双方以招标的方式选择供应商，确定价格，并应以此为依据取代暂估价，调整合同价款。

发包人在招标工程量清单中给定暂估价的材料和工程设备不属于依法必须招标的，应按照规范的相应条款规定确定专业工程价款，并以此为依据取代专业工程暂估价，调整合同价款。

（2）专业工程暂估价　发包人在招标工程量清单中给定暂估价的专业工程依法必须招标的，应当由发承包双方依法组织招标选择专业分包人，并接受有管辖权的建设工程招标投标管理机构的监督。

除合同另有约定外，承包人不参与投标的专业工程分包招标，应由承包人作为招标人，但招标文件评标工作、评标结果应报送发包人批准。与组织招标工作有关的费用应当被认为已经包括在承包人的签约合同价（投标总报价）中。

承包人参加投标的专业工程分包招标，应由发包人作为招标人，与组织招标工作有关的费用由发包人承担。同等条件下，应优先选择承包人中标。

以专业工程发包中标价为依据取代专业工程暂估价，调整合同价款。

10. 提前竣工（赶工补偿）

招标人应当根据相关工程的工期定额计算工期，压缩的工期天数不得超过定额工期的20%，超过者，应在招标文件中明示增加赶工费用。

发包人要求承包人提前竣工，应征得承包人同意后与承包人商定采取加快工程进度的措施，并修订合同工程进度计划。合同工程提前竣工，发包人应承担承包人由此增加的费用，并按照合同约定向承包人支付提前竣工（赶工补偿）费。

发承包双方应在合同中约定提前竣工每日历天应补偿额度。此项费用列入竣工结算文件中，与结算款一并支付。赶工费用包括：

1）人工费的增加，例如新增加投入人工的报酬，不经济使用人工的补贴等。

2）材料费的增加，例如可能造成不经济使用材料而损耗过大，材料提前交货可能增加的费用、材料运输费的增加。

3）机械费的增加，例如可能增加机械设备投入，不经济的使用机械等。

11. 误期赔偿

规定了如果承包人未按照合同约定施工，导致实际进度迟于计划进度的，承包人应该加快进度，实现合同工期。其由此产生的赶工费由承包人承担。如合同工期仍然误期，承包人应赔偿发包人由此造成的损失，并按照合同约定向发包人支付误期赔偿费。即使承包人支付误期赔偿费，也不能免除承包人按照合同约定应承担的任何责任和应履行的任何义务。

发承包双方应在合同中约定误期赔偿费，明确每日历天应赔额度。误期赔偿费列入竣工结算文件中，在结算款中扣除。

如果在工程竣工之前，合同工程内的某单项（位）工程已通过了竣工验收，且该单项（位）工程接收证书中表明的竣工日期并未延误，而是合同工程的其他部分产生了工期延误，误期赔偿费应按照已颁发工程接收证书的单位工程造价占合同价款的比例幅度予以扣减。

12. 索赔

索赔是合同双方依据合同约定维护自身合法利益的行为，其性质属于经济补偿行为，而非惩罚。

（1）索赔条件　合同一方向另一方提出索赔时，应有正当的索赔理由和有效证据，并应符合合同的相关约定。索赔的三要素是：正当的索赔理由；有效的索赔证据；在合同约定的时间内提出。

（2）承包人提出的索赔要求　根据合同约定，承包人认为非承包人原因发生的事件造成了承包人的损失，应按以下程序向发包人提出索赔：

1）承包人应在索赔事件发生后28天内，向发包人提交索赔意向通知书，说明发生索赔事件的事由。承包人逾期未发出索赔意向通知书的，丧失索赔的权利。

2）承包人应在发出索赔意向通知书后28天内，向发包人正式提交索赔通知书。索赔通知书应详细说明索赔理由和要求，并附必要的记录和证明材料。

3）索赔事件具有连续影响的，承包人应继续提交延续索赔通知，说明连续影响的实际情况和记录。

4）在索赔事件影响结束后的28天内，承包人应向发包人提交最终索赔通知书，说明最终索赔要求，并附必要的记录和证明材料。

根据合同约定，发包人认为由于承包人的原因造成发包人的损失，应参照承包人索赔的程序进行赔偿。

（3）承包人索赔的处理程序

1）发包人收到承包人的索赔通知书后，应及时查验承包人的记录和证明材料。

2）发包人应在收到索赔通知书或有关索赔的进一步证明材料后的28天内，将索赔处理结果答复承包人，如果发包人逾期未做出答复，视为承包人索赔要求已经发包人认可。

3）承包人接受索赔处理结果的，索赔款项在当期进度款中进行支付；承包人不接受索赔处理结果的，按合同约定的争议解决方式办理。

（4）承包人要求的赔偿方式

1）延长工期。

2）要求发包人支付实际发生的额外费用。

3）要求发包人支付合理的预期利润。

4）要求发包人按合同的约定支付违约金。

若承包人的费用索赔与工期索赔要求相关联时，发包人在做出费用索赔的批准决定时，应结合工程延期，综合做出费用赔偿和工程延期的决定。

（5）承包人提出索赔的时间限制　发承包双方在按合同约定办理了竣工结算后，应被认为承包人已无权再提出竣工结算前所发生的任何索赔。承包人在提交的最终结清申请中，只限于提出竣工结算后的索赔，提出索赔的期限自发承包双方最终结清时终止。

（6）发包人提出索赔的程序　根据合同约定，发包人认为由于承包人的原因造成发包人的损失，应参照承包人索赔的程序进行索赔。

（7）发包方要求索赔的方式　可以选择以下一项或几项方式获得赔偿：

1）延长质量缺陷修复期限。

2）要求承包人支付实际发生的额外费用。

3）要求承包人按合同的约定支付违约金。

承包人应付给发包人的索赔金额可从拟支付给承包人的合同价款中扣除，或由承包人以其他方式支付给发包人。

【案例3】某施工单位与建设单位按《建设工程施工合同（示范文本）》签订了可调整价格施工承包合同，合同工期390天，合同总价5000万元。合同中约定按建标〔2003〕06号文综合单价法计价程序计价，其中间接费率为20%，规费费率为5%，取费基数为：人工费与机械费之和。

【解析】该工程在施工过程中出现了如下事件。

事件（1）：因地质勘探报告不详，出现图纸中未标明的地下障碍物，处理该障碍物导致工作 A 持续时间延长 10 天（该工作处于非关键线路上且延长时间未超过总时差），增加人工费 2 万元、材料费 4 万元、机械费 3 万元。

事件（2）：因不可抗力而引起施工单位的供电设施发生火灾，使工作 C 持续时间延长 10 天（该工作处于非关键线路上且延长时间未超过总时差），增加人工费 1.5 万元、其他损失费用 5 万元。

事件（3）：结构施工阶段因建设单位提出工程变更，导致施工单位增加人工费 4 万元、材料费 6 万元、机械费 5 万元，工作 E 持续时间延长 30 天（该工作处于关键线路上）。针对上述事件，施工单位按程序提出了工期索赔和费用索赔。

本案例中事件（1）因为图纸未标明的地下障碍物属于建设单位风险的范畴，根据《标准施工招标文件》中合同条款 4.11.2 规定当承包人遇到不利物质条件时可以合理得到工期和费用补偿；事件（2）根据《标准施工招标文件》中合同条款 21.3.1 规定建设单位承担不可抗力的工期风险，发生的费用由双方分别承担各自的费用损失，因此只能合理获得工期补偿；事件（3）建设单位工程变更属于建设单位的责任，可以获得工期和费用补偿。又因为事件（1）和事件（2）的施工内容都位于非关键线路上，且延期都未超过该工作的总时差。故本案例中施工单位得到的工期补偿为事件（3）中工作 E 的延期 30 天。得到的费用补偿有事件（1）9 万元、事件（3）15 万元、企业管理费 $(2+4+3+5)\times(20\%+5\%)=3.5$（万元），共 27.5 万元。

13. 现场签证

由于施工生产的特殊性，在施工过程中往往会出现一些与合同工程或合同约定不一致或未约定的情形，这时发承包双方用书面形式记录下来。现场签证有多种情形，如何处理好现场签证，是衡量一个工程管理水平高低的标准，是有效减少合同纠纷的手段。对现场签证规定如下：

1）承包人应发包人要求完成合同以外的零星项目、非承包人责任事件等工作的，发包人应及时以书面形式向承包人发出指令，提供所需的相关资料；承包人在收到指令后，应及时向发包人提出现场签证要求。

2）承包人应在收到发包人指令后的 7 天内，向发包人提交现场签证报告，报告中应写明所需的人工、材料和施工机械台班的消耗量等内容。发包人应在收到现场签证报告后的 48h 内对报告内容进行核实，予以确认或提出修改意见。发包人在收到承包人现场签证报告后的 48h 内未确认也未提出修改意见的，视为承包人提交的现场签证报告已被发包人认可。

3）现场签证的工作如已有相应的计日工单价，则现场签证中应列明完成该类项目所需的人工、材料、工程设备和施工机械台班的数量。如现场签证的工作没有相应的计日工单价，应在现场签证报告中列明完成该签证工作所需的人工、材料设备和施工机械台班的数量及其单价。

4）合同工程发生现场签证事项，未经发包人签证确认，承包人便擅自施工的，除非征得发包人同意，否则发生的费用由承包人承担。

5）现场签证工作完成后的 7 天内，承包人应按照现场签证内容计算价款，报送发包人确认后，作为追加合同价款，与工程进度款同期支付。

14. 暂列金额

已签约合同价中的暂列金额，该笔金额只能按发包人的指示使用，并不属于承包人所有，也不必然发生。规定如下：

1）已签约合同价中的暂列金额由发包人掌握使用。

2）发包人按照本规范的规定所做支付后，暂列金额如有余额归发包人。

（十）合同价款期中支付

该部分共 3 节 24 条规定了预付款、安全文明施工费、进度款的支付以及违约的责任。

1. 预付款

（1）定义　预付款是发包人因承包人为准备施工而履行的协助义务。用于承包人为合同工程施工购置材料、工程设备，购置或租赁施工设备，修建临时设施以及组织施工队伍进场等所需的款项。

（2）支付比例和方式

1）预付款的支付比例不宜高于合同价款的 30%。承包人对预付款必须专用于合同工程。

2）承包人应在签订合同或向发包人提供与预付款等额的预付款保函（如有）后向发包人提交预付款支付申请。发包人应在收到支付申请的 7 天内进行核实后向承包人发出预付款支付证书，并在签发支付证书后的 7 天内向承包人支付预付款。

3）发包人没有按时支付预付款的，承包人可催告发包人支付；发包人在付款期满后的 7 天内仍未支付的，承包人可在付款期满后的第 8 天起暂停施工。发包人应承担由此增加的费用和（或）延误的工期，并向承包人支付合理利润。

4）预付款应从每支付期应支付给承包人的工程进度款中扣回，直到扣回的金额达到合同约定的预付款金额为止。

5）承包人的预付款保函（如有）的担保金额根据预付款扣回的数额相应递减，但在预付款全部扣回之前一直保持有效。发包人应在预付款扣完后的 14 天内将预付款保函退还给承包人。

2. 安全文明施工费

1）定义：安全文明施工费全称是安全防护、文明施工措施费，是按照财政部、国家安全生产监督管理总局印发的《企业安全生产费用提取和使用管理办法》的规定编写的。其包括的内容和使用范围应符合国家现行文件规定和计量规范。

2）安全文明施工费的支付：发包人应在工程开工后的 28 天内预付不低于当年的安全文明施工费总额的 60%，其余部分按提取安排的原则进行分级，与进度款同期支付。

3）发包人没有按时支付安全文明施工费的，承包人可催告发包人支付；发包人在付款期满后的 7 天内仍未支付的，若发生安全事故的，发包人应承担连带责任。

4）安全文明施工费的使用原则：承包人应对安全文明施工费专款专用，在财务账目中单独列项备查，不得挪作他用，否则发包人有权要求其限期改正；逾期未改正的，造成的损失和（或）延误的工期由承包人承担。

《建设工程安全生产管理条例》第六十三条规定：施工单位挪用列入建设工程概算的安全生产作业环境及安全施工措施所需费用，责令限期整改，处挪用费用 20%以上 50%以下的罚款；造成损失的，依法承担赔偿责任。

3. 进度款

由于建设工程通常具有投资额大、施工期长等特点，合同价款的履行顺序主要通过“阶段小结、最终结清”的方法结清。当承包人完成一定阶段工程量后，发包人应按合同约定履行支付进度款的义务。

（1）基本原则

1）发承包双方应按照合同约定的时间、程序和方法，根据工程计量结果，办理期中价款结算，支付进度款。

2）进度款支付周期应与合同约定的工程计量周期一致。故工程量的正确计量是支付的前提和依据，结算方式可分为：按月结算与支付，分段结算与支付。

3）已标价的工程量清单中的单价项目，承包人应按工程计量确认的工程量与综合单价计算；综合单价发生调整的以发承包双方确认调整的综合单价计算进度款。已标价工程量清单中的总价项目，承包人应按合同中约定的进度款支付方式分解，分别列入进度款支付申请中的安全文明施工费和本周期应支付的总价项目的金额中。

4）发包人提供的甲供材料金额，应按照发包人签约提供的单价和数量从进度款支付中扣除，列入本周期应扣减的金额中。承包人现场签证和得到发包人确认的索赔金额应列入本周期应增加的金额中。进度款的支付比例按照合同约定，按期中结算价款总额计，不低于60%，不高于90%。

（2）支付程序　承包人应在每个计量周期到期后7天内向发包人提交已完工程进度款支付申请表一式四份，详细说明此周期认为有权得到的款项，包括分包人已完工程的价款。支付申请的内容包括：

1）累计已完成工程的工程价款。

2）累计已实际支付的工程价款。

3）本周期合计完成的工程价款。

① 本周期已完成单价项目的金额。

② 本周期应支付的总价项目的金额。

③ 本周期已完成的计日工价款。

④ 本周期应支付的安全文明施工费。

⑤ 本周期应增加的金额。

4）本周期合计应扣减的金额。

① 本周期应扣回的预付款。

② 本周期应扣减的金额。

5）本周期应支付的合同价款。

（3）支付方法　发包人应在收到承包人进度款支付申请后的14天内根据计量结果和合同约定对申请内容予以核实。确认后向承包人出具进度款支付证书。若发承包双方对部分清单项目的计量结果出现争议，发包人应对无争议部分的工程计量结果向承包人出具进度款支付证书。

发包人应在签发进度款支付证书后的14天内，按照支付证书列明的金额向承包人支付进度款。若发包人逾期未签发进度款支付证书，则视为承包人提交的进度款支付申请已被发包人认可，承包人可向发包人发出催告付款的通知。发包人应在收到通知后的14天内，按照承包人支付申请阐明的金额向承包人支付进度款。

发包人未按照本规范规定支付进度款的，承包人可催告发包人支付，并有权获得延迟支付的利息；发包人在付款期满后的7天内仍未支付的，承包人可在付款期满后的第8天起暂停施工。发包人应承担由此增加的费用和（或）延误的工期，向承包人支付合理利润，并承担违约责任。发现已签发的任何支付证书有错、漏或重复的数额，发包人有权予以修正，承包人也有权提出修正申请。经发承包双方复核同意修正的，应在本次到期的进度款中支付或扣除。

【案例4】某建筑安装工程施工合同总价6000万元，合同工期为6个月，合同签订日期为1月初，从当年2月份开始施工。

（1）合同规定的商务条款：

1）预付款按合同价款的20%，累计支付工程进度款达施工合同总价40%后的下月起至竣工各月平均扣回。

2）从每次工程款中扣留10%作为预扣质量保证金，竣工结算时将5%的质量保证金退还给承包商。

3）合同规定，当人工或材料价格比签订合同时上涨5%及以上时，按如下公式调整合同价格：

$$P = P_0(0.15A/A_0 + 0.60B/B_0 + 0.25)$$

其中，0.15为人工费在合同总价中比重；0.60为材料费在合同总价中比重。

人工或材料费上涨幅度<5%者，不予调整，其他情况均不予调整。

（2）工程如期开工，该工程每月实际完成合同产值和价格指数见表3-3和表3-4。

表3-3　产值表　（单位：万元）

月份	2	3	4	5	6	7
完成合同产值	1000	1200	1200	1200	800	600

表3-4　各月价格指数

月份	1	2	3	4	5	6	7
人工	110	110	110	115	115	120	110

问题：

1. 该工程预付款为多少？预付款起扣点是多少？从哪月开始起扣？每月扣回多少？

2. 每月实际应支付工程款为多少？

3. 竣工结算时尚应支付承包商多少万元，共支付承包商进度款多少万元？

【解】　问题1：

（1）该工程预付款为6000×20%＝1200（万元）

（2）起扣点为6000×40%＝2400（万元）

（3）2~4月产值：（1000+1200+1200）×90%＝3060（万元）>2400（万元），故从5月份开始扣回预付款。

（4）每月扣回预付款：1200÷3＝400（万元）

问题2：

2月份：完成合同价1000万元，预扣质量保证金1000×10%＝100（万元）

支付工程款 1000 万元×90%＝900 万元

累计支付工程款 900 万元，累计预扣质量保证金 100 万元。

3 月份：完成合同价 1200 万元，预扣质量保证金 1200×10%＝120（万元）

支付工程款 1200 万元×90%＝1080 万元

累计支付工程款 900+1080＝1980（万元）

累计预扣质量保证金 100+120＝220（万元）

4 月份：完成合同价 1200 万元，预扣质量保证金 1200×10%＝120（万元）

支付工程款 1200 万元×90%＝1080 万元

累计支付工程款 1980+1080＝3060（万元）

累计预扣质量保证金 220+120＝340（万元）

5 月份：完成合同价 1200 万元

材料价格上涨：(140−130)/130×100%＝7.69%>5%，故应调整价款。

调整后当月完成合同价款：

1200×(0.15+0.60×140/130+0.25)＝1255（万元）

预扣质量保证金 1255×10%＝125（万元）

支付工程款 1255×90%−400＝729.5（万元）

累计支付工程款 3060+729.5＝3789.5（万元）

累计预扣质量保证金 340+125＝465（万元）

6 月份：完成合同价 800 万元

人工价格上涨：(120−110)÷110×100%＝9.09%>5%，应调整价款。

调整后当月完成合同价款：

800×(0.15×120/110×0.6+0.25)＝810.91（万元）

预扣质量保证金 810.91×10%＝81.091（万元）

支付工程款 810.91×90%−400＝329.819（万元）

累计支付工程款 3789.5+329.819＝4119.319（万元）

累计预扣质量保证金 465+81.091＝546.091（万元）

7 月份：完成合同价 600 万元

预扣质量保证金 600×10%＝60（万元）

支付工程款 600×90%−400＝140（万元）

累计支付工程款 4119.319+140＝4259.319（万元）

累计预扣质量保证金 546.091+60＝606.091（万元）

问题 3：

退还预扣质量保证金：606.091÷2＝303.046（万元）

竣工结算时共支付承包商：1200+4259.319+303.415＝5762.365（万元）

（十一）竣工结算与支付

1. 一般规定

（1）办理原则　工程完工后，发承包双方必须在合同约定时间内办理工程竣工结算。工程竣工结算应由承包人或受其委托具有相应资质的工程造价咨询人编制，并应由发包人或受其委托具有相应资质的工程造价咨询人核对。

（2）编制和核对主体　发承包双方或一方对工程造价咨询人出具的竣工结算文件有异议时，可向工程造价管理机构投诉，申请对其进行执业质量鉴定。

（3）备案要求　竣工结算办理完毕，发包人应当将竣工结算文件报送工程所在地或有该工程管辖权的行业管理部门的工程造价管理机构备案，竣工结算文件应作为工程竣工验收备案、交付使用的必备文件。

2. 编制与复核

（1）编制与复核依据　《建设工程工程量清单计价规范》（GB 50500—2013）；工程合同；发承包双方实施过程中已确认的工程量及其结算的合同价款；发承包双方实施过程中已确认调整后追加（减）的合同价款；建设工程设计文件及相关资料；投标文件；其他依据。

（2）计价原则　分部分项和措施项目中的单价项目应依据发承包双方确认的工程量与已标价工程量清单的综合单价计算；发生调整的，应以发承包双方确认调整的综合单价计算。

措施项目中的总价项目应依据已标价工程量清单的项目和金额计算；发生调整的，应以发承包双方确认调整的金额计算。其中安全文明施工费应按相关规定计算。

其他项目应按下列规定计价：计日工应按发包人实际签证确认的事项计算；暂估价应按清单规范规定计算，总承包服务费应依据已标价工程量清单的金额计算；发生调整的，应以发承包双方确认调整的金额计算；索赔费用应依据发承包双方确认的索赔事项和金额计算；现场签证费用应按照发承包双方签证资料确认的金额计算；暂列金额应减去合同价款调整（包括索赔、现场签证）金额计算，如有余额归发包人。

规费和税金按本规范的规定计算。规费的工程排污费应按工程所在地环境保护部门规定的标准缴纳后按实列入。发承包双方在合同工程实施中已经确认的工程量计量结果和合同价款，在竣工结算办理中应直接进入结算。

3. 竣工结算

（1）编制要求　合同工程完工后，承包人应在经发承包双方确认的合同工程期中价款结算的基础上汇总编制完成竣工结算文件，并在提交竣工验收申请的同时向发包人提交竣工结算文件。

承包人未在合同约定的时间内提交竣工结算文件，经发包人催告后14天内仍未提交或没有明确答复，发包人有权根据已有资料编制竣工结算文件，作为办理竣工结算文件，作为办理竣工结算和支付结算款的依据，承包人应予以认可。

（2）核对要求　发包人应在收到承包人提交的竣工结算文件后的28天内核对。发包人经核实，认为承包人还应进一步补充资料和修改结算文件，应在上述时限内向承包人提出核实意见，承包人在收到核实意见后的28天内按照发包人提出的合理要求补充资料，修改竣工结算文件，并再次提交给发包人复核后批准。

（3）复核处理要求　发包人应在收到承包人再次提交的竣工结算文件后的28天内予以复核，将复核结果通知承包人。发包人、承包人对复核结果无异议的，应在7天内在竣工结算文件上签字确认，竣工结算办理完毕；发包人或承包人对复核结果认为有误的，无异议部分按照规定办理不完全竣工结算，有异议部分由发承包双方协商解决，协商不成的按合同约定的争议解决方式处理。

（4）责任后果　发包人在收到承包人竣工结算文件后的28天内，不核对竣工结算或未提出核对意见的，应视为承包人提交的竣工结算文件已被发包人认可，竣工结算办理完毕。

承包人在收到发包人提出的核实意见后28天内，不确认也未提出异议的，应视为发包人提出的核实意见已被承包人认可，竣工结算办理完毕。

（5）对工程咨询人的相关要求　发包人委托造价咨询人核对竣工结算的，工程造价咨询人应在28天内核对完毕，核对结论与承包人竣工结算文件不一致的，应提交给承包人复核；承包人应在14天内将同意审核结论或不同意见的说明提交工程造价咨询人。工程造价咨询人收到承包人提出的异议后，应再次复核，复核无异议的，按本规范规定办理，复核后仍有异议的，按本规范规定办理。

对发包人或发包人委托的工程造价咨询人指派的专业人员与承包人指派的专业人员经审核后无异议并签名确认的竣工结算文件，除非发包人能提出具体、详细的不同意见，发包人应在竣工结算文件上签名确认。如发包人拒不签认的，承包人可不提供竣工验收备案资料，并有权拒绝与发包人或其上级部门委托的工程造价咨询人重新核对竣工结算文件。若承包人拒不签认的，发包人要求办理竣工验收备案的，承包人不得拒绝提供竣工验收资料。否则，由此造成的损失，承包人承担相应责任。交付的竣工工程，承包人并有权拒绝与发包人或其上级部门委托的工程造价咨询人重新核对竣工结算文件。

合同工程竣工结算核对完成，发承包双方签字确认后，禁止发包人又要求承包人与另一个或多个工程造价咨询人重复核对竣工结算。

（6）发包人对工程质量有异议时竣工结算的办理原则　发包人对工程质量有异议，拒绝办理竣工结算的，已竣工验收或已竣工未验收但实际投入使用的工程，其质量争议按该工程保修合同执行，竣工结算按合同约定办理；已竣工未验收且未实际投入使用的工程以及停工、停建工程的质量争议，双方应就有争议的部分委托有资质的检测鉴定机构进行检测，并应根据检测结果确定解决方案，或按工程质量监督机构的处理决定执行和办理竣工结算，无争议部分的竣工结算按合同约定办理。

4. 结算价款支付

（1）竣工结算申请　承包人应根据办理的竣工结算文件向发包人提出竣工结算款支付申请。该申请应包括下列内容：竣工结算合同价款总额；累计已实际支付的合同价款；应扣留的质量保证金；实际应支付的竣工结算款金额。

（2）竣工结算支付程序　发包人应在收到承包人提交竣工结算款支付申请后7天内予以核实，向承包人签发竣工结算支付证书。发包人签发竣工结算支付证书后的14天内，按照竣工结算支付证书列明的金额向承包人支付结算款。

发包人在收到承包人提交的竣工结算款支付申请后7天内不予核实，不向承包人签发竣工结算支付证书的，视为承包人的竣工结算支付申请已被发包人认可；发包人应在收到承包人提交的竣工结算款支付申请7天后的14天内，按照承包人提交的竣工结算支付申请列明的金额向承包人支付结算款。

发包人未及时支付竣工结算款的，承包人可催告发包人支付，并有权获得延迟支付的利息。发包人在竣工结算支付证书签发后或者在收到承包人提交的竣工结算款支付申请7天后的56天内仍未支付的，除法律另有规定外，承包人可与发包人协商将工程折价，也可直接向人民法院申请将该工程依法拍卖。承包人就该工程折价或拍卖的价款优先受偿。

5. 质量保证金

质量保证金是指承包人用于保证在缺陷责任期内履行缺陷修复义务的金额。质量保证金由发承包双方在工程合同中约定，从应付合同价款中预留，用以保证承包人在缺陷责任期内履行缺陷修复义务的金额。

发包人应按照合同约定的质量保证金比例从结算款中扣留质量保证金。承包人未按照合同约定履行属于自身责任的工程缺陷修复义务的，发包人有权从质量保证金中扣留用于缺陷修复的各项支出，若经查验，工程缺陷属于发包人原因造成的，应由发包人承担查验和缺陷修复的费用。

在合同约定的缺陷责任期终止后的 14 天内，发包人应将剩余的质量保证金返还承包人。剩余质量保证金的返还，并不能免除承包人按照合同约定应承担的质量保修责任和应履行的质量保修义务。

6. 最终结清

缺陷责任期结束后，承包人应按照合同约定的期限向发包人提交最终结清支付申请。发包人对最终结清支付申请有异议的，有权要求承包人进行修正和提供补充资料。承包人修正后，应再次向发包人提交修正后的最终结清支付申请。

发包人应在收到最终结清支付申请后的 14 天内予以核实，向承包人签发最终结清证书。发包人应在签发最终结清支付证书后的 14 天内，按照最终结清支付证书列明的金额向承包人支付最终结清款。

发包人未在约定的时间内核实，又未提出具体意见的，视为承包人提交的最终结清支付申请已被发包人认可。发包人未按期最终结清支付的，承包人可催告发包人支付，并有权获得延迟支付的利息。

承包人对发包人支付的最终结清款有异议的，按照合同约定的争议解决方式处理。

（十二）合同价款争议的解决

该章共 5 节 19 条，根据当前我国工程建设领域解决争议的实践总结形式成文。由于建设工程具有施工周期长、不确定因素多等特点，在施工合同履行过程中难免出现争议，因此及时有效地解决施工过程中的合同价款争议，是工程建设顺利进行的必要保证。

1. 监理或造价工程师暂定

若发包人和承包人之间就工程质量、进度、价款支付与扣除、工期延期、索赔、价款调整等发生任何法律上、经济上或技术上的争议，首先应根据已签约合同的规定，提交合同约定职责范围内的总监理工程师或造价工程师解决，并抄给另一方。总监理工程师或造价工程师在收到此提交件后 14 天之内应将暂定结果通知发包人和承包人。发承包双方对暂定结果认可的，应以书面形式予以确认，暂定结果成为最终决定。

发承包双方在收到总监理工程师或造价工程师的暂定结果通知之后的 14 天内，未对暂定结果予以确认也未提出不同意见的，视为发承包双方已认可该暂定结果。

发承包双方或一方不同意暂定结果的，应以书面形式向总监理工程师或造价工程师提出，说明自己认为正确的结果，同时抄送另一方，此时该暂定结果成为争议。在暂定结果不实质影响发承包双方当事人履约的前提下，发承包双方应实施该结果，直到其被改变为止。

2. 管理机构的解释或认定

1）合同价款争议发生后，发承包双方可就下列事项以书面形式提请下列机构对争议做出解释或认定：在工程计价中，对工程造价计价依据、办法以及相关政策规定发生争议事项的，由工程造价管理机构负责解释。工程造价管理机构应在收到申请 10 个工作日内就发承包双方提请的争议问题进行解释或认定。

2）发承包双方或一方在收到管理机构书面解释或认定后仍可按照合同约定的争议解决方式提请仲裁或诉讼。除工程造价管理机构的上级管理部门做出了不同的解释或认定，或在仲裁裁决或法院判决中不予采信的外，工程造价管理机构做出的书面解释或认定是最终结果，对发承包双方均有约束力。

3. 协商和解

1）合同价款争议发生后，发承包双方任何时候都可以进行协商。协商达成一致的，双方应签订书面和解协议，和解协议对发承包双方均有约束力。

2）如果协商不能达成一致协议，发包人或承包人都可以按合同约定的其他方式解决争议。

4. 调解

1）发承包双方应在合同中约定或在合同签订后共同约定争议调解人，负责双方在合同履行过程中发生争议的调解。

2）合同履行期间，发承包双方可协议调换或终止任何调解人，但发包人或承包人都不能单独采取行动。除非双方另有协议，在最终结清支付证书生效后，调解人的任期应即终止。

3）如果发承包双方发生了争议，任何一方可将该争议以书面形式提交调解人，并将副本抄送另一方，委托调解人调解。

4）发承包双方应按照调解人提出的要求，给调解人提供所需要的资料、现场进入权及相应设施。调解人应视为不是在进行仲裁人的工作。

5）调解人应在收到调解委托后 28 天内或由调解人建议并经发承包双方认可的其他期限内提出调解书，发承包双方接受调解书的，经双方签字后作为合同的补充文件，对发承包双方均有约束力，双方都应遵照执行。

6）当发承包双方任一方对调解人的调解书有异议时，应在收到调解书后 28 天内向另一方发出异议通知，并应说明争议的事项和理由。但除非并直到调解书在协商和解或仲裁裁决、诉讼判决中做出修改，或合同已经解除，承包人应继续按照合同实施工程。

7）当调解人已就争议事项向发承包双方提交了调解书，而任一方在收到调解书 28 天内均未发出表示异议的通知时，调解书对发承包双方应均具有约束力。

5. 仲裁、诉讼

1）如果发承包双方的协商或调解均未达成一致意见，其中的一方已就此争议事项根据合同约定的仲裁协议申请仲裁，应同时通知另一方。

2）仲裁可在竣工之前或之后进行，但发包人、承包人、调解人各自的义务不得因在工程实施期间进行仲裁而有所改变。当仲裁是在仲裁机构要求停止施工的情况下进行，承包人应对合同工程采取保护措施，由此增加的费用由败诉方承担。

3）在本规范规定的期限之内，暂定或友好协议或调解书已经有约束力的情况下，当发承包中一方未能遵守暂定或友好协议或调解决定，另一方可在不损害他可能具有的任何其他权利的情况下，将未能遵守暂定或不执行友好协议或调解达成书面协议的事项提交仲裁。

4）发包人、承包人在履行合同时发生争议，双方不愿和解、调解或者和解、调解不成，又没有达成仲裁协议的，可依法向人民法院提起诉讼。

三、工程量清单计价示例

（一）工程背景资料

某栋住宅建筑地处 A 县某住宅区地段，总建筑面积 4881.96m²，框架结构，12 层，建筑高度 34.8m，砖基础、灰土回填，墙体为多孔砖墙，厚度为 200mm 和 120mm 等。

（二）编制的范围及有关说明

本项目主要编制依据施工图纸、《建设工程工程量清单计价规范》（GB 50500—2013）《2018 版安徽省建设工程工程量清单计价办法》《2018 版安徽省建筑工程计价定额》《2018 版安徽省装饰装修工程计价定额》和《2018 版安徽省建筑工程费用定额》等。接受业主委托完成×楼项目建筑工程施工图清单及控制价编制。

在清单及控制价编制的过程中，对土方类别、运距、模板、混凝土等的考虑如下：土壤类别按三类土考虑；土方运距按 1km 考虑；本工程挖土时采用桩支护；模板采用木模板；预算采用商品混凝土和预拌砂浆，本工程未计取其他项目费。

（三）清单计价说明

工程量清单由分部分项工程量清单、措施项目清单、不可竞争项目清单、其他项目清单、税金组成，以该建筑的基础工程和砌筑工程为例，见表 3-5～表 3-10。

表 3-5　单位工程最高投标限价汇总表

工程名称：某住宅工程　　　　标段：　　　　第 1 页　共 1 页

序号	汇总内容	金额/元	其中:材料、设备暂估价/元
1	分部分项工程费	561602.99	
1.1	土石方工程	207236.06	
1.2	砌筑工程	354366.93	
2	措施项目费	16267.31	
2.1	夜间施工增加费	1311.88	
2.2	二次搬运费	2623.76	
2.3	冬雨期施工增加费	2099.01	
2.4	已完工程及设备保护费	262.38	
2.5	工程定位复测费	2623.76	
2.6	非夜间施工照明费	1049.50	
2.7	临时保护设施费	524.75	
2.8	赶工措施费	5772.27	
3	不可竞争费	37782.15	
3.1	安全文明施工费	37782.15	
3.2	工程排污费		
4	其他项目		
4.1	暂列金额		
4.2	专业工程暂估价		
4.3	计日工		
4.4	总承包服务费		
5	税金	67721.77	
工程造价=1+2+3+4+5		683374.22	

表 3-6 分部分项工程量清单计价表

工程名称：某住宅工程　　　　标段：　　　　第 1 页 共 2 页

序号	项目编码	项目名称	项目特征描述	计量单位	工程量	金额/元				
						综合单价	合价	其中		
								定额人工费	定额机械费	暂估价
	0101	**土石方工程**								
1	010101001001	平整场地	1)土壤类别:详见地质勘查报告 2)弃土运距:自行考虑 3)取土运距:自行考虑 4)场地平整方式:自行考虑 5)详见图纸	m^2	404.340	0.77	311.34	32.35	214.30	
2	010101003001	挖基础土方	1)土壤类别:详见地质勘查报告 2)基础类型:带形基础、独立基础、基础梁 3)挖土尺寸:见图纸 4)挖土深度:见图纸 5)弃土运距:自行考虑 6)挖土方式:自行考虑 7)基槽采用机械开挖,只挖至基础设计标高以上 300mm,余下由人工开挖,以保证基底置于未扰动的土层	m^3	4830.940	4.53	21884.16	8115.98	9227.10	
3	010103001001	土(石)方回填-基础回填土	1)土质要求:地下室外墙周边 1500mm 范围内采用 2:8 灰土回填 2)夯填要求:详见图纸及国家施工规范要求 3)取运方式:自行考虑 4)回填方式:自行考虑 5)详见结构设计说明	m^3	215.480	234.23	50471.88	21810.89	249.96	
4	010103001002	土(石)方回填-基础回填土	1)土质要求:素土回填 2)夯填要求:详见图纸及国家施工规范要求 3)取运方式:自行考虑 4)回填方式:自行考虑 5)详见结构设计说明	m^3	3670.430	34.58	126923.47	93008.70	7707.90	
5	010103002001	余方弃置	1)运输方式及运距自行考虑 2)中标后不调整	m^3	945.020	8.09	7645.21	264.61	5802.42	
		分部小计					207236.06			

（续）

<table>
<tr><th rowspan="3">序号</th><th rowspan="3">项目编码</th><th rowspan="3">项目名称</th><th rowspan="3">项目特征描述</th><th rowspan="3">计量单位</th><th rowspan="3">工程量</th><th colspan="5">金额/元</th></tr>
<tr><th rowspan="2">综合单价</th><th rowspan="2">合价</th><th colspan="3">其中</th></tr>
<tr><th>定额人工费</th><th>定额机械费</th><th>暂估价</th></tr>
<tr><td></td><td>0104</td><td colspan="2">砌筑工程</td><td></td><td></td><td></td><td></td><td></td><td></td><td></td></tr>
<tr><td>6</td><td>010401001002</td><td>砖基础</td><td>1)混凝土实心砖
2) M7.5 水泥砂浆砌砖
3)部位:坡道</td><td>m^3</td><td>13.130</td><td>545.80</td><td>7166.35</td><td>1852.91</td><td>110.29</td><td></td></tr>
<tr><td>7</td><td>010401004001</td><td>多孔砖墙</td><td>1)墙体类型:内墙、外墙
2)墙体厚度:200mm 厚
3)品种、规格、强度等级:MU5.0 非承重混凝土空心砖(重度<13kN/m^3)
4)砂浆强度等级、配合比:预拌 M5.0 混合砂浆
5)详见图纸</td><td>m^3</td><td>736.500</td><td>470.59</td><td>346589.54</td><td>110430.81</td><td>3328.98</td><td></td></tr>
<tr><td>8</td><td>010401004002</td><td>多孔砖墙</td><td>1)墙体类型:内墙、外墙
2)墙体厚度:120mm 厚
3)品种、规格、强度等级:MU5.0 非承重混凝土空心砖(重度<13kN/m^3)
4)砂浆强度等级、配合比:预拌 M5.0 混合砂浆
5)详见图纸</td><td>m^3</td><td>1.250</td><td>488.83</td><td>611.04</td><td>212.10</td><td>6.73</td><td></td></tr>
<tr><td></td><td></td><td colspan="2">分部小计</td><td></td><td></td><td></td><td>354366.93</td><td></td><td></td><td></td></tr>
</table>

表 3-7 措施项目清单计价表

工程名称：某住宅工程　　　　标段：　　　　第 1 页 共 1 页

序号	项目编码	项目名称	计算基础	费率(%)	金额/元
1	JC-01	夜间施工增加费	262376.03	0.500	1311.88
2	JC-02	二次搬运费	262376.03	1.000	2623.76
3	JC-03	冬、雨期施工增加费	262376.03	0.800	2099.01
4	JC-04	已完工程及设备保护费	262376.03	0.100	262.38
5	JC-05	工程定位复测费	262376.03	1.000	2623.76
6	JC-06	非夜间施工照明费	262376.03	0.400	1049.50
7	JC-07	临时保护设施费	262376.03	0.200	524.75
8	JC-08	赶工措施费	262376.03	2.200	5772.27
合 计					16267.31

表 3-8　不可竞争项目清单与计价表

工程名称：某住宅工程　　　　标段：　　　　第 1 页　共 1 页

序号	项目编码	项目名称	计算基础	费率（%）	金额/元
1	JF-01	环境保护费	262376.03	1.000	2623.76
2	JF-02	文明施工费	262376.03	4.000	10495.04
3	JF-03	安全施工费	262376.03	3.300	8658.41
4	JF-04	临时设施费	262376.03	6.100	16004.94
5	JF-05	工程排污费	262376.03		
合　计					37782.15

表 3-9　其他项目清单与计价汇总表

工程名称：某住宅工程　　　　标段：　　　　第 1 页　共 1 页

序号	项目名称	金额/元
1	暂列金额	
2	专业工程暂估价	
3	清单及控制价编制费	
4	计日工	
5	总承包服务费	
合　计		

表 3-10　税金计价表

工程名称：某住宅工程　　　　　　　　　标段：　　　　　　　　　　　　第 1 页　共 1 页

序号	项目名称	计算基础	计算基数	费率(%)	金额/元
1	增值税	分部分项工程费+措施项目费+不可竞争费+其他项目费	615652.45	11.000	67721.77
合　计					67721.77

第三节　绿色建筑评价标准（GB/T 50378—2019）解析

一、绿色建筑评价标准概述

《绿色建筑评价标准》自 2006 年发布实施及 2014 年修编以来，有效指导了我国绿色建筑实践工作。但随着绿色建筑各项工作的逐步推进，绿色建筑的内涵和外延不断丰富，各行业、各类别建筑践行绿色理念的需求不断提出，该标准已不能完全适应现阶段绿色建筑实践及评价工作的需要。

住房和城乡建设部于 2019 年 3 月 13 日发布第 61 号公告，批准《绿色建筑评价标准》为国家标准，编号为 GB/T 50378—2019，自 2019 年 8 月 1 日起施行。原《绿色建筑评价标准》（GB/T 50378—2014）同时废止。《绿色建筑评价标准》（GB/T 50378—2019）是根据住房和城乡建设部标准定额司《关于开展〈绿色建筑评价标准〉修订工作的函》（建标标函〔2018〕164 号）的要求，由中国建筑科学研究院和上海市建筑科学研究院会同有关单位在原国家标准基础上进行修订完成的。

《绿色建筑评价标准》（GB/T 50378—2019）共分9章，主要技术内容是：①总则；②术语；③基本规定；④安全耐久；⑤健康舒适；⑥生活便利；⑦资源节约；⑧环境宜居；⑨提高与创新。

该标准修订的主要技术内容是：①重新构建了绿色建筑评价技术指标体系；②调整了绿色建筑的评价时间节点；③增加了绿色建筑等级；④拓展了绿色建筑内涵；⑤提高了绿色建筑性能要求。

其对于原2006版、2014版修订的重点包括：

（1）构建了新的指标体系　新的指标体系为：安全耐久、健康舒适、生活便利、资源节约、环境宜居。

（2）拓展了绿色建筑内涵　以“四节一环保”为基本约束，同时将建筑工业化、海绵城市、健康建筑、建筑信息模型等高新建筑技术和理念融入绿色建筑要求中，同时通过考虑建筑的安全、耐久、服务、健康、宜居、全龄友好等内容而设置技术要求，进一步引导绿色生活、绿色家庭、绿色社区、绿色出行等，拓展了绿色建筑的内涵。

（3）更新了绿色建筑术语　结合构建的绿色建筑指标体系及绿色建筑新内涵，对绿色建筑的术语进行了更新，使其更加确切地阐明新时代的绿色建筑定义。将绿色建筑术语更新为：在全寿命期内，节约资源、保护环境、减少污染，为人们提供健康、适用、高效的使用空间，最大限度地实现人与自然和谐共生的高质量建筑。

（4）重设了绿色建筑评价时间节点　绿色建筑发展需要解决从速度发展到质量发展的诉求，而解决新时代绿色建筑发展诉求的关键途径之一则是重新定位绿色建筑的评价阶段。且以运行实效为导向是绿色建筑发展的方向，评价阶段是引导发展方向的关键途径。将绿色建筑评价的节点设定在建设工程竣工后，规定“绿色建筑评价应在建筑工程竣工后进行”，可有效保证绿色建筑技术落地。同时，将设计评价改为预评价，并规定“在建筑工程施工图设计完成后，可进行预评价”。

（5）增加了绿色建筑“基本级”　作为划分绿色建筑性能档次的评价工具，既要体现其性能评定、技术引领的行业地位，又要兼顾我国绿色建筑地域发展的不平衡性和推广普及绿色建筑的重要作用，同时还要与国际上主要绿色建筑评价技术标准接轨。因此，在原有绿色建筑一星级、二星级和三星级基础上增加“基本级”，扩大绿色建筑覆盖面的同时，也便于国际交流。“基本级”与在编的全文强制国家规范相适应，满足标准所有“控制项”的要求即为“基本级”。

（6）增强了评价的可操作性　计分方式由2006年版的条目法、2014年版的权重打分法改变为2019年版的绝对分值累加法，简便、易于操作。条文的设置综合考虑了气候、地域及建筑类型的适用性，通过条款的合理设置，避免了评分项的不参评项，整体条文数量也较2014年版大幅减少，进一步增强了评价的可操作性。

（7）分层级设置绿色建筑星级性能要求　为提升绿色建筑性能和品质，对一星级、二星级和三星级绿色建筑的等级认定分四个层级提出了不同的性能要求：①满足所有控制项要求且每类指标设置最低得分；②应进行全装修；③总得分达到60分/70分/85分；④满足对应星级在围护结构热工性能、节水器具用水效率、住宅建筑隔声性能、室内主要空气污染物浓度、外窗气密性能等附加技术要求。当同时满足上述四个层级要求时，方能认定为对应星级的绿色建筑。

（8）提升了绿色建筑性能　更新和提升建筑在安全耐久、节约能源、节约资源等方面的技术性能要求，提高和新增全装修、室内空气质量、水质、健身设施、垃圾分类、全龄友好、服务等的有关要求，综合提升了绿色建筑的性能要求。

二、绿色建筑评价与等级划分

1. 绿色建筑评价

绿色建筑评价应遵循因地制宜的原则，结合建筑所在地域的气候、环境、资源、经济和文化等特点，对建筑全寿命期内的安全耐久、健康舒适、生活便利、资源节约、环境宜居等性能进行综合评价。

2. 绿色建筑评价一般规定

针对绿色建筑的评价，《绿色建筑评价标准》（GB/T 50378—2019）规定，绿色建筑评价应以单栋建筑或建筑群为评价对象，评价对象应落实并深化上位法定规划及相关专项规划提出的绿色发展要求；涉及系统性、整体性的指标，应基于建筑所属工程项目内总体进行评价。绿色建筑评价应在建筑工程竣工后进行，在建筑工程施工图设计完成后，可进行预评价。

设计评价时，申请评价方应对参评建筑进行全寿命期技术和经济分析，选用适宜技术、设备和材料，对规划、设计、施工、运行阶段进行全过程控制，并应在评价时提交相应分析、测试报告和相关文件。申请评价方应对所提交资料的真实性和完整性负责。评价机构应对申请评价方提交的分析、测试报告和相关文件进行审查，出具评价报告，确定等级。申请绿色金融服务的建筑项目，应对节能措施、节水措施、建筑能耗和碳排放等进行计算和说明，并应形成专项报告。

3. 绿色建筑评价要求

绿色建筑评价指标体系应由安全耐久、健康舒适、生活便利、资源节约、环境宜居五类指标组成，且每类指标均包括控制项和评分项；评价指标体系还统一设置加分项。控制项的评定结果应为达标或不达标；评分项和加分项的评定结果应为分值。对于多功能的综合性单体建筑，应按本标准全部评价条文逐条对适用的区域进行评价，确定各评价条文的得分。

4. 绿色建筑评价评分

绿色建筑评价的分值设定应符合表3-11的规定。

表3-11　《绿色建筑评价标准》（GB/T 50378—2019）绿色建筑评分分值

	控制项基础分值	评价指标评分项满分值					提高与创新加分项满分值
		安全耐久	健康舒适	生活便利	资源节约	环境宜居	
预评价分值	400	100	100	70	200	100	100
评价分值	400	100	100	100	200	100	100

对于绿色建筑的评分，《绿色建筑评价标准》（GB/T 50378—2019）规定，绿色建筑评价的总得分应按下式进行计算：

$$Q=(Q_0+Q_1+Q_2+Q_3+Q_4+Q_5+Q_A)/10$$

式中　Q——总得分；

Q_0——控制项基础分值，当满足所有控制项的要求时取400分；

$Q_1 \sim Q_5$——评价指标体系五类指标（安全耐久、健康舒适、生活便利、资源节约、环境宜居）评分项得分；

Q_A——提高与创新加分项得分。

5. 绿色建筑评价等级

绿色建筑划分应为基本级、一星级、二星级、三星级四个等级。当满足全部控制项要求时，绿色建筑等级应为基本级。

绿色建筑星级等级应按下列规定确定：

1）一星级、二星级、三星级三个等级的绿色建筑均应满足本标准全部控制项的要求，且每类指标的评分项得分不应小于其评分项满分值的30%。

2）一星级、二星级、三星级三个等级的绿色建筑均应进行全装修，全装修工程质量、选用材料及产品质量应符合国家现行有关标准的规定。

3）当总得分分别达到60分、70分、85分且满足表3-12的要求时，绿色建筑等级分别为一星级、二星级、三星级。

表3-12　一星级、二星级、三星级绿色建筑的技术要求

	一星级	二星级	三星级
围护结构热工性能的提高比例或建筑供暖空调负荷降低比例	围护结构提高5%，或负荷降低5%	围护结构提高10%，或负荷降低10%	围护结构提高20%，或负荷降低15%
严寒和寒冷地区住宅建筑外窗传热系数降低比例	5%	10%	20%
节水器具用水效率	3级	2级	2级
住宅建筑隔声性能		室外与卧室之间、分户墙（楼板）两侧卧室之间的空气声隔声性能以及卧室楼板的撞击声隔声性能达到低限标准限值和高要求标准限值的平均值	室外与卧室之间、分户墙（楼板）两侧卧室之间的空气声隔声性能以及卧室楼板的撞击声隔声性能达到高要求标准限值
室内主要空气污染物浓度降低比例	10%	20%	20%
外窗气密性能	符合国家现行相关节能设计标准的规定，且外窗洞口与外窗本体的结合部位应严密		

注：1. 围护结构热工性能的提高基准、严寒和寒冷地区住宅建筑外窗传热系数降低基准均为国家现行相关建筑节能设计标准的要求。

2. 住宅建筑隔声性能对应的标准为现行国家标准《民用建筑隔声设计规范》（GB 50118）。

3. 室内主要空气污染物包括氨、甲醛、苯、总挥发性有机物、氡、可吸入颗粒物等，其浓度降低基准为现行国家标准《室内空气质量标准》（GB/T 18883）的有关要求。

三、绿色建筑基本级要求

《绿色建筑评价标准》（GB/T 50378—2019）规定，基本级与在编的全文强制国家规范相适应，满足标准所有控制项的要求即为绿色建筑基本级，见表3-13。

表 3-13　绿色建筑基本级要求

安全耐久	4.1.1 场地应避开滑坡、泥石流等地质危险地段，易发生洪涝地区应有可靠的防洪涝基础设施；场地应无危险化学品、易燃易爆危险源的威胁，应无电磁辐射、含氡土壤的危害 4.1.2 建筑结构应满足承载力和建筑使用功能要求。建筑外墙、屋面、门窗、幕墙及外保温等围护结构应满足安全、耐久和防护的要求 4.1.3 外遮阳、太阳能设施、空调室外机位、外墙花池等外部设施应与建筑主体结构统一设计、施工，并应具备安装、检修与维护条件 4.1.4 建筑内部的非结构构件、设备及附属设施等应连接牢固并能适应主体结构变形 4.1.5 建筑外门窗必须安装牢固，其抗风压性能和水密性能应符合国家现行有关标准的规定 4.1.6 卫生间、浴室的地面应设置防水层，墙面、顶棚应设置防潮层 4.1.7 走廊、疏散通道等通行空间应满足紧急疏散、应急救护等要求，且应保持畅通 4.1.8 应具有安全防护的警示和引导标识系统
健康舒适	5.1.1 室内空气中的氨、甲醛、苯、总挥发性有机物、氡等污染物浓度应符合现行国家标准《室内空气质量标准》(GB/T 18883)的有关规定。建筑室内和建筑主出入口处应禁止吸烟，并应在醒目位置设置禁烟标志 5.1.2 应采取措施避免厨房、餐厅、打印复印室、卫生间、地下车库等区域的空气和污染物串通到其他空间；应防止厨房、卫生间的排气倒灌 5.1.3 给水排水系统的设置应符合下列规定： 1. 生活饮用水水质应满足现行国家标准《生活饮用水卫生标准》(GB 5749)的要求 2. 应制订水池、水箱等储水设施定期清洗消毒计划并实施，且生活饮用水储水设施每半年清洗消毒不应少于 1 次 3. 应使用构造内自带水封的便器，自带水封深度不应小于 50mm 4. 非传统水源管道和设备应设置明确、清晰的永久性标识 5.1.4 主要功能房间的室内噪声级和隔声性能应符合下列规定： 1. 室内噪声级应满足现行国家标准《民用建筑隔声设计规范》(GB 50118)中的低限要求 2. 外墙、隔墙、楼板和门窗的隔声性能应满足现行国家标准《民用建筑隔声设计规范》(GB 50118)中的低限要求 5.1.5 建筑照明应符合下列规定： 1. 照明数量和质量应符合现行国家标准《建筑照明设计标准》(GB 50034)的规定 2. 人员长期停留的场所应采用符合现行国家标准《灯和灯系统的光生物安全性》(GB/T 20145)规定的无危险类照明产品 3. 选用 LED 照明产品的光输出波形的波动深度应满足现行国家标准《LED 室内照明应用技术要求》(GB/T 31831)的规定 5.1.6 应采取措施保障室内热环境。采用集中供暖空调系统的建筑，房间内的温度、湿度、新风量等设计参数应符合现行国家标准《民用建筑供暖通风与空气调节设计规范》(GB 50736)的有关规定；采用非集中供暖空调系统的建筑，应具有保障室内热环境的措施或预留条件 5.1.7 围护结构热工性能应符合下列规定： 1. 在室内设计温度、湿度条件下，建筑非透光围护结构内表面不得结露 2. 供暖建筑的屋面、外墙内部不应产生冷凝 3. 屋顶和外墙隔热性能应满足现行国家标准《民用建筑热工设计规范》(GB 50176)的要求 5.1.8　主要功能房间应具有现场独立控制的热环境调节装置 5.1.9　地下车库应设置与排风设备联动的一氧化碳浓度监测装置
生活便利	6.1.1 建筑、室外场地、公共绿地、城市道路相互之间应设置连贯的无障碍步行系统 6.1.2 场地人行出入口 500m 内应设有公共交通站点或配备联系公共交通站点的专用接驳车 6.1.3 停车场应具有电动汽车充电设施或具备充电设施的安装条件，并应合理设置电动汽车和无障碍汽车停车位 6.1.4 自行车停车场所应位置合理、方便出入 6.1.5 建筑设备管理系统应具有自动监控管理功能 6.1.6 建筑应设置信息网络系统

（续）

环境宜居	7.1.1 应结合场地自然条件和建筑功能需求，对建筑的体形、平面布局、空间尺度、围护结构等进行节能设计，且应符合国家有关节能设计的要求 7.1.2 应采取措施降低部分负荷、部分空间使用下的供暖、空调系统能耗，并应符合下列规定： 1. 应区分房间的朝向细分供暖、空调区域，并应对系统进行分区控制 2. 空调冷源的部分负荷性能系数（*IPLV*）、电冷源综合制冷性能系数（*SCOP*）应符合现行国家标准《公共建筑节能设计标准》（GB 50189）的规定 7.1.3 应根据建筑空间功能设置分区温度，合理降低室内过渡区空间的温度设定标准。 7.1.4 主要功能房间的照明功率密度值不应高于现行国家标准《建筑照明设计标准》（GB 50034）规定的现行值；公共区域的照明系统应采用分区、定时、感应等节能控制；采光区域的照明控制应独立于其他区域的照明控制 7.1.5 冷热源、输配系统和照明等各部分能耗应进行独立分项计量 7.1.6 垂直电梯应采取群控、变频调速或能量反馈等节能措施；自动扶梯应采用变频感应启动等节能控制措施 7.1.7 应制订水资源利用方案，统筹利用各种水资源，并应符合下列规定： 1. 应按使用用途、付费或管理单元，分别设置用水计量装置 2. 用水点处水压大于 0.2MPa 的配水支管应设置减压设施，并应满足给水配件最低工作压力的要求 3. 用水器具和设备应满足节水产品的要求 7.1.8 不应采用建筑形体和布置严重不规则的建筑结构 7.1.9 建筑造型要素应简约，应无大量装饰性构件，并应符合下列规定： 1. 住宅建筑的装饰性构件造价占建筑总造价的比例不应大于 2% 2. 公共建筑的装饰性构件造价占建筑总造价的比例不应大于 1% 7.1.10 选用的建筑材料应符合下列规定： 1. 500km 以内生产的建筑材料重量占建筑材料总重量的比例应大于 60% 2. 现浇混凝土应采用预拌混凝土，建筑砂浆应采用预拌砂浆
资源节约	8.1.1 建筑规划布局应满足日照标准，且不得降低周边建筑的日照标准 8.1.2 室外热环境应满足国家现行有关标准的要求 8.1.3 配建的绿地应符合所在地城乡规划的要求，应合理选择绿化方式，植物种植应适应当地气候和土壤，且应无毒害、易维护，种植区域覆土深度和排水能力应满足植物生长需求，并应采用复层绿化方式 8.1.4 场地的竖向设计应有利于雨水的收集或排放，应有效组织雨水的下渗、滞蓄或再利用；对大于 10hm^2 的场地应进行雨水控制利用专项设计 8.1.5 建筑内外均应设置便于识别和使用的标识系统 8.1.6 场地内不应有排放超标的污染源 8.1.7 生活垃圾应分类收集，垃圾容器和收集点的设置应合理并应与周围景观协调

第四节 建筑工程绿色施工规范（GB/T 50905—2014）解析

一、施工规范概述

住房和城乡建设部 2014 年 1 月 29 日第 321 号公告，批准《建筑工程绿色施工规范》为国家标准，编号为 GB/T 50905—2014，自 2014 年 10 月 1 日起实施。规范的主要技术内容是：①总则；②术语；③基本规定；④施工准备；⑤施工场地；⑥地基与基础工程；⑦主体结构工程；⑧装饰装修工程；⑨保温和防水工程；⑩机电安装工程；⑪拆除工程。

《建筑工程绿色施工规范》（GB/T 50905—2014）目标是规范建筑工程绿色施工，做到节约资源、保护环境以及保障施工人员的安全与健康，适用于新建、扩建、改建及拆除等建筑工程的绿色施工。

《建筑工程绿色施工规范》（GB/T 50905—2014）以绿色施工组织设计为重点，明确了建设单位、设计单位、监理单位、施工单位在绿色施工中的主要职责。尤其是施工单位应履行的职责：①施工单位是建筑工程绿色施工的实施主体，应组织绿色施工的全面实施。②实行总承包管理的建设工程，总承包单位应对绿色施工负总责。③总承包单位应对专业承包单位的绿色施工实施管理，专业承包单位应对工程承包范围的绿色施工负责。④施工单位应建立以项目经理为第一责任人的绿色施工管理体系，制订绿色施工管理制度，负责绿色施工的组织实施，进行绿色施工教育培训，定期开展自检、联检和评价工作。⑤绿色施工组织设计、绿色施工方案或绿色施工专项方案编制前，应进行绿色施工影响因素分析，并据此制订实施对策和绿色施工评价方案。

二、主要的绿色施工技术

《建筑工程绿色施工规范》（GB/T 50905—2014）按照分部分项工程划分章节，提出了资源节约和环境保护要求。表 3-14 列出了资源节约和环境保护相关要求。

绿色施工技术主要集中在地基与基础工程、主体结构工程、拆除工程等章节。表 3-15 列出了规范中主要提到的绿色施工技术。

表 3-14 建筑工程绿色施工规范中资源节约和环境保护相关要求

内容	相关要求
资源节约：节材及材料利用	1. 应根据施工进度、材料使用时点、库存情况等制订材料的采购和使用计划 2. 现场材料应堆放有序，并满足材料储存及质量保持的要求 3. 工程施工使用的材料宜选用距施工现场 500km 以内生产的建筑材料
资源节约：节水及水资源利用	1. 现场应结合给水排水点位置进行管线线路和阀门预设位置的设计，并采取管网和用水器具防渗漏的措施 2. 施工现场办公区、生活区的生活用水应采用节水器具 3. 宜建立雨水、中水或其他可利用水资源的收集利用系统 4. 应按生活用水与工程用水的定额指标进行控制 5. 施工现场喷洒路面、绿化浇灌不宜使用自来水
资源节约：节能及能源利用	1. 应合理安排施工顺序及施工区域，减少作业区机械设备数量 2. 应选择功率与负荷相匹配的施工机械设备，机械设备不宜低负荷运行，不宜采用自备电源 3. 应制订施工能耗指标，明确节能措施 4. 应建立施工机械设备档案和管理制度，机械设备应定期保养维修 5. 生产、生活、办公区域及主要机械设备宜分别进行耗能、耗水及排污计量，并做好相应记录 6. 应合理布置临时用电线路，选用节能器具，采用声控、光控和节能灯具；照明照度宜按最低照度设计 7. 宜利用太阳能、地热能、风能等可再生能源 8. 施工现场宜错峰用电
资源节约：节地及土地资源保护	1. 应根据工程规模及施工要求布置施工临时设施 2. 施工临时设施不宜占用绿地、耕地以及规划红线以外场地 3. 施工现场应避让、保护场区及周边的古树名木
环境保护：施工现场扬尘控制	1. 施工现场宜搭设封闭式垃圾站 2. 细散颗粒材料、易扬尘材料应封闭堆放、存储和运输 3. 施工现场出口应设冲洗池，施工场地、道路应采取定期洒水抑尘措施 4. 土石方作业区内扬尘目测高度应小于 1.5m，结构施工、安装、装饰装修阶段目测扬尘高度应小于 0.5m，不得扩散到工作区域外 5. 施工现场使用的热水锅炉等宜使用清洁燃料。不得在施工现场熔化沥青或焚烧油毡、油漆以及其他产生有毒、有害烟尘和恶臭气体的物质

（续）

内容	相关要求
环境保护：噪声控制	1. 施工现场宜对噪声进行实时监测；施工场界环境噪声排放昼间不应超过70dB(A)，夜间不应超过55dB(A)。噪声测量方法应符合现行国家标准《建筑施工场界环境噪声排放标准》(GB 12523)的规定 2. 施工过程宜使用低噪声、低振动的施工机械设备，对噪声控制要求较高的区域应采取隔声措施 3. 施工车辆进出现场，不宜鸣笛
环境保护：光污染控制	1. 应根据现场和周边环境采取限时施工、遮光和全封闭等避免或减少施工过程中光污染的措施 2. 夜间室外照明灯应加设灯罩，光照方向应集中在施工范围内 3. 在光线作用敏感区域施工时，电焊作业和大型照明灯具应采取防光外泄措施
环境保护：水污染控制	1. 污水排放应符合现行行业标准《污水排入城镇下水道水质标准》(CJ 343)的有关要求 2. 使用非传统水源和现场循环水时，宜根据实际情况对水质进行检测 3. 施工现场存放的油料和化学溶剂等物品应设专门库房，地面应做防渗漏处理。废弃的油料和化学溶剂应集中处理，不得随意倾倒 4. 易挥发、易污染的液态材料，应使用密闭容器存放 5. 施工机械设备使用和检修时，应控制油料污染；清洗机具的废水和废油不得直接排放 6. 食堂、盥洗室、淋浴间的下水管线应设置过滤网，食堂应另设隔油池 7. 施工现场宜采用移动式厕所，并应定期清理。固定厕所应设化粪池 8. 隔油池和化粪池应做防渗处理，并应进行定期清运和消毒
环境保护：施工现场垃圾处理	1. 垃圾应分类存放、按时处置 2. 应制订建筑垃圾减量计划，建筑垃圾的回收利用应符合现行国家标准《工程施工废弃物再生利用技术规范》(GB/T 50743)的规定 3. 有毒有害废弃物的分类率应达到100%；对有可能造成二次污染的废弃物应单独储存，并设置醒目标识 4. 现场清理时，应采用封闭式运输，不得将施工垃圾从窗口、洞口、阳台等处抛撒
环境保护：危险品化学品隔离	施工使用的乙炔、氧气、油漆、防腐剂等危险品、化学品的运输和储存应采取隔离措施

表3-15　建筑工程绿色施工规范中列举的绿色施工技术

规范中相关条款	备　注
6 地基与基础工程 6.3 桩基工程 6.3.2 混凝土灌注桩施工应符合下列规定：①灌注桩采用泥浆护壁成孔时，应采取导流沟和泥浆池等排浆及储浆措施。②施工现场应设置专用泥浆池，并及时清理沉淀的废渣 6.3.3 工程桩不宜采用人工挖孔成桩。当特殊情况采用时，应采取护壁、通风和防坠落措施 6.3.4 在城区或人口密集地区施工混凝土预制桩和钢桩时，宜采用静压沉桩工艺。静力压桩宜选择液压式和绳索式压桩工艺 6.5 地下水控制 6.5.1 基坑降水宜采用基坑封闭降水方法 6.5.2 基坑施工排出的地下水应加以利用 6.5.3 采用井点降水施工时，地下水位与作业面高差宜控制在250mm以内，并应根据施工进度进行水位自动控制 6.5.4 当无法采用基坑封闭降水，且基坑抽水对周围环境可能造成不良影响时，应采用对地下水无污染的回灌方法	桩基施工技术选择 控制地下水位的措施

（续）

规范中相关条款	备 注
7 主体结构工程 7.2 混凝土结构工程 7.2.20 在混凝土配合比设计时,应减少水泥用量,增加工业废料、矿山废渣的掺量;当混凝土中添加粉煤灰时,宜利用其后期强度 7.2.21 混凝土宜采用泵送、布料机布料浇筑;地下大体积混凝土宜采用溜槽或串筒浇筑 7.2.22 超长无缝混凝土结构宜采用滑动支座法、跳仓法和综合治理法施工;当裂缝控制要求较高时,可采用低温补仓法施工 7.2.23 混凝土振捣应采用低噪声振捣设备,也可采取围挡等降噪措施;在噪声敏感环境或钢筋密集时,宜采用自密实混凝土 7.2.24 混凝土宜采用塑料薄膜加保温材料覆盖保湿、保温养护;当采用洒水或喷雾养护时,养护用水宜使用回收的基坑降水或雨水;混凝土竖向构件宜采用养护剂进行养护 7.2.27 清洗泵送设备和管道的污水应经沉淀后回收利用,浆料分离后可作室外道路、地面等垫层的回填材料	混凝土施工与养护
7 主体结构工程 7.4 钢结构工程 7.4.3 大跨度钢结构安装宜采用起重机吊装、整体提升、顶升和滑移等机械化程度高、劳动强度低的方法 7.4.4 钢结构加工应制订废料减量计划,优化下料,综合利用余料,废料应分类收集、集中堆放、定期回收处理 7.4.7 钢结构现场涂料应采用无污染、耐候性好的材料。防火涂料喷涂施工时,应采取防止涂料外泄的专项措施	施工管理
8 装饰装修工程 8.3.3 门窗框周围的缝隙填充应采用憎水保温材料 8.5.1 隔墙材料宜采用轻质砌块砌体或轻质墙板,严禁采用实心烧结黏土砖 8.5.2 预制板或轻质隔墙板间的填塞材料应采用弹性或微膨胀的材料 8.5.3 抹灰墙面宜采用喷雾方法进行养护	装修工程
9 保温和防水工程 9.2.2 采用外保温材料的墙面和屋顶,不宜进行焊接、钻孔等施工作业。确需施工作业时,应采取防火保护措施,并应在施工完成后,及时对裸露的外保温材料进行防护处理 9.2.3 应在外门窗安装,水暖及装饰工程需要的管卡、挂件,电气工程的暗管、接线盒及穿线等施工完成后,进行内保温施工 9.3.1 基层清理应采取控制扬尘的措施 9.3.6 防水层应采取成品保护措施	保温施工 防水施工
11 拆除工程 11.3.1 人工拆除前应制订安全防护和降尘措施。拆除管道及容器时,应查清残留物性质并采取相应安全措施,方可进行拆除施工 11.3.3 在爆破拆除前,应进行试爆,并根据试爆结果,对拆除方案进行完善 11.4.1 建筑拆除物分类和处理应符合现行国家标准《工程施工废弃物再生利用技术规范》(GB/T 50743)的规定;剩余的废弃物应做无害化处理 11.4.2 不得将建筑拆除物混入生活垃圾,不得将危险废弃物混入建筑拆除物 11.4.3 拆除的门窗、管材、电线、设备等材料应回收利用 11.4.4 拆除的钢筋和型材应经分拣后再生利用	拆除施工技术 建筑废弃物利用

第五节　建设项目工程总承包管理规范（GB/T 50358—2017）解析

一、《建设项目工程总承包管理规范》概述

《建设项目工程总承包管理规范》（GB/T 50358—2005）发布实施以来，有效指导了建设项目工程总承包管理工作，促进建设项目工程总承包管理的科学化、规范化和法制化，提高了建设项目工程总承包的管理水平。但随着建设项目工程总承包的不断推进，工程总承包模式的多样化，该标准已不能完全适应现阶段建设项目工程总承包管理工作的需要。

住房和城乡建设部于2017年5月4日发布第1535号公告，批准《建设项目工程总承包管理规范》为国家标准，编号为GB/T 50358—2017，自2018年1月1日起实施。原国家标准《建设项目工程总承包管理规范》（GB/T 50358—2005）同时废止。《建设项目工程总承包管理规范》（GB/T 50358—2017）是根据住建部《关于〈印发2014年工程建设标准规范制订修订计划〉的通知》（建标〔2013〕169号）的要求进行修订编制。

《建设项目工程总承包管理规范》（GB/T 50358—2017）共17章，内容包括总则，术语，工程总承包管理的组织，项目策划，项目设计管理，项目采购管理，项目施工管理，项目试运行管理，项目风险管理，项目进度管理，项目质量管理，项目费用管理，项目安全、职业健康与环境管理，项目资源管理，项目沟通与信息管理，项目合同管理和项目收尾。

二、《建设项目工程总承包管理规范》（GB/T 50358—2017）要点解析

（一）总则

该章叙述了规范的目标是提高建设项目工程总承包管理水平，促进建设项目工程总承包管理的规范化，推进建设项目工程总承包管理与国际接轨。明确了规范作为建设项目工程总承包管理活动的基本依据。规定了建设项目工程总承包管理除应符合本规范外，尚应符合国家现行有关标准的规定。定义了工程总承包项目过程管理是产品实现过程和项目管理过程的管理。其中产品实现过程的管理包括设计、采购、施工和试运行的管理；项目管理过程的管理包括项目启动、项目策划、项目实施、项目控制和项目收尾的管理。

（二）术语

本规范术语共33条，该章对工程总承包、项目部、项目管理、项目管理体系等做了术语标准定义以及英文注释。

（三）工程总承包管理的组织

该章要求工程总承包企业应建立与工程总承包项目相适应的项目管理组织，工程总承包管理的组织是由工程总承包企业法定代表人授权和支持下，为实现项目目标，由项目经理组建并领导的项目管理组织。

项目组织的建立应结合项目特点，确定组织形式。如项目部可成立设计组、采购组、

施工组和试运行组进行项目管理。本规范对项目部的职能、岗位设置以及负责人的素养、权责都做了明确阐述。

明确项目部应具有工程总承包项目组织实施和控制职能以及内外部沟通协调管理职能，对项目质量、安全、费用、进度、职业健康和环境保护目标负责。明确项目经理在管理过程中的职能和权责。

（四）项目策划

该章指出项目策划是由项目经理组织编制的项目管理计划和项目实施计划。

项目管理计划需体现企业对项目实施的要求和项目经理对项目的总体规划和实施方案，由工程总承包企业相关负责人审批，该计划属企业内部文件一般不对外发放。

项目实施计划是实现项目合同目标、项目策划目标和企业目标的具体措施和手段，也是反映项目经理和项目部落实工程总承包企业对项目管理的要求。项目经理组织项目部人员进行编制经项目发包人认可后实施，应当具有可操作性。

（五）项目设计管理

该章强调工程总承包项目的设计应由具备相应设计资质和能力的企业承担，同时应符合其他相关法律、法规规定。

设计管理内容包含设计执行计划的编制、设计实施、设计控制以及设计收尾，其中将采购纳入设计程序是工程总承包项目设计的重要特点之一，较施工总承包就体现其优越性，避免了设计和施工不匹配的问题。

（六）项目采购管理

该章明确了项目采购管理由采购经理负责，接受项目经理和工程总承包企业采购管理部门的管理。项目采购管理过程包括编制采购执行计划，采购计划实施，催交与验收，运输与交付，仓储管理，现场服务管理，采购收尾。

（七）项目施工管理

该章强调项目工程总承包项目的施工应由具备相应施工资质和能力的企业承担，同时应符合其他相关法律、法规规定。

项目施工管理包括施工执行计划编制、施工费用控制、施工质量控制、施工进度控制、施工质量控制、施工安全管理、施工现场管理、施工变更管理。

（八）项目试运行管理

该章明确项目试运行管理和服务要根据合同约定进行，试运行经理负责。项目试运行包括试运行执行计划应由试运行经理负责组织编制，试运行实施。

（九）项目风险管理

该章要求工程总承包企业应加强项目风险管理，制订风险管理规定，明确职责与要求。项目风险管理内容有：风险的识别、风险评估、风险控制。其中风险识别可采用依据合同约定对设计、采购、施工和试运行阶段的风险进行识别，形成项目风险识别清单，输出项目风险识别结果。项目风险识别一般采用专家调查法、初始清单法、风险调查法、经验数据法和图解法等方法。项目风险评估一般采用调查和专家打分法、层次分析法、模糊数学法、统计和概率法、敏感性分析法、故障树分析法、蒙特卡洛模拟分析和影响图法等方法。项目风险控制一般采用审核检查法、费用偏差分析法和风险图表表示法等方法。

（十）项目进度管理

该章要求项目部应建立项目进度管理体系，按合理交叉、相互协调、资源优化的原则，对项目进度进行控制管理。项目进度管理内容包括进度计划编制、进度控制。项目进度管理过程中常用赢得值法管理技术在项目进度管理中的运用，主要是控制进度偏差和时间偏差。网络计划技术在进度管理中的运用主要是关键线路法。用控制关键活动，分析总时差和自由时差来控制进度。用控制基本活动的进度来达到控制整个项目的进度。

（十一）项目质量管理

该章要求工程总承包企业应按质量管理体系要求，规范工程总承包项目的质量管理。指出项目进度管理应包括质量计划、质量控制和质量改进。项目质量管理应贯穿项目管理的全过程，按策划、实施、检查、处置循环的工作方法进行全过程的质量控制。

（十二）项目费用管理

该章要求工程总承包企业应建立项目费用管理系统以满足工程总承包管理的需要。项目费用管理：编制不同深度的项目费用估算、项目费用计划应由控制经理组织编制，经项目经理批准后实施和项目部应采用目标管理方法对项目实施期间的费用进行过程控制。费用控制与进度控制、质量控制相互协调，防止对费用偏差采取不当的应对措施，而对质量和进度产生影响，或引起项目在后期出现较大风险。在项目实施过程中，通常应编制初期控制估算、批准的控制估算、首次核定估算和二次核定估算。费用控制是工程总承包项目费用管理的核心内容。

（十三）项目安全、职业健康与环境管理

该章要求工程总承包企业应按职业健康安全管理和环境管理体系要求，规范工程总承包项目的职业健康安全和环境管理，项目经理应为项目安全生产主要负责人，负责项目安全、职业健康与环境管理。

（十四）项目资源管理

该章要求工程总承包企业应建立并完善项目资源管理机制，工程总承包企业应建立并完善项目资源管理机制，使项目人力、设备、材料、机具、技术和资金等资源适应工程总承包项目管理的需要。

（十五）项目沟通与信息管理

该章要求工程总承包企业应建立项目沟通与信息管理系统，制订沟通与信息管理程序和制度。项目沟通与信息管理：项目沟通的内容包括项目建设有关的所有信息，项目部需做好与政府相关主管部门的沟通协调工作，按照相关主管部门的管理要求，提供项目信息，办理与设计、采购、施工和试运行相关的法定手续，获得审批或许可。做好与设计、采购、施工和试运行有直接关系的社会公用性单位的沟通协调工作，获取和提交相关的资料，办理相关的手续及审批。信息管理包括文件管理、信息安全及保密等。

（十六）项目合同管理

该章要求工程总承包企业应建立项目工程总承包合同管理制度，工程总承包合同管理是指对合同订立并生效后所进行的履行、变更、违约、索赔、争议处理、终止或结束的全部活动的管理；分包合同管理是指对分包项目的招标、评标、谈判、合同订立，以及生效后的履行、变更、违约、索赔、争议处理、终止或结束的全部活动的管理。工程总承包项目合同管理应包括工程总承包合同和分包合同管理。

（十七）项目收尾

该章明确项目收尾工作一般包括竣工验收、项目结算、项目总结、考核与审计。项目收尾应由项目经理负责。项目竣工验收应由项目发包人负责。项目部应依据合同约定，编制项目结算报告。项目经理应组织相关人员进行项目总结并编制项目总结报告。工程总承包企业应依据项目管理目标责任书对项目部进行考核。

第四章　施工合同解读

第一节　《建设工程施工合同（示范文本）》（GF—2017—0201）解读

为了指导建设工程施工合同当事人的签约行为，维护合同当事人的合法权益，依据《中华人民共和国合同法》《中华人民共和国建筑法》《中华人民共和国招标投标法》以及相关法律法规，住建部、国家工商行政管理总局对《建设工程施工合同（示范文本）》（GF—2013—0201）进行了修订，制定了《建设工程施工合同（示范文本）》（GF—2017—0201）（以下简称“2017 版施工合同”）。

2017 版施工合同为非强制性使用文本，适用于房屋建筑工程、土木工程、线路管道和设备安装工程、装修工程等建设工程的施工承发包活动。合同当事人可结合建设工程具体情况，根据 2017 版施工合同订立合同，并按照法律法规规定和合同约定承担相应的法律责任及合同权利义务。

一、2017 版施工合同组成

2017 版施工合同由合同协议书、通用合同条款和专用合同条款三部分组成。

（一）合同协议书

2017 版施工合同协议书共计 13 条，主要包括工程概况、合同工期、质量标准、签约合同价和合同价格形式、项目经理、合同文件构成、承诺以及合同生效条件等重要内容，集中约定了合同当事人基本的合同权利义务。

（二）通用合同条款

通用合同条款是合同当事人根据《中华人民共和国建筑法》《中华人民共和国合同法》等法律法规的规定，就工程建设的实施及相关事项，对合同当事人的权利义务做出的原则性约定。

通用合同条款共计 20 条，具体条款分别为：一般约定、发包人、承包人、监理人、工程质量、安全文明施工与环境保护、工期和进度、材料与设备、试验与检验、变更、价格调整、合同价格、计量与支付、验收和工程试车、竣工结算、缺陷责任与保修、违约、不可抗力、保险、索赔和争议解决。前述条款安排既考虑了现行法律法规对工程建设的有关要求，也考虑了建设工程施工管理的特殊需要。

（三）专用合同条款

专用合同条款是对通用合同条款原则性约定的细化、完善、补充、修改或另行约定的条款。合同当事人可以根据不同建设工程的特点及具体情况，通过双方的谈判、协商对相应的专用合同条款进行修改补充。在使用专用合同条款时，应注意以下事项：

1）专用合同条款的编号应与相应的通用合同条款的编号一致。

2）合同当事人可以通过对专用合同条款的修改，满足具体建设工程的特殊要求，避免直接修改通用合同条款。

3）在专用合同条款中有横道线的地方，合同当事人可针对相应的通用合同条款进行细化、完善、补充、修改或另行约定；如无细化、完善、补充、修改或另行约定，则填写“无”或画“/”。

二、2017 版与 2013 版建设工程施工合同示范文本条款对照

施工合同示范文本条款修改对照表见表 4-1。(黑体加粗部分为修订要点)

表 4-1　施工合同示范文本条款修改对照表

2013 版施工合同示范文本	2017 版施工合同示范文本
第二部分　通用合同条款	
1.1.4.4 缺陷责任期:是指承包人按照合同约定承担缺陷修复义务,且发包人预留质量保证金的期限,自工程实际竣工日期起计算	1.1.4.4 缺陷责任期:是指承包人按照合同约定承担缺陷修复义务,且发包人预留质量保证金(**已缴纳履约保证金的除外**)的期限,自工程实际竣工日期起计算
14.1 竣工结算申请 除专用合同条款另有约定外,承包人应在工程竣工验收合格后 28 天内向发包人和监理人提交竣工结算申请单,并提交完整的结算资料,有关竣工结算申请单的资料清单和份数等要求由合同当事人在专用合同条款中约定 除专用合同条款另有约定外,竣工结算申请单应包括以下内容: (1)竣工结算合同价格 (2)发包人已支付承包人的款项 (3)应扣留的质量保证金 (4)发包人应支付承包人的合同价款	14.1 竣工结算申请 除专用合同条款另有约定外,承包人应在工程竣工验收合格后 28 天内向发包人和监理人提交竣工结算申请单,并提交完整的结算资料,有关竣工结算申请单的资料清单和份数等要求由合同当事人在专用合同条款中约定 除专用合同条款另有约定外,竣工结算申请单应包括以下内容: (1)竣工结算合同价格 (2)发包人已支付承包人的款项 (3)应扣留的质量保证金。**已缴纳履约保证金的或提供其他工程质量担保方式的除外** (4)发包人应支付承包人的合同价款
15.2 缺陷责任期 15.2.1 缺陷责任期自实际竣工日期起计算,合同当事人应在专用合同条款约定缺陷责任期的具体期限,但该期限最长不超过 24 个月 单位工程先于全部工程进行验收,经验收合格并交付使用的,该单位工程缺陷责任期自单位工程验收合格之日起算。因发包人原因导致工程无法按合同约定期限进行竣工验收的,缺陷责任期自承包人提交竣工验收申请报告之日起开始计算;发包人未经竣工验收擅自使用工程的,缺陷责任期自工程转移占有之日起开始计算	15.2 缺陷责任期 15.2.1 **缺陷责任期从工程通过竣工验收之日起计算**,合同当事人应在专用合同条款约定缺陷责任期的具体期限,但该期限最长不超过 24 个月 单位工程先于全部工程进行验收,经验收合格并交付使用的,该单位工程缺陷责任期自单位工程验收合格之日起算。**因承包人原因导致工程无法按合同约定期限进行竣工验收的,缺陷责任期从实际通过竣工验收之日起计算**。因发包人原因导致工程无法按合同约定期限进行竣工验收的,**在承包人提交竣工验收报告 90 天后,工程自动进入缺陷责任期**;发包人未经竣工验收擅自使用工程的,缺陷责任期自工程转移占有之日起开始计算

（续）

2013 版施工合同示范文本	2017 版施工合同示范文本
第二部分 通用合同条款	
15.2.2 工程竣工验收合格后，因承包人原因导致的缺陷或损坏致使工程、单位工程或某项主要设备不能按原定目的使用的，则发包人有权要求承包人延长缺陷责任期，并应在原缺陷责任期届满前发出延长通知，但缺陷责任期最长不能超过 24 个月	15.2.2 **缺陷责任期内，由承包人原因造成的缺陷，承包人应负责维修，并承担鉴定及维修费用。如承包人不维修也不承担费用，发包人可按合同约定从保证金或银行保函中扣除，费用超出保证金额的，发包人可按合同约定向承包人进行索赔。承包人维修并承担相应费用后，不免除对工程的损失赔偿责任。**发包人有权要求承包人延长缺陷责任期，并应在原缺陷责任期届满前发出延长通知。但缺陷责任期**(含延长部分)**最长不能超过 24 个月 **由他人原因造成的缺陷，发包人负责组织维修，承包人不承担费用，且发包人不得从保证金中扣除费用**
15.3 质量保证金 经合同当事人协商一致扣留质量保证金的，应在专用合同条款中予以明确	15.3 质量保证金 经合同当事人协商一致扣留质量保证金的，应在专用合同条款中予以明确。**在工程项目竣工前，承包人已经提供履约担保的，发包人不得同时预留工程质量保证金**
15.3.2 质量保证金的扣留 质量保证金的扣留有以下三种方式： (1)在支付工程进度款时逐次扣留，在此情形下，质量保证金的计算基数不包括预付款的支付、扣回以及价格调整的金额 (2)工程竣工结算时一次性扣留质量保证金 (3)双方约定的其他扣留方式 除专用合同条款另有约定外，质量保证金的扣留原则上采用上述第(1)种方式 发包人累计扣留的质量保证金不得超过结算合同价格的 5%，如承包人在发包人签发竣工付款证书后 28 天内提交质量保证金保函，发包人应同时退还扣留的作为质量保证金的工程价款	15.3.2 质量保证金的扣留 质量保证金的扣留有以下三种方式： (1)在支付工程进度款时逐次扣留，在此情形下，质量保证金的计算基数不包括预付款的支付、扣回以及价格调整的金额 (2)工程竣工结算时一次性扣留质量保证金 (3)双方约定的其他扣留方式 除专用合同条款另有约定外，质量保证金的扣留原则上采用上述第(1)种方式 发包人累计扣留的质量保证金不得超过**工程价款结算总额的 3%**。如承包人在发包人签发竣工付款证书后 28 天内提交质量保证金保函，发包人应同时退还扣留的作为质量保证金的工程价款；**保函金额不得超过工程价款结算总额的 3%。发包人在退还质量保证金的同时按照中国人民银行发布的同期同类贷款基准利率支付利息**
15.3.3 质量保证金的退还 发包人应按 14.4 款(最终结清)的约定退还质量保证金	15.3.3 质量保证金的退还 **缺陷责任期内，承包人认真履行合同约定的责任，到期后，承包人可向发包人申请返还保证金** **发包人在接到承包人返还保证金申请后，应于 14 天内会同承包人按照合同约定的内容进行核实。如无异议，发包人应当按照约定将保证金返还给承包人。对返还期限没有约定或者约定不明确的，发包人应当在核实后 14 天内将保证金返还承包人，逾期未返还的，依法承担违约责任。发包人在接到承包人返还保证金申请后 4 天内不予答复，经催告后 14 天内仍不予答复，视同认可承包人的返还保证金申请** **发包人和承包人对保证金预留、返还以及工程维修质量、费用有争议的，按本合同第 20 条约定的争议和纠纷解决程序处理**

（续）

2013 版施工合同示范文本	2017 版施工合同示范文本
第三部分　专用合同条款	
15.3 质量保证金 关于是否扣留质量保证金的约定	15.3 质量保证金 关于是否扣留质量保证金的约定。**在工程项目竣工前，承包人按专用合同条款第 3.7 条提供履约担保的，发包人不得同时预留工程质量保证金**
附件三	
三、缺陷责任期 工程缺陷责任期为　个月，缺陷责任期自工程实际竣工之日起计算。单位工程先于全部工程进行验收，单位工程缺陷责任期自单位工程验收合格之日起算 缺陷责任期终止后，发包人应退还剩余的质量保证金	三、缺陷责任期 工程缺陷责任期为　个月，**缺陷责任期自工程通过竣工验收之日起计算**。单位工程先于全部工程进行验收，单位工程缺陷责任期自单位工程验收合格之日起算 缺陷责任期终止后，发包人应退还剩余的质量保证金

三、2017 版施工合同修订要点解读

2017 版施工合同根据《建设工程质量保证金管理办法》（建质〔2017〕138 号）文中与缺陷责任期及工程质量保证金相关的条款，对 2013 版施工合同的九个条文进行了修订。

（一）关于质量保证金的修订及解读

1. 预留质量保证金的条件

《建设工程质量保证金管理办法》（建质〔2017〕138 号）文第六条规定：在工程项目竣工前，已经缴纳履约保证金的，发包人不得同时预留工程质量保证金。采用工程质量保证担保、工程质量保险等其他保证方式的，发包人不得再预留保证金。

2017 版施工合同通用合同条款第 1.1.4.4 条关于缺陷责任期的定义中，在“预留质量保证金”后增加“(已缴纳履约保证金的除外)”。通用合同条款第 14.1 条及专用合同条款第 14.1 条均在“应扣留的质量保证金”后增加“已缴纳履约保证金的或提供其他工程质量担保方式的除外”。通用合同条款第 15.3 条明确规定在工程项目竣工前承包人已经提供履约担保的，发包人不得同时预留工程质量保证金。

“已经缴纳履约保证金”“采用工程质量保证担保、工程质量保险等其他保证方式”或“已经提供履约担保”是与预留质量保证金为相互否定的条件。一是履约保证金覆盖期间对发包人预留质量保证金要求的否定：在工程项目竣工验收前，承包人缴纳履约保证金的，因为履约保证金处于有效期间，发包人不得另行要求预留质量保证金。二是已采取其他质量保证及履约担保方式情形下对发包人预留质量保证金要求的否定：在已采取工程质量保证担保和工程质量保险等履约保证方式的情况下，发包人不得再预留保证金。

2. 质量保证金的扣留金额

《建设工程质量保证金管理办法》（建质〔2017〕138 号）文第七条：发包人应按照合同约定方式预留保证金，保证金总预留比例不得高于工程价款结算总额的 3%。合同约定由承包人以银行保函替代预留保证金的，保函金额不得高于工程价款结算总额的 3%。

2017 版施工合同通用合同条款第 15.3.2 条据此进行了相应修改，保证金总预留比例最高值由 5%降低为 3%，明确规定“发包人累计扣留的质量保证金不得超过工程价款结算总额的 3%”“保函金额不得超过工程价款结算总额的 3%”。

3. 质量保证金的退还

《建设工程质量保证金管理办法》（建质〔2017〕138 号）号文第十一条规定：发包人在接到承包人返还保证金申请后，应于 14 天内会同承包人按照合同约定的内容进行核实。如无异议，发包人应当按照约定将保证金返还给承包人。对返还期限没有约定或者约定不明确的，发包人应当在核实后 14 天内将保证金返还承包人，逾期未返还的，依法承担违约责任。发包人在接到承包人返还保证金申请后 14 天内不予答复，经催告后 14 天内仍不予答复，视同认可承包人的返还保证金申请。

2017 版施工合同通用合同条款第 15.3.3 条完全引用了上述条款。明确了质量保证金退还的时限为合同约定时限或不超过 14 天。

4. 质量保证金的计息方式、质量保证金争议的处理程序

《建设工程质量保证金管理办法》（建质〔2017〕138 号）文第三条规定，应在合同中约定质量保证金的计息方式和质量保证金争议的处理程序。

2017 版施工合同通用合同条款第 15.3.2 条，明确了发包人在退还质量保证金的同时按照中国人民银行发布的同期同类贷款基准利率支付利息。第 15.3.3 条，明确了质量保证金争议，按合同第 20 条约定的争议和纠纷解决程序处理。

（二）关于缺陷责任期的修订及解读

1. 缺陷责任期的期限

《建设工程质量保证金管理办法》（建质〔2017〕138 号）文第二条第三款规定：缺陷责任期一般为 1 年，最长不超过 2 年，由发、承包双方在合同中约定。

2017 版施工合同通用合同条款 15.2 款与 2013 版施工合同通用合同条款 15.2 款对于缺陷责任期的期限的规定基本一致，在 2017 版施工合同通用合同条款第 15.2.2 款中明确“缺陷责任期（含延长部分）最长不能超过 24 个月”与 2013 版施工合同通用合同条款 15.2 款相比较，仅表述有所不同，实际意义没有变化。

2. 关于缺陷责任期的起算点

《建设工程质量保证金管理办法》（建质〔2017〕138 号）文第八条规定：缺陷责任期从工程通过竣工验收之日起计。由于承包人原因导致工程无法按规定期限进行竣工验收的，缺陷责任期从实际通过竣工验收之日起计。由于发包人原因导致工程无法按规定期限进行竣工验收的，在承包人提交竣工验收报告 90 天后，工程自动进入缺陷责任期。

2017 版施工合同通用合同条款第 15.2.1 条第一款中将 2013 版示范文本通用合同条款第 15.2.1 款中的“缺陷责任期自实际竣工日期起计算”修改为“缺陷责任期从工程通过竣工验收之日起计算”。强化了缺陷责任期从工程“通过竣工验收之日”起计算，与《建设工程质量保证金管理办法》（建质〔2017〕138 号）文保持一致。

2017 版施工合同通用合同条款第 15.2.1 条第二款为特殊情形下的起算点，相对 2013 版示范文本增加了一种情形，即“因承包人原因导致工程无法按合同约定期限进行竣工验收的”，此时缺陷责任期从实际通过竣工验收之日起计算；同时将“因发包人原因导致工程无法按合同约定期限进行竣工验收的”情形下，缺陷责任期的起算点由“提交竣工验收报告之日起”修订为“在承包人提交竣工验收报告 90 天后，工程自动进入缺陷责任期”。

3. 关于缺陷责任期内出现缺陷的索赔方式

《建设工程质量保证金管理办法》（建质〔2017〕138 号）文第九条规定：缺陷责任期

内，由承包人原因造成的缺陷，承包人应负责维修，并承担鉴定及维修费用。如承包人不维修也不承担费用，发包人可按合同约定从保证金或银行保函中扣除，费用超出保证金额的，发包人可按合同约定向承包人进行索赔。承包人维修并承担相应费用后，不免除对工程的损失赔偿责任。由他人原因造成的缺陷，发包人负责组织维修，承包人不承担费用，且发包人不得从保证金中扣除费用。

2017 版施工合同通用合同条款第 15. 2. 2 条完全引入了上述条款。明确了承包人在缺陷责任期内承担责任，包括维修责任、鉴定和维修等相应费用；明确了发包人可从保证金里扣费的及可对超出的费用和缺陷对工程造成的损失向承包人索赔等情形；同时明确由他人原因造成的缺陷，发包人负责组织维修，承包人不承担费用，且发包人不得从保证金中扣除费用。

第二节　《建设工程专业承包合同》解读

一、2017 版分包合同的主要特点

（一）2017 版分包合同反映了现行工程法律规范的要求

与 2003 版分包合同相比较，2017 版分包合同继续强调对建设工程安全、质量的严格监管，进一步突出了合同当事人在建设工程合同中的主体地位，以加强市场的自主作用，推动建设市场高效、公平以及可持续发展，对建设市场的规范发展具有更好更强的管理和引导作用。

2017 版分包合同传承了现行法律法规中的先进理念，在全面梳理和分析我国现行的与工程建设相关的法律、行政法规、部门规章及各类规范性文件的基础上，将我国在建设工程领域现行的法律法规，特别是近十余年来的立法成果，充分体现在 2017 版分包合同中，并将有关的具体规定转化为合同条款，以促进法律法规的贯彻实施，同时引导专业分包工程实践的发展方向。

1）根据 2013 版《建设工程工程量清单计价规范》和《建设工程价款结算暂行办法》等，2017 版分包合同将合同价格形式设置为总价合同和单价合同，并予以分别约定。该种约定不仅符合现行法律法规及国家标准的要求，而且符合专业分包工程的实践，通过相关条款的履行更能够达到引导专业分包工程实践的作用。

2）为了更好地落实《房屋建筑和市政基础设施工程施工分包管理办法》中关于禁止转包和再分包的规定，2017 版分包合同专门设置了“不得转包和再分包”条款，将前述法规中的原则性规定转化成可量化、可执行的管理手段，以杜绝分包工程转包和再分包现象。

3）根据《建设工程质量保证金管理暂行办法》，在 2017 版分包合同中引入缺陷责任期术语，与质量保修期相衔接，便于解决工程质量保证金久拖不退的问题。

4）根据修订后的《中华人民共和国建筑法》，2017 版分包合同在保险条款中明确约定分包人为其雇员办理工伤保险的义务。

（二）承继 2017 版施工合同的先进理念

2017 版分包合同的内容充分承继了 2017 版施工合同的编制思想和先进理念。此外，

2017版分包合同在体例上沿用了合同协议书、通用合同条款和专用合同条款的模式，具合同要素的展开顺序也借鉴了2017版施工合同的合同要素安排顺序，以方便统一使用。主要表现在：

1）重视示范文本指导作用，同时尊重分包合同当事人的意思自治。2017版分包合同突出了对建设工程安全与质量的严格要求，并强化了合同当事人在分包合同管理过程中的安全、质量义务和责任。同时，2017版分包合同充分考虑了专业分包工程项目专业性强和管理复杂的特点，在合同条款的设置上，对于承包人和分包人双方的权利义务进行妥善的安排，积极引导双方按照现行法律法规及合同的规定，合法行使各项权利，切实履行各项义务。此外，考虑到专业分包工程项目的特殊性和专业性，在条款的具体内容安排上给合同当事人预留了充分的协商空间，双方当事人可以根据工程项目的特点，在专用合同条款中对通用合同条款进行有针对性的补充和完善，兼顾效率和公平。

2）词语定义最大限度地与2017版施工合同保持一致。为了使2017版分包合同能够与2017版施工合同配套使用，前述两个文本应在内容上相互衔接并形成相互关联的体系。为此，在2017版分包合同的词语定义部分，对于2017版施工合同的成果给予了最大限度的沿袭。

（三）解决当前专业工程分包领域的常见问题

当前专业分包工程领域中的主要问题包括以业主支付为前提的工程款支付问题、挂靠问题、交叉作业问题、施工人员管理问题、民工工资支付问题等。2017版分包合同为解决前述问题专门设计了相应条款，例如：

1）以业主支付为前提的工程款支付问题是困扰总包与分包企业合同支付的主要难题。为解决该问题，2017版分包合同没有将业主支付设置为承包人向分包人支付分包合同价款的条件，保持了分包工程款价款结算和支付的独立性。

2）挂靠问题是承包合同中常见的问题，分包合同也不例外。为解决该问题，2017版分包合同从挂靠行为特点入手，要求分包人必须设立管理分包工程的项目管理机构，并对分包人主要现场管理人员的劳动关系和社会保险关系等方面做出具体要求，以确保项目管理机构组成人员为分包人的雇员。同时，通过分包人项目经理及主要管理人员锁定、分包人擅自更换分包人项目经理及主要施工人员违约责任等条款，保证分包人实际施工管理人员与合同文件中载明的人员保持一致。

3）在分包合同履行中，因各种因素导致的交叉作业管理是比较常见的施工管理问题，极易引起工期延误和质量、安全事件，因此在不同的分包人之同以及分包人与承包人之间的责任界定成为必须予以规范的问题，为此，2017版分包合同专门设置了“交叉作业中的工期管理”等条款，明确约定了承包人和分包人在交叉作业过程中的权利义务。

4）民工工资支付问题是一个具有普遍影响的社会问题，当前对于民工有支付义务的主体主要是专业工程分包人和劳务分包人。通过在合同示范文本中设置相关条款对于解决民工工资拖欠问题具有重要意义。为此，2017版分包合同专门设置了“保障支付”条款。

（四）基于对未来建设工程市场发展方向的展望，合理安排承包人和分包人的权利义务

进一步加强总包的管理责任是建设工程市场健康发展的总体要求，也是行政机关进行建设工程监管的重要方面。为了体现行政管理机关对于分包合同当事人的管理要求，2017版分包合同对于承包人和分包人的合同权利义务进行了适当的调整，在合理的限度内强调

了承包人的总包管理义务。

二、2017 版分包合同通用合同条款的主要内容

为了与 2017 版施工合同保持一致，2017 版分包合同仍由协议书、通用合同条款、专用合同条款三部分组成。协议书主要包括分包工程概况、分包合同工期、质量标准、签约合同价与合同价格形式、合同文件构成及承诺等内容。通用合同条款和专用合同条款均为 25 条，包括一般约定、承包人、分包人、总包合同、分包工程质量、安全文明施工、环境保护与劳动用工管理、工期和进度、材料与设备、试验和检验、合同价格、价格调整、计量、工程款支付、成品保护、试车、完工验收、分包工程移交、结算、缺陷责任期与保修期、违约、保险、索赔、争议解决。

与 2003 版分包合同相比较，2017 版分包合同不仅在体系上做了比较大的调整，同时也对 2003 版分包合同通用合同条款的部分内容进行了修改，并增加了一些新的约定，使合同的内容更加全面、更加符合目前建设市场形式的需要。本节仅介绍 2017 版分包合同修改后的主要内容和新增的部分条款约定。

（一）合同文件构成及优先顺序

2017 版分包合同文件由下列文件构成：

1）分包合同协议书。

2）中标通知书（如果有）。

3）投标函及其附录（如果有）。

4）专用合同条款及其附件。

5）通用合同条款。

6）技术标准和要求。

7）图纸。

8）已标价工程量清单或预算书。

9）其他分包合同文件。

在分包合同订立及履行过程中分包合同当事人签署的与分包合同有关的文件均构成分包合同文件组成部分。

上述各项分包合同文件包括合同当事人就该项分包合同文件做出的补充和修改，属于同一类内容的文件，应以最新签署的为准。

组成分包合同的各项文件应互相解释、互为说明。以上合同文件的顺序也是解释分包合同文件的优先顺序。

（二）合同当事人的权利和义务

2017 版分包合同基本保留了 2003 版分包合同中关于合同双方当事人的权利和义务，例如要求承包人应当在移交施工场地前向分包人提供分包工程施工所必需的地下管线资料、地质勘查资料、相邻建筑物、构筑物和地下工程等有关基础资料，应最迟于实际开工日期 3 天前向分包人移交施工场地并提供水、电接驳点和正常施工所需要的进入施工场地的交通条件等，要求分包人在分包合同签订后 7 天内，最迟不得晚于实际开工日期前 7 天向承包人提交分包工程详细施工组织设计、按法律规定和分包合同约定完成分包工程，对所有施工作业和施工方法的完备性和安全可靠性负责。在保修期内履行保修义务，同时加大了承

包人对分包工程的管理力度，具体体现在以下几个方面：

1）分包人应在收到开工通知后7天内向承包人提交分包人项目管理机构及施工人员安排的报告。分包人项目管理机构包括分包人项目经理和其他主要项目管理人员。分包合同当事人应在专用合同条款中约定分包人项目经理的姓名、职称、联系方式及授权范围等事项，并在专用合同条款中列明其他主要项目管理人员的姓名和岗位。合同当事人通过招标投标方式订立分包合同的，专用合同条款中载明的分包人项目经理和其他主要项目管理人员应与分包人投标文件保持一致。

分包人应在收到开工通知后7天内向承包人提交分包人为前述人员缴纳社会保险的有效证明。分包人不提交上述文件的，前述人员无权履行职责，承包人有权要求更换，由此增加的费用和（或）延误的工期由分包人承担。

2）分包人项目经理为分包人派驻施工场地的负责人，在分包人授权范围内决定分包合同履行过程中与分包人有关的具体事宜。除专用合同条款另有约定外，分包人项目经理不得同时担任其他项目的项目经理，否则，分包人应按专用合同条款的约定承担违约责任。

3）分包人项目经理和其他主要项目管理人员应常驻施工场地。前述人员因故需要离开施工场地时，应事先取得承包人的书面同意，否则，分包人应按照专用合同条款的约定承担违约责任。

4）分包人需要更换分包人项目经理或其他主要项目管理人员的，应提前7天书面通知承包人，并征得承包人书面同意。未经承包人书面同意，分包人不得擅自更换。分包人擅自更换的，应按照专用合同条款的约定承担违约责任。

5）承包人有权书面通知分包人更换不称职的分包人项目经理或其他主要项目管理人员，分包人应在接到更换通知后7天内进行更换。分包人无正当理由拒绝更换，应按照专用合同条款的约定承担违约责任。

6）法律规定需要持证上岗的特殊工种作业人员，必须具有行政管理部门颁发的相应岗位的特殊工种上岗证，并在相应作业人员进场前报送承包人审核并备案。特殊工种作业人员不具备上岗证的，分包人应按专用合同条款的约定承担违约责任。

（三）关于转包和再分包

2017版分包合同增加了禁止转包和再分包的条款，删除了允许分包人经承包人同意后可以将劳务作业再分包的有关规定，同时增加了联合体的有关规定。具体规定如下：

1）分包人不得将分包工程转包给第三人。分包人转包分包工程的，应按专用合同条款的约定承担违约责任。

2）分包人不得将分包工程的任何部分违法分包给任何第三人。分包人违法分包工程的，应按专用合同条款的约定承担违约责任。

3）联合体各方应共同与承包人签订合同协议书，联合体各方应为履行分包合同向承包人承担连带责任。

4）联合体协议经承包人确认后作为专用合同条款附件。在履行分包合同过程中，未经承包人书面同意，不得修改联合体协议。

2017版分包合同通过合同条款的约定，要求分包人对分包的项目加强管理，通过设立管理分包工程的项目管理机构、稳定分包项目的管理人员等措施，确保分包人实际施工管理人员与合同文件中载明的人员保持一致，以遏制目前存在的违法分包、挂靠等违法行为以及由此而造成的拖欠劳务人员工资等一系列社会问题。

(四) 工期和进度

2017版分包合同要求分包人按照经承包人批准的施工组织设计进行施工，保证在施工过程中的劳动力投入，并细化了暂停施工的管理措施，增加了关于交叉作业的工期管理条款。

1. 交叉作业的工期管理

承包人应严格按总包工程施工组织设计对分包工程及其他工程的工期进行管理，并按分包工程施工组织设计向分包人提供正常施工所需的施工条件，因其他工程原因影响分包工程正常施工时，承包人应及时通知分包人，分包人应立即调整施工组织设计并取得承包人批准，因此产生的费用和（或）延误的工期由承包人承担。

分包人应按经批准的施工组织设计组织分包工程的施工，在施工过程中应配合其他工程的施工。由于分包人原因造成分包工程施工影响其他工程正常施工的，分包人应立即通知承包人，调整施工组织设计并取得承包人批准，因此产生的费用和（或）延误的工期由分包人承担。

2. 劳动力保障

分包人应按照经批准的施工组织设计保证劳动力投入。因分包人劳动力短缺导致分包工程进度滞后的，分包人应在收到承包人书面通知后7日内补足劳动力，否则，承包人有权解除分包合同或取消分包人部分工作，且分包人应按照专用合同条款的约定承担违约责任。

3. 暂停施工

发包人指示暂停施工或因承包人原因引起暂停施工，承包人应及时下达暂停施工指令，分包人应按承包人指令暂停施工，承包人应承担由此增加的费用和（或）延误的工期，并支付分包人合理的利润。

因分包人原因引起的暂停施工，分包人应承担由此增加的费用和（或）延误的工期，且分包人在收到承包人复工指示后28天内仍未复工的，视为分包人无法继续履行分包合同。

暂停施工期间，分包人应负责妥善照管分包工程并提供安全保障，由此增加的费用由造成暂停施工的责任方承担。

暂停施工后，承包人和分包人应采取有效措施积极消除暂停施工的影响。在分包工程复工前，承包人和分包人应确定因暂停施工造成的损失，并确定工程复工条件。当工程具备复工条件时，承包人向分包人发出复工通知，分包人应按照复工通知的要求复工。

分包人无故拖延或拒绝复工的，分包人承担由此增加的费用和（或）延误的工期。因承包人原因无法按时复工的，承包人应承担由此增加的费用和（或）延误的工期，并支付分包人合理的利润。

如果不是因分包人原因或因为不可抗力引起的暂停施工，承包人发出暂停施工指示后56天内未向分包人发出复工通知，分包人可向承包人提交书面通知，要求承包人在收到书面通知后28天内准许已暂停施工的部分或全部工程继续施工。承包人逾期不予批准的，且暂停施工已经影响到整体分包工程以及分包合同的实现的，分包人有权提出价格调整要求或者解除合同，分包人要求解除合同时，承包人应承担相应的违约责任。

(五) 合同变更

与2003版分包合同相比较，2017版分包合同明确了分包合同变更的范围，并适当调整了变更估价原则及变更估价程序。

1. 分包合同变更的范围

除专用合同条款另有约定外，分包合同履行过程中发生的以下情形属于变更：

1）增加或减少分包合同中任何工作，或追加额外的工作。

2）取消分包合同中任何工作，但转由他人实施的工作除外。

3）改变分包合同中任何工作的质量标准或其他特性。

4）改变分包工程的基线、标高、位置和尺寸。

5）改变分包工程的时间安排或实施顺序。

2. 分包合同变更的提出和执行

分包人收到经承包人确认的发包人发出的变更指令或承包人发出的变更指令后，方可实施变更。未经许可，分包人不得擅自对工程的任何部分进行变更。涉及设计变更的，应由承包人提供设计人签署的变更后的图纸和说明。

分包人收到承包人下达的变更指令后，认为不能执行的，应在收到变更指令后24h内提出不能执行的理由。分包人认为可以执行变更的，应根据变更估价原则及变更估价程序确定变更估价。

3. 变更估价原则

除专用合同条款另有约定外，变更估价按照下列约定执行：

1）已标价工程量清单或预算书有相同项目的，按照相同项目单价认定。

2）自己标价工程量清单或预算书中无相同项目，但有类似项目的，参照类似项目的单价认定。

3）变更导致实际完成的工程量与已标价工程量清单或预算书中列明的该项目工程量的变化幅度超过15%的，或已标价工程量清单或预算书中无相同项目及类似项目单价的，由合同当事人按照成本加合理利润的原则认定。

4. 变更估价程序

与2003版分包合同相比较，2017版分包合同的变更估价程序基本相同，但适当调整了审查估价申请的期限，其约定如下：

分包人应在收到变更指令后7天内（2003版分包合同约定为11天）向承包人提交变更估价申请。承包人应在收到变更估价申请后21天内（2003版分包合同约定为17天）审查完毕，承包人对变更估价申请有异议的，应通知分包人修改后重新提交。承包人逾期未完成审批或未提出异议的，视为认可分包人提交的变更估价申请。因变更引起的价格调整应计入最近一期的进度款中支付。

5. 变更引起的工期调整

因变更引起工期变化的，合同当事人均可要求调整分包合同工期，由合同当事人按专用合同条款约定的方法确定增减工期天数。

（六）工程量计量及进度款支付

2017版分包合同基本保留了2003版分包合同关于工程预付款及进度款的有关约定，但适当延长了承包人审核进度付款申清单的期限，同时增加了进度付款的修正约定。

1. 工程量计量

工程量按月计量，并按下列规定程序执行：

1）分包人应按总包合同约定的每月计量的起止日期进行计量，并于总包合同约定的承包人每月提交工程量报告的期限届满 3 天前向承包人报送当月工程量报告，并附具进度付款申请单、已完成工程量报表和有关资料。

2）承包人应在收到分包人提交的工程量报告后 10 天内完成对分包人提交的工程量报表的审核，以确定当月实际完成的工程量。承包人对工程量有异议的，有权要求分包人进行共同复核或抽样复测。分包人应协助承包人进行复核或抽样复测，并按承包人要求提供补充计量资料。分包人未按承包人要求参加复核或抽样复测的，承包人复核或修正的工程量视为分包人实际完成的工程量。

3）承包人在收到分包人提交的工程量报表后的 10 天内未完成审核的或未提出异议的，分包人报送的工程量视为分包人实际完成的工程量。

2. 进度款审核和支付

承包人应在收到分包人进度付款申请单后 21 天内完成审核并签发进度款支付证书。承包人逾期未完成审批且未提出异议的，视为已签发进度款支付证书。

承包人对分包人的进度付款申请单有异议的，有权要求分包人修正和提供补充资料，分包人应提交修正后的进度付款申请单。承包人应在收到分包人修正后的进度付款申请单及相关资料后 21 天内完成审核，向分包人签发无异议部分的临时进度款支付证书。存在争议的部分，按照“争议解决”的约定处理。

承包人应在进度款支付证书或临时进度款支付证书签发后 7 天内完成支付，承包人逾期支付进度款的，应按照中国人民银行发布的同期同类贷款基准利率支付违约金。

3. 进度付款的修正

在对已签发的进度款支付证书进行阶段汇总和复核中发现错误、遗漏或重复的，承包人和分包人均有权提出修正申请。经承包人和分包人同意的修正，应在下期进度付款中支付或扣除。

（七）完工验收

2017 版分包合同将分包工程的验收期限延长至 49 天，并增加了完工退场的约定。

1. 完工验收程序

根据 2017 版分包合同的约定，分包工程具备完工验收条件后，由分包人向承包人报送完工验收申请报告，承包人应在收到完工验收申请报告后 21 天内完成审查，承包人审查后认为不具备验收条件的，应通知分包人还需完成的工作内容，分包人应在完成承包人通知的全部工作内容后，再次提交完工验收申请报告。

承包人审查后认为已具备完工验收条件的，应在收到完工验收申请报告后 28 天内按分部分项工程验收要求组织相关单位进行完工验收。

完工验收不合格的，承包人应按照验收意见发出指示，要求分包人对不合格工程返工、修复或采取其他补救措施，由此增加的费用和（或）延误的工期由分包人承担。分包人完成不合格工程的返工、修复或采取其他补救措施后，应重新提交完工验收申请报告，并按本款约定的程序重新进行验收。

分包工程未经验收或验收不合格，承包人或发包人擅自使用的，自转移占有分包工程之日起，分包工程应被视为完工验收合格。

2. 完工退场

分包工程完工验收合格后，分包人应在专用合同条款约定的期限内对施工场地进行清理后退场，逾期未完成清理并退场的，承包人有权出售或另行处理分包人遗留的物品，由此发生的费用由分包人承担。经承包人书面同意，分包人可在承包人指定的地点保留分包人履行缺陷责任期内的各项义务所需要的材料、施工设备和临时工程。

（八）结算

2003 版分包合同第二十四条“竣工结算及移交”第三款的约定为：“承包人在收到分包工程竣工结算报告及结算资料后 28 天内无正当理由不支付工程竣工结算价款，从第 29 天起按分包人同期向银行贷款利率支付拖欠工程价款的利息，并承担违约责任。”2017 版分包合同删除了其中“无正当理由”，并增加了“承包人在收到分包人提交结算申请单后 28 天内未完成审核且未提出异议的，视为承包人认可分包人提交的结算申请单”的约定。2017 版分包合同约定的完工结算程序和要求为：

分包人应在分包工程完工验收合格后 28 天内向承包人提交分包工程结算申请单，并提交完整的结算资料。承包人应在收到结算申请单后 28 天内完成审核，并向分包人签发完工付款证书。承包人对结算申请单有异议的，有权要求分包人进行修正和提供补充资料，分包人应提交修正后的结算申请单。

承包人在收到分包人提交结算申请单后 28 天内未完成审核且未提出异议的，视为承包人认可分包人提交的结算申请单，并自承包人收到分包人提交的结算申请单后第 29 天起视为已签发完工付款证书。

承包人应在签发完工付款证书后 14 天内，完成对分包人的完工付款。承包人逾期支付的，按照中国人民银行发布的同期同类贷款基准利率支付违约金。

分包人对承包人签发的完工付款证书有异议的，对于有异议部分应在收到承包人签发的完工付款证书后 7 天内提出异议，按照“争议解决”的约定处理。分包人逾期未提出异议的，视为认可承包人签发的完工付款证书。

三、2017 版分包合同专用合同条款的主要内容

2017 版分包合同的专用合同条款部分共计 25 条，各条款的内容与通用合同条款完全相对应。与 2003 版分包合同相比较，2017 版分包合同专用合同条款部分主要增加了 10 个附件，使专用合同条款约定的内容更加一致和具体。

专用合同条款的附件包括分包工程一览表，承包人供应材料、设备一览表，工程质量保修书，主要建设工程文件目录，分包人用于分包工程施工的机械设备表，分包人主要项目管理人员表，履约担保格式，预付款担保格式，暂估价材料、设备一览表，安全文明措施分配表。

第三节　《建设工程劳务分包合同》解读

一、2017 版劳务分包合同的主要特点

（一）2017 版劳务分包合同结构体系更为完备

2017 版劳务分包合同相对 2003 版劳务分包合同，在合同结构安排和合同要素的设置上

更为科学合理，对合同体系进行了全面、系统地梳理，在合同要素上进行优化和补充，充分适应施工合同。

（二）强调了承包人的全面管理义务

2017版劳务分包合同强调了承包人的现场管理义务，由承包人编制施工组织设计，劳务分包人根据承包人的施工组织设计编制劳动力供应计划报承包人审批，承包人全面负责现场的安全生产、质量管理以及工期计划等，承包人有权随时检查劳务作业人员的持证上岗情况，通过合同引导承包人加强现场管理。

（三）强调了劳务分包人对劳务作业人员的管理义务

2017版劳务分包合同中强调了劳务分包人对劳务作业人员的管理义务，合同约定劳务分包人应当向承包人提交劳务作业人员花名册、与劳务作业人员签订的劳动合同、出勤情况、工资发放记录以及社会保险缴纳记录等，通过合同引导当事人合法履约，并有效缓解目前广泛存在的拖欠劳务人员工资以及不依法为劳务人员缴纳社会保险引发的社会稳定问题。

（四）完善了以劳务分包之名进行专业分包至转包的防范措施，以促进劳务市场的有序发展

针对目前劳务市场存在较多的以劳务分包之名进行专业分包甚至转包的违法行为，2017版劳务分包合同明确约定，承包人不得要求劳务分包人提供或采购大型机械、主要材料，承包人不得要求劳务分包人提供或租赁周转性材料，以此强化劳务分包人仅提供劳务作业的合同实质，以促进劳务市场的有序发展。

（五）从引导劳务分包企业提高劳务管理水平角度出发，在示范文本中设置逾期索赔失权条款

从引导劳务分包企业提高劳务管理水平角度出发，同时也是为了与2017版施工合同有效衔接，2017版劳务分包合同设置了逾期索赔失权条款，从而督促劳务分包人加强现场管理措施，及时申请索赔，避免由此给劳务分包人造成经济损失。

（六）强调劳务分包人的质量合格义务

劳务分包人应保证其劳务作业质量符合合同约定要求，在隐蔽工程验收、分部分项工程验收以及工程竣工验收结果表明劳务分包人劳务作业质量不合格时，劳务分包人应承担整改责任。

（七）对劳务合同价格列明了多种计价方式，赋予合同当事人自主选择权

2017版劳务分包合同按价格形式包括单价合同、总价合同以及双方当事人在专用合同条款中约定的其他价格形式合同，其中单价合同又包括工程量清单劳务费综合单价合同、工种工日单价合同、综合工日单价合同以及建筑面积综合单价合同，并对不同价格形式分别约定了计量及支付方式，便于当事人选择使用。

二、2017版劳务分包合同有关条款的主要内容

2017版劳务分包合同由合同协议书、通用合同条款、专用合同条款三大部分组成。其中协议书共计9条，通用合同条款共计19条，通用合同条款的具体条款分别为一般约定、承包人、劳务分包人、劳务作业人员管理、安全文明施工与环境保护、工期和进度、机具、设备及材料供应、劳务作业变化、价格调整、合同价格形式、计量与支付、验收与交付、

完工结算与支付、违约、不可抗力、保险、索赔、合同解除以及争议解决。上述条款安排既考虑劳务分包管理的需要，同时也照顾到现行法律法规对劳务分包的特殊要求，较好地平衡了劳务分包各方当事人的权利义务。本节主要介绍2017版劳务分包合同与2003版劳务分包合同条款约定有较大变化的部分条款内容以及新增的部分条款内容。

（一）合同文件的构成及优先解释顺序

劳务分包合同文件由以下文件构成：

1）合同协议书。

2）中标通知书（如果有）。

3）投标函及其附录（如果有）。

4）专用合同条款及其附件。

5）通用合同条款。

6）技术标准和要求。

7）图纸。

8）已标价工作量清单或预算书（如果有）。

9）其他合同文件。

上述各项文件应互相解释、互为说明。各项合同文件中包括合同当事人就该项合同文件所做出的补充和修改，属于同一类型内容的文件应以最新签署的为准。

以上顺序即为解释合同文件的优先顺序。在合同订立及履行过程中形成的与合同有关的文件均构成合同文件组成部分，并根据其性质确定优先解释顺序。

（二）合同当事人的权利和义务

2017版劳务分包合同基本上保留了2003版劳务分包合同中关于承包人与分包人的一般权利和义务（例如，承包人应提供承包合同供劳务分包人查阅，向劳务分包人交付具备劳务作业条件的劳务作业现场，负责提供劳务作业所需要的劳务作业条件等。劳务分包人应按照合同、图纸、标准和规范、有关技术要求及劳务作业方案组织劳务作业人员进场作业，并负责成品保护工作，承担由于自身原因造成的质量缺陷、工作期限延误、安全事故等责任）。为了加强对劳务人员管理以及劳务人员工资支付及社会保险的缴纳方面的管理，2017版劳务分包合同加强了劳务分包人的义务，新增了对劳务作业人员管理的条款。

1. 关于劳务分包项目负责人的条款内容

劳务分包人应在专用合同条款中明确其派驻劳务作业现场的项目负责人的姓名、身份证号、联系方式及授权范围等事项，项目负责人经劳务分包人授权后代表劳务分包人履行合同。

项目负责人应是劳务分包人正式聘用的员工，劳务分包人应向承包人提交项目负责人与劳务分包人之间的劳动合同，以及劳务分包人为项目负责人缴纳社会保险的有效证明。

项目负责人应常驻劳务作业现场，每月在劳务作业现场时间不得少于专用合同条款约定的天数。

劳务分包人违反上述约定的，应按照专用合同条款的约定，承担违约责任。

2. 关于劳务作业管理人员的条款内容

劳务分包人应在接到劳务作业通知后7天内，向承包人提交劳务分包人现场劳务作业管理机构及劳务作业管理人员安排的报告，其内容应包括主要劳务作业管理人员名单及其岗位等，并同时提交主要劳务作业管理人员与劳务分包人之间的劳动关系证明和缴纳社会保险的有效证明。

劳务分包人派驻到劳务作业现场的主要劳务作业管理人员应相对稳定。劳务分包人更换主要劳务作业管理人员时，应提前 7 天书面通知承包人，并征得承包人书面同意，通知中应当载明继任人员的执业资格、管理经验等资料。

3. 关于签订书面劳动合同的条款内容

劳务分包人应当与劳务作业人员签订书面劳动合同，并每月向承包人提供上月劳务分包人在本工程上所有劳务作业人员的劳动合同签署情况、出勤情况、工资核算支付情况以及人员变动情况的书面记录。除上述书面记录的用工行为外，劳务分包人承诺在本工程不存在其他劳务用工行为。

4. 关于支付劳务作业人员工资的条款内容

劳务分包人应当每月按时足额支付劳务作业人员工资并支付法定社会保险，劳务作业人员工资不得低于工程所在地最低工资标准，并于每月 25 日之前将上月的工资发放及社会保险支付情况书面提交承包人。否则，承包人有权暂停支付最近一期及以后各期劳务分包合同价款。

劳务分包人未如期支付劳务作业人员工资及法定社会保险费用，导致劳务作业人员投诉或引发纠纷的，承包人有权书面通知劳务分包人从尚未支付的劳务分包合同价款中代劳务分包人支付上述费用，并扣除因此而产生的经济损失及违约金，剩余的劳务分包合同价款向劳务分包人支付。书面通知应载明代付的劳务作业人员名单、代付的金额，劳务分包人应当在收到书面通知之日起 7 天内确认或提出异议，逾期未确认且未提出异议的，视为同意承包人代付。

5. 关于劳务作业人员管理的条款内容

劳务分包人应当根据承包人编制的施工组织设计，编制与施工组织设计相适应的劳动力安排计划，劳动力安排计划应当包括劳务作业人员数量、工种、进场时间、退场时间以及劳务费支付计划等，劳动力安排计划应当经承包人批准后实施。

劳务分包人应当组织具有相应资格证书和符合本合同劳务作业要求的劳务作业人员投入工作。劳务分包人应当对劳务作业人员进行实名制管理，包括但不限于进出场管理、登记造册管理、工资支付管理以及各种证照的办理。

承包人有权随时检查劳务作业人员的有效证件及持证上岗情况。特种作业人员必须按照法律规定取得相应职业资格证书，否则承包人有权禁止未获得相应资格证书的特种作业人员进入劳务作业现场。

承包人要求撤换不能按照合同约定履行职责及义务的劳务作业人员，劳务分包人应当撤换。劳务分包人无正当理由拒绝撤换的，应按照专用合同条款的约定承担违约责任。

（三）作业安全与环境保护

2017 版劳务分包合同要求劳务分包人加强对分包项目的作业安全与环境保护，强调对劳务作业人员的职业健康保护。

1. 作业安全

承包人应认真执行安全技术规范，严格遵守安全制度，制订安全防护措施，提供安全防护设备，确保施工安全，不得要求劳务分包人违反安全管理的规定进行劳务作业。对于承包人违反工程建设安全生产有关管理规定的指示，劳务分包人有权拒绝。

劳务分包人应遵守工程建设安全生产有关管理规定，严格按照安全标准进行作业，并随时接受行业安全检查人员依法实施的监督检查，采取必要的安全防护措施，消除事故隐患。发生安全事故后，劳务分包人应立即通知承包人，并迅速采取有效措施，组织抢救，防止事故扩大，减少人员伤亡和财产损失。

劳务分包人应按承包人统一规划堆放材料、机具，按承包人标准化工地要求设置标牌，负责其生活区的管理工作。

2. 环境保护

在合同履行期间，劳务分包人应采取合理措施保护劳务作业现场环境。对劳务作业过程中可能引起的大气、水、噪声以及固体废物等污染采取具体可行的防范措施。劳务分包人应当遵守承包人关于劳务作业现场环境保护的要求。

劳务分包人应承担因其原因引起的环境污染侵权损害赔偿责任，因上述环境污染引起纠纷而导致劳务作业暂停的，由此增加的费用和（或）延误的期限由劳务分包人承担。

3. 职业健康

劳务分包人应当服从承包人的现场安全管理，并根据承包人的指示及国家和地方有关劳动保护的规定，采取有效的劳动保护措施。劳务分包人应依法为其履行合同所雇用的人员办理必要的证件、许可、保险和注册等，劳务作业人员在作业中受到伤害的，劳务分包人应立即采取有效措施进行抢救和治疗。

劳务分包人应按法律规定安排劳务作业人员的劳动和休息时间，保证其雇佣人员享有休息和休假的权利。

承包人最迟应于开始工作日期 7 天前为劳务分包人雇用的劳务作业人员提供必要的膳宿条件和生活环境；膳宿条件和生活环境应达到工程所在地行政管理机关的标准、要求。承包人应按工程所在地行政管理机关的标准和要求对劳务作业人员的宿舍和食堂进行管理。

劳务分包人应按照行政管理机关的要求为外来务工人员办理暂住证等一切所需证件。

（四）劳务作业管理

2003 版劳务分包合同中关于劳务作业管理方面约定内容较少，仅有施工安全、施工配合和施工验收几项内容，对于在合同履行过程中遇到的意外情况，也仅有遇到“不可抗力”和“文物与地下障碍物”两种情况的约定。2017 版劳务分包合同强化了劳务作业管理的内容，明确约定了因承包人或劳务分包人导致作业期限延误时合同当事人双方的责任和义务，增加了关于劳务作业暂停、不利作业条件等情况的约定。

1. 劳务作业方案

承包人负责编制施工组织设计，施工组织设计应当包括施工方案、施工现场平面布置图、施工进度计划和保证措施、劳动力及材料供应计划、施工机械设备的选用、质量保证体系及措施、安全生产与文明施工措施、环境保护与成本控制措施等内容，在劳务作业过程中，施工组织设计修订的，承包人应及时通知劳务分包人。

劳务分包人应当根据承包人要求及施工组织设计，编制及修订劳务作业方案，劳务作业方案应包括劳动力安排计划、机具、设备及材料供应计划等。合同当事人应在专用合同条款中约定劳务分包人提供劳务作业方案的时间。

2. 劳务作业准备

在劳务开始前，合同当事人应按约定完成如下劳务作业准备工作：

1）承包人负责工程测量定位、沉降观测、技术交底，组织图纸会审。

2）劳务分包人应根据施工组织设计及劳务作业方案，组织劳务作业人员。

3. 劳务作业通知

合同当事人应按照法律规定和合同约定获得劳务作业所需的许可。承包人应在计划开始工作日期7天前向劳务分包人发出劳务作业通知，作业期限自劳务作业通知中载明的开始工作日期起算。

4. 作业期限延误

在合同履行过程中，因下列情况导致费用增加和（或）作业期限延误的，由承包人承担由此增加的费用和（或）延误的期限，且承包人应支付劳务分包人合理的利润：

1）承包人未能按合同约定提供图纸或所提供图纸不符合合同约定的。

2）承包人未能提供合同约定的劳务作业条件，影响劳务分包人劳务作业的。

3）承包人未能在合理时间内做出指示，致使劳务作业不能正常进行的。

4）承包人未能按合同约定提供材料、设备、机具等，影响劳务分包人劳务作业的。

5）承包人未能按合同约定支付劳务分包合同价款的。

因承包人原因未按计划开始工作日期开始工作的，承包人应按实际开始工作日期顺延作业期限，确保实际作业期限不低于合同约定的作业总日历天数。因承包人原因导致未能在计划开始工作日期之日开始工作的，劳务分包人有权提出价格调整要求，延误期限超过90天的，劳务分包人有权解除合同。承包人应当承担由此增加的费用和（或）延误的期限，并向劳务分包人支付合理利润。

因劳务分包人原因造成作业期限延误的，劳务分包人应承担由此给承包人造成的损失，当事人也可在专用合同条款中约定逾期完工违约金的计算方法和逾期完工违约金的上限。劳务分包人支付逾期完工违约金后，不免除劳务分包人继续完成劳务作业及整改的义务。

5. 不利作业条件

在合同履行过程中，出现不利作业条件的，劳务分包人应按照承包人指示，采取措施继续进行劳务作业，由此增加的费用和（或）延误的期限由承包人承担。不利作业条件包括不利物质条件、异常恶劣的气候条件以及合同当事人在专用合同条款中约定的其他不利作业条件。

6. 劳务作业暂停

（1）承包人原因引起的劳务作业暂停　因承包人原因引起劳务作业暂停的，承包人应当承担由此增加的费用和（或）延误的期限，并支付劳务分包人合理的利润。合同当事人也可在专用合同条款中按照合理成本加利润原则约定劳务分包人窝工、停工补偿费用的计算标准及方法。

（2）劳务分包人原因引起的劳务作业暂停　因劳务分包人原因引起的劳务作业暂停，由此增加的费用和（或）延误的期限由劳务分包人承担。

（3）劳务作业暂停后的复工　劳务作业暂停后，承包人和劳务分包人应积极采取有效措施以消除劳务作业暂停的影响。在复工前，承包人和劳务分包人应确定劳务作业暂停造成的损失，并确定复工条件。当复工条件具备时，承包人应向劳务分包人发出复工通知，劳务分包人应按照复工通知的要求复工。

劳务分包人无故拖延或拒绝复工的，劳务分包人承担由此增加的费用和（或）延误的期限。因承包人原因无法按时复工的，按照因承包人原因导致作业期限延误的约定办理。

(4) 劳务作业暂停持续 56 天以上 劳务作业暂停持续 56 天以上不复工的，且不属于劳务分包人原因引起的劳务作业暂停以及“不可抗力”约定的情形时，劳务分包人有权提出价格调整要求。

7. 提前完工

承包人要求劳务分包人提前完工的，承包人应向劳务分包人下达提前完工指示，劳务分包人应向承包人提交提前完工建议书，提前完工建议书应包括劳动力安排计划、缩短的时间、增加的合同价格等内容。承包人接受该提前完工建议书的，承包人和劳务分包人应协商采取加快工作进度的措施，由此增加的费用由承包人承担。劳务分包人认为提前完工指示无法执行的，应向承包人提出书面异议，承包人应在收到异议后 7 天内予以答复。任何情况下，承包人不得压缩合理作业期限。

(五) 劳务作业变化

2017 版劳务分包合同中，用“劳务作业变化”取代了 2003 版劳务分包合同中的“施工变更”的词语，并明确了劳务作业变化的估价原则和估价程序，增加了临时性用工劳务管理的约定，以强化承包人对劳务分包项目的管理责任。

劳务分包合同履行过程中发生以下情形影响劳务作业的，应按照约定进行相应调整：

1) 增加或减少合同中任何工作，或追加额外的工作。

2) 取消合同中任何工作，但转由他人实施的工作除外。

3) 改变合同中任何工作的质量标准或其他特性。

4) 改变工程的基线、标高、位置和尺寸。

5) 改变劳务作业的时间安排或实施顺序。

合同履行过程中如需对原工作内容进行调整，承包人应提前 7 天以书面形式向劳务分包人发出劳务作业变化通知，并提供调整后的相应图纸和说明。

1. 劳务作业变化估价原则

因合同履行过程中发生劳务作业变化导致价格调整的，劳务作业变化估价按照以下约定处理：

1) 已标价工作量清单或预算书有相同作业项目的，按照相同项目单价认定。

2) 已标价工作量清单或预算书中无相同项目，但有类似项目的，参照类似项目的工艺复杂程度、劳动力市场状况以及原单价的相应组价比例认定。

3) 已标价工作量清单或预算书中无相同项目及类似项目单价的，按照合理的成本与利润构成的原则，由合同当事人协商确定作业单价。

2. 劳务作业变化估价程序

劳务分包人应在收到劳务作业变化通知后 7 天内，先行向承包人提交劳务作业变化估价申请。承包人应在收到劳务作业变化估价申请后 7 天内审查完毕，承包人对劳务作业变化估价申请有异议，通知劳务分包人修改后重新提交。承包人逾期未完成审批或未提出异议的，视为认可劳务分包人提交的劳务作业变化估价申请。

因劳务作业变化引起的价格调整应计入最近一期的进度款中支付。

(六) 劳务作业计量与支付

与 2003 版劳务分包合同相比较，2017 版劳务分包合同细化了劳务分包合同的计量与支付程序。

根据2017版劳务分包合同的约定，劳务作业工作量的计量按月进行。劳务分包人每月22日前向承包人报送上月20日至当月19日已完成的工作量报告，并附具进度款付款申请单、已完的工作量报表和有关资料。进度款付款申请单的内容包括应支付的预付款和扣减的返还预付款、因劳务作业变化应增加或扣减的金额、因索赔而增加或扣减的金额、根据合同约定应增加或扣减的其他金额。

承包人收到劳务分包人提交的工作量报告后7天内完成对工作量报表的审核并书面答复劳务分包人。承包人对工作量有异议的，有权要求劳务分包人进行共同复核或抽样检测。劳务分包人未按承包人要求参加复核或抽样检测的，承包人复核或修正的工作量视为劳务分包人实际完成的工作量。承包人未在收到劳务分包人提交的工作量报告后7天内完成审核的，劳务分包人报送的工作量报告中工作量视为劳务分包人实际完成的工作量，据此计算劳务分包合同价款。

承包人和劳务分包人应在专用合同条款约定预付款的支付方法。承包人逾期支付预付款的，承包人按专用合同条款的约定承担违约责任。预付款在进度款付款中同比例扣回。在劳务作业完工验收前，提前解除劳务分包合同的，尚未扣完的预付款应与劳务分包合同价款一并结算。

承包人收到进度款付款申请单后7天内审核确认并书面答复劳务分包人，逾期不答复的，视为同意劳务分包人提交的进度款付款申请单。承包人对劳务分包人的进度款付款申请单有异议的，有权要求劳务分包人修正和提供补充资料。

承包人应在审核确认或视为同意劳务分包人提交的进度款付款申请单之日起7天内向劳务分包人支付进度款。劳务分包人应向承包人出具合法有效的收款凭证。

（七）劳务作业完工结算

2017版劳务分包合同基本保留了2003版劳务分包合同关于完工结算的有关约定，但适当放宽了劳务分包人提交完工结算申请单的时限和承包人审核确认劳务分包人提交的完工结算申请单的时限。

劳务分包人应自劳务分包作业完工并经承包人验收合格之日起28天内，向承包人提交完工结算申请单，并提交完整的结算资料。承包人应自收到劳务分包人提交的完工结算申请单之日起28天内审核确认，并向劳务分包人签发完工付款证书。承包人对完工结算申请单有异议的，有权要求劳务分包人进行修正和提供补充资料，劳务分包人应提交修正后的完工结算申请单。

承包人在收到劳务分包人提交完工结算申请书后28天内未完成审核且未提出异议的，视为承包人认可劳务分包人提交的完工结算申请单，并自承包人收到劳务分包人提交的完工结算申请单后第29天起视为已签发完工付款证书。

承包人应在签发完工付款证书后的14天内，完成对劳务分包人的完工付款。劳务分包人应向承包人出具合法有效的收款凭证。

第五章　建筑市场信用体系建设

孔子曰："人而无信，不知其可也。大车无輗，小车无軏，其何以行之哉?"。自古以来，我国就极为重视诚信建设，诚信不仅是个人安身立命的根本，也是社会良序发展的基石。当前，随着改革开放和社会主义经济大发展，诚信问题已成为我国社会治理中的关键问题之一，建立和完善社会信用体系已成为我国社会主义市场经济不断走向成熟的重要标志。国务院2014年颁布了《社会信用体系建设规划纲要（2014—2020)》，开启了社会信用体系建设的新阶段，加快推进社会信用体系建设，具有鲜明的时代特征和重大的现实意义。

第一节　信用体系建设概述

一、欧美国家信用体系建设情况

世界主要发达国家经过近200年的实践，已经建立了相对比较完善的社会信用体系。其信用体系建设主要有三种模式：一是以美国为代表的信用中介机构为主导的模式；二是以欧洲为代表的以政府和中央银行为主导的模式；三是以日本"会员制"为主导的模式。

（一）美国模式

以美国为代表的"信用中介机构为主导"的模式，主要特征是信用服务全部由私营机构提供，完全依靠市场经济的法则和信用管理行业的自我管理来运作，政府仅负责提供立法支持和监管信用管理体系的运转。在这种运作模式中，信用中介机构发挥着主要作用，其运作的核心是经济利益。其框架包括以下几方面内容：

1）相关法律体系的建立是信用行业健康发展的基础。20世纪60年代末以来，美国在原有信用管理法律、法规的基础上，进一步制定与信用管理相关的法律，经过不断完善，目前已形成了比较完整的框架体系，如《公平信用法》《平等信用机会法》。

2）信用中介服务机构在信用体系中发挥重要作用。美国有许多专门从事征信、信用评价、商账追收、信用管理等业务的信用中介服务机构，在很大程度上避免了因信用交易额的扩大而带来的更多的信用风险。在企业征信领域最具影响力的邓白氏公司拥有世界上最大的数据库，覆盖了过亿的企业信息，全方位向企业提供信用服务。美国还建立了专门从事个人信用评估和中小企业信用数据收集的信用局，主要通过公民从出生便一直拥有的社会保障号来收集记录保存公民的信用额度、房屋贷款还款、银行开户记录等信息。资信评价行业有穆迪、惠誉、标准普尔世界三大评价公司。

3）市场主体较强的信用意识促进了信用体系的发展。美国信用交易十分普遍，缺乏信用记录或信用记录历史很差的企业很难在业界生存和发展，而信用记录差的个人在信用消费、求职等诸多方面都会受到很大制约。如《公平信用法》规定，破产记录保存年限为 10 年，偷漏税和刑事诉讼记录等其他信息则保存 7 年。失信者会受到惩罚，而守信者则会获得种种便利和好处。《诚实借贷法》规定，如果授信人没有按规定披露信息或披露的信息不正确，他将为由此所产生的任何经济损失而遭到起诉。

4）对信用行业有较好的管理。尽管政府在对信用行业管理中所起的作用比较有限，但美国的有关政府部门和法院仍然起到信用监督中所起的作用，其中联邦贸易委员会是信用管理行业的主要监管部门，司法部、财政部货币监理局和联邦储备系统等在监管方面也发挥着重要作用。而且美国信用管理协会、信用报告协会、美国收账协会等一些民间机构，在信用行业的自律管理等方面发挥了重要作用，他们采取行业自律的特色监管方式，行业协会还代表行业进行政府公关，为本行业争取利益，在有关政府部门和法院监管中具有一定的影响力。

加拿大、英国和北欧国家均采用这种模式。

（二）欧洲模式

以德国为代表的“政府和中央银行为主导”的欧洲模式，这种模式是以政府为主导，建立了非营利性、隶属于中央银行的消费信贷登记系统，形成了覆盖全国的社会信用信息网络数据库。以政府强制力为保证，强制性向金融机构征集企业信贷信息和消费者个人贷款信息，使信息高效集中，并通过立法保证这些数据的真实性。在这种模式中政府起主导作用，其建设的效率比较高，它同美国模式存在一定的差别，主要表现在三个方面：

1）中央银行建立的“信贷登记系统”和私营信用服务机构并存。

2）中央银行信贷系统是由政府出资建立全国数据库，直接隶属于中央银行，主要征集企业信贷信息和个人信贷信息，需要依法向信用信息局提供相关信用信息；而私营信用服务机构主要是弥补中央信贷信息的缺陷。

3）中央银行服务于商业银行防范贷款风险，并承担主要的监管职能。私营信用服务机构则满足于社会化的信用服务需求。

法国、比利时、意大利、奥地利、西班牙等国采取这种模式。

（三）日本模式

不同于美国和以德国为代表的欧洲国家，日本的社会信用体系的独特之处在于“会员制”模式。日本银行协会和其他会员制机构一起建立了非盈利的银行个人信用信息中心，要求协会会员定期向信息中心提交要求的详细信息，建立了一个只在会员内部实现信息共享和信息查询服务的平台。其征信体系的发展很具特点：

1）由不被认知到经济活动不可或缺的润滑剂。日本最早的企业征信公司为商业兴会所，成立于 1892 年。经过一百多年的发展，日本征信市场目前已发展到相当规模，征信在维持国民经济正常运转上发挥着重要的调节作用。征信公司调查报告成为企业开拓新客户、提供信用额度的重要衡量指标，是政府有关部门对参加政府采购企业的资格审查的重要项目，同时也是银行对外贷款的重要判定条件。

2）被征信企业由态度消极到理解配合。企业对于早期的信用调查普遍持警惕、排斥、拒绝态度，其中不乏将调查员拒之门外、侮辱漫骂等行为，表现出社会整体的不信任感。今天，企业已普遍认同其在经济生活中的作用，将其作为参与经济活动的游戏规则，态度转为理解和配合。

3）由分散经营到集中垄断。在征信业出现之初，大量企业和个人涌入，鱼龙混杂，价格竞争激烈。伴随市场的成熟化，20 世纪 60 年代起寡头集中的趋势日益明显，帝国数据银行和东京商工两家占据了市场份额的 60%~70%，并将这一态势保持至今，呈现出集中垄断的长期性、稳定性。分析其中原因，则主要源于其智力劳动密集型、资料经验积累型的行业特征，即需要大量的调查员、分析员、全国网络和大量企业的长期资料等，对此一般公司难以逾越。

4）由手工操作到数据集成。科技的发展对征信业的促进是巨大的。计算机使征信公司于 20 世纪 60 年代末摆脱手工操作进行数据积累、计算，此后着手建立数据库，又引进数理分析概念，对企业大量的财务报表等进行集成分析，总结出预测企业偿还能力、破产风险评估模型，实现了定量分析，极大地提高了预测精度，更提高了行业整体的信誉度。

5）服务内容由单一到多样。相较发展初期的以提供企业简单资信情况为主，日本征信目前已经发展到产品系列化、定期化、深入化、高附加值化，转型为综合情报产业。

6）由政府资助到自由经营。帝国数据银行创业百年史表明：对于行业的发展日本政府在初期给予了一定扶持，特别是在资金和协助银行进行资信调查方面。目前日本征信业已经步入正轨，政府参与的痕迹几乎难以寻觅。而两者间定位更接近主顾关系，政府对外免费公开信息，同时有偿使用业界的服务，如破产分析、行业预测等；政府不干预业界的经营，同时在立法方面也没有特别针对性的法律、法规。对此，日本的业界人士表示，自由经营有利于保持信用调查的公平、独立，保证调查结果的客观、公正，从而促进行业的长久健康发展。

7）政府对信息的披露逐渐走向开放。政府对其掌握信息的开放程度是决定征信业发展的关键要素。日本政府从扩大社会知情权的角度出发，对其掌握的信息逐步采取开放的做法。特别是在 2001 年《政府信息公开法》实施后，大量信息免费向社会公开。

8）外国资本由单独开拓到与当地资本合作。面对日本庞大的征信需求，有些世界巨头的跨国公司曾计划单独进入日本市场。但鉴于帝国数据银行和东京商工两强已具备相当实力，同时日本社会又讲求人际关系，这些因素迫使其放弃最初计划，最终被迫以委托东京商工代为调查的方式间接开展对日业务。

9）行业发展随经济波动而起伏。分析日本征信业发展历程，可以发现其随经济起伏而成长或停滞。特别是在经济下滑时，其需求反而逆向上扬，充分证明了其对经济活动的润滑功能，即在经济活动新陈代谢活跃时，对其需求则大；平稳时，则需求较少。二战时期，日本的征信行业进入了一个停滞时期。一直到 20 世纪 50 年代，受到国家经济发展的影响才逐渐有所回暖。1950 年到 2000 年，是日本征信行业高速发展的时期。

从总体上看，目前日本企业征信业已经步入成熟发展的轨道，与经济整体的融合度相当密切，在市场经济中扮演着难以替代的角色。但是，受制于国情等因素，也存在薄弱环节：一是跨国经营的欲望不强；二是政府信息披露网络化程度不高；三是银行不能对外提供企业信用记录，这与西方金融机构截然迥异，削弱了银行在征信调查中的作用。

二、我国信用体系发展现状

我国社会信用体系建设试点工作于 2003 年 10 月中国共产党第十六届中央委员会第三次全体会议通过《中共中央关于完善社会主义市场经济体制若干问题的决定》时开始启动，

我国的信用服务业正逐步发展，信用需求日益增加，信用服务行业已成为一个新型的服务行业。2005 年 3 月，劳动和社会保障部将信用管理师定为新职业，并颁布了《信用管理师的行业标准》。目前，我国有各类信用调查机构一百多家，资信评价机构近五百家，信用担保机构两千多家。

有关地区、部门和单位探索推进，社会信用体系建设取得积极进展。国务院建立社会信用体系建设部际联席会议制度统筹推进信用体系建设，2013 年公布实施《征信业管理条例》，一批信用体系建设的规章和标准相继出台。全国集中统一的金融信用信息基础数据库建成，小微企业和农村信用体系建设积极推进；各部门推动信用信息公开，开展行业信用评价，实施信用分类监管；各行业积极开展诚信宣传教育和诚信自律活动；各地区探索建立综合性信用信息共享平台，促进本地区各部门、各单位的信用信息整合应用；社会对信用服务产品的需求日益上升，信用服务市场规模不断扩大。

2014 年 6 月，国务院印发《社会信用体系建设规划纲要（2014—2020 年）》，部署加快建设社会信用体系、构筑诚实守信的经济社会环境。《纲要》提出三个阶段目标涉及四大领域，分别为政务诚信、商务诚信、社会诚信、司法公信建设，涵盖了方方面面。

2010 年 5 月最高人民法院发布了《最高人民法院关于限制被执行人高消费的若干规定》（法释〔2010〕8 号）文件，并于 2015 年 7 月 6 日由最高人民法院审判委员会第 1657 次会议通过了《最高人民法院关于修改〈最高人民法院关于限制被执行人高消费的若干规定〉的决定》。规定要求被执行人为自然人的，被采取限制消费措施后，不得有：①乘坐交通工具时，选择飞机、列车软卧、轮船二等以上舱位；②在星级以上宾馆、酒店、夜总会、高尔夫球场等场所进行高消费；③购买不动产或者新建、扩建、高档装修房屋；④租赁高档写字楼、宾馆、公寓等场所办公；⑤购买非经营必需车辆；⑥旅游、度假；⑦子女就读高收费私立学校；⑧支付高额保费购买保险理财产品；⑨乘坐 G 字头动车组列车全部座位、其他动车组列车一等以上座位等其他非生活和工作必需的消费行为等高消费及非生活和工作必需的消费行为。规定还要求被执行人为单位的，被采取限制消费措施后，被执行人及其法定代表人、主要负责人、影响债务履行的直接责任人员、实际控制人不得实施前款规定的行为。因私消费以个人财产实施前款规定行为的，可以向执行法院提出申请。执行法院审查属实的，应予准许。

2016 年 6 月发布了《国务院关于建立完善守信联合激励和失信联合惩戒制度加快推进社会诚信建设的指导意见》（国发〔2016〕33 号），该意见要求本着：①褒扬诚信，惩戒失信，即充分运用信用激励和约束手段，加大对诚信主体激励和对严重失信主体惩戒力度，让守信者受益、失信者受限，形成褒扬诚信、惩戒失信的制度机制。②部门联动，社会协同。通过信用信息公开和共享，建立跨地区、跨部门、跨领域的联合激励与惩戒机制，形成政府部门协同联动、行业组织自律管理、信用服务机构积极参与、社会舆论广泛监督的共同治理格局。③依法依规，保护权益。严格依照法律法规和政策规定，科学界定守信和失信行为，开展守信联合激励和失信联合惩戒。建立健全信用修复、异议申诉等机制，保护当事人合法权益。④突出重点，统筹推进。坚持问题导向，着力解决当前危害公共利益和公共安全、人民群众反映强烈、对经济社会发展造成重大负面影响的重点领域失信问题。鼓励支持地方人民政府和有关部门创新示范，逐步将守信激励和失信惩戒机制推广到经济社会各领域。

国发〔2016〕33号文还对以下几个方面提出了指导意见：

1. 健全褒扬和激励诚信行为机制

1）多渠道选树诚信典型。将有关部门和社会组织实施信用分类监管确定的信用状况良好的行政相对人、诚信道德模范、优秀青年志愿者，行业协会商会推荐的诚信会员，新闻媒体挖掘的诚信主体等树立为诚信典型。鼓励有关部门和社会组织在监管和服务中建立各类主体信用记录，向社会推介无不良信用记录者和有关诚信典型，联合其他部门和社会组织实施守信激励。鼓励行业协会商会完善会员企业信用评价机制。引导企业主动发布综合信用承诺或产品服务质量等专项承诺，开展产品服务标准等自我声明公开，接受社会监督，形成企业争做诚信模范的良好氛围。

2）探索建立行政审批“绿色通道”。在办理行政许可过程中，对诚信典型和连续三年无不良信用记录的行政相对人，可根据实际情况实施“绿色通道”和“容缺受理”等便利服务措施。对符合条件的行政相对人，除法律法规要求提供的材料外，部分申报材料不齐备的，如其书面承诺在规定期限内提供，应先行受理，加快办理进度。

3）优先提供公共服务便利。在实施财政性资金项目安排、招商引资配套优惠政策等各类政府优惠政策中，优先考虑诚信市场主体，加大扶持力度。在教育、就业、创业、社会保障等领域对诚信个人给予重点支持和优先便利。在有关公共资源交易活动中，提倡依法依约对诚信市场主体采取信用加分等措施。

4）优化诚信企业行政监管安排。各级市场监管部门应根据监管对象的信用记录和信用评价分类，注重运用大数据手段，完善事中事后监管措施，为市场主体提供便利化服务。对符合一定条件的诚信企业，在日常检查、专项检查中优化检查频次。

5）降低市场交易成本。鼓励有关部门和单位开发“税易贷”“信易贷”“信易债”等守信激励产品，引导金融机构和商业销售机构等市场服务机构参考使用市场主体信用信息、信用积分和信用评价结果，对诚信市场主体给予优惠和便利，使守信者在市场中获得更多机会和实惠。

6）大力推介诚信市场主体。各级人民政府有关部门应将诚信市场主体优良信用信息及时在政府网站和“信用中国”网站进行公示，在会展、银企对接等活动中重点推介诚信企业，让信用成为市场配置资源的重要考量因素。引导征信机构加强对市场主体正面信息的采集，在诚信问题反映较为集中的行业领域，对守信者加大激励性评分比重。推动行业协会商会加强诚信建设和行业自律，表彰诚信会员，讲好行业“诚信故事”。

2. 健全约束和惩戒失信行为机制

1）对重点领域和严重失信行为实施联合惩戒。在有关部门和社会组织依法依规对本领域失信行为做出处理和评价基础上，通过信息共享，推动其他部门和社会组织依法依规对严重失信行为采取联合惩戒措施。重点包括：一是严重危害人民群众身体健康和生命安全的行为，包括食品药品、生态环境、工程质量、安全生产、消防安全、强制性产品认证等领域的严重失信行为。二是严重破坏市场公平竞争秩序和社会正常秩序的行为，包括贿赂、逃税骗税、恶意逃废债务、恶意拖欠货款或服务费、恶意欠薪、非法集资、合同欺诈、传销、无证照经营、制售假冒伪劣产品和故意侵犯知识产权、出借和借用资质投标、围标串标、虚假广告、侵害消费者或证券期货投资者合法权益、严重破坏网络空间传播秩序、聚众扰乱社会秩序等严重失信行为。三是拒不履行法定义务，严重影响司法机关、行政机关公信力的行为，包括当事人在司法机关、行政机关做出判决或决定后，有履行能力但拒不履行、逃避执行等严重失信行为。四是拒不履行国防义务，拒绝、逃避兵役，拒绝、拖延民用资源征用或者阻碍对被征用的民用资源进行改造，危害国防利益，破坏国防设施等行为。

2）依法依规加强对失信行为的行政性约束和惩戒。对严重失信主体，各地区、各有关部门应将其列为重点监管对象，依法依规采取行政性约束和惩戒措施。从严审核行政许可审批项目，从严控制生产许可证发放，限制新增项目审批、核准，限制股票发行上市融资或发行债券，限制在全国股份转让系统挂牌、融资，限制发起设立或参股金融机构以及小额贷款公司、融资担保公司、创业投资公司、互联网融资平台等机构，限制从事互联网信息服务等。严格限制申请财政性资金项目，限制参与有关公共资源交易活动，限制参与基础设施和公用事业特许经营。对严重失信企业及其法定代表人、主要负责人和对失信行为负有直接责任的注册执业人员等实施市场和行业禁入措施。及时撤销严重失信企业及其法定代表人、负责人、高级管理人员和对失信行为负有直接责任的董事、股东等人员的荣誉称号，取消参加评先评优资格。

3）加强对失信行为的市场性约束和惩戒。对严重失信主体，有关部门和机构应以统一社会信用代码为索引，及时公开披露相关信息，便于市场识别失信行为，防范信用风险。督促有关企业和个人履行法定义务，对有履行能力但拒不履行的严重失信主体实施限制出境和限制购买不动产、乘坐飞机、乘坐高等级列车和席次、旅游度假、入住星级以上宾馆及其他高消费行为等措施。支持征信机构采集严重失信行为信息，纳入信用记录和信用报告。引导商业银行、证券期货经营机构、保险公司等金融机构按照风险定价原则，对严重失信主体提高贷款利率和财产保险费率，或者限制向其提供贷款、保荐、承销、保险等服务。

4）加强对失信行为的行业性约束和惩戒。建立健全行业自律公约和职业道德准则，推动行业信用建设。引导行业协会商会完善行业内部信用信息采集、共享机制，将严重失信行为记入会员信用档案。鼓励行业协会商会与有资质的第三方信用服务机构合作，开展会员企业信用等级评价。支持行业协会商会按照行业标准、行规、行约等，视情节轻重对失信会员实行警告、行业内通报批评、公开谴责、不予接纳、劝退等惩戒措施。

5）加强对失信行为的社会性约束和惩戒。充分发挥各类社会组织作用，引导社会力量广泛参与失信联合惩戒。建立完善失信举报制度，鼓励公众举报企业严重失信行为，对举报人信息严格保密。支持有关社会组织依法对污染环境、侵害消费者或公众投资者合法权益等群体性侵权行为提起公益诉讼。鼓励公正、独立、有条件的社会机构开展失信行为大数据舆情监测，编制发布地区、行业信用分析报告。

6）完善个人信用记录，推动联合惩戒措施落实到人。对企事业单位严重失信行为，在记入企事业单位信用记录的同时，记入其法定代表人、主要负责人和其他负有直接责任人员的个人信用记录。在对失信企事业单位进行联合惩戒的同时，依照法律法规和政策规定对相关责任人员采取相应的联合惩戒措施。通过建立完整的个人信用记录数据库及联合惩戒机制，使失信惩戒措施落实到人。

3. 构建守信联合激励和失信联合惩戒协同机制

1）建立触发反馈机制。在社会信用体系建设部际联席会议制度下，建立守信联合激励和失信联合惩戒的发起与响应机制。各领域守信联合激励和失信联合惩戒的发起部门负责确定激励和惩戒对象，实施部门负责对有关主体采取相应的联合激励和联合惩戒措施。

2）实施部省协同和跨区域联动。鼓励各地区对本行政区域内确定的诚信典型和严重失信主体，发起部省协同和跨区域联合激励与惩戒。充分发挥社会信用体系建设部际联席会议制度的指导作用，建立健全跨地区、跨部门、跨领域的信用体系建设合作机制，加强信用信息共享和信用评价结果互认。

3）建立健全信用信息公示机制。推动政务信用信息公开，全面落实行政许可和行政处罚信息上网公开制度。除法律法规另有规定外，县级以上人民政府及其部门要将各类自然人、法人和其他组织的行政许可、行政处罚等信息在7个工作日内通过政府网站公开，并及时归集至“信用中国”网站，为社会提供“一站式”查询服务。涉及企业的相关信息按照企业信息公示暂行条例规定在企业信用信息公示系统公示。推动司法机关在“信用中国”网站公示司法判决、失信被执行人名单等信用信息。

4）建立健全信用信息归集共享和使用机制。依托国家电子政务外网，建立全国信用信息共享平台，发挥信用信息归集共享枢纽作用。加快建立健全各省（区、市）信用信息共享平台和各行业信用信息系统，推动青年志愿者信用信息系统等项目建设，归集整合本地区、本行业信用信息，与全国信用信息共享平台实现互联互通和信息共享。依托全国信用信息共享平台，根据有关部门签署的合作备忘录，建立守信联合激励和失信联合惩戒的信用信息管理系统，实现发起响应、信息推送、执行反馈、信用修复、异议处理等动态协同功能。各级人民政府及其部门应将全国信用信息共享平台信用信息查询使用嵌入审批、监管工作流程中，确保“应查必查”“奖惩到位”。健全政府与征信机构、金融机构、行业协会商会等组织的信息共享机制，促进政务信用信息与社会信用信息互动融合，最大限度发挥守信联合激励和失信联合惩戒作用。

5）规范信用红黑名单制度。不断完善诚信典型“红名单”制度和严重失信主体“黑名单”制度，依法依规规范各领域红黑名单产生和发布行为，建立健全退出机制。在保证独立、公正、客观前提下，鼓励有关群众团体、金融机构、征信机构、评级机构、行业协会商会等将产生的“红名单”和“黑名单”信息提供给政府部门参考使用。

6）建立激励和惩戒措施清单制度。在有关领域合作备忘录基础上，梳理法律法规和政策规定明确的联合激励和惩戒事项，建立守信联合激励和失信联合惩戒措施清单，主要分为两类：一类是强制性措施，即依法必须联合执行的激励和惩戒措施；另一类是推荐性措施，即由参与各方推荐的，符合褒扬诚信、惩戒失信政策导向，各地区、各部门可根据实际情况实施的措施。社会信用体系建设部际联席会议应总结经验，不断完善两类措施清单，并推动相关法律法规建设。

7）建立健全信用修复机制。联合惩戒措施的发起部门和实施部门应按照法律法规和政策规定明确各类失信行为的联合惩戒期限。在规定期限内纠正失信行为、消除不良影响的，不再作为联合惩戒对象。建立有利于自我纠错、主动自新的社会鼓励与关爱机制，支持有失信行为的个人通过社会公益服务等方式修复个人信用。

8）建立健全信用主体权益保护机制。建立健全信用信息异议、投诉制度。有关部门和单位在执行失信联合惩戒措施时主动发现、经市场主体提出异议申请或投诉发现信息不实的，应及时告知信息提供单位核实，信息提供单位应尽快核实并反馈。联合惩戒措施在信息核实期间暂不执行。经核实有误的信息应及时更正或撤销。因错误采取联合惩戒措施损害有关主体合法权益的，有关部门和单位应积极采取措施恢复其信誉、消除不良影响。支持有关主体通过行政复议、行政诉讼等方式维护自身合法权益。

9）建立跟踪问效机制。各地区、各有关部门要建立完善信用联合激励惩戒工作的各项制度，充分利用全国信用信息共享平台的相关信用信息管理系统，建立健全信用联合激励惩戒的跟踪、监测、统计、评估机制并建立相应的督查、考核制度。对信用信息归集、共享和激励惩戒措施落实不力的部门和单位，进行通报和督促整改，切实把各项联合激励和联合惩戒措施落到实处。

4. 加强法规制度和诚信文化建设

1）完善相关法律法规。继续研究论证社会信用领域立法。加快研究推进信用信息归集、共享、公开和使用，以及失信行为联合惩戒等方面的立法工作。按照强化信用约束和协同监管要求，各地区、各部门应对现行法律、法规、规章和规范性文件有关规定提出修订建议或进行有针对性的修改。

2）建立健全标准规范。制定信用信息采集、存储、共享、公开、使用和信用评价、信用分类管理等标准。确定各级信用信息共享平台建设规范，统一数据格式、数据接口等技术要求。各地区、各部门要结合实际，制定信用信息归集、共享、公开、使用和守信联合激励、失信联合惩戒的工作流程和操作规范。

3）加强诚信教育和诚信文化建设。组织社会各方面力量，引导广大市场主体依法诚信经营，树立“诚信兴商”理念，组织新闻媒体多渠道宣传诚信企业和个人，营造浓厚社会氛围。加强对失信行为的道德约束，完善社会舆论监督机制，通过报刊、广播、电视、网络等媒体加大对失信主体的监督力度，依法曝光社会影响恶劣、情节严重的失信案件，开展群众评议、讨论、批评等活动，形成对严重失信行为的舆论压力和道德约束。通过学校、单位、社区、家庭等，加强对失信个人的教育和帮助，引导其及时纠正失信行为。加强对企业负责人、学生和青年群体的诚信宣传教育，加强会计审计人员、导游、保险经纪人、公职人员等重点人群以诚信为重要内容的职业道德建设。加大对守信联合激励和失信联合惩戒的宣传报道和案例剖析力度，弘扬社会主义核心价值观。

4）加强组织实施和督促检查。各地区、各有关部门要把实施守信联合激励和失信联合惩戒作为推进社会信用体系建设的重要举措，认真贯彻落实本意见并制定具体实施方案，切实加强组织领导，落实工作机构、人员编制、项目经费等必要保障，确保各项联合激励和联合惩戒措施落实到位。鼓励有关地区和部门先行先试，通过签署合作备忘录或出台规范性文件等多种方式，建立长效机制，不断丰富信用激励内容，强化信用约束措施。国家发展改革委要加强统筹协调，及时跟踪掌握工作进展，督促检查任务落实情况并报告国务院。

综上，随着国家政策、法规的健全，以往分布于工商、质监、税务、银行、交通、建设等各领域的诚信行为监管会进一步得到规范，并最终实现诚信“一张网”（即互联网）“一平台”（即信用平台）等联合统一的社会主义信用诚信体系建设系统。

三、建设行业信用体系推进

作为国民经济的支柱性产业，建筑业的稳定发展对于经济的发展和社会的安定都有着举足轻重的影响。但从整体上看，由于建筑市场涉及面广，交易额大，可变因素多，又缺乏必要的制度约束，造成我国建筑市场目前信用缺失现象还十分普遍。建筑市场的信用缺失和失信行为，不仅对我国国民经济和投资建设效益造成了重大影响，而且加大了企业的经营成本与风险，更使全社会资源利用率低下，成为制约生产力发展的“瓶颈”。因此，建立和完善建筑市场信用体系建设已经刻不容缓。

（一）建筑市场信用现状

1）从项目发包情况来看，体现在有些建设单位不按工程建设程序办事，在建设资金没有到位的情况下，利用建筑市场“僧多粥少”的现状，对施工单位压级压价，提出垫资施工等不合理要求。有资料表明，由于建设单位失信行为，每年造成的直接损失约 800 亿元，累计拖欠的工程资金总额已达 6000 亿元。

2）从工程承包情况来看，体现在有些建筑企业在招标投标过程采取不正当竞争方式，如出借企业资质以达到非法获利等，等到中标后，又采取层层转包的方式来赚取“管理费”，最后工程实际承包者，因工程项目无利润可言，导致在施工过程中偷工减料、粗制滥造。这些问题的存在，直接导致工程质量低下，安全事故频发。

3）从政府部门监管的情况来看，政府部门作为公共权力的代理人，行使建筑市场监管职能，但是以经济建设为中心的思想，使得政府部门同时承担招商引资的任务，这就迫使政府部门不得不产生希望工程项目赶快上马的心理，从而导致带头违规监管不力等一系列失信行为的出现。

（二）建筑行业监管概况

2014 年 9 月，住建部启动工程质量治理两年行动，计划在全国范围内分三批推进各地建筑市场监管与诚信信息基础数据库建设，建立互联互通的建筑市场监管与诚信信息系统，加快推进全国建筑市场诚信体系建设。

两年行动开展以来，住建部通过开发省级通用版一体化工作平台系统、签订目标责任书、委派专业服务组等多种方式，指导和督促各地加快建筑市场监管与诚信基础数据库建设，限期实现部省建筑市场监管与诚信信息的互联互通。各地住房城乡建设主管部门按照统一数据标准，打造覆盖省、市、县三级企业、人员、项目和关联核心业务信息，横向互联、纵向互通的综合监管服务与诚信信息一体化工作平台，推行工程项目全生命周期线上运作。目前，全国 31 个省级建筑市场监管与诚信信息基础数据库与住建部中央数据库实现实时互联互通，初步实现建筑市场“数据一个库、监管一张网、管理一条线”的信息化监管目标。

1. 住建部加强对建筑市场信用体系的管理

（1）出台《关于加快推进建筑市场信用体系建设工作的意见》（建市〔2015〕138 号）提出推进政府对市场主体的守法诚信评价是当前工作的重点。为此，各地建设行政主管部门要共同努力，使建筑市场信用体系建设实现四个统一。

1）统一的诚信信息平台。完善的诚信信息系统是诚信体系的基本组成部分，是建立建筑市场诚信体系的基础性工作，能够确保诚信信息收集整理及时准确和实现共享。在现有诚信档案系统的基础上，首先要推动南北两大区域诚信信息平台的建设和试点工作；即以上海市、江苏省、浙江省、安徽省四地为主构建一个统一的长三角地区诚信信息平台，以北京市、天津市、石家庄市、济南市、沈阳市等地为主构建一个区域性城市间联合诚信信息平台；全国各直辖市、省会城市、计划单列市以及其他一些基础条件较好的地级城市要在诚信信息平台的建设方面起到示范和带头作用；在试点经验的基础上，逐步推动其他区域诚信信息平台的建设；待条件成熟时，研究逐步将区域间的诚信信息平台实现互联，以点带面、稳步推进，逐步实现全国联网，构建全国性的建筑市场诚信信息平台，并在住建部“中国工程建设信息网”上设立诚信信息交流、发布的窗口，逐步实现诚信信息的互通、互用和互认。在建立和完善建筑市场监管综合信息系统的基础上，逐步建立可向社会开放的建筑市场守法诚信信息平台；相关业务监管部门把对建筑市场主体违法违规行为的日常处罚决定和不良行为记录及时整理，并按照各自权限通过监管综合信息系统自行上网记录，形成基础性诚信信息，为诚信评价提供信息保障。

2）统一的诚信评价标准。根据进一步整顿和规范建筑市场秩序的实际需要，制定发布建筑市场责任主体行为诚信标准。针对当前建筑市场中存在的突出问题，依据国家有关建筑市场的法律、法规及相关政策，本着先易后难、简便易行、科学实用的原则，制定建筑市场各方主体行为的诚信标准。重点评价在建筑市场内从事建筑活动的企业和执业资格人员的诚信行为。要结合日常建设行政监管和执法工作的需要，对建筑市场各方主体在执行法定建设程序、招标投标交易、合同签订履行、业主工程款支付、农民工工资支付、质量安全管理等方面，提出应达到的最基本诚信要求。对建筑市场的执业资格人员（注册建造师等各类注册人员），也要开展诚信行为的评价。

3）统一的诚信法规体系。建立建筑市场诚信体系要有法律保障，各地建设行政主管部门要根据国家有关诚信法律法规，制定与建筑市场诚信体系相配套的部门规章和规范性文件，使诚信体系的建设和运行实现制度化、规范化，具体内容包括对诚信信息的采集、整理、应用和发布，对诚信状况的评价，对征信机构的管理，特别是运用失信惩戒机制对存在失信行为的主体进行适当的惩罚等。

4）统一的诚信奖惩机制。诚信奖惩机制是诚信体系的重要组成部分，是对守信者进行保护，对失信者进行惩罚，发挥社会监督和约束的制度保障。各地建设行政主管部门要将诚信建设与招标投标、资质监管、市场稽查、评优评奖等相结合，逐步建立诚信奖惩机制。对于一般失信行为，要对相关单位和人员进行诚信法制教育，促使其知法、懂法、守法；对有严重失信行为的企业和人员，要会同有关部门，采取行政、经济、法律和社会舆论等综合惩治措施，对其依法公布、曝光或予以行政处罚、经济制裁；行为特别恶劣的，要坚决追究失信者的法律责任，提高失信成本，使失信者得不偿失。诚信体系建设要注意调动建筑市场各方主体参与的积极性，在招标投标、资质监管、市场稽查、评优评奖等建筑市场监管的各个环节，要研究出台对诚实守信的企业和人员给予鼓励的政策和措施，并加大正面宣传力度，使建筑市场形成诚实光荣和守信受益的良好环境。

（2）出台《住房和城乡建设部关于印发建筑市场信用管理暂行办法的通知》（建市〔2017〕241号）

1）制定依据。该办法是为贯彻落实《国务院办公厅关于促进建筑业持续健康发展的意见》（国办发〔2017〕19号），加快推进建筑市场信用体系建设，规范建筑市场秩序，营造公平竞争、诚信守法的市场环境，根据《中华人民共和国建筑法》《中华人民共和国招标投标法》《企业信息公示暂行条例》《社会信用体系建设规划纲要（2014—2020年）》等制定。

2）信息分类。信用信息由基本信息、优良信用信息、不良信用信息构成。基本信息是指注册登记信息、资质信息、工程项目信息、注册执业人员信息等；优良信用信息是指建筑市场各方主体在工程建设活动中获得的县级以上行政机关或群团组织表彰奖励等信息；不良信用信息是指建筑市场各方主体在工程建设活动中违反有关法律、法规、规章或工程建设强制性标准等，受到县级以上住房城乡建设主管部门行政处罚的信息，以及经有关部门认定的其他不良信用信息。

3）管理职责。按照“谁监管、谁负责，谁产生、谁负责”的原则，工程项目所在地住房城乡建设主管部门依据职责，采集工程项目信息并审核其真实性。

4）信用信息公开期限。建筑市场各方主体的信用信息公开期限为：①基本信息长期公开；②优良信用信息公开期限一般为3年；③不良信用信息公开期限一般为6个月至3年，并不得低于相关行政处罚期限。具体公开期限由不良信用信息的认定部门确定。

5）建筑市场主体“黑名单”。县级以上住房城乡建设主管部门按照“谁处罚、谁列入”的原则，将存在下列情形的建筑市场各方主体，列入建筑市场主体“黑名单”：①利用虚假材料、以欺骗手段取得企业资质的；②发生转包、出借资质，受到行政处罚的；③发生重大及以上工程质量安全事故，或1年内累计发生2次及以上较大工程质量安全事故，或发生性质恶劣、危害性严重、社会影响大的较大工程质量安全事故，受到行政处罚的；④经法院判决或仲裁机构裁决，认定为拖欠工程款，且拒不履行生效法律文书确定的义务的。

各级住房城乡建设主管部门应当参照建筑市场主体“黑名单”，对被人力资源社会保障主管部门列入拖欠农民工工资“黑名单”的建筑市场各方主体加强监管。

对被列入建筑市场主体“黑名单”的建筑市场各方主体，地方各级住房城乡建设主管部门应当通过省级建筑市场监管一体化工作平台向社会公布相关信息，包括单位名称、机构代码、个人姓名、证件号码、行政处罚决定、列入部门、管理期限等。

各级住房城乡建设主管部门应当将列入建筑市场主体“黑名单”和拖欠农民工工资“黑名单”的建筑市场各方主体作为重点监管对象，在市场准入、资质资格管理、招标投标等方面依法给予限制。

各级住房城乡建设主管部门不得将列入建筑市场主体“黑名单”的建筑市场各方主体作为评优表彰、政策试点和项目扶持对象。

2. 安徽省积极推进诚信体系建设

（1）安徽省人民政府办公厅印发《关于加快推进失信被执行人信用监督、警示和惩戒机制建设的实施意见》

1）建设目标。到2018年，全省各级人民法院执行工作能力显著增强，执行联动体制便捷、顺畅、高效运行。失信被执行人名单制度更加科学、完善，失信被执行人信息管理、推送、公开、屏蔽、撤销等合法高效、准确及时。失信被执行人信息与各类信用信息互联共享，以联合惩戒为核心的失信被执行人信用监督、警示和惩戒机制高效运行。有效促进被执行人自觉履行人民法院生效裁判确定的义务，执行难问题基本解决，司法公信力大幅提升，诚实守信成为全社会共同的价值追求和行为准则，“法治安徽”“信用安徽”建设迈上新台阶。

2）实施联合惩戒。省高级人民法院及时准确更新失信被执行人名单信息，通过全省法院失信被执行人名单数据库，实时推送至省公共信用信息共享服务平台。

2017年9月底前，各地各有关部门按照加强失信被执行人联合惩戒的要求，结合权责清单和负面清单，制定联合惩戒实施细则，确定责任单位和责任人，明确实施时间表、路线图；利用或改造提升现有信息系统，与省公共信用信息共享服务平台实现网络对接，通过信息技术手段自动获取失信被执行人名单信息，同时将名单信息嵌入单位管理、审批、工作系统，实现自动比对、提醒、拦截、监督和惩戒，并及时反馈惩戒情况。依托省公共信用信息共享服务平台，建立完善全省失信被执行人联合惩戒信用信息管理系统，实现发起响应、信息推送、执行反馈、信用修复、异议处理等动态协同功能。

对失信被执行人联合惩戒包括从事特定行业或项目限制（如设立金融类公司、发行债券、股权激励、股票发行或挂牌转让、设立社会组织、参与政府投资项目或主要使用财政性资金项目等）、政府支持或补贴限制、任职资格限制［如担任国企高管、担任事业单位法定代表人、担任金融机构高管、担任社会组织负责人、招录（聘）为公务人员、入党、担任党代表、人大代表和政协委员、入伍服役等］、准入资格限制、荣誉和授信限制、特殊市场交易限制、限制高消费及有关消费、协助查询、控制及出境限制等。

3）失信信息公开与共享。

① 失信被执行人信息公开：

A. 公开失信被执行人名单。全省各级人民法院通过全国法院失信被执行人名单信息公布与查询平台、部门网站、信用网站、移动客户端、户外媒体等多种渠道，依法及时向社会公开失信被执行人名单信息，供公众免费查询；对依法不宜公开失信信息的被执行人，向其所在单位通报，由其所在单位依纪依法处理。

B. 公开失信被执行人信用监督、警示和惩戒信息。2017年9月底前，各地各部门按照中共安徽省委办公厅、安徽省人民政府办公厅《关于全面推进政务公开工作的实施意见》有关要求，将失信被执行人信用监督、警示和惩戒信息列入政务公开事项，对失信被执行人信用监督、警示和惩戒要依据部门权责清单和负面清单依法开展。

② 失信被执行人信息共享：

各地各部门要进一步打破信息壁垒，实现信息共享。通过省公共信用信息共享服务平台，加快推进失信被执行人信息与公安、民政、人力资源社会保障、国土资源、住房城乡建设、财政、金融、税务、工商、安全监管、证券、科技等其他部门信用信息资源交换共享。依法依规推进失信被执行人信息与有关人民团体、社会组织、企事业单位信用信息资源共享。通过信息合作、购买产品和服务等方式，共享征信、信用评价等信用服务机构的信用信息。建立完善市场主体信用档案，推进第三方信用服务机构将失信被执行人信息作为重要指标纳入社会信用评价体系。

（2）《安徽省住房城乡建设系统信用体系建设实施方案》（建审〔2017〕214号）

1）工作目标。2018年年底前，全省住房城乡建设领域信用制度体系初步建立，建成全省统一住房城乡建设信用信息系统，信用信息实现互联共享，信用产品在住房城乡建设领域得到有效应用，守信联合激励和失信联合惩戒机制进一步健全，“一处失信、处处受限”得到切实体现，政务诚信有效推进。

2020年年底前，全省住房城乡建设信用监管机制基本健全，诚信意识普遍增强，守信激励和失信惩戒制度全面发挥作用，政务诚信建设取得实质性进展，市场主体和社会满意度大幅提升，住房城乡建设信用环境显著改善。

2）实施范围。依据有关法律、法规、规章及规范性文件，结合全省住房城乡建设行业特点，实施范围主要包括城乡规划、勘察设计、建筑业、房地产、城市建设、市政公用及住房城乡建设中介服务等行业，重点是对市场参与主体（含企业和从业人员）是否依法依规取得资质（资格）、项目，是否诚信经营、严格履行合同约定义务，从业行为是否规范等实施信用信息归集、应用以及监管。

3）推进信用信息应用。

① 加强信用分类监管。依据市场主体信用情况，实行“差异化”管理。将失信被执行人列为日常监管重点，由各市、省直管县住房城乡建设系统行业主管部门按照“双随机、一公开”的要求加大日常监管力度，提高随机抽查的比例和频次，并依法依规组织相关部门开展联合监管，提高监管精准度。

② 制定奖惩措施。按照“守信激励、失信惩戒”的原则，制定资质许可、人员注册、职称评定、招标投标、评优评先、财政资金补助、市场准入（包括特许经营、经营许可）等方面的奖惩措施。对房地产领域开发经营活动中存在失信行为的相关机构及人员等责任主体以及人民法院司法程序认定的失信被执行人及其法定代表人、主要负责人、实际控制人、影响债务履行和对失信行为负有直接责任的人员，要在企业资质、房地产交易、新扩建高档装修房屋、招标投标、评比达标表彰等方面实施市场和行业限制、禁入措施。贯彻落实国家有关部委合作备忘录，对失信行为实施联合激励和联合惩戒措施。

③ 建立“红黑榜”发布制度。在省、市、县住房城乡建设主管部门网站开辟专栏，定期向社会发布行政奖励、评先评优、行政处理、行政处罚等信用信息。

（3）关于印发《安徽省建筑施工企业信用评分内容和评分标准（2018 版）》的通知（建市函〔2018〕76 号）

建筑施工企业信用分由企业基本信用分和企业项目信用分构成。

1）建筑施工企业基本信用分。

① 建筑施工企业基本信用分由建筑施工企业优良信用信息分和建筑施工企业不良信用信息分构成。

建筑施工企业优良信用信息和企业不良信用信息分值标准由各市主管部门负责制定。

② 建筑施工企业优良信用信息是指建筑施工企业在工程建设活动中获得的国家或省级表彰奖励项目目录中所列的奖项。

③ 建筑施工企业不良信用信息是指建筑施工企业在工程建设活动中违反有关法律、法规、规章或工程建设强制性标准等，受到县级以上住房城乡建设主管部门行政处罚的信息，以及经有关部门认定的其他不良信用信息。

2）建筑施工企业项目信用分。

建筑施工企业项目信用分由建筑施工企业所有单个项目信用分的平均分构成。

单个项目信用分 = 安徽省工程建设监管检查系统中单个项目分值 + 单个项目优良信用加分。

单个项目优良信用加分由建筑市场（含招标投标）、质量、安全文明施工构成，每部分最高加 20 分。

单个项目监督检查原则上每 3 个月一次，各地监管部门应实行差别化管理，根据项目实施情况，加大或减少现场检查频次。

第二节　建筑业企业信用评价标准和等级划分

信用是社会经济发展的必然产物，是现代经济社会运行中必不可少的一环。维持和发展信用关系，是保护社会经济秩序的重要前提。资信评价即由专业的机构或部门按照一定的方法和程序在对企业进行全面了解、考察调研和分析的基础上，做出有关其信用行为的可靠性、安全性程度的评价，并以专用符号或简单的文字形式来表达的一种管理活动。现在，随着我国市场经济体制的建立，为防范信用风险，维护正常的经济秩序，信用评价的重要性日趋明显。

一、中国建筑业协会印发《建筑业企业信用评价办法》

2015年3月中国建筑业协会印发了《建筑业企业信用评价办法》，明确了建筑业企业的信用评价标准和等级划分。

（1）评价内容　建筑业企业信用评价包括企业基本素质、经营能力及财务指标、管理指标、竞争力指标、信用记录指标等内容，按照《建筑业企业信用评价指标》（表5-1）评分，其中信用记录指标按照《建筑业企业不良行为记分标准》（表5-2）进行评分。

表5-1　建筑业企业信用评价指标

评价内容	主要评价指标	标准	分数	评分办法
一、基本素质15分	1. 企业资质等	取得营业执照、资质证书、安全生产许可证、组织机构代码证等且在有效期内	3分	取得相应证书且在有效期内者得3分，缺一项不得分
	2. 公司组织机构及各项规章制度建设	组织机构健全、合理 规章制度完备，运行有效	7分	组织机构健全、合理，职责明确；各项规章制度严谨、健全，能认真执行并持续改进者得7分。质量、安全、合同、财务、设备、材料采购、劳资等管理制度，每缺少一项减1分，减完为止
	3. 管理体系建立	质量管理体系认证 环境管理体系认证 职业健康安全管理体系认证	3分	获得国家认可的认证证书，实施效果良好，能持续改进者得3分，缺一项不得分
	4. 管理、技术人员专业结构配置	配置齐全、合理	2分	工程技术人员、项目经理、建造师等符合资质管理要求，专业结构配置齐全、合理；大专以上学历者占职工总数大于40%者得2分；大专以上学历者占职工总数每降低5%减0.5分，减完为止
二、经营能力及财务指标20分	1. 企业净资产	符合相应的资质标准	5分	达到相应的资质标准得5分，低于相应资质标准的不得分
	2. 工程结算收入	符合相应的资质标准	5分	达到相应的资质标准得5分，低于相应资质标准的不得分
	3. 净资产收益率	大于8%	5分	净资产收益率大于8%者得5分，每降低1%减1分，减完为止
	4. 资产负债率	小于75%	5分	资产负债率小于75%者得5分，每增加5%减1分，大于90%者不得分

（续）

评价内容	主要评价指标	标准	分数	评分办法
三、管理指标15分	1. 工程质量管理	工程质量合格率100%；无直接经济损失50万元以上的质量事故	3分	工程质量合格率低于100%者不得分；每发生一起经济损失50万元以上的质量事故者减1分，减完为止
	2. 安全生产、文明施工管理	无生产安全较大事故发生；企业建立文明施工的标准、监督、考评制度；无环保、卫生、治安、消防等部门的重大处罚	3分	发生生产安全较大事故者不得分；企业未建立文明施工的标准、监督、考评制度的不得分；每受到一次环保、卫生、治安、消防等重大处罚的减1分，减完为止
	3. 劳资管理	依法与劳动者签订劳动合同，按照规定为劳动者投保，不拖欠或克扣劳动者工资	2分	每发生1人次未签订劳动合同或未投保的，扣0.5分，减完为止。因劳资纠纷发生重大群体事件且负有责任者，不得分
	4. 材料采购、构配件管理	材料采购、构配件检验验收制度健全	2分	有材料采购、构配件检验管理制度和专门的检验验收机构，记录真实、完整者得2分。无专门机构者不得分；无管理制度，检验、试验记录不完整、不真实者不得分
	5. 人力资源管理	职工继续教育经费占企业总产值比率大于0.5%；建立职工绩效考核与激励制度；劳务作业分包必须使用有资质的劳务企业	3分	职工继续教育经费占企业总产值比率大于0.5%，建立合理有效的职工绩效考核与激励制度，劳务作业分包使用有资质的劳务企业者得3分。每一项不合格减1分，减完为止
	6. 信息化管理	建立办公自动化系统及单位网站，信息发布及时、有效	2分	建立办公自动化系统及单位网站，信息沟通渠道顺畅者得2分。缺少一项减1分
四、竞争力指标20分	1. 企业发展战略	建立企业发展战略	3分	建立企业发展战略，规划科学，目标明确，且有支撑保障体系者得3分。无企业发展战略者不得分
	2. 技术与管理创新规划	有技术创新规划或年度技术与管理创新措施，有技术开发机构	4分	有技术创新规划、年度技术创新措施、技术开发机构者得4分。每缺少一项减2分
	3. 研发经费投入	研发经费投入占企业总产值大于0.5%	4分	研发经费投入占企业总产值大于0.5%者得4分。每降低0.1%减1分
	4. 技术与管理创新成果	有科技进步奖、工法、建设工程优秀项目管理成果	4分	近3年曾获得省（部）级工法者得4分，没有者不得分。近3年曾获得省（部）级以上科技进步奖、国家级工法或建设工程优秀项目管理成果者，另加2分
	5. 标准化工作	企业具有科学严谨的技术和管理标准，并得到有效实施；参与过部级或部级以上标准的制定	5分	无科学严谨的技术和管理标准者，减3分。近3年未参与部级标准的制定者，减2分。近3年参与过国家标准制定者另加3分
	6. 加分项	鲁班奖、全国建筑业新技术应用示范工程、全国建筑业绿色施工示范工程；省级诚信企业；社会责任相关奖项（抗震救灾、公益助学、社会救助等）		近3年曾获得鲁班奖者（仅限承建单位）加3分；近3年曾获得全国建筑业新技术应用示范工程或全国建筑业绿色施工示范工程者加2分；近3年曾获得省级诚信企业或社会责任相关奖项者加1分

（续）

评价内容	主要评价指标	标准	分数	评分办法
五、信用记录指标30分	具体指标见《建筑业企业不良行为记分标准》(附件2)		30分	信用记录指标得分=(100-企业因不良行为累计记分)×30%

注：本表所称生产安全较大事故，是指《生产安全事故报告和调查处理条例》（国务院令第493号）规定的“造成3人（含3人）以上10人以下死亡，或者10人（含10人）以上50人以下重伤，或者1000万元以上5000万元以下直接经济损失的事故”。

表5-2 建筑业企业不良行为记分标准

行为类别	序号	不良行为	记分标准
资质	1	未取得资质证书承揽工程的,或超越本单位资质等级承揽工程的	10
	2	以欺骗手段取得资质证书承揽工程的	10
	3	允许其他单位或个人以本单位名义承揽工程的	10
	4	未在规定期限内办理资质变更手续的	2
	5	涂改、伪造、出借、转让《建筑企业资质证书》的	
	6	按照国家规定需要持证上岗的管理和作业人员持证率未达到100%的	持证率每降低10%减5分
承揽业务	7	利用向发包单位及其工作人员行贿、提供回扣或者给予其他好处等不正当手段承揽工程的	10
	8	相互串通投标或者与招标人串通投标的	10
	9	以向招标人或者评标委员会成员行贿的手段谋取中标的	10
	10	以他人名义投标或者以其他方式弄虚作假,骗取中标的	10
履行合同	11	不按照与招标人订立的合同履行义务,情节严重的	10
	12	将承包的工程转包或者违法分包的	10
	13	违反合同约定拖欠分包商及材料商工程款的	5
	14	对分包单位不进行监督管理的	5
工程质量	15	在施工中偷工减料的,使用不合格的建筑材料、建筑构配件和设备的	10
	16	不按照工程设计图纸或者施工技术标准施工的	5
	17	未按照节能设计进行施工的	5
	18	未对建筑材料、建筑构配件、设备和商品混凝土进行检验,或者未对涉及结构安全的试块、试件以及有关材料取样检测的	5
	19	工程竣工验收后,不向建设单位出具质量保修书的,或质量保修的内容、期限违反规定的	3
	20	不履行保修义务或者拖延履行保修义务的	5
工程安全	21	主要负责人在本单位发生重大生产安全事故时,不立即组织抢救或者在事故调查处理期间擅离职守或者逃匿的;主要负责人对生产安全事故隐瞒不报、谎报或者拖延不报的	10
	22	对建筑安全事故隐患不采取措施予以消除的	5
	23	未设立安全生产管理机构、配备专职安全生产管理人员或者分部分项工程施工时无专职安全生产管理人员现场监督的	10
	24	主要负责人、项目负责人、专职安全生产管理人员、作业人员,未经安全教育培训或者虽经安全教育培训但考核不合格即从事相关工作的	5

（续）

行为类别	序号	不良行为	记分标准
工程安全	25	未在施工现场的危险部位设置明显的安全警示标志，或者未按照国家有关规定在施工现场设置消防通道、消防水源、配备消防设施和灭火器材的	5
	26	未向作业人员提供安全防护用具和安全防护服装的	5
	27	未按照规定在施工起重机械和整体提升脚手架、模板等自升式架设设施验收合格后登记的	2
	28	使用国家明令淘汰、禁止使用的危及施工安全的工艺、设备、材料的	10
	29	违法挪用列入建设工程概算的安全生产作业环境及安全施工措施所需费用的	5
	30	施工前未对有关安全施工的技术要求做出详细交底的	4
	31	未根据不同施工阶段和周围环境及季节、气候的变化，在施工现场采取相应的安全施工措施，或者在城市市区内的建设工程的施工现场未实行封闭围挡的	2
	32	在尚未竣工的建筑物内设置员工集体宿舍的	2
	33	施工现场临时搭建的建筑物不符合安全使用要求的	2
	34	未对因建设工程施工可能造成损害的毗邻建筑物、构筑物和地下管线等采取专项防护措施的	2
	35	安全防护用具、机械设备、施工机具及配件在进入施工现场前未经查验或者查验不合格即投入使用的	10
	36	使用未经验收或者验收不合格的施工起重机械和整体提升脚手架、模板等自升式架设设施的	10
	37	委托不具有相应资质的单位承担施工现场安装、拆卸施工起重机械和整体提升脚手架、模板等自升式架设设施的	10
	38	在施工组织设计中未编制安全技术措施、施工现场临时用电方案或者专项施工方案的	2
	39	主要负责人、项目负责人未履行安全生产管理职责的，或操作人员不服从管理、违反规章制度和操作规程冒险作业的	10
	40	施工单位取得资质证书后，降低安全生产条件的；或经整改仍未达到与其资质等级相适应的安全生产条件的	10
	41	取得安全生产许可证发生生产安全事故的	每发生一起较大事故记10分，每发生一起一般事故记5分
	42	未取得安全生产许可证擅自进行生产的	10
	43	安全生产许可证有效期满未办理延期手续，继续进行生产的，或逾期不办理延期手续，继续进行生产的	10
	44	转让安全生产许可证的；接受转让的；冒用或者使用伪造的安全生产许可证的	10
劳动者权益	45	拖欠或克扣劳动者工资	记3分；总包单位负有直接责任，造成集体上访事件，影响恶劣的记10分
	46	企业与劳动者发生劳动合同纠纷，企业负有主要责任的	每发生一起记1分
	47	不按规定按时足额为劳动者投保的	5

（续）

行为类别	序号	不良行为	记分标准
纳税	48	不照章纳税，有偷税漏税行为的	10
银行信贷	49	编造虚假材料，骗取银行贷款的	10
	50	不履行借贷合同，逾期未还贷款的	5
其他	51	发布虚假信息，情节严重的	10
	52	伪造检测数据，提供虚假检测报告的	10
	53	不及时建立、收集工程文件资料，采取事后补填、补签文件资料的或工程档案日常管理工作没有纳入项目管理中的，没有进行日常归档的	2

不良行为是指建筑业企业在工程建设过程中，违反有关工程建设的法律、法规、规章或强制性标准和执业行为规范，经县级以上建设主管部门或其委托的执法监督机构查实并做出行政处罚的行为。

（2）评价等级　建筑业企业信用等级分为AAA、AA、A、B、C三等五级。

AAA级：信用很好。表示受信单位诚信度很高，各项指标优秀，企业素质很高、诚信意识很强、经营状况很好、履约能力很强、社会信誉很好。

AA级：信用良好。表示受信单位诚信度高，各项指标先进，企业素质高、诚信意识强、经营状况好、履约能力强、社会信誉好。

A级：信用较好。表示受信单位诚信度较高，各项指标较先进，企业素质较高、诚信意识较强、经营状况较好、履约能力较强、社会信誉较好。

B级：信用一般。表示受信单位诚信度一般，各项指标一般，企业素质一般、诚信意识一般、经营状况一般、履约能力一般、社会信誉一般。

C级：信用差。表示受信单位诚信度差，各项指标落后，企业素质低、诚信意识淡薄、经营状况不良、履约能力弱、社会信誉差。

（3）评价标准　建筑业企业信用等级划分标准为：

AAA级信用企业：企业综合得分在90分（含）以上，且评价期内不得发生《建筑业企业不良行为记分标准》中单项为10分的不良行为。

AA级信用企业：企业综合得分在80（含）~90分，且评价期内不得发生《建筑业企业不良行为记分标准》中单项为10分的不良行为。

A级信用企业：企业综合得分在70（含）~80分，且评价期内不得发生《建筑业企业不良行为记分标准》中单项为10分的不良行为。

B级信用企业：企业综合得分在60（含）~70分。

C级信用企业：企业综合得分在60分以下。

二、《安徽省建筑施工企业信用评分内容和评分标准（2018版）》

《安徽省建筑施工企业信用评分内容和评分标准（2018版）》见表5-3、表5-4。

表 5-3 安徽省建筑施工企业不良信用信息清单

类别	代码	违法违规的不良信用信息	法律法规依据	处罚依据
D1-1 资质	D1-1-01	未取得资质证书承揽工程的，或超越本单位资质等级承揽工程的	《建筑法》第十三条、第二十六条，《建设工程质量管理条例》第二十五条	《建筑法》第六十五条，《建设工程质量管理条例》第六十条
	D1-1-02	以欺骗手段取得资质证书承揽工程的	《建筑法》第十三条，《建设工程质量管理条例》第二十五条	《建设工程质量管理条例》第六十条
	D1-1-03	允许其他单位或个人以本单位名义承揽工程的	《建筑法》第二十六条，《建设工程质量管理条例》第二十五条	《建设工程质量管理条例》第六十一条
	D1-1-04	未在规定期限内办理资质变更手续的	《建筑业企业资质管理规定》第三十一条	《建筑业企业资质管理规定》第三十六条
	D1-1-05	涂改、伪造、出借、转让《建筑企业资质证书》	《建筑业企业资质管理规定》第十六条	《建筑业企业资质管理规定》第三十二条、第三十五条
	D1-1-06	按照国家规定需要持证上岗的技术工种的作业人员未经培训、考核，未取得证书上岗，情节严重	《建筑业企业资质管理规定》第十四条	《建筑业企业资质管理规定》第三十八条
D1-2 承揽业务	D1-2-01	利用向发包单位及其工作人员行贿、提供回扣或者给予其他好处等不正当手段承揽的	《建筑法》第十七条	《建筑法》第六十八条
	D1-2-02	相互串通投标或者与招标人串通投标的；以向招标人或者评标委员会成员行贿的手段谋取中标的	《招标投标法》第三十二条	《招标投标法》第五十三条
	D1-2-03	以他人名义投标或者以其他方式弄虚作假，骗取中标的	《招标投标法》第三十三条	《招标投标法》第五十四条
	D1-2-04	不按照与招标人订立的合同履行义务，情节严重的	《招标投标法》第四十八条	《招标投标法》第六十条
	D1-2-05	将承包的工程转包或者违法分包的	《建筑法》第二十八条，《建设工程质量管理条例》第二十五条，《建筑工程施工转包违法分包等违法行为认定查处管理办法（试行）》（住建部建市〔2014〕118号）第七条、第九条	《建筑法》第六十七条，《建设工程质量管理条例》第六十二条，《建筑工程施工转包违法分包等违法行为认定查处管理办法（试行）》（住建部建市〔2014〕118号）第十三条

（续）

类别	代码	违法违规的不良信用信息	法律法规依据	处罚依据
D1-2 承揽业务	D1-2-06	存在下列情形之一的，属于挂靠： 1）没有资质的单位或个人借用其他施工单位的资质承揽工程的 2）有资质的施工单位相互借用资质承揽工程的，包括资质等级低的借用资质等级高的，资质等级高的借用资质等级低的，相同资质等级相互借用的 3）专业分包的发包单位不是该工程的施工总承包或专业承包单位的，但建设单位依约作为发包单位的除外 4）劳务分包的发包单位不是该工程的施工总承包、专业承包单位或专业分包单位的 5）施工单位在施工现场派驻的项目负责人、技术负责人、质量管理负责人、安全管理负责人中一人以上与施工单位没有订立劳动合同，或没有建立劳动工资或社会养老保险关系的 6）实际施工总承包单位或专业承包单位与建设单位之间没有工程款收付关系，或者工程款支付凭证上载明的单位与施工合同中载明的承包单位不一致，又不能进行合理解释并提供材料证明的 7）合同约定由施工总承包单位或专业承包单位负责采购或租赁的主要建筑材料、构配件及工程设备或租赁的施工机械设备，由其他单位或个人采购、租赁，或者施工单位不能提供有关采购、租赁合同及发票等证明，又不能进行合理解释并提供材料证明的 8）法律法规规定的其他挂靠行为	《建筑工程施工转包违法分包等违法行为认定查处管理办法（试行）》（住建部建市〔2014〕118号）第十一条	《建筑工程施工转包违法分包等违法行为认定查处管理办法（试行）》（住建部建市〔2014〕118号）第十三条
D1-3 工程质量	D1-3-01	在施工中偷工减料的，使用不合格的建筑材料、建筑构配件和设备的，或者有不按照工程设计图纸或者施工技术标准施工的其他行为的	《建筑法》第五十八条、第五十九条 《建设工程质量管理条例》第二十八条	《建筑法》第七十四条，《建设工程质量管理条例》第六十四条
	D1-3-02	未按照节能设计进行施工的	《民用建筑节能管理规定》第二十条	《民用建筑节能管理规定》第二十七条
	D1-3-03	未对建筑材料、建筑构配件、设备和商品混凝土进行检验，或者未对涉及结构安全的试块、试件以及有关材料取样检测的	《建筑法》第五十九条，《建设工程质量管理条例》第三十一条	《建筑法》第七十四条，《建设工程质量管理条例》第六十五条
	D1-3-04	工程竣工验收后，不向建设单位出具质量保修书的，或质量保修的内容、期限违反规定的	《建设工程质量管理条例》第三十九条	《房屋建筑工程质量保修办法》第十八条
	D1-3-05	不履行保修义务或者拖延履行保修义务的	《建设工程质量管理条例》第四十一条	《建设工程质量管理条例》第六十六条

（续）

类别	代码	违法违规的不良信用信息	法律法规依据	处罚依据
D1-4	D1-4-01	主要负责人在本单位发生重大生产安全事故时，不立即组织抢救或者在事故调查处理期间擅离职守或者逃匿的；主要负责人对生产安全事故隐瞒不报、谎报或者拖延不报的	《安全生产法》第七十条，《建设工程安全生产管理条例》第五十条、第五十一条	《安全生产法》第九十一条
	D1-4-02	对建筑安全事故隐患不采取措施予以消除的	《建筑法》第四十四条	《建筑法》第七十一条
	D1-4-03	未设立安全生产管理机构、配备专职安全生产管理人员或者分部分项工程施工时无专职安全生产管理人员现场监督的	《建设工程安全生产管理条例》第二十三条、第二十六条	《安全生产法》第八十二条，《建设工程安全生产管理条例》第六十二条
	D1-4-04	主要负责人、项目负责人、专职安全生产管理人员、作业人员或者特种作业人员，未经安全教育培训或者经考核不合格即从事相关工作的	《建筑法》第四十六条，《建设工程安全生产管理条例》第三十六条、第三十七条、第二十五条	《安全生产法》第八十二条，《建设工程安全生产管理条例》第六十二条
	D1-4-05	未在施工现场的危险部位设置明显的安全警示标志，或者未按照国家有关规定在施工现场设置消防通道、消防水源、配备消防设施和灭火器材的	《建设工程安全生产管理条例》第二十八条、第三十一条	《安全生产法》第八十三条，《建设工程安全生产管理条例》第六十二条
	D1-4-06	未向作业人员提供安全防护用具和安全防护服装的	《建设工程安全生产管理条例》第三十二条	《安全生产法》第八十三条，《建设工程安全生产管理条例》第六十二条
	D1-4-07	未按照规定在施工起重机械和整体提升脚手架、模板等自升式架设设施验收合格后登记的	《建设工程安全生产管理条例》第三十五条	《安全生产法》第八十三条，《建设工程安全生产管理条例》第六十二条
	D1-4-08	使用国家明令淘汰、禁止使用的危及施工安全的工艺、设备、材料的	《建设工程安全生产管理条例》第三十四条	《安全生产法》第八十三条，《建设工程安全生产管理条例》第六十二条
	D1-4-09	违法挪用列入建设工程概算的安全生产作业环境及安全施工措施所需费用	《建设工程安全生产管理条例》第二十二条	《建设工程安全生产管理条例》第六十三条
	D1-4-10	施工前未对有关安全施工的技术要求做出详细说明的	《建设工程安全生产管理条例》第二十七条	《建设工程安全生产管理条例》第六十四条
	D1-4-11	未根据不同施工阶段和周围环境及季节、气候的变化，在施工现场采取相应的安全施工措施，或者在城市市区内的建设工程的施工现场未实行封闭围挡的	《建设工程安全生产管理条例》第二十八条、第三十条	《建设工程安全生产管理条例》第六十四条
	D1-4-12	在尚未竣工的建筑物内设置员工集体宿舍的	《建设工程安全生产管理条例》第二十九条	《建设工程安全生产管理条例》第六十四条
	D1-4-13	施工现场临时搭建的建筑物不符合安全使用要求的	《建设工程安全生产管理条例》第二十九条	《建设工程安全生产管理条例》第六十四条

（续）

类别	代码	违法违规的不良信用信息	法律法规依据	处罚依据
D1-4	D1-4-14	未对因建设工程施工可能造成损害的毗邻建筑物、构筑物和地下管线等采取专项防护措施的	《建设工程安全生产管理条例》第三十条	《建设工程安全生产管理条例》第六十四条
	D1-4-15	安全防护用具、机械设备、施工机具及配件在进入施工现场前未经查验或者查验不合格即投入使用的	《建设工程安全生产管理条例》第三十四条	《建设工程安全生产管理条例》第六十五条
	D1-4-16	使用未经验收或者验收不合格的施工起重机械和整体提升脚手架、模板等自升式架设设施的	《建设工程安全生产管理条例》第三十五条	《建设工程安全生产管理条例》第六十五条
	D1-4-17	委托不具有相应资质的单位承担施工现场安装、拆卸施工起重机械和整体提升脚手架、模板等自升式架设设施的	《建设工程安全生产管理条例》第十七条	《建设工程安全生产管理条例》第六十五条
	D1-4-18	在施工组织设计中未编制安全技术措施、施工现场临时用电方案或者专项施工方案的	《建设工程安全生产管理条例》第二十六条	《建设工程安全生产管理条例》第六十五条
	D1-4-19	主要负责人、项目负责人未履行安全生产管理职责的，或不服管理、违反规章制度和操作规程冒险作业的	《建设工程安全生产管理条例》第二十一条、第三十三条	《建设工程安全生产管理条例》第六十六条
	D1-4-20	施工单位取得资质证书后，降低安全生产条件的；或经整改仍未达到与其资质等级相适应的安全生产条件的	《安全生产许可证条例》第十四条	《建设工程安全生产管理条例》第六十七条，《建筑施工企业安全生产许可证管理规定》第二十三条
	D1-4-21	取得安全生产许可证发生重大安全事故的	《安全生产许可证条例》第十四条	《建筑施工企业安全生产许可证管理规定》第二十二条
	D1-4-22	未取得安全生产许可证擅自进行生产的	《安全生产许可证条例》第二条	《安全生产许可证条例》第十九条，《建筑施工企业安全生产许可证管理规定》第二十四条
	D1-4-23	安全生产许可证有效期满未办理延期手续，继续进行生产的，或逾期不办理延期手续，继续进行生产的	《安全生产许可证条例》第九条	《安全生产许可证条例》第二十条、第十九条，《建筑施工企业安全生产许可证管理规定》第二十五条、第二十四条
	D1-4-24	转让安全生产许可证的；接受转让的；冒用或者使用伪造的安全生产许可证的	《安全生产许可证条例》第十三条	《安全生产许可证条例》第二十一条、第十九条，《建筑施工企业安全生产许可证管理规定》第二十六条、二十四条
	D1-4-25	发生安全生产责任事故，被暂扣安全生产许可证的	《生产安全事故报告和调查处理条例》第四十条	《生产安全事故报告和调查处理条例》第四十条

（续）

类别	代码	违法违规的不良信用信息	法律法规依据	处罚依据
D1-5 拖欠工程款或工人工资	D1-5-01	恶意拖欠或克扣劳动者工资	《劳动法》第五十条	《劳动法》第九十一条,《劳动保障监察条例》第二十六条
D1-6 文明施工（扬尘）	D1-6-01	施工单位未按照工地扬尘污染防治方案的要求,采取扬尘污染防治措施的	《安徽省大气污染防治条例》第六十三条	《安徽省大气污染防治条例》第九十一条
	D1-6-02	生产预拌混凝土、预拌砂浆未采取密闭、围挡、洒水、冲洗等防尘措施的	《安徽省大气污染防治条例》第六十四条	《安徽省大气污染防治条例》第九十一条
	D1-6-03	运输垃圾、渣土、砂石、土方、灰浆等散装、流体物料的单位,未使用符合条件的车辆,且未安装卫星定位系统的 建筑土方、工程渣土、建筑垃圾未及时运输到指定场所进行处置;在场地内堆存的,未有效覆盖的	《安徽省大气污染防治条例》第六十五条	《安徽省大气污染防治条例》第九十二条

表 5-4 安徽省单个项目优良信用加分内容和分值标准

（建筑市场含招标投标、质量、安全文明施工）

优良信用类别	最高分值	加分内容和分值标准	有效期
建筑市场（含招标投标）	20分	1)受到设区市政府或省住建厅表彰的,加4分;受到县级人民政府表彰的,加2分 2)在岗的项目经理、技术负责人与投标文件一致的,加2分 3)项目关键管理岗位人员配置到位、到岗履职的,加3分	三年
质量	20分	1)获鲁班奖、黄山杯等国家级、省级、市级质量奖的,分别加8分、6分、2分 2)获省、市建设工程施工质量标准化工程(工地)的,分别加2分、1分 3)在省、市、县(区)建设主管部门组织的工程质量检查中名列前茅,并获通报表扬的,分别加3分、2分、1分 4)省、市、县(区)建设主管部门在项目现场召开质量管理经验交流观摩会的,分别加3分、2分、1分 5)经市或县(区)建设主管部门认定施工单位能认真执行样板引路制度,质量通病防治方案明确、措施得力、效果明显的,加2分	三年
安全文明施工	20分	1)获国家AAA级安全文明诚信工地等国家级、省、市安全标准化示范工地的,分别加4分、3分、1分 2)获国家、省、市级安全生产先进单位的,分别加3分、2分、1分 3)在省、市、县(区)建设主管部门组织的工程安全检查中名列前茅,并获通报表扬的,分别加3分、2分、1分 4)省、市、县(区)建设主管部门在项目现场召开安全管理经验交流观摩会的,分别加3分、2分、1分	

注：国家、省、市、县同类奖项按最高奖项加分，不累计加分。

第三节　信用评价的应用

建筑市场信用是工程建筑市场信用，不是简单的借贷或赊销，工程建筑市场信用是工程建设市场领域里一种广义的信用。它是工程建设市场主体各方在建设工程产品交易中的经济关系，是建筑市场主体各方履行工程建设产品交易合同规定的权利和义务而产生的一种信用关系。属于建筑市场中所涉及的各个主体间的商业信用关系。

一、信用评价的作用

工程建设企业信用评价的作用主要有：

1）及时、客观地揭示工程建设企业信用风险，有效地预防和控制企业违法、违规事件的发生。

2）改善和提高行业监管水平。

3）强化工程建设企业的信用意识，促进企业加强内部管理，提高服务水平和工程质量。

4）有利于在我国建筑领域营造一个公正、公平、透明的建筑市场环境。

5）有利于推动我国社会信用体系的建立和完善。

二、信用评价激励与惩戒案例

（一）工程质量案例

2018年2月17日，有网友拍摄视频曝光湖南省×地沟渠工程质量“手捏成渣”问题。

（1）项目基本情况　视频中的沟渠位于×地，是该地农业技术推广中心负责实施的新增粮食产能田间工程建设项目第二标段。该项目于2016年12月1日在××市公共资源交易中心进行公开挂网招标投标，中标单位是××建设集团有限公司，中标价为136.78万元。该沟渠结构为现浇混凝土，深为0.4m，底宽为0.4m。工程由长沙市××监理咨询有限公司负责监理。该项目于2017年1月开始动工，目前尚未组织验收。

（2）整改工作情况　2018年2月20日，施工队伍组织施工设备、原料和施工人员进场，将质量不合格沟渠全部拆除，并同步进行重建。业主单位县农业委安排专业技术人员及××村两委安排专人，驻守工地，会同监理人员进行全程质量监管，确保严格按照设计规范施工，确保3月底前保质保量完成整改重建任务。

（3）问责处理情况　一是对负有直接责任的施工和监理企业进行处理。向上级呈报降低施工单位××建设集团有限公司水利建设资质等级，降低监理单位长沙市××监理咨询有限公司的企业资质等级。向上级行政主管部门呈报，依法按规定将上述两个企业列入××建设领域黑名单，停止两个企业在××县内的招标投标活动。依法按合同约定，对施工方和监理方进行相应条款约定的经济处罚。二是县纪委县监察委迅速立案调查，启动问责程序，对业主和主管部门相关责任人进行问责。免去蒋某县农业委党组书记、主任职务（按程序办理），免去谭某县农业委综合调研股股长、项目负责人职务，免去谭某农业委项目办副主任职务；给予二人党内严重警告处分；给予二人和县农业委项目办工作人员何某降低岗位等级处分。

（二）招标投标案例

关于对安徽 A 建设工程有限公司等 16 家企业
串通投标的处理通报
六公管〔2016〕68 号

各有关单位：

2016 年 3 月 23 日，“×市×乡中心幼儿园新建工程”项目在×市公共资源交易中心开标，经评审，安徽 A 建设工程有限公司被确定为第一中标候选人。在公示期内，×市公安局金安分局经济犯罪侦查大队根据举报线索查明，安徽 A 建设工程有限公司、安徽 B 建筑有限公司、安徽 C 建筑工程有限公司等 16 家企业参与串通投标，其中安徽 B 建筑有限公司和安徽 C 建筑工程有限公司法定代表人对其公司参与为别人投标明确知情。

上述 16 家企业串通投标的行为违反了《中华人民共和国招标投标法》第三十二条、《中华人民共和国招标投标法实施条例》第三十九条和相关规范性文件规定。现给予上述串通投标企业下列处理：①依据国家发展和改革委员会等十部委印发的发改法规〔2008〕1531 号文和《安徽省建筑施工企业投标不良行为认定标准和扣分标准》（建市〔2014〕131 号）规定对安徽 A 建设工程有限公司等 16 家参与串通投标企业记不良行为记录一次，扣诚信分 10 分；②依据《中华人民共和国招标投标法》第五十三条和《中华人民共和国招标投标法实施条例》第六十七条第（四）款规定给予安徽 B 建筑有限公司和安徽 C 建筑工程有限公司 2 年（自 2016 年 9 月 26 日至 2018 年 9 月 25 日）在×市参加依法必须招标项目的投标资格限制处理，给予安徽 A 建设工程有限公司等其他 14 家公司 1 年 6 个月（自 2016 年 9 月 26 日至 2018 年 3 月 25 日）在×市参加依法必须招标项目的投标资格限制处理（详见附表）。

特此通报

×市公共资源交易监督管理局
2016 年 9 月 26 日

（三）建造师执业案例

1. 安徽省典型案例

决定书（建注执撤字〔2017〕1 号）

卜某：

经调查核实，你在 2015 年存在提供虚假证明材料取得二级建造师执业资格的行为。我厅于 2017 年 3 月 6 日向你发出了《安徽省住房和城乡建设厅告知书》（建注执撤告字〔2017〕1 号），你于 2017 年 3 月 16 日签收，未在规定时间内提出书面陈述、申辩和听证。

根据《注册建造师管理规定》（建设部令第 153 号）第三十四条的规定，我厅决定撤销你的二级建造师执业资格注册，且 3 年内不得再次申请注册。

如对本决定不服，你可以在收到本决定书之日起 60 日内向安徽省人民政府或中华人民共和国住房和城乡建设部申请行政复议，或者在收到本决定书之日起六个月内向合肥市包河区人民法院提起行政诉讼。

2017 年 5 月

2. 住建部典型案例

建市行撤字〔2018〕1号

李某：

经调查核实，你于2013年12月申请一级注册结构工程师注册期间，工作单位是某县住房和城乡规划建设局，注册单位是某市A建筑工程技术咨询有限公司，后于2015年11月变更注册在B建筑设计有限公司、2016年9月变更注册在C工程设计与顾问有限公司，存在以欺骗手段取得注册的行为。

因《住房和城乡建设部撤销行政许可意见告知书》（建市行撤告字〔2016〕103号）无法送达你本人，我部于2017年9月30日在部网站向你公告送达了撤销行政许可意见告知书，现公告期已满3个月。你未在规定时间内提出书面陈述、申辩。

依据《中华人民共和国行政许可法》第六十九条、第七十九条和《勘察设计注册工程师管理规定》（建设部令第137号）第二十九条之规定，我部决定撤销你的一级注册结构工程师注册，3年内不得再次申请注册。请你在收到本决定书之日起15日内，持一级注册结构工程师注册证书和执业印章到北京市规划和国土资源管理委员会办理相关手续。

如对本决定不服，你可自收到本决定书之日起60日内向我部申请行政复议或6个月内向人民法院提起行政诉讼。

中华人民共和国住房和城乡建设部

2018年1月30日

第二篇

公共专业知识

第六章　工程总承包

我国传统的建设项目生产和管理模式长期采取业主自营管理体制，设计与施工相分离，各环节相互独立，存在责任主体不清，相关环节衔接沟通障碍等不足。1982 年化工部制定了《关于改革现行基本建设管理体制，实行以设计为主的工程总承包制的意见》，开始了我国建设工程总承包模式的探索。在 20 世纪 80 年代中期到 2005 年，国家相关部委陆续出台了一系列工程总承包规范文件，不断促进建设项目工程总承包管理的科学化和规范化，提高建设项目工程总承包的管理水平。特别是在党的十八大以后，随着建筑业深化改革不断推进，工程总承包模式得到进一步发展，住房和城乡建设部等部委出台了相关配套性文件，完善工程总承包管理制度，修订了《建设项目工程总承包管理规范》，制定了《房屋建筑和市政基础设施项目工程总承包管理办法》，不断推进工程总承包模式向纵深发展。

第一节　工程总承包概述

一、工程总承包的概念

总承包通常可以分为工程总承包和施工总承包两大类。

工程总承包是指承包单位按照与建设单位签订的合同，对工程设计、采购、施工或者设计、施工等阶段实行总承包，并对工程的质量、安全、工期和造价等全面负责的工程建设组织实施方式，如图 6-1 所示。按照《房屋建筑和市政基础设施项目工程总承包管理办法》的规定，工程总承包应采用设计—采购—施工（EPC）总承

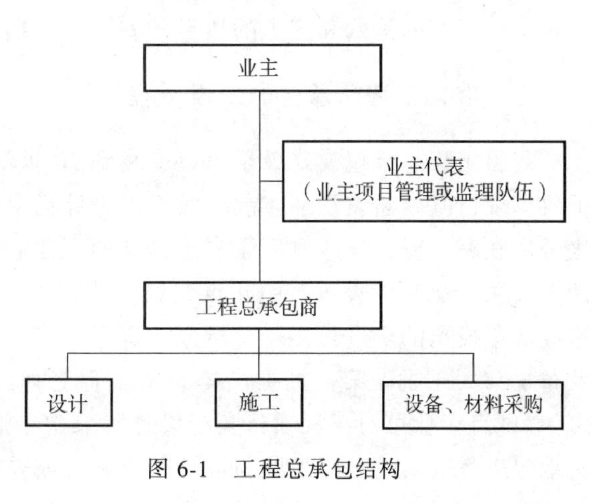

图 6-1　工程总承包结构

包或者设计—施工（DB）总承包模式。工程总承包与施工总承包不同，施工总承包是指发包人将全部施工任务发包给具有施工总承包资质的建筑业企业，由施工总承包企业按照合同的约定向建设单位负责，承包完成施工任务。本章主要介绍工程总承包的相关内容。

二、工程总承包模式

工程总承包是国际通行的工程建设项目组织实施方式。它有利于充分发挥那些在工程建设方面具有较强的技术力量、丰富的经验和组织管理能力的大承包商的专业优势，综合协调工程建设中的各种关系，强化对工程建设的统一指挥和组织管理，保证工程质量和进度，提高投资效益。在建设工程发承包中采用总承包的方式，对那些缺乏工程建设方面的专门技术力量，难以对建设项目实施具体组织管理的建设单位来说，更具有明显的优势，也符合社会化大生产专业分工的要求。

房屋建筑和市政基础设施工程总承包的模式主要是设计—采购—施工（EPC）总承包或者设计—施工（DB）总承包。从能源、交通、水利等领域来看，其模式不限于上述两种，按照2003年建设部发布的《关于培育发展工程总承包和工程项目管理企业的指导意见》，工程总承包有四种方式：

1. 设计—采购—施工（EPC）\ 交钥匙总承包

设计—采购—施工总承包是指工程总承包企业按照合同约定，承担工程项目的设计、采购、施工、试运行服务等工作，并对承包工程的质量、安全、工期、造价全面负责。

交钥匙总承包是设计—采购—施工总承包业务和责任的延伸，最终是向建设单位提交一个满足使用功能、具备使用条件的工程项目。

2. 设计—施工总承包（DB）

设计—施工总承包是指工程总承包企业按照合同约定，承担工程项目设计和施工，并对承包工程的设计和施工的质量、安全、工期、造价负责。

3. 设计—采购总承包（EP）

设计—采购总承包是指工程总承包企业按照合同约定，承担工程项目设计和采购工作，并对工程项目设计和采购的质量、进度等负责。

4. 采购—施工总承包（PC）

采购—施工总承包是指工程总承包企业按照合同约定，承担工程项目的采购和施工，并对承包工程的采购和施工的质量、安全、工期、造价负责。

三、我国工程总承包的发展历程

我国工程总承包模式最早可以追溯到20世纪80年代初期，1982年化工部制定了《关于改革现行基本建设管理体制，实行以设计为主的工程总承包制的意见》，同年在四川乐山化工厂联碱工程、江西氨厂尿素工程开展了工程总承包试点并取得了成功。1984年，国家计委《关于工程建设改革的几点意见》指出，承包公司可以从项目可行性研究开始，直到建成试车投产的全过程实行总承包，也可以实行单项承包。1987年7月国家计委等五部委发布了《关于批准第一批推广鲁布革工程管理经验试点企业有关问题的通知》，通知中指出："试点企业可对工程项目实行设计、采购、施工全过程的总承包，对于设计能力不适应所承包工程需要的，可采取与设计单位联合或委托设计的方式，共同完成总承包业务"。

1997年11月1日第八届全国人民代表大会常务委员会第二十八次会议通过《中华人民共和国建筑法》，明确规定，提倡对建筑工程实行总承包，禁止将建筑工程肢解发包，建筑工程的发包单位可以将建筑工程的勘察、设计、施工、设备采购一并发包给一个工程总承包单位，也可以将建筑工程勘察、设计、施工、设备采购的一项或者多项发包给一个工程总承包单位。

2003年2月，建设部颁发《关于培育发展工程总承包和工程项目管理企业的指导意见》，鼓励具有工程勘察、设计、施工总承包资质的企业，通过改造重组，在其资质许可范围以内开展工程总承包业务，要在经济转型过程中大力发展EPC总承包模式。2005年8月，建设部颁发了《工程建设总承包项目管理规范》，总结了我国近二十年来开展建设项目工程总承包和推行工程建设项目管理体制改革的经验，借鉴国际上的通行做法，促进建设项目工程总承包管理的科学化和规范化，提高建设项目工程总承包的管理水平。

党的十八大以后，工程总承包模式得到进一步推进，住房和城乡建设部2014年发布了《推进建筑业发展和改革的若干意见》(建市〔2014〕92号)，要求加大工程总承包推行力度。同年8月批准了浙江省为工程总承包试点省份，截至2015年9月，浙江省新建工程总承包项目30个，工程总造价49.5亿元，试点企业新承接工程总承包项目71个，合同金额168.9亿元。2016年，中共中央、国务院发布了《关于进一步加强城市规划建设管理工作的若干意见》(2016年2月6日)，要求深化建设项目组织实施方式改革，推广工程总承包制。2016年5月，住房和城乡建设部发布《关于进一步推进工程总承包发展的若干意见》(建市〔2016〕93号)，要求大力推进工程总承包完善工程总承包管理制度，提升企业工程总承包能力和水平。

2017年2月24日，国务院办公厅发布了《国务院办公厅关于促进建筑业持续健康发展的意见》(国办发〔2017〕19号)，要求完善工程建设组织模式，装配式建筑原则上应采用工程总承包模式。政府投资工程应完善建设管理模式，带头推行工程总承包。加快完善工程总承包相关的招标投标、施工许可、竣工验收等制度规定。按照总承包负总责的原则，落实工程总承包单位在工程质量安全、进度控制、成本管理等方面的责任。2017年4月，住房和城乡建设部、国家发展改革委等19个部委局办联合发布了《关于印发贯彻实施促进建筑业持续健康发展意见重点任务分工方案的通知》(建市〔2017〕137号)，提出加快推行工程总承包。

2017年5月4日，住房和城乡建设部、国家质量监督检验检疫总局联合发布了修订的《建设项目工程总承包管理规范》(GB/T 50358—2017)，新规范自2018年1月1日起实施。2019年12月23日，住房和城乡建设部、国家发展改革委联合印发了《房屋建筑和市政基础设施项目工程总承包管理办法》(建市规〔2019〕12号)，明确了工程总承包的模式、工程总承包项目的发包和承包、工程总承包企业的资质要求、工程总承包项目经理的条件、工程总承包模式下的风险分配等内容。

四、工程总承包企业的基本条件

我国对工程总承包未设立专门的资质。按照《房屋建筑和市政基础设施项目工程总承包管理办法》的规定，从事房屋建筑和市政基础设施项目的工程总承包，总承包单位应当同时具有与工程规模相适应的工程设计资质和施工资质，或者由具有相应资质的设计单位和施工单位组成联合体。工程总承包单位应当具有相应的项目管理体系和项目管理能力、财务和风险承担能力，以及与发包工程相类似的设计、施工或者工程总承包业绩。设计单位和施工单位组成联合体的，应当根据项目的特点和复杂程度，合理确定牵头单位，并在联合体协议中明确联合体成员单位的责任和权利。联合体各方应当共同与建设单位签订工程总承包合同，就工程总承包项目承担连带责任。

为保证有满足市场需要工程总承包市场主体，《房屋建筑和市政基础设施项目工程总承包管理办法》还提出，鼓励设计单位申请取得施工资质，已取得工程设计综合资质、行业甲级资质、建筑工程专业甲级资质的单位，可以直接申请相应类别施工总承包一级资质；鼓励施工单位申请取得工程设计资质，具有一级及以上施工总承包资质的单位可以直接申请相应类别的工程设计甲级资质。完成的相应规模工程总承包业绩可以作为设计、施工业绩申报。

《关于培育发展工程总承包和工程项目管理企业的指导意见》中提出，鼓励具有工程勘察、设计或施工总承包资质的勘察、设计和施工企业，通过改造和重组，建立与工程总承包业务相适应的组织机构、项目管理体系，充实项目管理专业人员，提高融资能力，发展成为具有设计、采购、施工（施工管理）综合功能的工程公司，在其勘察、设计或施工总承包资质等级许可的工程项目范围内开展工程总承包业务。工程勘察、设计、施工企业也可以组成联合体对工程项目进行联合总承包。

《工程设计资质标准》（建市〔2007〕86 号）规定，取得工程设计资质证书的企业，可以承担与资质证书许可范围相应的建设工程总承包、工程项目管理和相关的技术、咨询与管理服务业务。《建筑业企业资质标准》（建市〔2014〕159 号）也规定，取得建筑业企业资质证书的企业，可以从事资质许可范围相应等级的建设工程总承包、工程项目管理等业务。

综上所述，按照从 2020 年 3 月 1 日开始实施的《房屋建筑和市政基础设施项目工程总承包管理办法》的规定，房屋建筑和市政基础设施项目的工程总承包企业，应同时具备工程设计资质和施工资质，或者由设计单位和施工单位组成联合体，方能承担房屋建筑和市政基础设施项目的工程总承包业务。

五、EPC 总承包

EPC 总承包模式起源于 20 世纪 60 年代的美国，当时工艺技术日趋复杂，大型工程项目增多，工程实施难度增加，项目投资对工期和成本控制要求更严格。传统设计—采购—施工相互分离的承包方式使业主难以对工程项目的总工期进行有效控制。另外，设计分包商、采购供应商、施工分包商在项目各环节独立的计价模式也加大了业主对项目总投资的控制难度。但是 EPC 总承包模式强调总承包商的集成优势，总承包商可以站在整个项目的高度进行全面的总体构思和策划，可以有效缓解分离式承包方式所出现的问题。EPC 模式到 20 世纪 70 年代进入快速发展期；到 80 年代逐步发展成熟，并被广泛推广；到 90 年代，在国际工程承包中，已成为主流的承包模式，并于 1999 年国际土木工程师联合会（FIDIC）特别发布了专门的 EPC 合同范本。

（一）EPC 合同的概念和内涵

EPC 工程管理是指把设计、采购与施工作为一个整体，在一个管理主体的管理下组织实施。EPC 工程总承包是指项目业主将整个工程的设计、采购、施工乃至试车服务工作，全部委托给一家工程公司或者具有相应工程能力的设计公司来负责组织实施。

E、P、C 分别是 Engineering、Procurement 和 Construction 这 3 个单词开头字母的缩写。

与 Design 单指具体设计工作相比，Engineering 的含义要广泛得多。在 EPC 模式中，它不仅包括具体的设计工作，而且极可能包括整个建设工程内容的总体策划以及整个建设工程实施组织管理的策划和具体组织工作。Engineering 使得总承包商的职责进一步向工程前期延伸，要沟通、领略并准确理解业主的投资意图、总体考虑和具体要求。Procurement 译为采购，按照世界银行的定义，采购包括工程采购（通常是指施工招标）、服务采购和货物采购；而在 EPC 模式中，则主要是指货物采购，包括材料和工程设备。这部分采购应该完全由 EPC 总承包商负责。Construction 与 Build 相比也有区别。Build 与 Building 相联系，Building 多指建筑物，特别是房屋建筑；而 Construction 并没有特定的工程对象词汇。在 EPC 模式中，则特别强调适用于工厂、发电厂、石油开发和基础设施等工程。

《房屋建筑和市政基础设施项目工程总承包管理办法》第七条规定：建设单位应当在发包前完成项目审批、核准或者备案程序。采用工程总承包方式的企业投资项目，应当在核准或者备案后进行工程总承包项目发包。采用工程总承包方式的政府投资项目，原则上应当在初步设计审批完成后进行工程总承包项目发包；其中，按照国家有关规定简化报批文件和审批程序的政府投资项目，应当在完成相应的投资决策审批后进行工程总承包项目发包。从该项规定来看，我国现行的房屋建筑和市政基础设施 EPC 项目中的“设计”，更倾向于具体的设计工作。

（二）EPC 总承包的优势

1. 有利于理清项目各参与主体之间的复杂关系

工程建设中业主与承包商、勘察设计与业主、总包与分包、执法机构与市场主体之间的各种关系十分复杂，比如，在工程总承包条件下，业主选定总承包商后，勘察、设计以及采购、工程分包等环节直接由总承包商确定分包，从而业主不必再实行平行发包，避免了发包主体主次不分的混乱状态，也避免了执法机构过去在一个工程中要对多个市场主体实施监管的复杂关系。

2. 有利于优化资源配置

国外经验证明，实行工程总承包减少了资源占用与管理成本。在我国，则可以从三个层面予以体现。业主方摆脱了工程建设过程中的杂乱事务，避免了人员与资金的浪费；主包方减少了变更、争议、纠纷和索赔的耗费，使资金、技术、管理各个环节衔接更加紧密；分包方的社会分工专业化程度由此得以提高。

3. 有利于优化组织结构并形成规模经济

一是能够重构工程总承包、施工承包、分包三大梯度塔式结构形态；二是可以在组织形式上实现从单一型向综合型、现代开放型的转变，最终整合成资金、技术、管理密集型的大型企业集团；三是便于扩大市场份额；四是增强了参与 BOT 的能力。

4. 有利于控制工程造价

在强化设计责任的前提下，通过概念设计与价格的双重竞标，把工程投资超支风险消灭在工程发包之中；另外，由于实行整体性发包，招标成本可以大幅度降低。

5. 有利于提高全面履约能力

实践证明，工程总承包最便于充分发挥大承包商所具有的较强技术力量、管理能力和丰富经验的优势。同时，由于各建设环节均置于总承包商的指挥下，因此各环节的综合协调余地大大增强，这对于确保质量和进度是十分有利的。

6. 有利于推动管理现代化

工程总承包模式作为协调中枢必须建立起计算机系统，使各项工作实现了电子化、信息化、自动化和规范化，提高了管理水平和效率，大力增强我国企业的国际承包竞争力。

（三）EPC合同体系

（1）工程施工合同　可能是业主与工程总承包单位签订的工程合同，也可能是工程总承包单位与各施工单位签订的施工合同。一个项目根据承发包模式的不同可能涉及多种不同的施工合同，如施工总包合同、专业分包合同、劳务分包合同等；从专业性质分，又可分为建筑、安装、装饰等工程施工，其中又可根据项目的规模和专业特点进一步分为若干个施工合同。

（2）材料设备采购合同　主要是指业主与材料和设备供应单位签订材料设备采购合同。

（3）工程咨询合同　即业主与工程咨询单位签订的合同。这些咨询单位可为业主提供包括项目前期的策划、可行性研究、勘察设计、建设监理、招标代理、工程造价、项目管理等某一项或几项工作。

（4）专业分包合同　施工总承包单位在相关法律法规允许的范围将施工合同中的部分施工任务委托给具备专业施工资质的分包单位来完成，并与之签订专业分包合同。

（5）劳务分包合同　即施工总承包单位与劳务单位签订劳务分包合同。

（6）材料设备采购合同　为提供施工合同规定的需施工单位自行采购的材料设备，施工单位与材料设备供应单位签订的合同。

（7）承揽加工合同　即施工单位将建筑构配件等的加工任务委托给加工承揽单位而签订的合同。

（8）运输合同　施工单位与材料设备运输单位签订的合同。

（9）租赁合同　在施工过程中需要许多施工机械、周转材料，当自己单位不具备某些施工机械，或周转材料不足，自己购置需要大量资金，今后这些东西可能不再需要或使用效率较低时，施工单位可以采用租赁方式，与租赁单位签订租赁合同。

第二节　工程总承包招标与合同管理

《房屋建筑和市政基础设施项目工程总承包管理办法》明确规定，建设单位依法采用招标或者直接发包等方式选择工程总承包单位，项目范围内的设计、采购或者施工中，有任一项属于依法必须进行招标的项目范围且达到国家规定规模标准的，应当采用招标的方式选择工程总承包单位。因而，采用招标方式确定工程总承包单位，是工程总承包项目发包的一种重要方式。

一、工程总承包招标

（一）资格预审文件

资格审查分为资格预审和资格后审两种方式，工程总承包由于对投标人资格条件要求复杂，一般应采用资格预审方式。资格预审文件的内容一般包括投标人的资质条件、业绩、财务状况、信誉、项目管理机构及其投入人员的资格能力，招标人针对招标项目提出的其他要求。在对投标人的资质要求上，房屋建筑和市政基础设施项目的工程总承包单位应同时具备设计和施工资质或由设计和施工单位组成联合体；对于能源、交通、水利等项目的工程总承包单位可以要求具有工程总承包设计或施工资质，也可以要求二者同时具备以及其他条件，也可采用联合体形式参与投标。资格预审一般按以下程序进行：

1）根据项目特征，编制资格预审文件。

2）资格预审公告发布。

3）资格预审文件发售。

4）接受资格预审申请人的质疑（如有）。

5）资格预审文件的澄清、修改。

6）资格预审申请人编制并递交资格预审申请文件。

7）招标人依法组建资格审查委员会。

8）资格预审文件评审，编写评审报告。

9）招标人资格评审报告并备案，确定资格预审合格申请人。

10）向通过资格预审的申请人发出投标邀请书（代资格预审合格通知书），并向未通过资格预审的申请人发出资格预审结果的书面通知。

（二）招标文件

《房屋建筑和市政基础设施项目工程总承包管理办法》中要求，建设单位应当根据招标项目的特点和需要编制工程总承包项目招标文件，主要包括以下内容：

1）投标人须知。

2）评标办法和标准。

3）拟签订合同的主要条款。

4）发包人要求，列明项目的目标、范围、设计和其他技术标准，包括对项目的内容、范围、规模、标准、功能、质量、安全、节约能源、生态环境保护、工期、验收等的明确要求。

5）建设单位提供的资料和条件，包括发包前完成的水文地质、工程地质、地形等勘察资料，以及可行性研究报告、方案设计文件或者初步设计文件等。

6）投标文件格式。

7）要求投标人提交的其他材料。

建设单位可以在招标文件中提出对履约担保的要求，依法要求投标文件载明拟分包的内容；对于设有最高投标限价的，应当明确最高投标限价或者最高投标限价的计算方法。

（三）工程总承包招标文件的编写应注意的问题

1. 编制招标文件时，建设项目的要求和特点应在招标文件中体现

在编制招标文件时，专业内容比较广泛地被涉及，而且具有明显的差异性和多样性，因此，编写一套具体工程的招标文件，需要编制者具有丰富的实践经验和扎实的专业知识，还要准确把握项目专业特点。在编制招标文件时，必须要了解建设项目的要求和特点，包括项目概况、审批或核准情况、性质、评标方法、合同类型、资格审查方式、进度实践节点要求等，并充分反映在招标文件中。

2. 提供完善、充分的设计依据资料

为提高投标人的投标效率，减少无效劳动，减少投标人在数据调整时出现偏差，招标人在招标文件及其附件中应尽可能为投标人提供充分、完善的设计基础资料和数据。

3. 招标文件要遵循“专业性、准确性、全面性、灵活性”的原则

文字表达应力求专业、准确，设计任务的要求应做到全面、不遗漏；从而为投标人发挥其灵活性和创造能力留下广阔的空间。

4. 招标文件中应明确哪些内容需要投标人实质性响应

投标文件必须完全响应招标文件，完全按照招标文件的规定和要求编制，如果投标人没有完全响应招标文件的实质性内容，或者即使响应但不完全，都可能导致投标失败。所以，招标文件中涉及的需要投标人做出实质性响应的内容，都需要以醒目的方式提示，避免使用原则性的、模糊的或者容易引起歧义的词句。

5. 招标文件中应避免出现歧视性和违法的条款

在招标文件的编制前必须事先熟悉和遵守招标投标的法律法规，并且随时掌握最新的技术标准和相关规定，按照守法、公平、公正的原则。严格防范招标文件中出现违法、歧视、倾向性条款限制、排斥或保护潜在投标人，并要公平合理划分招标人和投标人的风险责任。只有招标文件客观与公正才能保证整个招标投标活动的客观与公正。

二、工程总承包投标

（一）总承包项目的投标工作流程

工程的投标流程与传统模式的投标流程基本相同，但由于工程涉及专业较多，较为复杂，并且在工程工期和质量方面有比较严格的要求，此外工程的合同种类和报价方式较多，因此总承包项目投标人必须组建一支业务精能力强的投标队伍准备投标文件，而且还必须有充足的时间对招标文件进行分析和理解。工程的投标工作一般分为投标前期准备、编制标书、完善与递交标书三个阶段。

1. 投标前期准备

前期准备的主要工作包括资格预审文件的准备、对招标文件进行研究、决定投标的总体实施方案、选定分包商、确定主要采购计划、参加现场勘查与标前会议。

2. 编制标书

编制标书是投标准备最为关键的阶段，投标小组主要完成的工作有：标书总体规划、技术方案准备、设计规划与管理、施工方案制订、采购策略、管理方案准备、总承包管理计划、总承包管理组织和协调、总承包管理控制、分包策略、总承包经营策略、商务方案准备、成本分析、价值增值分析、风险评估、标高金决策即建立报价模型。

3. 完善与递交标书

主要工作包括检查与修改标书、办理投标保函保证金业务、呈递标书等。

（二）工程总承包项目投标的资格预审

由于能否成功实施工程总承包项目关系到业主的社会影响和经济利益，因此在进行工程总承包商选择时，业主都是比较谨慎的，在资格预审的准备阶段业主就会设置全面考核机制，主要从承包商的能力和资历两个方面来进行考核，确定其可否参与项目的投标。

在业主对项目进行资格预审前，承包商如果与业主有过非正式性的商业接触，并给业

主留下了良好的印象，这将对承包商顺利通过资格预审很有帮助。在与业主接触之前，投标人员要准备一份针对本项目的营销和宣传资料，资料中要包含本公司的总承包能力的优势、资源优势、资金优势等内容以及如何与业主进行沟通等。

（三）前期准备

工程总承包项目中，投标人的前期准备是投标的基础。通过资格预审后对业主招标文件的深入分析将为接下来的所有投标工作提供实施依据。工程总承包项目招标文件主要内容之前已详细介绍过，而对投标人比较重要的主要有投标人须知、合同条件、项目业主要求等部分。

投标人要重点阅读和分析“投标人须知”中的内容：关于招标范围、资金的来源以及关于投标人资格等方面的内容在“总述”部分中；关于投标文件组成、投标报价与可替代方案的内容、报价分解等内容在“标书准备”中；有关标书初评、标书的评价和比较以及相关优惠政策内容在“开标与评标”中。投标须知中的内容与传统模式招标文件中虽也有对应，但是在内容上有很大的不同，应成为项目投标小组特别关注的内容。

“合同条件”的内容，由于业主采用的合同范本不同而不尽相同。但是不管采用哪个合同范本，最重要的是通过对一般及特别合同条件的通读分析，而明确了合同的当事人的责任与义务、设计要求、检验和测试、缺陷责任、变更和索赔、支付和风险条款的具体规定，归纳出容易被忽视的问题清单。

总承包投标准备过程中最重要的文件是“业主要求”，因此投标小组要反复研究，将业主要求进行系统的归类和总结，并逐一制订对应的解决方案，然后融会到下一阶段。

承包商在对招标文件进行研究之后，需要制订报价策略，选择分包商，确定主要采购计划。总承包项目的总体实施方案的制订，包括总体实施方案、设计方案的选择和相关资源配置和预算估计等，都需要大量的有经验的项目管理人员参与。

投标团队根据业主的设计要求、提供的设计参数，要尽快决定设计方案，制订出下一步的技术方案、管理和业务计划的总体规划。同时还要给评价人员留出充分的时间进行方案的成本预算。项目管理人员及评估人员根据不同的方案进行比较和分析，主要包括工作量的规模大小、方案概述和操作顺序、对资源的需求、日常运营开支与设备利用率的预算、成本与现金流的预估、风险评估等。

（四）编制投标文件

投标人获取招标文件之后，首先要成立投标研究小组，对招标文件要进行详细的研究并针对招标文件的要求对本单位的人员进行分工，组织项目的各个专业人员准备投标文件。投标人员要完成的工作有：投标文件的总体规划、技术方案准备、设计方案、施工方案、采购方案、管理方案准备、总承包管理计划、总承包管理组织和协调、总承包管理控制、分包计划和管理、商务方案准备、成本分析、风险分析、投标报价分析及策略等。

（五）工程总承包项目投标的关键点分析

1. 技术方案的分析

技术方案的内容主要包括总承包设计、施工、采购三方面的方案。设计方案中除了提供满足设计深度的各种设计构想和必要的基础技术资料并达到业主的要求外，还要提供投标报价时使用的工程量估算清单；施工方案主要是对施工组织设计进行描述，阐述主要采用的施工技术和各种资源安排的进度计划等；采购方案主要是对拟用材料、仪器和设备的用途、采购途径、采购计划进行说明以及对本项目的适应程度等。承包商在进行技术方案的编制时需要有针对性地对方案中的各项内容的合理性和对业主招标文件的响应程度做深入分析，在如何在技术方案上突出公司在总承包实施方面的竞争优势上下大力气进行研究。

（1）设计方案　在编制设计方案之前，首先应设立编制设计方案的资源配置并明确编制设计方案的主要任务。设计资源配置就是要对相关设计人员、资料提供和设计期限上做出安排。设计资源的配置是针对投标阶段而言的，根据业主要求的设计深度和总承包项目的设计难度而定，并且要区别于中标后的设计资源安排。在投标阶段，由于投标的总承包公司多数是以施工为主导，而设计任务需要再分包，因此投标工作中应安排设计分包商的关键设计人员介入，这样有助于承包商更充分地领会业主的设计意图和设计要求深度，以便承包商在较短的时间内拿出一个合理的方案。我国的总承包项目开始招标时，业主往往已经完成了初步设计，设计图纸和相关技术参数都提供给投标者，因此在投标阶段的方案设计基本是对业主的初步设计的延伸。

（2）施工方案　总承包项目与传统模式下的项目的施工方案内容很相似，这里所指的施工方案更偏重从技术角度描述，投标阶段总承包项目编写的施工方案要说明使用何种施工技术手段来实现设计方案中的种种构想。

（3）采购方案　制订采购方案之前要对采购范围进行识别，要弄清楚业主提供的设备有哪些，总承包负责采购的设备有哪些。在招标文件中业主的供货范围会详细列出，投标小组需要明确业主供货的清单。除此之外，对于业主特别要求的特殊材料设备或指定制造厂商，为避免因盲目估价而造成的失误，投标小组必须在制订采购方案之前就提早进行相关的市场调查，尤其对采购的价格信息要尽早掌握。

2. 管理方案的策略分析

（1）总承包商的经验策略　经验策略是承包商争取投标时间，降低投标风险的最重要手段。如果公司过去曾经有过类似项目的参与经验，这些经验都将使承包商中标的概率增加。由于曾经有过类似项目实施的经验和教训，所以在风险识别上会比初次参与的承包商具有更好的洞察力，可以很客观地对项目的宏观环境进行评价。

（2）总承包项目的管理计划　总承包项目的管理计划在投标阶段，主要是从设计、采购和施工三个方面的计划来准备，简明扼要地将总承包商在该项目管理计划上做的周密安排进行描述，尽量让业主认为总承包商已经为未来的工程做好充分的准备。总承包商的投标小组应对计划做出层次性的层层划分，首先是一个总体的计划，然后是分述各个不同的计划。具体包括设计管理计划、施工管理计划、采购管理计划等。

（3）总承包项目组织机构　在介绍项目组织时，按照由上而下、由总至分的顺序，先描述总承包项目总的组织结构，然后分别描述设计、采购及施工的项目组织子结构。各组织结构以结构图的形式展现，并配有各职位的职责说明，这样更方便业主理解。

（4）总承包项目协调与控制　总承包项目的协调和控制措施应尽量使用数据、程序或实例说明总承包商在未来项目的协调控制上具有很强的实力，有足够的能力为业主提供公司对内、外部协调、过程控制以及纠偏措施。

设计的内部协调与控制措施是以设计管理计划和设计方案为基础的。设计的内部协调与控制措施要说明在设计管理计划的引导如何按时完成既定的设计方案构想，最主要是如何控制设计投资、计划进度和设计质量的程序制订上。采购内部的协调与控制措施主要是对项目建设过程中的材料、设备的采购如何进行保障，一出现了偏差后，承包商会采用什么样的高效措施来保证项目的建设继续进行。

3. 商务报价策略分析

（1）成本分析　投标小组在对报价进行估算之前，必须选择优秀的有丰富报价经验的造价师主持报价工作，并制订相应的造价师职责。

工程总承包项目的成本费用的组成有两种归类方式：一种是由直接设备材料费用、施工费用、分包合同费用、公司本部费用、调试开车服务费和其他费用组成；另一种是由勘察设计费用、采购费用和施工费用组成。

在计算各种成本费用时都应遵循市场依据，以市场价格为基础进行编制，如果由于种种原因无法分解细目进行计算而需要以某一费用为基础乘以相应的费率来计算时，为了保证其合理性，需要对费率取定进行论证，特别重要的费率都要由公司决策层进行讨论决定。

（2）标高金分析　承包商的投标小组在工程总承包项目的成本估算完成后，将对标高金进行计算和相关决策。标高金主要由管理费、利润和风险费用三个部分组成。其中管理费与前述的公司本部费用有所不同，这里所提到的管理费属于总部的日常开支在该项目上的摊销。管理费用的划分由公司根据公司实际情况自行决定，没有统一的定义标准。

管理费率和利润率的确定是一个复杂、矛盾的多目标决策过程。一方面从公司的角度考虑，为了盈利目标和公司的长远发展，这两个费率定得越高越好，但是另一方面从业主的角度，业主对期望中标价是有一定上限的，不可能定得太高，同时由于工程承包市场的投标的竞争程度和供需变化将对利润率产生一定的浮动区间，因此投标小组在确定费率大小时，需要结合投标环境和市场环境对目标费率进行选择。

风险费率是确定风险费的核心，由于风险因素对总承包项目的影响大、产生的随机性强，因此，风险费率确定后一般有两种可能性：第一种是预计的风险没有全部发生，则预留的风险费会有剩余，也就是项目的盈余额有所增加；另一种是对风险的估计不足，即实际发生的风险没有估计到，这样承包商只能用利润来补贴，盈余额自然就减少，甚至可能会导致项目的亏损。

三、工程总承包合同管理

（一）国内外工程总承包合同文本简介

（1）国际工程总承包合同文本简介　随着工程总承包模式的快速发展，国际上许多咨询组织都制定了工程总承包标准合同文本。

1）FIDIC 工程总承包合同文本。FIDIC 在 1995 年出版的《设计建造与交钥匙工程合同条件》（橘皮书），适用于设计施工总承包以及交钥匙工程总承包模式；1999 年出版的《生产设备和设计—施工合同条件》（新黄皮书），适用于设计施工工程总承包模式；1999 年出版的《设计采购施工（EPC）/交钥匙工程合同条件》（银皮书）适用于 EPC 总承包及交钥匙工程总承包模式。

2）JCT 工程总承包合同文本。早在 1981 年英国合同审定委员会就出版了适用工程总承包模式的《承包商负责设计的标准合同格式》（JCT81），1998 年在其基础上重新出版了新的版本（简称 WCD98）。2005 年，JCT 出版了最新版本（简称 JCT2005），其中适用于工程总承包的合同文本是《设计—施工合同》。

3）ICE 工程总承包合同文本。英国土木工程师学会在 1993 年 3 月出版了 NEC 合同条件第 1 版，1995 年出版了“新工程合同”第 2 版（简称 ECC），2005 年在 1995 年版的基础上出版了第 3 版“新工程合同”（简称 NEC3）。其中该体系中《设计—施工合同条件》适用于承包商承担设计责任的工程总承包项目。

4）AIA 工程总承包合同文本。美国建筑师学会在 1985 年出版了第 1 版《设计—建造合同条款》，并于 1997 年进行了修订，合同条件的核心是 A201（《建设合同通用条件》），与设计—建造模式相对应的 3 个文本是：《业主与 DB 承包商之间标准协议书》（A191）、《DB 承包商与施工承包商之间标准协议书》（A491）、《DB 承包商与建筑师之间标准协议书》（B901）。

5）AGC 工程总承包合同文本。美国总承包商协会在 1993 年出版了《设计—建造标准合同条件》（简称 AGC400 系列），并于 2000 年进行了修订。

（2）我国工程总承包合同文本简介　我国工程总承包合同范本制定较晚，一直到 2011 年由住房和城乡建设部和国家工商总局联合制定并发布了我国第一部适用工程总承包模式的《建设项目工程总承包合同示范文本（试行）》（GF—2011—0216），其适用于所有行业的工程总承包项目。该示范文本严格遵循了我国有关法律、法规和规章，并结合工程总承包的特点，按照公平、公正原则约定合同条款，总体上体现了合法性、适宜性、公平性、统一性、灵活性原则。鉴于工程总承包模式较多，该合同文本将一些工作内容设置独立条款，发包人可根据实施阶段和工作内容进行取舍。

随后在 2012 年，我国九部委联合颁发了我国第一部适合工程总承包模式的《标准设计施工总承包招标文件》（第四章为合同条款及格式），适用范围也包括所有行业的工程总承包项目。该招标文件从名称上看只有设计和施工（DB），实际文件内容包含有设备采购，因此既适用于 DB 模式，也适用于 EPC 模式。

（二）合同文件组成和优先解释顺序

1.《建设项目工程总承包合同示范文本（试行）》（GF—2011—0216）

合同文件相互解释，互为说明，除专用条款另有约定外，组成本合同的文件及优先解释顺序如下：

1）合同协议书。

2）合同专用条款。

3）中标通知书。

4）招标投标文件及其附件。

5）合同通用条款。

6）合同附件。

7）标准、规范及有关技术文件。

8）设计文件、资料和图纸。

9）双方约定构成合同组成部分的其他文件。

双方在履行合同过程中形成的双方授权代表签署的会议纪要、备忘录、补充文件、变更和洽商等书面形式的文件构成本合同的组成部分。

2. 设计采购施工（EPC）/交钥匙工程合同条件

银皮书第 1.5 款文件优先次序规定，构成合同的文件要认为是互相说明的，为了解释的目的，文件的优先次序如下：

1）合同协议书。

2）专用条件。

3）通用条件。

4）雇主要求。

5）投标书和构成合同组成部分的其他文件。

（三）项目实施主要阶段的合同管理

1. 总承包招标或竞争性谈判阶段合同管理的主要内容

（1）对总承包商进行资格审查 总承包商承担的工作范围广，包括设计、采购、施工等，甚至还包括前期的规划与勘察等工作内容。因此，业主对总承包商的要求较高。在选择潜在投标者时，应考虑的内容有：投标人财务与担保能力；投标人承担类似项目的经验；过去的设计表现与技术特长；职员的经验；承担工程总承包项目的经验；投标人的组织与管理计划的完善性；投标人质量和进度管理计划的完善性；投标人过去控制项目预算的表现；投标人过去控制质量和工期的表现等。

（2）做好项目招标管理工作 无论是招标还是谈判，项目的业主在前期都需要编制一些文件，作为招标或谈判的基础。谈判项目，业主前期文件编制工作相对较少，但后期谈判过程较为复杂。对于招标的项目，招标文件编制相对完整，而后期合同谈判则相对简单些。项目招标文件通常包括投标人须知、通用合同条件、专用合同条件、业主的要求、投标函和附录格式、建议书格式、各类范例格式、各类明细表、图纸与相关项目资料。

（3）选择最佳的评标因素与标准 在总承包模式下工程质量、造价、工期、安全、环境保护目标是通过承包商来实现的，业主通过招标方式评选出能够达到这些目标的承包商。一般情况下，业主招标时评标因素有承包商的商务指标、技术指标及其管理水平等。商务指标的评价以控制业主投资为目的，因此投标报价是业主评审的重要因素。对于工程总承包项目，承包商的投标报价可能基于不同的设计方案，因此业主不仅需要考虑投标报价，还应考虑整个项目寿命周期成本。此外，业主还应分析投标报价组成是否合理，如承包商是否在设计、采购、施工费用上采用不平衡报价。

总承包项目技术指标分为设计、设备、施工三部分，其评审的主要因素有设计方案、采购方案、施工方案的完整性是否符合要求，以及拟采用的新技术、新工艺、专利技术；拟用施工设备和仪器与工程项目的适应性；设备及仪器的先进性和适用性；项目以后运行期间所需的备品备件的易购性及维修服务等。

总承包商的管理水平决定了项目能否按要求顺利完成，管理水平主要体现在项目成员设置的合理性、项目各种计划及控制方法，具体包括项目主要管理人员的管理经验；各项计划的周密性；质量管理体系与 HSE 体系的完善性。

（4）做好谈判和签约工作 总承包合同谈判过程较为复杂，每次谈判都要做好充分的准备，包括谈判的目的；谈判的目标；确定合适的谈判人选、地点和时间；制订谈判方案；谈判计划；谈判日程安排。在每次谈判的过程中，业主都尽可能按照谈判日程控制好谈判的节奏，把握好谈判的时机。谈判结束时，应及时形成谈判会议纪要，对达成共识以及不同意见进行记录，并双方签字确认。

2. EPC合同履约阶段合同管理的主要内容

（1）业主的义务　业主主要义务包括支付工程款、提供现场资料以及工程资料数据、给予合作以及及时下达指令、答复和告知等。若业主违反义务，承包商有权提出工期或费用索赔。

1）支付义务。业主应建立完善的付款审批手续，把握好支付的合理性，这样才能确保项目取得较好的经济效益。若业主没有履行合同支付义务，则承担违约责任的同时，总承包商有减慢工程进度或暂停工作的权利，甚至有权终止合同。

2）现场的征地。业主在征地后，应按照合同约定，将现场用地向承包商移交，同时赋予承包商进入现场的通行权。若业主违反征地义务，承包商就有可能在延长工期、追加费用、补偿利润方面提出索赔。

3）向承包商提供实施项目需要的基础数据和资料，其中有些需要由业主提供，例如：现场的地勘、水文、环境等资料。

4）给予承包商必要的协助，主要包括协助承包商获得其需要的各类许可证和批复等。

5）除了以上业务外，业主还有及时答复义务、告知义务、任命业主代表义务。

（2）设计管理　对于业主来说，采用总承包模式最大的优点就是减少了管理负担和风险，但同时对设计的控制有所降低。由于设计工作优劣直接影响到工程质量、进度及费用，在实践中，总承包 合同往往对设计工作应遵守的技术标准都有严格的规定。

1）业主有权对设计文件、图纸等资料进行审查并提出建议。

2）业主组织设计审查并承担会议费用以及上级单位、政府部门参加设计审查的费用。

3）业主向承包商提供设计审查会议文件供承包商修改、补充和完善。

（3）采购管理　合同中物资采购规定既是总承包商开展物资采购工作的前提，也是业主验收的依据。合同中通常有下列规定：

1）业主审批总承包商编制和提交的总体采购进度计划，采购计划符合项目总体进度要求。

2）业主应确保承包商所采购的主要材料和设备来源于供应商短名单或经业主批准的供应商。

3）业主有权对现场或制造地的设备和材料进行检查。

4）业主要重点关注关键设备采购管理，参加重要设备制造过程的各类检查和检验。

5）业主有权查阅总承包商提供的无标价采购合同，包括合同技术附件等。

（4）施工管理　关于施工规定，一般是分散在合同条件、业主的要求、技术规程等合同文件中，所涉及的方面包括施工总体管理、质量管理、进度管理、安全管理等。合同中通常有下列规定：

1）业主有权对承包商约定提交的总体施工组织设计进行审查并提出意见。

2）业主应在规定的时间提供施工场地、完成进场道路、用地许可、拆迁及补偿等工作。

3）业主办理开工等批准手续。

4）业主负责提供与施工场地有关的建筑物、构筑物、设施的坐标位置。

5）业主有权审查总承包商提交的“职业健康、安全、环境保护”管理计划并予以确认。

6）业主或委托第三方对总承包商的施工工作进行现场检查和试验，对检查不合格的工作，有权拒绝验收并命令返工。

7）业主审核总承包商提交的进度计划并提出审核意见，检查计划值与实际值偏差比较，并提出整改意见。

（5）分包管理　一个工程承包企业不可能具备实施总承包项目要求的一切工作的能力，且目前国内大部分总承包为设计单位或施工总承包单位，若要获得总承包项目并顺利完成合同，都必须借助外部资源和力量。理论上讲，由于总承包商对整体工程负责，业主应采用严格目标管理、放松对实施过程中具体工作的管理方式，尤其按照FIDIC银皮书合同条件，只要不全分包出去，业主基本不干预。但在工程实践中，业主对分包的控制往往比合同要严格得多。分包单位是否有资质和能力承接工程，若把关不严就会直接影响到工程的质量、工期等，而且还会产生不必要的纠纷。所以业主需要采取有效措施加强分包商的管理，有以下做法：

1）业主审查分包单位是否具有相应资质和能力，是否在合同约定或经业主同意的短名单内。

2）为确保项目保质完成，业主应严格审查并确保承包商无违法分包和转包情况。

（6）合同风险与保险管理　在总承包模式下，项目本身面临的风险较大，然而业主通过总承包合同将此风险大部分转移给了总承包商，但仍有一些风险是不可以转移或规避的，业主需自己承担的风险主要有：项目定义或提供资料不准确；选择总承包商不当；工程建设过程中的风险。业主应对以上风险的措施有：

1）准确定义项目及预期目标并准确提供相关资料，使得总承包商准确理解业主要求并提交满足各项要求的方案。

2）业主从总承包商的技术水平、以往类似工程的业绩、财务状况、设计能力、采购能力、项目管理能力和经验、投标报价、现有的工作负荷等因素综合选择一家合适的承包商。

3）业主应严格按照合同约定执行，同时应减少因自身原因而造成的费用增加或工期延长，以确保能够完成预期质量、投资、进度目标。

保险是风险转移的一个主要手段，工程投保人在合同中一般规定为承包商，被保险人同时为业主和承包商。除以上工作外，业主在合同的履约阶段还应按照合同约定做好竣工试验、工程接收和竣工后试验及试运行考核、竣工结算等工作。

第三节　工程总承包管理

一、工程总承包管理的内容和程序

（一）工程总承包管理的内容

工程总承包管理包括项目部的项目管理活动和工程总承包企业职能部门参与的项目管理活动。工程总承包管理的范围由合同约定。根据合同变更程序提出并经批准的变更范围，也应列入项目管理的范围。

工程总承包管理的主要内容包括项目启动，任命项目经理，组建项目部，编制项目计划；实施设计管理，采购管理，施工管理，试运行管理；进行项目范围管理，进度管理，费用管理，质量管理，安全、职业健康和环境保护管理，人力资源管理，风险管理，沟通与信息管理，材料管理，资金管理，合同管理，现场管理，项目收尾等。

（二）工程总承包管理的程序

工程总承包项目管理的基本程序应体现工程项目生命周期发展的规律。其基本程序如下：

1）项目启动：具体包括在工程总承包合同条件下，任命项目经理，组建项目部。

2）项目初始阶段：主要内容包括进行项目策划，编制项目计划，召开开工会议；发表项目协调程序，发表设计基础数据；编制设计计划、采购计划、施工计划、试运行计划、质量计划、财务计划，确定项目控制基准等。

3）设计阶段：编制初步设计文件，进行初步设计审查，编制施工图设计文件。

4）采购阶段：采买、催交、检验、运输；与施工办理交接手续。

5）施工阶段：检查、督促施工开工前的准备工作，现场施工，竣工试验，移交工程资料，办理管理权移交，进行竣工结算。

6）试运行阶段：对试运行进行指导与服务。

7）合同收尾：取得合同目标考核合格证书，办理决算手续，清理各种债权债务；缺陷通知期限满后取得履约证书。

8）项目管理收尾：办理项目资料归档，进行项目总结，对项目部人员进行考核评价，解散项目部。

9）设计、采购、施工、试运行各阶段，应组织合理的交叉，以缩短建设周期，降低工程造价，获取最佳经济效益。

二、工程总承包项目目标控制管理

（一）工程项目目标控制的概念

工程项目目标控制是指在实现工程建设前期确定的目标过程中，项目部在目标执行过程中难免会遇到各种干扰，项目部通过对项目执行状态的检查，以及及时地收集实施状态的信息，并通过与原先目标的比较，发现偏差原因。最后通过采取相应的纠偏措施纠正偏差，从而使工程建设目标按原计划实施，并达到预定的目标。

（二）工程项目目标动态控制的工作程序

1）将工程项目目标进行层层分解，并设定计划值。

2）在实施过程中收集目标实际值，如实际成本、实际工期等。定期（如每周）进行项目目标的计划值和实际值的比较。如有偏差，则采取相应的纠偏措施进行纠偏。

3）如有必要对工程项目的目标计划值进行调整，调整后回到第一步。

（三）工程项目目标动态控制的纠偏措施

工程项目目标动态控制的纠偏措施主要包括：

（1）组织措施　组织措施是指从目标控制的组织管理方面采取的措施，如安排目标控制的组织架构和人员，明确各目标控制工作人员的责权利及分工，改善工作流程等。

（2）经济措施　经济措施是工程项目的保证，是目标控制的基础，目标控制中的资源配置和动态管理，劳动分配和物质激励，都对目标控制产生作用。

（3）技术措施　技术措施不仅对解决工程实施过程中的技术问题是不可缺少的，而且对纠正目标偏差也有相当重要的作用。

（4）合同措施　由于成本、质量、进度的控制均以合同为依据，因此合同措施显得尤为重要。对于合同措施，除了解决拟定合同条款、合同谈判、合同执行过程中出现的问题，防止和处理索赔等措施之外，还要分析不同合同之间的工作界面以及相互联系影响，对每一个合同做总体和具体分析等。

三、工程总承包管理的组织

工程总承包企业应建立与工程总承包项目相适应的项目管理组织，并行使项目管理职能，实行项目经理负责制。工程总承包企业宜采用项目管理目标责任书的形式，并明确项目目标和项目经理的职责、权限和利益。工程总承包企业承担建设项目工程总承包，宜采用矩阵式管理。项目部应由项目经理领导。项目部在项目收尾完成后工程总承包企业批准解散。

（一）项目部的设立

1. 项目经理的任命

工程总承包企业应在工程总承包合同生效后，任命项目经理，并由工程总承包企业法定代表人签发书面授权委托书。

2. 项目部的设立应包括的内容

1）根据工程总承包企业管理规定，结合项目特点，确定组织形式，组建项目部，确定项目部的职能。

2）根据工程总承包合同和企业有关管理规定，确定项目部的管理范围和任务。

3）确定项目部的组成人员、职责和权限。

4）工程总承包企业与项目经理签订项目管理目标责任书。

（二）项目部岗位设置及管理

根据工程总承包合同范围和工程总承包企业的有关管理规定，项目部可在项目经理以下设置控制经理、设计经理、采购经理、施工经理、试运行经理、财务经理、质量经理、安全经理、商务经理、行政经理等职能经理和进度控制工程师、质量工程师、安全工程师、合同管理工程师、费用估算师、费用控制工程师、材料控制工程师、信息管理工程师和文件管理控制工程师等管理岗位，同时应明确所设置的岗位职责。

（三）项目经理

1. 项目经理能力要求

《建设项目工程总承包管理规范》对项目经理提出了如下要求：

1）取得工程建设类注册执业资格或高级专业技术职称。

2）具备决策、组织、领导和沟通能力，能正确处理和协调与项目发包人、项目相关方之间及企业内部各专业、各部门之间的关系。

3）具有工程总承包项目管理及相关的经济、法律法规和标准化知识。

4）具有类似项目的管理经验。

5）具有良好的信誉。

《房屋建筑和市政基础设施项目工程总承包管理办法》对项目经理做出了更为具体的规定：

1）取得相应工程建设类注册执业资格，包括注册建筑师、勘察设计注册工程师、注册建造师或者注册监理工程师等；未实施注册执业资格的，取得高级专业技术职称。

2）担任过与拟建项目相类似的工程总承包项目经理、设计项目负责人、施工项目负责人或者项目总监理工程师。

3）熟悉工程技术和工程总承包项目管理知识以及相关法律法规、标准规范。

4）具有较强的组织协调能力和良好的职业道德。

另外，工程总承包项目经理不得同时在两个或者两个以上工程项目担任工程总承包项目经理、施工项目负责人。

2. 项目经理的职责

1）执行工程总承包企业的管理制度，维护企业的合法权益。

2）代表企业组织实施工程总承包项目管理，对实现合同约定的项目目标负责。

3）完成项目管理目标责任书规定的任务。

4）在授权范围内负责与项目干系人的协调，解决项目实施中出现的问题。

5）对项目实施全过程进行策划、组织、协调和控制。

6）负责组织项目的管理收尾和合同收尾工作。

四、项目设计管理

工程总承包项目的设计应由具备相应设计资质和能力的企业承担。设计标准和深度应满足合同约定的技术性能、质量标准和工程的可施工性、可操作性及可维修性的要求。设计管理由设计经理负责，并适时组建项目设计组，在项目实施过程中，设计经理应接受项目经理和工程总承包企业设计管理部门的管理。

（一）设计执行计划

1. 设计执行计划的编制

设计执行计划由设计经理或项目经理负责组织编制，经过工程总承包企业有关职能部门评审后，由项目经理批准实施。

2. 设计执行计划编制的依据

1）合同文件。

2）本项目的有关批准文件。

3）项目计划。

4）项目的具体特性。

5）国家或行业的有关规定和要求。

6）工程总承包企业管理体系的有关要求。

3. 设计执行计划的内容

1）设计依据。

2）设计范围。

3）设计的原则和要求。

4）组织机构及职责分工。

5）适用的标准规范清单。

6）质量保证程序和要求。

7）进度计划和主要控制。

8）技术经济要求。

9）安全、职业健康和环境保护要求。

10）与采购、施工和试运行的接口关系及要求。

（二）设计控制

1. 设计进度的控制点

1）设计各专业间的条件关系及其进度。

2）初步设计完成和提交时间。

3）关键设备和材料请购文件的提交时间。

4）设计组收到设备、材料供应商最终技术资料的时间。

5）进度关键线路上的设计文件提交时间。

6）施工图设计完成和提交时间。

7）设计工作结束时间。

2. 设计质量的控制点

设计质量应按项目质量管理体系要求进行控制，并制订控制措施。设计经理及各专业负责人应填写规定的质量记录，并向工程总承包企业职能部门反馈项目设计质量信息。设计质量控制点应包括下列主要内容：

1）设计人员资格管理。

2）设计输入的控制。

3）设计策划的控制。

4）设计技术方案的评审。

5）设计文件的校审与会签。

6）设计输出的控制。

7）设计确认的控制。

8）设计变更的控制。

9）设计技术支持和服务的控制。

五、项目采购管理

项目采购管理由采购经理负责，并应当适时组建项目采购组，在项目实施过程中，采购经理接受项目经理和工程总承包企业采购管理部门的管理。采购工作应按项目的技术、质量、安全、进度和费用要求，获得所需的设备、材料及有关服务。

（一）采购工作程序

1）根据项目采购策划，编制项目采购执行计划。

2）采买。

3）对所订购的设备、材料及其图纸、资料进行催交。

4）依据合同约定进行检验。

5）运输与交付。

6）仓储管理。

7）现场服务管理。

8）采购收尾。

（二）采购执行计划

采购执行计划由采购经理负责组织编制，并经项目经理批准后实施。

1. 采购执行计划的编制依据

1）项目合同。

2）项目管理计划和项目实施计划。

3）项目进度计划。

4）工程总承包企业有关采购管理程序和规定。

2. 采购执行计划的主要内容

1）编制依据。

2）项目概况。

3）采购原则，包括标包划分策略及管理原则，技术、质量、安全、费用和进度控制原则，设备、材料分交原则等。

4）采购工作范围和内容。

5）采购岗位设置及其主要职责。

6）采购进度的主要控制目标和要求，长周期设备和特殊材料专项采购执行计划。

7）催交、检验、运输和材料控制计划。

8）采购费用控制的主要目标、要求和措施。

9）采购质量控制的主要目标、要求和措施。

10）采购协调程序。

11）特殊采购事项的处理原则。

12）现场采购管理要求。

（三）采买

采买工作应包括接收请购文件、确定采买方式、实施采买和签订采购合同或订单等内容，采购组应按批准的请购文件和采购执行计划确定的采买方式组织采买。

（四）催交与检验

采购经理应组织相关人员，根据设备、材料的重要性划分催交与检验等级，确定催交与检验方式和频度，制订催交和检验计划并组织实施。催交方式应包括驻厂催交、办公室催交和会议催交等。

（五）运输与交付

采购组应依据采购合同约定的交货条件制订设备、材料运输计划并组织实施。运输计划内容包括运输前的准备工作、运输时间、运输方式、运输路线、人员安排和费用计划等。对超限和有特殊要求设备的运输，采购组应制订专项运输方案，可委托专门运输机构承担。对国际运输，应依据采购合同约定、国际公约和惯例进行，做好办理报关、商检及保险等手续。

设备、材料运至指定地点后，接收人员应对照送货单清点、签收、注明设备和材料到货状态及其完整性，并填写接收报告并归档。

（六）仓储管理

项目部应在施工现场设置仓储管理人员，具体负责仓储管理工作，仓储管理工作包括物资接收、保管、盘库和发放，以及技术档案、单据、账目和仓储安全管理等。仓储管理应建立物资动态明细台账，所有物资应注明货位、档案编号和标识码等信息，仓储管理员应登账并定期核对，使账物相符。

设备、材料正式入库前，依据合同约定应组织开箱检验，开箱检验合格的设备、材料具备规定的入库条件后，提出入库申请，办理入库手续；采购组应制订并执行物资发放制度，根据批准的领料申请单发放设备、材料，办理物资出库交接手续。

六、项目施工管理

（一）施工执行计划

施工执行计划由施工经理负责编制，经项目经理批准后组织实施，并报项目发包人确认。施工执行计划一般包括工程概况、施工组织原则、施工质量计划、施工安全、职业健康和环境保护计划、施工进度计划、施工费用计划、施工技术管理计划、资源供应计划、施工准备工作要求等内容。施工采用分包时，项目发包人应在施工执行计划中明确分包范围，项目分包人的责任和义务。

（二）施工进度控制

施工组根据其编制的施工进度计划，对施工进度建立跟踪、监督、检查和报告的管理机制，通过检查施工进度计划中的关键路线、资源配置的执行情况，并提出施工进展报告。可以采用赢得值等技术，测量施工进度，分析进度偏差，预测进度趋势，采取纠正措施。

（三）施工费用控制

施工组应根据项目施工执行计划，估算施工费用，确定施工费用控制基准。施工组可以采用赢得值等技术，测量施工费用，分析费用偏差，预测费用趋势，采取纠正措施。

（四）施工质量控制

施工组应监督施工过程的质量，并对特殊过程和关键工序进行识别与质量控制，并保存质量记录；对所需的施工机械、装备、设施、工具和器具的配置以及使用状态进行有效性和安全性检查，必要时进行试验。操作人员应持证上岗。按操作规程作业，对施工过程的质量控制绩效进行分析和评价，明确改进目标，制订纠正措施，进行持续改进。当实行施工分包时，项目部应依据施工分包合同约定，组织项目分包人完成并提交质量记录和竣工文件，并进行评审。

七、工程总承包项目进度控制管理

（一）工程项目进度控制的概念

建设项目进度控制是指工程建设项目参建各方对于工程建设各阶段的工作内容、工序、工作时间和前后逻辑关系编制计划，同时按照计划实施，在实施过程中实时检查实际进度是否满足计划要求，对出现的偏差进行原因分析，通过原因的分析采取纠偏措施或者调整原计划，直至项目竣工验收、交付使用。

（二）工程项目进度控制的任务

1）业主方的进度控制任务是从工程建设项目总工期目标出发，从而控制项目实施各阶段的进度，主要包括项目前期准备进度、设计进度、施工进度、材料设备采购进度。

2）设计方的进度控制任务是根据设计合同对设计工作进度的要求去控制设计进度。

3）施工方的进度控制任务是根据施工合同对施工进度的要求控制施工进度。在进度计划编制这一方面，施工单位应视项目的难点、特点和施工进度的需要，编制深度不同的进度控制目标（一级、二级、三级、四级进度计划），以及按不同计划时期（年度、季度、月度和周）的施工计划等，将编制的各项计划付诸实施并控制其执行。

4）供货方的进度控制任务是依据供货合同对供货的要求控制供货进度。

八、工程总承包项目质量控制管理

（一）项目质量的影响因素

影响项目质量的因素主要包括人、材、设备、方法和环境。对这五方面因素的控制，是保证项目质量的关键。

（1）人的控制　包括各类管理人员、技术人员和劳务人员等，通过对人员的管理，尽可能地避免人为错误，同时要充分调动人的积极性，发挥人的主观能动性。

（2）原材料的控制　控制对象主要包括原材料、成品、半成品、零部件及配件等。通过对材料的严格检查验收，技术资料的收集，运输储存等环节的管理，杜绝不合格材料在工程上的使用。

（3）设备控制　设备包括使用机械设备、工具、仪器等。设备的控制应根据项目的不同特点，合理地选择、使用、管理和维护。

（4）方法控制　这里指的方法，包括项目实施方案、过程、组织设计、技术手段等。控制的方法主要是通过合理的选择、动态管理等方面来实现的。

（5）环境控制　环境因素对项目的质量产生较大的影响，具体有项目技术环境，如项目实现的各种技术和过程；项目管理环境，如质量保证体系、管理制度等；工作环境，如工作场所等。

（二）总承包项目质量控制管理的方法

（1）统计调查表法　是利用统计表对数据收集整理的一种方法。

（2）排列图法　是利用排列图寻找影响质量主次因素的一种方法。

（3）因果分析图法　也称为鱼骨图，是利用分析图来整理某个质量结果，鱼骨图是一种发现问题根本原因的方法，它也可以称为因果图。其特点是简便实用，深入直观。它看上去有点像鱼骨，问题或缺陷（即后果）标在“鱼头”外。

（4）直方图法　是将数据进行整理，绘制成分布直方图，来描述质量分布状态的一种分析方法。

九、工程总承包项目成本控制管理

项目成本管理就是在保证项目进度和质量的前提下，利用组织、经济、技术、合同措施把成本控制在计划目标内。项目成本管理的主要内容包括成本预测、成本计划、成本控制、成本核算、成本分析、成本考核等。

（一）项目成本预测

项目成本预测是指通过对项目成本情况和项目信息的具体分析，运用特定的办法，对项目运行过程的成本做出科学的估算。

（二）项目成本计划

项目成本计划是以货币形式编制建设项目在计划期内生产成本和为降低成本采取的主要措施，它是建立项目成本管理责任制，进行成本控制和核算的基础。

（三）项目成本控制

项目成本控制是指在施工管理过程中，采取各种有效的措施来加强对影响项目成本的各种因素的管理，将项目实施过程中实际发生的费用控制在计划成本范围以内，随时予以检查，对于偏差的原因进行分析和总结，避免施工过程的浪费。

（四）项目成本核算

项目成本核算是指按照规定范围对项目总体费用进行归集，计算实际发生的费用，并根据成本考核内容，采用合适的办法，计算出项目的总成本和单位成本。

（五）项目成本分析

项目成本分析主要是对成本过程的分析和对比总结。它贯穿于整个项目成本管理的全过程，主要通过项目成本资料与计划成本、预算成本及类似的项目实际成本等进行对比，以此来了解成本的变化情况。

（六）项目成本考核

项目成本考核是指在项目完成后，对项目成本的各责任人，按项目成本目标的有关规定，评定项目成本目标的完成情况和各责任人的业绩，并据此给予相应的奖惩。

十、工程总承包风险管理

（一）风险识别

风险识别就是对存在于工程项目的各种风险根源或是不确定性因素按其产生的背景原因、表现特点和预期后果进行定义、识别，对所有的风险进行科学的分类，以便采取不同的分析方法进行评估，由此制订出对应的风险管理措施。应对风险进行分类，通过风险分类能加深对风险的认识和理解，有助于制订风险管理的目标。风险分类有多种方法，一般依据风险产生的原因分为以下六大类：

（1）政治风险　由于国家、地区政局不稳定，出现动乱、政变、战争，由此影响了建设工程项目的实施。

（2）经济风险　如国家、地区经济政策的变换、产业结构调整、物价上涨、汇率变化、金融风波等。

（3）社会风险　主要是指项目所在地的社会技术、经济发展水平、稳定性、劳动者文化素质水平及社会风气等。

（4）自然风险　主要是指自然灾害，还包括不良地质情况等。

（5）技术风险　主要是指人为的风险，由于人的知识、经验水平不一，在进行项目预测、评估及各种技术方案选择时会产生不同后果。

（6）管理风险　由于管理原因产生了安全、质量、责任事故等风险，合同条款的不完善或受到合同欺诈而导致履行困难或无效合同等。

《房屋建筑和市政基础设施项目工程总承包管理办法》明确了建设单位承担的风险，主要包括：

1）主要工程材料、设备、人工价格与招标时基期价相比，波动幅度超过合同约定幅度的部分。

2）因国家法律法规政策变化引起的合同价格的变化。

3）不可预见的地质条件造成的工程费用和工期的变化。

4）因建设单位原因产生的工程费用和工期的变化。

5）不可抗力造成的工程费用和工期的变化。

风险识别技术方法有很多，关键是在建设项目中能够找到影响项目风险的方法，常用风险识别方法有以下四种方法。

（1）专家打分法　主要包括头脑风暴法和德尔菲法。头脑风暴法是通过召集专家开会，发挥专家的预测和识别未来信息的一种直观预测和识别方法，然后归纳，整理分析。德尔菲法是采用问卷调查收集与该项目有关领域的专家意见，然后由管理人员加以整理，再匿名反馈给各位专家，再次征询意见。

（2）因果分析法　其主干是风险的后果，分枝是风险因素和风险事件。用其来分析风险，可以从后果中找出风险诱发的原因，也可以从原因上预见后果。

（3）模拟分析法　根据风险发展趋势的多样性，通过对系统内外相关因素的系统模拟分析，设计出多种可能的后果，对风险的发展趋势进行模拟的判别和预测。

（4）经验数据法　根据已建的各类工程项目与风险有关的统计数据、资料来识别在建工程项目的风险。

（二）风险分析与评估

风险识别只是解决了工程项目是否有风险事件的问题。风险事件发生的可能性、风险事件发生后的结果和对工程项目影响的范围、大小等问题需要待进一步去分析、评价。

风险分析是指应用各种风险分析的技术，用定性、定量或两者结合的方式处理不确定性的过程，其目的是评价风险对建设工程项目的可能影响。在项目寿命期内全过程中，会出现各种不确定性，这些不确定性将对项目目标的实现产生积极或消极影响，项目风险分析就是对将会出现的各种不确定性及其可能造成的各种影响、影响程度和影响频率进行科学分析和评估。

建设工程项目风险错综复杂，可以从项目政治经济背景、周围环境及主体结构等因素的不同侧面进行分析、分类，确定哪些风险可以做定性分析，哪些风险可以做定量分析，哪些既可做定性分析又可做定量分析，以便为不同风险的处置采取相应的对策。工程项目合同中包含着多种难以界定的变量因素，这些变量因素都能构成工程项目的风险。从性质上分析，合同风险属于非技术性风险，但工程合同中又包含着大量的技术性条款，因此对工程合同应做到定性分析与定量分析相结合。

风险分析的定量方法有敏感性分析、概率分析、决策树分析、影响图分析、灰色系统理论外推法、模糊数学法等；风险分析的定性方法有头脑风暴法、德尔菲法和层次分析法等。

风险分析包括以下三个必不可少的主要步骤：

（1）采集数据　这些数据可以从投资者或承包商过去类似项目经验的历史记录中获得。所采集的数据必须是客观、可统计的。

（2）完成不确定性模型　以已经得到的有关风险信息为基础，对风险发生的可能性和可能结果给以明确的定量化。通常用概率来表示风险发生的可能性，可能的结果体现在项目现金流表上，用货币表示。

（3）对风险影响进行评价 不同风险事件的不确定性模型化后，接着就要评价这些风险的全面影响，通过评价把不确定性与可能结果结合起来。风险评估是采用科学的评估方法将辨识并经分类的风险进行评估，再根据其评估值大小予以排队分级，为有针对性、有重点地管理好风险提供科学依据。评估工程项目或经营活动所面临的各种风险后，应分别对各种风险进行衡量，从而进行比较，以确定各种风险的相对重要性。

评估风险潜在损失的最重要方法是研究风险的概率分布。这也是当前国际工程风险管理最常用的方法之一。概率分布不仅能使人们比较准确地衡量风险，还可能有助于选定风险管理决策。经过风险评估，将风险分为重大风险、一般风险、轻微风险几类。对重大风险还要进一步分析其产生和发生条件，采取严格的控制措施或将其风险全部转移；对于一般风险，只要采取必要措施，给予足够重视即可；对于轻微风险按正常管理程序进行就可以了。

（三）风险处置

《房屋建筑和市政基础设施项目工程总承包管理办法》规定，建设单位和工程总承包单位应当加强风险管理，合理分担风险，鼓励建设单位和工程总承包单位运用保险手段增强防范风险能力，具体风险分担内容由双方在合同中约定。

风险处置是根据风险分析、风险评估的结果，预测工程项目可能发生各种风险的概率及危害的程度，确定项目的风险等级，从而决定采取什么样的措施。风险处置措施上主要有风险回避、风险控制、风险转移、风险自留等方式。

1. 风险回避

风险回避主要是对损失大、概率大的风险，可以考虑回避、放弃或终止该项目，中断风险源，使其不发生或遏制其发展，在风险发生之前，将风险因素完全消除，从而消除由于这些风险造成的各种损失。这种手段主要包括以下两种。

（1）拒绝承担风险 采取这种手段有时可能不得不做出一些必要的牺牲，但较之承担风险，这些牺牲比风险真正发生时可能造成的损失要小得多，甚至微不足道。例如投资人因选址不慎而在河谷建造工厂，而保险公司又不愿意为其承担保险责任。当他意识到在河谷建厂将不可避免要受到洪水威胁，且又别无防范措施时，他只好放弃该厂项目。虽然他在建厂准备阶段耗费了不少投资，但与其厂房建成后被洪水冲毁，不如及早改弦易辙，另谋理想的厂址。

（2）放弃已经承担的风险以避免更大的损失 实践中这种情况经常发生，事实证明这是紧急自救的最佳办法。作为工程承包人，在投标决策阶段难免会因为某些失误而铸成大错，如果不及时采取措施，就会蒙受更大的损失。

回避风险虽然是一种风险防范措施，但回避风险是一种比较消极的风险处置防范，因为风险即使概率再大也有可能不会发生，因此有可能失去一次实施项目可能带来的利益，也就失去了一次机会。处处回避，事事回避，其结果只能是停止发展。如果想生存图发展，又想回避其预测的某种风险，最好的办法是采用除回避以外的其他手段。

2. 风险控制

对于损失较小、概率大的风险，可以采取有效的控制措施来预防或减少风险发生的概率。使得风险因素可能产生的损失降低到最小，因此，在建设工程项目实施中应增加各阶段人员风险意识和风险教育，同时采取各种有效的控制风险的措施，使风险发生概率降至接近零，这是一种积极、有效的处置方式，不仅可以有效地减少项目由于风险因素多造成的损失，而且可使整个社会的物质财富少受损失。

3. 风险转移

对于损失大、概率小的风险，可以通过合同条款和保险措施将损失转移。风险转移是利用合同或协议，在风险事故发生时将损失的一部分或全部转移给有相互经济利益关系的另一方。风险转移的方式主要有保险风险转移和非保险风险转移。

保险风险转移是指通过购买保险的办法将项目风险转移给保险公司或保险机构，是风险转移的重要方式。

非保险风险转移是指通过保险以外的手段将项目风险转移出去或部分转移出去。其主要采用的方式有：担保合同、租赁合同、委托合同、分包合同、合资经营及股份制等。风险转移的手段常用于工程承包中的分包和转包、技术转让或财产出租。合同、技术或财产的所有人通过分包或转包工程、转让技术或合同、出租设备或房屋等手段将应由其自身全部承担的风险部分或全部转移至他人，从而减轻自身的风险压力。

通过风险转移，风险本身没有减少，只是风险事故的承担者发生了变化，风险事故让最有能力的承担者承担，使工程项目的意外损失降低。保险和担保是风险转移最常用、最有效的方法，是建设工程项目合同履约风险管理的重要手段，也符合国际工程项目惯例的做法。

4. 风险自留

风险自留即是将风险留给自己承担，不予转移，这种手段有时是无意识的，即当初并不曾预测到，不曾有意识地采取某种有效措施，以致最后只好由自己承担，但有时也可以是主动的，即经营者有意识、有计划地将若干风险主动留给自己，这种情况下，风险承担人通常已做好了处理风险的准备。主动或有计划的风险自留是否合理、明智取决于风险自留决策的有关环境，风险自留在一些情况下是唯一可能的对策，有时企业不能预防损失，回避又不可能，且没有转移的可能性，企业别无选择，只能自留风险。

（四）工程总承包合同的风险防范

1. 加强谈判前合同风险的审核

1）工程范围技术性比较强，必须首先审核合同文件是否规定了明确的工程范围，注意承包商的责任范围与业主的责任范围之间的明确界限划分。

2）关于合同价款，重点应审核以下两个方面：首先，合同价款的构成和计价货币。此时应注意汇率风险和利率风险，以及承包商和业主对汇率风险和利率风险的分担办法。其次，合同价款的调整办法。

3）支付方式。首先，如果是现汇付款项目（由业主自筹资金加上业主自行解决的银行贷款），应当重点审核业主资金的来源是否可靠，自筹资金和贷款比例是多少等。其次，如果是延期付款项目应当重点审核业主对延期付款提供什么样的保证，是否有所在国政府的主权担保、商业银行担保、银行备用信用证或者银行远期信用证，注意审核这些文件草案的具体条款。

4）法律适用条款和争议解决条款。法律适用条款通常均规定适用项目所在国的法律，不能适用项目所在国以外的外国法律为合同的准据法。

2. 合同谈判阶段的审核

1）仔细复核合同文件。工程总承包一般使用总价合同，构成合同文件多，涉及的内容也很多，而且业主在合同中只给出基础性和概念性的要求。因此，合同中的疏漏和一些内容相互不一致的情况在所难免。在一般的EPC合同中都规定承包商有复核合同的义务，在详细设计中复核合同的一些数据、参数等，而且，如果合同中存在某些错误、疏漏以及不一致，承包商还有修正这些错误、疏漏和不一致的义务。即使合同中没有规定，在国际合同实务中往往视这项内容为承包商的默认义务。

2）仔细审核合同价款。承包商应仔细审核合同价款的构成和计价货币。此时应注意汇率风险和利率风险，以及承包商和业主对汇率风险和利率风险的分担办法。此外，应审核合同价款的分段支付是否合理。还要注意，合同的生效，或者开工的生效，必须以承包商收到业主的全部预付款为前提，否则承包商承担的风险极大。

3）注意合同文件的缺陷。合同要求承包商对合同文件中业主提供的资料的准确性和充分性负责。也就是说，如果合同文件中存在错误、遗漏、不一致或相互矛盾等，即使有关数据或资料来自业主方，业主也不承担由此造成的费用增加和工期延长的责任。应在竞标阶段就组织商务和专业人员查找招标文件中的缺陷，要求业主给予书面澄清，或在报价中予以考虑。承包商的建议书将构成合同文件的一部分，因此建议书中要避免向业主做出在数量、质量等方面太笼统的承诺。

十一、工程总承包分包管理

工程实施阶段可以分为设计、采购、施工、项目管理四个模块，对于总承包商而言，上述四个模块的工作均可以部分或者全部进行分包，工程的分包管理主要包括以下内容。

（一）确定分包合作对象

分包管理的关键是分包合作对象的确定，选择的标准或考虑因素可以分为硬件和软件两个方面：硬件是指可以量化和可比较的条件，包括企业资质、业绩、人员、设备、财务能力、报价等；软件则是指难以进行量化和比较的条件，包括业内名声、合作意愿、自我管理能力、团队协作的态度、组织文化等。目前国内参与总承包的企业一般都具备一定的硬件实力，因此软件方面的条件应该是选择分包合作对象时作为重点考虑的因素。根据总承包商的企业管理制度，选择分包合作对象的程序与方式不尽相同。

为了实现长期的合作关系，需要对已经合作过的分包商进行履约评估和重新选择。通过建立短名单、长名单、黑名单等分类、分级方式，可以为总承包商选择分包合作对象提供参考。

（二）分包合同管理

分包合同是分包管理的重要依据，分包合同管理包括两个方面的内容。一是分包合同模式的选择与设计，分包合同模式是分包合作关系及管理模式的直接表现，根据总承包商的企业管理模式、项目性质、项目实施环境、潜在分包商的特点等因素而有所不同。分包合同应条款清晰、责权明确、内容齐全严密，价格、安全、质量和工期目标明确，尽量与总承包合同的条款一致，以有效转移总承包商的风险。二是合同执行过程中的履约管理，履约管理的最终目标是短期实现总承包合同义务的交付，长期实现分包合作关系的延续，履约管理包括日常监控、定期评估、考核分类等环节，通过平时监控分包合同义务的履行情况，对资源配置、服务质量、内部自我管理、合作态度等方面做出评估，随时判断可能影响项目顺利实施的因素并采取应对措施，保证总承包合同义务的交付并甄选出较好的分包合作对象。

（三）分包质量管理

工程总承包中的质量管理贯穿于设计、施工、采购等各环节，可能涉及不同的分包商。首先需要建立健全质量管理程序与制度，明确各方的工作流程与责任；由总承包商建立质量控制组织机构，编制质量控制计划，提升各方的质量意识。对人员资格、设计深度、材料检测、工序质量等全过程进行监控，同时配合业主及工程师等多方进行定期检查，对不符合的项目立即采取措施进行纠正。分包商的质量管理行为与质量交付成果要作为定期评估与考核分类的重要因素。

十二、项目安全、职业健康与环境管理

项目安全管理是指对项目实施全过程的安全因素进行管理。包括制订安全方针和目标，对项目实施过程中与人、物和环境安全有关的因素进行策划和控制。

项目职业健康管理是指对项目实施全过程的职业健康因素进行管理。包括制订职业健康方针和目标，对项目的职业健康进行策划和控制。

项目环境管理是指在项目实施过程中，对可能造成环境影响的因素进行分析、预测和评价，提出预防或减轻不良环境影响的对策和措施，并进行跟踪和监测。

（一）安全管理

项目经理应为项目安全生产主要负责人，并承担相应职责。项目部应根据项目的安全管理目标，制订项目安全管理计划，并按规定程序批准实施。项目安全管理必须贯穿于设计、采购、施工和试运行各阶段。在分包合同中，项目承包人应明确相应的安全要求，项目分包人应按要求履行其安全职责。

（二）职业健康管理

项目部应按工程总承包企业的职业健康方针，制订项目职业健康管理计划，项目职业健康计划一般包括项目职业健康管理目标、项目职业健康管理组织机构和职责、项目职业健康管理的主要措施等内容。

项目部应为实施、控制和改进项目职业健康管理计划提供必要的资源，进行职业健康的培训，对项目职业健康管理计划的执行进行监督和测量，动态识别潜在的危险源和紧急情况，采取措施，预防和减少伤害。

（三）环境管理

项目部应根据批准的建设项目环境影响评价文件，编制项目环境保护计划，并按规定程序批准实施。项目环境保护计划主要包括：

1）项目环境保护的目标及主要指标。

2）项目环境保护的实施方案。

3）项目环境保护所需的人力、物力、财力和技术等资源的专项计划。

4）项目环境保护所需的技术研发和技术攻关等工作。

5）项目实施过程中防治环境污染和生态破坏的措施，以及投资估算。

项目部应对项目环境保护计划的实施进行管理，为实施、控制和改进项目环境保护计

划提供必要的资源，进行环境保护的培训，对环境保护计划的执行进行监督和测量，动态识别潜在的环境因素和紧急情况，采取措施，预防和减少对环境产生的影响，同时还应落实环境保护主管部门对施工阶段的环保要求，以及施工过程中的环境保护措施，对施工现场的环境进行有效控制，建立良好的作业环境。

十三、项目收尾

项目收尾是指项目被正式接收并达到有序的结束。项目收尾包括合同收尾和项目管理收尾。

（一）项目收尾工作的主要内容

1）依据合同约定，项目承包人向项目发包人移交最终产品、服务或成果。

2）依据合同约定，项目承包人配合项目发包人进行竣工验收。

3）项目结算。

4）项目总结。

5）项目资料归档。

6）项目剩余物资处置。

7）项目考核与审计。

8）对项目分包人及供应商的后评价。

（二）考核与审计

在项目收尾阶段，工程总承包企业依据项目管理目标责任书对项目部进行考核，项目部依据项目绩效考核和奖惩制度对项目团队成员进行考核，另外，项目部依据工程总承包企业对项目分包人及供应商的管理规定对项目分包人及供应商进行后评价。同时，项目部应依据工程总承包企业有关规定配合项目审计。

第四节 工程总承包案例分析

【案例1】

2013年合肥市拟通过招标方式确定包河区兰州路公租房、蜀山产业园三期、四期公租房设计—施工一体化单位。招标划分为三个包：即包河区公租房1000套，建筑面积6万m^2为第一包，概算2.6341亿元；蜀山区三期公租房1000套，建筑面积8.33万m^2为第二包，概算3.6571亿元；蜀山区四期公租房4000套，建筑面积26.67万m^2为第三包，概算11.7088亿元（具体规模、指标以规划局批准的规划方案为准）。

一、投标人资格

1）符合《政府采购法》第二十二条规定。

2）具有建筑设计甲级资质和施工总承包一级资质。

3）具有有效的安全生产许可证。

4）须已在合肥设立住宅产业化预制构件生产基地，产能满足项目建设需要并具备相应的建筑施工（装配式施工）能力；建筑采用预制装配式结构的比例不低于30%。

5）本项目接受联合体投标。

二、招标范围

招标投标范围仅限于房屋建筑，不含室外总体。

三、装修标准

合肥市 2013 年市本级投资公租房项目建设及装修标准如下：

（一）建筑部分

公共租赁房按《安徽省保障性住房建设标准》DB 34/1524—2011：容积率宜控制在 3.0 以下；住宅建筑净密度控制在 20%～30%；绿地率新区≥30%；公共绿地指标组团≥0.5m^2/人，小区≥1m^2/人；机动车停车位≥0.2 辆/100m^2；机动车地面停车率≤30%；非机动车停车位 2 辆/户；标准层使用面积系数≥70%；装修率 100%；无障碍住房比例≥5%。

公共租赁房分为宿舍类公共租赁房和住宅类公共租赁房（可在一栋楼中按配比设置）。宿舍类公共租赁房应符合《宿舍建筑设计规范》；住宅类每套应设卧室、起居室（厅）、厨房、卫生间等基本空间，套型建筑面积应在 60m^2 以下，可选择 30 型、40 型、50 型三种类型设计（参见 DB 34/1524—2011，6.2.2 图表），并应满足每套最小使用面积（参见 DB 34/1524—2011，6.2.7 图表）。

（二）设备部分（水、电、燃气每户各设表以分户计量）

1）卫生间应设坐便器、洗脸盆、淋浴器。

2）厨房应设洗涤盆；不具备安装太阳能热水器的户型应设燃气热水器；预留油烟机排气管。

3）户内应预留洗衣机给水接口及洗衣机专用地漏。

4）各居住空间应预留分体空调室外机位置和穿墙预留管。

5）有线电视、电话通信、网络、楼宇对讲系统应安装至套内。

6）根据合建〔2012〕39 号文要求设计安装太阳能热水系统。

7）空调电源插座、普通电源插座与照明回路应分路设计，电负荷标准等应符合 DB 34/1524—2011 的要求。厨房、卫生间插座为防水型，并设漏电保护。（强弱电插座位置及规格详见公租房水电详图和系统图）

8）用水器具应为节水器具，灯具选用节能灯具。

（三）装修部分（基本装修到位）

公共部分：

门厅、电梯厅、公共走道：

顶棚——白色乳胶漆

墙面——白色乳胶漆，电梯厅：瓷砖（600mm×600mm）

地面——普通耐磨防滑地砖（600mm×600mm）

灯具——节能型吸顶灯

踢脚——普通地砖踢脚

楼梯间：

顶棚、墙面——白色乳胶漆
地面——水泥砂浆地面
灯具——节能型吸顶灯
楼梯栏杆——按图集设计施工
踢脚——水泥踢脚
起居室、餐厅、卧室：
顶棚、墙面——白色乳胶漆
地面、踢脚——普通耐磨防滑地砖（600mm×600mm）
灯具——节能型吸顶灯
厨房、卫生间：
顶棚——扣板吊顶（铝合金）
墙面——普通瓷砖到顶（厨房墙面有橱柜部分可不施工墙砖）
地面——普通防滑地砖（300mm×300mm）
灯具——节能型吸顶灯
厨房设备——洗涤盆、节水型龙头、燃气灶、整体橱柜（上下柜体、人造石台面）、脱排油烟机、排烟孔及插座
卫浴器具——洗脸盆、节水型龙头、节水型坐便器、节水型淋浴器、毛巾杆、盥洗镜、浴帘杆及浴帘
阳台：(全封闭)
顶棚——白色乳胶漆
墙面——白色乳胶漆
地面——普通防滑地砖（300mm×300mm）
灯具——普通节能型吸顶灯
晾衣杆——成品晾衣杆
门窗：
户门——钢制防火安全门
房间门——木质门
厨卫门——木质门或安全玻璃门
阳台门——安全玻璃门（框料同外窗）
外窗、封阳台窗——塑钢中空玻璃窗（须满足节能计算要求），首层防盗窗设金属栏杆
单元门：电子对讲防盗保温门
其他：
窗帘杆——成品窗帘杆
洗衣机——设置专用地漏。配置洗衣机龙头、带开关防溅型电源插座
分体空调——室外机位及护栏、冷凝水排水管，预留室内机位及孔洞
储藏空间——储物柜或吊柜
地下室：
地面：细石混凝土地面
墙面、顶棚：白色防霉涂料

踢脚：水泥踢脚

另：除住宅楼（包括地下室）外，其他配套建筑设施均按毛坯房设计、施工。

四、主要材料设备推荐品牌

原则：1）本地品牌或国产品牌。

　　　2）中等档次或二线品牌。

主要材料设备：

1）防水材料：快可美

2）热镀锌管：天津友发、天津君诚、江苏国强

3）电管（KBG）：河北成龙、河北华熙、河北辛利

4）水管（PPR）：金德、顺达、联迅

5）电线电缆：安徽绿宝、安徽伟光、安徽长江

6）卫生洁具（成套）：箭牌、安华、惠达

7）地砖、墙砖：马可波罗、蒙娜丽莎、诺贝尔

8）进户防盗门：新多、星月神、飞云

9）塑钢门窗：海螺、国风、实德

10）涂料：华润、紫荆花、嘉宝莉

11）开关插座：TCL、西门子、鸿雁、飞雕、西蒙

12）燃气灶：火王、华帝、方太、万和

五、项目前期工作及费用

在项目招标前已完成项目地质勘探，由一家勘察设计单位负责三个项目的地质勘探，价格按招标投标中心设计定点招标费率（甲级）计算，列入工程招标内容，由本次招标的中标人支付；可研、初步设计评审、施工图审查、消防审查、排水审查、地震安全评价、人防施工图审查、项目环评报告书（表）等的编制、评审及相关批复由本次招标的中标人负责，费用包含在中标价内。

六、招标控制价

招标控制价按2012年度公租房平均招标控制价确定，同时考虑基础结构、层数、电梯等因素，并结合已开工住宅产业化工程合同价格。

合同按中标人的投标价格签订，中标价格不得高于招标控制价。本次招标的设计施工总承包招标上限控制价为2267元/m^2。包含勘察，设计，图纸审批，消防审查，桩基基础、地库、框架结构的施工及验收，装饰装修、消防备案及资料备案等全部应有费用。

七、相关要求

1）投标单位须根据批准的规划方案编制住宅产业化设计方案及工程量清单和造价，并针对各自的方案提供相应的设计、生产、施工和验收标准。

2）设计内容包括但不限于以下部分：可研、初步设计、单体施工图设计、人防方案及施工图设计、室外园林绿化施工图设计、室外道路附属工程图等设计、小区交通标识设计、

小区室外综合管线设计。

3）项目的建筑单体 PC 率不低于 30%。根据《关于公租房预制装配率与工程造价关系的测算报告》，评标时，PC30%～60%部分，评标价格按 PC 率每增加 1%、每平方米造价扣减 M_1 计算，$M_1=8.5$ 元/m^2；PC 超过 60%部分，评标价格按 PC 率每增加 1%、每平方米造价扣减 M_2 计算，$M_2=6$ 元/m^2。项目决算时，工程实际 PC 率低于投标承诺 PC 率的，按 PC 率每降低 1%、合同价格每平方米扣减 $2M$ 计算。即 PC 率在 60%及以下的（最低不得低于 30%），每个百分点造价折算为 8.5 元；超过 60%的，每个百分点造价折算为 6 元。工程决算时，各项目的实际 PC 率须经市城乡建委审核，PC 率在 30%～60%的，实际 PC 率低于企业投标承诺的，每降低一个百分点，按 17 元/m^2 扣罚；PC 率在 60%以上的，每降低一个百分点，按 12 元/m^2 扣罚。

评标时的具体扣减计算说明举例如下：

假设有甲、乙、丙、丁四个有效投标人，投标情况分别是：投标人甲所报 PC 率为 70%，投标单价为 2180 元/m^2；投标人乙所报 PC 率为 65%，投标单价为 2200 元/m^2；投标人丙所报 PC 率为 58%，投标单价为 2160 元/m^2；投标人丁所报 PC 率为 35%，投标单价为 1950 元/m^2。评标价格扣减计算如下：

投标人甲所报 PC 率超过 60%，评标单价扣减计算为（70%－60%）×6元×100＋(60%－30%)×8.5 元×100＝315 元；评标价格为 2180－315＝1865（元/m^2）。

投标人乙所报 PC 率超过 60%，评标单价扣减计算为（65%－60%）×6元×100＋(60%－30%)×8.5 元×100＝285 元；评标价格为 2200-285＝1915（元/m^2）。

投标人丙所报 PC 率未超过 60%，评标价格扣减计算为（58%-30%）×8.5 元×100＝238 元；评标价格为 2160－238＝1922（元/m^2）。

投标人丁所报 PC 率未超过 60%，评标价格扣减计算为（35%-30%）×8.5 元×100＝42.5 元；评标价格为 1950－42.5＝1907.5（元/m^2）。

按有效评标价由低到高排序应为：投标人甲，投标人丁，投标人乙，投标人丙。

八、初审和评审指标

初审和评审指标见表 6-1。

表 6-1　包河区兰州路公租房、蜀山产业园三期、四期公租房设计—施工一体化评审表

投标人：

一、初审指标

序号	指标名称	指标要求	是否通过	投标文件格式及提交资料要求
1	营业执照	年检有效		提供通过有效年检的营业执照和税务登记证的复印件或影印件，应完整地体现出营业执照和税务登记证的全部内容，特别是营业执照年检情况部分
2	税务登记证	合法有效		
3	投标函	符合招标文件要求		
4	投标授权书	原件，符合招标文件要求		法人代表参加投标的无须此件，提供身份证明复印件即可。社保证明要求参照投标格式规定

（续）

投标人：

一、初审指标

序号	指标名称	指标要求	是否通过	投标文件格式及提交资料要求
5	报名情况	未在报名截止时间前完成招标文件规定报名手续的，投标无效（核查报名手续）		
6	投标保证金	符合招标文件要求		第二部分第五章投标人须知 19 条
7	开标一览表	格式、填写要求符合招标文件规定并加盖投标人公章		第二部分第七章投标文件格式一
8	资质证明	符合招标公告要求		提供复印件或影印件，原件携带备查
9	本地化服务	符合招标公告要求		
10	标书规范性	符合招标文件要求：封装符合要求；投标文件数量符合招标文件规定。无严重的编排混乱、内容不全或字迹模糊辨认不清、前后矛盾情况，对评标无实质性影响的		
11	标书响应情况	投标PC率响应、设计响应、质量及工期响应、项目管理及其他响应等		
12	其他要求	招标公告或招标文件列明的其他要求：联合体投标的投标人应提交各方共同签署的联合体协议等		

初审指标通过标准：投标人必须通过上述全部指标

二、评审指标

序号	指标名称	指标要求	是否通过	理由及原因
1	项目前后期管理协调方案	对总承包管理的组织，项目策划，项目进度管理，项目质量管理，项目费用管理，安全、职业健康与环境保护管理，项目资源管理，项目沟通与信息管理，项目合同管理等科学合理，满足招标要求		
2	设计文件及承诺	本项目设计思路清晰，设计构思与创意新颖，结构布局科学合理，与周边环境协调，PC率、控制单价与投资估算的合理、完整性，相关承诺明确		
3	施工组织设计和安装方案	对编制说明、编制依据、施工现场招标方配合项目、施工主要技术要求、保证工程质量的措施、保证安全施工的措施、工程施工应遵循的技术标准、施工机械和施工人员配置等是否合理		
4	设计费报价	符合规定，计算依据正确		
5	工程施工报价	符合规定，计算依据正确		
6	全费用报价	符合招标文件规定		
7	项目验收方案	满足招标文件要求		
8	质保承诺	服务管理制度、保障措施、维保方式、维保内容及期限、质保期满后的维保费用、时间保证等承诺情况		

【案例分析】

本项目招标结果较为理想，项目实施效果良好，作为合肥市早期开展工程总承包实践，本项目的成功实践为后续其他项目的陆续开展起到一定的示范作用。就本项目而言，其成功和不足之处，主要表现为以下方面：

1）确定了比较明确的功能要求和主要参数，这为后续的招标和设计提供了重要的参考依据。

2）在招标文件设置中，初步明确了业主方和中标人的责任范围，减少了项目招标环节中的不确定性因素。

3）总承包和装配式是本项目的两大亮点，这有利于中标企业增强企业业绩和总承包经历，也有利于吸引符合条件的投标人参与竞标。

4）在投标人资格条件设置中，要求投标人同时具备建筑设计甲级资质和施工总承包一级资质的要求，使一部分具备总承包能力的企业被排除在外。

【案例 2】

L 国 L 项目是该国最大的水利灌溉项目。Z 公司为 EPC 总承包商，具有丰富的海外 EPC 工程经验。Z 公司自身的项目部主要负责外围协调，分别将项目管理、设计、采购施工分包给了国内的三家专业公司 A、B、C。这三家分包商的国际工程经验相对较少。项目管理 A 公司与设计分包 B 公司与 Z 公司均为战略合作伙伴关系，在主合同签订之前即协助 Z 公司参与了市场调查与投标工作，使得各方对业主需求与项目情况都有充分了解，项目启动与实施阶段的工作进展较为顺利。

分包合同均采用了双方以往长期使用过的合同文本，避免了烦琐的合同谈判环节，实施阶段对各自的权利义务也很少存在争议。在项目的实施过程中，因为合同各方具有长期合作的意愿以及对于合作分包模式的认可，项目管理进行得比较成功。施工分包 C 公司具有丰富的灌溉项目施工经验，合作意愿较强，团队协作态度好，与 Z 公司之间彼此愿意长期合作。该项目竣工后，三家专业公司 A、B、C 依然愿意与 Z 公司继续合作，且依然处于 Z 公司的分包合作参考对象长名单内。

该项目采取的分包合作模式在实施过程中有两个亮点：①分包合同管理到位。首先是分包合同基于分包模式进行设计，三个模块的分包合同互相联系互相补充，合同内容齐全、合同条款清晰、权利责任明确、项目目标一致；在履约过程中注重对分包商内部自我管理的监控，做好定期的评估与考核，为选择优秀的长期合作伙伴提供重要参考依据。②合作机制运行良好。在各方进场之后，项目管理方对各方分包合同进行了解读与宣讲，进一步明确各方权利与责任，强调分工合作机制，统一合作意愿与合作步调，减少履约过程中的争议与纠纷。基于项目前期的磨合与了解，实施中各方都能互相信任，从项目整体利益出发互相协作，真正实现项目各方共赢，项目建设顺利。

第七章　建设工程招标投标

第一节　建设工程招标投标基本规定

一、建设工程招标投标的相关法律法规

（一）建设工程招标投标的法律

1.《中华人民共和国招标投标法》（以下简称《招标投标法》）

《招标投标法》分总则，招标，投标，开标，评标和中标，法律责任，附则共 6 章 68 条。第一章总则主要规定了《招标投标法》的立法宗旨、适用范围、必须招标的范围、准备投标活动应遵循的基本原则及对招标投标活动的监督；第二章招标，具体规定了招标人的定义，招标项目的条件，招标方式，招标代理机构的地位、成立条件，招标公告和投标邀请书的发布，对潜在投标人的资格要求，招标文件的编制、澄清或修改等内容；第三章投标具体规定了参加投标的基本条件和要求、投标人编制投标文件应当遵循的原则和要求、联合体投标，以及投标文件的递交、修改和撤回程序等内容；第四章开标、评标和中标，具体规定了开标、评标和中标环节的行为规则和时限等内容；第五章法律责任，规定了违反《招标投标法》规定的基本程序、行为规则和时限要求应承担的法律责任；第六章附则，规定了《招标投标法》的例外适用情形及生效日期。

（1）适用范围　地域范围是指中华人民共和国境内。主体范围是只要在我国境内进行的招标投标活动的所有主体，一类为国家机关，也包括国有企事业单位、外商投资企业、私营企业及其他各类经济组织，同时还包括允许个人参与招标投标活动的公民个人。另一类是在我国境内的各类外国主体，即在我国境内参与招标投标活动的外国企业，或外国企业在我国境内设立的能够独立承担民事责任的分支机构。例外情形是按照《招标投标法》第六十七条规定，使用国际组织或者外国政府贷款、援助资金的项目进行招标，贷款方、资金提供方对招标投标的具体条件和程序有不同规定的，可以适用其规定，但违背中华人民共和国的社会公共利益的除外。

（2）基本原则　招标投标活动应当遵循公开、公平、公正和诚实信用的原则。

1）公开原则。该原则即“信息透明”，要求招标投标活动必须具有高度的透明度，招标程序、投标人资格条件、评标标准、评标方法、中标结果等信息都要公开，使每个潜在投标人或投标人能够及时获得有关信息，平等地参与竞争，依法维护自己的合法权益。同时也为当事人和社会公众的监督提供了重要条件。也就是说，公开是公平、公正的基础和前提。

2）公平原则。该原则即“机会均等”，要求招标人一视同仁地给予所有投标人平等的机会，使其享有同等的权利并履行相应的义务，不歧视或排斥任何一个投标人。因此招标人不得在招标文件中要求或标明特定的生产或供应者以及含有倾向性或排斥潜在投标人的内容，不得以不合理的条件限制或排斥潜在投标人，不得对潜在投标人实行歧视性待遇。

3）公正原则。该原则即“程序规范，标准统一”，要求所有招标投标活动，必须按照规定的时间和程序进行，以尽可能保障招标投标各方的合法权益，做到程序公正；评标标准应当具有唯一性，对所有投标人实行同一标准，确保标准公正。

4）诚实信用原则。该原则即“诚信原则”，是民事活动的基本原则之一，这是市场经济中商业道德法制化的产物，是以善意真诚、守信不欺、公平合理为内容的强制性法律原则。也就是要求招标投标当事人不能故意隐瞒真相或弄虚作假，应平等互利，从而保证交易安全。

（3）基本程序　招标投标活动具有严格规范的程序。按照《招标投标法》的规定，一个完整的招标投标程序必须包括招标、投标、开标、评标、中标和签订合同六大环节。

2. 其他相关法律

（1）《中华人民共和国民法总则》（以下简称《民法总则》）由中华人民共和国第十二届全国人民代表大会第五次会议于 2017 年 3 月 15 日通过，自 2017 年 10 月 1 日起施行。《民法总则》共 11 章 206 条。其组成有：第一章基本规定、第二章自然人、第三章法人、第四章非法人组织、第五章民事权利、第六章民事法律行为、第七章代理、第八章民事责任、第九章诉讼时效、第十章期间计算、第十一章附则。《民法总则》是民法典的总则编，规定了民事活动的基本原则和一般规定，在民法典中起统领性作用，集中规定民法的最一般问题，具有高度的涵盖性和抽象性。民法是社会生活的百科全书，是市场经济的基本法，是人民生活基本行为规范，是法官裁判民商事案件的基本依据，在一国的法律体系中占据举足轻重的地位。

（2）《中华人民共和国合同法》（以下简称《合同法》）由中华人民共和国第九届全国人民代表大会第二次会议于 1999 年 3 月 15 日通过，自 1999 年 10 月 1 日起施行，共 23 章 428 条。在我国《合同法》是调整平等主体之间交易关系的法律，它主要规定了合同的订立、合同的效力及合同的履行、变更、解除、保全、违约责任等。

（3）《中华人民共和国建筑法》（以下简称《建筑法》）由 1997 年 11 月 1 日第八届全国人民代表大会常务委员会第 28 次会议通过；根据 2011 年 4 月 22 日第十一届全国人民代表大会常务委员会第 20 次会议《关于修改〈中华人民共和国建筑法〉的决定》修正。《建筑法》分总则、建筑许可、建筑工程发包与承包、建筑工程监理、建筑安全生产管理、建筑工程质量管理、法律责任、附则，共 8 章 85 条，自 1998 年 3 月 1 日起施行。

（二）建设工程招标投标的法规及规章

1. 建设工程招标投标的法规

《中华人民共和国招标投标法实施条例》（以下简称《实施条例》），2011 年 11 月 30 日国务院第 183 次常务会议通过，国务院令第 613 号公布，自 2012 年 2 月 1 日起施行。根据 2017 年 3 月 1 日国务院令第 676 号《国务院关于修改和废止部分行政法规的决定》第一次修订。根据 2018 年 3 月 19 日国务院令第 698 号《国务院关于修改和废止部分行政法规的决定》第二次修订。根据 2019 年 3 月 2 日《国务院关于修改部分行政法规的决定》第三次修订。《实施条例》共7章85条，第一章总则，第二章招标，第三章投标，第四章开标、评标和中标，第五章投诉与处理，第六章法律责任，第七章附则。

《招标投标法》颁布12年后，我国招标投标事业取得了长足的发展，但随着招标投标实践的不断深入，招标投标领域出现了许多新情况、新问题。《实施条例》在总结12年招标投标实践经验的基础上，对上位法的规定做了进一步补充和细化，并针对新情况、新问题做了相应的制度调整，不断增强招标投标制度的可操作性和前瞻性，切实维护招标投标市场秩序，促进招标投标市场健康发展。

（1）立法目的和依据　《实施条例》第一条明确了其立法目的："为了规范招标投标活动，依据《招标投标法》，制定本条例。"

（2）工程建设项目定义　"《招标投标法》第三条所称工程建设项目，是指工程以及与工程建设有关的货物、服务。前款所称工程，是指建设工程，包括建筑物和构筑物的新建、改建、扩建及其相关的装修、拆除、修缮等；所称与工程建设有关的货物，是指构成工程不可分割的组成部分，且为实现工程基本功能所必需的设备、材料等；所称与工程建设有关的服务，是指为完成工程所需的勘察、设计、监理等服务。"

（3）强制招标范围和规模标准　"依法必须进行招标的工程建设项目的具体范围和规模标准，由国务院发展改革部门会同国务院有关部门制定，报国务院批准后公布施行。"

（4）串通投标　串通投标一般分为投标人串通投标、招标人与投标人串通投标。

投标人串通投标：《实施条例》规定了属于和视为两种情形：

1）属于投标人相互串通投标五种：①投标人之间协商投标报价等投标文件的实质性内容；②投标人之间约定中标人；③投标人之间约定部分投标人放弃投标或者中标；④属于同一集团、协会、商会等组织成员的投标人按照该组织要求协同投标；⑤投标人之间为谋取中标或者排斥特定投标人而采取的其他联合行动。

2）视为投标人相互串通投标六种：①不同投标人的投标文件由同一单位或者个人编制；②不同投标人委托同一单位或者个人办理投标事宜；③不同投标人的投标文件载明的项目管理成员为同一人；④不同投标人的投标文件异常一致或者投标报价呈规律性差异；⑤不同投标人的投标文件相互混装；⑥不同投标人的投标保证金从同一单位或者个人的账户转出。

招标人与投标人串通投标：有下列情形之一的，属于招标人与投标人串通投标：①招标人在开标前开启投标文件并将有关信息泄露给其他投标人；②招标人直接或者间接向投标人泄露标底、评标委员会成员等信息；③招标人明示或者暗示投标人压低或者抬高投标报价；④招标人授意投标人撤换、修改投标文件；⑤招标人明示或者暗示投标人为特定投标人中标提供方便；⑥招标人与投标人为谋求特定投标人中标而采取的其他串通行为。

2. 建设工程招标投标相关法规

建设工程招标投标相关法规有《注册建筑师条例》（1995年）《建设工程质量管理条例》（2000年）《建设工程勘察设计管理条例》（2000年）《建设工程安全生产管理条例》（2003年）等。

3. 建设工程招标投标及其相关规章

（1）建设工程招标投标的规章　国家部委和地方政府关于建设工程招标投标的规章数量较多，内容涵盖也较广，此处选择了部分国家部委与建设工程招标投标有关的规章，并做简要介绍。

1)《招标公告和公示信息发布管理办法》(国家发展和改革委员会第 10 号令)。自 2018 年 1 月 1 日起施行。该办法所称招标公告和公示信息,是指招标项目的资格预审公告、招标公告、中标候选人公示、中标结果公示等信息。

2)《必须招标的工程项目规定》(国家发展和改革委员会第 16 号令)自 2018 年 6 月 1 日起施行。该规定共 6 条。第一条是制定依据,即根据《招标投标法》第三条的授权制定。第二条定义了全部或者部分使用国有资金投资或者国家融资的项目,即:使用预算资金 200 万元人民币以上,并且该资金占投资额 10%以上的项目;使用国有企业事业单位资金,并且该资金占控股或者主导地位的项目。第三条定义了使用国际组织或者外国政府贷款、援助资金的项目,即:使用世界银行、亚洲开发银行等国际组织贷款、援助资金的项目;使用外国政府及其机构贷款、援助资金的项目。第四条对不属于第二条、第三条规定情形的大型基础设施、公用事业等关系社会公共利益、公众安全的项目,必须招标的具体范围,由国家发展和改革委员会制定报国务院批准。第五条规定,第二条至第四条规定范围内的项目,其勘察、设计、施工、监理以及与工程建设有关的重要设备、材料等的采购达到下列标准之一的,必须招标:施工单项合同估算价在 400 万元人民币以上;重要设备、材料等货物的采购单项合同估算价在 200 万元人民币以上;勘察、设计、监理等服务的采购,单项合同估算价在 100 万元人民币以上。对同一项目中可以合并进行的勘察、设计、施工、监理以及与工程建设有关的重要设备、材料等的采购,合同估算价合计达到前款规定标准的,必须招标。

3)《工程建设项目勘察设计招标投标办法》(国家发展和改革委员会等八部委第 2 号令),自 2003 年 8 月 1 日起施行。该办法共 6 章 60 条,由国家发展和改革委员会、信息产业部、建设部、交通部、铁道部、水利部、广播电影电视总局、中国民用航空总局联合发布。根据 2013 年《关于废止和修改部分招标投标规章和规范性文件的决定》(国家发展和改革委员会令第 23 号)进行修改。在中华人民共和国境内进行工程建设项目勘察设计招标投标活动,适用该办法。

4)《工程建设项目施工招标投标办法》(国家发展和改革委员会等七部委第 30 号令)自 2003 年 5 月 1 日起施行。该办法共 6 章 92 条,由国家发展和改革委员会、建设部、铁道部、交通部、信息产业部、水利部、中国民用航空总局联合发布。根据 2013 年《关于废止和修改部分招标投标规章和规范性文件的决定》(国家发展和改革委员会令第 23 号)对《工程建设项目施工招标投标办法》做出修改。该办法适用于在中华人民共和国境内工程建设项目施工招标投标活动。

5)《工程建设项目货物招标投标办法》(国家发展和改革委员会等七部委第 27 号令)自 2005 年 3 月 1 日起施行。该办法共 6 章 64 条,由国家发展和改革委员会、建设部、铁道部、交通部、信息产业部、水利部、中国民用航空总局联合发布。根据 2013 年《关于废止和修改部分招标投标规章和规范性文件的决定》(国家发展和改革委员会令第 23 号)对《工程建设项目货物招标投标办法》做出修改。该办法适用于在中华人民共和国境内工程建设项目货物招标投标活动。

6)《评标委员会和评标方法暂行规定》(国家发展和改革委员会等七部委第 12 号令)自 2001 年 7 月 5 日起施行。该规定共 7 章 62 条,由国家发展和改革委员会、建设部、铁道部、交通部、信息产业部、水利部、中国民用航空总局联合发布。根据2013年《关于废止和修改部分招标投标规章和规范性文件的决定》（国家发展和改革委员会令第23号）对《评标委员会和评标方法暂行规定》做出修改。该规定适用于依法必须招标项目的评标活动。评标活动遵循公平、公正、科学、择优的原则。

7）《房屋建筑和市政基础设施工程施工招标投标管理办法》（建设部第89号令）自2001年6月1日起施行。该办法共6章60条，由住房和城乡建设部2018年9月19日修改。该办法适用于依法必须进行招标的房屋建筑和市政基础设施工程的施工招标投标活动。

8）《电子招标投标办法》（国家发展和改革委员会等八部委第20号令），2013年5月1日颁布实施，由国家发展和改革委员会、工业和信息化部、住房和城乡建设部等八部委联合发布。该办法对电子化环境下的招标投标规则进行了明确，进一步推动了电子招标投标事业的发展。

（2）建设工程招标投标相关规章　国家部委和地方政府关于建设工程招标投标的相关规章数量更多，这里简单介绍国家部委主要的相关规章。

1）《建筑业企业资质管理规定》（住房和城乡建设部第22号令），自2015年3月1日实施。该规定共6章42条，由住房和城乡建设部2018年12月22日修改，适用于在中华人民共和国境内申请建筑业企业资质，实行对建筑业企业资质监督管理。

2）《注册建造师管理规定》（建设部第153号令），自2007年3月1日实施。该规定共6章41条，适用于中华人民共和国境内注册建造师的注册、执业、继续教育和监督管理。

二、建设工程招标投标程序

建设工程招标投标具体程序有：招标准备、组织资格审查、编制发售招标文件、现场踏勘、投标预备会、编制递交投标文件、组建评标委员会、开标、评标、中标和签订合同等。

以公开招标方式为例，招标投标具体程序如图7-1所示。

（一）招标准备

招标准备工作包括判断招标人资格能力、制订招标工作总体计划、确定招标组织形式、落实招标基本条件和编制招标采购方案。

1. 判断招标人的资格能力条件

招标人是提出招标项目，发出招标要约邀请的法人或其他组织。招标人是法人的，应当有必要的财产或者经费，有自己的名称、组织机构和场所，具有民事行为能力，且能够依法独立享有民事权利和承担民事义务的机构，包括企业、事业、政府机关和社会团体法人。招标人若是不具备法人资格的其他组织的，应当是依法成立且能以自己的名义参与民事活动的经济和社会组织，如合伙型联营企业、法人的分支机构、不具备法人资格条件的中外合作经营企业、法人依法设立的项目实施机构等。

招标人的民事权利能力范围受其组织性质、成立目的、任务和法律法规的约束，因而招标人享有民事权利的资格也受到这些因素的影响和制约。自行组织招标的招标人还应具备《招标投标法》及其《实施条例》、《工程建设项目自行招标试行办法》等规定的能力要求。

2. 制订招标工作总体计划

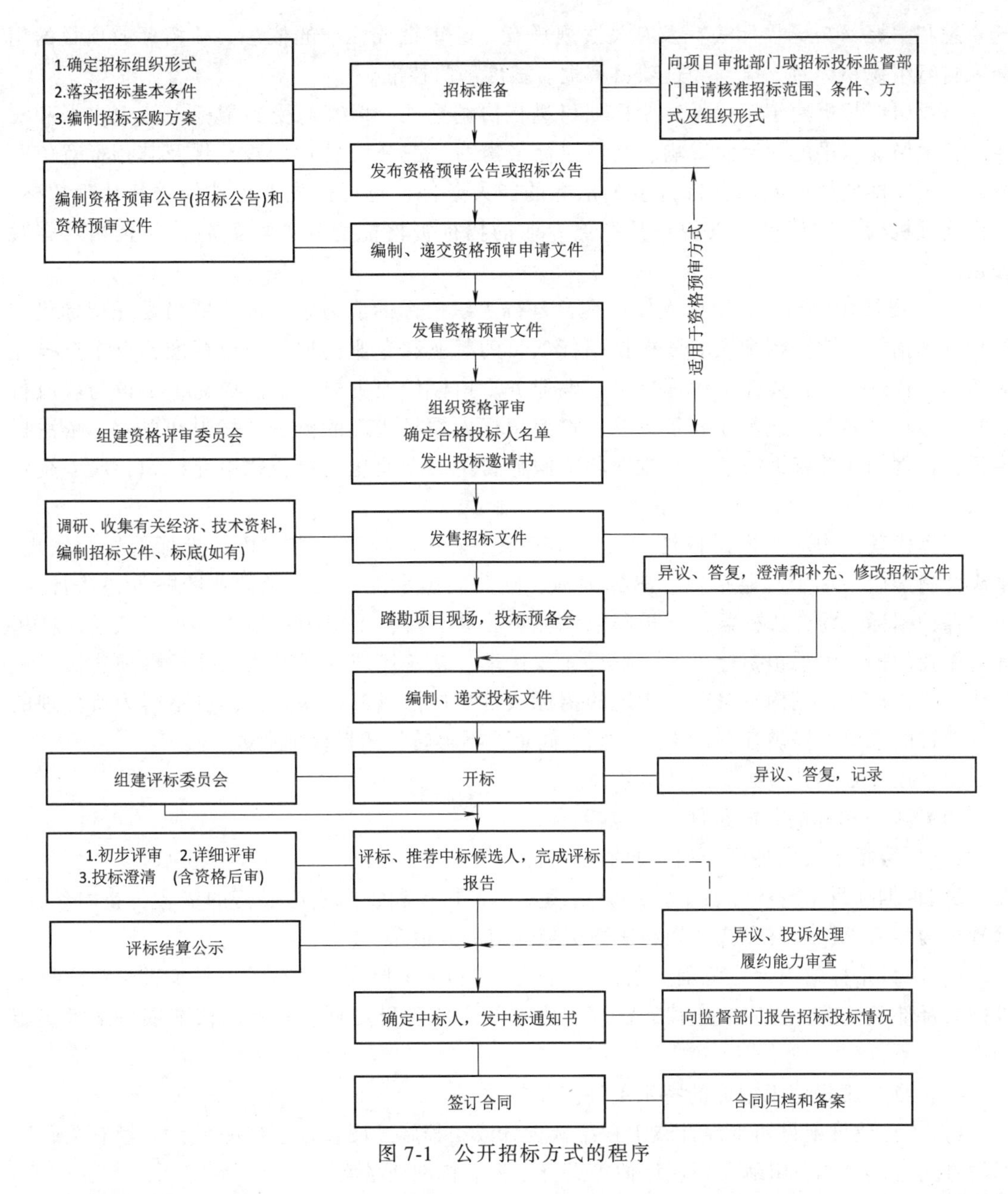

图 7-1　公开招标方式的程序

根据政府、企业采购需要或项目实施进度要求制订项目招标采购总体计划，明确招标采购内容、范围和时间。

3. 确定招标组织形式

（1）自行组织招标　招标人如具有与招标项目规模和复杂程度相适应的技术、经济等方面的专业人员，经审核后可以自行组织招标。根据《招标投标法》的相关规定，《工程建设项目自行招标试行办法》第 4 条对招标人自行办理招标事宜组织工程招标的资格条件具体解释为五个方面：①具有项目法人资格（或法人资格）；②具有与招标项目规模和复杂程度相适应的工程技术、概预算、财务和工程管理等方面专业技术力量；③有从事同类工程建设项目招标的经验；④设有专门的招标机构或者拥有 3 名以上专职招标业务人员；

⑤熟悉和掌握《招标投标法》及有关法规规章。经审批或核准的依法必须招标的项目的招标人自行组织招标时，应当经过项目审批、核准部门核准。

自行组织招标便于招标人对招标项目进行协调管理，但容易受到招标人认识水平和法律、技术专业水平的限制而影响、制约招标采购的“三公”特性、规范性及其招标竞争的成效。因此即使招标人具有自行组织招标的能力条件，也可优先考虑选择委托代理招标。招标代理机构相对招标人来说，具有更专业的招标资格能力和业绩经验，并且相对客观公正。

（2）委托代理招标　招标人如不具备自行组织招标的能力条件的，应当委托招标代理机构办理招标事宜。招标人应该根据招标项目的行业和专业类型、规模标准，自主选择相应的招标代理机构，委托其代理招标采购业务。招标代理机构是依法成立，不得与政府行政机关存在隶属关系或其他利益关系，按照招标人委托代理的范围、权限和要求，依法提供招标代理的相关咨询服务，并收取相应服务费用的专业化、社会化中介组织，属于企业法人。

招标代理机构应当遵循依法、科学、客观、公正的要求，遵守招标投标的法律法规，坚决抵制虚假招标、规避招标、串标围标、倾向或排斥投标人以及商业贿赂等违法行为，依法保护招标人的合法权益，维护国家和社会公共利益，不损害投标人的正当权益。在招标人委托的范围内承担招标事宜，不得无权代理、越权代理，不得明知委托事项违法而进行代理。招标代理机构不得在所代理的招标项目中投标或者代理投标，也不得为所代理的招标项目的投标人提供咨询；未经招标人同意，不得转让招标代理业务。

项目招标必须具备必要的基本条件。

（1）项目招标的共同条件一般包括：

1）项目招标人应当符合相应的资格条件。

2）根据项目本身的性质、特点应当满足项目招标和组织实施必需的资金、技术条件、管理机构和力量、项目实施计划和法律法规规定的其他条件。

3）项目招标的内容、范围、条件、招标方式和组织形式已经有关项目审批部门或招标投标监督部门核准，并完成法律、法规、规章规定的项目规划、审批、核准或备案等实施程序。

（2）项目工程施工招标的特别条件主要包括：

1）工程建设项目初步设计或工程招标设计或工程施工图设计已经完成，并经有关政府部门对立项、规划、用地、环境评估等进行审批、核准或备案。

2）工程建设项目具有满足招标投标和工程连续施工所必需的设计图纸及有关技术标准、规范和其他技术资料。

3）工程建设项目用地拆迁、场地平整、道路交通、水电、排污、通信及其他外部条件已经落实。

（3）项目工程总承包招标的特别条件　按照工程总承包不同开始阶段和总承包方式，应分别具有工程可行性研究报告或实施性工程方案设计或工程初步设计已经完成等相应的条件。

（4）项目货物招标的特别条件　工程使用的货物（简称“工程货物”）采购招标条件与工程施工招标基本相同；非工程货物的采购招标，应具有满足采购招标的设计图纸或技术规格，政府采购货物的采购计划和资金已经有关采购主管部门批准。

(5) 项目服务招标的特别条件 实践中，特许经营权和融资、工程勘察设计、工程建设监理和建设项目管理、科技研究等服务项目经常采用招标方式选择服务对象。

4. 编制招标方案

为有序、有效地组织实施招标采购工作，招标人应在上述准备工作的基础上，根据招标项目的特点和自身需求，依据有关规定编制招标方案，确定招标内容范围、招标组织形式、招标方式、标段划分、合同类型、投标人资格条件，安排招标工作目标、顺序和计划，分解落实招标工作任务和措施。

(二) 组织资格审查

为了保证潜在投标人能够公平地获取投标竞争的机会，确保投标人满足招标项目的资格条件，同时避免招标人和投标人不必要的资源浪费，招标人应当对投标人进行资格审查。资格审查分为资格预审和资格后审两种。

(1) 资格预审 是指招标人在投标前按照有关规定程序和要求公布资格预审公告和资格预审文件，对获取资格预审文件并递交资格预审申请文件的申请人组织资格审查，确定合格投标人的方法。

(2) 资格后审 是指开标后由评标委员会对投标人资格进行审查的方法。采用资格后审办法的，按规定要求发布招标公告，并根据招标文件中规定的资格审查方法、因素和标准，在评标时审查确认满足投标资格条件的投标人。

采用邀请招标的项目，招标人也可以根据项目的需要，对潜在投标人进行资格预审，并向通过资格审查的三个以上潜在投标人发出投标邀请书。

(三) 编制发售招标文件

(1) 编制招标文件 按照招标项目的特点和需求，调查收集有关技术、经济和市场情况，依据有关规定和标准文本编制招标文件，并可以根据有关规定报招标投标监督部门备案。

(2) 发售招标文件 按照投标邀请书或招标公告规定的时间、地点发售招标文件。

(3) 编制招标控制价或标底 招标人根据招标项目的技术经济特点和需要编制招标控制价（最高投标限价），对于非国有资金的项目可以自主决定是否编制标底。

(四) 现场踏勘

招标人可以根据招标项目的特点和招标文件的约定，要求投标人对项目实施现场的地形地质条件、周边和内部环境进行实地踏勘了解。潜在投标人应自行负责据此做出的判断和投标决策。

(五) 投标预备会

投标预备会是招标人为了澄清、解答潜在投标人在阅读招标文件和现场踏勘后提出的疑问，按照招标文件规定时间组织的投标预备会议。但所有的澄清、解答均应当以书面方式发给所有购买招标文件的潜在投标人，并属于招标文件的组成部分。

(六) 编制递交投标文件

(1) 投标人在阅读招标文件中产生疑问和异议的可以按照招标文件约定的时间书面提出澄清要求，招标人应当及时书面答复澄清，对于投标文件编制有影响的，应该根据影响的时间延长相应的投标截止时间。投标人或其他利害人如果对招标文件的内容有异议，应当在投标截止时间10日前向招标人提出。

（2）潜在投标人应严格依据招标文件要求的格式和内容，编制、签署、装订、密封、标识投标文件，按照规定的时间、地点、方式递交投标文件，并根据招标文件规定的方式和金额提交投标保证金。

（3）投标人在提交投标截止时间之前，可以撤回、补充或者修改已提交的投标文件。

（七）组建评标委员会

招标人应当在开标前依法组建评标委员会。依法必须进行招标的项目，评标委员会由招标人及其招标代理机构熟悉相关业务的代表和不少于成员总数2/3的技术、经济等方面的专家组成，成员人数为5人以上单数。依法必须进行招标的一般项目，评标专家可以从依法组建的评标专家库中随机抽取；特殊招标项目可以由招标人从评标专家库中或库外直接确定。

（八）开标

招标人及其招标代理机构应按招标文件规定的时间、地点主持开标，邀请所有投标人派代表参加，并通知监督部门，开标应如实记录全过程情况。除非招标文件或相关法律法规另有规定，否则投标人不参加开标会议并不影响投标文件的有效性。

（九）评标

评标由招标人依法组建的评标委员会负责。评标委员会应当在充分熟悉、掌握招标项目的主要特点和需求，认真阅读研究招标文件及其相关技术资料、评标方法、因素和标准、主要合同条款、技术规范等，并按照初步评审、详细评审的先后步骤对投标文件进行分析、比较和评审，评审完成后，评标委员会应当向招标人提交书面评标报告并推荐中标候选人。

（十）中标

（1）公示　依法必须进行招标的项目，招标人应当自收到评标报告之日起3日内在国家指定媒体公示中标候选人，公示期不得少于3日。投标人或者其他利害关系人对依法必须进行招标项目的评标结果有异议的，应当在中标候选人公示期间提出。招标人应当自收到异议之日起3日内做出答复；做出答复后，才能进行下一步招标投标活动。

机电产品国际招标评标报告应在公示期内送招标投标行政监督部门备案。属于利用国际金融组织或外国政府贷款的招标项目，还应向贷款人申请核准评标报告。

（2）履约能力审查　中标候选人的经营、财务状况发生较大变化或者存在违法行为，招标人认为可能影响其履约能力的，应当在发出中标通知书前由原评标委员会按照招标文件规定的标准和方法审查确认。

（3）定标　招标人按照评标委员会提交的评标报告和推荐的中标候选人以及公示结果，根据法律法规和招标文件规定的定标原则确定中标人；政府采购项目的中标结果应在指定媒体上发布中标公告。

（4）发出中标通知书　招标人确定中标人（或依据有关规定经核准、备案）后，向中标人发出中标通知书，同时将中标结果通知所有未中标的投标人。

（5）提交招标投标情况书面报告　招标人在确定中标人的15日内应该将项目招标投标情况书面报告提交招标投标有关行政监督部门。

（十一）签订合同

招标人与中标人应当自中标通知书发出之日起30日内，依据中标通知书、招标文件、投标文件中的合同构成文件签订合同。一般经过以下步骤：

（1）中标人按招标文件要求向招标人提交履约保证金。

（2）双方签订合同，如法规规定需向有关行政监督部门备案、核准或登记的，应办理相关手续。

（3）招标人退还投标保证金及利息，投标人退还招标文件约定的设计图纸等资料。

第二节　建设工程常用评标办法

一、建设工程招标投标评标办法的内容

建设工程评标办法包括评标方法、评标因素和标准、评标程序，以及推荐中标候选人的要求等内容。

评标方法是招标人根据招标项目的特点和要求，在招标文件中规定的评标委员会对投标文件进行评价和比较的方法。

评标因素和标准是指评标需要考量的各项因素及其具体标准、评标中具体问题的处理方法（如报价范围不一致的处理、否决投标的情形、投标报价低于成本价的判定等）。评标因素和标准一般以表格的形式将各项评审因素、评审依据、评审标准明确列出。

评标程序是指评标的过程和具体步骤，包括初步评审、详细评审、澄清、推荐中标候选人、编写评标报告等。

评标中经常使用的各种表格。以综合评估法评标为例，评标表格通常包括形式评审表、资格评审表、响应性评审表、投标报价评审表、综合评分表、评分汇总表、排序一览表等。

二、建设工程招标投标评标办法的分类

常用的评标方法分为经评审的最低投标价法和综合评估法两大类。

经评审的最低投标价法是以价格为主导考量因素，对投标文件进行评价的一种评标方法。采用经评审的最低投标价法评标的，中标人的投标应当能够满足招标文件的实质性要求，并且经评审的投标报价最低，但是投标报价低于成本价的除外。政府采购货物和服务招标采用的最低评标价法以及全寿命周期成本计算法都属于经评审的最低投标价法。

综合评估法是以价格、商务和技术等方面为考量因素，对投标文件进行综合评价的一种评标方法。采用综合评估法评标的，中标人的投标文件应当能够最大限度地满足招标文件中规定的各项综合评价标准。世界银行、亚洲开发银行贷款项目和机电产品国际招标项目采用的最低评标价法、政府采购货物和服务招标采用的性价比法都属于综合评估法的类型。

三、建设工程招标投标评标办法的应用

（一）经评审的最低投标价法

1. 建设工程项目经评审的最低投标价法

经评审的最低投标价法一般适用于技术、性能规格通用化、标准化，没有特殊性、技术管理以及其他综合性要求的招标项目。采用经评审的最低投标价法评标，应首先审查投

标文件在商务和技术上对招标文件的满足程度；对于满足招标文件各项实质性要求的投标，则按照招标文件中规定的方法，对投标文件的价格要素做必要的调整，以便使所有投标文件的价格要素按统一的口径进行比较。价格要素可能调整的内容包括投标范围偏差、投标缺漏项（或多项）内容的加价（或减价）、付款条件偏差引起的资金时间价值差异、交货期（工期）偏差给招标人带来的直接损益、国外货币汇率转换损失，以及虽未计入报价但评标中应当考虑的税费、运输保险费及其他费用的增减。应区分招标文件的原因和投标人的原因，分别按规定办法增减。经过以上价格要素调整后的价格即为经评审的投标价，该价格最低者为最优。

采用经评审的最低投标价法评标，对于实质上响应招标文件要求的投标进行比较时只需考虑与投标报价直接相关的量化折价因素，而不再考虑技术、商务等与投标报价不直接相关其他因素。

2. 政府采购项目的最低评标价法

政府采购货物和服务招标项目采用的最低评标价法，是在投标全部满足招标文件实质性要求的前提下，依据统一的价格要素对投标报价进行调整，经调整后价格最低的投标人为中标人的评标方法。由于这种评标方法对超出招标要求的商务、技术和服务等响应要素不进行量化折价，所以这种评标方法应归属于经评审的最低投标价法。

3. 栅栏评标法

栅栏评标法是特许经营融资项目评标经常使用的一种评标方法。栅栏评标法采用两阶段评标。第一阶段对融资方案、技术和管理方案、项目协议响应方案等投标内容进行评审，各部分都超过最低要求的投标被认为是合格投标，进入第二阶段评审。第二阶段只对投标报价进行比较，投标报价最低的投标人被推荐为中标候选人。

栅栏评标法既不对融资方案、技术和管理方案、项目协议响应方案等技术因素进行价格折算，也不对商务因素进行价格调整。对招标文件的响应被视为一道“栅栏”，通过这道栅栏的只要价格最低就可中标，因此被形象地称为栅栏评标法。

4. 全寿命周期成本计算法

全寿命周期成本计算法是将工程或货物的建设、采购、安装、运行、维修服务、更新改造，直至报废（废弃成本）的全寿命周期成本进行合并计算并折算为现值比较的评标方法。全寿命周期成本计算法可以全面反映一次采购的全寿命成本，使采购的决策不仅仅考虑初始采购成本，还综合考虑项目的长期经济成本，使采购决策更加科学和客观。采用全寿命周期成本计算法仅考虑工程或货物的各项财务成本，而不考虑技术、品牌、人员、资质、业绩等因素。

采用全寿命周期成本计算法评标，应首先审查投标文件在商务和技术上是否满足招标文件的规定。对于满足招标文件各项实质性要求的投标，则按照招标文件中规定的方法，对投标文件规定的各项成本折算为评标时的合计现值，然后进行比较。这种评标方法适用于工程和货物的采购，尤其适用于后期使用成本对采购决策起关键作用的工程和货物采购。如打印机、复印机等耗材价值明显超过采购货物价值的货物，采用全寿命周期成本计算法进行采购能够更真实地反映采购的真正成本。

采用全寿命周期成本计算法时，招标文件中应当规定各项折算因素以及折现率，作为对各项成本进行折现计算的依据。

5. 合理低价法

合理低价法是以价格因素为主导，以最接近合理低价（评标基准价）的价格为最优的评标方法，属于经评审的最低投标价法类型，采用合理低价法评标时，应首先审查投标文件在商务和技术上对招标文件的满足程度；对于满足招标文件各项实质性要求的投标，则按照招标文件中规定的办法，对投标报价进行计算和比较。首先按照招标文件规定的办法计算合理的评标基准价，然后以最接近评标基准价的得分最高的投标报价为最优。投标价计算得分相等时，以投标报价低的优先。合理低价法具有简单、易用的特点，一般适用于具有通用技术、性能标准，没有特殊性、单一性要求，但价格过低会影响合同履行或工程质量的招标项目。

【例】 投标报价折算为评分值，以合理评标基准价为满分，得分最高者最优。

设定价格评分为 100 分。设定评标基准价，为各投标人评审后价格的平均值下浮 2%。再计算各投标报价与评标基准价的偏差率。每负偏差 1 个百分点，在 100 分的基础上扣 1 分；每正偏差 1 个百分点，在 100 分的基础上扣 2 分。中间值按插入法计算。

（二）综合评估法

1. 建设工程项目综合评估法

一般情况下，不宜采用经评审的最低投标价法的招标项目，尤其是除价格因素外技术、商务因素影响较大的招标项目，都可以采用综合评估法。综合评估法是综合衡量价格、商务、技术等各项因素对招标文件的满足程度，按照统一的标准（分值或货币）量化后进行比较的评标方法。采用综合评估法评标时，可以把以上各项因素折算为货币、分数或比例系数等，再做比较。能够最大限度地满足招标文件中规定的各项综合评价因素的投标被确定为最优投标，其投标人被推荐为中标候选人。

另外除建设工程项目外，包括世界银行、亚洲银行和机电产品国际招标的综合评价法、政府采购的综合评分法等评标方法都属于综合评估法。

相对于经评审的最低投标价法，综合评估法综合考虑了各项投标因素，可以适用于所有招标项目。

（1）采用货币进行比较的综合评估法　综合评估法采用货币进行比较时，其比较的是评审后的价格。评审后的价格的计算公式为：

$$P = P_1 + P_2 + \cdots + P_n$$

式中　P——评审后的价格；

P_1，$P_2 \cdots P_n$——价格、商务、技术等各项偏差调整额。

（2）采用分值进行比较的综合评估法　综合评估法采用综合得分进行比较时，综合得分计算公式如下：

$$F = F_1 A_1 + F_2 A_2 + \cdots + F_n A_n$$

式中　F——评标总得分；

F_1，$F_2 \cdots F_n$——各项评分因素的评分值；

A_1，$A_2 \cdots A_n$——各项评分因素所占的权重（$A_1 + A_2 + \cdots + A_n = 1$）。

《标准施工招标文件》提供了经评审的最低投标价法和综合评估法两种评标方法供选择。按照规定，依法必须招标的工程施工招标项目必须使用《标准施工招标文件》文本。其中的综合评估评标办法已做规定，工程货物招标项目及其他招标项目也可参照该标准文本选择和设置适合具体项目要求的评标办法。

【例】 某招标项目采用综合评估法评标，以价格、技术和商务因素综合得分最高为最优。价格因素为40分，评审后的投标报价最低的得分为40分，最高的得分为10分，投标报价为中间值的按照线性插值法计算价格得分；技术因素和商务因素最高得分分别为50分和10分。

2. 性价比法

性价比法是政府货物和服务招标项目采用的一种评标方法，是对投标的商务和技术等价格以外的因素进行综合评价，然后以分数的形式进行量化，再把量化后的累计分数除以其投标报价，计算出该投标的性价比进行比较，性价比最高的推荐为中标候选人，属于综合评估法的一种。性价比法与综合评价法和综合评分法对商务和技术等因素的评价方法是一样的，区别仅在于性价比法不需把价格量化为分数。

性价比法计算性价比的公式如下：

$$F=K(F_1A_1+F_2A_2+\cdots+F_nA_n)/P$$

式中　F——性价比；

K——放大倍数（根据投标报价确定，使计算结果便于比较）；

P——投标报价；

F_1，$F_2\cdots F_n$——各项评分因素的汇总得分；

A_1，$A_2\cdots A_n$——除价格因素外的各项评分因素所占的权重（$A_1+A_2+\cdots+A_n=1$）。

性价比法的评分经常采用百分制。在投标报价较高时，计算的性价比数值往往很小。为了方便对性价比进行比较，通常在性价比的基础上乘以适当的放大倍数，以便使性价比可以比较。

除政府采购货物和服务招标项目外，其他项目也经常采用性价比法评标，且对性价比的计算方法也可根据定义进行调整。

3. 投票法

投票法是工程建设项目方案设计招标常用的一种评标方法，评标委员会成员对实质性响应招标要求的投标方案经过综合评审，通过投票方式排出名次。投票可以采用记名或不记名的办法，一般实行一人一票制，按照招标文件事先约定的规则确定中标候选方案。

投票法简单易行，但较难对各投标人的投标进行客观的量化，评标结果受主观影响较大，一般在难以量化比较的概念性方案、实施性方案设计招标项目的评审中采用。

4. 排序法

排序法也是常用于工程建设项目方案设计招标的一种特殊评标办法。排序法的做法是由评标委员会成员对实质性响应招标要求的投标方案各自按照评价的优劣顺序进行排序，并按照招标文件规定的赋分办法（如第一名得5分，第二名得3分，第三名得1分）给每个投标方案赋予分数。最后，将每个投标方案和每个评标委员会成员评价的分值分别汇总后排出最终排名顺序。

四、建设工程招标投标评审因素及标准

（一）评审因素

招标项目的评审因素一般包括价格因素、商务因素和技术因素。除此之外其他因素如

售后服务、国产化率等都可以归入商务或技术因素。

1. 评标价格计算

评标价格是评标中进行价格比较和价格评分的基础，经评审的最低投标价法和综合评估法都需要计算评标价格。计算评标价格需要考虑报价范围完整性、报价的一致性和付款进度等因素。

（1）报价范围完整性　报价范围完整性主要考量报价范围是否包含了招标文件要求的各项内容。对于报价中的缺漏项内容或超出项内容区分招标人或投标人的不同原因需要进行加价或减价调整，以便各个报价在同样的标准下进行比较。

（2）报价的一致性　报价的一致性是为了使不同条件下的报价统一为口径一致的价格术语进行比较。对于报价中没有包含的进口环节税、运输费、保险费、杂费等需要招标人另行支付的各种费用，应当按照统一的标准加在报价中，以使价格可以进行比较。

（3）付款进度　招标文件一般都对付款进度做了规定。有些情况下，招标文件允许投标人提出修改的付款进度。对于与招标文件要求不一致的付款进度，评标时应当考虑资金的时间价值。一般以合同生效时的资金现值为基准，对投标报价支付进度款的差异部分进行折现计算。

将未来需要支付的资金折算为当期价值（现值）的计算称为折现。评标时对付款差异进行折现计算，通常分为以下两种情况：

1）一次支付情况下的折现。对于一定时间后将要发生的一次性资金支付，将其折现为现值，称为一次支付情况下的折现。

一次支付现值计算公式如下：

$$P=F[(1+i)-n]$$

式中　P——现值；

F——终值；

i——折现率；

n——折现期数。

公式中 $(1+i)-n$ 称为一次支付现值系数。将 $(1+i)-n$ 用符号（P/F，i，n）表示，以上公式也可表示为：

$$P=F(P/F,i,n)$$

为了计算方便，经常将常用的一次支付现值系数计算后列为表格，见表 7-1。

表 7-1　一次支付现值系数表

$(P/F,1\%,n)$	0.99	0.98	0.971	0.962	0.952	0.942
$(P/F,2\%,n)$	0.98	0.961	0.943	0.925	0.907	0.89
$(P/F,3\%,n)$	0.971	0.943	0.915	0.888	0.863	0.837

【例】 某施工招标项目投标报价为 600 万元，合同生效时支付 100 万元，合同生效三个月时支付 300 万元，合同生效六个月时支付 200 万元。假设银行月息为 1%，请计算各次付款折现为合同生效时的现值。

答：$P=100+300\times(1+1\%)^{-3}+200\times(1+1\%)^{-6}=579.59$（万元）

或者：$P=100+300\times0.971+200\times0.942=579.59$（万元）

2）多次等额支付情况下的折现。对于一定时间后将要发生的相同金额的多次资金支付，将其折现为现值，称为多次等额支付情况下的折现。

多次等额支付的折现计算公式如下：

$$P=A\frac{(1+i)^n-1}{i(1+i)^n}$$

式中　P——现值；

A——每次等额支付的金额（或称为年金）；

i——折现率；

n——年金次数。

以上公式中$\frac{(1+i)^n-1}{i(1+i)^n}$称为等额系列现值系数，用符号（$P/A$，$i$，$n$）表示。以上公式也可表示为：

$$P=A(P/A,i,n)$$

为了计算方便，经常将常用的等额系列现值系数计算后列为表格，见表7-2。

表7-2　等额系列现值系数表

n	1	2	3	4	5	6	7	8
$(P/A,1\%,n)$	0.99	1.97	2.941	3.902	4.853	5.3795	6.728	7.625
$(P/A,10\%,n)$	0.909	1.736	2.487	3.17	3.791	4.355	4.868	5.335

【例】　某施工招标项目投标报价为1000万元，合同当月末生效并支付300万元，其余部分从次月末开始，分为7个月等额支付，每个月末分别支付100万元。假设银行月息为1%，请计算各次付款折现为合同生效时的现值。

答：$P=300+100\times[(1+1\%)^7-1]/[1\%\times(1+1\%)^7]$

$=300+672.82=972.82$（万元）

或者：$P=300+100\times6.728=972.8$（万元）

（4）评标价格　经过对投标报价完整性、一致性和付款进度等因素的评审和计算，得出的是评审后的投标价格（即评标价格）。采用经评审的最低投标价法评标时，只对评标价格进行比较，评标价格最低的可推荐为中标候选人。采用综合评估法评标时，评标价格作为价格评分的依据，除此之外还需要对技术、商务等因素进行评审。

2. 综合评估法和合理低价法的价格评分。

价格评分一般以评标价格为基础计算得分。有些评标方法规定价格得分以评标价格与评标基准价的偏差率为依据计算，则需要确定评标基准价。

（1）评标基准价的确定　常用的确定评标基准价的方法有：以所有评标价格最低值为评标基准价、以所有评标价格平均值为评标基准价、对所有评标价格平均值调整一定额度为评标基准价。以所有评标价格最低值为评标基准价的价格评分方法称为低价优先方法。政府采购货物、服务招标项目和机电产品国际招标项目采用综合评估法评标时，规定必须采用低价优先方法。

（2）价格评分　主要方法有公式法和区间法两种。

1）公式法。公式法是用数学计算公式计算价格得分的评分方法。计算价格得分的公式有很多种。比较常用的有以下三种。

① 基准价中间值法公式：

$$F_1=F-\frac{|D_1-D|}{D}\times 100\times E$$

式中　F_1——价格得分；

F——价格分值权重；

D_1——投标价格；

D——评标基准价；

E——减分系数，即评标价格高于或低于评标基准价一个百分点应该扣除的分值。

一般为了体现对低价的优惠，$D_1\geqslant D$ 时的 E 值可比 $D_1<D$ 时的 E 值大。

基准价低价优先法公式以评标价格等于评标基准价时为最高分，评标价格高于评标基准价和低于评标基准价的都要在价格分值权重的基础上相应减分（图 7-2）。基准价低价优先法公式多用于鼓励合理投标价格中标的工程施工和服务招标项目。货物招标一般不使用这种公式。

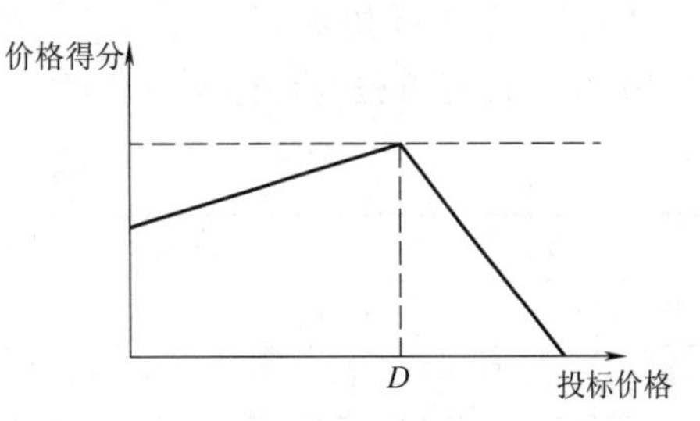

图 7-2　基准价中间值法价格得分曲线

② 线性插值法公式：

$$F_1=F_2+\frac{F_3-F_2}{D_3-D_2}\times(D_1-D_2)$$

式中　F_1——价格得分；

F_2——设定的最低价格得分；

F_3——设定的最高价格得分；

D_1——投标价格；

D_2——设定的最低评标价格；

D_3——设定的最高评标价格。

使用线性插值法公式时，应对评标价格的变化区间有比较准确的预见（图 7-3）。根据预计的评标价格，在招标文件中提前设定最低评标价格和最高评标价格及其得分。实际评标价格按照插值法计算实际得分。

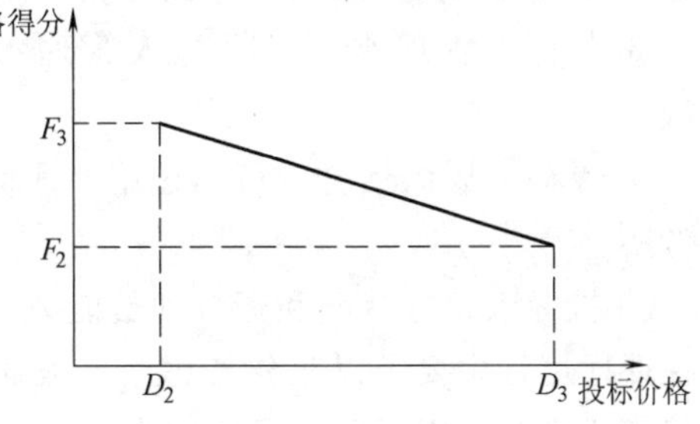

图 7-3　线性插值法价格得分曲线

③ 基准价低价优先法公式：

$$F_1=\frac{D}{D_4}F\times 100$$

式中　F_1——价格得分；

F——价格分值权重；

D_4——评标价格；

D——评标基准价。

基准价低价优先法公式以评标价格的最低值为评标基准价，得价格分满分（图 7-4）。评标价格高于评标基准价的都要在价格分值权重的基础上相应减分。基准价低价优先法公式多用于鼓励低价中标的招标项目。

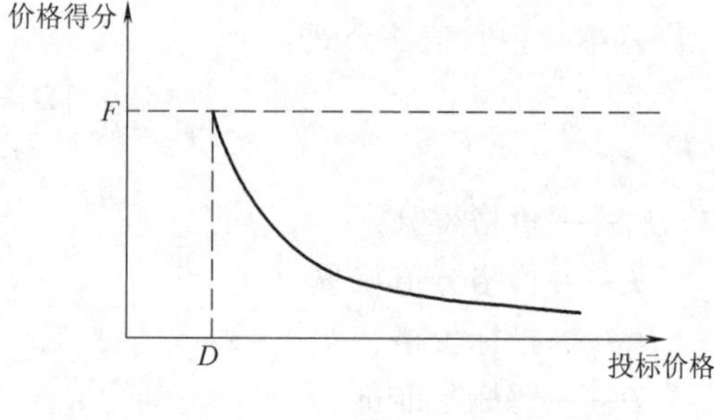

图 7-4　基准价低价优先法价格得分曲线

2）区间法。区间法是将评标价格与确定的评标基准价的偏差率及其设定的得分按照一定的对应关系制作成为对照表，在一定区间范围的偏差率对应一个确定的得分。采用区间法时需要特别注意区间设置要全面、连续。临界数值应明确是否包含本数。用数学式表示偏差率（%）时，1（不含）~2（含）应表示为（1，2]。

【例】 某工程招标评标办法规定，价格得分按照评标价格与评标基准价的偏差率，查照表 7-3 确定。

表 7-3　偏差率与得分表

偏差率(%)	≤-6	(-6,-5]	(-5,-4]	(-4,-3]	(-3,-2]	(-2,-1]	(-1,0]
得分	10	25	30	34	36	38	40
偏差率(%)	(0,1]	(1,2]	(2,3]	(3,4]	(4,5]	>5	
得分	37	34	30	25	20	10	

当评标价格与评标基准价偏差率为-2%、4.3%和 6.8%时，请查表 7-3 确定价格得分。

答：分别为 36、20 和 10 分。

3）商务因素。采用经评审的最低投标价法时，商务因素评审合格即可，不对商务因素进行评分。采用综合评估法时，商务因素评审合格后，还需进行评分。商务因素一般包括投标人资质、投标人业绩、投标人管理水平、投标人履约信誉、投标人财务状况和资金动员能力、合同条款的响应和服务承诺等内容。

① 投标人资质。投标人的资质包括资质类别和资质等级，可以反映投标人的基本资格和能力。投标人资质等级高，代表着投标人综合能力较强。

② 投标人业绩。投标人业绩包括投标人已完成的既往业绩和正在执行的项目业绩。投标人已完成的既往业绩反映了投标人的经验，业绩越多则越有经验。正在执行的项目业绩一方面可以反映投标人的市场认可度，另一方面也可以反映投标人剩余的可动员资源。

③ 投标人管理水平。投标人管理水平可以通过投标人采用的管理体系或管理制度反映。

④ 投标人履约信誉。可通过用户评价、以往项目验收报告、行业证明及社会评价等方式考察。

⑤ 投标人财务状况和资金动员能力。投标人的财务状况决定了投标人的履约能力，因此在评标过程中要予以充分考虑。一般通过财务报表、银行资信证明、银行存款证明、银行信贷证明等予以证明。具体因素包括投标人注册资本、资产负债率、盈利情况、净资产、流动资金数额、银行授信额度等财务指标。

⑥ 合同条款的响应。投标人应对合同条款做出实质性响应。一般情况下，除招标文件明确投标人可以提出修改意见的内容外，投标人不得对招标文件的合同条款进行修改。

⑦ 服务承诺。投标人应按照招标文件的要求，对其完成的工程和提供的货物和服务提

供售后服务承诺。售后服务承诺的内容应包括对用户人员的培训计划、服务方式、服务响应时间、服务人员安排、费用承担等内容。

4）技术因素。与商务因素一样，采用经评审的最低投标价法时，技术因素评审合格即可，不再进行评分。采用综合评估法时，技术因素评审合格后需要对技术因素评分。工程、货物和服务评标考虑的技术因素区别较大。

① 工程招标的技术因素。工程招标评标时考虑的技术因素通常包括：

A. 施工组织设计。施工组织设计的内容包括：a. 施工部署的完整性、合理性；b. 施工方案与方法的针对性、可行性；c. 工程质量管理体系与措施的可靠性；d. 工程进度计划与措施的可靠性；e. 安全管理体系与措施的可靠性；f. 环境管理体系与措施；g. 施工机械设备配置的数量、性能、匹配性；h. 劳动力配置的适应性；i. 其他技术支持体系。

B. 项目管理机构。项目管理机构的内容包括：a. 项目经理任职资格与业绩；b. 技术负责人任职资格与业绩；c. 其他人员的任职资格、业绩与专业结构。

② 货物招标的技术因素。货物招标的技术一般因素包括货物的质量性能、技术经济指标、配套性和兼容性、使用寿命、营运的节能和环保指标等内容。

A. 货物的质量性能。货物的质量性能优劣直接决定货物的使用效率状况，评标办法应选取重要的质量性能指标作为货物项目的实质性要求和主要评标因素。招标文件一般应该说明货物质量性能指标必须满足的保证值。投标文件的质量性能指标如不能满足招标文件的实质性要求，通常将作为符合性不合格的拒绝投标处理；当质量性能指标优于要求值时，通常有两种处理方式：一是不再考虑货物的质量性能优势，即不再量化和评价这个优势的质量性能指标；二是量化这个性能指标，并折算为分数或货币进行评价。

B. 货物的技术经济指标。例如能耗、材料消耗、效率等决定货物的运行成本和整个项目的经济效益。某投标货物的运行效率低于其他货物，那么必然要消耗较多的能源和材料才能够达到运行效率较高的其他货物的工作效果。因此货物的技术经济指标应作为评标的重要技术因素，评标中通常需要按照这些指标对货物设计寿命内运行成本的影响进行量化评价。

C. 货物的配套性和兼容性。货物与其他货物的配套性和兼容性也是综合评标的一个重要因素。如果货物的配套性和兼容性不好，可能导致招标货物无法使用。还可能会影响其他货物的采购和使用性能、效率，以及整个工程的质量、进度和投资。为此，应将货物的配套性和兼容性指标作为实质性要求，并根据具体情况对货物配套性和兼容性指标进行量化评价。

D. 货物的使用寿命。货物的使用寿命直接影响货物的使用效益，也是评标的重要因素之一，投标货物的使用寿命未达到招标文件约定要求的应该作废标处理，使用寿命优于招标文件要求的投标可根据具体情况量化评价。

E. 货物营运的节能和环保指标。现在，能源和环境问题越来越突出，评标必须重视节能和环保问题，货物营运的能耗和环保指标应该作为评标衡量货物优劣的指标之一。国家法律法规或行业标准对货物的能耗和环保指标有强制要求者，如果投标货物无法满足这些要求，应作废标处理；如果允许一定范围的偏离，则应对投标货物的能耗和环保指标进行量化评价。例如，为了解决城市中心的供电负荷，越来越多的城市变电站建设在城市中心区域，非常靠近城市居民的居住、生活场所，因此变电站内的设备采购必须考虑设备运行时的噪声和电磁干扰给周边带来的影响；再如车辆采购时，车辆使用的噪声和油耗都将成为选择的重要指标。

F. 其他技术因素。除上述常用技术因素外，招标文件还可根据项目具体情况考虑其他技术因素，如设备先进性和成熟性、零配件供应及售后服务维修情况以及原材料的质量技术等。

③ 服务招标的技术因素。服务招标涉及的内容多种多样，评标时考虑的技术因素也各不相同。特许经营项目融资招标、工程设计招标、监理招标等评标应根据其特点考虑技术因素。

（3）商务和技术评价标准　商务和技术评分（或货币化）方法主要有两类。即客观评分法和主观评分法。

1）客观评分法。客观评分法是对各项评价因素，按照统一的方法进行评分的方法。采用客观评分法时，不同的人对于同一个指标的评分应当是一致的。常用的客观评分法包括排除法、区间法、排序法、公式计算法等。

① 排除法。只需要判定是否符合招标文件要求或是否具有某项功能的指标，可以规定符合要求或具有功能即获得相应分值，反之则不得分。

【例】 有 ISO 9001 认证的得 3 分，没有的得 0 分。

② 区间法。与投标报价得分计算的区间法类似，是将某个商务或技术指标及其得分按照一定的对应关系制作成对照表，在一定区间范围的商务或技术指标数对应一个确定的得分。

【例】 系统工作效率为 90（不含）~100（含）的得 3 分，75（不含）~90（含）的得 2 分，在 60（不含）~75（含）的得 1 分，0（含）~60（含）的得 0 分，见表 7-4。

表 7-4　系统效率得分表

系统效率(%)	[0,60]	(60,75]	(75,90]	(90,100]
得分	0	1	2	3

③ 排序法。对于可以在投标人之间具体比较的评价因素，通过对投标人指标的比较和排序，按照排序确定相应得分。

【例】 按照质保期长短排序，最长的得 3 分，其次得 2 分，再次得 1 分，其余得 0 分。按故障维修响应时间排序，故障维修响应时间最快的得 2 分，最慢的得 0 分，其他得 1 分。

④ 公式计算法。按照算术公式计算某些指标的相应得分。

【例】 电耗最低者得 4 分，以电耗最低者为基准，电耗每增加 10%减 1 分，不足 10%的部分按照 10%计算，减完为止。开箱合格率得分 = 开箱合格率×100÷12。废气回收率达到 97%得 2 分，每增加 0.5%加 0.5 分（如 97.5%得 2.5 分，98%得 3 分，以此类推，在两个值的区间内的，以线性插值法计算）。

2）主观评分法。主观评分法是由评标委员会成员按照自己的主观判断，在设定的范围内自主评价打分的方法。采用主观评分法时，由于主观判断的差异，不同的人对于同一个指标的评分可能会出现不一致的情况。

主观评分法可进一步分为一步法和两步法。一步法是由评标委员会成员根据投标文件对评价因素的响应直接评出分数（表 7-5）。两步法是先由评标委员会成员对评分因素进行等级评价，将所有成员对该项因素的等级评价综合后得出该项因素的最终等级；第二步再由评标委员会成员在该项等级对应的分数区间内打分。

【例】 一步法：

表 7-5　直接评分

百公里油耗/(L/100km)	[0,10]	(10,12]	(12,15]	≥15
得分	[5,4]	(4,3]	(3,0]	0

汽车百公里油耗指标为 8L，评标委员会成员可直接在 4~5 分自主决定得分。

【例】 两步法：

系统设计方案为 10 分，采用两步法主观评价。等级评价满分为 4 分，[3~4] 分评价为优，[2~3) 分评价为良，[1~2) 分评价为一般，[0~1) 分评价为差；等级评价为优的得 [9~10] 分，等级评价为良的得 [7~9) 分，等级评价为一般的得 [5~7) 分，等级评价为差的得 [0~5) 分。

五个评标委员会成员的等级评价分分别为 3、3.5、3.2、2.8、2.6，平均为 3.02，等级评价为优。系统设计方案得分应为 9~10 分，由评标委员会成员自由裁量。

从此例可见，采用两步法评审，评标委员会成员的自由裁量权受到一定的限制。虽然有两位评委认为该投标人该项评审因素应为良，但综合五位评委的意见为优，因此这两位评委也必须在优的分数区间内进行评分。两步法可以避免出现少数评委意见主导最终结果或个别评委恶意评分的情况。

第三节　建设工程投标技术解析

一、建设工程投标中投标人的权利和义务

投标人是响应招标，按照招标文件的规定参加投标竞争的法人或其他社会经济组织，依法招标的科研项目允许个人参加投标的，自然人也可以参加投标，投标的个人适用有关投标人的规定。

建设工程招标投标中，国家对相关组织进行资质管理的，投标人必须首先具备资质。具备圆满履行合同的能力和条件，包括与招标文件要求相适应的人力、物力和财力，以及招标文件要求的资质、工作经验与业绩等。

投标人享有的权利和义务按招标、投标、开标、评标、中标和签订合同的程序及顺序一般主要包括：

(一) 投标人权利

1. 平等地获得招标信息的权利

招标信息的传递是通过招标公告、招标文件的澄清和修改、开标、中标公示的形式进行的，投标人通过以上形式，可以平等地获得招标信息。根据招标投标的“公开”原则，公开招标项目须发布招标公告。《招标公告和公示信息发布管理办法》规定了招标公告发布的内容、发布媒介和在不同媒介发布确保内容一致。招标投标过程中，招标人发出的与招

标有关的信息材料均应以书面形式发出。以上规定就是为了保证投标人平等地获得招标信息。

2. 是否参与开标会的权利

在以纸质文件进行投标的过程中，在招标文件规定的投标截止时间前，将投标文件送达开标地点的投标人，是否参与开标会是投标人的权利。因为《招标投标法》规定“开标由招标人主持，邀请所有投标人参加”，招标人只有邀请权。但投标人不参加开标会，也意味着其失去了对开标过程异议的权利，同时也面临着招标文件约定的其他不利后果的风险。

3. 要求对招标文件澄清说明的权利

对招标文件的内容，投标人经过阅读招标文件、现场踏勘、投标预备会等方式，对不明确或不一致的疑问，可以要求招标人澄清。招标人需要发出澄清的，澄清须以书面形式通知所有获取招标文件的潜在投标人或投标人。

4. 异议和投诉的权利

投标人在招标文件发出后的法定时间内、开标现场、中标候选人公示的法定时间内，认为招标过程存在违法行为，可以依据合法获得的证据，向招标人进行异议，如招标人不做答复或答复投标人认为不符合法律规定，可以向行政监督部门投诉。

（二）投标人义务

1. 保证所提供的投标文件的真实性

招标投标原则中的“诚实信用”是市场经济和招标投标“公开、公平、公正”的基石。如果投标人提供的投标文件不真实，将影响其信用，严重的可能面临法律制裁。

2. 按要求对投标文件澄清说明

评标过程中，按《招标投标法》规定“评标委员会可以要求投标人对投标文件中含义不明确的内容做必要的澄清或者说明”，因此投标人有义务对提出澄清的要求，在规定的时间内进行澄清或说明，澄清或者说明不得超出投标文件的范围或者改变投标文件的实质性内容，拒绝澄清或说明的将承担相应的后果，可能造成投标被拒绝。

3. 签订并履行合同

投标人的投标被接受，收到中标通知书后，有权按中标通知书规定的时间内与招标人签订合同，所签订的合同应当以招标文件中提供的合同为基础，合同的实质性内容应与招标文件要求和投标文件承诺一致。

二、建设工程投标中编制投标文件应关注的事项

投标人制作投标文件是投标、中标的前提，投标人应对自己的投标材料和行为负责，投标文件编制中包括但不限于以下关注主要事项。

（一）资格文件

资格审查是全部条款必须完全满足或者满足且优于的，一旦出现问题或瑕疵将可能导致投标无效，投标人要严格按照招标文件要求提供，因此必须仔细阅读招标文件中的每一个文字。在编制投标书的过程中，如发现有不清楚，一定及时向招标人提出书面的澄清要求。

① 对提供的营业执照、资质证书等所有资质类文件应在有效期内；对于有认证范围的，需要核查是否在认证范围。

② 法人身份证明及法人授权函：招标文件中对给出的模板，请务必按照模板要求提供。法人签字必须是法人代表本人签字，或者投标人公司经过备案的法人签字章，不得使用代签等方式。

③ 业绩证明材料应按要求完整提供。合同签字盖章必须齐全。其他有需要签字盖章的，也保证签字盖章齐全。

④ 投标文件所提供的资质、业绩等材料均须为投标人的材料，存在母子公司关系者资质、业绩不得通用。

（二）报价文件

报价文件是投标文件的核心内容，与合同签订及执行紧密联系，因此报价文件编制应充分认识其重要性

① 投标报价不能超过最高限价，注意最高限价是否含税。

② 报价文件是投标的核心文件，所以对签字盖章要充分重视，一定按要求进行。

③ 投标函、开标一览表中的金额、报价汇总表金额、报价明细表金额及计算必须正确，包含小数点后保留位数、大小写必须一致。

④ 投标文件中已标价的工程量清单，投标人不可修改招标文件所提供的工程量，因为量的风险由招标人承担。

（三）技术文件

建设工程投标文件的技术文件应根据项目的特点编制，特别注意在应用以前投标文件模板时，一定要根据招标项目特点认真修改。货物、服务投标时应对具体的技术要求进行响应。

三、建设工程投标中防止被拒绝投标

投标被拒绝，大致可以分为三类：资格性条款、形式性条款和响应性条款。投标人一定要按照招标文件中的投标文件格式要求编制投标文件。保证材料真实，文字、图片等清楚可辨，签署符合要求，文件前后逻辑一致、完整。如果提供材料不真实、不清楚、不一致或不完整，导致评标委员会评审为不符合要求，导致投标被拒绝的后果，只能由投标人承担。

为了避免投标文件被拒绝，投标人制作完投标文件后，应当进行认真检查，检查的内容包括但不限于以下关注主要事项。

① 检查投标文件中资格、形式、响应性是否符合招标文件的要求。

② 检查投标价的计算，避免出现计算错误。同时也要运用经验对投标价格进行检验、对比。

③ 检查投标文件前后的一致性，投标文件中，有很多内容是前后相关的，应保持一致。因此，在投标文件编制完成后，检查有关内容的前后一致性非常重要。

④ 检查投标文件的完整性，在开始投标文件的印刷、装订前，检查投标文件的完整性十分重要。只有投标文件完整无缺，且符合招标文件的格式性要求，才能确保不出现投标被拒绝的情况。

⑤ 检查签字和盖章的符合性、完整性，投标文件签署和盖章完成后，要一一进行检查，避免应该签名和盖章的文件缺少签名盖章。

第四节 建设工程招标投标实例

一、背景

某股份制企业，其中国有资本占总股本的51%，计划投资3000万元人民币，拟新建一座综合办公楼，建筑面积8620m^2，地下1层，地上6层，工程基础垫层面标高-4.26m，檐口底高21.18m，为全现浇框架结构。地质情况为地下曾是暗河，施工中需考虑施工保证措施。新建办公楼在老厂区，施工场地相对狭小。招标人已完成项目前期工作，设计图纸已齐备。研究决定采用委托招标形式进行公开招标确定工程施工承包人。

二、招标过程情况

（一）招标委托

招标人本次服务预算不超过25万元，按照企业内部管理规定，对拟委托的招标代理机构进行谈判采购。经谈判确定招标代理机构，并与其签订招标代理合同，约定了双方的权利、义务、违约责任和合同有效期。

（二）招标策划

招标人与招标代理机构签订合同后，招标代理机构提供本次招标的《招标策划》，收集相关资料，确定了招标代理项目组管理及人员配备，本次招标项目实施建议、保证措施及风险分析，需要招标人配合的有关工作。

（三）招标文件

招标代理机构根据项目相关资料和自身专业知识，拟定招标文件初稿后，向招标人进行汇报说明，招标人按内部管理程序研究同意后，最终确定招标文件。其中主要内容有：

1. 资格审查

该项目建设中技术难度不大，采用资格后审方式组织本次招标。

2. 投标报价

项目投资3000万元人民币，工期385日历天，由于工期不长采用固定总价合同，根据图纸和招标文件，编制了工程量清单。关于合同风险，招标文件约定如下：

1）投标价格采用固定总价方式，即投标人所填写的单价和合价，在合同实施期间不因市场变化因素而变动，投标人在计算报价时可考虑一定的风险系数。

2）计取包干费时，应考虑其包干范围为材料、人工、设备在10%以内的价格波动，工程量误差在3%以内的子目，以及已提供的合同条款明示或暗示的其他风险。

3）施工人员住宿自行解决，因场地狭小而发生的技术措施费在投标报价中应需充分考虑。

3. 评标标准和方法

本项目虽然技术不复杂，但地质情况特殊可能存在施工安全风险，场地狭小，施工组织和措施有一定特殊技术要求，采用综合评估法，评审标准为初步评审标准和详细评审标准两部分。

(1) 初步评审标准　分为形式、资格和响应性三部分。

1) 形式评审标准见表7-6。

表7-6　形式评审标准

评审因素	评审标准
投标人名称	与营业执照、资质证书、安全生产许可证一致
投标函及投标函附录	有法定代表人或其委托代理人签字或加盖单位公章,委托代理人签字的,其法定代表人授权委托书由法定代表人签署
投标文件格式及签章	投标文件格式和签字、盖章符合招标文件要求
联合体投标	不接受联合体投标
报价唯一性	只能有一个有效报价
其他	法律法规的其他要求

2) 资格评审标准见表7-7。

表7-7　资格评审标准

评审因素	评审标准
营业执照	具备有效的营业执照
安全生产许可证	具备有效的安全生产许可证
资质等级	具备房屋建筑工程施工总承包三级以上资质
财务状况	财务状况良好,上一年度资产负债率小于95%
项目经理	具有建筑工程专业二级建造师执业资格,近三年组织过同等建设规模的项目施工
技术负责人	具有建筑工程相关专业工程师资格,近三年组织过同等建设规模的项目施工的技术管理
项目部其他人员	岗位人员配备齐全,具备相应岗位从业人员职业/执业资格
信用	近三年履约合法,不是“信用中国”的失信被执行人,没有骗取中标被行政主管部门通报
其他	法律法规规定的其他资格条件

3) 响应性评审标准见表7-8。

表7-8　响应性评审标准

评审因素	评审标准
投标内容	与招标文件“投标人须知”中招标范围一致
投标报价	投标函报价与已标价工程量清单汇总结果一致
工期	符合招标文件“投标人须知”中工期规定
工程质量	符合招标文件“投标人须知”中质量要求
投标有效期	符合招标文件“投标人须知”对投标有效期的规定
投标保证金	符合招标文件“投标人须知”对投标保证金的规定
权利义务	符合招标文件“合同条款及格式”对权利义务的规定
已标价工程量清单	符合招标文件“工程量清单”中给出的范围及数量
技术标准和要求	符合招标文件“技术标准和要求”的规定
施工组织设计	满足工程组织需要
其他	法律法规的其他要求

（2）详细评审标准　其评审对象为通过初步评审的有效投标文件。详细评审采用百分制评分方法，小数点后保留两位，第三位四舍五入。综合评分标准见表 7-9。

表 7-9　综合评分标准

评审因素	标准分		评审标准
工期	2 分		工期等于招标文件中计划工期为 0 分，在招标文件中计划工期基础上提前一天加 0.1 分，最高 2 分
施工重难点	3 分		对本项目施工重难点的措施可行得 3 分，较可行得 2 分，基本可行得 1 分，没有或不可行不得分
投标报价	综合单价	25 分	每个子目综合单价最高者扣 0.5 分，扣完为止。如无子目综合单价最高者得 25 分
	投标总价	70 分	当偏差率<0 时：得分＝70－2×∣偏差率∣×100 当偏差率＝0 时：得分＝70 当偏差率>0 时：得分＝70－3×∣偏差率∣×100 偏差率＝100%×（投标人报价－评标基准价）/评标基准价 评标基准价为各有效投标报价的算数平均值（有效投标报价数量大于 5 时，去掉一个最高报价和一个最低报价后，计算算数平均值）

（四）发布公告

招标公告于××××年 9 月 30 日在“中国招标投标公共服务平台”和项目所在地“招标投标公共服务平台”发布，规定时间内共有 8 个投标人购买了招标文件。

（五）开标

招标文件规定的投标截止时间及开标时间是××××年 11 月 2 日上午 9：00。在规定的投标截止时间前，有 8 个投标人按要求递交了投标文件，并参加了开标会。开标记录见表 7-10。

表 7-10　开标记录表

投标人	投标报价/万元	工期/日历天	质量等级	投标保证金
A	2680.00	365	合格	有
B	2672.00	365	合格	有
C	2664.00	365	合格	有
D	2653.00	365	优良	有
E	2652.00	365	合格	有
F	2650.00	365	合格	有
G	2630.00	365	合格	有
H	2624.00	365	合格	有

（六）评标

1. 评标委员会

招标人依法组建了评标委员会，评标委员会由 5 人组成，其中招标人代表一人，由该省组建的综合专家库中随机抽取的技术、经济专家 4 人，其中施工技术 3 人，工程造价 1 人

2. 初步评审

评标委员会对8个投标人的投标文件首先进行了初步评审，经评审投标人D承诺质量标准为“优良”，现行的质量检验与评定标准中没有该等级，经评委会讨论，认为其没有响应招标文件要求的“合格”标准，拒绝其投标，其余投标人通过了初步评审。

3. 详细评审

对通过初步评审的投标人，评标委员会对其工期、施工重难点的措施、报价及已标价工程量清单进行了详细评审，其中A、B、C、E、F、G、H分别有45、20、5、4、7、13、2项综合单价位于最高。经计算评审结果见表7-11。

表7-11 详细评审结果表

投标人	工期	重难点	综合单价	投标总价	总分	排名
A	2	3	2.50	66.97	74.71	7
B	2	3	15.00	67.87	87.87	6
C	2	2	22.50	66.77	95.27	3
E	2	1	23.00	69.92	95.92	2
F	2	3	21.50	69.76	96.26	1
G	2	2	18.50	68.26	90.76	5
H	2	1	24.00	67.80	94.80	4

4. 推荐中标候选人

评标委员会按照招标文件中的评标标准和方法，对各投标人的投标文件进行了评审，依次推荐投标人F、E、C为中标候选人，并出具了《评标报告》。

5. 公示评标结果

依据《评标报告》对推荐的中标候选人，在发布招标公告的同一媒体，进行了评标结果公示，公示期无异议。

（七）中标签订合同

招标人收到《评标报告》后，对《评标报告》和投标人F的合同履约能力进行了审查，对评标委员会的评审无异议，认为投标人F具有合同履约能力，于××××年11月8日向其发出《中标通知书》，随后按招标文件和其投标文件签订了施工承包合同。

三、实例分析评价

从以上实例可以看出，该项目按照国家发展和改革委员会第16号令，属于依法必须招标的项目，虽然技术不算复杂，但地质情况特殊可能存在施工安全风险，场地狭小，施工组织和措施有一定特殊技术要求，因此采用综合评估法。对于一些潜在投标人普遍掌握的施工技术，且合同风险相对较低的项目，也可以采用最低投标价法。

第八章　全过程工程咨询

2017年2月，国务院办公厅印发《关于促进建筑业持续健康发展的意见》（国办发〔2017〕19号），要求完善工程建设组织模式，培育全过程工程咨询。这是我国在建筑工程全产业链中首次明确提出“全过程工程咨询”这一概念，旨在适应发展社会主义市场经济和建设项目市场国际化需要，提高工程建设管理和咨询服务水平，保证工程质量和投资效益。本章主要介绍全过程工程咨询的概念、内容及方法。

第一节　全过程工程咨询概述

一、全过程工程咨询的基本概念

全过程工程咨询是受客户委托，在规定时间内，充分利用准确、适用的信息，集中专家的群体智慧和经验，运用现代科学理论及工程技术、工程管理等方面的专业知识，对工程建设项目前期研究、决策，以及工程项目实施和运行（或称运营）的全生命周期提供包含设计、规划在内的涉及组织、管理、经济和技术等各有关方面的工程咨询服务。采用多种服务方式组合，为项目决策、实施和运营持续提供局部或整体解决方案以及管理服务。

全过程工程咨询是一种创新咨询服务组织实施方式，大力发展以市场需求为导向，满足委托方多样化需求的全过程工程咨询服务模式。

全过程工程咨询与传统的建设模式咨询的区别：

全过程工程咨询涉及建设工程全生命周期内的策划咨询、前期可研、工程设计、招标代理、工程造价咨询、工程监理、施工前期准备、施工过程管理、竣工验收以及运营保修等各个阶段的管理服务。传统的建设模式咨询采取分阶段或分项进行专业咨询。

相比于传统建设模式咨询，全过程工程咨询有利于增强建设工程内在联系，强化全产业链整体把控，减少管理成本，让业主得到完整的建筑产品和服务。

二、全过程工程咨询的原则和特点

（一）全过程工程咨询的原则

1. 独立

独立是全过程工程咨询的第一属性，即工程咨询专业人员独立于客户而展开工作。独立性是社会分工要求咨询行业必须具备的特性，是其合法性的基础。咨询单位或个人不应隶属或依附于客户，而是独立自主的，在接受客户委托后，应独立进行分析研究，不受外界的干扰或干预，向客户提供独立、公正的咨询意见和建议。

2. 科学

科学是指以知识和经验为基础，为客户提供解决方案。全过程工程咨询所需的是多科专业知识和大量的信息资料，包括自然科学、社会科学、工程技术等专业知识。多种知识的综合应用是全过程工程咨询科学化的基础。同时，经验是实现全过程工程咨询科学性的重要保障。知识、经验、能力和信誉是全过程工程咨询科学性的基本要素，其科学性不仅在于业务本身符合工程技术客观规律的要求，而且要求业务符合政策规定，遵循经济规律，满足客户的需求。

3. 公正

公正是指全过程工程咨询应该维护全局和整体利益，具有宏观意识和坚持可持续发展的原则。要求在调查研究、分析问题、做出判断和提出建议的时候客观、公平、公正，遵守职业道德，坚持全过程工程咨询的独立性和科学性。

（二）全过程工程咨询的特点

（1）全过程　贯穿项目全生命周期，持续提供工程咨询服务。

（2）集成化　整合投资咨询、勘察、设计、招标代理、造价、监理、项目管理等业务资源，充分发挥各自专业能力，实现项目组织、管理、技术、经济等全方位一体化。

（3）多方案　采用多种组织模式，为项目提供局部或整体多种解决方案。

三、建设项目与全过程工程咨询

（一）建设项目

1. 建设项目的含义

建设项目是指按一个总体设计进行建设的各个单项工程所构成的总体，在我国又称为基本建设项目或工程建设项目，也有简称“项目”的。凡属于一个总体设计中分期分批进行建设的主体工程和相应的附属配套工程、综合利用工程、供水供电工程等作为一个建设项目；凡是不属于一个总体设计，经济上分别核算，工艺流程上没有直接联系的几个独立工程，应分别列为几个建设项目。

建设项目是一个建设单位在一个或几个建设区域内，根据批准的计划任务书和总体设计、总概算书，经济上实行独立核算，行政上具有独立的组织形式，严格按照建设程序实施的建设工程。一般是指符合国家总体建设规划，能独立发挥生产功能或满足生活需要，其项目建议书经批准立项和可行性研究报告经批准的建设任务。如民用建设中的一个居民区、一幢住宅、一所医院，工业建设中的一座工厂、一座矿山等均为一个建设项目。包括基本建设项目（新建、扩建等工程建设项目）和技术改造项目。

2. 建设项目的组成

一个建设项目由若干个单项工程组成，其中一个单项工程，又由若干个单位工程组成，单位工程又包括若干个分部工程或分项工程。

3. 建设项目的特点

（1）具有明确的建设目标　每个项目都具有确定的目标，包括对功能性要求和对项目的约束、限制，如时间、质量、投资等。

（2）具有特定的对象　任何项目都具有具体的对象，它决定了项目的最基本特征，是项目分类的依据。

（3）一次性　项目都具有特定目标的一次性任务，有明确的起点和终点，任务完成即告结束，所有项目没有重复。

（4）生命周期性　项目的一次性决定了项目具有明确的起止点，也就是项目的生命周期。

（5）有特殊的组织和条件　项目的参与单位之间主要以合同作为纽带相互联系，并以合同作为分配工作和责任划分的依据。项目参与各方通过合同、法律法规等作为条件完成项目的整个建设。

（6）涉及面广　一个建设项目涉及建设规划、土地、金融、税务、设计、施工、材料供应、交通运输、建设管理等诸多部门，因而项目组织者需要做大量的协调工作。

（7）建设周期长，环境因素制约多　建设项目的建设周期长，影响面大，受建设地点的气候条件、水文地质、地形地貌等多种环境因素的制约。

（二）项目建设程序

项目建设程序是指工程项目从策划、评估、决策、设计、施工到竣工验收、投入生产或交付使用的整个建设过程中，各项工作必须遵循的先后工作次序。工程项目建设程序是工程建设过程客观规律的反映，是建设工程项目科学决策和顺利进行的保证。工程项目建设程序是人们长期在工程项目建设实践中得出来的经验总结，不能任意颠倒，但可以合理交叉。

工程项目建设程序可分为以下几个阶段：

1. 策划决策阶段

策划决策阶段又称为建设前期工作阶段，主要包括编报项目建议书和可行性研究报告两项工作内容。

（1）项目建议书　项目建议书应提出拟建项目的轮廓设想，论述项目的必要性、主要建设条件和获利的可能性等，以判定项目是否需要进一步开展可行性研究工作，但并不表明项目非上不可，项目建议书不是项目的最终决策。

（2）可行性研究　可行性研究是在项目建议书被批准后，对项目在技术上和经济上是否可行所进行的科学分析和论证。

根据《国务院关于投资体制改革的决定》（国发〔2004〕20号），对于政府投资项目须审批项目建议书和可行性研究报告。

《国务院关于投资体制改革的决定》指出，对于企业不使用政府资金投资建设的项目，一律不再实行审批制，区别不同情况，实行核准制和登记备案制。

对于《政府核准的投资项目目录》以外的企业投资项目，实行备案制。

2. 勘察设计阶段

（1）勘察过程　复杂工程分为初勘和详勘两个阶段。勘察主要是为设计提供实际依据。

（2）设计过程　一般分为初步设计阶段和施工图设计阶段，对于大型复杂项目，可根据不同行业的特点和需要，在初步设计后增加技术设计阶段。

初步设计是设计的第一步，如果初步设计提出的总概算超过可行性研究报告投资估算的10%以上或其他主要指标需要变动时，要重新报批可行性研究报告。

初步设计经主管部门审批后，建设项目被列入国家固定资产投资计划，方可进行下一步的施工图设计。

施工图设计一经审查批准，不得擅自进行修改，否则必须重新报请原审批部门，由原审批部门委托审查机构后再批准实施。

3. 项目实施准备阶段

项目实施准备阶段主要内容包括组建项目法人、落实资金、征地、拆迁、“三通一平”乃至“七通一平”，组织材料、设备采购；办理建设工程质量监督手续；准备必要的施工图纸；组织招标（包括施工、监理等）；办理施工许可证等。

4. 施工阶段

建设项目具备了开工条件，并取得施工许可证后方可开工。项目新开工时间，按设计文件中规定的任何一项永久性工程作为第一次正式破土开槽时间。无须开槽的以正式打桩作为开工时间。

5. 生产准备阶段

对于生产性建设项目，在其竣工投产前，建设单位应适时地组织专门班子或机构，有计划地做好生产准备工作，包括招收、培训生产人员，组织有关人员参加设备安装、调试、工程验收，落实原材料供应；组建生产管理机构，建立健全生产规章制度等。

6. 竣工验收阶段

竣工验收阶段包括联动试车、指标考核、竣工验收等。建设项目竣工验收要按照设计文件，有关技术经济要求，检验工程是否达到了设计的要求，是否可以移交生产运营。验收合格后，建设单位编制竣工决算，项目正式投入使用。

7. 项目后评价阶段

建设项目后评价是工程项目竣工投产、生产运营一段时间后，在对项目的立项决策、设计施工、竣工投产、生产运营等全过程进行系统评价的一种技术活动，也是固定资产管理的一项重要内容。

（三）建设项目全过程工程咨询业务范围

1. 传统的全过程工程咨询业务范围

根据《工程咨询业管理暂行办法》（国家计划委员会第2号令）的规定，建设项目全过程工程咨询业务范围如下：

（1）投资前期阶段的咨询　包括投资机会研究、项目建议书和可行性研究报告的编制或评估等。

（2）建设准备阶段的咨询　包括工程勘察、工程设计、招标投标咨询等。

（3）实施阶段的咨询　包括设备材料采购咨询、合同管理咨询、施工监理咨询、生产准备咨询、人员培训咨询、竣工验收咨询等。

（4）生产阶段的咨询　包括后评价等。

2. 现代的全过程工程咨询业务范围

1）全过程各专业咨询服务内容包括以下组合：

① 项目策划。

② 工程设计。

③ 招标代理。

④ 造价咨询。

⑤ 工程监理。

⑥ 项目管理。

⑦ 其他工程咨询服务。如规划咨询、工程勘察等涉及组织、管理、经济和技术等有关方面的工程咨询服务。

2）全过程工程咨询根据咨询服务合同的相应范围界定全过程工程咨询服务范围，业主根据自身的能力，合理选择合同服务范围。

3）项目策划、工程设计、招标代理、造价咨询、工程监理、项目管理等各专业基本业务范围如下，具体内容、方法与管理见本章第二节、第三节。

① 项目策划：编制投资策划书、项目建议书、可行性研究报告、项目申请报告、资金申请报告、环境影响评价、社会稳定风险评估、职业健康风险评估、交通评估、节能评估等工作。

② 工程设计：根据项目实施过程包括项目方案设计、初步设计、技术设计、施工图设计及施工阶段、竣工验收阶段设计服务。其主要设计内容（以房建为例）包括土建设计（建筑、结构）、机电设计（给水排水、电器、暖通）、智能化设计、景观设计、内装设计、幕墙设计、变配电设计、人防设计、泛光照明设计等。

③ 招标代理：投标单位的资格预审，招标文件的编制、发售、澄清或者修改，组织现场踏勘、收取投标保证金，接受投标文件，组织开标、评标，履行中标公示，公布中标结果，采购管理等。

④ 造价咨询：投资估算的编制与审核，经济评价的编制与审核，设计概算的编制、审核与调整，施工图预算的编制与审核，工程量清单的编制与审核，最高投标限价的编制与审核，工程计量支付的确定，审核工程款支付申请，提出资金使用计划建议，施工过程的工程变更、工程签证和工程索赔的处理，工程结算的编制与审核，工程竣工决算的编制与审核，全过程工程造价管理咨询，工程造价鉴定，方案比选、限额设计、优化设计的造价咨询，合同管理咨询，建设项目后评价，工程造价信息咨询服务，其他合同约定的工程造价咨询工作。

⑤ 工程监理：编制监理规划及监理实施细则，全过程咨询服务工程的质量、造价、进度控制，以及对工程变更、索赔及施工合同争议的处理，监理文件资料管理，设备采购及设备安装的监理。

⑥ 项目管理：项目行政审批管理、合同管理、设计管理、进度管理、质量管理、成本管理、安全生产管理、绿色建造与环境管理、资源管理、信息与知识管理、沟通管理、风险管理、收尾管理等内容。

四、全过程工程咨询服务主体及对象

（一）全过程工程咨询服务主体

基于目前的全过程工程咨询概念和业务范围，我国现阶段全过程工程咨询服务是指采用多种组织方式，为项目决策、实施和运营持续提供局部或整体解决方案。无论何种方式，提供全过程工程咨询服务的机构均为企业单位，且受委托人委托，在委托人授权范围内对建设项目实行全过程专业化管理咨询服务。

目前我国对提供全过程工程咨询服务的企业尚未严格规定，但对全过程工程咨询服务机构有要求，委托人派驻工程负责履行全过程工程咨询服务合同的组织机构，包括工程设计、工程监理、招标代理、造价咨询、项目管理等一个或多个法人单位组成的对项目进行全过程工程咨询服务的机构。咨询服务机构应具备适应委托工作的设计、监理、造价咨询等资质中的一项或多项；当不具备工作内容的相应资质可分包给具有相应资质的服务企业。

从事工程咨询服务业务的专业技术人员应以单位名义开展咨询服务工作。

1. 全过程工程咨询服务总负责人（项目总咨询师）

项目总咨询师是指由受托的全过程工程咨询服务机构（联合体单位组成的机构需由各联合体单位共同授权）的法定代表人书面授权，全面负责履行合同，主持全过程工程咨询服务机构工作。全过程工程咨询项目总咨询师执业资格要求：原则上应当取得工程建设类注册执业资格（如具有注册造价工程师、注册监理工程师、注册建造师、注册建筑师、勘察设计注册工程师）或具有工程类、工程经济类高级职称，并具有类似工程经验人员承担，如果国家有相关规定的从其规定。

2. 全过程工程咨询服务专业负责人

专业负责人是指由受托人的法定代表人委派，主持相应专业咨询服务工作，具备相应资格和能力，在全过程工程咨询服务总负责人（项目总咨询师）的管理协调下，开展全过程工程咨询服务相关专业咨询的专业人士（或简称专业咨询师，如设计咨询师、造价咨询师、监理咨询师、投资咨询师等）。全过程工程咨询服务专业负责人主要包括但不限于以下专业人士：具有注册造价工程师、注册监理工程师、注册建造师、注册建筑师、勘察设计注册工程师或具有国家法律法规规定的相关职业资格人员。

国际上把从事工程咨询业务为职业的工程技术人员和其他专业（如经济、管理）人员统称为咨询工程师，担当咨询总负责人的咨询工程师称为总咨询师。1990 年国际咨询工程师联合会（FIDIC）在其出版的《业主/咨询工程师标准服务协议书条件》（简称“白皮书”）中已用“Consultant”取代了“Consulting Engineer”。Consultant 一词可译为咨询人员或咨询专家，但我国对“白皮书”的翻译仍按原习惯译为咨询工程师。

（二）全过程工程咨询服务对象

全过程工程咨询服务对象主要为项目业主或建设方。大多为各级政府、企事业单位，也可为金融机构或其他组织等。

五、全过程工程咨询服务费用计算

（一）全过程工程咨询服务收费规定

国家发展和改革委员会、住房和城乡建设部《关于推进全过程工程咨询服务发展的指导意见》（发改投资规〔2019〕515 号）第五条第二款规定，全过程工程咨询服务酬金可在项目投资中列出，也可根据所包含的具体服务事项，通过项目投资中列支的投资咨询、招标代理、勘察、设计、监理、造价、项目管理等费用进行支付。全过程工程咨询服务酬金可按各专项服务酬金叠加后再增加相应统筹管理费用计取，也可按照人工成本加酬金方式计取。鼓励投资者或建设单位根据咨询服务的节约投资额对咨询服务单位予以奖励。

（二）全过程工程咨询服务的要点

全过程工程咨询模式是 $1+N+X$，1 代表项目管理，N 代表自行实施的专项服务，X 代表不自行实施但应协调管理的专项服务。

1）标准的全过程工程咨询应包括项目管理和至少一项自行实施的专项服务，其他专项服务应协调或控制，即：1=项目管理，$N \geqslant 1$，$X \geqslant 1$。

2）标准的代建应包括项目管理，不自行实施任何专项服务，协调或控制其他所有专项服务，即：1=项目管理，$N=0$，$X \geqslant 5$。

3）标准的项目管理仅做项目管理，不自行实施任何专项服务，也不协调和控制其他所有专项服务，相当于建设单位的建设项目管理职责，即：1=项目管理，$N=0$，$X=0$。

4）如果设计院做全过程工程咨询，N=勘察+设计+…，这里的勘察设计就是绘出勘察、设计文件。如果造价咨询单位做全过程工程咨询，则 X=勘察+设计+…，这里的勘察设计就是造价咨询单位协调的内容。

5）全过程工程咨询的费用应包括独立的项目管理费、叠加收取的自行实施的专项服务费，再加1%的不自行实施的协调管理的专项服务的统筹管理费用。

（三）不同地区全过程工程咨询服务收费标准

目前全国尚无统一的全过程工程咨询服务收费标准，各地区（不同省、市）收费标准不一，见表8-1。

表8-1　不同地区全过程工程咨询收费标准

序号	地区	计费方式
1	江苏省	1. 分项计算后叠加 2. 建设单位对项目管理咨询企业提出并落实的合理化建议，应当按照相应节省投资额或产生的效益的一定比例给予奖励，奖励比例在合同中约定
2	浙江省	1. 各项专业服务费用可分别列支 2. 以基本酬金加奖励的方式，鼓励建设单位对全过程工程咨询企业提出并落实的合理化建议按照节约投资额的一定比例给予奖励，奖励比例由双方在合同中约定 3. 全过程工程咨询服务费的计取应尽可能避免采用可能将全过程工程咨询企业的经济利益与工程总承包企业的经济利益一致化的计费方式
3	福建省	1. 分项计算后叠加 2. 可探索基本酬金加奖励的方式，鼓励建设单位按照节约投资额的一定比例对全过程工程咨询单位提出的合理建议给予奖励
4	广东省	1. 根据委托的内容分项叠加计算 2. 可探索基本酬金加奖励
5	四川省	1. 分项计算后叠加；或采用人工计时单价取费 2. 对咨询企业提出并落实的合理化建议，建设单位应当按照相应节省投资额或产生的经济效益的一定比例给予奖励

第二节　全过程工程咨询的内容

全过程工程咨询内容覆盖整个建设项目，贯穿项目全寿命周期，包括建设项目策划咨询、项目前期可行性研究咨询、工程设计咨询、工程招标咨询、工程造价咨询、工程监理咨询、施工前期准备咨询、施工过程管理咨询、竣工验收阶段咨询、运营保修咨询等。本节将介绍上述几个主要咨询内容。

一、项目策划咨询

（一）项目策划定义

项目策划是指在建设领域内项目策划人员根据建设业主总的目标要求，从不同的角度出发，通过对建设项目进行系统分析，对建设活动的总体战略进行运筹规划，对建设活动的全过程做预先的考虑和设想，以便在建设活动时间、空间、结构三维关系中选择最佳的结合点，重组资源和展开项目运作，为保证项目在完成后获得满意可靠的经济效益、环境效益和社会效益而提供科学的依据。

（二）项目策划分类

项目策划按其范围可分为工程项目总体策划和局部策划。工程项目总体策划一般是在项目决策阶段进行的全面策划，局部策划是指对全面策划分解后的一个单项或专业问题的策划。

项目策划按其程序可分为建设前期工程项目构思策划和工程项目实施策划。

1. 工程项目构思策划

工程项目构思策划是在项目决策阶段所进行的总体策划，它的主要任务是提出项目的构思，进行项目的定义和定位，全面构思一个待建工程项目。项目构思策划必须以国家及当地法律法规和有关方针政策为依据，并结合国际国内社会经济的发展趋势和实际的建设条件进行。

项目构思策划的主要内容：

1）工程项目构思的提出。

2）工程项目在社会经济发展中的地位、作用和影响力的策划。

3）工程项目性质、用途、建设规模、建设标准的策划。

4）工程项目的总体功能、项目系统内各单项、单位工程的构成以及各自的功能和相互关系，项目内部系统与外部系统的协调和配套的策划。

5）与工程项目实施及运行相关的重要环节的策划。

2. 工程项目实施策划

工程项目实施策划是指为使构思策划成为现实可能性和可操作性，而提出的带有策略性和指导性的设想。实施策划一般包括以下几种：

（1）工程项目组织策划　根据国家规定，对大中型项目应实行项目法人责任制。这就要求按照现代企业制度的要求设置组织结构，即按照现代企业组织模式组建管理机构和人事安排。这既是项目总体构思策划的内容，也是对项目实施过程产生重要影响的实施策划内容。

（2）工程项目融资策划　资金是实现工程项目的重要物质基础。工程项目投资大，建设周期长，不确定性大，因此资金的筹措和运用对项目的成败关系重大。建设资金的来源广泛，各种融资手段具有不同的特点和风险因素，项目融资策划就是选择合理的融资方案，以达到控制资金的使用成本，降低项目投资风险的目的。影响项目融资的因素较多，这就要求项目融资策划有很强的政策性、技巧性和策略性，它取决于项目的性质和项目实施的运作方式。

（3）工程项目控制策划　项目控制策划是指对项目实施系统及项目全过程的控制策划。

包括项目目标体系的确定、控制系统的建立和运行的策划。

（4）项目管理策划　项目管理策划是指对项目实施的任务分解和分项任务组织工作的策划。它主要包括合同结构策划、项目招标策划、项目管理机构设置和运行机制策划、项目组织协调策划、信息管理策划等。项目管理策划应根据项目的规模和复杂程度，分阶段分层次地展开，从总体的战略性策划到局部的实施性、详细性策划逐步进行。项目管理策划重点在提出行动方案和管理界面设计。

二、项目前期可行性研究咨询

（一）项目前期可行性研究阶段的划分

可行性研究工作是一个由粗到细的分析过程，主要包括四个阶段：机会研究、初步可行性研究、详细可行性研究、评价和决策阶段。

1. 机会研究

投资机会研究又称投资机会论证。这一阶段的主要任务是提出建设项目投资方向建议，即在一个确定的地区和部门内，根据自然资源、市场需求、国家产业政策和国际贸易情况，通过调查、预测和分析研究，选择建设项目，寻找投资的有利机会。机会研究要解决两个方面的问题：一是社会是否需要；二是有没有可以开展项目的基本条件。

该阶段工作成果为项目建议书，一般应包括以下内容：

1）建议项目提出的必要性和依据，引进技术和进口设备的，还需说明国内外技术差距概况和进口的理由。

2）产品方案、拟建规模和建设地点的初步设想。

3）资源情况、建设条件、协作关系等的初步分析。

4）投资估算和资金筹措设想。

5）项目的进度安排。

6）经济效益和社会效益的估计。

2. 初步可行性研究

初步可行性研究又称预可行性研究，是经过投资机会研究认可的建设项目，需继续研究，它作为投资项目机会研究与详细可行性研究的中间性或过渡性研究阶段。该阶段的主要目的有：

1）确定项目是否还要进行详细可行性研究。

2）确定哪些关键问题需要进行辅助性专题研究。

3. 详细可行性研究

详细可行性研究又称技术经济可行性研究，是建设项目投资决策的基础，也为项目的具体实施提供科学依据。该阶段的主要目标有：

1）提出项目建设方案。

2）效益分析和最终方案选择。

3）确定项目投资的最终可行性和选择依据标准。

4. 评价和决策阶段

评价是由投资决策部门组织有关专家对建设项目可行性研究报告进行全面的审核和再评价。其内容包括：

1）全面审核可行性研究报告中反映的各种情况是否属实。

2）分析项目可行性研究报告中各项指标计算是否正确。

3）从企业、国家和社会等方面综合分析和判断工程项目的经济效益和社会效益。

4）分析判断项目可行性研究的可靠性、真实性和客观性，对项目做出最终的投资决策。

5）最后写出项目评估报告。

（二）可行性研究各阶段要求

一般来说，可行性研究各阶段的内容由浅入深，项目投资和成本估算的精度要求也由粗到细，研究工作量由小到大，研究目标和作用逐步提高，具体各阶段要求见表 8-2。

表 8-2 可行性研究各阶段要求

工作阶段	机会研究	初步可行性研究	详细可行性研究	评价和决策阶段
工作性质	项目设想	项目初步选择	项目拟定	项目评估
工作内容	鉴别投资方向和目标，选择项目，寻找投资机会，提出项目投资建议	对项目初步评价做出专题辅助研究，广泛分析、筛选方案，鉴定项目的选择依据和标准，研究项目的初步可行性，决定是否需要进一步做详细可行性研究或否定项目	对项目进行深入细致的技术经济论证，重点对项目进行财务效益和经济效益分析评价，多方案比选，提出结论性意见，确定项目投资的可行性和选择依据标准	综合分析各种效益，对可行性研究报告进行评估和审查，分析判断项目可行性研究的可靠性和真实性，对项目做出最终决定
工作成果及作用	编制项目建议书作为判定经济计划和编制项目建议书的基础，为初步选择投资项目提供依据	编制初步可行性报告，判定是否有必要进行下一步详细可行性研究，进一步判明建设项目的生命力	编制可行性研究报告，作为项目决策的基础和重要依据	提出项目评估报告，为投资决策提供最后决策依据，决定项目取舍和选择最佳投资方案
估算精度	±30%	±20%	±10%	±10%
研究费用占投资的百分比(%)	0.2%～1.0%	0.25%～1.25%	大项目 0.2%～1.0% 小项目 1.0%～3.0%	—
需要时间/月	1～3	4～6	8～12	—

（三）可行性研究报告内容

可行性研究报告主要有以下内容：

1）总论。综述项目概况，包括项目的名称、主办单位、承担可行性研究的单位，项目提出的背景、投资的必要性和经济意义、投资环境，提出项目调查研究的主要依据、工作范围和要求，项目的历史发展概况，项目建议书及有关审批文件，可行性研究的主要结论概要和存在问题与建议。

2）产品的市场需求和拟建规模。

3）资源、原材料、燃料及公用设施情况。

4）建厂条件和场址选择。

5）项目设计方案。

6）环境保护、劳动安全、卫生与消防。

7）组织机构与人力资源配置。

8）项目实施进度。

9）投资估算和资金筹措。

10）项目的经济评价。

11）综合评价与结论、建议。

三、工程设计咨询

建设项目的工程设计阶段是决定建筑产品价值形成的关键阶段，它对建设项目的建设工期、工程质量、工程造价以及建成后能否产生较好的经济效益和使用效益，起到决定性的作用。

（一）工程设计阶段的划分

工程设计阶段可分为方案设计阶段、初步设计阶段、技术设计阶段、施工图设计阶段。

1. 方案设计阶段

这个阶段咨询人帮助业主考虑工程与周围环境之间的关系，对工程的主要内容的安排进行布局设想，结合项目特点，拟定出最为合理的方案。

2. 初步设计阶段

本阶段是设计阶段的一个关键性阶段，也是整个设计构思基本形成的阶段。

初步设计是根据选定的设计方案进行更具体更深入的设计。

初步设计经批准后，一般不得随意修改、变更，如有重大变更时，须报原审批者重新批准。

3. 技术设计阶段

技术设计阶段是初步设计的具体化，也是各种技术问题的定案阶段。针对技术上复杂或有特殊要求而又缺乏设计经验的建设项目而增设的一个设计阶段，用于解决初步设计阶段一时无法解决的一些重大问题。如初步设计中采用的特殊工艺流程需经试验研究，设备需经试制及确定，大型建筑物、构筑物的关键部位或特殊结构需经试验研究落实，建设规模及重要的技术经济指标需进一步论证等。

4. 施工图设计阶段

施工图设计阶段是设计工作和施工工作的桥梁。施工图设计是在初步设计、技术设计的基础上进行详细、具体的设计，以指导建筑安装的施工，非标准设备的现场加工制造。

（二）工程设计阶段的要求和内容

1. 方案设计

方案设计的内容和深度应符合国家规定要求，内容如下：

（1）设计说明

1）设计依据说明：包括说明撰写所依据的批准文号、可行性研究报告、土地使用合同书、规划设计要点、设计任务书等。

2）总图设计说明：包括建筑使用功能要求、总体布局、功能分区、内外交通组织、环保、节能措施、总用地面积、总建筑面积、道路绿化面积等。

3）建筑设计的构思、造型及立面处理、建筑消防安全措施、建筑物技术经济指标及建筑设计特点等说明。

4）结构设计依据的条件、风荷载、地震基本烈度、工程地质报告、地基处理及基础形成、结构造型及结构体系简要说明。

5）给水排水、暖通、电气等专业设计说明，主要由各专业设计依据说明、水源、总用水量、给水方式、生活、生产、消防供水的组合，污水排水的排放条件，环保要求等说明；供暖通风要求，选用设备等说明；电源、电压、容量、供电配电系统说明；建筑防雷、弱电设施等说明。

（2）建设方案设计图纸

1）总平面图：用地红线标注建筑物位置、城市道路消防车道、车辆出入口、停车场布置、绿化设施、总平面设计技术经济指标。

2）单体建筑平面图：标注轴线尺寸、总尺寸；内外门、窗、楼面、电梯、阳台、各房间名称及特殊要求；建筑剖面、室外室内设计标高，楼层层高；立面图、透视图；建筑模型，根据需要绘制的鸟瞰图等。

（3）工程估价　大型及重要工程项目，需提供工程估算书及编制说明。

2. 初步设计

初步设计是在论证技术可能性、经济合理性的基础上提出设计标准、基础形式、结构方案以及水、电、暖等各专业的设计方案。设计文件由设计总说明书、设计图纸、主要设备和材料表、工程概算书四部分组成，一般包括设计的依据和指导思想、建筑规模、产品方案、原材料、燃料和动力的需用量与来源；工艺流程、主要设备选型和配备；主要建筑物、构筑物、公用和辅助设施、生活区建设；占地面积和土地使用情况；总图运输；外部协作配合条件；消防设施、环保措施和抗震设防等；生产组织、劳动定额和主要技术经济指标及分析；建设进度和期限；工程总概算等内容。

初步设计的深度应达到土地使用、投资目标的确定，主要设备和材料订货、施工图设计和施工组织规划的编制、施工准备和生产准备等要求。

3. 技术设计

技术设计较之初步设计阶段，需要更详细的勘察资料和技术经济计算加以补充修正。技术设计的详细程度应能满足确定设计方案中重大技术问题和有关试验、设备选择等方面的要求，应能够保证在建设项目采购过程中确定建设项目建设材料采购清单。

技术设计是根据批准的初步设计进行的，其具体内容视工程项目的具体情况、特点和要求确定，其深度以能解决重大技术问题，指导施工图设计为原则。

技术设计阶段在初步设计总概算的基础上编出修正总概算，技术设计文件要报主管部门批准。

4. 施工图设计

施工图设计的深度应满足设备材料的选择与确定、非标准设备的设计与加工制作，施工图预算的编制、建筑工程施工和安装的要求。

施工图设计的主要内容如下：

（1）全项目性文件　设计总说明、总平面布置和说明，各专业全项目的说明及室外管线图，工程总概算。

（2）各建筑物、构筑物的设计文件　建筑、结构、水暖、电气、热机等专业图纸及说明，以及公用设施、工艺设计和设备安装、非标准设备制造详图、单项工程预算等。

四、工程招标咨询

工程招标是指招标人（业主）为购买物资、发包工程或进行其他活动，根据公布的标准和条件，公开或书面邀请投标人前来投标，以便从中择优选定中标人的单方行为。

实行建设工程招标，业主要根据建设目标，对特定工程项目的建设地点、投资目的、建设数量、质量标准及工程进度等予以明确，通过发布公告或发出邀请函的形式，使自愿参加投标的承包人按业主的要求投标，业主根据其投标报价的高低、技术水平、人员素质、施工能力、工程经验、财务状况及企业信誉等方面进行综合评价和全面分析，择优选择中标者并与之签订合同。

相对于工程招标，就有工程投标，它是指符合招标文件规定资格的投标人，按照招标文件的要求，提出自己的报价及相应条件的书面问答行为。

招标投标过程是要约和承诺的实现过程，是当事人双方合同法律关系产生的过程。

工程招标咨询内容包括建设工程招标方式、招标范围、招标条件、招标工作的组织方式和各招标类型，以及相应招标程序的确定。招标咨询工作的重点难点是招标文件的编制，不同项目的招标，其招标文件的组成与内容都不尽相同，要视项目具体情况而定。一般来说招标文件的组成与内容有投标须知、合同主要条款、投标文件格式、评标标准和方法、工程量清单、技术条款、设计图纸和投标辅助材料等。

五、工程造价咨询

工程造价咨询是接受委托方的委托，运用工程造价的专业技能，为建设项目决策、设计、发承包、实施、竣工等各个阶段工程计价和工程造价管理提供的服务。按照委托内容划分，工程造价咨询分为全过程工程造价咨询和某个单项工程造价咨询，前者为整个建设项目建设过程中涉及的造价业务，后者属项目建设中某项造价业务，如工程量清单编制，则为单项工程造价咨询。

（一）项目决策阶段造价咨询

项目决策阶段需进行的造价咨询，有投资估算的编制与审核，项目经济评价。

1. 投资估算编制与审核

投资估算按内容可分为建设项目投资估算、单项工程投资估算、单位工程投资估算。投资估算的准确与否，不仅影响到可行性研究工作的质量和经济评价结果，而且直接关系到下一阶段设计概算和施工图预算的编制，以及建设项目的资金筹措方案。

投资估算的建设项目总投资应由建设投资、建设期利息、固定资产投资方向调节税和流动资金组成。建设投资应包括工程费用、工程建设其他费用和预备费。工程费用应包括建筑工程费、设备购置费、安装工程费。预备费应包括基本预备费和价差预备费。建设期利息应包括支付金融机构的贷款利息和为筹集资金而发生的融资费用。

投资估算应依据建设项目的特征、设计文件和相应的工程造价计价依据或资料对建设项目总投资及其构成进行编制，并应对主要技术经济指标进行分析。

投资估算成果文件包括投资估算书封面、编制说明、投资估算汇总表和单项工程投资估算表等。投资估算汇总表纵向应分解到单项工程费用，并应包括工程建设其他费用、预备费、建设期利息等，若为生产经营性项目还应包括流动资金。投资估算汇总表横向应分解到建筑工程费、设备购置费、安装工程费和其他费用。

2. 项目经济评价

项目经济评价包括财务评价和国民经济评价。目前，在我国建设项目中绝大多数进行项目经济评价，即财务评价。财务评价就是通过有关指标的计算，进行项目盈利能力、偿还能力等分析，得出经济评价结论。

盈利能力分析应通过编制全部现金流量表、自有资金现金流量表和损益表等基本财务报表，计算财务内部收益率、财务净现值、投资回收期、投资收益率等指标进行定量判断。

清偿能力分析应通过编制资金来源与运用表、资产负债表等基本财务报表，计算借款偿还期、资产负债率、流动比率、速动比率等指标进行定量判断。

（二）设计阶段造价咨询

工程设计是具体实现技术与经济对立统一的过程。拟建项目经决策确定后，设计就成了工程建设和控制工程造价的关键。初步设计基本上决定了工程建设的规模、产品方案、结构形式和建筑标准及使用功能，形成了设计概算，确定了投资的最高限额。施工图设计完成后，编出施工图预算，准确地计算出工程造价。

1. 设计概算编制

设计概算的建设项目总投资应由建设投资、建设期利息、固定资产投资方向调节税及流动资金组成。建设投资应包括工程费用，工程建设其他费用和预备费。工程费用应由建筑工程费、设备购置费、安装工程费组成。

设计概算可分为建设项目的设计概算、单项工程设计概算、单位工程设计概算及调整概算。单位工程设计概算费用由分部分项工程费和措施项目费组成。一般由若干个建筑工程、设备及安装工程单位工程设计概算组成单项工程设计概算（或为综合概算），若干个单项工程设计概算汇总形成建设项目设计总概算。

设计总概算成果文件包括设计概算书封面、编制说明、设计总概算表、其他费用表、综合概算表、单位工程概算表等。设计总概算表纵向应分解到单项工程费，并应包括工程建设其他费用、预备费、建设期利息等，若为生产经营性项目还应包括流动资金，对铺底流动资金有要求的，应按国家或行业的有关规定进行估算。设计总概算表横向应分解到建筑工程费、设备购置费、安装工程费和其他费用。

2. 施工图预算编制

施工图预算费用由分部分项工程费、措施项目费组成。分部分项工程费应由各子目的工程量乘以各子目的综合单价汇总而成，其中各子目的工程量应按预算定额的项目划分及其工程量计算规则计算而得，各子目的综合单价应包括“人工费、材料费、机械费、管理费、利润、规费和税金”。措施项目费由可计量的措施项目费和综合计取的措施项目费组成。

施工图预算成果文件包括施工图预算书封面、编制说明、单位工程施工图预算汇总表、单位工程施工图预算表等。施工图预算汇总表纵向应按土建和安装两类单位工程进行汇总，也可按照建设项目的各单项工程构成进行汇总。单位工程施工图预算表纵向按照预算定额的定额子目划分，细分到预算定额子目层级。横向可分解到序号、定额编号、工程项目（或定额名称）、单位、数量、综合单价、合价等项目。

施工图预算包括单位工程预算、单项工程预算和建设项目总预算。若干个单项工程预算汇总形成建设项目总预算，若干个单位工程预算汇总形成单项工程预算。关键是单位工程预算的编制准确与否，对建设项目投资影响较大，单位工程预算是根据单位工程施工图设计文件，现行预算定额、费用标准及人工、材料、设备、机械台班等预算价格资料，以一定方法编制而成。

（三）施工前期准备阶段造价咨询

施工前期准备阶段涉及造价咨询主要是为工程招标投标活动创造条件。此阶段造价咨询主要有工程量清单编制和最高投标限价编制。

1. 工程量清单编制

工程量清单是表现拟建工程的分部分项工程项目、措施项目、其他项目名称和相应数量的明细清单。它是按照招标要求和施工图纸将拟建招标工程的全部项目和内容，依据统一的工程量计算规则、统一的工程量清单项目编制规则要求，计算出分部分项工程数量，并按规定编制出的项目清单表。

工程量清单是招标文件的组成部分，是由招标人发出的一套注有拟建工程各实物工程名称、特征、单位、数量等相关表格的文件。工程量清单描述对象是拟建工程，其内容涉及清单项目的名称、特征、工程数量及单位等，并以表格为主要表现形式。工程量清单由分部分项工程量清单、措施项目清单、其他项目清单以及零星工作项目表组成。

2. 最高投标限价的编制

最高投标限价是由招标人按照国家及省级建设行政主管部门发布的计价依据，根据拟定的招标文件，结合工程常规施工方案编制的，体现工程所在地平均造价水平的工程价格，是限定招标工程的投标最高造价。一般适用于使用国有资金的建设工程招标，对于非国有资金的建设工程招标，招标人可设置招标最高投标限价，也可设置招标标底。

对于一个工程只能编制一个最高投标限价。最高投标限价具有权威性、完整性、合理性，应与招标文件的内容相一致。公布的最高投标限价应当包括总价、各单位工程分部分项工程费、措施项目费、不可竞争费、其他项目费和税金。

3. 施工合同类型的选择

施工合同类型的选择对工程建设是否顺利实施，有着至关重要的意义。分为总价合同、单价合同和成本加酬金合同三种类型，选择何种类型是件重要工作。

（1）总价合同　是指在合同中确定一个完成项目的总价，承包单位据此完成项目全部内容的合同。这类合同仅适用于工程量不太大，工期较短，技术不复杂，风险不大的项目。

（2）单价合同　是指承包单位在投标时，按照招标文件就分部分项工程能够列出的工程量表确定各分部分项工程量费用的合同类型。这类合同使风险得到合理分摊，还能鼓励承包单位通过提高工效、降低成本，从而提高利润。该合同执行时，注意的问题是合同双方对工程量计量的确认。

（3）成本加酬金合同　是指由业主向承包单位支付工程项目的实际成本，并按事先约定的某种方式支付酬金的合同类型。这类合同承包单位无风险，但利润较低，同时业主对造价不易控制。

建设工程合同类型的选择应考虑的因素有：项目规模和工期长短、项目的竞争情况、项目的复杂程度、项目的单项工程的明确程度、项目准备时间的长短和项目的外部环境因素等。

（四）施工阶段造价咨询

1. 工程计量与支付

根据合同，双方对承包方完成的分部分项工程获得质量验收合格以后，结合图纸对照实际发生的工程量予以确定，并据此作为工程价款支付的依据。对于隐蔽工程，其工程量应事先做出预测，对照实际进行核算，双方对其结果予以确认。

2. 工程变更

工程变更是合同实施过程中由发包人提出或由承包人提出，经发包人批准的对合同工程的工作内容、工程数量、质量要求、施工顺序与时间、施工条件、施工工艺或其他特征及合同条件等的改变。工程变更指令发出后，应尽快落实，并修改相关各种文件。

3. 工程索赔

工程索赔是指在工程合同履行过程中，当事人一方因非已方原因而遭受经济损失或工期延误，按照合同约定或法律规定，应由对方承担责任，而向对方提出工期和（或）费用补偿要求的行为。在实际工作中“索赔”是双向的，既包括承包人向发包人提出的索赔，也包括发包人向承包人提出的索赔。

（五）竣工验收阶段造价咨询

1. 竣工结算编制与审核

工程竣工结算是指工程项目完工并经竣工验收合格后，发承包双方按照施工合同的约定对所完成的工程项目进行合同价款的计算、调整和确认。工程竣工结算分为单位工程竣工结算、单项工程竣工结算和建设项目竣工结算。

竣工结算一般由施工单位编制，建设单位审核同意后，按合同规定签字盖章，最后通过相关银行办理工程价款的支付。竣工结算审核成果文件包括竣工结算审核书封面、审核报告、竣工结算审核签署表、竣工结算审核汇总对比表、单项工程竣工结算审核汇总对比表、单位工程竣工结算审核汇总对比表等。

2. 竣工决算的编制与审核

竣工决算是以实物数量和货币指标为计量单位，综合反映竣工项目从筹建开始到项目竣工交付使用为止的全部建设费用、建设成果和财务情况的总结性文件。竣工决算包括从筹划到竣工投产全过程的全部实际费用，即包括建筑工程费用、安装工程费用、设备工器具购置费用和工程建设其他费用以及预备费等。

竣工决算由竣工决算报表和竣工决算说明两部分组成。竣工决算报表主要为财务报表，包括基本建设项目概况表、竣工财务决算表、项目交付使用资产总表、项目交付使用资产明细表。竣工决算说明应包括项目概况、会计账务的处理、财产物资情况及债权债务的清偿情况、结余资金等分配情况、项目管理及决算中存在的问题及建议，主要技术经济指标的分析等。

六、工程监理咨询

工程监理咨询主要为建筑产品生产实现过程中管理工作。这个阶段是施工实施阶段，也是调动消耗资源较多、受外界环境干扰较大、组织协同管理较为复杂的产品生产关键阶段。咨询的主体为工程监理企业，监理企业在建筑生产活动的现场，代表业主与各个不同阶段提供不同咨询服务的供应商发生关联，通过协同各方资源，管理建筑产品生产过程，确保建筑产品最终质量。

（一）监理工作依据

1）监理大纲。

2）监理合同。

3）施工承包合同。

4）《建设工程监理规范》（GB/T 50319—2013）。

5）《建筑工程施工质量验收统一标准》（GB 50300—2013）。

6）该工程设计图纸、设计变更、洽商及有关的设计文件。

7）该工程地质勘查资料。

8）国家和地方其他有关施工质量验收标准、规范、规程和规定等。

（二）监理工作大纲的内容

监理工作大纲是工程监理单位实施项目监理的技术指导性文件。监理工作大纲内容主要有：

1. 编制依据

监理工作大纲所采用的技术标准、规范以及有关规定等。

2. 工程概况及特点分析

工程概况及特点分析主要包括工程概论，工程特点分析，监理范围、内容及目标，监理工作内容等。

3. 工程监理重点难点分析及针对性解决方案

工程监理重点难点分析及针对性解决方案内容包括超深基坑、钢结构质量监理的重点难点分析及针对性解决方案，以及工期管理、安全管理、工程环境管理、造价控制、总承包管理等。

4. 针对本工程合理化建议

针对本工程合理化建议的内容有：前期组织设计优化工作、设计总承包、施工总承包、投资控制、项目进度、室外配套工程的启动等方面的建议。

5. 监理工作策划

监理工作策划内容包括监理工作依据，监理工作指导思想，监理工作总体方案，监理部组织机构、拟派人员、岗位职责及制度，监理办公设备、检测仪器、其他办公设施安排，监理工作计划等。

6. 监理工作前期准备及开工前监理工作

监理工作前期准备及开工前监理工作主要包括监理前期准备及开工前工作，施工准备阶段监理工作程序。

7. 监理工作内容及总工作流程

监理工作内容及总工作流程应结合工程实际而制订。

8. 三大控制

（1）工程进度控制　包括工程进度控制依据、工程进度控制原则、工程进度控制的总体思路、进度目标、目标分解和关键控制点，工程工期控制重点难点针对性措施，工程进度监理控制主要工作方法，工程进度风险分析及控制措施，工程进度控制程序。

（2）工程质量控制　质量控制目标，质量控制的依据，质量控制的原则，针对工程质量控制的重点监理措施，质量控制方法和措施，质量控制点的设置和控制措施，工程创精品监理管理措施。

(3) 工程造价控制　确定造价控制目标、目标分解和风险分析，工程投资依据，投资控制的任务，投资控制的原则，投资控制的监理程序，工程投资控制的特点、重点及针对性控制措施，工程量计量控制方法，支付控制方法，工程竣工结算方法，审批工程变更方案及价款确定方法，工程量清单计价的造价控制与管理。

9. 合同管理

合理管理包括合同管理的内容，合同管理的重点、难点，合同签订前、后管理，承包商违约情况下的合同纠纷解决程序，合同有关事项的具体管理方法，监控发生合同纠纷的针对性措施等。

10. 信息管理

信息管理包括信息及资料管理的原则、依据、方法和管理的措施等。

11. 组织协调工作

组织协调工作包括组织协调工作的原则，工程监理协调工作重点及针对性措施，施工监理阶段主要协调工作，监理与有关各方的协调，监理单位对现场资源的协调，工程所采用的主要协调手段，现场组织协调工作的注意事项。

12. 监理对施工资源的控制措施。

监理对施工资源的控制措施主要是指对施工队伍、施工机具的控制，以及对工程用材料、设备的控制。

13. 安全及文明施工管理

安全及文明施工管理内容包括安全管理目标，安全管理原则，安全管理组织、职责与分工，安全管理特点及重点，安全管理主要工作内容，安全管理执行程序，安全管理工作措施，安全监督、检查、控制要点，危险性较大的分部分项工程安全管理，对于突发安全事故的处理预案，文明施工监理工作。

14. 绿色环保施工监理措施

绿色环保施工监理措施包括绿色环保施工监理工作指导思想，绿色环保施工监理工作依据、人员组织、事前控制措施和事中控制措施等。

15. 消防安全监理

消防安全监理包括消防安全监理工作内容，重点部位的防火监督重点，干燥季节或冬季防火监控等。

第三节　全过程工程咨询的方法与管理

一、全过程工程咨询常用的方法

(一) 项目评价法

1. 财务评价方法

投资项目财务评价是项目投资决策的基本方法。它包括财务盈利能力评价和债务清偿能力及财务可持续能力评价。

（1）投资项目的财务盈利能力评价　是在编制现金流量表和损益表的基础上，计算财务内部收益率、财务净现值、投资回收期等指标。其方法包括静态评价方法和动态评价方法两大类。

1）静态评价方法：计算资本收益率、投资回收期法。

2）动态评价方法：根据资金时间价值理论，利用折现分析的方法，计算投资项目的财务内部收益率、财务净现值等指标的分析方法。

（2）投资项目债务清偿能力及财务可持续性评价

1）债务清偿能力评价：可以通过计算利息备付率、偿债备付率和借款偿还期等指标进行分析评价。

2）财务可持续性评价：是项目寿命周期内企业的财务可持续性评价，是对整个企业财务质量及其持续能力的整体评价，是在偿债能力评价基础上的更大范围的评价，不仅要评价企业借款的还本付息能力，而且还要分析企业的整个财务计划现金流量状况、资产负债结构及流动状况，是财务评价的重要内容。

2. 国民经济评价

国民经济评价是从宏观经济的战略高度来评价投资项目对整个国民经济活动带来的影响及整个国民经济为投资项目付出的代价。国民经济评价有以下三种方法：

（1）影响法　是以项目对国民经济的影响来评价项目的经济合理性。

基本思路：分析项目的投入产出，对国民经济的初次影响和二次影响，计算出项目引起的国内增加产值。初次影响是指由于项目的上马，引起的对于投入物的需求增加对国民经济的影响。二次影响是指项目产出的国民经济净增值的分配和使用对国民经济的影响。此方法的不足之处在于局限性投入、产出因素的分类不够清晰、计算时容易造成重复或遗漏、部分因素量化困难。

（2）“有无法”和“前后法”

“有无法”是指根据“有项目”和“无项目”的费用，效益差异分析项目的经济合理性。

“前后法”是指根据“建成项目前”和“建成项目后”的费用，效益差异分析项目的经济合理性。

在分析新建项目时，两者是一致的，但在分析改扩建项目时“前后法”会存在一些问题，故一般情况下不要用“前后法”。

（3）费用效益分析法　是指从国家宏观利益出发，通过识别项目的经济效益和经济费用，求得项目的经济净收益，判断项目经济可行性的过程。

费用效益分析的关键：

1）准确划分项目造成的经济效益和经济费用。

2）确定影响价格等国民经济评价的重要参数。

3. 方案比较法

方案比较法又称“技术经济比较法”。它是对同一工程项目的几个技术经济方案，通过反映技术经济效果的指标体系，进行计算、比较、分析和论证，选择经济合理的最佳技术方案的方法。这是一种传统的常用的技术经济分析评价方法，由于此法较为成熟又简单易行，有一套比较完整的程序，因而在工程咨询中被广泛应用。运用此法需要满足两方面要求：一是对比技术方案应满足经济衡量标准，即有规定的标准定额指标，如基准投资收益率、标准投资效果系数和定额投资回收期等；二是对比技术方案要满足经济评价的可比原则，即具有共同的可比条件。因此，这个比较法实际上就是把技术方案的经济衡量标准和经济比较原理两者结合起来进行具体计算、比较和分析的方法。

方案比较法具体步骤：第一步在所有的厂址方案中，选择两三个比较合适的方案，作为分析、比较的对象；第二步计算每一种方案的投资费用和经营费用。一般情况下，应选择基本的投资、经营费用项目并列表；第三步利用计算的数字，分析和确定最优厂址方案。当一个厂址技术条件好，而建设费用、经营费用都比较少，且投资回收期较短，即为最优方案。

方案比较法在实际分析、计算时有静态分析法和动态分析法，即不考虑资金时间价值的静态分析法，考虑资金时间价值的动态分析法。动态分析法主要包括差额投资内部收益率法、现值比较法、年值比较法、最低价格法、效益/费用法。

（二）价值工程法

价值工程（Value Engineering，简称 VE）又称为价值分析（Value Analysis，简称 VA），是由美国通用电气公司的迈尔斯在 1947 年首创的一种管理方法，也是一种对产品（或作业）有组织地进行功能分析和研究，用最低的成本，使产品（或作业）达到必要的功能，从而获得最大经济效益的一种技术经济分析技术，它以分析功能为中心，鉴定并剔除不必要的费用，使产品、工程、劳务、系统能以尽量低的总成本向用户提供所需的功能，是现代管理的重要手段之一。

所谓价值工程是指通过集体智慧和有组织的活动对产品或服务进行功能分析，使目标以最低的总成本（寿命周期成本），可靠地实现产品或服务的必要功能，从而提高产品或服务价值。价值工程主要思想是通过对选定研究对象的功能与费用分析，提高对象的价值。这里的价值是指反映费用支出与获得之间的比例，用数学比例式表达如下：价值=功能/成本。

提高价值的基本途径：

1）提高功能，降低成本，大幅度提高价值。

2）功能不变，降低成本，提高价值。

3）功能有所提高，成本不变，提高价值。

4）功能略有下降，成本大幅度降低，提高价值。

5）适当提高成本，大幅度提高功能，从而提高价值。

价值工程的运用，主要在项目评价或工程设计方案比较中。它是评价某一工程项目的功能与实现这一功能所消耗费用之比合理程度的尺度。并不是所有内容都必须进行价值工程分析，而是有选择性地选择某个对象进行价值分析。其对象的选择方法有 ABC 法、比较法、经验分析法等。

（三）方案综合评价法

方案综合评价就是在建设项目各方案的各部分、各阶段、各层次评价的基础上，谋求建设方案的整体优化，而不是谋求某项指标或几项指标的最优值，为决策者提供所需的信息。

1. 传统的综合评价方法

传统的综合评价方法是列出建设项目的各项技术经济指标值以及反映其他效果的非数量指标，由专家们论证后再由决策者决定或不经论证直接由决策者决定建设项目的优劣。

2. 现代综合评价方法

现代综合评价方法遵循一定的工作程序，即先确定目标、评价范围、评价指标体系、指标权重，再确定综合评价的依据，最后选择综合评价方法，做出评价结论。

（1）现代综合评价方法的分析方法　该方法主要包括主成分分析法、数据包络分析法、模糊评价法等。

1）主成分分析法：主成分分析是多元统计分析的一个分支。是将其分量相关的原随机向量，借助于一个正交变换，转化成其分量不相关的新随机向量，并以方差作为信息量的测度，对新随机向量进行降维处理。再通过构造适当的价值函数，进一步做系统转化。

2）数据包络分析法：是创建人以其名字命名的 DEA 模型—CR 模型。DEA 法不仅可对同一类型各决策单元的相对有效性做出评价与排序，而且还可进一步分析各决策单元非 DEA 有效的原因及其改进方向，从而为决策者提供重要的管理决策信息。

3）模糊评价法：奠基于模糊数学。它不仅可对评价对象按综合分值的大小进行评价和排序，而且还可根据模糊评价集上的值按最大隶属度原则去评定对象的等级。

（2）构成综合评价的要素

1）评价者：可以是某个人或团体。评价目的给定、评价指标的建立、评价模型的选择、权重系数的确定都与评价者有关。

2）被评价对象：随着综合评价技术理论的开展与实践活动，评价的领域也从最初的各行各业经济统计综合评价拓展到后来的技术水平、生活质量、社会发展、环境质量、竞争能力、综合国力、绩效考评等方面。这些都能构成被评价对象。

3）评价指标：评价指标体系是从多个视角和层次反映特定评价客体数量规模与数量水平的。它是一个“具体—抽象—具体”的辩证逻辑思维过程，是人们对现象总体数量特征的认识逐步深化、求精、完善、系统化的过程。

4）权重系数：相对于某种评价目的来说，与评价指标相对重要性是不同的。权重系数确定的合理与否，关系到综合评价结果的可信程度。

5）综合评价模型：所谓多指标综合评价就是指通过一定的数学模型将多个评价指标值“合成”一个整体性的综合评价值。

（3）步骤

1）确定综合评价指标体系，这是综合评价的基础和依据。

2）收集数据，并对不同计量单位的指标数据进行同度量处理。

3）确定指标体系中各指标的权数，以保证评价的科学性。

4）对经过处理后的指标再进行汇总计算出综合评价指数或综合评价分值。

5）根据评价指数或分值对参评单位进行排序，并由此得出结论。

（4）计算方法　主要有打分综合法、打分排队法、综合指数法、功效系数法等。

综合评价法适用范围很广，更多地用于建设项目评价、决策、建设方案确定、设计方案、施工方案、招标评标、施工管理及竣工验收、后评价等。

（四）概率分析法

概率分析法是通过研究各种不确定性因素发生不同变动幅度的概率分布及其对项目经济效益指标的影响，对项目可行性和风险性以及方案优劣做出判断的一种不确定性分析法。常用于对大中型重要项目的评估和决策。

1. 概率分析的概念

概率分析又称风险分析，通过计算项目目标值（如净现值）的期望值及目标值大于或等于零的累积概率来测定项目风险大小，为投资者决策提供依据。

2. 指标和方法

（1）指标

1）经济效益的期望值。

2）经济效益的标准差。

（2）概率分析的方法　进行概率分析具体的方法有期望值法、效用函数法和模拟分析法等。

1）期望值法：在项目评估中应用最为普遍，是通过计算项目净现值的期望值和净现值大于或等于零时的累计概率，来比较方案优劣，确定项目可行性和风险程度的方法。

2）效用函数法：所谓效用是指对总目标的效能价值或贡献大小的一种测度。在风险决策的情况下，可用效用来量化决策者对待风险的态度。通过效用这一指标，可将某些难以量化、有质的差别的事物（事件）给予量化，将要考虑的因素折合为效用值，得出各方案的综合效用值，再进行决策。

效用函数反映决策者对待风险的态度。不同的决策者在不同情况下，其效用函数是不同的。

3）模拟分析法：就是利用计算机模拟技术，对项目的不确定因素进行模拟，通过抽取服从项目不确定因素分布的随机数，计算分析项目经济效益评价指标，从而得出项目经济效益评价指标的概率分布，以提供项目不确定因素对项目经济指标影响的全面情况。

3. 步骤

1）列出各种欲考虑的不确定因素。例如销售价格、销售量、投资、经营成本等。注意的是，所选取的几个不确定因素应是互相独立的。

2）设想各个不确定因素可能发生的情况，即其数值发生变化的几种情况。

3）分别确定各种可能发生情况产生的可能性，即概率。各不确定因素的各种可能发生情况出现的概率之和必须等于 1。

4）计算目标值的期望值。可根据方案的具体情况选择适当的方法。假如采用净现值为目标值，则一种方法是将各年净现金流量所包含的各不确定因素在各可能情况下的数值与其概率分别相乘后再相加，得到各年净现金流量的期望值，然后求得净现值的期望值。另一种方法是直接计算净现值的期望值。

5）求出目标值大于或等于零的累计概率。对于单个方案的概率分析应求出净现值大于或等于零的概率，由该概率值的大小可以估计方案承受风险的程度，该概率值越接近 1，说明技术方案的风险越小，反之方案的风险越大。可以列表求得净现值大于或等于零的概率。

概率分析是根据不确定因素在一定范围内的随机变动，分析并确定这种变动的概率分布，从而计算出其期望值及标准偏差为项目的风险决策提供依据的一种分析方法。

(五) 概预算法

全过程工程咨询中涉及工程造价内容多用概预算法。目前我国各种概预算方法虽有一定的差异,但大体归纳为两类:一是定额计价法;二是工程量清单计价法。

1. 定额计价法

定额计价法是指根据工程设计图纸(一般为施工图)或工程资料(招标项目还应依据招标文件),按照国家和省、市等有关部门发布的建设工程计价定额设置的项目、工程量计算规则和发布的人工工日单价、机械台班单价、材料及设备价格以及同期的市场价格,直接计算出工程量和直接工程费,再按规定的工程造价计算程序计算出间接费、利润、税金和工程造价。

2. 工程量清单计价法

工程量清单计价法是指先由招标单位依据工程设计图纸和招标文件,按照国家发布的建设工程工程量清单计价规范的规定编制工程量清单,再由投标人据此清单,结合拟建工程和企业自身情况进行投标报价,经过开标评标定标,以中标人的投标报价作为合同价款的基础和依据,最后据此合同价款进行工程造价的结算、决算。

二、全过程工程咨询服务程序

(一) 一般程序

全过程工程咨询服务由业务准备、业务实施、业务终结三个阶段组成。一般程序如下:

1) 为取得全过程工程咨询项目开展的有关工作,包括获取业务信息、接受委托人的邀请或通过公开招标活动而中标等。

2) 签订全过程工程咨询合同,明确咨询标的、目的、服务范围、工作方式、时间、收费及相关事项。

3) 接受并收集全过程工程咨询所需的资料、踏勘现场、了解情况。

4) 制订全过程工程咨询管理规划大纲和管理实施规划。

5) 全过程工程咨询服务团队开展咨询服务工作。

6) 形成全过程工程咨询初步成果,并征求各方意见。

7) 通过修改或会议审查形成正式咨询成果。

8) 咨询成果交付与资料交接。

9) 咨询成果资料的整理与归档。

10) 咨询业务服务回访与总结。

(二) 准备阶段

1. 签订全过程工程咨询服务合同

签订统一格式的全过程工程咨询服务合同,明确合同标的、服务内容、范围、期限、方式、目标要求、资料提供、协作事项、收费标准、违约责任等。

2. 制订全过程工程咨询服务管理规划大纲

全过程工程咨询服务管理规划大纲应是全过程工程咨询服务管理工作中具有战略性、全局性、宏观性的指导文件,它应包括以下内容:

1) 建设项目概况。

2) 全过程工程咨询服务范围管理、内容管理、管理目标、管理组织架构及组织责任管理流程。

3）全过程工程咨询服务项目策划管理、工程设计管理、工程监理管理。

4）全过程工程咨询服务招标采购管理、进度管理、质量管理、成本管理、安全生产管理、资源管理、信息管理、风险管理。

5）不同工程咨询业务集成的技术措施和管理制度。

全过程工程咨询服务管理规划大纲由项目总咨询师主持编制，并经全过程工程咨询单位总咨询师审定批准后实施。

3. 制订全过程工程咨询服务管理实施规划

全过程工程咨询服务管理实施规划应对全过程工程咨询服务管理规划大纲的内容进行细化。主要依据现行国家法律法规、标准、项目的咨询合同、管理规划大纲、项目特点与情况以及咨询的条件和团队情况编制。主要内容如下：

1）项目概况。

2）项目总体工作安排和组织方案。

3）设计与技术措施。

4）项目策划计划、工程设计计划、工程监理计划。

5）进度计划、质量计划、成本计划、安全生产计划、资源需求与采购计划、信息管理计划、风险管理计划。

6）全过程工程咨询服务目标控制计划。

7）技术经济指标。

4. 制订全过程工程咨询服务管理配套策划

全过程工程咨询服务管理配套策划应是与全过程工程咨询服务管理规划相关联的全过程工程咨询服务管理策划过程。该策划应包括下列内容：

1）确定全过程工程咨询服务管理规划的编制人员、方法选择、时间安排。

2）安排全过程工程咨询服务管理规划各项规定的具体落实途径。

3）明确可能影响全过程工程咨询服务管理实施绩效的风险应对措施。

4）保证策划有效性的基础工作：积累以前项目管理经验，制订有关人员配置要求，编制全过程工程咨询服务管理各种设施配置参数，建立工作流程和相应的协调方式，配置专用软件，建立全过程工程咨询服务信息数据库，进行全过程工程咨询服务团队建设。

5. 咨询资料的收集整理

1）全过程工程咨询单位根据合同明确的标的内容，开列由委托人（即项目建设方、业主或有权限的主管部门）提供的资料清单。

提供的资料应符合下列要求：

① 资料的真实性：委托人对所提供资料的真实性、可靠性负责。

② 资料的完整性：委托人对所提供项目资料应满足全过程工程咨询业务需要，资料的内容充分完整。

③ 资料内容确认：凡从第三方取得的全过程工程咨询资料内容，必须经委托人确认认可。

2）咨询业务操作人员在项目总咨询师安排下，收集整理全过程工程咨询服务所需要的其他资料。

（三）实施阶段

建设项目全过程工程咨询业务具体实施，主要包括启动、策划、执行、监控等过程，在实施各个过程中需要项目管理、项目策划、工程设计、招标代理、造价咨询、工程监理等其中的一个或多个专业团队相互配合才能完成，各个过程实施中各专业团队之间相互独立、又相互联系。

1. 启动

启动过程应明确全过程工程咨询服务概念，初步确定全过程工程咨询服务范围，识别影响全过程工程咨询服务最终结果的内外部相关方。

2. 策划

策划过程应明确全过程工程咨询服务范围，协调全过程工程咨询服务相关方期望，优化全过程工程咨询服务目标，为实现全过程工程咨询服务目标进行管理规划与管理配套策划，在此期间涉及的相应专业团队有项目策划、项目管理、工程设计、造价咨询等相关方。

3. 执行

执行过程应按全过程工程咨询服务管理策划要求组织人员和资源，具体实施，完成全过程工程咨询服务管理策划中确定的工作；在此期间应以项目管理团队为主导，其他管理团队为辅，共同完成项目咨询的具体工作。

4. 监控

监控过程应对照全过程工程咨询服务管理策划，监督全过程工程咨询服务活动，分析其进展情况，识别必要的工作需求并实施调整，监控过程由项目总咨询师负责，相关专业团队负责人根据团队内部事务进展实行跟进。

（四）终结阶段

全过程工程咨询服务终结阶段主要包括咨询成果文件的交付、咨询资料整理与归档、咨询服务回访与总结。

1. 咨询成果文件的交付

全过程工程咨询成果文件均应以书面形式体现，其中间成果文件及最终成果文件须按规定签字盖章后才能交付。所交付的咨询成果文件的数量、规格、形式等应满足咨询合同的约定。

2. 咨询资料的整理与归档

全过程工程咨询资料应在项目总咨询师主持下，按照国家及行业部门的规定和合同的约定进行整理，并装订成册进行归档。

3. 咨询服务回访与总结

全过程工程咨询服务回访由项目总咨询师负责组织有关人员进行，回访对象主要是全过程工程咨询业务的委托人，必要时也可包括使用咨询成果资料的项目相关参与单位。回访要做好记录，并经本单位领导审阅后留存归档。

全过程工程咨询服务总结应在完成回访后进行，全面归纳分析咨询服务的优缺点和经验教训，将存在的问题纳入质量改进目标，提出解决措施和方法，并形成总结报告，经本单位领导审阅后作为单位交流材料。

三、全过程工程咨询服务组织模式及人员配置

(一) 全过程工程咨询服务组织模式和机构

1. 全过程工程咨询服务组织模式

全过程工程咨询可采用以下组织模式：

1）采用一体化全过程工程咨询提供商，以某家企业作为集成化服务提供商。

2）采用联合体形式，多家工程咨询机构基于项目签订联营合同，以一家作为牵头企业。

3）采用局部解决方案，由业主或业主委托的一家咨询单位负责总体协调，由多家咨询单位分别承担各自的咨询服务。

2. 业主选择不同组织模式考虑的因素

业主在选择不同组织模式时须考虑以下因素：

1）项目资金来源。

2）业主自身的管理能力。

3）项目类型及复杂程度。

4）咨询市场中全过程工程咨询企业的能力等。

3. 全过程工程咨询服务机构

全过程工程咨询服务机构应承担全过程工程咨询服务的管理任务和实现目标的责任，它应由项目总咨询师（即总负责人）管理，接受咨询单位的指导、监督、检查、服务和考核，负责对全过程工程咨询服务资源进行合理使用和动态管理。

全过程工程咨询服务机构应在项目启动前建立，在项目完成后或按咨询合同约定解体。

(二) 全过程工程咨询服务机构主要管理人员配置

1. 全过程工程咨询管理机构组织架构

全过程工程咨询管理机构组织架构，如图 8-1 所示。

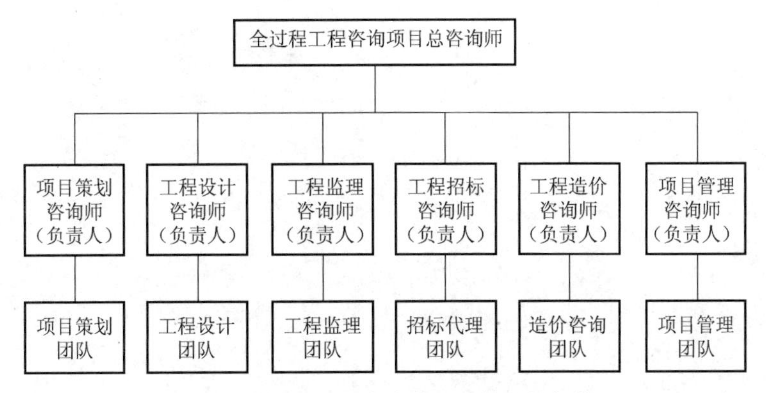

图 8-1 全过程工程咨询管理机构组织架构

说明：以上仅为全过程工程咨询管理机构示例，适用于采用一体化全过程工程咨询提供商的服务组织模式。如其他组织模式的咨询管理机构的架构应做相应修改与调整。

2. 全过程工程咨询服务机构主要管理人员职责

1）全过程工程咨询项目总负责人（即项目总咨询师）负责全过程工程咨询服务项目

所有事务，对全过程工程咨询服务团队建设和管理负责，组织制订明确的团队目标、合理高效的运行程序和完善的工作制度，定期评价团队运作绩效。同时应负责与业主及相关部门的协调工作。

2）全过程工程咨询专业负责人（专业咨询师）在全过程工程咨询总咨询师的带领下组织工作，根据需要建立工作团队负责相应专业团队相关服务工作。

四、全过程工程咨询服务管理

（一）全过程工程咨询服务管理制度

全过程工程咨询服务管理制度应包括以下内容：

1）规定工作内容、范围和工作程序、方式的规章制度。

2）规定工作职责、职权和利益的界定及其关系的责任制度。

全过程工程咨询服务机构应根据所咨询管理范围确定管理制度，在服务管理各个过程规定相关管理要求，并形成文件。

（二）全过程工程咨询服务系统管理

全过程工程咨询服务机构应确定全过程工程咨询服务系统管理方法，其方法主要包括系统分析、系统设计、系统实施、系统综合评价。这些方法应用必须符合下列规定：

1）在综合分析全过程工程咨询服务项目策划、工程设计、工程监理、招标代理、造价咨询、项目管理之间内在联系的基础上，结合各个目标的优先级，分析和论证全过程工程咨询服务目标，在全过程工程咨询服务目标策划过程中兼顾各个目标的内在需求。

2）对整个项目的投资决策、招标投标、设计、采购、施工、试运行进行系统整合，在综合平衡各专业团队之间关系的基础上，实施系统管理。

3）对全过程工程咨询服务实施过程中的变更风险进行管理，兼顾相关过程需求，平衡各种管理关系，确保全过程工程咨询服务偏差的系统控制。

第九章　BIM 技术应用

第一节　BIM 技术概述

一、BIM 技术的基础知识

（一）BIM 技术的起源

BIM（Building Information Modeling）是“建筑信息模型”的简称，最初发源于 20 世纪 70 年代的美国，美国佐治亚理工大学建筑与计算机学院 Charles Eastman（Chuck）博士发表了以“建筑描述系统（Building Description System）”的课题，他阐述了现今 BIM 理念，此处 BIM 对应解释为“Building Information Model”，因此 Charles Eastman 被称为“BIM 之父”。20 世纪 80 年代后，欧洲（以芬兰学者为首）称这种方法为“Product Information Models”。目前通俗的术语 BIM（Building Information Modeling）是欧特克公司（Autodesk）副总裁 Phil G. Bernrstein 在 2002 年年初收购 RTC 公司（Revit Technology Corporation）后所给出的。2009 年，美国麦克劳—希尔建筑信息公司（McGraw-Hill Construction）在一份名为“BIM 的商业价值（The Business Value of BIM）”的调研报告中对 BIM 做了如下定义：“BIM is defined as：The process of creating and using digital model for design，construction and/or operations of projects.”可大致翻译为：BIM 是创建、应用数字化模型对项目进行设计、施工和运营的过程。

（二）BIM 技术应用现状

1. BIM 技术国外应用现状

BIM 的概念起源于美国，2002 年正式进入工程领域，目前 BIM 技术已经成为美国建筑业中具有革命性的力量。

美国总务管理局（General Services Administration，GSA）于 2003 年推出了国家 3D-4D-BIM 计划，并陆续发布了一系列 BIM 指南。

美国联邦机构美国陆军工程兵团（United States Army Corps of Engineers，USACE）在 2006 年制定并发布了一份 15 年（2006—2020 年）的 BIM 路线图。

美国建筑科学研究院于 2007 年发布 NBIMS，旗下的 Building SMART 联盟（Building SMART Alliance，BSA）负责 BIM 应用研究工作。2008 年年底，BSA 已拥有 IFC（Industry Foundation Classes）标准、NBIMS、美国国家 CAD 标准（United States National CAD Standard）等一系列应用标准。

美国 University of Illinois 的 Golparvar-Fard，Mani，Savarese，Silvio 等学者，将 BIM 技术

和影像技术相结合，建立模型后输入计算机中进行工程可视化施工模拟，将三维可视化模拟的最优成果作为实际施工的指导依据。

美国 Harvard University 的 Lapierre. A，Cote. P 等学者提出了数字化城市的构想，他们认为实现数字化城市的关键在于能否将 BIM 技术与地理信息系统 GIS（Geographic Information System）相结合。BIM-GIS 的联合应用，BIM 可视化技术拟建工程内部各类对象，GIS 技术弥补 BIM 在外部空间分析的弱势，也是当下建筑产业具有极高探索、应用价值的环节。

在欧洲，2011 年 5 月，英国内阁办公室发布了“政府建设战略（Government Construction Strategy）”文件，其中有整个章节关于建筑信息模型（BIM），这章节中明确要求，到 2016 年，政府要求全面实施 BIM。英国在 CAD 转型至 BIM 的过程中，AEC（英国建筑业 BIM 标准委员会）提供了许多可行的方案措施，例如模型命名、对象命名、构件命名、建模步骤、数据交互、可视化应用等。

在亚洲，诸如日本等国在 BIM 技术的研究与应用程度并不低。2010 年，日本国土交通省宣布推行 BIM，并且选择一项政府建设项目作为试点，探索 BIM 在可视化设计、信息整合的实际应用价值及方式。日本建筑学会于 2012 年 7 月发布了日本 BIM 指南，其内容大致为：为日本的各大施工单位、设计院提供在 BIM 团队建设、BIM 设计步骤、BIM 可视化模拟、BIM 前后期预算、BIM 数据信息处理等方向上的指导。

2. 国内施工企业 BIM 技术应用现状

在 BIM 技术全球化的影响下，我国从 2003 年开始引入 BIM 技术的概念，早期国内 BIM 的应用主体主要为设计单位，应用项目主要为空间建模和碰撞检测，这些应用只涉及 BIM 的冰山一角。在 2010 年，清华大学通过研究，参考 NBIMS，结合调研提出了中国建筑信息模型标准框架（Chinese Building Information Modeling Standard，简称 CBIMS），并且创造性地将该标准框架分为面向 IT 的技术标准与面向用户的实施标准。

2011 年 5 月，住建部发布的《2011—2015 建筑化信息发展纲要》中，明确指出：在施工阶段开展 BIM 技术的研究与应用，推进 BIM 技术从设计阶段向施工阶段的应用延伸，降低信息传递过程中的衰减；研究基于 BIM 技术的 4D 项目管理信息系统在大型复杂工程施工过程中的应用，实现对建筑工程有效的可视化管理等。通过对建筑信息模型的建立收集整合，不仅对单体建筑的全生命周期设计、施工、运营阶段中节约资源和时间的投入，更在建筑形成集群后，提高城市的建设和运营管理水平和效率。

2016 年 12 月 2 日，住建部正式发布了我国第一个 BIM 国家标准《建筑信息模型应用统一标准》（GB/T 51212—2016），自 2017 年 7 月 1 日起开始实施。2016 年 12 月 5 日，安徽省住房和城乡建设厅、安徽省质量技术监督局发布了第一个地方 BIM 标准《民用建筑设计信息模型（D-BIM）交付标准》（DB34/T 5064—2016），自 2017 年 3 月 1 日起实施。

2017 年 2 月底，国务院办公厅印发《关于促进建筑业持续健康发展的意见》（国办发〔2017〕19 号），意见指出：“加快推进建筑信息模型（BIM）技术在规划、勘察、设计、施工和运营维护全过程的集成应用，实现工程建设项目全生命周期数据共享和信息化管理，为项目方案优化和科学决策提供依据，促进建筑业提质增效。”

2017 年 5 月 4 日，住建部又发布了我国第二个 BIM 国家标准《建筑信息模型施工应用标准》（GB/T 51235—2017），自 2018 年 1 月 1 日起实施。这是面向施工和监理企业，规定其在施工过程中该如何使用 BIM 模型中的信息，以及如何向他人交付施工模型信息，它包括深化设计、施工模拟、预加工、进度管理、成本管理等方面。2017 年 12 月 25 日，安徽省住房和城乡建设厅印发了《安徽省建筑信息模型（BIM）技术应用指南》。2018 年 12 月 26 日，住建部发布了第三个 BIM 国家标准《建筑信息模型设计交付标准》（GB/T 51301—2018），自 2019 年 6 月 1 日起实施。

（三）BIM 技术的特点及应用价值

1. BIM 技术的八个特点

（1）可视化　可视化即“所见所得”的形式，BIM 提供了可视化的思路，将以往的线条式的构件形成一种三维的立体实物图形展示在人们的面前，在 BIM 建筑信息模型中，由于整个过程都是可视化的，所以可视化的结果不仅可以用来效果图的展示及报表的生成，更重要的是，项目设计、建造、运营过程中的沟通、讨论、决策都在可视化的状态下进行。

（2）协调性　BIM 建筑信息模型可在建筑物建造前期对各专业的碰撞问题进行协调，生成协调数据。它还可以解决例如电梯井布置与其他设计布置及净空要求之协调，防火分区与其他设计布置之协调，地下排水布置与其他设计布置之协调等。

（3）模拟性　模拟性并不是只能模拟设计出的建筑物模型，还可以模拟不能够在真实世界中进行操作的事物，具体表现在设计阶段，可以对设计所需数据进行模拟试验，例如节能模拟、日照模拟等；在招标投标和施工阶段，可以进行 4D 模拟（3D 模型加入项目的发展时间），也就是根据施工的组织设计模拟实际施工，确定合理的施工方案来指导施工；同时还可以进行 5D 模拟（基于 3D 模型的造价控制），从而实现成本控制；后期运营阶段，可以对突发紧急情况的处理方式进行模拟，例如模拟地震中人员逃生及消防人员疏散等。

（4）优化性　整个设计、施工、运营的过程就是一个不断优化的过程，当然优化和 BIM 也不存在实质性的必然联系，但在 BIM 的基础上可以做更好的优化。现代建筑物的复杂程度大多超过参与人员本身的能力极限，BIM 及与其配套的各种优化工具提供了对复杂项目进行优化的可能。基于 BIM 可以在项目方案上进行优化，如把项目设计和投资回报分析结合起来，设计变化对投资回报的影响可以实时计算出来；在特殊项目的设计上进行优化，例如裙楼、幕墙、屋顶、大空间到处可以看到异形设计，这些内容看起来占整个建筑的比例不大，但是占投资和工作量的比例和前者相比却往往要大得多，而且通常也是施工难度比较大和施工问题比较多的地方，对这些内容的设计施工方案进行优化，可以带来显著的工期和造价改进。

（5）可出图性　BIM 可以自动生成常用的建筑设计图纸及构件加工图纸。通过对建筑物进行了可视化展示、协调、模拟和优化，还可以生成图纸如：综合管线图（经过碰撞检查和设计修改，消除了相应错误以后）；综合结构留洞图（预埋套管图）；碰撞检查侦错报告和建议改进方案等。

（6）信息的一致性　在建筑生命期的不同阶段模型信息是一致的，同一信息无须重复输入，而且信息模型能够自动演化，模型对象在不同阶段可以简单地进行修改和扩展而无须重新创建，避免了信息不一致的错误。

（7）信息的关联性　信息模型中的对象是可识别且相互关联的，系统能够对模型的信息进行统计和分析，并生成相应的图形和文档。如果模型中的某个对象发生变化，与之关联的所有对象都会随之更新，以保持模型的完整性。

（8）信息的完备性 除了对工程对象进行3D几何信息和拓扑关系的描述，还包括完整的工程信息描述，如对象名称、结构类型、建筑材料、工程性能等设计信息；施工工序、进度、成本、质量以及人力、机械、材料资源等施工信息；工程安全性能、材料耐久性能等维护信息；对象之间的工程逻辑关系等。

2. BIM技术的优势

CAD技术的出现是建筑业的第一次革命，而BIM模型是一种包含建筑全生命周期中各阶段信息的载体，实现了从二维到三维的跨越，因此BIM也被称为是建筑业的第二次革命。BIM技术与CAD技术比较，其优势见表9-1。

表9-1 BIM技术与CAD技术的优势比较表

类别面向对象	CAD技术	BIM技术
基本元素	基本元素为点、线、面，无专业意义	基本元素如墙、窗、门等，不但具有几何特征，同时还具有建筑物理特征和功能特征
修改图元位置或大小	需要再次画图或通过拉伸命令调整大小	所有图元均为参数化建筑构件，附有建筑属性；在“族”的概念下，只需要更改属性，就可以调整构件的尺寸、样式、材质、颜色等
各建筑元素间的关联性	各个建筑元素之间没有相关性	各个构件是互相关联的，例如：删除一面墙，墙上的窗和门自动删除；删除一扇窗，墙上原来的窗的位置就会自动恢复为完整的墙
建筑物整体修改	需要对建筑物各投影面依次进行人工修改	只需进行 次修改，则与之相关的平面、立面、剖面、三维视图、明细表等自动修改
建筑信息的表达	提供的建筑信息非常有限，只能将纸质图纸电子化	包含了建筑的全部信息，不仅提供形象可视的二维和三维图纸，而且提供工程量清单、施工管理、虚拟建造、造价估算等更加丰富的信息

3. BIM技术的应用价值

（1）规划阶段 BIM技术具有可视化、模拟性、优化性等特点，可以为业主提供各种概念模型及周围环境模型，进行多种方案可视化的模拟比选与优化，为业主提供最优、最合适的方案，节省大量的时间、金钱与精力等。

（2）设计阶段 在设计阶段，由于BIM模型其真实的三维特征和可视化，使得设计师对于自己的设计思想既能够做到“所见即所得”，而且能够让业主捅破技术壁垒的“窗户纸”，随时了解到自己的投资可以收获什么样的成果；也使得施工过程中可能发生的问题，提前到设计阶段来处理，减少了施工阶段的反复，不仅节约了成本，更减少了建设周期；BIM技术还有助于设计对防火、疏散、声音、温度、日照等分析。

（3）施工阶段 可以实现集成项目交付管理；建筑作为一个系统，当完成建造过程准备投入使用时，首先需要对建筑进行必要的测试和调整，以确保它可以按照当初的设计来运营。在项目完成后的移交环节，物业管理部门需要得到的不只是常规的设计图纸、竣工图纸，还需要能正确反映真实的设备状态、材料安装使用情况等与运营维护相关的文档和资料。可以实现动态、集成和可视化的4D施工管理：将建筑物及施工现场3D模型与施工进度相链接，并与施工资源和场地布置信息集成一体，建立4D施工信息模型。实现建设项目施工阶段工程进度、人力、材料、设备、成本和场地布置的动态集成管理及施工过程的可视化模拟。可实现项目各参与方协同工作：项目各参与方信息共享，基于网络实现文档、图档和视档的提交、审核、审批及利用。项目各参与方通过网络协同工作，进行工程洽商、协调，实现施工质量、安全、成本和进度的管理和监控。

（4）运营阶段　在 BIM 模型中，项目施工阶段做出的修改将全部实时更新并形成最终的 BIM 竣工模型，该竣工模型将作为各种设备管理的数据库为系统的维护提供依据。建筑物的结构设施（如墙、楼板、屋顶等）和设备设施（如设备、管道等）在建筑物使用寿命期间，都要不断得到维护。BIM 模型恰恰可以充分发挥数据记录和空间定位的优势，通过结合运营维护管理系统，制订合理的维护计划，实现建筑物业管理与楼宇设备的实时监控相集成的智能化和可视化管理，及时定位故障点。结合运营阶段的环境影响和灾害破坏，针对结构损伤、材料老化及灾害破坏等，进行建筑结构安全性、耐久性分析与预测。

二、BIM 技术的应用软件

在欧美国家 BIM 技术应用软件普遍使用 Autodesk 公司的 Revit 系列、Benetly 公司的 Building 系列、Nemetschek/Graphisoft 公司的 ArchiCAD 以及 Dassault 公司的 CATIA 产品等。目前尚缺乏完全适应建筑全生命周期各阶段要求的 BIM 技术应用软件，常用的 BIM 技术应用软件见表 9-2。

表 9-2　常用的 BIM 技术应用软件

软件工具		设计阶段			施工阶段				运维阶段		
公司	软件	方案设计	初步设计	施工图设计	施工投标	施工组织	深化设计	施工管理	设施维护	空间管理	设备应急
Trimble	SketchUp	●	●								
	TeklaStructure		●	●	●	●	●				
RobertMCNeel	Rhino	●	●				○				
Autodesk	Revit	●	●	●	●	●	●				
	NavisWorks		●	●	●	●	●	●	○	○	○
	EcotectAnalysis		●								
	RobotStructuralAnalysis		●	●							
	AdvanceSteel		●	●	●	●	●				
	Inventor						●				
	InfraWorks	●	●								
	Civil3D		●	●	●	●					
Graphisoft	ArchiCAD	●	●	●	●	●	●				
广联达	MagiCAD		●	●	●	●	●				
	BIM5D				●	●	●	●			
Bentley	AECOsimBuildingDesigner	●	●	●	●	●	●				
	AECOsimEnergySimulator		●	●							
	Hevacomp		●	●							
	STAAD. Pro		●	●							
	ProSteel			●							
	Navigator		●	●	●	●	●	●			

（续）

软件工具		设计阶段			施工阶段				运维阶段		
公司	软件	方案设计	初步设计	施工图设计	施工投标	施工组织	深化设计	施工管理	设施维护	空间管理	设备应急
Bentley	ConstructSim				●	●					
	FacilityManager								●	●	
FORUM8	UC-Win/Road	●	●		●	●			●		●
ArchiBus	ArchiBus								●	●	●
鲁班	鲁班 BIM 系统				●	●	●	●			
RIB 集团	iTWO				●	●	○	●			
建研科技	PKPM		●	●							
盈建科	YJK		●	●							
探索者	探索者系列		●	●							

注：表中“●”为主要或直接应用，“○”为次要应用或需要定制、二次开发。

在软件选用上建议如下：

1）单纯民用建筑（多专业）设计，可选用 Autodesk Revit 系列。

2）工业或市政基础设施设计，可选用 Bentley 或 Revit 系列。

3）建筑师事务所，可选用 ArchiCAD、Revit 或 Bentley 系列。

4）所涉及项目严重异形、购置预算又比较充裕的，可选用 CATIA。

另外，国内软件厂商基于上述软件做了大量地本地化 BIM 软件二次开发，极大地推动了我国 BIM 技术应用的发展，主要厂商有盈建科、探索者、鲁班、博超等。

三、BIM 技术的硬件要求

BIM 硬件包括客户端（台式、笔记本等个人计算机、手持移动终端等）、服务器、网络及存储设备等。在确定所选用的 BIM 软件系统以后，根据现有的硬件资源配置及其组织架构，整体规划并建立适应 BIM 技术需要的硬件要求。

从现有成功的 BIM 技术应用案例以及未来 BIM 技术应用的发展方向，建议参考以下四种 BIM 硬件环境类型：

（一）个人计算机

BIM 技术应用最基本的要求是建模应用，对个人计算机运行要求性能较高，包括数据运算能力、图形显示能力、信息处理能力等各方面。如有渲染、高性能计算等特殊需求，可考虑选用图形工作站。BIM 技术应用个人计算机选择可参考表 9-3。

表 9-3　BIM 技术应用个人计算机选择

运行要求	低配	中配	高配
BIM 应用	1）局部设计建模 2）模型构件建模 3）专业内冲突检查	1）多专业协调 2）专业间冲突检查 3）常规建筑性能分析 4）精细渲染	1）高端建筑性能分析 2）超大规模集中渲染

（续）

运行要求		低配	中配	高配
配置需求	操作系统	Microsoft Windows 10,64 位	Microsoft Windows 10,64 位	Microsoft Windows 10,64 位
	CPU	单核或多核 Intel-Pentium、Xeon 或 i-Series 处理器或性能相当的 AMDSSE2 处理器	多核 IntelXeon 或 i-Series 处理器或性能相当的 AMDSSE2 处理器	多核 IntelXeon 或 i-Series 处理器或性能相当的 AMDSSE2 处理器
	内存	8GB RAM	16GB RAM	32GB RAM
	显卡	1GB 显存，支持 DirectX10 及 ShaderModel3 显卡	4GB 显存，支持 DirectX10 及 ShaderModel3 显卡	4GB 显存，支持 DirectX10 及 ShaderModel3 显卡

注：鉴于个人计算机硬件配置升级更新较快，此表配置仅供参考。

（二）BIM 云应用一体机

BIM 云应用一体机的基本思路是将 BIM 技术应用软硬件均统一设置并部署在一台或多台具有 GPU 云桌面的云计算服务器上，用户只通过 Web 页面或客户端软件访问并操作 BIM 云应用一体机上的 BIM 应用软件，而相关所有模型和数据也均存放在 BIM 云应用一体机上，此时 BIM 软件运行在 BIM 云应用一体机上，依赖 BIM 云应用一体机上的图形处理能力，而在本地无须安装任何 BIM 软件也无须复杂的图形处理能力，仅仅是低端的硬件配置如客户机、笔记本/计算机、PAD、手机等各种终端或一个 Web 浏览器即可实现 BIM 技术应用，同时保障了企业数据安全。

BIM 云应用一体机可以布置在企业办公区域，也可以布置在施工现场办公区域，即开即用，特别适合于施工企业在工地开展 BIM 技术应用。

（三）BIM 云计算数据中心

对于考虑实施或开展使用虚拟化及云计算的大中型企业，可考虑建设或租用 BIM 云计算数据中心，将 BIM 技术应用软件、信息化管理系统统一部署云计算数据中心，通过局域网或互联网，来实现 BIM 技术的全员高效应用。

（四）BIM 协同平台

BIM 应用全过程实施宜在协同平台中进行，根据项目需要独立搭建平台，也可利用参与方已有的协同平台。BIM 实施应设定协同标准作为基本工作规则，规范生产活动。协同标准的内容宜包括协同平台功能介绍、协同工作方法的具体要求、协同工作角色的职责与义务、相关辅助工具的使用说明。BIM 项目协同平台应具有良好的兼容性，能够实现数据和信息的有效共享。

四、BIM 技术的人员要求

（一）BIM 人员分类

1. 根据应用领域分类

根据应用领域不同，可将 BIM 人员分为 BIM 标准管理类、BIM 工具研发类、BIM 工程应用类、BIM 教育类等，如图 9-1 所示。

2. 根据应用程度分类

根据 BIM 应用程度，设计企业一般分为：BIM 总负责人、BIM 项目经理、BIM 专业负责人、BIM 专业工程师、BIM 建模员。

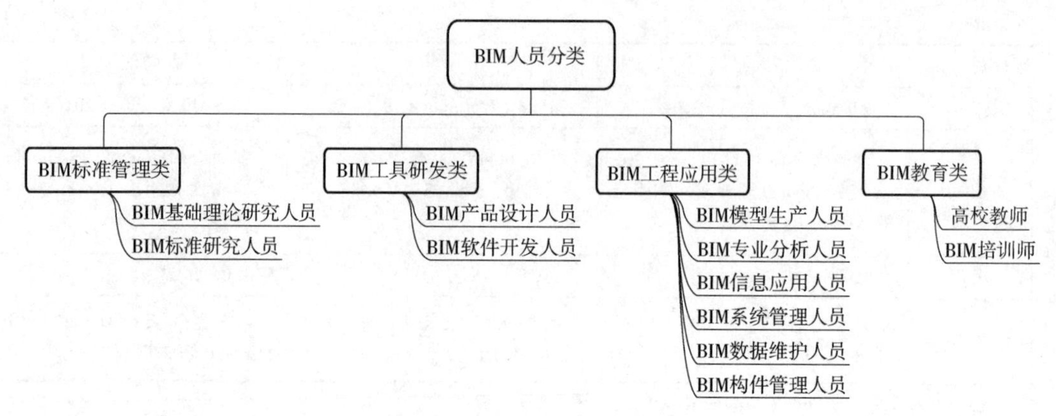

图 9-1　BIM 人员分类图

施工企业一般分为：BIM 战略总监、BIM 项目经理、BIM 技术主管、BIM 操作人员等。

（1）BIM 战略总监（BIM 总负责人）　即负责企业 BIM 技术总体发展战略制订、企业 BIM 资源协调、企业 BIM 建设，属于企业级的职位，可以是企业技术负责人兼任，是 BIM 人员职业发展的高级阶段。

（2）BIM 项目经理　负责 BIM 项目的策划、协调、监控等管理，保质保量实现 BIM 技术应用目标，属于项目级的职位，可以由熟悉 BIM 项目管理的注册建造师人员兼任，是 BIM 人员职业发展的高级阶段，也是注册建造师未来担任项目经理的基本素质要求。

（3）BIM 技术主管（BIM 专业负责人）　即在 BIM 项目实施过程中，负责技术指导及监督人员，属于专业级的职位，可以是专业技术人员担任，是 BIM 人员职业发展的中级阶段。

（4）BIM 操作人员（BIM 专业工程师、BIM 建模员）　即在 BIM 项目实施过程中，实际 BIM 建模及分析人员，属于专业级的职位，可以是专业技术人员担任，是 BIM 人员职业发展的初级阶段。

（二）BIM 人员职业素质要求

不同应用程度 BIM 人员的岗位职责及能力素质要求见表 9-4。

表 9-4　不同应用程度 BIM 人员的岗位职责及能力素质要求

岗位职责	岗位	能力素质
负责企业 BIM 发展战略制订	BIM 战略总监(BIM 总负责人)	宏观把控 BIM 发展方向及应用价值
负责 BIM 项目管理	BIM 项目经理	熟悉 BIM 项目管理
负责 BIM 技术指导及分配	BIM 技术主管(BIM 专业负责人)	熟悉 BIM 技术及应用
负责 BIM 软件操作	BIM 操作人员(BIM 专业工程师、BIM 建模员)	熟练操作 BIM 软件

1. BIM 战略总监（BIM 总负责人）

岗位职责：负责制订企业 BIM 技术总体发展战略，研究 BIM 对企业的质量和经济效益作用；制订企业 BIM 实施计划，制订 BIM 激励政策，监督、检查执行情况；批准有关 BIM 的重大投资，协调 BIM 资源；确定团队规模、确定技术路线等；组织制订企业 BIM 标准。

能力素质要求：了解国家相关政策，了解 BIM 行业动态，具备工程建筑设计、IT 等相关专业背景，具有丰富的建筑行业管理经验，了解一系列 BIM 建模及专业软件，具有良好的组织能力及沟通能力。

2. BIM 项目经理

岗位职责：负责 BIM 项目的策划、协调、监控等管理，保质保量实现 BIM 技术应用目标；负责参与企业 BIM 项目决策，制订 BIM 工作计划；建立并管理项目 BIM 团队，确定各角色人员职责与权限，并定期进行考核、评价和奖惩；负责设计环境的保障监督，监督并协调 IT 服务人员完成项目 BIM 软硬件及网络环境的建立；确定项目中的各类 BIM 标准及规范，如大项目切分原则、构件使用规范、建模原则、专业内协同设计模式、专业间协同设计模式等；负责对 BIM 项目进度的管理与监控；组织、协调人员进行各专业 BIM 模型的搭建、性能分析、二维出图等工作；负责各专业的综合协调工作（阶段性管线综合控制、专业协调等）；负责 BIM 交付成果的质量管理，包括阶段性检查及交付检查等，组织解决存在的问题；负责对外数据接收或交付，配合业主及其他相关合作方检验，并完成数据和文件的接收或交付。

能力素质要求：具备工程建筑领域相关专业背景，具有丰富的建筑行业实际项目的设计与管理经验、独立管理大型 BIM 建筑工程项目的经验，熟悉 BIM 建模及专业软件；具有良好的组织能力及沟通能力等。

3. BIM 技术主管（BIM 专业负责人）

岗位职责：负责项目实施过程中 BIM 技术指导及监督；负责 BIM 模型审核，保证项目按质、按时、按量实施；负责协调各 BIM 操作人员工作；组织编制、审定、提交项目全过程完整资料。

能力素质要求：具备工程建筑领域相关专业背景，具有丰富的 BIM 技术应用实践经验，能独立指导 BIM 项目实施技术问题，具有良好的组织能力及沟通能力等。

4. BIM 操作人员（BIM 专业工程师、BIM 建模员）

岗位职责：负责创建 BIM 模型，基于 BIM 模型进行性能分析及计算，创建二维视图以及添加完善 BIM 信息；配合项目需求，负责绿色建筑设计、可视化展示、虚拟施工、工程量统计等相关 BIM 技术应用。

能力素质要求：具备工程建筑领域相关专业背景，能熟练掌握企业 BIM 软件的使用以及二维制图软件的使用。

第二节　施工过程 BIM 技术应用

一、施工过程 BIM 技术应用特点

施工过程 BIM 技术应用能够有效地实现制订资源计划、控制资金风险、节省能源、节约成本、降低污染及提高效率。它优化了传统的项目管理理念，引领项目管理走向更高层次，从而提高建筑管理的集成化程度，它具有以下特点：

1）BIM 模型含有大量信息，可以在一个平台上实现数据共享，其可视化特点使业主、

设计方、施工方等各相关方沟通更为便捷、高效，协同更为紧密，能够对设计、施工全过程进行形象控制，从而使精细化管理成为可能，弥补传统的项目管理模式的不足。

2）BIM 模型工程量可实时精准统计，BIM 技术能够保证模型数据动态调整，“一处修改，处处修改”，可实现全过程对资金风险以及盈利目标的预控。

3）能够对投标书、进度审核预算书、结算书进行统一管理，并形成数据对比。

4）能够对施工合同、支付凭证、施工变更等工程附件进行统一管理，并对成本测算、招标投标、签证管理、支付等全过程造价进行管理。

5）基于 BIM 的 4D 虚拟建造技术，可以展现形象进度，为领导层充分地调配资源、进行决策提供有利条件。也能够优化进度计划和施工方案，并说明存在问题，提出相应的方案用于指导实际项目施工。

6）基于 BIM 的 4D 虚拟建造技术，还可以提前发现在施工阶段可能出现的问题，及时修改，提前制订应对措施。

7）能够使标准操作流程可视化，随时查询物料及产品质量等信息。

8）利用 BIM 竣工模型和虚拟现实技术，实现对资产、空间、设备管理，对突发事件进行快速应变和处理，快速准确掌握建筑物的运营情况，如对火灾、漏水等隐患进行及时处理，减少不必要的损失，从而实现运维阶段的有效管理。

二、BIM 技术应用策划

成功应用 BIM 技术，为项目带来实际效益，项目团队应该事先制订详细和全面的策划。像其他新技术一样，如果应用经验不足，或者应用策略和计划不完善，项目应用 BIM 技术可能带来一些额外的实施风险。实际工程项目中，确实存在因没有规划好 BIM 应用，导致增加建模投入、由于缺失信息而导致工程延误、BIM 应用效益不显著等问题。所以，成功应用 BIM 技术的前提条件是事先制订详细、全面的策划，策划要与实际业务紧密结合。

基于工程项目的个性化，并没有一个适用于所有项目的最优方法或计划。每个施工团队需根据项目需求，有针对性地制订一个 BIM 技术应用策划。在项目全生命周期的各个阶段都可以应用 BIM 技术，但必须考虑 BIM 应用的范围和深度，特别是当前的 BIM 支持程度、施工团队自身的技能水平、BIM 应用的成本等，这些对 BIM 应用的影响因素都应该在 BIM 策划中充分考虑。

BIM 应用前期策划应该在施工过程的早期制订，并描述整个施工期间直至竣工的 BIM 应用整体构想。全面的 BIM 应用前期策划应该包括确定 BIM 应用目标、约定 BIM 模型标准、确定 BIM 应用范围、构建 BIM 组织架构、BIM 应用的详细流程、确定不同参与者之间的信息交互方式等内容。

（一）项目 BIM 团队的组建

1. 组织机构

项目 BIM 团队应根据合同规定或项目需求来确定，推荐设立 BIM 项目经理、BIM 技术主管、各专业 BIM 工程师等岗位。项目 BIM 应用工作的开展应由项目经理统一协调管理，项目技术主管负责 BIM 应用的实施，其他部门应配合 BIM 团队开展工作，方便 BIM 团队为各职能部门提供技术支持，共同推进项目 BIM 技术应用的有序开展。下面给出某施工企业在某施工项目中组建的 BIM 团队案例，如图 9-2 所示。

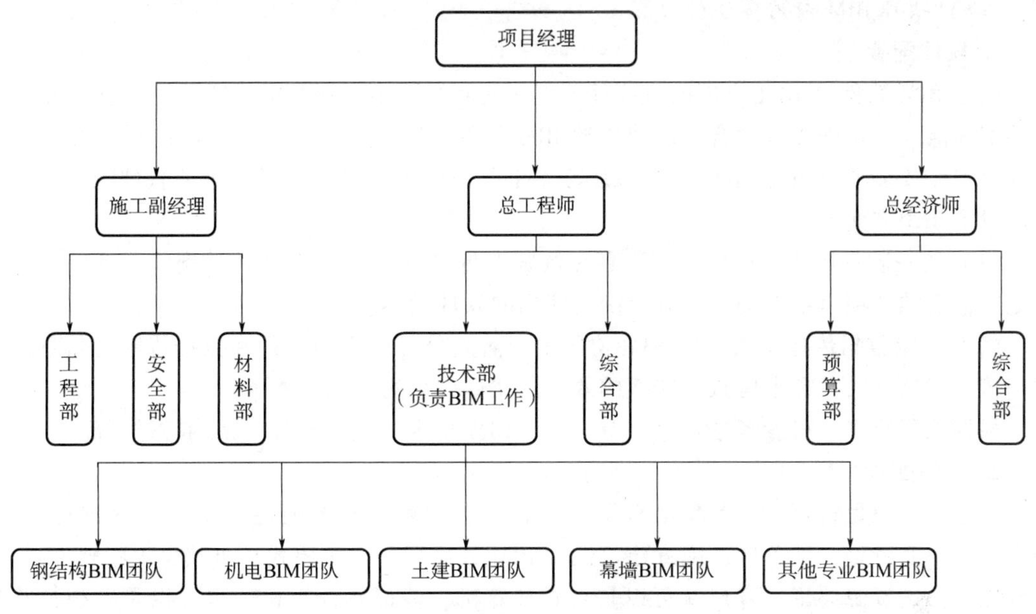

图 9-2　项目 BIM 团队组织机构图

2. 团队职责

项目 BIM 主要部门及岗位的工作职责见表 9-5。

表 9-5　项目 BIM 主要部门及岗位的工作职责

岗位/部门	BIM 工作及责任
项目经理	负责 BIM 项目的策划、协调、监控等管理，保质保量实现 BIM 技术应用目标
BIM 技术主管	负责项目 BIM 技术应用，在 BIM 项目实施过程中，负责技术指导及监督，对阶段性 BIM 成果、BIM 实施方案、实施计划等组织审核及验收
技术部（总包 BIM 团队）	BIM 模型创建、运用、维护、管理，各专业协调配合，基于模型输出深化设计图纸，利用模型优化施工方案，配合其他部门输出 BIM 成果
工程部	配合 BIM 团队审核模型，反馈施工现场问题，利用深化图纸指导施工
安全部	通过 BIM 可视化开展安全教育、危险源识别及预防防控，指定针对性应急措施
材料部	利用 BIM 模型生成料单，审批、上报准备的材料计划
质量部	通过 BIM 进行技术交底，优化检验批划分、验收
预算部	确定预算 BIM 模型建立的标准，利用 BIM 模型实现对内、对外的商务管控和内部成本管控
土建 BIM 团队	确定土建专业施工图设计模型。利用 BIM 解决可能存在的设计问题、碰撞、施工关键工艺问题等隐患，并进行校核和调整。在项目全生命期内配合总包 BIM 团队完成相关 BIM 工作
机电安装 BIM 团队	确定机电专业施工图设计模型。基于施工图设计模型，向总包 BIM 团队提交相关碰撞检查报告、机电管线综合优化报告。结合项目需求，开展机电深化设计工作，并出具深化模型及深化图至总包 BIM 团队。在项目全生命期内配合总包 BIM 团队完成相关 BIM 工作
钢结构 BIM 团队	确定钢结构专业施工图设计模型。结合项目需求，开展钢结构节点深化，并将成果文件提交至总包 BIM 团队。在项目全生命期内配合总包 BIM 团队完成相关 BIM 工作
其他专业 BIM 团队	确定各自专业施工图设计模型，并在施工过程中及时更新，保持适用性。向总包 BIM 团队提交自身合约范围内的施工深化设计模型和施工过程模型。在项目全生命期内配合总包 BIM 团队完成相关 BIM 工作

（二）项目 BIM 应用环境的配置

1. 软件配置

配置 BIM 软件是 BIM 应用的重要环节。在实际操作中，则要根据项目的特点和 BIM 团队的实际能力，正确配置适合自己使用的 BIM 软件。BIM 软件众多，通常在同一个 BIM 应用项目中需要多个 BIM 软件，因此，围绕项目的 BIM 实施目标选择合理的软件配置需重点考虑以下几个方面：

（1）统一软件版本　BIM 软件中存在低版本打不开高版本文件的情况，因此，在项目开始时，必须与项目各方沟通，确定统一使用的软件版本。

（2）确定数据传递格式　在 BIM 协同中，需充分考虑不同软件在数据传递时信息的保留与传递问题，同时需考虑数据转换的效率及文件大小的问题。

根据工程特点，可参考本章第一节“二、BIM 技术的应用软件”的内容进行配置。

2. 硬件配置

根据工程项目特点，可参考本章第一节“三、BIM 技术的硬件要求”内容进行配置。根据施工企业特点，项目硬件配置建议选用 BIM 云应用一体机模式，可减少正版软件投入，高性能工作站资源共享，客户端可以是台式计算机、笔记本计算机，也可以是平板计算机等移动终端；同时，可以部署在施工现场办公区域，即开即用，特别适合于施工企业在工地开展 BIM 技术应用。

3. 协同平台

根据工程项目特点，选择或搭建 BIM 协同平台，有关要求参见本章第一节“三、BIM 技术的硬件要求”。

（三）项目 BIM 应用实施方案的制订

一个详细全面的项目 BIM 应用实施方案，可使项目参与者清楚地认识到各自责任和义务。BIM 应用实施方案制订之后，项目 BIM 团队就能根据此方案将 BIM 融合到施工相关的工作流程中，并正确实施和监控，为工程施工带来效益。

此外业主和设计单位对 BIM 应用的支持非常重要，这是项目全生命周期延续和应用 BIM 效益的关键。因此如果由业主牵头并得到设计单位的支持，为整个工程项目制订一个全生命周期 BIM 应用实施方案，那么施工 BIM 团队可据此制订施工 BIM 应用实施方案，并与项目其他方（特别是分包、业主和设计）互相融合。

BIM 应用实施方案内容包括：

1）项目 BIM 应用概述：阐述 BIM 应用实施方案制订的总体情况。

2）项目信息：阐述项目关键信息如建筑面积、建筑高度等；项目位置、项目描述、特殊要求、关键的时间节点等。

3）BIM 应用目标：确定应用 BIM 技术达到的目标和效益。

4）各参与方的 BIM 实施职责及团队配置要求。

5）BIM 应用范围及应用流程：确定 BIM 应用范围、应用点、流程以及 BIM 的实施要点。以流程图的形式清晰地展示 BIM 的整个应用过程。

6）配置 BIM 应用环境：确定拟使用的软件及其版本、硬件、协同平台、网络等基础条件要求。

7）统一技术规定：详细描述 BIM 项目组遵守原则及标准规范，例如：命名规则、模型结构、坐标系统、建模标准、文件结构和操作权限等，以及关键的协同会议日程和议程。

8）BIM 应用进度计划：确定 BIM 应用节点、控制内容，以进度安排方式有效控制 BIM 应用的节点及内容。

9）质量保证程序和要求：详细描述为确保 BIM 技术应用需要达到的质量要求，以及对项目参与者的监控要求。

10）成果交付：确定项目交付内容、深度以及格式。

在编制 BIM 应用实施方案时，可以参照以下方法来逐步明确：

1. 确定 BIM 应用目标

BIM 策划制订的第一步，也是最重要步骤，就是确定 BIM 应用的总体目标，这些 BIM 目标必须是具体的、可衡量的，以及能够提升项目施工效益。

2. 确定 BIM 应用点

根据 BIM 应用目标，要明确项目实施的 BIM 应用点。例如：深化设计建模、4D 进度管理、5D 成本管理、专业协调等。

1）罗列 BIM 技术应用点。项目 BIM 团队应明确可能的 BIM 技术应用点，并将其罗列出来，备选 BIM 应用点，见表 9-6。

表 9-6　施工阶段 BIM 技术应用点

阶段	BIM 技术应用点
施工准备	施工深化设计
	施工平面布置模拟
	施工进度模拟
	重点施工方案模拟
施工实施	施工技术管理—图纸会审
	施工技术管理—设计变更
	施工技术管理—作业指导书
	施工技术管理—施工测量
	施工进度管理
	施工质量管理
	施工安全管理
	设备与材料管理
	施工成本管理
	构件预制加工
竣工验收	模型数据/信息管理
	竣工工程量统计
	竣工模型交付

2）确定每项备选 BIM 应用点的责任方。为每项备选 BIM 应用点至少确定一个责任方，主要负责主体放在第一位，便于后期管控。

3）标示每项 BIM 应用点各责任方需具备的条件。确定责任方应用 BIM 所需的条件，一般的条件包括人员、软件、软件培训、硬件等。如果已有条件不足，需额外补充时，应详细说明，如：需购买软硬件。

4）确定责任方应用BIM所需的能力水平。项目BIM团队需知道BIM应用的细节，及其在特定项目中的实施方法。如果已有能力不足，需额外培训时，应详细说明。

5）标示每项BIM应用的额外应用点价值和风险。施工团队在清楚每项BIM应用点价值的同时，也要清楚可能产生的额外项目风险。

3. 明确BIM应用范围

施工团队应该详细讨论每项BIM技术应用的可能性，确定某项BIM技术应用是否适合项目和团队的特点。在考虑所有因素之后，施工团队需做出是否应用各项备选BIM的决定。当项目BIM团队决定某项BIM应用点时，判断是否应用其他BIM就变得很简便。

BIM应用目标与BIM应用之间没有严格的一一对应关系。在定义BIM应用目标的过程中可以用优先级表示某个BIM技术应用目标对施工的重要性。不同层次的BIM应用目标将直接影响BIM的策划和准备工作，某项目施工BIM技术应用目标案例见表9-7。

4. 选用项目BIM应用标准

为了能有效地利用BIM技术，在项目开始阶段选用针对性强的国家级、地方级或建立企业级或项目级BIM标准、规范或规定等技术管理文件，全面指导项目BIM工作的开展。

表9-7　某项目施工BIM技术应用目标案例

优先级	BIM技术应用目标	BIM应用点
高	控制成本	5D建模和分析、材料管理、工程结算
低	提升深化设计效率	深化设计、设计审核、管线综合
高	审核施工过程	施工模拟、施工场地规划
中	提高施工效率	施工进度管理、施工模拟、质量安全管理
中	消除专业冲突	专业协调、碰撞检测

如针对BIM项目实施中一些共性的技术规定，可以先制定《BIM技术应用统一规定》，其内容包括构件命名规则、模型拆分原则、建模标准、文件结构、颜色显示规定等；还可以制定《BIM构件库及模型库管理规范》《BIM项目实施指南》《BIM模型审核与优化标准》等企业级的标准和规范。

目前国家已经发布了《建筑信息模型应用统一标准》（GB/T 51212—2016），自2017年7月1日起开始实施和《建筑信息模型施工应用标准》（GB/T 51235—2017），自2018年1月1日起实施，可以直接选用。

2017年12月25日，安徽省住房和城乡建设厅印发了《安徽省建筑信息模型（BIM）技术应用指南》，对施工企业BIM技术应用有较强的指导意义，可直接选用。

5. 约定项目BIM基准模型

在BIM应用过程中，BIM基准模型是最基础的技术资料，所有的操作和应用都是在BIM基准模型基础上进行的。施工BIM前期策划的首要工作就是创建BIM基准模型。下面将具体介绍BIM基准模型的来源、模型划分及其要求和规范。

（1）BIM基准模型的来源　BIM基准模型一般有三个主要来源，如图9-3所示。

1）外部提供。以业主提供的招标模型或由设计单位完成的施工图设计阶段模型为基础，施工企业结合现场状况对模型进行细化、完善，并根据施工要求对相应构件或构件组进行重构、调整等处理，使之成为可以现场实施的施工深化模型。施工单位在接收外部提供的 BIM 模型时，应按照一定的验收标准对模型进行验收。外部模型需完整、按结构分层，且设计模型必须考虑施工要求。

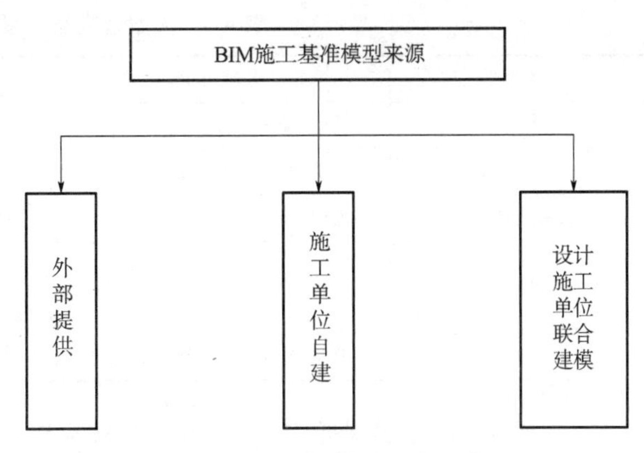

图 9-3　BIM 基准模型的主要来源

2）施工单位自建。施工单位根据设计施工图，组织人员自行创建 BIM 模型。自建优势是施工单位的建模人员更了解施工需求，并对工程特别是细部情况掌握得十分清楚，因而创建的 BIM 模型更容易满足施工应用的需求。

3）设计施工单位联合建模。施工单位在项目设计早期阶段就提前介入，根据施工需求对设计内容的表达方式和深度提出具体要求，并参与部分设计建模工作；或在施工图设计阶段的 BIM 模型创建完成后，紧接着完成深化设计建模。

采用这种方式应具备几个必要的前提条件：

① 设计和施工双方应预先确定统一的建模要求，规定模型提交的深度和细度，制订满足设计施工 BIM 集成应用的建模规程，包括创建模型应考虑施工分区及作业流水段划分。

② 应明确模型构件之间的关系，使其符合施工作业的业务逻辑。

③ 应建立统一的模型构件库，保证构件的名称、表示及信息准确统一等。

模型的质量直接决定 BIM 应用的优劣，无论以上哪种渠道的模型，都需要在 BIM 建模规则和操作标准上事先达成统一的约定，以执行手册的形式确定下来，在建模过程中贯彻执行，建模完成后应严格审核。

（2）施工图设计模型划分　对于 BIM 模型由设计单位进行构建的情况，施工阶段的施工图设计模型沿用设计模型的划分方式。对于施工单位自行建模的情况，施工单位应考虑不同的建模软硬件环境对于模型的处理能力会有不同，模型划分也没有硬性的标准和规则，需根据实际情况灵活处理。以下是实际项目操作中比较常用的模型划分。模型划分的主要目的是协同工作，以及降低由于单个模型文件过大造成的工作效率降低。通过模型划分主要是实现多用户访问和多专业协作，提高大型项目的操作效率。模型划分时采用的方法，应尽量考虑所有相关 BIM 团队（包括内部和外部的 BIM 团队）的需求。一般按建筑、结构、水暖电专业组织模型文件，建筑模型包含建筑相关信息（对于复杂幕墙建议单独建立幕墙模型），结构模型包含结构相关信息，水暖电专业要视使用的软件和协同工作模式而定，以 Revit 为例。

1）运用工作集模式，则水、暖、电各专业都在同一模型文件里分别建模，以便于专业协调。

2）运用链接模式，则水、暖、电各专业分别建立各自专业的模型文件，相互通过链接的方式进行专业协调。

典型超高层的模型划分方法见表 9-8。

表 9-8 典型超高层的模型划分方法

专业	区域拆分	模型界面划分
建筑	主楼、裙房、地下结构	按楼层划分;按建筑分区划分;按施工缝划分
结构	主楼、裙房、地下结构	按楼层划分,再按钢结构、混凝土结构、剪力墙划分
幕墙(如果是独立建模)	主楼、裙房	按建筑立面划分;按建筑分区划分
机电	主楼、裙房、地下、市政管线	按楼层划分;按建筑分区划分;按施工缝划分;按系统划分
总图	道路、室外总体、绿化	按区域划分;按系统划分

（3）施工图设计模型要求　不同的 BIM 应用，相应 BIM 模型要求也不同。BIM 应用的模型需在施工图设计模型的基础上，根据施工阶段管理目标增加包括进度、成本、施工方案、质量、安全等信息。施工图设计模型的模型深度宜不低于 G3，并需遵循以下原则：

1）一致性原则。模型应包含 2D 图纸中的数据参数，模型中无多余、重复、冲突构件。在项目施工阶段，模型要根据深化设计及时更新。模型反映对象名称、材料、型号等关键信息。

2）符合性原则。模型要符合实际情况，例如，施工阶段应用 BIM 时，模型需分层建立并加入楼层信息，不允许出现一根柱子从底层到顶层贯通等与实际情况不符的模型。

3）准确性原则。模型应保证准确性，例如梁、墙构件横向起止坐标必须按实际情况设定，避免出现梁、墙构件与柱重合情况。

6. 编制项目 BIM 进度控制计划

BIM 项目应充分考虑与传统项目在进度上的区别，尤其在 BIM 应用的初级阶段，应考虑新增加的 BIM 工作内容及团队人员应用软件的熟练程度。BIM 人员在项目协同管理平台或共享文件夹应适时更新模型、整合模型，项目经理、技术负责人通过可视化、模拟模型装配过程掌握 BIM 应用形象进度情况。

BIM 项目经理应组织检查 BIM 实施方案的执行情况，分析进度偏差，制订有效措施。

BIM 进度的主要控制点应包括：

1）BIM 总包及各分包的条件关系及其进度。

2）确保各施工节点前一个月完成专项 BIM 模型，并初步完成方案会审。

3）各专业分包投标前一个月完成分包所负责 BIM 模型工作，用于工程量分析，招标准备。

4）各专项工作结束后一个月完成竣工模型以及相应信息的三维交付。

5）工程整体竣工后针对物业进行三维数据交付。

7. 编制项目 BIM 模型质量控制计划

BIM 模型质量也应严格按企业质量管理体系要求进行控制。BIM 项目经理及 BIM 各级人员明确填写规定的质量记录，并向企业职能部门、项目团队提交 BIM 模型质量信息。

（1）BIM 设计质量控制点　BIM 设计质量控制点主要包括：

1）BIM 模型要求的控制与评审。

2）BIM 策划的控制（组织、技术、条件接口）。

3）BIM 应用点实施方案的评审。

4）BIM 模型及其数据信息的校审。

5）BIM 交付文件的控制。

6）BIM 模型变更的控制。

（2）BIM 模型质量控制标准和要求

1）建模标准：应明确规定各施工阶段、各专业、各构件的内容深度、几何精度、信息深度、坐标系统、基点等。

2）模型规定：应明确规定各施工阶段、各专业的模型技术规定，例如：构件及系统的命名规则、颜色规定、链接关系、文件结构和操作权限等。

3）模型审核方式：应明确规定各施工阶段、各专业的模型审核的内容及方式，重点审查模型与图纸的一致性。

4）模型交付要求：应明确规定各专业需提交的多项 BIM 成果交付要求、文件格式等。

5）模型变更：应明确规定当设计发生变更时，先修改 BIM 模型，从模型中生成图纸，模型升版应与图纸版次相关联，或有相关记录说明。

8. 制订项目 BIM 应用协同管理规定

BIM 模型在创建过程和应用中，不仅需要处理总包和分包方模型整合，还需处理发现的问题，如管线碰撞等，相比于传统的工作方式，有更多的 BIM 技术问题要解决，有更多管理问题要面对。所以需要重新定义和规范新的沟通流程和协作模式。要求项目经理编制适合本项目的协同流程或规程，保证基于 BIM 的施工过程运转顺畅，从而提高施工效率，保证施工水平和产品质量，降低施工成本。

（1）选择协同技术方案　目前协同软件较多，首先应选择协同软件及平台。主要考虑以下几个方面：

1）协同软件。应选择同系列、同版本 BIM 软件，便于开展各专业的并行建模和整合模型，例如选择以 Revit、Bentley 为主的 BIM 软件。各专业建模人员可使用各自专业软件完成本专业建模及计算，在与其他专业协同时，应通过格式转换满足协同要求。

2）协同管理软件。在并行建模和整合模型的同时，对模型进行协同管理，如碰撞检查、方案评审、项目进度浏览等，这时可以选择轻量化协同管理软件，如 Autodesk NavisWorks，Bentley Navigator，Tekla BIMsight。

3）协同平台。应根据项目的要求选择合理的协同平台。

（2）编制协同流程　不同项目的 BIM 目标和要求，会产生不同的协同流程。项目经理应在项目开始前，编制适合本项目的协同流程。

（3）编制协同原则

1）确定项目基点。为保证项目的并行建模及协同要求，项目开始时，需明确项目基点。

2）确定拆分原则。单个模型文件大小建议不要超过 300MB；项目专业之间采用链接模型的方式进行协同；项目同专业采用工作集或链接的方式进行协同；建议不要在协同建模的过程中做机电的深化设计；项目模型的工作分配最好由一个人整体规划并进行拆分。

3）模型交互规定。需明确模型交互引用时的格式、模型等级、模型信息等一系列规定。

4）模型更新频率。需明确模型同步、上传、更新的频率，提高协同效率。

5）确定关键进度节点协同会议时间及周期。定期召开协同工作会议，保留会议记录。

9. 明确项目 BIM 应用的多方管理

业主、设计方、施工方、监理方、政府等多方参与的 BIM 项目，需明确规定各方职责、权利、义务、工作内容等，及在协同平台及协同管理过程中对项目的管理、参与、干涉等操作权限。项目多方管理是对项目参与各方进行沟通与协作，以满足其需求及期望，解决实际出现的问题，促进各方合理参与项目活动，促使项目沿预期轨道行进，而不会因未解决的项目问题而脱轨。

通常，由项目经理负责项目多方管理，应做到以下几点：

1）工作分析。应分析项目各方的利益、需求及在项目中的影响力。

2）明确责、权、利。需明确项目各方的职责、权利、义务及工作内容。

3）沟通管理。指定各方沟通负责人及联系人，明确沟通方式，确定关键的协同会议日程和议程，组织沟通会议。

4）权限分配。完成协同平台各位参与人员的权限分配，提交协同平台管理员完成设定。

5）记录与反馈。每次重要沟通都应有沟通记录，通告相关各方，并对结果反馈。

10. 明确项目 BIM 应用的总结要求

BIM 项目完成后，BIM 项目经理应组织 BIM 团队人员对成果进行整理，对 BIM 进行总结与评价，确定是否达到预期目标，分析项目成败的原因，分析项目的经济效益以及顾客满意情况，分析项目管理方案、流程是否有效，本项目使用了哪些新技巧、新方法、新技术、新软件或新功能等，编制项目 BIM 技术应用总结报告。

BIM 技术应用总结工作要求：

1）明确项目文件归档内容。如管理文件、模型文件、交付文件等要求。

2）明确项目构件库归档要求。为提高复用率和设计效率，在 BIM 设计项目结束时，应规定项目样板文件、项目族库、企业构件库的归档要求。

3）明确项目标准归档要求。为提高类似项目的设计效率，在 BIM 设计项目结束时，应要求组织人员从项目中总结归纳出项目标准，形成项目标准文件或企业标准文件。

4）明确项目总结及宣传要求。完成项目的各类总结、论文、宣传视频等要求。

三、BIM 技术应用实施

本节根据表 9-6 施工阶段 BIM 技术应用点，阐述施工过程 BIM 技术应用实施要点，供二级注册建造师们参考，为推进施工过程 BIM 技术应用提供解决思路。

（一）施工深化设计

在施工过程管理中，主要的 BIM 模型分为 BIM 基准模型（设计企业称为施工图设计模型），施工图深化设计模型，施工管理应用模型。BIM 基准模型主要分为上游设计院提供模型和基于施工图创建模型。施工图深化设计模型是以 BIM 基准模型为基础，在不改变原设计技术性能及使用功能的前提下，进行空间布局、优化协调、设计校核，并添加材料和设备技术参数、制作安装要求、施工规范、施工工艺等信息，形成施工图深化设计模型及图纸等成果文件。此成果文件应具备施工可行性及合理性，符合相关设计规范和施工规范，并满足相关的应用需求。施工管理应用模型是在施工图深化设计模型基础上为满足施工信息化管理目标的需要，继续补充施工进度、成本等详细的几何和非几何信息的模型。其中，施工图深化设计模型主要包括土建、机电、钢结构等专业。

1. 土建深化设计

基于 BIM 的土建深化设计主要目的是提升 BIM 模型深化设计的准确性、可校核性。将土建施工操作规范与施工工艺融入施工图设计模型，形成施工深化设计模型，并满足施工作业指导的要求，减少施工阶段存在的错误从而避免返工，加快施工进度、降低建造成本。

施工图深化设计 BIM 应用流程图如图 9-4 所示。

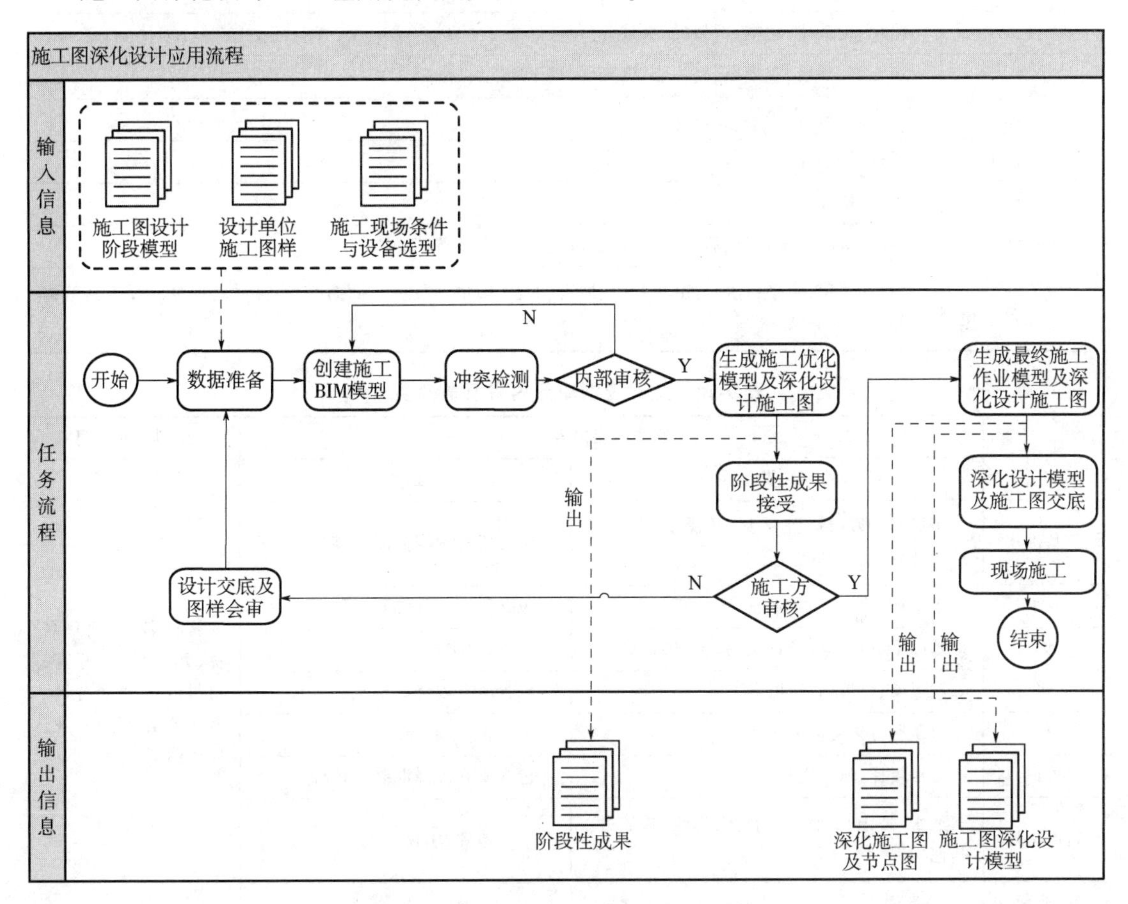

图 9-4　施工图深化设计 BIM 应用流程图

实施要点如下：

1）深化设计依据准备。如工程设计文件；合同文件中规定的与 BIM 建筑结构模型相关的技术要求；施工组织设计及重大施工方案；工程造价相关文件（项目工程量清单等）；相关建筑施工规范等。

2）模型准备。模型深度应根据项目性质和业主要求确定。模型单元命名规则及模型单元内容及信息要求，见表 9-9 及表 9-10。

3）施工单位依据设计单位提供的施工图和施工图设计模型，以及自身施工图特点及现场情况，完善建立设计模型。该模型应该根据实际采用的材料设备、实际产品的基本信息构建模型和深化模型。

表 9-9 模型单元命名规则

类别	模型单元名称
支护	地下连续墙、锚杆、土钉、钢筋混凝土支撑、钢支撑等
基础	垫层、独立基础、桩承台基础、设备基础、条形基础、基础主梁、有梁式筏板、无梁式筏板、集水井、电梯井壁、电梯井底、圆桩、方桩等
梁	圈梁、过梁、矩形梁、有板梁、连梁、楼梯梁、异形梁、弧形梁等
板	悬挑板、有梁板、无梁板、拱形板、平板、阳台板、其他板、薄壳板等
柱	暗柱、构造柱、柱帽、框架柱、梯柱等
墙	填充墙、幕墙、直形墙、砌体墙、弧形墙、挡土墙、女儿墙等
门窗	门、门联窗、窗等
栏杆扶手	栏杆、扶手等
楼梯	梯段、楼梯等
后浇带	后浇带墙、后浇带梁、后浇带板、后浇带筏板、后浇带条基等
其他	栏板、压顶、砖砌台阶、混凝土台阶、坡道、散水、沟槽、雨篷板、挑檐/天沟、砖模、现浇混凝土其他构件等

表 9-10 土建模型单元内容及信息要求

<table>
<tr><th rowspan="2">类别</th><th colspan="2">模型单元内容</th><th>模型单元信息</th></tr>
<tr><th>一类</th><th>二类</th><td rowspan="9">构件名称、项目名称、几何尺寸、标高、材料信息、所属分区、所属楼层、所属专业、所属图纸</td></tr>
<tr><td>基础</td><td>垫层、带形基础、独立基础、满堂基础、桩承台基础、设备基础</td><td>包含所有现浇混凝土基础</td></tr>
<tr><td>柱</td><td>矩形柱、构造柱、异形柱</td><td>包含所有现浇混凝土柱</td></tr>
<tr><td>梁</td><td>基础梁、矩形梁、异形梁、弧形、拱形梁</td><td>圈梁、过梁</td></tr>
<tr><td>墙</td><td>直形墙、弧形墙、短肢剪力墙、挡土墙</td><td>包含所有现浇混凝土墙</td></tr>
<tr><td>板</td><td>包含所有现浇混凝土板</td><td>薄壳板、空心板</td></tr>
<tr><td>楼梯</td><td>直形楼梯、弧形楼梯</td><td>包含所有现浇混凝土楼梯</td></tr>
<tr><td>其他构件</td><td>散水、坡道、台阶、扶手、化粪池、检查井、其他构件</td><td>室外地坪、压顶</td></tr>
<tr><td>后浇带</td><td>后浇带</td><td></td></tr>
<tr><td>砌筑</td><td>砌筑工程所包含的各类砖墙、砖柱、砖检查井、零星砌砖、砌块墙、砌块柱</td><td>砖基础、砖砌挖孔桩护壁、砖散水、地坪、砖地沟、明沟、各类石砌体</td><td rowspan="3">构件名称、项目名称、几何尺寸、标高、材料信息、所属楼层、所属专业、所属图纸</td></tr>
<tr><td>金属结构</td><td colspan="2">金属结构工程中所包含构件类别均为二类</td></tr>
<tr><td>模架</td><td colspan="2">脚手架工程、混凝土模板及支架均属二类</td></tr>
<tr><td>门窗</td><td>门窗工程所包含的所有门窗</td><td>门窗套、窗台板</td><td>构件名称、项目名称、几何尺寸、标高、材料信息、所属楼层、所属专业（门可不添加项目名称）、所属图纸</td></tr>
</table>

注：一类模型单元作为常规施工图深化设计模型必须包含内容，二类模型单元应根据项目深化设计要求选择添加。

4）BIM技术人员结合自身专业经验或与施工技术人员配合，对建筑信息模型的施工合理性和可行性进行甄别和优化，同时实施碰撞检测。

5）施工图深化设计模型通过建设方、设计方、相关顾问单位的审核确认，最终导出可指导施工的三维图形文件及二维深化施工图、节点图。

6）施工图深化设计模型：模型应包含工程实体的基本信息，并清晰表达关键节点施工方法。

7）施工图深化设计图宜由施工图深化设计模型输出，满足施工条件，并符合政府、行业规范及合同的要求。

2. 钢结构深化设计

钢结构深化设计也称为钢结构二次设计，是以设计院的施工图、计算数据及其他相关资料（包括招标文件、答疑补充条件、技术要求、制造厂制造条件、运输条件、现场拼装与安装方案、设计分区及土建条件等）为依据，依托专业深化设计软件平台，建立三维实体模型，开展施工过程仿真分析，进行施工过程安全验算，计算节点坐标定位调整值，并生成结构安装布置图、零构件图、报表清单等的过程。

（1）解决思路　钢结构深化设计BIM应用流程图，如图9-5所示。

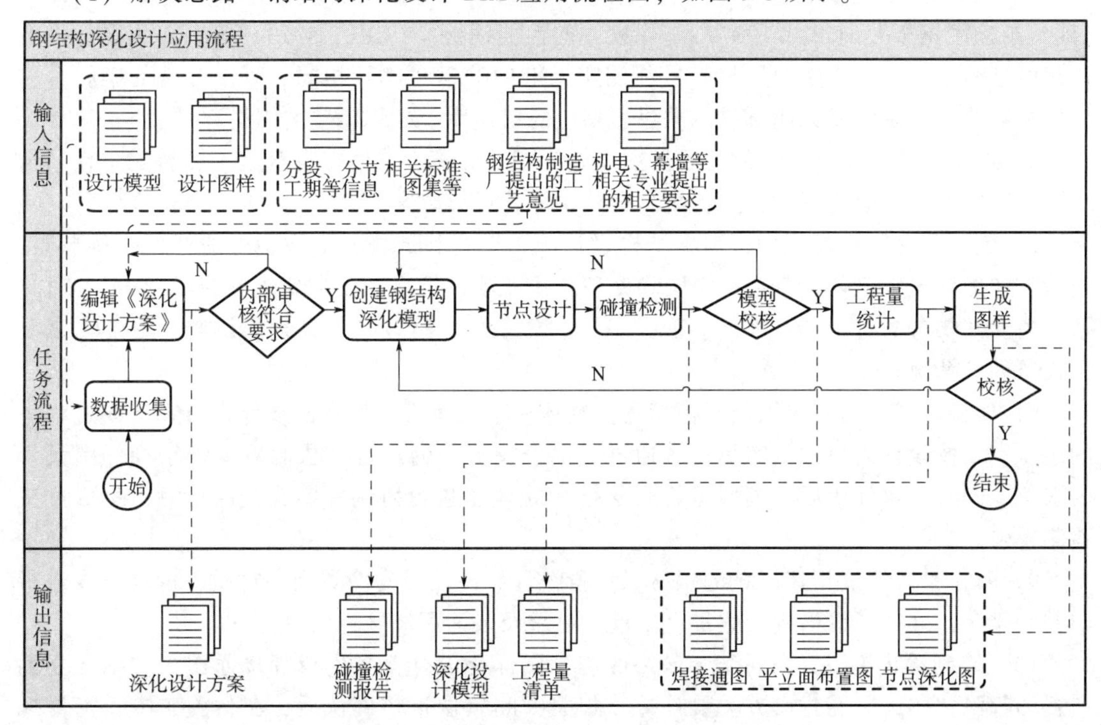

图9-5　钢结构深化设计BIM应用流程图

（2）实施要点

1）深化设计依据准备。如业主提供的最终版设计施工图及相关设计变更文件；钢结构材料采购、加工制作及预拼装、现场安装和运输等工艺技术要求；其他相关专业配合技术要求；国家、地方现行相关规范、标准、图集等。

2）数据编码准备。编制钢结构BIM模型的编码规则，根据每个工程的特点，制订专用编号规则。制订的原则是要区分构件、状态、区域等基本信息，以便于施工管理。每个工程的编号规则制订后应组织评审，且需安装施工方认可。深化设计建模时，根据编号规则将钢构件编码输入到构件属性信息中。

3）软件应用及模型数据准备。如统一软件平台及版本号，设计过程中不得更改；同一工程宜在同一设计模型中完成，若模型过大需要进行模型分割，分割数量不宜过多，同时需注意模型分割面处的信息处理；零构件号与零构件要一一对应；当零构件的尺寸、重量、材质、切割类型等发生变化时，需赋予零构件新的编号，以避免零构件的模型信息冲突报错；在 Tekla 中，深化设计模型中每一种截面的材料都会指定唯一的截面类型与之对应，保证材料在软件内名称的唯一性。

4）对于钢结构工程而言，零件数量繁多，相应的截面信息匹配工作量也会非常繁重，为减少模型截面数据输入的工作量，需要制订统一的截面代码规则，使 Tekla 建模时选用的截面类型规范统一。参照《热轧 H 型钢和剖分 T 型钢》（GB 11263）等现行相关规范，一般在深化设计前与业主、设计等单位沟通确定截面表示方式。

5）模型材质匹配。深化设计模型中每一个零件都有其对应的材质，为保证模型数据的准确，应根据相关国家钢材标准指定统一的材质命名规则，可参考现行标准有：《碳素结构钢》（GB/T 700）《低合金高强度结构钢》（GB/T 1591）《高层建筑结构用钢板》（YB 4104）《建筑结构用钢板》（GB/T 19879）《厚度方向性能钢板》（GB/T 5313）等。深化设计人员在建模过程中需保证使用的钢材牌号与国家标准中的钢材牌号相同。对于特殊的钢材，应根据相应的设计说明或其他材料标准建立相应的材质库，标识相应的钢材牌号。

6）施工方依据设计方提供的施工图或施工图设计模型，根据自身施工图特点、现场情况及钢结构制造厂家的审查意见，编制钢结构深化设计方案。

7）创建深化设计模型。根据钢结构设计施工图进行放样，对模型中的杆件连接节点、构造、加工和安装工艺细节进行安装和处理，按照项目批次和工期要求开展深化设计工作。模型建立需要考虑每个节点如何装配，工厂制作条件、运输条件，现场拼装、安装方案及土建条件等情况。

8）碰撞校核。由审核人员对模型进行整体校核、审查，检查出设计人员在建模过程中的误差，以便设计人员去核实更正。通过多次校核流程的执行，从而减少钢结构详图设计的误差。同时，对优化后的模型与其他专业 BIM 模型进行协调并实施碰撞检测，生成碰撞检测报告。

9）基于模型开展指定区域的钢材工程量统计，并按照构件类别、材质、构件长度进行归并和排序，同时还输出构件数量、单重、总重及表面积等统计信息。

10）绘制深化施工详图。基于最终的施工图深化设计模型生成焊接通图、二维平立面布置图等深化图，并经建设方、设计方、相关顾问单位审核确认后，交付施工方，指导现场施工。

11）施工图深化设计模型应包含工程实体的基本信息，并清晰表达关键节点施工方法。

12）完成的钢结构深化设计图在理论上是没有误差的，可以保证钢构件精度达到理想状态。

13）提交碰撞检测报告。

14）提交钢结构工程量清单。

3. 机电安装深化设计

机电安装深化设计是指工程实施过程中以招标文件及设计图纸为基础，并结合机电设备选型、机电安装工序和施工现场状况进行细化、补充和完善，使之成为可现场实施的技术指导和依据。

（1）解决思路 机电安装深化设计 BIM 应用流程图如图 9-6 所示。

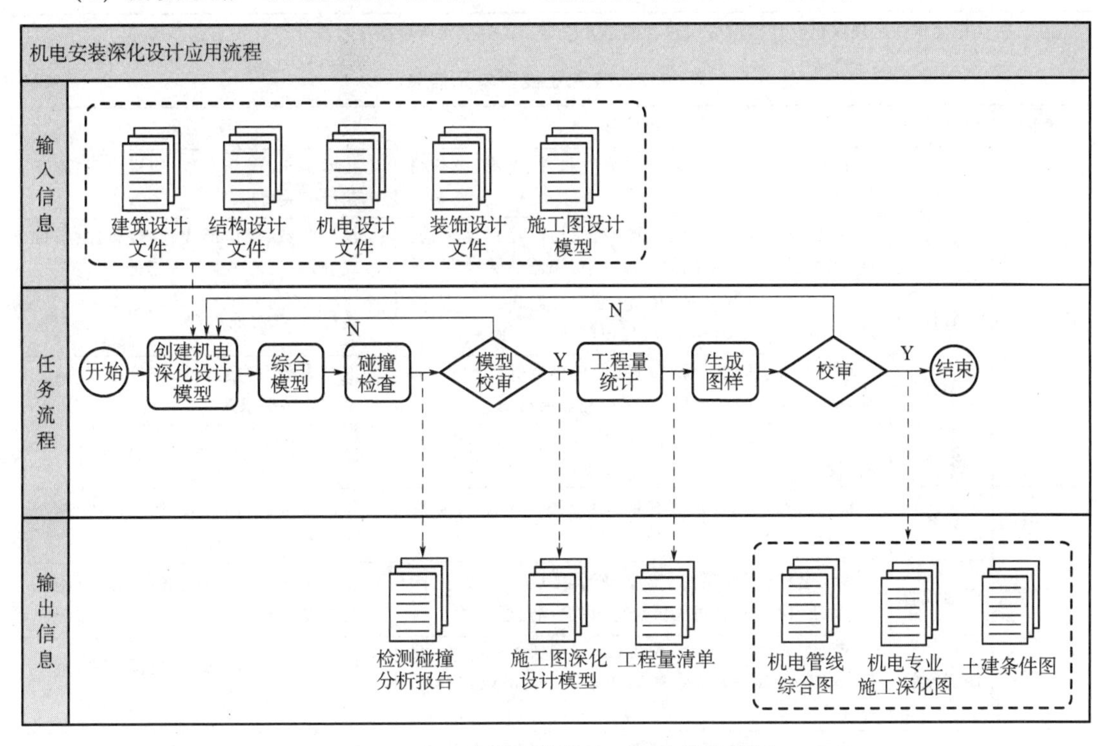

图 9-6 机电安装深化设计 BIM 应用流程图

（2）实施要点

1）机电深化设计依据准备。如建筑相关国家、行业及地方设计标准、施工验收规范及制图标准；工程施工合同和招标投标文件；工程设计文件（如施工设计图纸）；业主或相关方对深化设计的进度、质量等要求。

2）模型准备。机电模型可以分为给水排水、暖通、电气等专业模型，借助 BIM 协同作业的方式分配给不同的 BIM 专业工程师同步建造模型，BIM 专业工程师可以通过各项系统和建筑结构模型之间的参考链接方式进行模型问题检查。其中，模型深度应根据项目性质和业主要求确定。模型单元分类及模型单元信息要求详见表 9-11 及表 9-12。

表 9-11 各专业模型单元分类表

专业	类型	模型单元内容
给水排水	一类	锅炉、冷冻机、换热设备、水箱水池等主要设备；消火栓、水泵接合器等次要设备；给水排水管道、消防水管道等管路\管件；阀门、计量表、开关等主要附件
	二类	除一类设备外的其他相关设备、套管、用水器具、喷头、仪表、支架等
暖通	一类	冷水机组、新风机组、空调器、通风机、散热器、水箱等主要设备；补偿器、减压装置、消声器等次要设备；暖通风管、暖通水管、风口等传输单元；阀门、计量表、开关、传感器等主要附件
	二类	除一类设备外的其他相关设备、仪表、支架等

（续）

专业	类型	模型单元内容
电气	一类	发电机、机柜、变压器、二级以上配电箱等主要设备；电缆桥架、母线槽、桥架配件等
	二类	除一类设备外的其他相关设备、开关、插座、线管、灯具、仪表、支架、其他末端设备等

注：一类单元作为常规深化设计模型必须包含的单元内容，二类单元应根据项目深化设计要求选择添加。

表 9-12 各专业模型单元信息

专业	模型单元	主要信息	附加信息
给水排水	设备	单元名称、位置（所属楼层等）、尺寸、标高、设备编号、型号	技术要求、工作参数、使用说明、施工工艺或安装要求等
	管道	单元名称、所属系统、位置（所属楼层等）、尺寸、坡度、标高、材质、保温隔热层尺寸、保温隔热层材质	设计参数、接口形式、材质属性、敷设方式、施工工艺或安装要求等
	管件	单元名称、所属系统、位置（所属楼层等）、尺寸、标高、材质、保温隔热层尺寸、保温隔热层材质	连接形式、材质属性
	附件	单元名称、所属系统、位置（所属楼层等）、尺寸、标高、型号、保温隔热层尺寸、保温隔热层材质	设计参数、材质属性、连接形式、施工工艺或安装要求等
	支架	单元名称、支架编号、位置（所属楼层等）、尺寸、标高、材质	设计参数、材质属性、安装要求等
暖通	设备	单元名称、位置（所属楼层等）、尺寸、标高、设备编号、型号	技术要求、工作参数、使用说明、施工工艺或安装要求等
	暖通风管	单元名称、所属系统、位置（所属楼层等）、尺寸、标高、材质、保温隔热防火层尺寸、保温隔热层材质	设计参数、材质属性、敷设方式、施工工艺或安装要求等
	暖通水管	单元名称、所属系统、位置（所属楼层等）、尺寸、坡度、标高、材质、保温隔热防火层尺寸、保温隔热层材质	设计参数、材质属性、敷设方式、施工工艺或安装要求等
	管件	单元名称、所属系统、位置（所属楼层等）、尺寸、标高、材质、保温隔热防火层尺寸、保温隔热层材质	连接形式、材质属性
	附件	单元名称、所属系统、位置（所属楼层等）、尺寸、标高、型号、保温隔热防火层尺寸、保温隔热层材质	设计参数、材质属性、安装要求、连接形式等
	风口	单元名称、所属系统、位置（所属楼层等）、尺寸、标高、型号	设计参数、安装要求等
	支架	单元名称、支架编号、位置（所属楼层等）、尺寸、标高、材质	设计参数、材质属性、安装要求等
电气	设备	单元名称、位置（所属楼层等）、尺寸、标高、设备编号、型号	技术要求、工作参数、使用说明、施工工艺或安装要求等
	电缆桥架	单元名称、位置（所属楼层等）、尺寸、标高、材质	设计参数、材质属性、线路走向、回路编号、敷设方式、施工工艺或安装要求
	桥架配件	单元名称、位置（所属楼层等）、尺寸、标高、材质	设计参数、材质属性、连接形式、施工工艺或安装要求等
	母线槽	单元名称、位置（所属楼层等）、尺寸、标高、型号	设计参数、材质属性、线路走向、回路编号、敷设方式、施工工艺或安装要求
	线管	单元名称、位置（所属楼层等）、尺寸、标高、材质	设计参数、材质属性、安装要求、连接形式等
	支架	单元名称、支架编号、位置（所属楼层等）、尺寸、标高、材质	设计参数、材质属性、安装要求等

注：主要信息作为常规深化设计模型必须包含的内容，附加信息应根据项目深化设计要求选择添加。

3）施工现场条件及设备选型。收集各专业设备资料，明确安装方式、安装空间、维修空间、接口方式，进行分类整理，为施工图深化设计提供支持；加强与精装修单位的协调，确定各区域的吊顶标高、吊顶布置及安装方法，为深化设计做好准备；根据项目情况收集现场土建已施工状况资料，重点是土建预留预埋情况资料，以便综合深化设计的正确布置，避免返工。

4）施工方依据设计方提供的施工图或施工图设计模型，根据自身施工图特点、现场情况及钢结构制造厂家的审查意见，编制机电深化设计方案。

5）创建深化设计模型。根据施工图设计模型及工程设计文件，对模型中的设备信息、系统名称和安装工艺细节进行虚拟建造。深化设计模型应清楚反映所有安装部件的尺寸标高、定位及有关与结构及装饰的准确关系。

6）模型综合。利用 BIM 软件，结合各专业管线的布置原则及各技术规范要求，进行各专业机电管线综合深化设计。

7）碰撞检测。将各专业模型分别导出相应兼容格式文件，并将此叠加，结合现场测绘得出的数据比对分析进行碰撞检测，并生成碰撞检查分析报告。

8）模型校审。由审核人员对模型进行整体校核、审查，以检查出各专业工程师在模型综合及碰撞检查过程中的误差，以便各专业工程师去核实更正。通过多次校核流程的执行，最终消除机电深化设计过程中的误差。

9）基于模型开展指定区域的机电工程量统计，并按照构件类别、材质、构件长度进行归并和排序，同时还输出构件数量、表面积等统计信息。

10）综合图、机电专业施工深化图等各类深化图，经建设方、设计方、相关顾问单位的审核确认后，交付施工方，指导现场施工。

11）提交碰撞检查分析报告。

12）施工图深化设计模型应包含工程实体的基本信息，清晰表达关键节点施工方法。

13）提交工程量清单。

14）施工图深化设计图宜由深化设计模型输出，满足施工条件，并符合政府、行业规范及合同的要求。

（二）施工应用模型

施工组织设计和施工方案确定后，为实现施工技术、工期、安全、质量、生产要素、成本等管理目标，需要进一步分析和优化施工模型和模型构件，采用专业适用软件，在施工模型和模型构件上加载并显示几何信息和非几何信息，包括各分项工程的参数、工艺要求、质量标准、安全防护设置、施工资源信息、成本费用指标等目标管理信息，生成施工管理应用模型。指导现场施工作业，协调各专业工序，减少施工作业面干扰，减少人、机闲置现象，防止各种危险发生，保障施工顺利。

模型构件的信息对应建筑实体的详细几何特征及精确尺寸，可表现细部特征和内部组成；模型构件的规格类型参数满足主要技术指标、主要性能参数和施工管理要求。

1. 解决思路

施工管理应用模型流程图如图 9-7 所示。

2. 实施要点

1）数据准备。经过审定的施工组织设计和施工方案；施工前经过深化的施工图设计模

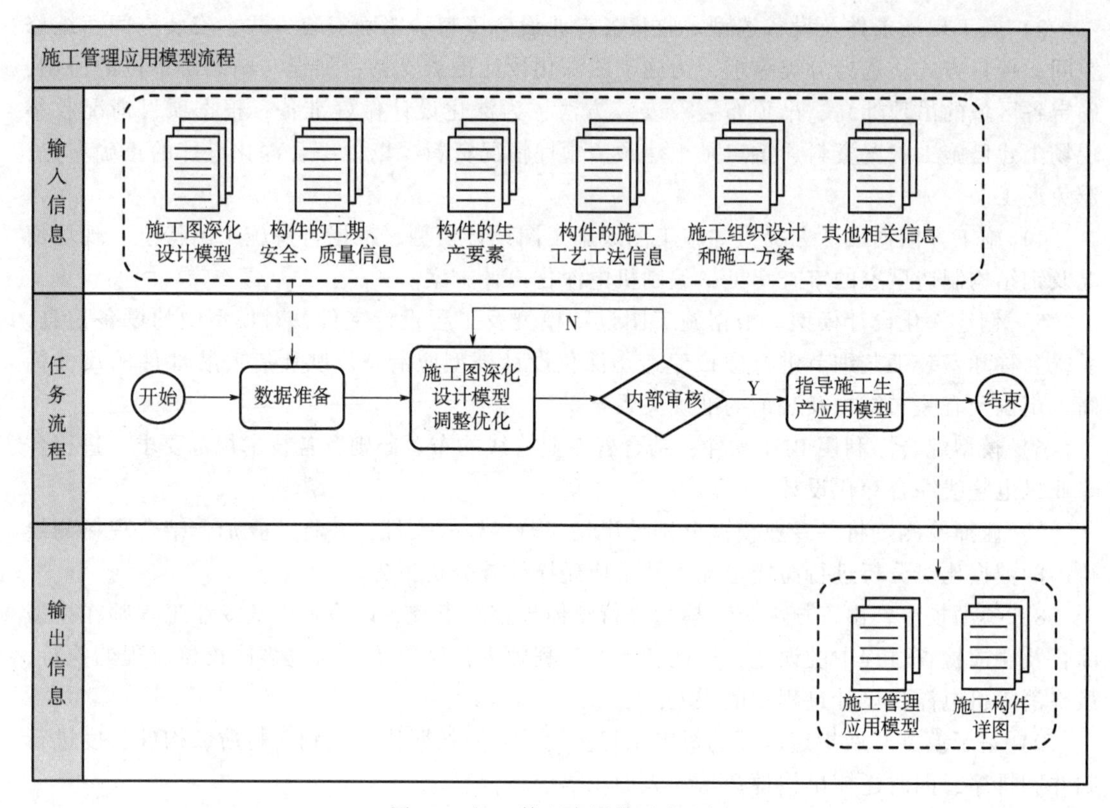

图 9-7 施工管理应用模型流程图

型；施工图纸（含建筑实体的详细几何特征及精确尺寸，可表现细部特征和内部组成）；模型构件几何信息（几何尺寸、样式等形状信息，平面位置、标高等现场信息）；施工项目模型构件的非几何信息（规格型号、材料和材质、技术参数、施工组织区段、施工工法、施工工艺、连接方式、生产要素等与施工技术、工期、安全、质量、生产要素、成本等管理目标相关的信息）；施工现场条件等。

2）施工方依据审定后的施工组织设计和施工方案，结合施工项目现场实际情况，继续完善深化施工模型和模型构件。

3）依据专业经验，甄别建筑信息模型的施工合理性，调整并优化模型和构件，满足施工管理需要。

4）应用专业适用软件或管理平台，生成指导施工生产的技术交底文件、构件加工数据、工程数量统计文档等。

5）深化生成施工管理应用模型及其构件的详图。

3. BIM 模型管理

在施工过程管理中，主要的 BIM 模型分为施工基准模型，施工图深化设计模型，施工管理应用模型。一般管理流程如下：

1）收集各专业施工基准模型。

2）各专业完成施工图深化设计模型的构建，并进行碰撞检查。

3）监理方协调各专业深化设计模型的整合，再通过设计方和业主方的审核后，生成最终施工图深化设计模型。

4）基于施工图深化设计模型，施工方组织实施施工平面、进度、方案模拟，并生成相关施工模拟文件。

5）经过施工单位内部审核，生成施工管理应用模型。

BIM模型管理流程图如图9-8所示。

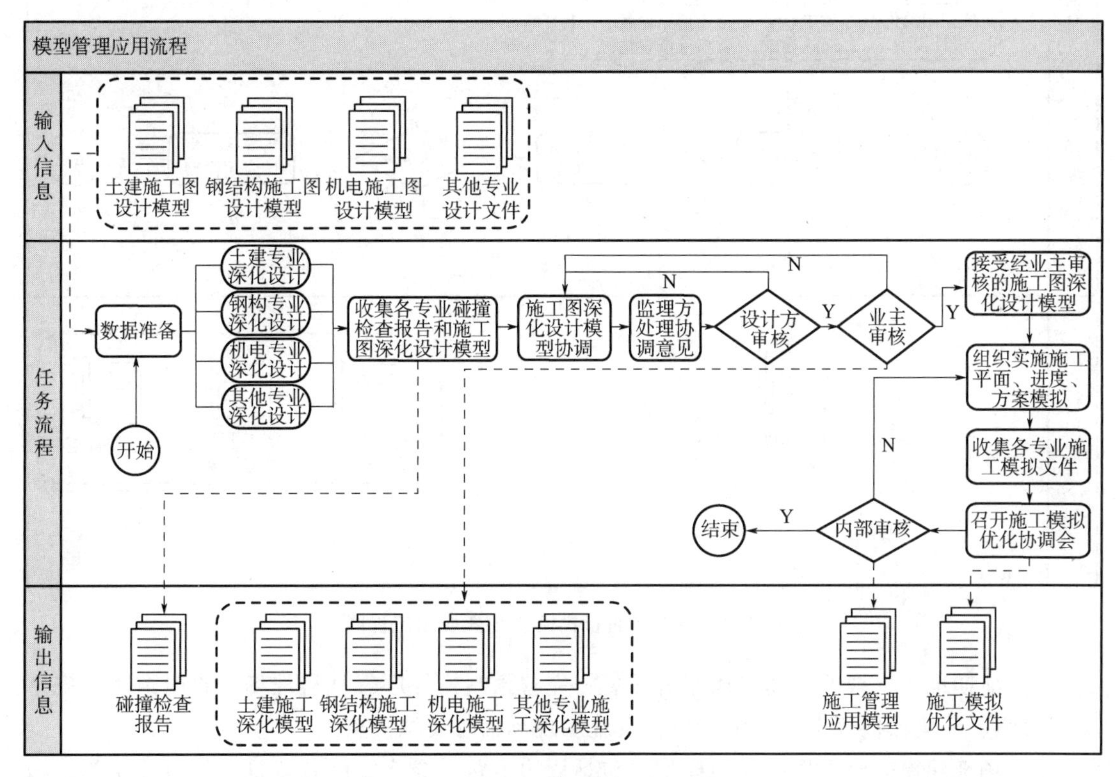

图9-8 BIM模型管理流程图

（三）施工组织管理

利用BIM技术对施工平面布置、施工进度计划、重点工程施工方案的三维模拟，可以直观地展示施工活动的实施过程。运用BIM模型信息与相关应用环节的信息关联，可生成人、材、机、资金的曲线，动态显示不同施工阶段的资源需求，为后期项目的技术、安全、质量、进度、成本等管理提供数字化的依据。

1. 施工平面布置模拟

在工程项目开工前的准备阶段，施工平面布置作为施工组织设计的一个重要部分，对项目建设有着重要作用。施工平面布置模拟是对施工各阶段的场地地形、既有建筑设施、周边环境、施工区域、临时道路、加工区域、材料堆场、临水临电、施工机械、安全文明施工设施等临时设施进行模拟布置和优化，以实现施工平面的科学布置。

（1）解决思路 依据施工组织设计或施工方案对施工总平面图的要求，建立并完善施工平面规划，实现施工设备及现场临时设施的精细化布置，以便于施工平面布置图的输出和施工材料或设备数据的提取。运用BIM技术模拟比选多种施工平面布置模型，确定科学合理的施工平面布置计划，具体流程图如图9-9所示。

（2）实施要点

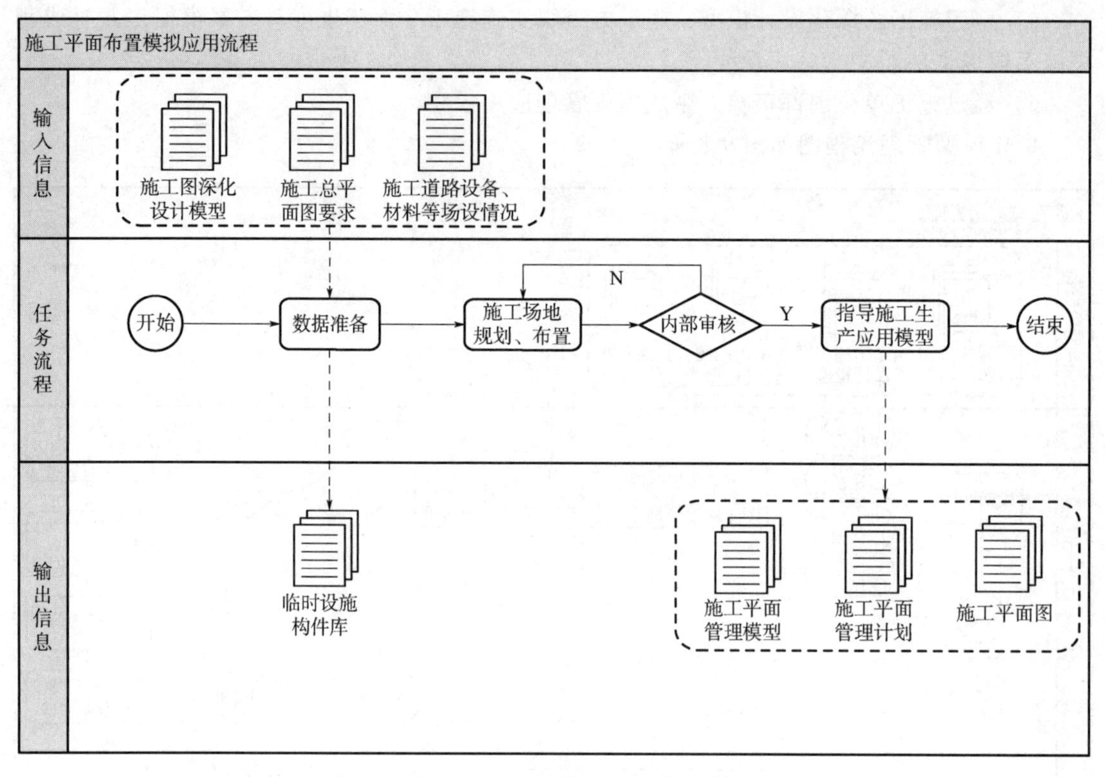

图 9-9　施工平面布置模拟 BIM 应用流程图

1）前期准备。根据现场平面布置需要，完善预制构件厂、材料堆场、临时道路、安全文明设施、环境保护等常用的施工设备及施工现场临时设施模型。

2）场地建模。建立场地周边模型，包括周边道路、绿化、已有建筑、待拆建筑等；根据已完成的结构和建筑模型，绘制地坪模型，放置临时设施。

3）平面布置计划。统计工程项目的钢筋用量、混凝土量、钢结构构件数量，考虑大宗物资、大型机械设备等平面占用或运输路线需求，编制现场施工材料堆场和运输道路的初步计划。

4）施工临时道路设计：建立道路模型，对临时道路的转弯角度、坡度、整体路线等进行计划分析与设计。

5）现场供水设计：根据现场实际情况和原设计结构模型设计现场临时用水管道。

6）快速比对已计划的方案模型，选定较合理的施工平面布置方案。

7）出图并统计。根据施工总平面布置模型输出平面图，显示临设的主要位置和尺寸参数。

8）建立临时设施模型库。包括详细布置围墙、大门、办公室、生活宿舍、材料堆场、材料加工场、塔式起重机、电梯、待建建筑、场地周边建筑、道路等相关临时设施模型。

9）生成施工总平面布置 BIM 模型。模型可实现动画展示或虚拟现实场景，动态模拟施工过程中的场地地形、周边环境、既有构筑物、临时设施等。

10）生成场地总平面布置图。通过效果图渲染，可用于安全文明施工宣传。

11）施工总平面管理计划方案。计划方案满足经济技术分析、性能分析、安全及环境保护评估等需求。

2. 施工进度模拟

项目开工前的准备阶段，基于 BIM 技术可虚拟不同施工方案的施工进度，通过不同施工方案的比对，找出差异，分析原因，优化施工进度方案，实现科学决策与控制。

（1）解决思路　施工进度模拟 BIM 技术应用流程图如图 9-10 所示。

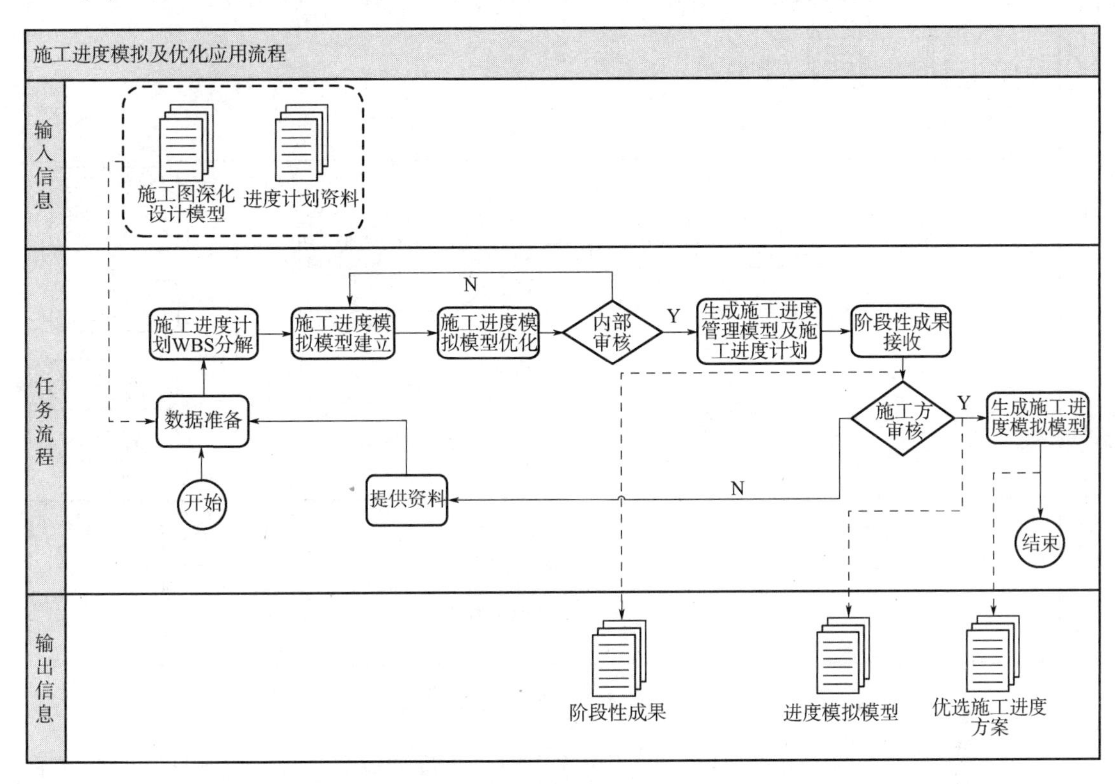

图 9-10　施工进度模拟 BIM 技术应用流程图

（2）实施要点　通过 BIM 技术的施工进度虚拟，分析多种施工方案在组织机构、资源配置、实施环境等条件影响下的模拟进度，科学合理地选择最优或适用的施工进度方案。

1）数据准备。收集施工图深化设计模型；编制施工进度计划的资料及依据，确保数据的准确性。

2）将施工活动根据工作任务分解结构（WBS）要求，分别列出各进度计划的活动内容；根据施工方案确定各施工流程及逻辑关系，制订初步施工进度计划。

3）将初步施工进度计划与施工图深化设计模型关联生成施工进度模拟模型。

4）利用施工进度模拟模型进行可视化施工模拟，检查施工进度计划是否满足约束条件、是否达到最优状况。不满足则进行优化调整，优化后的进度计划可用于指导项目施工。

5）施工进度模拟模型应准确表达构件几何信息、施工工序、施工工艺等。

6）优选施工进度方案。

3. 重点施工方案模拟

重点及关键控制性工程的施工方案涉及大量施工资源的调用，直接影响工程项目管理效果。在施工图设计模型或施工图深化设计模型的基础上附加施工过程中的活动顺序、相互影响、紧前紧后关系、施工资源及措施等信息，可视化模拟施工过程，充分利用建筑信息模型对方案进行分析和优化，提高重点施工方案审核的准确性。

（1）解决思路 施工方案BIM应用流程图如图9-11所示。

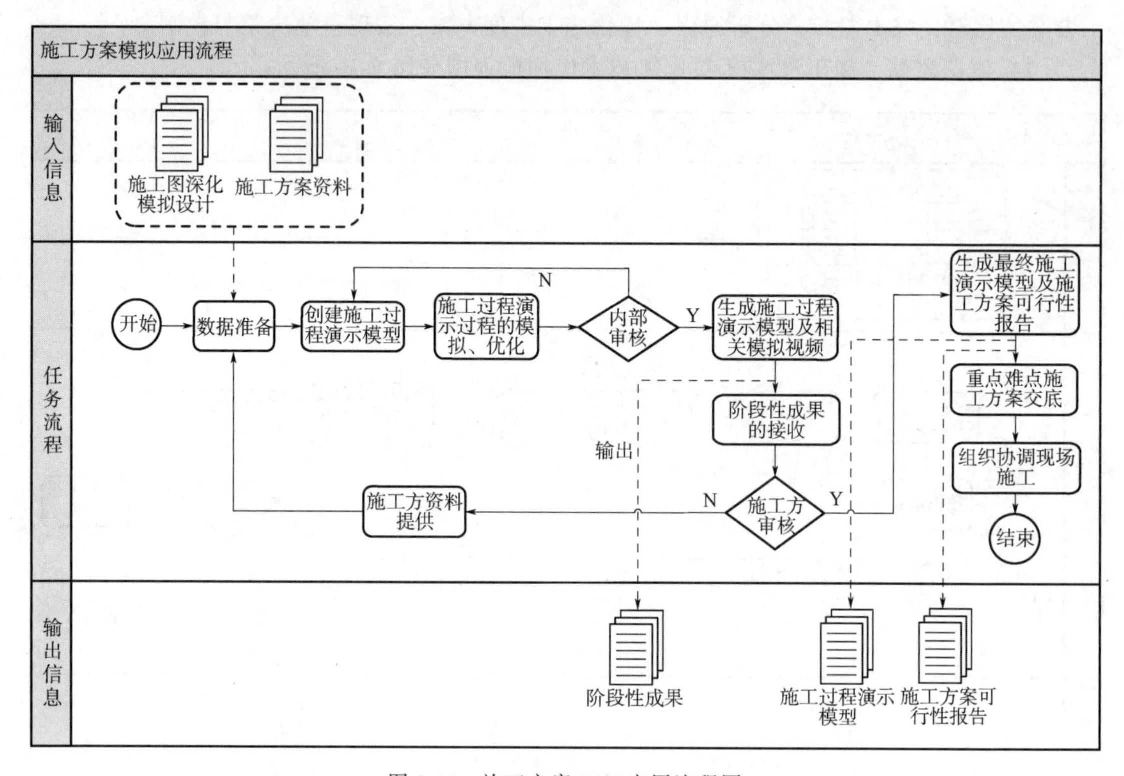

图9-11 施工方案BIM应用流程图

（2）实施要点 施工方案模拟主要是在施工图深化设计模型基础上附加建造过程、施工顺序等信息，可视化模拟施工过程，实现施工方案可视化交底和审核。

1）数据准备。施工图深化设计模型；收集并编制施工方案文件和资料，具体包括工程项目设计施工图纸、工程项目施工进度要求、可调配施工资源情况、施工现场自然条件和技术经济资料等。

2）根据工程施工方案文件和资料，在技术、管理等方面定义施工过程附加信息并添加到施工图深化设计模型中，构建施工过程演示模型。该演示模型应当表示工程实体和现场施工环境、施工机械的运行方式、施工方法和顺序、所需临时及永久设施安装的位置等。

3）结合工程项目施工工艺流程，对施工图深化设计模型进行施工模拟、优化，选择最优施工方案，生成模拟演示视频并提交施工部门审核。

4）针对重点、难点施工方案模拟，生成施工方案模拟报告，并与相关参与方协调，优化施工方案。

5）提交施工模拟演示模型、施工方案可行性报告。

（四）施工技术管理

施工技术管理一般的BIM技术应用点有：图纸会审；作业指导书（技术交底）；施工测量；设计变更。

1. 图纸会审

传统的图纸会审主要依据各专业人员发现图纸中的问题，建设方汇总相关图纸问题，召集监理、设计、施工方对图纸进行审查，针对图纸中出现的问题进行商讨修改，形成会审纪要。应用 BIM 技术进行图纸会审可提高审查的效率和准确性。

BIM 图纸会审实施要点：

1）依据施工图纸创建施工图设计模型，在创建模型的过程中，发现图纸中隐藏的问题，并将问题进行汇总，在完成模型创建之后通过软件的碰撞检查功能，进行专业内以及各专业间的碰撞检查，发现图纸设计中的问题，这项工作与深化设计工作可以合并进行。

2）在多方会审过程中，将三维模型作为多方会审的沟通媒介，在多方会审前将图纸中出现的问题在三维模型中进行标记。在会审时，对问题进行逐个的评审并提出修改意见，可以提高沟通效率。

3）在进行会审交底过程中，通过三维模型向各参与方展示图纸中某些问题的修改结果并进行技术交底。

2. 设计变更

传统的设计变更主要是由变更方提出设计变更报告，提交监理方审核，监理方提交建设方审核，建设方审核通过再由设计方开具变更单，完成设计变更工作。采用 BIM 模型进行变更管理，用 BIM 模型的参数化、可视化功能，直观、快速地体现变更内容，并通过 BIM 平台三方协同，快速完成设计变更。

（1）解决思路。设计变更 BIM 应用流程图如图 9-12 所示。

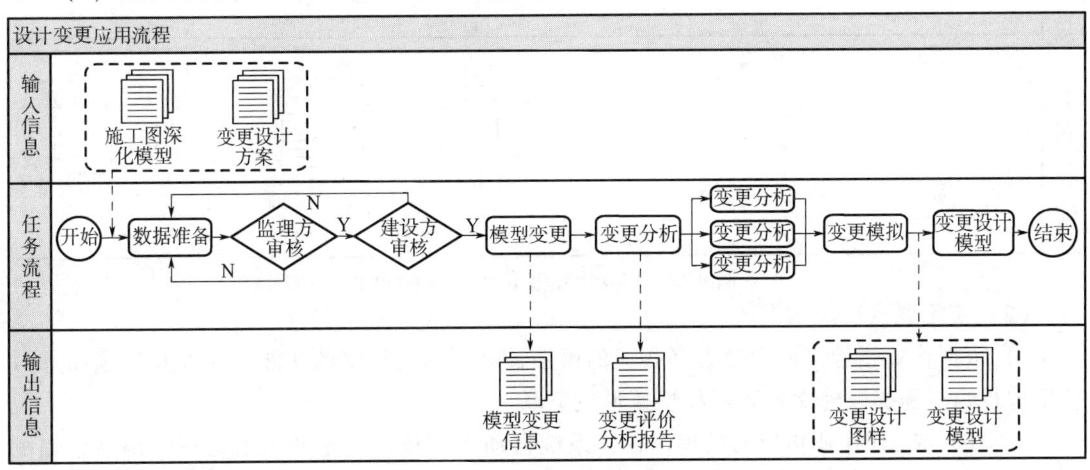

图 9-12 设计变更 BIM 应用流程图

（2）实施要点

1）基于 BIM 的设计变更，在审核设计变更时，依据变更内容，在模型上进行变更形成相应的变更模型，在变更审查时，为监理和业主方提供变更前后直观的模型对比。

2）基于 BIM 的设计变更，在设计变更完成之后，利用变更后 BIM 模型可自动生成并导出施工图纸，用于指导下一步的施工。

3）基于 BIM 的设计变更，利用软件的工程量自动统计功能，可自动统计变更前和变更后以及不同的变更方案所产生的相关工程量的变化，为设计变更的审核提供参考。

4）基于 BIM 的设计变更，提高设计变更的效率。比如通过在设计变更报告中插入 BIM

模型截图，表达变更意图及变更前后设计方案的差异，其直观性提高了沟通效率。

3. 技术交底

应用施工图深化设计模型，以施工工艺的技术指标、操作要点、资源配置、作业时长、质量控制为核心，以工艺流程为主线，施工方编制3D作业指导书。通过现场远程方式，采用3D可视化技术，结合二维码技术、虚拟现实等技术展示和技术交底，使施工相关参与方充分理解各项施工要求，达到可视化指导现场施工。3D作业指导书易于学习掌握，方便现场作业人员使用，实现协同管理，保证施工成果符合管理目标要求。

（1）解决思路 作业指导书BIM应用流程图如图9-13所示。

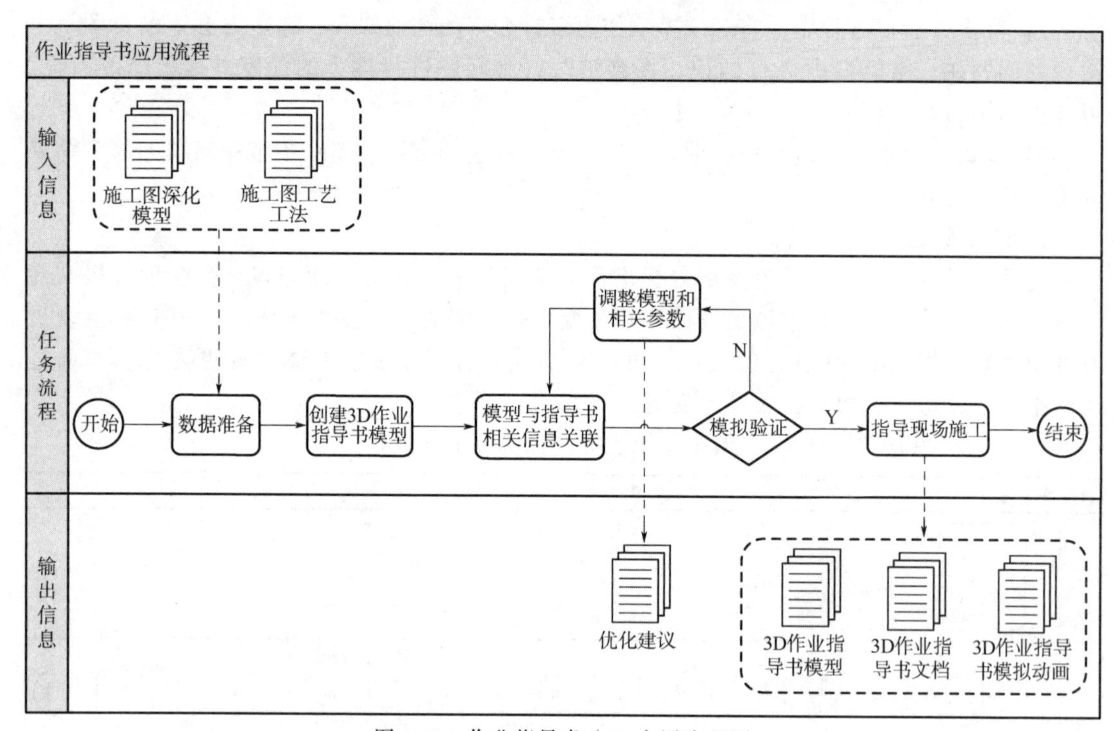

图9-13 作业指导书BIM应用流程图

（2）实施要点

1）依据作业指导书的内容选择相应的模型，利用系统提供的功能，导入BIM模型并对模型进行归类和提取使文档和模型快速形成关联。

2）在完成3D作业指导书的编制后，系统自动向复核人、审核人发送短信消息，提醒相关人员按照要求对3D作业指导书进行复核和审核，待审核通过后，系统管理员可对3D作业指导书进行发布。

3）利用BIM的可视化制作模拟动画进行技术交底。

4. 施工测量

将准确的BIM模型数据导入BIM放线机器人中，直接在模型中进行三维数据的可视化放样，设站完毕后，仪器自动跟踪棱镜，无须人工照准对焦，快速高效地完成测量放样作业，最终输出多种形式的测量报告，实现设计模型与现场施工无缝连接。采用BIM放线机器人放线，不仅提高放线效率，减少人工操作误差，还提高了测量精度，减少返工并缩短工期。

（1）解决思路　施工测量放样 BIM 应用流程图如图 9-14 所示。

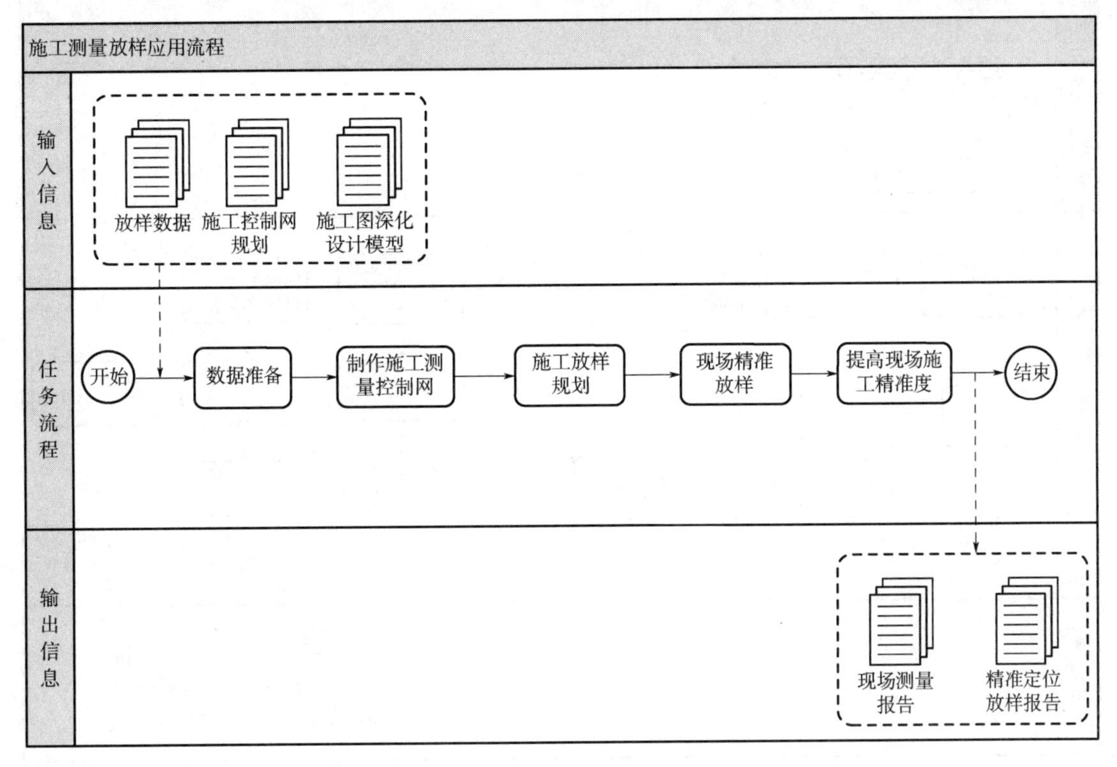

图 9-14　施工测量放样 BIM 应用流程图

（2）实施要点

1）收集准确的数据，包括施工图深化设计模型导出的放样数据及现场施工控制网规划。

2）制作施工测量控制网。

3）施工放样规划。规划放样仪器定位点和放样控制点之间的关系，编制放样点编号。

4）依据控制网，根据放样数据进行现场精确放样。

5）生成现场测量报告和精确定位放样报告。

（五）施工进度管理

工程项目开工实施阶段，运用施工进度模拟模型，结合施工现场实际情况，进一步附加建造过程、施工工法、构件参数等信息，应用 BIM 技术实现施工进度计划的动态调整和施工进度控制管理。

1. 解决思路

施工进度管理 BIM 应用流程图如图 9-15 所示。

2. 实施要点

主要应用内容包括进度计划编制中的 WBS 完善、资源配置、实际进度与计划进度对比分析，进度的调整、进度计划审批等工作，实现施工进度的动态管理。

1）数据准备，收集施工准备阶段的施工进度模拟模型和进度计划资料，确保数据准确性。

2）在选用的进度管理软件系统中输入实际进度信息，比较虚拟计划与实际进度，按照

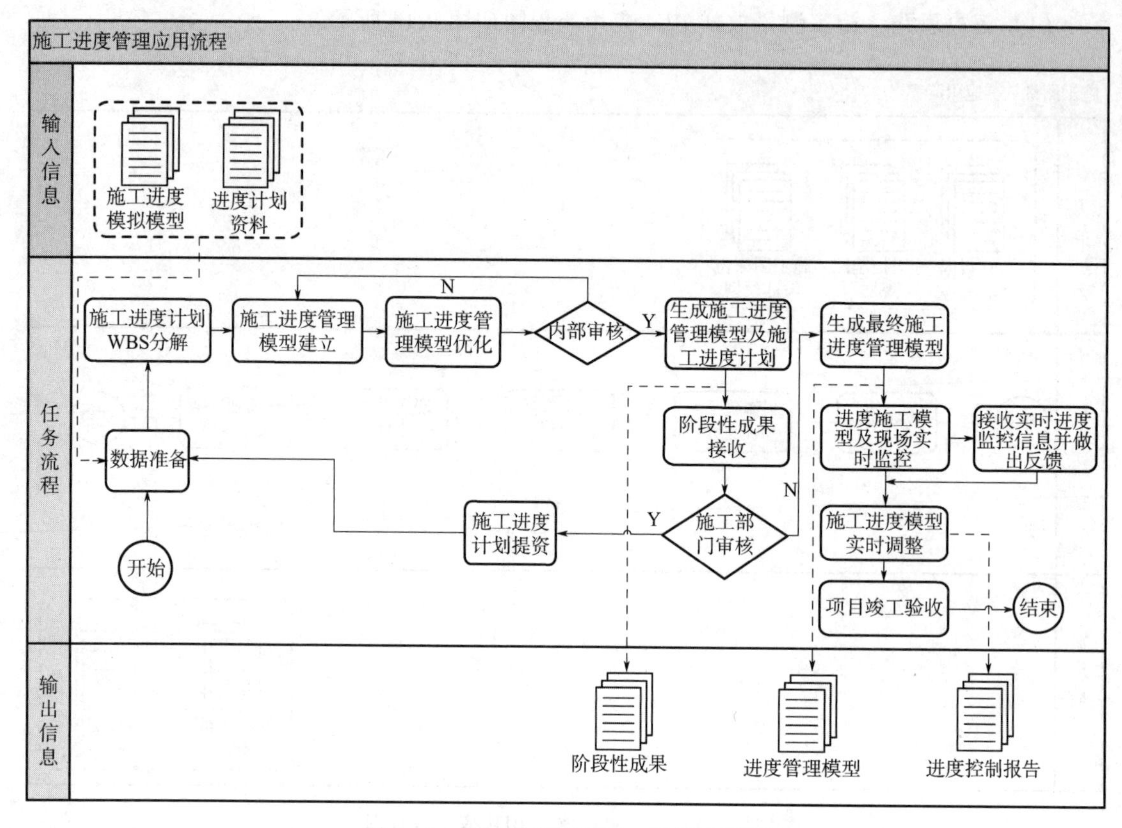

图 9-15　施工进度管理 BIM 应用流程图

施工的关键线路与非关键线路发出不同的预警，发现偏差，分析原因。

3）对进度偏差进行变更优化，更新进度计划。优化后的计划作为正式施工进度计划。

4）变更施工计划经建设方和工程监理审批，生成进度控制报告，用于项目实施。

5）施工进度管理模型准确表达构件几何信息、施工工序、施工工艺及施工信息等。

6）生成施工进度报告。

（六）施工质量管理

基于 BIM 技术的施工质量管理，主要是依据施工流程、工序验收、工序流转、质量缺陷、证明文档等质量管理要求，结合现场施工情况与施工图深化模型比对，提前发现施工质量的问题或隐患，避免现场质量缺陷和返工，提高质量检查的效率与准确性，实现施工项目质量管理目标。

1. 解决思路

施工质量管理 BIM 应用流程图如图 9-16 所示。

2. 实施要点

1）收集数据，并确保数据的准确性。

2）在施工图深化设计模型的基础上，根据施工质量方案、质量验收标准、工艺标准，生成施工质量管理信息模型。

3）利用施工质量管理信息模型的可视化功能准确、清晰地向施工人员展示及传递建筑设计意图。同时，通过可视化设备在交流屏幕上讲解 BIM 三维模型，帮助施工人员理解、

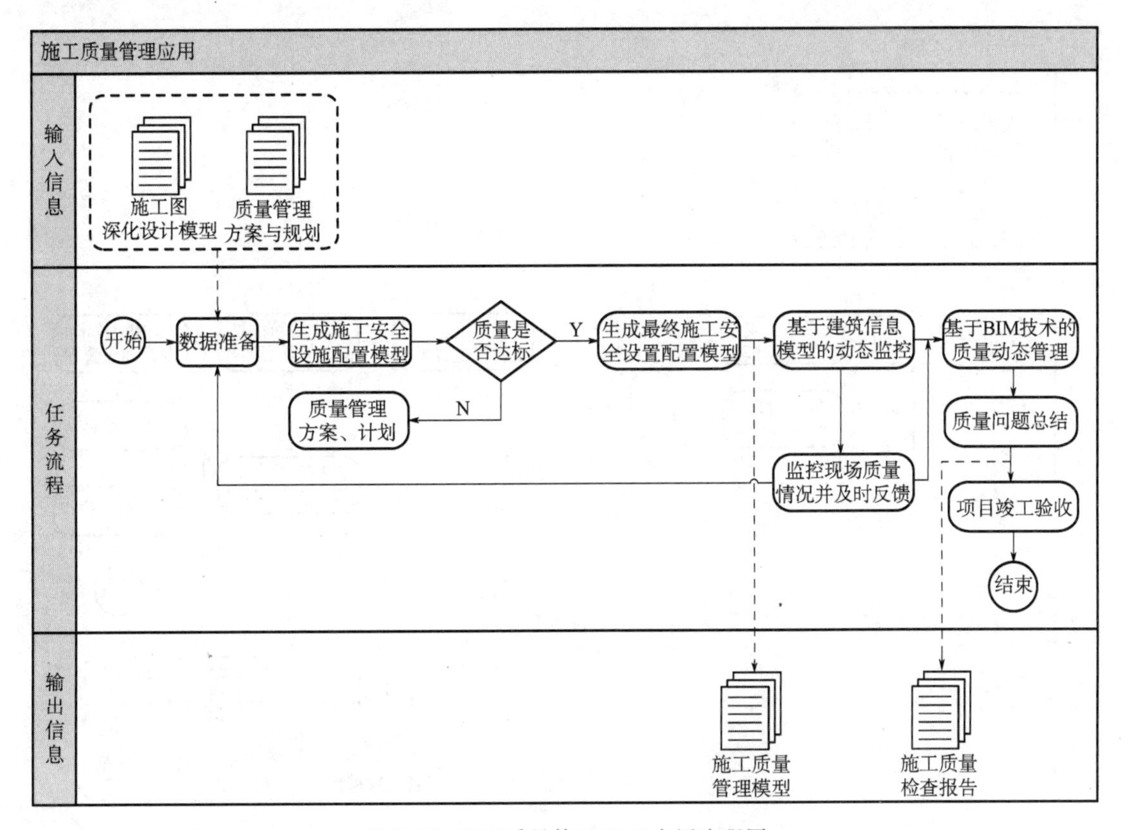

图 9-16　施工质量管理 BIM 应用流程图

熟悉施工工艺和流程，避免由于理解偏差造成施工质量问题。

4）根据现场施工质量管理情况的变化，实时更新施工质量管理信息模型。通过现场图像、视频、音频等方式，把出现的质量问题关联到建筑信息模型相应的构件与设备上，记录问题出现的部位或工序，分析原因，进而制订并采取解决措施。累计在模型中的质量问题，经汇总收集后，总结对类似问题的预判和处理经验，形成施工安全分析报告及解决方案，为工程项目的事前、事中、事后控制提供依据。

（七）施工安全管理

基于 BIM 技术，通过现场施工信息与模型信息比对，采用自动化、信息化、远程视频监测等技术，可以生成危险源清单，显著减少深基坑、高大支模、临边防护等危及安全的现象，提高安全检查的效率与准确性，有效控制危险源，进而实现项目安全可控的目标。主要包括施工安全设施配置模型、危险源识别、安全交底、安全监测、施工安全分析报告及解决方案。

1. 解决思路

施工安全管理 BIM 应用流程图如图 9-17 所示。

2. 实施要点

1）收集数据，并确保数据的准确性。

2）建立危险源防护设施模型和典型危险源信息数据库。

3）在施工图深化设计模型的基础上，在施工前对施工面的危险源进行判断，快速地在

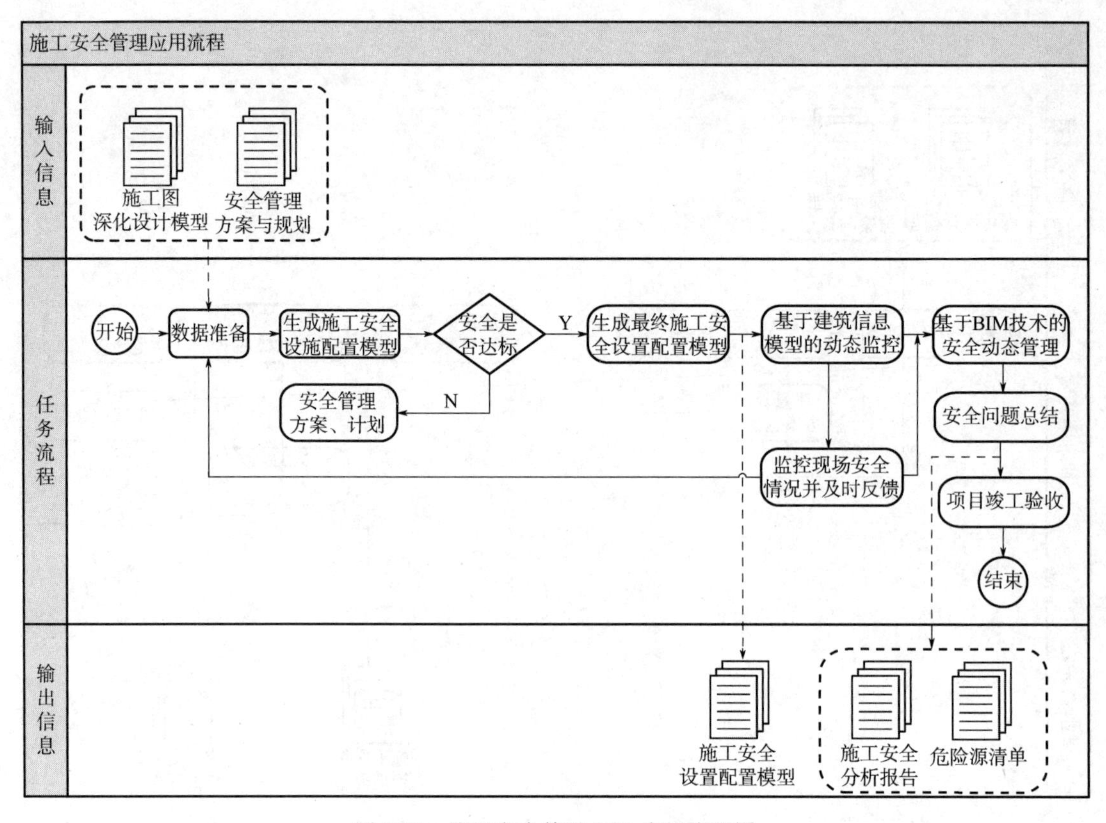

图 9-17　施工安全管理 BIM 应用流程图

危险源附近进行防护设施模型布置，生成施工安全设施配置模型，直观地排查和处理安全死角，确保安全管理的目标。

4）利用施工图深化设计模型的可视化功能准确、清晰地向施工人员展示及传递建筑设计意图。帮助施工人员理解、熟悉施工工艺和流程，实现可视化交底，提高施工项目安全管理效率。

5）根据现场施工安全管理情况的变化，实时更新施工安全设施配置模型。通过现场图像、视频、音频等方式，把出现的安全问题关联到建筑信息模型相应的构件与设备上，记录问题出现的部位或工序，分析原因，进而制订并采取解决措施。累计在模型中的安全问题，经汇总收集后，总结对类似问题的预判和处理经验，形成施工安全分析报告及解决方案，为工程项目的事前、事中、事后控制提供依据。

（八）设备材料管理

设备与材料管理的 BIM 应用主要是设备、材料工程量的统计、复核，现场定位与信息输出，达到按施工作业面匹配设备与材料的目的，实现施工过程中设备、材料的有效控制，提高工作效率，减少不必要的材料浪费和设备闲置。

1. 解决思路

设备与材料管理 BIM 应用流程图如图 9-18 所示。

2. 实施要点

1）数据准备。施工图深化设计模型和设备与材料信息。

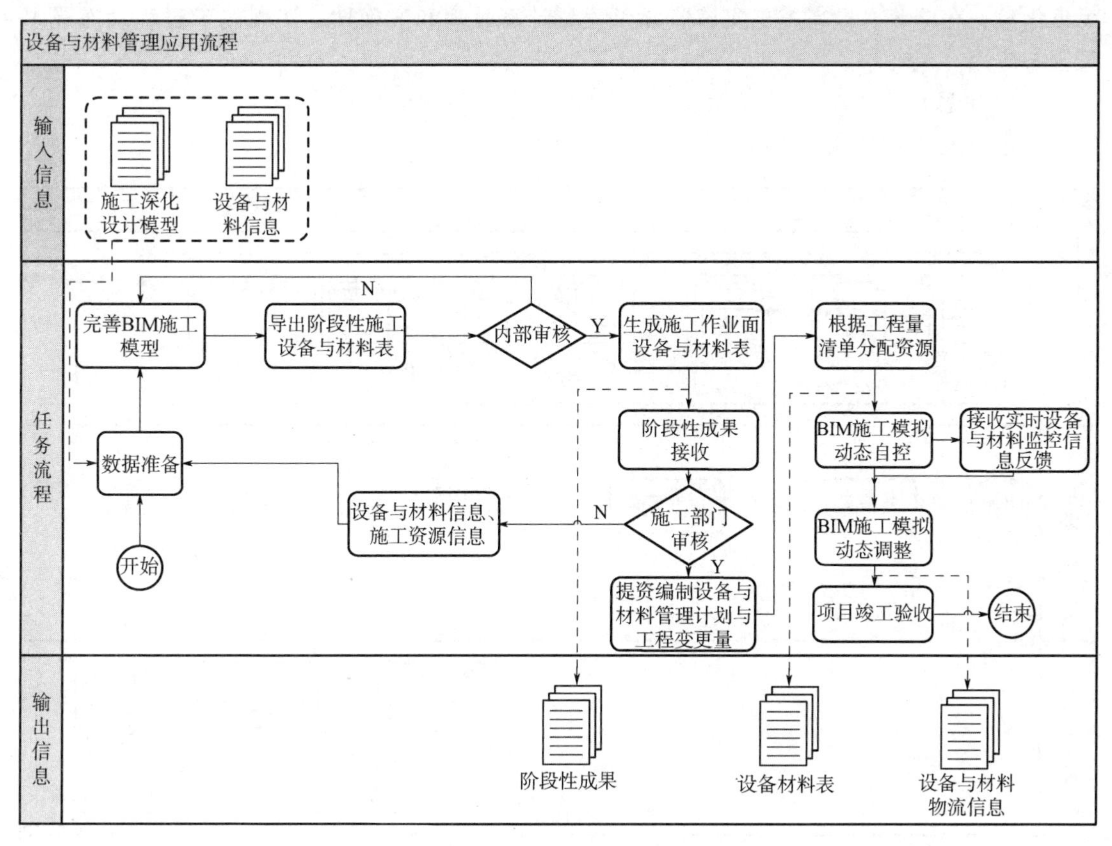

图 9-18　设备与材料管理 BIM 应用流程图

2）在施工图深化设计模型中添加构件信息、进度表等设备与材料信息。建立可以实现设备与材料管理和施工进度协同的建筑信息模型。

3）按作业面划分，从模型输出相应设备、材料信息，通过内部审核后，提交给施工部门审核。

4）根据工程进度实时输入变更信息，包括工程设计变更、施工进度变更等。输出所需设备与材料信息表，并按需要获取已完工程消耗的设备与材料信息和后续阶段工程施工所需设备与材料信息。

5）利用适用软件进行构件的分析统计，根据优化的动态模型实时获取成本信息，动态合理地配置施工过程中所需构件、设备和材料。

6）基于施工作业面的设备与材料表，其建筑信息模型可按阶段性、区域性、专业类别等方面输出不同作业面的设备与材料表。

（九）成本控制管理

基于 BIM 的施工过程成本管理，是将施工图设计深化模型与工程成本信息相结合，运用专业适用软件，实现模型变化与工程量变化同步，充分利用模型进行施工成本管理。主要工作是工程量的管理。施工过程中，依据与施工成本有关的信息资料拆分模型或及时调整模型，实现原施工图工程量和变更工程量快速计算；计算与统计招采管理的材料与设备数量，提供制订资源计划的精准数量；结合时间和成本信息，实现成本数据可视化分析、无纸化数据存储等，提高施工实施阶段工程量计算效率和准确性，实现施工过程动态成本管理与应用。

1. 解决思路

工程量统计 BIM 应用流程图如图 9-19 所示。

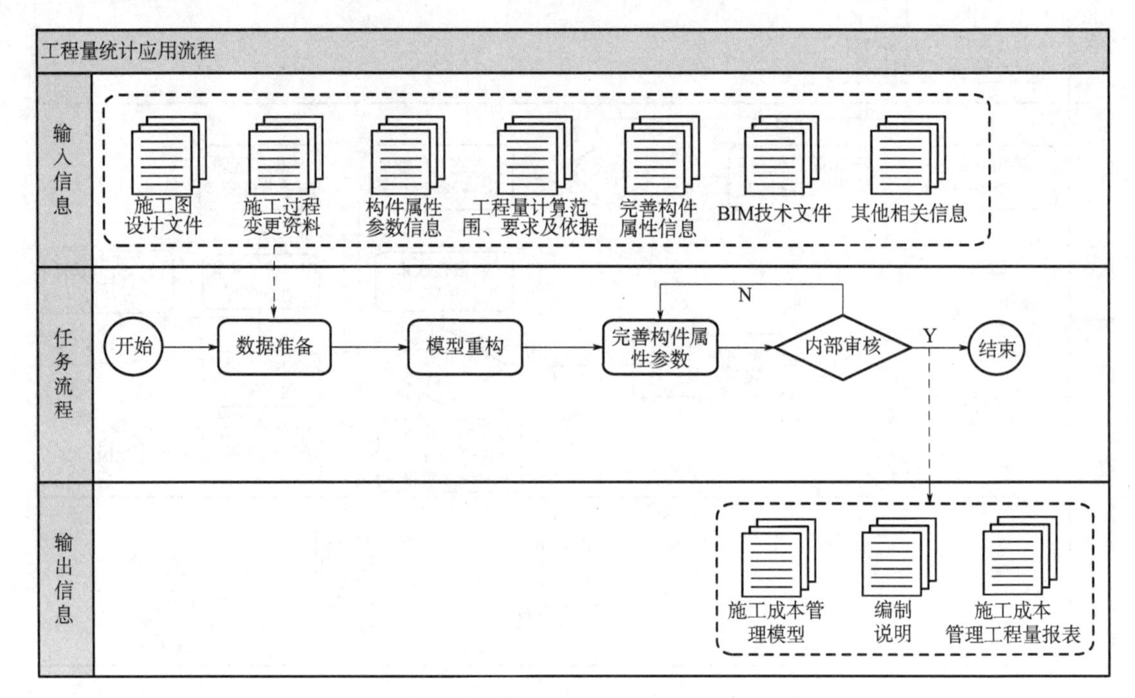

图 9-19 工程量统计 BIM 应用流程图

2. 实施要点

1）收集施工工程量计算需要的模型和资料数据，并确保数据的准确性。

2）形成施工成本管理模型：在施工图设计深化模型基础上，根据施工实施过程中的计划与实际情况，结合工程量的输出格式和内容要求，将模型和构件分解到相应的明细程度，同时在构件上附加“成本”和“进度”等相关属性信息，生成施工成本管理模型。

3）变更设计模型：根据经确认的设计变更、签证、技术核定单、工作联系函、洽商纪要等过程资料，对施工成本管理应用的模型进行定期的调整与维护，确保施工成本管理模型符合应用要求；对于在施工过程中产生的新类型的分部分项工程按前述步骤完成工程量清单编码映射、完善构件属性参数信息、构件深化等相关工作，生成符合工程量计算要求的构件。

4）施工成本管理工程量计算：利用施工成本管理模型，按“时间进度”“形象进度”“空间区域”实时获取工程量信息数据，并进行“工程量报表”的编制，完成工程量的计算、分析、汇总，导出符合施工过程管理要求的工程量报表和编制说明。

5）施工过程成本动态管理：利用施工成本管理模型，进行资源计划的制订与执行，动态合理地配置项目所需资源。同时，在招采管理中高效获取精准的材料设备等数量，与供应商洽谈并安排采购，实现所需材料的精准调配与管理。

6）施工成本管理模型应正确体现计量要求，可根据空间（楼层）、时间（进度）、区域（标段）、构件属性参数（尺寸、材质、规格、部位、特殊说明、经验要素、项目特征、工艺做法），及时、准确地统计工程量数据；模型应准确表达施工过程中工程量计算的结果与相关信息，可配合施工工程成本管理相关工作。

7）编制说明应表述每次计量的范围、要求、依据以及相关内容。

8）获取的施工成本管理工程量报表应准确反映构件工程量的净值（不含相应损耗），并符合行业规范与计量工作要求，作为施工过程动态管理的重要依据。

（十）预制加工管理

预制构件加工是通过产品工序化管理，将图纸、模型信息、材料信息和进度信息转化为数字化加工信息，利用智能加工设备、物联网等先进技术，实现预制构件的数字化加工。

施工方将施工模型提供给加工厂，导入数控机床的专业适用软件中，采用数字化加工，可直接进行板材切割，减少人工排板不合理，降低下料时的材料消耗，提高构件加工精度和施工效率。

1. 解决思路

构件预制加工管理 BIM 应用流程图如图 9-20 所示。

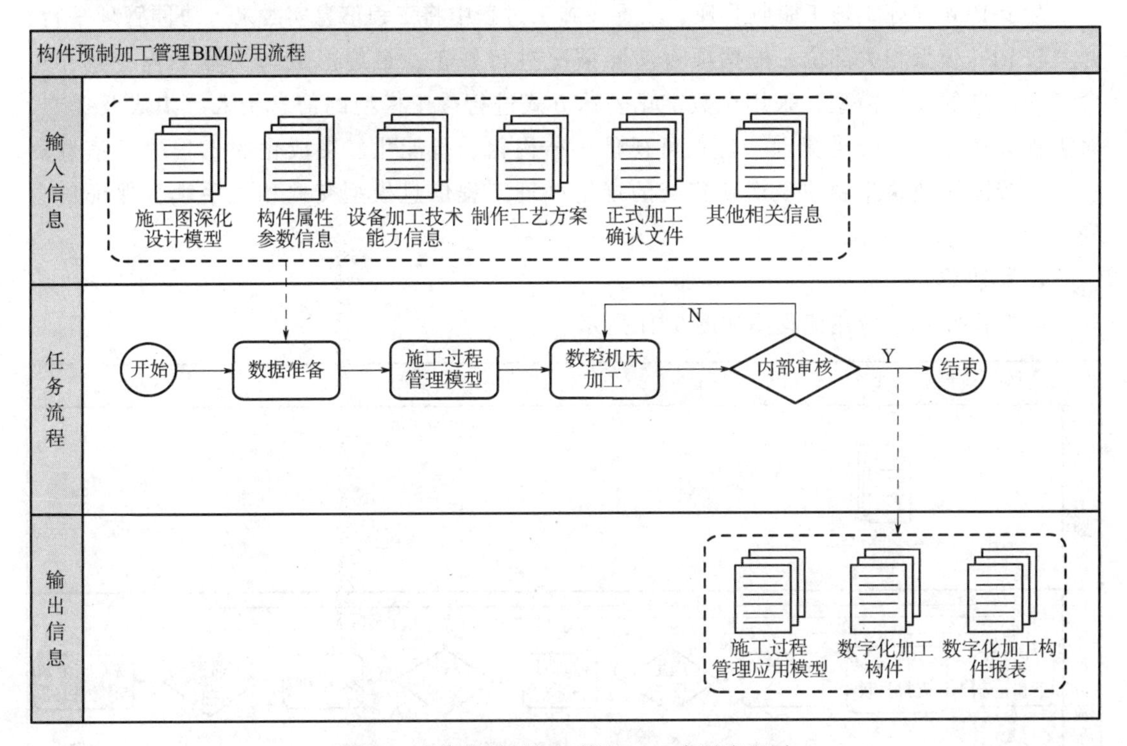

图 9-20　构件预制加工管理 BIM 应用流程图

2. 实施要点

1）收集数据：收集加工构件或零件的模型和资料数据，并确保数据的准确性。

2）形成施工管理应用模型：在施工图设计模型和施工图深化设计模型的基础上，根据施工实施过程中的实际情况，结合构件或零件的加工要求，补充构件或零件的加工信息，生成施工管理应用模型。

3）导入数控机床加工：将施工管理应用模型导入数控机床，完成放样、套料、生成数控程序，由各种数控切割机实现工程构件或零件的线切割作业等数控加工。

4）数字化加工结果的反馈：根据实际使用的数控设备将数字化加工结果反馈到施工管理应用模型，进一步完善模型的施工信息。为构件施工的进度管理、质量管理、物料管理、成本管理完善信息，实现所需材料的精准调配与管理，同时生成数字化加工构件报表。

5）施工管理应用模型应正确体现零件的相关信息，如长度、宽度等零件的结构信息；材质、截面类型、重量、零件号等零件的属性信息；符合加工精度要求的尺寸、开孔情况等零件可加工信息。注：根据加工厂产能、设备、管理模式等条件，施工管理应用模型的数据输入时需考虑数据编码与管理模式相适应；数据的采集符合施工工序管理的需要。

6）数字化加工构件精度满足工程实体构件的需求，符合工程建造和构件安装要求。

7）数字化加工构件报表生成生产批次所有构件的详细清单报表，包括构件号、材质、数量、净重、图纸号、表面积等信息。

（十一）施工竣工验收

基于BIM的施工竣工验收管理，注重在施工过程中将工程信息实时录入协同管理平台，并关联BIM模型相关部位，根据项目实际情况进行修正，最终形成与实际工程一致、包含工程信息的竣工模型。采用全数字化表达方式进行竣工模型的信息录入、集成及提交，对工程进行详细的分类梳理，建立可视化、结构化、智能化、集成化的工程竣工信息资料，并按民用建筑工程建设产权移交的规定办理工程信息模型交验相关手续，保证信息安全。

1. 解决思路

竣工验收BIM应用流程图如图9-21所示。

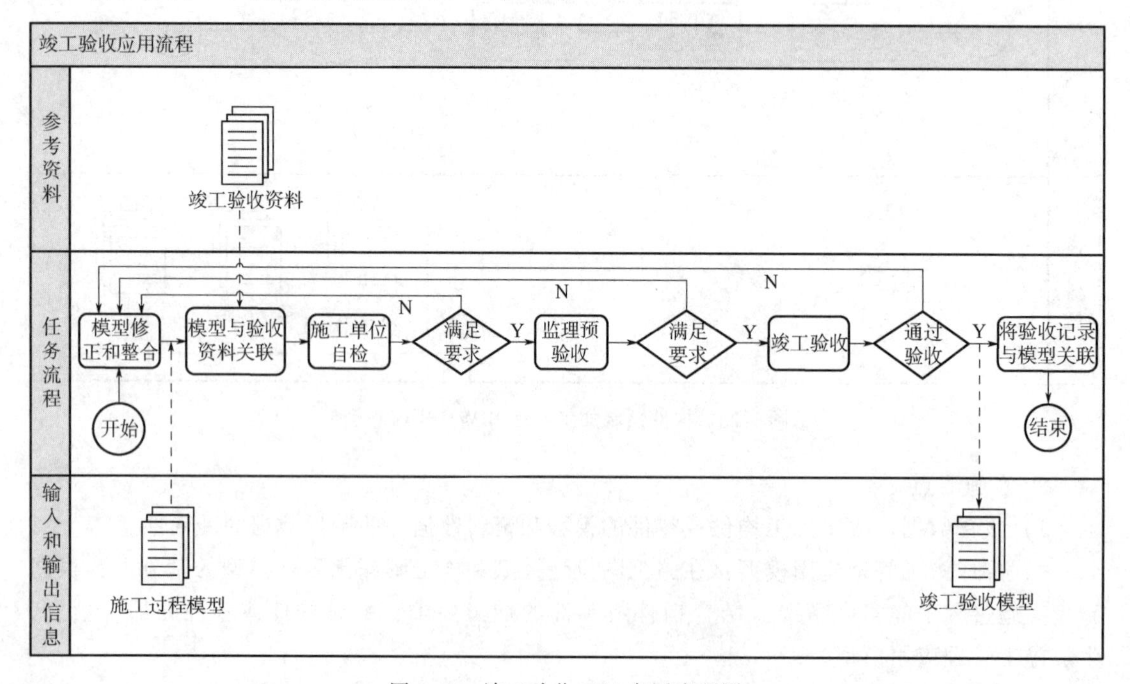

图9-21 竣工验收BIM应用流程图

2. 实施要点

1）模型数据与资料分类。对于 BIM 竣工模型，其数据不仅包括建筑、结构、机电等各专业模型的基本几何信息，同时还应该包括与模型相关联的、在工程建造过程中产生的各种文件资料，其形式包括文档、表格、图片等。

2）通过将竣工资料整合到 BIM 模型中，形成整个工程完整的 BIM 竣工模型。BIM 竣工模型中的信息，应满足国家现行标准《建筑工程资料管理规程》（JGJ/T 185）《建筑工程施工质量验收统一标准》（GB 50300）中要求的质量验收资料信息及业主运维管理所需的相关资料。

3）竣工验收阶段产生的所有信息应符合国家、行业、企业相关规范、标准要求，并按照合同约定的方式进行分类。竣工模型的信息管理与使用宜通过定制软件的方式实现，其信息格式宜采用通用且可交换的格式，包括文档、图表、表格、多媒体文件等。

4）竣工模型数据及资料包括但不限于以下：

① 各专业施工过程 BIM 模型。

② 施工管理资料。

③ 施工技术资料。

④ 施工测量记录。

⑤ 施工物资资料。

⑥ 施工记录。

⑦ 施工试验资料。

⑧ 过程验收资料。

⑨ 竣工质量验收资料。

5）对竣工模型有运维需求的项目，还应包含设备材料信息、系统调试记录等。

6）BIM 竣工模型中的信息，应满足国家、地方及行业现行标准中对质量验收资料的要求。如涉及运维部分，应满足业主运维管理所需资料及信息要求。

7）模型资料交付前，必须进行内部审核，录入的资料、信息必须经过检验，并按接收方的需求进行过滤筛选，不宜包含冗余信息。

8）模型及附属信息应标注信息的录入者、录入时间、应用软件及版本、编辑权限，针对不同的信息接收方进行权限分配，保证信息的安全性。

9）相关任务方需设置专人对信息进行管理维护，保证信息的及时更新。

10）相关管理系统信息数据宜采取数据库存储的方式与 BIM 信息模型关联，以便相关任务方直接调取。

11）施工单位应在施工过程模型基础上进行模型补充和完善。

12）预验收合格后，将工程预验收形成的验收资料与模型进行关联。

13）竣工验收合格后，将竣工验收形成的验收资料与模型关联，形成竣工验收模型。

14）将竣工验收相关信息和资料附加或关联到竣工验收模型，并与工程实测数据对比。

15）竣工模型应当准确表达构件的外表几何信息、材质信息、厂家信息以及施工安装信息等。其中，对于不能指导施工、对运营无指导意义的内容，不宜过度建模。

16）竣工验收资料应当通过模型输出，包含必要的竣工信息，作为政府竣工资料的重要参考依据。

第三节　BIM 技术应用案例

一、某体育中心项目 BIM 技术应用

（一）项目背景

该项目施工内容包括三馆一场和室外工程；占地面积为 13.7 万 m^2；建筑面积为 3.24 万 m^2；工程造价约 2.11 亿元；结构形式为框架剪力墙结构+管桁架/网架，如图 9-22 所示。

图 9-22　体育中心项目施工内容

体育馆屋盖系统为桁架、网架、拉索等多结构体系组成的组合结构体系，并且空间安装定位难度大，安装方案选择及优化为本工程的难点。

本项目为综合性工程，专业之间易发生错、漏、碰、缺等现象，使用传统二维图纸与业主、设计单位沟通不易表达、效率低。

（二）BIM 技术应用策划

1. 应用目标

1）提高深化设计质量和效率。

2）提高施工方案的合理性与科学性。

3）提高各专业沟通效率。

4）实现构件加工、存储、运输全程信息化跟踪。

5）探索应用新科技与 BIM 技术的融合，拓展 BIM 应用范围。

2. 软件配置

项目 BIM 应用软件的配置如图 9-23 所示。

3. 硬件配置

项目 BIM 应用硬件的配置如图 9-24 所示。

4. 应用标准

1）编制 BIM 实施专项方案，建立统一的土建、钢结构、机电等专业建模标准。

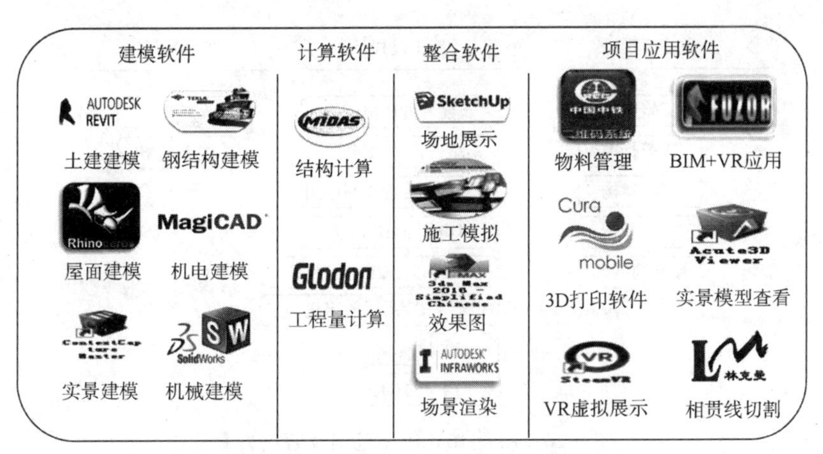

图 9-23 项目 BIM 应用软件的配置

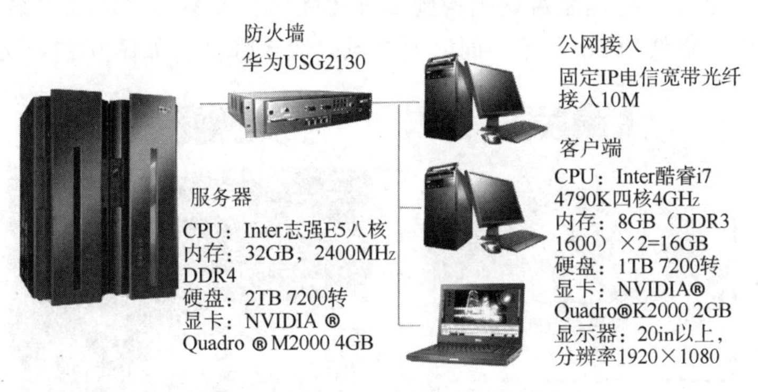

图 9-24 项目 BIM 应用硬件的配置

2）建立并管理 BIM 标准构件库，如图 9-25 所示。

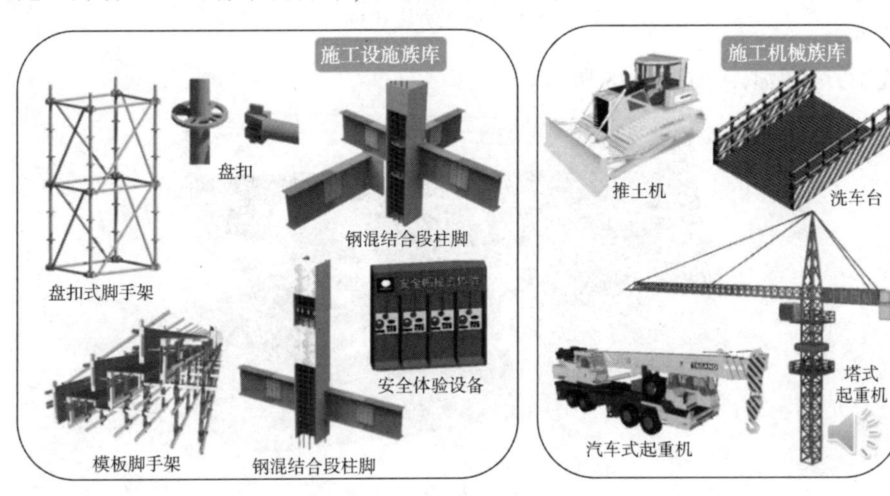

图 9-25 BIM 标准构件库

5. 应用范围及流程

项目 BIM 应用范围及解决方案如图 9-26 所示。

（三）BIM 技术应用实施

1. 钢结构专业 BIM 技术应用

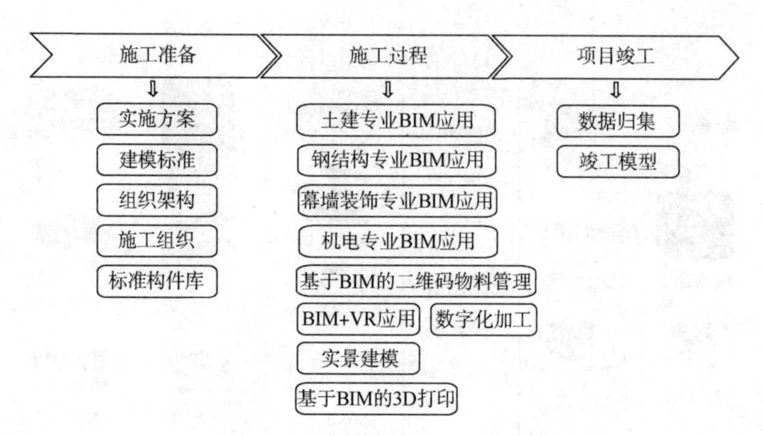

图 9-26　项目 BIM 应用范围及解决方案

1）施工方案比选。经过屋盖钢结构施工方案优化，方案二比常规方案一施工工期缩短约 24 天，施工成本降低约 66 万元，同时安全风险大大降低，如图 9-27 所示。

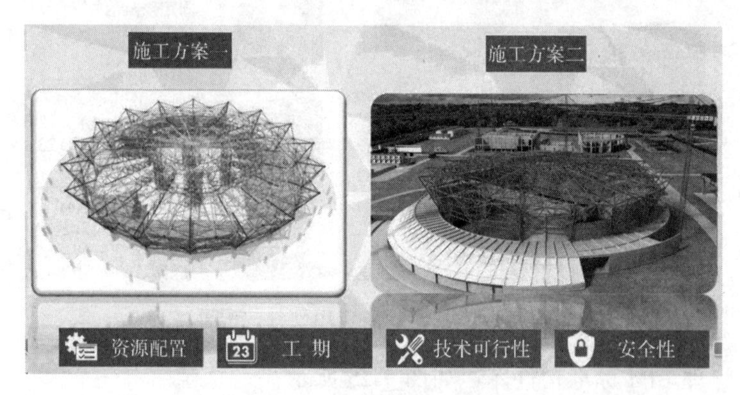

图 9-27　施工方案比选

2）施工方案模拟，如图 9-28 所示。

图 9-28　施工方案模拟

2. 土建专业 BIM 应用

1）施工总平面布置。利用 BIM 技术对施工现场中的临设、生产加工区域、大型设备安装，以动态的方式进行合理布局，为后续施工奠定基础，提高施工效率及质量，从而做到绿色施工、节能减排，如图 9-29 所示。

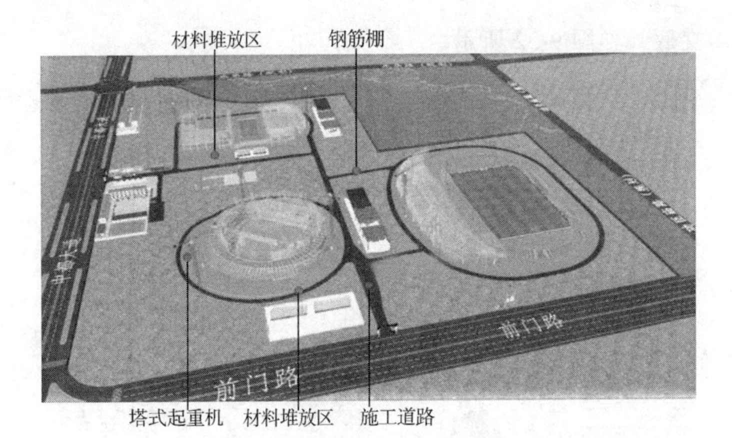

图 9-29 施工总平面布置

2）体育馆结构整合模型，如图 9-30 所示。

图 9-30 体育馆结构整合模型

3）体育馆混凝土工程模型算量。经过两款软件相互校验，工程量计算偏差在 3% 以内，为项目材料备量提供了准确依据，同时提高了土建算量的效率和准确性，如图 9-31 所示。

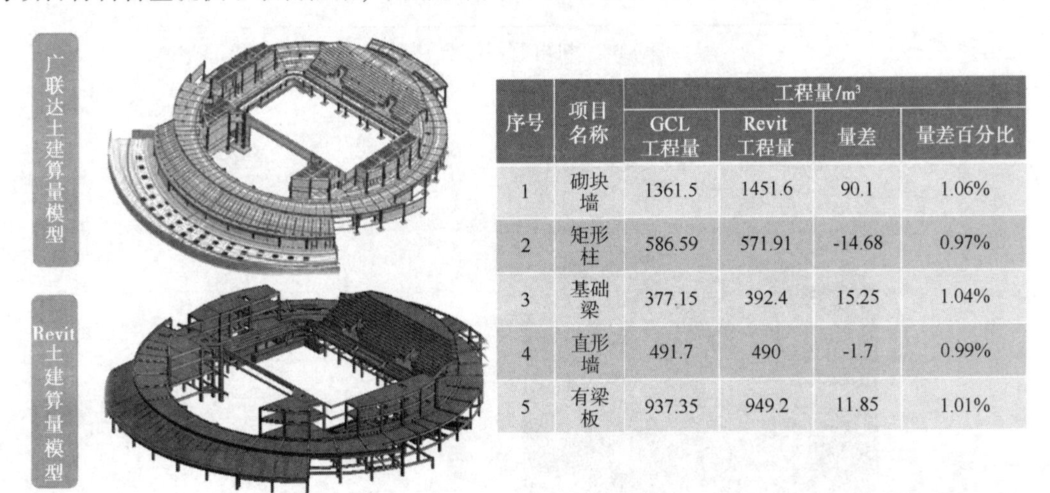

序号	项目名称	工程量/m³			
		GCL工程量	Revit工程量	量差	量差百分比
1	砌块墙	1361.5	1451.6	90.1	1.06%
2	矩形柱	586.59	571.91	-14.68	0.97%
3	基础梁	377.15	392.4	15.25	1.04%
4	直形墙	491.7	490	-1.7	0.99%
5	有梁板	937.35	949.2	11.85	1.01%

图 9-31 体育馆混凝土工程模型算量

4）三维技术交底，如图 9-32 所示。

图 9-32　三维技术交底

3. 机电专业 BIM 应用

1）机电管线综合模型，如图 9-33 所示。

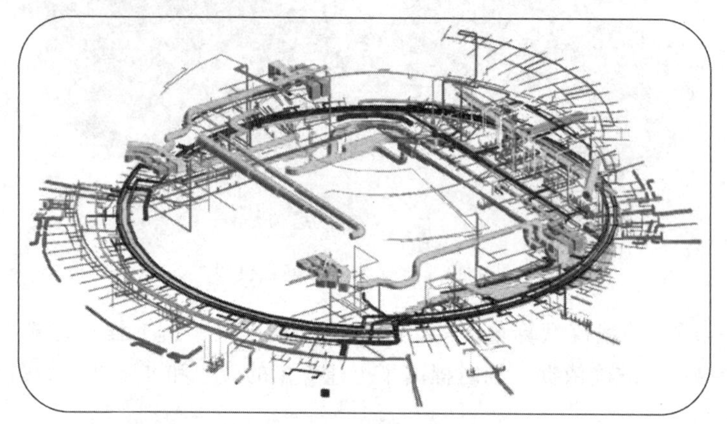

图 9-33　机电管线综合模型

2）管线碰撞检查，如图 9-34 所示。

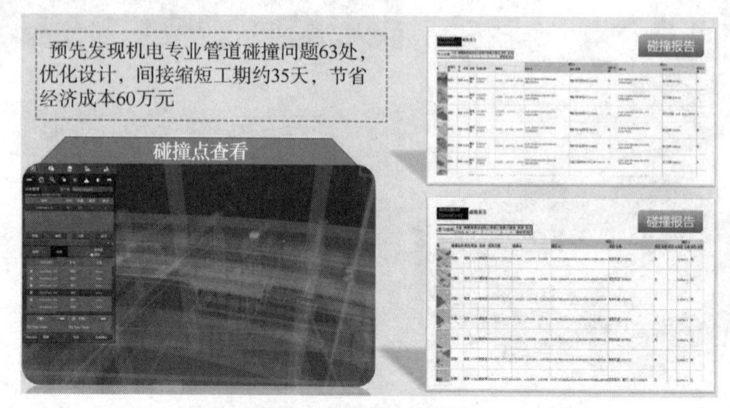

图 9-34　管线碰撞检查

3）管线综合优化，如图 9-35 所示。

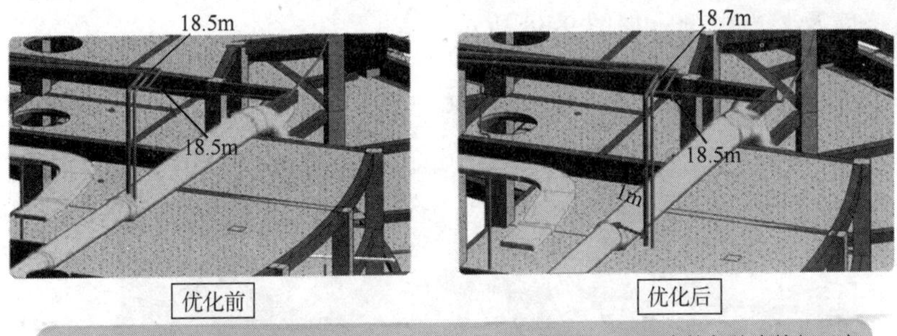

图 9-35　管线综合优化

4）指导管线洞口预留预埋，如图 9-36 所示。

图 9-36　管线洞口预留预埋

5）综合支吊架设计，如图 9-37 所示。

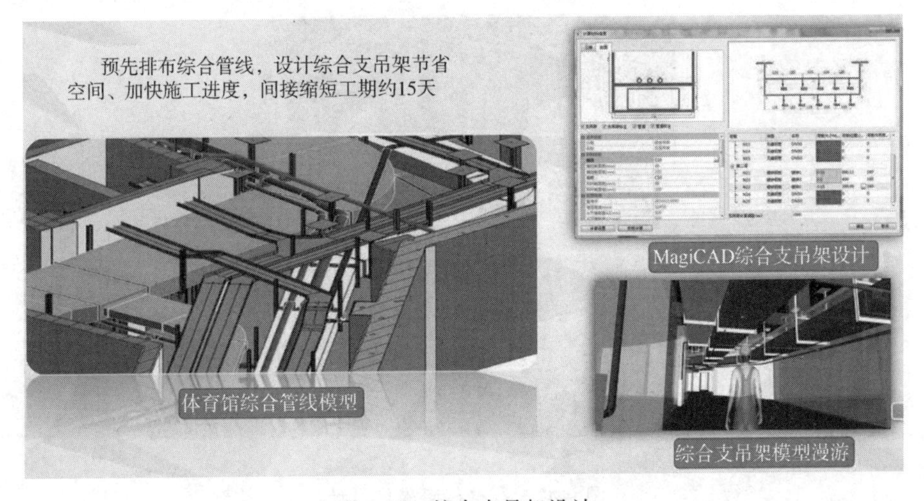

图 9-37　综合支吊架设计

4. 幕墙及装饰专业 BIM 应用

1）场馆幕墙及装饰模型，如图 9-38 所示。

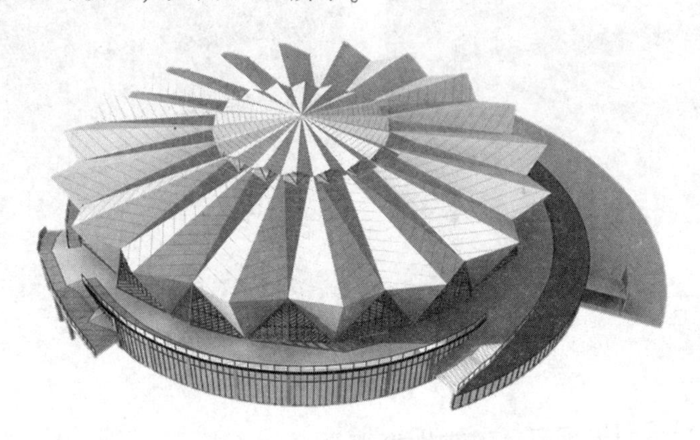

图 9-38　场馆幕墙及装饰模型

2）玻璃幕墙深化。游泳馆玻璃幕墙为曲面，采用以直代曲的方式，通过 Revit 软件将玻璃幕墙分成一个一个小的平面，然后拼接成曲面，形成最终的幕墙放样模型，如图 9-39 所示。

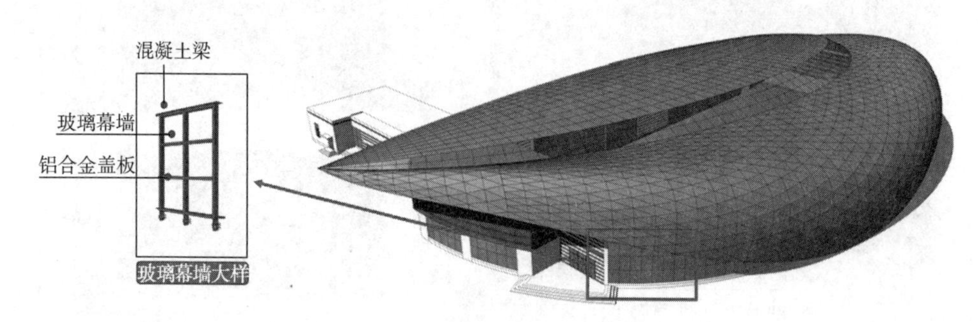

图 9-39　游泳馆玻璃幕墙深化

3）石材幕墙深化设计，如图 9-40 所示。

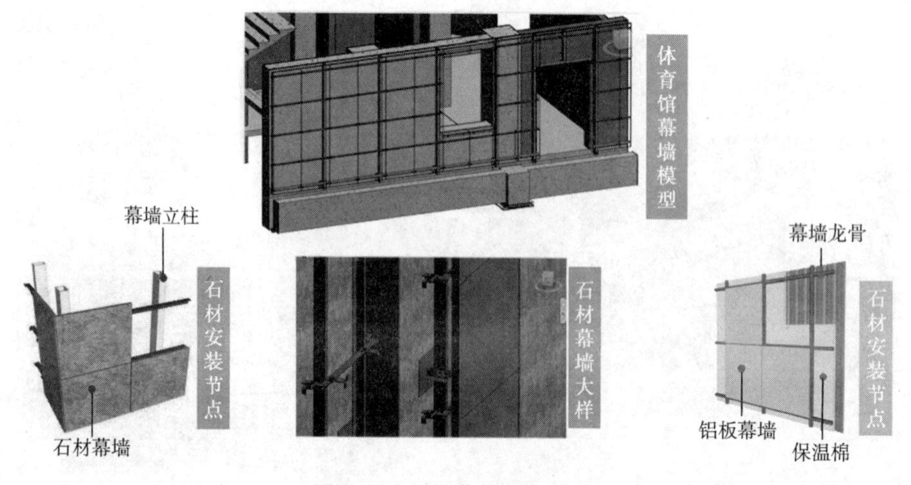

图 9-40　石材幕墙深化设计

4）屋面板深化，如图 9-41 所示。

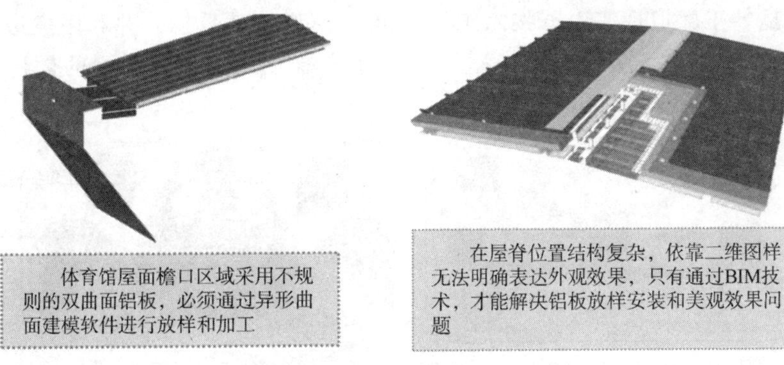

图 9-41　屋面板深化

5. 3D 打印技术

3D 打印技术是通过配套的机械设备实现建筑构件成型的一种新技术，其核心特点是通过机械喷头在软件数字化控制下，经过一层一层的添加建筑材料并经过自然堆积成型，如图 9-42 所示。

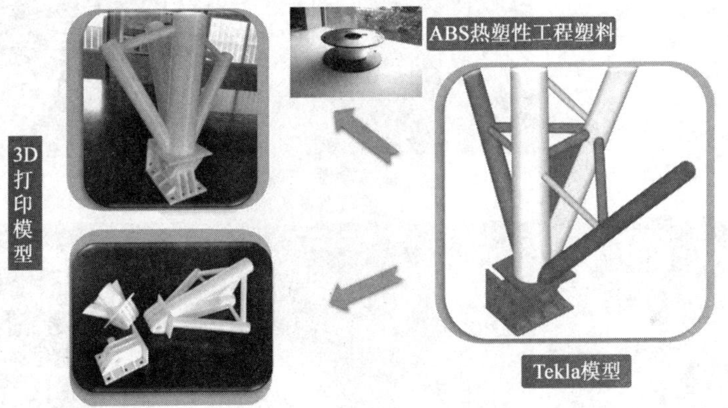

图 9-42　3D 打印柱脚节点

6. 无人机航拍建模技术

采用倾斜摄影技术，其流程为倾斜摄影系统→倾斜拍照→生成三维实景模型→土方计算等应用，如图 9-43 所示。

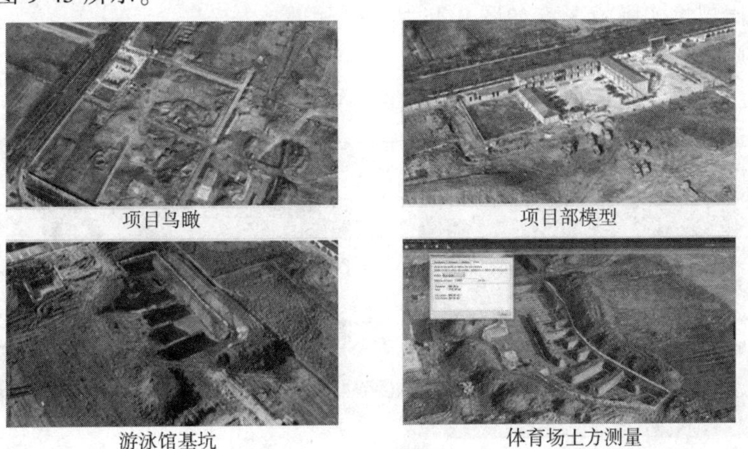

图 9-43　倾斜摄影应用

7. BIM+VR 应用

BIM+VR 是基于虚拟现实引擎技术来承载 BIM 模型及其数据，并利用虚拟现实引擎的特性实现 BIM 信息交互、BIM 协同工作、虚拟漫游等 BIM 应用。采用的软件及设备如图 9-44 所示。

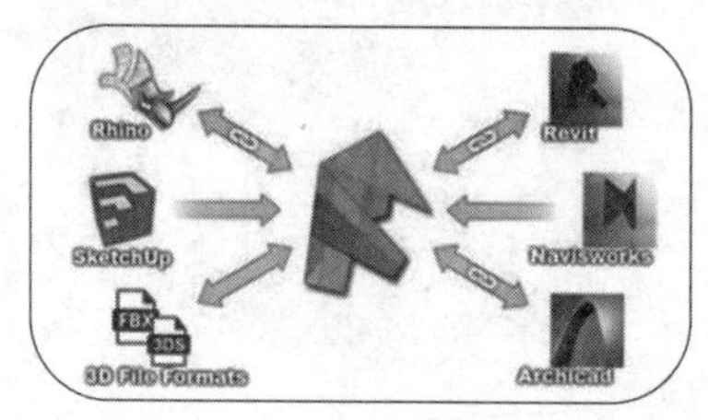

Fuzor软件兼容性

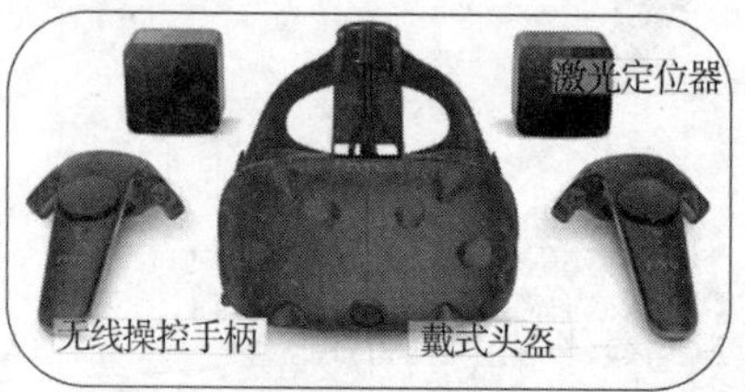

虚拟现实设备

图 9-44 BIM+VR 应用软件及设备

1）关键应用点，如图 9-45 所示。

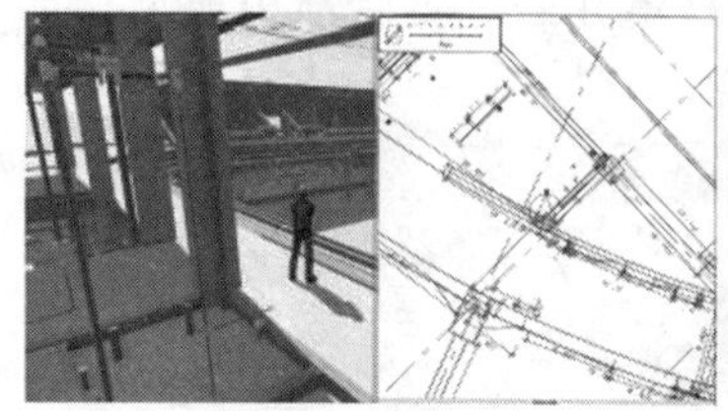

2D-3D实时对照

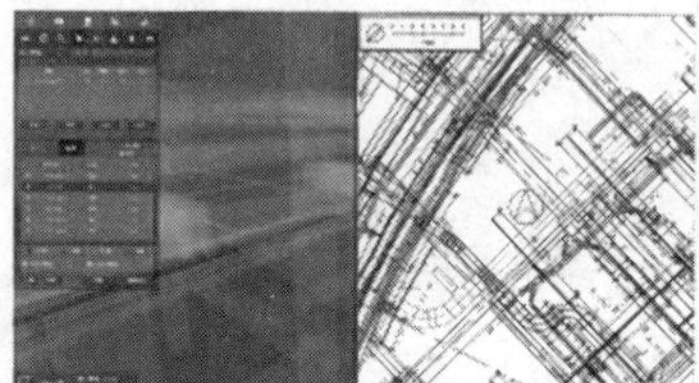

碰撞检测

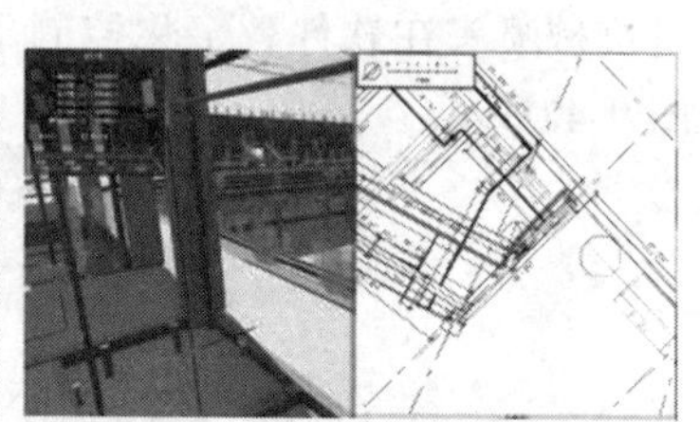

临边安全分析

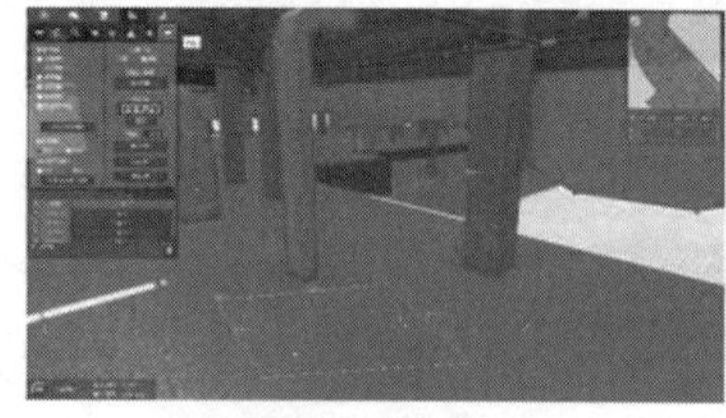

二维自动测量

净高分析

启用剖切

图 9-45 BIM+VR 关键应用点

2）移动端支持。借助 Fuzor 强大的移动端支持，将 BIM 模型带入现场，在移动设备中查看模型，对比现场实际情况，如图 9-46 所示。

3）虚拟现实漫游。沉浸式虚拟现实体验，可以检查设计管线净空高度是否合理，管线走向是否正确，确保施工前消除设计中的错漏碰撞，如图 9-47 所示。

图 9-46 移动端支持

图 9-47　沉浸式虚拟现实体验

(四) 案例总结

(1) 社会效益　通过 BIM 技术智能化、数字化管理工地，创建成为现代化安全文明标准工地，得到了当地政府极大的认可。

(2) 经济效益　使用 BIM 技术应用于深化设计、制造加工、指导施工等方面，降低材料损耗，节约施工成本约 182 万元，缩短工期约 94 天。

(3) 技术创新　在钢结构提升方案优化和双曲面异形屋面放样加工等方面引入 BIM 技术解决了传统二维方式无法解决的问题；利用 3D 打印技术结合三维技术交底，以三维模型与实体模型的方式，直观交底，杜绝了文字交底的模糊性。

(4) 管理创新　企业研发的二维码物料管理系统，真正意义上解决了钢构件材料加工、运输、入库、使用的管理混乱问题，为物料的管理提供了有力的数据支持。

(5) 人才培养　开阔企业人才技术能力范围，传授先进技术知识，形成完备的 BIM 技术应用规范，坚持 BIM 技术应用培训，累计培训员工 100 余人。

二、某市全地埋式净水厂 PPP 项目 BIM 技术应用

(一) 项目背景

项目采用全地埋式设计，地上布置为景观绿地，日处理污水 20 万 m^3，出水严于 GB 18918—2002 一级 A 标准。商业模式为 PPP 项目，该项目占地面积 47846m^2（合 71.77 亩），其中地下箱体占地面积 37807m^2（合 50.71 亩），在地下净水厂上面打造开放式文教类体验公园景观。

项目特点：

1）节省占地。污水处理区采用全地下（共两层）、组团式布置方式，占地面积为同等规模地面式水厂的 1/3。

2）环境影响小。主要处理设施布置在地下，厂区环境噪声低；污水处理过程中产生的污浊气体全部通过除臭系统处理。

3）美化城市区域环境。全部采用社会资本来投资，出水水质用于洗车、绿化浇水，设计日处理规模 20 万 t，项目建成后，地面上看不到翻滚着臭气的污水，取而代之的是园林绿化，呈现一个市民休闲广场，如图 9-48 所示。

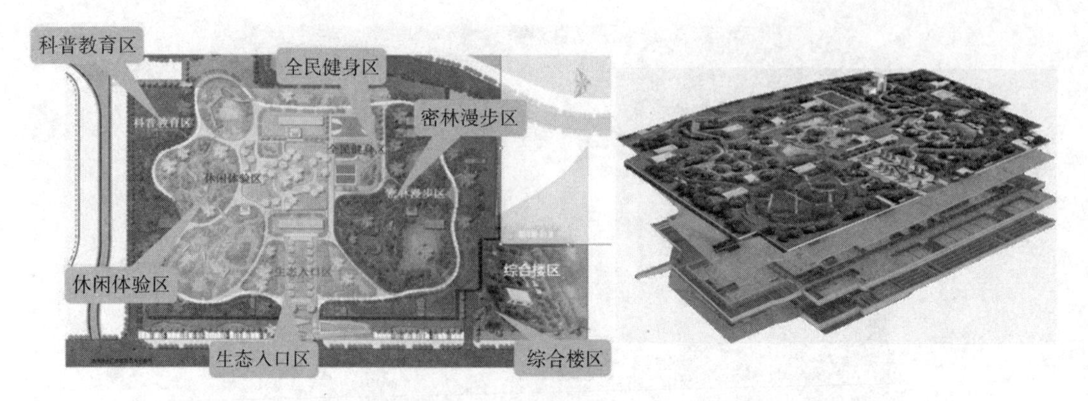

图 9-48　全地埋式净水厂效果图

与传统污水处理厂相比，全地埋式污水处理厂具有独特的特点，如图 9-49 所示。同时在设计、建设、运营阶段面临以下难点：

1）在设计过程中：水厂工艺要求高、用地紧张、结构紧凑、地下设施结构设计复杂、装置布置设备选型要求高。

2）在建设过程中：施工材料耐久性要求高、机械设备受限制、埋深大、施工难度大、施工现场紧凑。

3）在运营阶段：设备配置高、对运维人员综合素质要求高、空间受限、设备检修维护较困难、除臭及通风要求高、突发事件安全应急要求高。

为了解决地埋式污水处理厂设计及建设运营中遇到的难题，引入 BIM 精细化先进管理方式，解决各种问题。

图 9-49　项目特点

（二）BIM 技术应用策划

1. 应用目标

通过本项目分析，急需解决 BIM 技术应用六大攻关点：

1）BIM 团队：如何适应设计、施工、运维等阶段变化？

2）管理模式：传统管理模式如何向全员 BIM 技术应用管理模式平稳过渡？

3）协同方式：如何实现从设计全过程协同到施工全过程协同？

4）模型审核：如何消除模型—图纸—管理记录“三层皮”？

5）图纸表达：如何解决项目中 BIM 软件与 CAD 软件使用字体不统一、不规范、不符合国标带来质量、沟通和效率问题？

6）BIM 与云：如何解决云端 BIM 模型轻量化带来信息损失？

2. 软件配置

1）建模软件：Autodesk Revit 2016、BIMSpace 2016、盈建科。

2）浏览审批：Autodesk NavisWorks 2016。

3）协同平台：Autodesk Vault Professional 2016。

4）BIM 表达：Lumion 2016、AutoCAD 2016。

5）模拟分析：Phoenics、CadnaA、PathFinder、盈建科。

6）其他软件：Inventor。

软件与协同平台关系如图 9-50 所示。

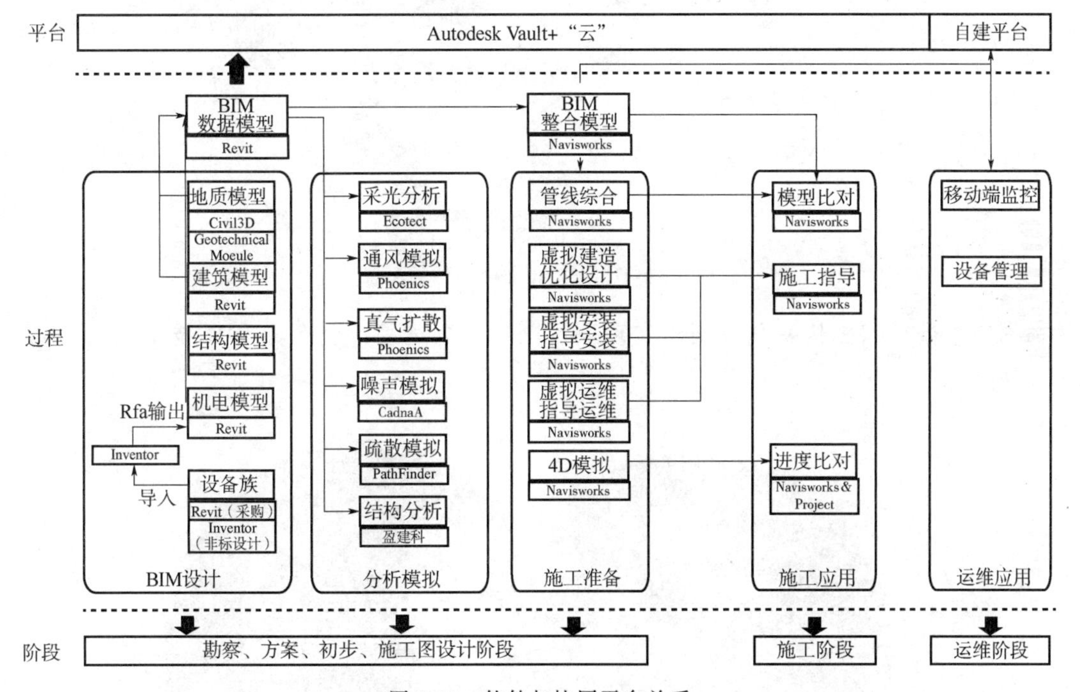

图 9-50　软件与协同平台关系

3. 硬件配置

项目 BIM 应用硬件的配置如图 9-51 所示。

1）Vault 协同平台服务器（1 台）：至强 CPUx5690×2/DDR3 64GB 内存/128GB 固态+1TB 硬盘。

2）BIM 云一体机（2 台）：至强 CPUx5690×2/DDR3 256GB 内存/8GB 图形显卡/256GB 固态+1TB 硬盘×2。

3）BIM 客户端（20 台）：普通 PC（i5，4GB 内存）、联想笔记本（i5，2GB 内存）、Suface Pro 4（i7，4GB 内存）。

4）BIM 表达工作站（1 台）：HP Z800：至强 CPUx5690×2/DDR3 64GB 内存/8GB 图形显卡/128GB 固态+2TB 硬盘。

4. 团队建设

根据多个项目 BIM 技术应用实践，在本项目管理模式上进行大胆改革尝试，将相对独立的项目团队和 BIM 团队进行渗透融合，很好适应了从咨询、设计、施工、运维等项目全

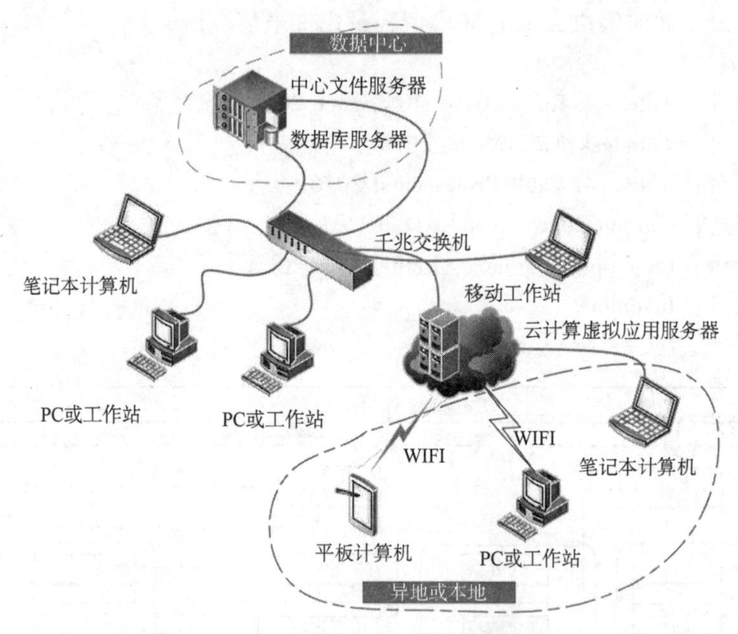

图 9-51　项目 BIM 应用硬件的配置

生命周期人员组织机构变化，便于实现项目全员、全过程、全专业 BIM 技术应用，如图 9-52 所示。

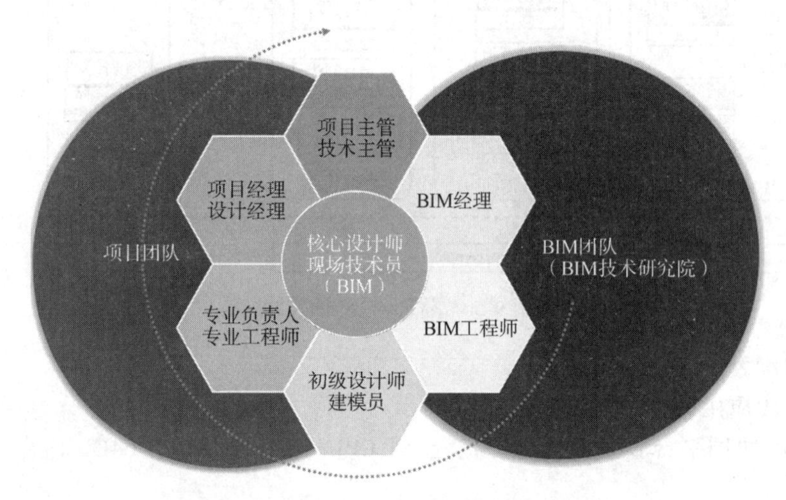

图 9-52　项目团队与 BIM 团队融合管理模式

5. 应用标准

根据本企业三标管理体系和项目管理体系，按照工程咨询、工程设计、工程总承包及施工总承包等产品实现过程，制订企业级或项目级 BIM 技术标准程序和作业文件，将 BIM 实施过程控制与三标管理体系中一一对应，避免管理“两层皮”，向全员、全过程、全专业 BIM 技术应用平稳过渡。

（三）BIM 技术应用实施

1. BIM 全生命周期协同平台

在本项目中充分挖掘 Autodesk Vault 数据管理平台，将其打造成 BIM 全生命周期协同平台，其亮点如下：①与三标管理体系结合，避免管理“两层皮”，所有管理记录可追溯、可归档、可快速查找和重用；②与设计管理、施工管理、PPP 项目管理结合，可以轻松实现可视化进度管控、BIM 全生命周期协同、项目文档管理、项目 BIM 移交；③与企业信息系统结合，从 Vault 中提取相关 BIM 信息，可进行 BIM 大数据挖掘分析再利用；④与云计算技术结合，可以实现模型按需分级浏览、审核，减少轻量化带来信息数据损失和信息安全性问题。

（1）与三标管理体系结合要点　按质量管理体系和项目管理体系建立本项目文件管理结构：

1）与新版 ISO 9000 质量管理体系标准一致，避免管理“两层皮”，所有管理记录可追溯、可归档、可快速查找和重用。

2）与传统管理习惯兼容，便于 BIM 技术在质量管理体系控制下推广。

3）可根据项目实际情况适时优化。

（2）与设计管理结合要点　本项目设计阶段协同，需按以下五大步骤实施：

1）BIM 策划。在现有设计策划基础上，根据各专业特点进行模型文件拆分，按样板文件创建一个个最小单元“空”模型文件，按管理体系结构（含文档结构、空模型装配结构、空图纸文件目录等）导入 Vault 中。

2）模型装配。采用 Vault 插件对空模型文件进行链接，实现“协同前”装配。

3）权限设置。根据岗位、角色、项目文件夹及其文件作用等设置权限。

4）模型完善。设计人员按策划从 Vault 获取自己的工作文件，从零绘制，适时上传，Vault 将记录整个工作进程，同时管理人员通过装配模型完善度，可视化监控设计进度。

5）协同设计。浏览上级（装配）文件，同步查看与相关专业的协同关系，直接在设计过程中沟通、调整、优化，提前规避碰撞，实现真正的协同和适时协同。

（3）与施工管理结合要点　本项目施工管理协同，需按以下五大步骤实施：

1）BIM 策划。在设计 BIM 模型基础上，根据施工要求进行模型拆分。拆分模型文件按管理体系结构（含文档结构、模型装配结构等）导入 Vault 中，如图 9-53 所示。

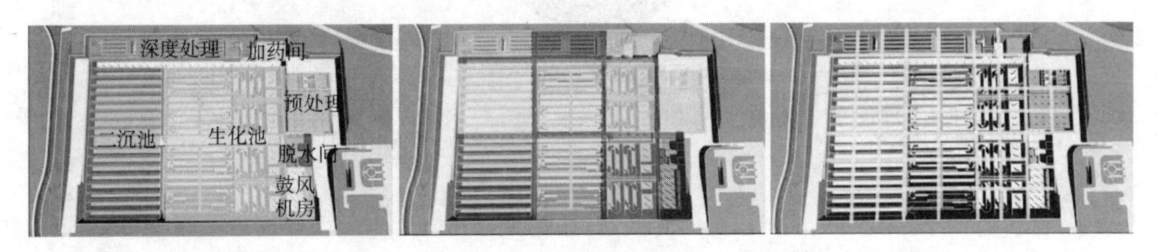

设计模型 7 块——→施工模型 11 大区——→施工模型 65 个单元

图 9-53　模型拆分

2）模型装配。采用 Vault 插件对模型文件进行链接，实现施工“协同前”装配。

3）权限设置。根据岗位、角色、项目文件夹及其文件作用等设置权限。

4）模型完善。BIM 工程师按策划从 Vault 获取自己的工作文件，对模型进行拆分或深化，适时上传。Vault 将记录整个工作进程，同时管理人员通过装配模型完善度，可视化地监控施工模型深化进度，通过 Navisworks 可进行施工计划模拟、施工安装模拟等 BIM 技术应用。

5）协同管理。项目相关方通过浏览施工模型文件、项目文档文件、设计变更、施工记录等，在施工管理过程中沟通、调整、优化，实现真正的项目协同管理。

（4）BIM 数据整体移交　采用独立 Vault 数据库，方便项目 BIM 数据整体移交。

（5）多方协同　细化外部接口，对接每个相关单位或人员，可浏览、审批 BIM 轻量化模型，而外部接口中的 BIM 模型，只是内部 BIM 模型的一个映射。内部模型及其信息安全得到保障。

（6）施工交底、指导　可现场与后方互动，实现小前端大后端服务模式。设计模型、施工模型可适时进行可视化评审，发现问题可在后端及时修改，并及时反映到现场得到评审人员确认，如图 9-54 所示。

图 9-54　BIM 模型多方评审

（7）并行审核　Vault+BIM 软件结合实现了并行设计和审核，如图 9-55 所示。

图 9-55　并行审核思路

（8）Vault+“云”实现无损移动协同　各类终端通过“云”技术均可直接访问 Vault 数据。Revit 文件、Navisworks 文件等都可以轻松操作。可以实现内、外部协同，所有数据均在服务器上，有安全保障，文件传递在储存或服务器之间，速度快。模块化虚拟化应用主机，可以随项目应用情况增减、拆分、组合，实现了低成本重度虚拟化应用，如图 9-56 所示。

2. BIM 设计阶段技术应用

1）人员疏散模拟。使用 Pathfinder 软件导入 Revit 信息模型，对设计方案进行疏散模拟。以负二层为例，模拟结果为：在 140s 内分布在负二层各个工作岗位的 105 人全部撤离，符合相关规范要求，说明疏散口及疏散楼梯设计是合理的，如图 9-57 所示。

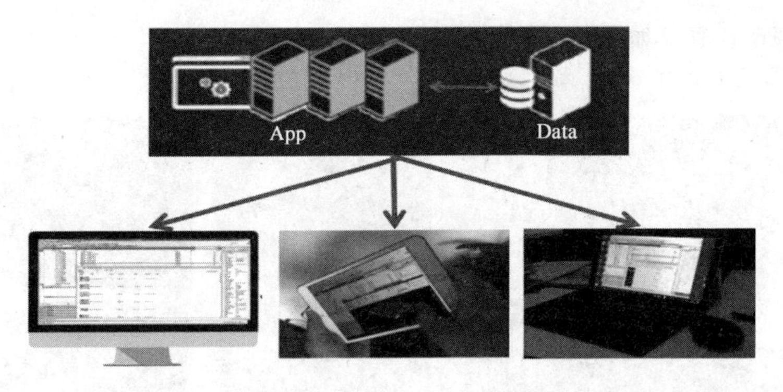

图 9-56　Vault+“云”架构

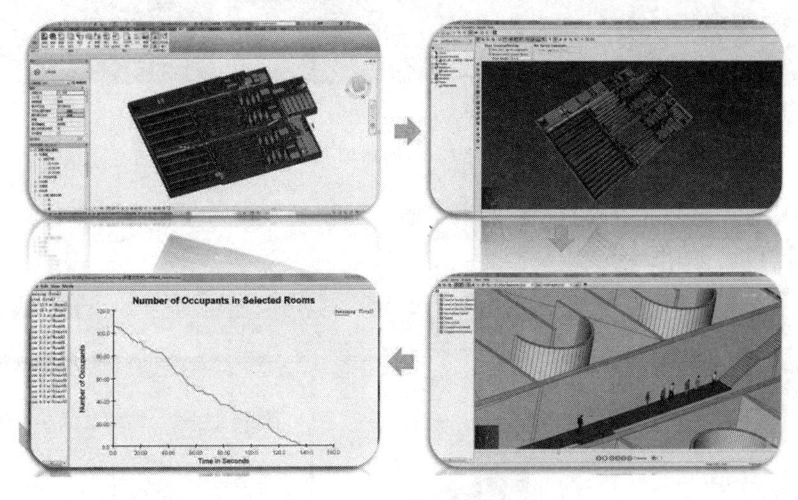

图 9-57　人员疏散模拟

2）碰撞检查。利用 BIM 技术可视化、辅助智能等特性进行管线碰撞检查、辅助预留孔洞，专业间配合更直观、高效、准确，如图 9-58 所示。

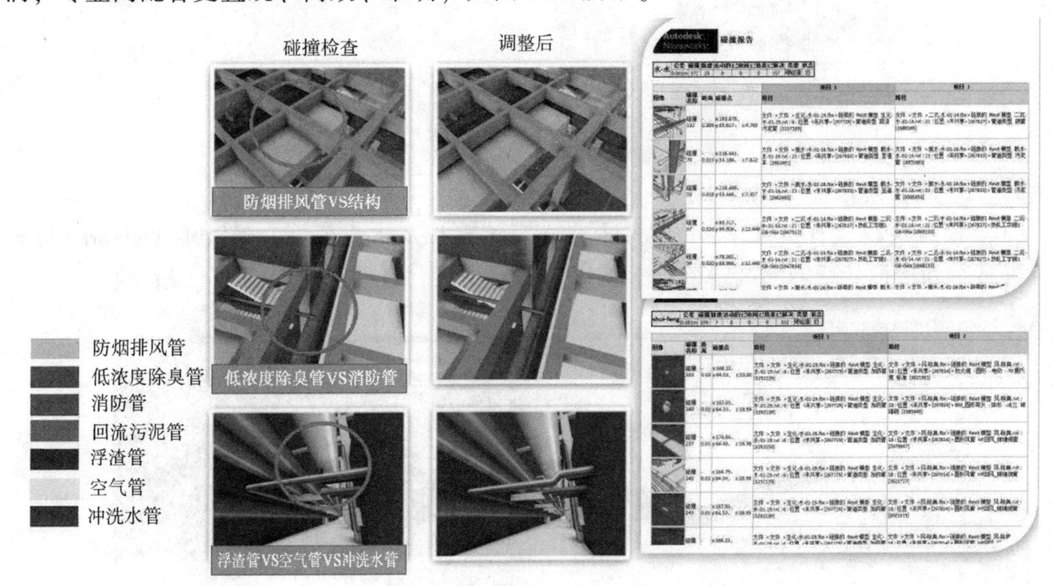

图 9-58　碰撞检查

3）辅助预留孔洞，如图 9-59 所示。

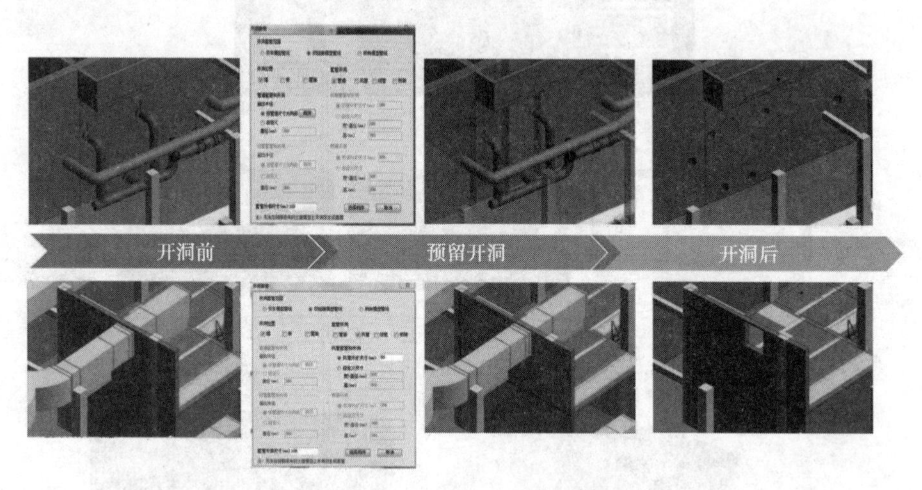

图 9-59 辅助预留孔洞

4）造价算量。通过基于 Revit 的斯维尔插件→模型映射 SFC→导入斯维尔 BIM 三维算量，实现造价算量，如图 9-60 所示。

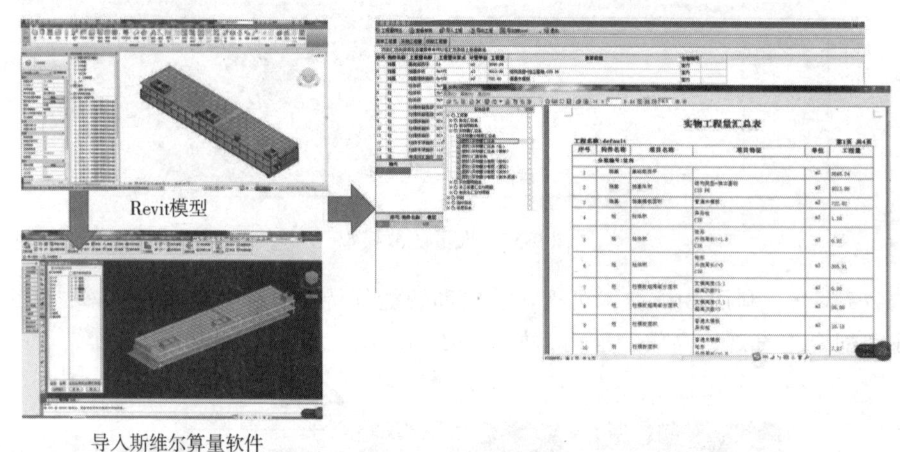

图 9-60 造价算量流程

3. BIM 施工阶段技术应用

（1）模拟巡视检查 在 Revit 软件中建立基坑支护及锚索模型，通过 NavisWorks 检查支护桩是否到达设计所需标高，确保开挖设计的安全性、合理性，如图 9-61 所示。

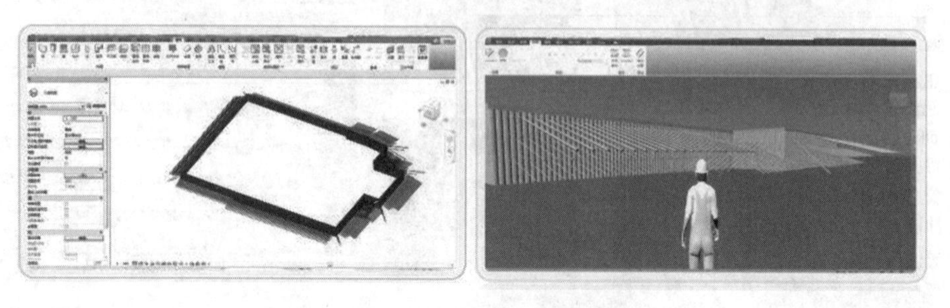

图 9-61 支护桩桩底标高巡视检查

（2）施工安装模拟　利用 BIM 模型模拟施工及设备安装过程，将施工、设备安装过程通过三维方式直观地展现给现场管理人员，提前做出判断，有利于对安装过程的理解，如图 9-62 所示。

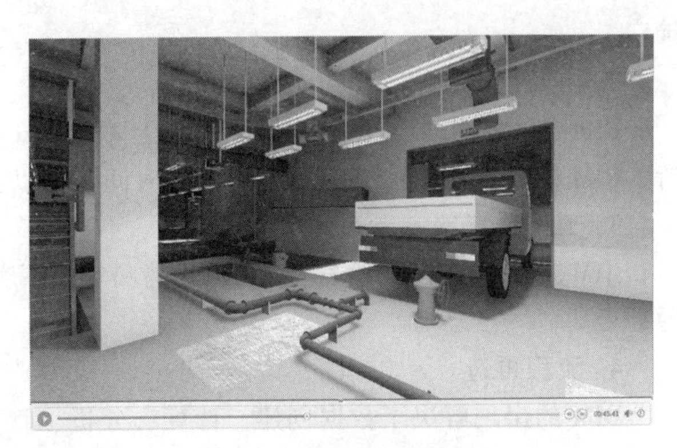

图 9-62　施工安装模拟

（3）基于 BIM 技术的施工交底　利用 Lumion 软件快速表达 BIM 模型，可以加快沟通，达到充分交底的目的。

1）BIM 模型景观展现，如图 9-63 所示。

图 9-63　BIM 模型景观展现

2）BIM 模型与施工现场的对比，如图 9-64 所示。

图 9-64　BIM 模型与施工现场的对比

（四）案例总结

1. 管理升级

BIM 技术应用只有借助三标管理体系，提升管理水平，才能真正落地，实现全员应用推广。

2. 协同创造

BIM 技术应用必须建立在协同平台上才能真正体现 BIM 的价值。并行设计、大后端支持、BIM 模型快速表达，有效节省沟通时间 1 倍以上，快速响应时间提高 2 倍。

3. 工程语言

BIM 是一种工程“语言”，无须花哨和华而不实，只需简单、实用，表达到位，易于沟通即可。

4. 流程再造

BIM 的出现解决了数据创建、计算、分析、管理、共享和协同困难，同时提供了实现精细化管理的方法，这必将对传统流程进行再造，冲破了从设计到施工过程中信息交流的壁垒。

第三篇

专业新技术

第十章　工程建设新技术

第一节　装配式建筑

装配式建筑是指用标准化设计、工厂化生产、装配化施工和信息化管理的方式建造的建筑，是建造方式的重大变革，对资源能源节约、施工污染减少、劳动生产效率和质量安全水平提升、促进建筑业与信息化工业化深度融合、新产业新动能培育具有重要意义。

一、建筑产业化及其特点

建筑产业化是指运用现代化管理模式，通过标准化的建筑设计以及模数化、工厂化的部品生产，实现建筑构部件的通用化和现场施工的装配化、机械化。建筑产业现代化是以绿色发展为理念，以住宅建设为重点，以新型建筑工业化为核心，广泛运用现代科学技术和管理方法，以工业化、信息化的深度融合对建筑全产业链进行更新、改造和升级，实现传统生产方式向现代工业化生产方式转变，从而全面提高建筑工程的效率、效益和质量。

发展建筑产业化是建筑生产方式从粗放型生产向集约型生产的根本转变，是产业现代化的必然途径和发展方向。建筑产业化的核心是建筑生产工业化，建筑生产工业化的本质是：生产标准化，生产过程机械化，建设管理规范化，建设过程集成化，技术生产科研一体化。

建筑产业化的特点：①设计简化；②施工速度快；③施工质量提高；④施工环境改善；⑤劳动条件改善；⑥资源能源节约；⑦成本节约；⑧建筑效果丰富；⑨抗震性提高；⑩可持续性提高。

二、装配式建筑形成与发展

装配式建筑最早可以追溯到17世纪向美洲移民时期所建造的木构架拼装房屋。后来由于工业革命及第二次世界大战后引发的房屋需求，促进了装配式建筑的发展。第二次世界大战后，住宅的需求量急剧增加，房屋供需矛盾愈加尖锐，迫切需要提供大量住宅以解决“房荒”这一严重的社会问题。

法国是世界上推行建筑工业化最早的国家之一。从20世纪50年代到70年代走过了一条以全装配式大板和工具式模板现浇工艺为标志的建筑工业化道路。1972年之后，法国建立了以户型和单元为标准模块的标准化体系。

德国最早的预制混凝土板式建筑是1926—1930年间在柏林利希藤伯格-弗里德希菲尔德建造的战争伤残军人住宅区。

总之，欧洲国家对于装配式建筑的认识起步较早，通过不断的科学发展和技术创新，在施工方法上也有了较为完善的思路，积累了较多的经验，并编制了一系列装配式建筑的工程标准和应用手册，其对装配式建筑的发展具有重要的推动作用。

美国的装配式建筑起源于20世纪30年代汽车拖车式的、用于野营的汽车房屋。1976年，美国国会通过了国家工业化住宅建造及安全法案，同年开始由HUD负责出台一系列严格的行业规范标准，一直沿用到今天。

我国2015年末发布《工业化建筑评价标准》，决定2016年全国全面推广装配式建筑，并取得突破性进展。2016年9月，国务院出台《关于大力发展装配式建筑的指导意见》要求要因地制宜发展装配式混凝土结构、钢结构和现代木结构等装配式建筑，力争用10年左右的时间，使装配式建筑占新建建筑面积的比例达到30%，对大力发展装配式建筑和钢结构重点区域、未来装配式建筑占比新建筑目标、重点发展城市进行了明确。

三、装配式建筑与装配率

装配式建筑按照建筑材料不同，主要可分为装配式混凝土建筑、装配式钢结构建筑和装配式木结构建筑，其中装配式混凝土建筑是装配式建筑的主要形式。

住房和城乡建设部于2018年1月颁布了《装配式建筑评价标准》（GB/T 51129—2017）国家标准。将装配式建筑划分为A级、AA级和AAA级三个级别，装配率为60%～75%时，评价为A级装配式建筑；装配率为76%～90%时，为AA级装配式建筑；装配率为91%及以上时，为AAA级装配式建筑。装配式建筑设计阶段宜进行预评价，并应按设计文件计算装配率，项目竣工验收后，应按竣工验收资料计算装配率和确定评价等级。

装配率是指单体建筑室外地坪以上的主体结构、围护墙和内隔墙、装修和设备管线等采用预制部品部件的综合比例。装配率的计算和装配式建筑等级评价应以单体建筑作为计算和评价单元。装配率应根据表10-1中评价项分值按公式计算。

$$P=\frac{Q_1+Q_2+Q_3}{100-Q_4}\times 100\%$$

式中 P——装配率；

Q_1——主体结构指标实际得分值；

Q_2——围护墙和内隔墙指标实际得分值；

Q_3——装修和设备管线指标实际得分值；

Q_4——评价项目中缺少的评价项分值总和。

装配式建筑应同时满足下列要求：

表 10-1　装配式建筑评分表

评价项		评价要求	评价分值	最低分值
主体结构（50分）	柱、支撑、承重墙、延性墙板等竖向构件	35%≤比例≤80%	20~30*	20
	梁、板、楼梯、阳台、空调板等构件	70%≤比例≤80%	10~20*	
围护墙和内隔墙（20分）	非承重围护墙非砌筑	比例≥80%	5	10
	围护墙与保温、隔热、装饰一体化	50%≤比例≤80%	2~5*	
	内隔墙非砌筑	比例≥50%	5	
	内隔墙与管线、装修一体化	50%≤比例≤80%	2~5*	
装修和设备管线（30分）	全装修	—	6	6
	干式工法楼面、地面	比例≥70%	6	—
	集成厨房	70%≤比例≤90%	3~6*	
	集成卫生间	70%≤比例≤90%	3~6*	
	管线分离	50%≤比例≤70%	4~6*	

注：表中带“*”项的分值采用“内插法”计算，计算结果取小数点后1位。

（1）主体结构部分的评价分值不低于20分。

（2）围护墙和内隔墙部分的评价分值不低于10分。

（3）采用全装修。

（4）装配率不低于50%。

四、装配式混凝土结构建筑

装配式混凝土建筑是指以工厂化生产的钢筋混凝土预制构件为主，通过现场装配的方式设计建造的混凝土结构类房屋建筑。一般分为全装配建筑和部分装配建筑两大类：全装配建筑一般为低层或抗震设防要求较低的多层建筑；部分装配建筑的主要构件一般采用预制构件，在现场通过现浇混凝土连接，形成装配整体式结构的建筑物。

装配式混凝土结构（Precast Concrete Structure），简称“PC”结构，是由预制混凝土构件通过可靠连接而形成的混凝土结构。装配式混凝土结构的主体结构，依靠节点和拼缝将结构连接成整体并同时满足使用阶段和施工阶段的承载力、稳固性、刚性、延性要求。连接构造采用钢筋的连接方式，有灌浆套筒连接、搭接连接和焊接连接3种。

与传统的现浇混凝土结构相比，装配式混凝土结构存在大量的预制混凝土构件。预制混凝土构件一般均在工厂加工制作，利用运输车辆运到施工现场。然后，利用吊装机械吊装就位，并进行可靠连接，形成整体结构。因此，装配式混凝土结构施工包含大量的吊装、节点连接和接缝处理等工作内容，对现场施工场地布置、支撑维护等赋予了独特内容及要求。

我国装配式混凝土结构的技术体系主要有：万科侧重于预制框架或框架结构外挂板加配整体式剪力墙结构，采取设计一体化、PC窗预埋等技术；在北方侧重于装配式剪力墙结构。远大住工采用装配式叠合楼盖现浇剪力墙结构体系、装配式框架体系，围护结构采用外挂墙板，在整体厨卫、成套门窗等技术方面实现标准化设计。宝业集团为叠合式剪力墙装配式混凝土结构体系。上海城建集团为预制框架剪力墙装配式住宅结构技术体系。黑龙江宇辉集团为预制装配式混凝土剪力墙结构体系。山东万斯达为PK（拼装、快速）系列装配式剪力墙结构体系。

装配式混凝土结构的预制构件在设计方面，遵循受力合理、连接可靠、施工方便、少规格、多组合原则。在满足不同地域对不同户型的需求的同时，建筑结构设计尽量通用化、模块化、规范化，以便实现构件制作的通用化。结构的整体性和抗倒塌能力主要取决于预制构件之间的连接，在地震、偶然撞击等作用下，整体稳固性对装配式结构的安全性至关重要。结构设计中必须充分考虑结构的节点、拼缝等部位的连接构造的可靠性。同时，装配式混凝土结构设计要求装饰设计与建筑设计同步完成，构件详图的设计应表达出装饰装修工程所需预埋件相对室内水电的点位。

1. 墙板

（1）按安装位置分类。装配式混凝土结构建筑墙板按照安装位置可分为内墙板和外墙板，其中内墙板又可分为空心板、实心板和隔墙板。

1）外墙板。外墙板是工业化生产的大幅面外挂墙板，采用干法安装施工，耐久性好，维护成本低，集外墙保温与装饰功能于一体，符合建筑节能“模块化”技术发展方向，是目前我国建筑墙体外保温技术领域大力推广的一项先进技术，如图 10-1 所示。

图 10-1　外墙板

2）内墙板。装配式混凝土结构建筑的内墙板多为钢筋混凝土实心板或空心板。隔墙板是用于建筑物内部隔墙的墙体预制条板，包括玻璃纤维增强水泥条板、玻璃纤维增强石膏空心条板、钢丝网增强水泥条板、轻混凝土条板、复合夹芯轻质条板等。建筑物隔墙用轻质条板是一般工业建筑、住宅建筑和公共建筑工程非承重内隔墙的主要材料。

（2）按板材所用材料分类。装配式混凝土墙板按照板材所用材料可分为粉煤灰矿渣混凝土墙板、钢筋混凝土墙板、轻骨料混凝土墙板和加气混凝土墙板等。

1）粉煤灰矿渣混凝土墙板。这种墙板原材料全部或大部分用工业废料，是一种环保型板材，如图 10-2 所示。

2）钢筋混凝土墙板。采用钢筋混凝土材料制成，是房屋建筑及各种工程结构中的基本构件，如图 10-3 所示。

图 10-2　粉煤灰矿渣混凝土墙板

图 10-3　钢筋混凝土墙板

3）轻骨料混凝土墙板。采用轻质材料或轻型构造制作，两侧面设有榫头、榫槽及接缝槽等，面密度不大于标准规定值，如 90 厚板不大于 $90kg/m^2$，120 厚板不大于 $110kg/m^2$

等，如图 10-4 所示。

4）加气混凝土轻质墙板。由水泥和含硅材料经过磨细并加入发气剂和其他材料按比例配合，再经加工工序制成的一种轻质多孔建筑板材，如图 10-5 所示。

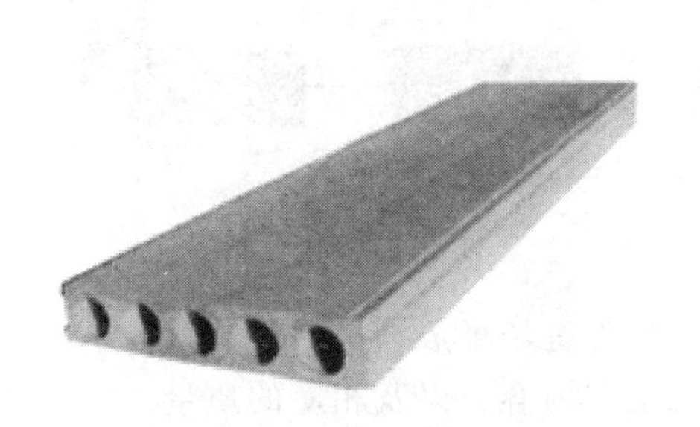

图 10-4　轻骨料混凝土墙板

图 10-5　加气混凝土轻质墙板

2. 楼板

装配式建筑楼板分为现浇钢筋混凝土楼板、预制钢筋混凝土楼板以及叠合楼板等。现浇钢筋混凝土楼板一般多用于卫生间及住宅中的厨房等处。预制钢筋混凝土楼板又分为预应力和非预应力两种。其中，叠合楼板是由预制钢筋混凝土板和现浇钢筋混凝土层叠合而成，如图 10-6 所示。叠合楼板的预制板既是楼板结构的组成部分之一，又是现浇钢筋混凝土叠合层的永久性模板，现浇叠合层内可敷设水平设备管线。叠合楼板整体性好，刚度大，可节省模板，而且板的上下表面平整，便于饰面层装修，适用于对整体刚度要求较高的高层和大开间装配式建筑。

3. 楼梯

钢筋混凝土装配式建筑的楼梯一般均采用预制，如图 10-7 所示。

图 10-6　钢筋混凝土叠合楼板下层预制板

图 10-7　钢筋混凝土预制楼梯

4. 混凝土结构建筑预制构件制作

装配式混凝土结构的主要预制构件包括预制柱、预制梁、预制（叠合）楼板、预制外墙板、预制楼梯和预制阳台等。

装配式混凝土结构建筑预制构件制作一般包括模具组装、钢筋加工及安装、混凝土浇筑及养护等内容。

（1）模具组装，流程如图 10-8 所示。

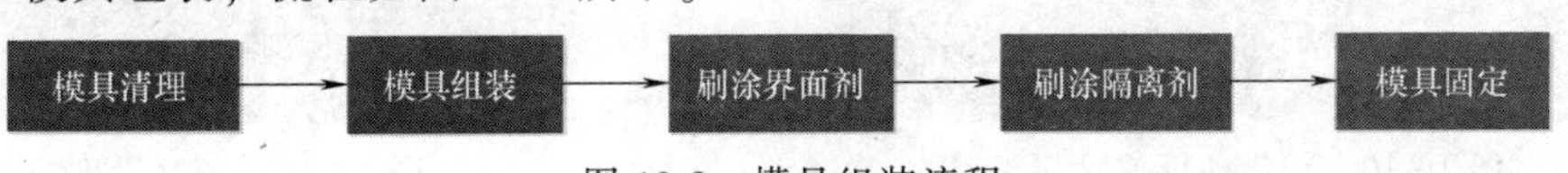

图 10-8　模具组装流程

（2）钢筋加工及安装。钢筋加工及安装包括调直、切断、钢筋网或骨架焊接、钢筋网或骨架绑扎及安装等工作。钢筋加工及安装大部分工艺方法和现浇钢筋混凝土的类似，这里不再赘述。

（3）混凝土浇筑及养护。混凝土浇筑工艺流程如图 10-9 所示。

图 10-9　混凝土浇筑工艺流程

5. 装配式混凝土结构施工

装配式建筑施工主要包括现场施工场地布置、构件进场堆放、构件吊装、节点连接等结构施工主要内容，防水、防腐和装饰等建筑施工主要内容，以及相应的质量、安全管理措施等。

（1）现场施工场地布置。预制装配式混凝土结构现场施工场地布置以方便吊装为原则，做到分类堆放。预制构件堆场应结合现场及周边环境进行具体安排。一般应考虑施工现场出入口及其与社会道路的衔接，场内道路布置，预制构件、钢筋加工、模板及临时材料等的堆场，起重设备停放位置及作业半径，塔式起重机位置及作业半径，其他必要设施和设备布置位置等。由于预制构件多采用大型车辆进行运输，进入施工现场后再由起重机械卸下并在堆放场地进行堆放，现场出入口要求方便运输车辆出入，场内运输道路要求坚实，方便运输车辆行驶。预制构件场内堆放场地位置一般应根据塔式起重机位置确定，以减少二次搬运。堆放场地地面应该平整坚实，利于排水，一般应为混凝土地面。

（2）预制混凝土构件进场及堆放。预制混凝土构件进场要进行检查验收工作，检查验收内容包括构件的类型、规格、数量、外观、尺寸、预埋件和特殊部位处理等。

预制混凝土构件堆放应根据品种、规格和吊装顺序分别设置堆垛，并且还要根据构件类型采用直立堆放、平卧堆放等形式。预制柱、预制梁、预制楼板、预制楼梯、预制阳台等一般平卧堆放，底部设置柔性垫块，如木方等，如图 10-10～图 10-13 所示。为减少堆放占地面积，可采用叠层堆放，并应根据预制构件、垫块等的受力情况及堆垛的稳定性确定堆垛的层数，堆放层数一般不宜超过 6 层。预制墙板一般采用直立堆放，采取专门制作的钢架堆放系统，保证堆放稳定。

图 10-10　预制柱堆放示例

图 10-11　预制梁堆放示例

图 10-12　预制楼板堆放示例

图 10-13　预制外墙板堆放示例

（3）预制混凝土构件吊装。装配式混凝土结构根据结构形式不同，可分为装配整体式框架结构、装配整体式剪力墙结构和装配整体式框架-现浇剪力墙结构等。不同结构体系涉及的预制构件种类不尽相同，吊装施工既有共性又有区别，如图 10-14～图 10-17 所示。预制混凝土构件吊装施工内容一般包括吊装机械和吊具的选择确定、吊装方法和吊装工艺顺序选择及实施等。

图 10-14　吊装横梁

图 10-15　预制楼梯吊装

图 10-16　叠合楼板吊装

图 10-17　预制阳台吊装

（4）节点连接。装配式混凝土结构预制构件吊装完成后，通过节点连接形成整体结构。装配式结构节点连接包括预制构件与预制构件之间的节点连接以及预制构件与现浇构件之间的连接。节点连接施工内容包括钢筋连接、现浇构件模板支立、灌浆及浇筑混凝土等。钢筋连接方式主要有传统的绑扎、焊接、直螺纹连接。竖向预制构件钢筋与底部结构连接常采用套筒灌浆连接。套筒连接就是将预制构件一端的预留钢筋插入另一端预留的套筒内，钢筋与套筒之间通过预留的灌浆孔灌注高强无收缩水泥砂浆，即完成钢筋的续接。套筒灌浆前需要对连接节点接缝采用模板或专用封堵砂浆进行封堵，使用灌浆机进行无收缩砂浆灌浆。套筒灌浆质量好坏将直接影响主体结构的安全性，灌浆应从预留在构件底部的灌浆孔注入，由设置在构件上部的出浆孔呈圆柱状的浆体均匀流出后，方可用塑料塞塞紧。套筒灌浆连接施工流程如图 10-18 所示，套筒灌浆如图 10-19、图 10-20 所示。

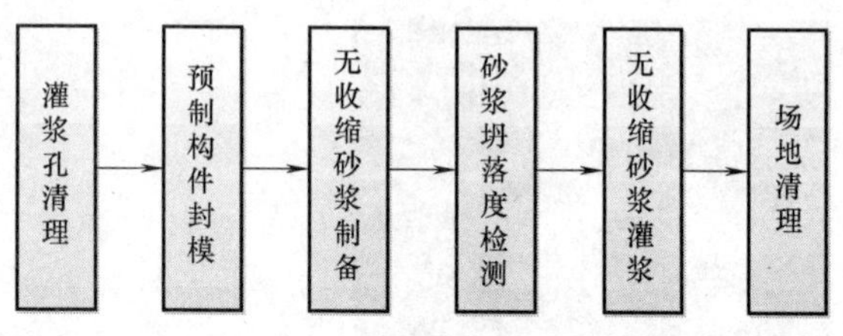

图 10-18　套筒灌浆连接施工流程

图 10-19　钢筋套筒灌浆连接示例

图 10-20　套筒灌浆示例

五、装配式钢结构建筑

钢结构建筑是一种新型的建筑体系，主要受力构件为钢材，相比传统的混凝土建筑而言，用钢板或型钢替代了钢筋混凝土，强度更高，抗震性更好。

装配式钢结构建筑（图 10-21、图 10-22）综合了钢结构建筑和装配式建筑特点于一体，所谓钢结构集成化，就是指建筑部件生产的规模化、标准化、社会化，施工社会化采购后，再进行现场集成、组装。

图 10-21　装配式钢结构建筑示例

图 10-22　装配式钢结构墙板吊装

装配式钢结构建筑的主要优点：强度高、自重轻，增大住宅空间使用面积，构件安全富裕度高，降低建筑物造价；通过构件工厂化制作，现场安装，因而大大减少工期，施工不受季节影响；拉动其他新型建筑材料行业的发展；建筑材料可重复利用，可以大大减少建筑垃圾，更加绿色环保，目前正被世界各国广泛采用，应用在工业建筑和民用建筑中；抗震性能优越；使用中可以任意分割为各种大小、形状的独立使用空间，后期方便维修改造；为人们带来舒适惬意的居住、生活和工作空间。

装配式钢结构建筑的主要缺点：耐热不耐火，需要表面涂装防火涂料；易受腐蚀，表面需涂装防腐涂料，减少或避免腐蚀，提高耐久年限。

装配式钢结构施工和装配式混凝土结构类似，钢结构构件加工在工厂完成，施工现场则以吊装为主。装配式钢结构施工技术一般包括钢结构加工工艺、钢结构的拼装与连接、钢结构安装等。钢结构安装宜采用塔式起重机、履带式起重机、汽车式起重机等定型产品。选用非定型产品作为起重设备时，应编制专项方案，并应经评审后再组织实施。钢结构吊装作业必须在起重设备的额定起重量范围内进行。用于吊装的钢丝绳、吊装带、卸扣、吊钩等吊具应经检查合格，并应在其额定需用荷载范围内使用。

钢结构安装现场应设置专门的构件堆场，并应采取防止构件变形及表面污染的保护措施。钢结构安装应根据结构特点按照合理顺序进行，并应形成稳固的空间刚度单元，必要时应增加临时支承结构或临时措施。钢结构安装校正时应分析温度、日照和焊接变形等因素对结构变形的影响。钢结构吊装宜在构件上设置专门的吊装耳板或吊装孔。

钢结构安装前应对建筑物的定位轴线、基础轴线和标高、地脚螺栓位置等进行检查，并应办理交接验收。当基础工程分批进行交接时，每次交接验收不应少于一个安装单元的柱基基础，并且基础混凝土强度应达到设计要求，基础周围回填土应夯实完毕，基础的轴线标志和标高基准点应准确、齐全。基础顶面直接作为柱的支承面、基础顶面预埋钢板（或支座）作为柱的支承面时，其支承面、地脚螺栓（锚栓）的允许偏差应符合规定。

钢柱安装时，锚栓宜使用导入器或护套。首节钢柱安装后应及时进行垂直度、标高和轴线位置校正，钢柱的垂直度可采用经纬仪或线锤测量。校正合格后钢柱应可靠固定，并应进行柱底二次灌浆，灌浆前应清除柱底板与基础面间的杂物。首节以上的钢柱定位轴线应从地面控制轴线直接引上，钢柱校正垂直时，应确定钢梁接头焊接的收缩量，并应预留焊缝收缩变形值。倾斜钢柱可采用三维坐标测量法进行测校，也可采用柱顶投影点结合标高进行测校，校正合格后宜采用刚性支撑固定。

钢梁安装时，宜采用两点起吊。钢梁可采用一机一吊或一机串吊的方式吊装，就位后应立即临时固定连接。钢梁面的标高及两端高差可采用水准仪与标尺进行测量，校正完成后应进行永久性连接。

钢板剪力墙吊装时，应采取防止平面外的变形措施。钢板剪力墙的安装时间和顺序应符合设计文件要求。

关节轴承节点应采用专门的工装进行吊装。轴承总成不宜解体安装，就位后应采取临时固定措施。连接销轴与孔装配时应密贴接触，宜采用锥形孔、轴，应采用专用工具顶紧安装。安装完毕应做好成品保护。

当钢结构工程施工方法或施工顺序对结构的内力和变形产生较大影响，或设计文件有特殊要求时，应进行施工阶段结构分析，并应对施工阶段结构的强度、稳定性和刚度进行验算，验算结果应满足设计要求。施工阶段的临时支承结构和措施应按施工状况的荷载作用，对构件进行强度、稳定性和刚度验算，对连接节点应进行强度和稳定验算。当临时支承结构作为设备承载结构时，应进行专项设计；当临时支承结构或措施对结构产生较大影响时，应提交原设计单位确认。临时支承结构的拆除顺序和步骤应通过分析和计算确定，并应编制专项施工方案，必要时应经专家论证。对吊装状态的构件或结构单元，宜进行强度、稳定性和变形验算。

第二节 城市地下综合管廊

一、城市地下综合管廊概述

城市地下综合管廊工程是指在城市道路下面建造一个市政共用隧道，将电力、通信、供水、燃气等多种市政管线集中在一体，实行“统一规划、统一建设、统一管理”，以做到地下空间的综合利用和资源的共享。城市地下综合管廊是一种现代化、集约化的城市基础设施，为城市发展预留了有利的地下空间。

二、城市地下综合管廊施工方法及施工技术

（一）综合管廊常用的施工方法

综合管廊一般有三种施工方法：明挖工法、暗挖工法、预制拼装法。

1. 明挖工法

明挖工法即在综合管廊的建设过程中，先进行基坑围护和降水，由上而下开挖地面土石方至设计标高后，再自基底由下而上顺作进行管廊主体结构施工，最后回填基坑恢复地面的施工方法。明挖工法是管廊施工的首选方法，在地面交通和环境条件允许的情况下采用明挖法施工，具有施工技术简单、快捷、经济、安全的优点；其缺点是中断交通时间长，施工噪声和渣土粉尘等对环境有一定的影响。明挖工法一般分布在道路的浅层空间，适用于场地地势平坦，没有需保护的建筑物且具备大面积开挖条件的地段，通常用于城市的新建区，与道路新建同步进行。一般有明挖现浇施工法和明挖预制拼装施工法。

2. 暗挖工法

暗挖工法即在综合管廊的建设过程中，采用盾构、矿山法等各种工法进行施工。暗挖工法综合管廊的本体造价较高，但其施工过程中对城市交通的影响较小，可以有效地降低综合管廊建设的外部成本，如施工引起的交通延滞成本、拆迁成本等，所以这种施工方法一般适用于城市中心区域或深层地下空间中的综合管廊建设，适用于城市交通繁忙、景观要求高、无法实施开挖作业的地区，也适用于松散地层、含水松散地层及坚硬土层和岩石层。一般有盾构法、矩形顶管法、矿山法和盖挖法等施工方法。

3. 预制拼装法

预制拼装法即将综合管廊的标准段在工厂进行预制加工，而在建设现场现浇综合管廊

的接出口、交叉部特殊段，并与预制标准段拼装形成综合管廊本体。预制拼装式综合管廊可以有效地降低综合管廊施工的工期和造价，更好地保证综合管廊的施工质量。预制拼装式综合管廊适合于城市新区或高科技园区类的现代化工业园区等。预制拼装法虽然优点突出，是未来综合管廊建设发展的趋势，但是目前的技术还不是很成熟，正在完善。

（二）综合管廊施工技术

1. 施工准备

（1）施工前应熟悉和审查施工图纸，并应掌握设计意图与要求。应实行自审、会审（交底）和签证制度。对施工图有疑问或发现差错时，应及时提出意见和建议。当需变更设计时，应按相应程序报审。并应经相关单位签证认定后实施。

（2）施工前应根据工程需要进行下列调查。

1）现场地形、地貌、地下管线、地下构筑物、其他设施和障碍物情况。

2）工程用地、交通运输、施工便道及其他环境条件。

3）施工给水、雨水、污水、动力及其他条件。

4）工程材料、施工机械、主要设备和特种物资情况。

5）地表水水文资料，在寒冷地区施工时尚应掌握地表水的冻结资料和土层冰冻资料。

6）与施工有关的其他情况和资料。

（3）材料。

1）综合管廊工程中所使用的材料应根据结构类型、受力条件、使用要求和所处环境等选用，并应考虑耐久性、可靠性和经济性。

2）主要材料宜采用高性能混凝土、高强度钢筋。当地基承载力良好、地下水位在综合管廊底板以下时，可采用砌体材料。

① 钢筋混凝土结构的混凝土强度等级不应低于 C30。预应力混凝土结构的混凝土强度等级不应低于 C40。

② 砌体结构所用的石材强度等级不应低于 MU40，并应质地坚实，无风化削层和裂纹；砌筑砂浆强度等级应符合设计要求，且不应低于 M 10。

③ 综合管廊附属工程和管线所用材料及施工要求应满足设计要求和现行国家及行业标准规范要求。

2. 现浇钢筋混凝土结构

（1）综合管廊模板施工前，应根据结构形式、施工工艺、设备和材料供应条件进行模板及支架设计。模板及支架的强度、刚度及稳定性应满足受力要求。

（2）混凝土的浇筑应在模板和支架检验合格后进行。入模时应防止离析。连续浇筑时，每层浇筑高度应满足振捣密实的要求。预留孔、预埋管、预埋件及止水带等周边混凝土浇筑时，应辅助人工插捣。

（3）混凝土底板和顶板，应连续浇筑不得留置施工缝。设计有变形缝时，应按变形缝分仓浇筑。

（4）混凝土施工质量验收应符合现行国家标准《混凝土结构工程施工质量验收规范》（GB 50204—2015）的有关规定。

3. 预制拼装钢筋混凝土结构

（1）预制构件制作单位应具备相应的生产工艺设施，并应有完善的质量管理体系和必要的试验检测手段。

（2）构件堆放的场地应平整夯实，并应具有良好的排水措施。

（3）构件的标识应朝向外侧。

（4）构件运输及吊装时，混凝土强度应符合设计要求。当设计无要求时，不应低于设计强度的75%。

（5）预制构件安装前应对其外观、裂缝等情况进行检验，并应按设计要求及现行国家标准《混凝土结构工程施工质量验收规范》（GB 50204—2015）的有关规定进行结构性能检验。

（6）预制构件安装前，应复验合格。当构件上有裂缝且宽度超过0.2mm时，应进行鉴定。

（7）预制构件和现浇结构之间、预制构件之间的连接应按设计要求进行施工。

（8）预制构件采用螺栓连接时，螺栓的材质、规格、拧紧力矩应符合设计要求及现行国家标准《钢结构设计标准》（CB 50017—2017）和《钢结构工程施工质量验收规范》（GB 50205—2001）的有关规定。

4. 砌体结构

（1）砌体结构中的预埋管、预留洞口结构应采取加强措施，并应采取防渗措施。

（2）砌体结构的砌筑施工除符合本节规定外，尚应符合现行国家标准《砌体结构工程施工质量验收规范》（GB 50203—2011）的相关规定和设计要求。

5. 基坑回填

（1）基坑回填应在综合管廊结构及防水工程验收合格后进行。回填材料应符合设计要求及国家现行标准的有关规定。

（2）综合管廊两侧回填应对称、分层、均匀。管廊顶板上部1000mm范围内回填材料应采用人工分层夯实，大型碾压机不得直接在管廊顶板上部施工。

6. 维护管理

（1）维护。

1）综合管廊建成后，应由专业单位进行日常管理。综合管廊的日常管理单位应建立健全维护管理制度和工程维护档案，并应会同各专业管线单位编制管线维护管理办法、实施细则及应急预案。

2）综合管廊内的各专业管线单位应配合综合管廊日常管理单位工作，确保综合管廊及管线的安全运营。各专业管线单位应编制所属管线的年度维护维修计划，并应报送综合管廊日常管理单位，经协调后统一安排管线的维修时间。

3）综合管廊内实行动火作业时，应采取防火措施。

4）综合管廊内给水排水管道的维护管理应符合现行行业标准有关规定。利用综合管廊结构本体的雨水渠，每年非雨季清理疏通不应少于两次。

5）综合管廊投入运营后应定期检测评定，对综合管廊本体、附属设施、内部管线设施的运行状况应进行安全评估，并应及时处理安全隐患。

6）综合管廊的巡视维护人员应采取防护措施，并应配备防护装备。

（2）资料。

1）综合管廊建设、运营维护过程中，档案资料的存放、保管应符合国家现行标准的有关规定。

2）综合管廊建设期间的档案资料应由建设单位负责收集、整理、归档。建设单位应及时移交相关资料。维护期间，应由综合管廊日常管理单位负责收集、整理、归档。

3）综合管廊相关设施进行维修及改造后，应将维修和改造的技术资料整理、存档。

（三）综合管廊建设中的技术关键点

1. 综合管廊基础

综合管廊是线状地下空间设施，所以不均匀沉降的处理是综合管廊建设中的关键技术之一。一般而言，当地层介质为均匀的土层介质时（纵断面方向），传统的地下工程设计理论和现有的施工技术措施，完全可以解决综合管廊的不均匀沉降问题，但当综合管廊与其他地下构筑物建设相遇，或穿越土性变化大的地层介质时，尚需采取一些特殊的技术措施进行必要的处理来减少其不均匀沉降问题。

2. 软土层与土性变化大

当综合管廊建在软土地层或土性变化较大的地层时，必须进行地基处理，以减少其不均匀沉降或过大的沉降，常用的地基处理方法有压密注浆，地基土置换等。

3. 与其他地下构筑物共构

当综合管廊与其他地下构筑物，如高架道路的基础、地铁、地下街共构建设时，在与独立建设的综合管廊的交接处，可以采取以下技术措施来减少两者间的差异沉降，及在交接处必须处理成弹性铰。

（1）无法回填时。由于综合管廊有大量的自然通风口、强制排风口、人员进出口等附属设施，在这些部位或与其他地下构筑物相遇而无法回填或回填压实有困难时，应将该部位设计成空室构造。

（2）穿越既有地下设施时。当综合管廊下穿既有地下设施，如高架道路基础时，在接头处也有可能产生不均匀沉降，为此也需要在接头部位做成弹性铰，以使其能自由变形。

4. 综合管廊与地下设施交叉

综合管廊与地下设施交叉包括与既有市政管线交叉、与地下空间开发和地下铁路交叉、桥梁基础交叉等，对于各种交叉，如果处理不当，势必造成综合管廊建设成本的增加和运行可靠度的下降等，原则上可以采取以下措施。

（1）合理和统一规划地下各类设施的标高，包括主干排水干管标高、地铁标高、各种横穿管线标高等，原则是综合管廊与非重力流管线交叉时，其他管线避让综合管廊，当与重力流管线交叉时，综合管廊避让，与人行地道交叉时，在人行地道上部通过。

（2）整体平面布局。在布置综合管廊平面位置时，充分避开既有各类地下管线和构筑物等，以及地铁站台和区间线等。

（3）整合建设。可以考虑综合管廊在地铁隧道上部与地铁线整合建设或与地下空间开发项目在其上部或旁边整合建设。也可考虑在高架桥下部与桥的基础整合建设，但应考虑和处理好沉降的差异。

5. 综合管廊内管线的交叉和引出

综合管廊与综合管廊交叉或从综合管廊内将管线引出，是比较复杂的问题，既要考虑管线间的交叉对整体空间的影响，包括对人行通道的影响，也要考虑进出口的处理，如防渗漏和出口井的衔接等。无论何种综合管廊，管线的引出都需要专门的设计，一般有以下两种模式。

(1) 立体交叉。所谓立体交叉，就是类似于立交道路匝道的建设方式将管线引出，在交叉处或分叉处，综合管廊的断面要加深加宽，直线管线保持原高程不变，而拟分叉的管线逐渐降低高度，在垂井中转弯分出。

(2) 平面交叉。如因空间限制而无法加深加大综合管廊断面采取立体交叉时，只能采取平面交叉引出管线，此时不仅要考虑管线的转弯半径，还要考虑在交叉处工作人员必要的工作空间和穿行空间。

(四) 综合管廊施工技术展望

城市地下综合管廊是未来城市建设的趋势和潮流，但是基于综合因素，国内大多数地下工程仍然采用劳动密集型的明挖工法为主。因此，城市综合管廊施工技术，无论是在理论上，还是在实际运用中，都处于一个不断发展的阶段，在施工技术上也将有更大的发展空间。

第三节 海绵城市基本知识

海绵城市是指通过加强城市规划建设管理，充分发挥建筑、道路和绿地、水系等生态系统对雨水的吸纳、蓄渗和缓释作用，有效控制雨水径流，实现自然积存、自然渗透、自然净化的城市发展方式。

一、海绵城市内涵

海绵城市是形象地指城市能够像海绵一样，在适应环境变化和应对自然灾害等方面具有良好的"弹性"，下雨时吸水、蓄水、渗水、净水，需要时将蓄存的水"释放"并加以利用。其本质是传统城镇化建设方式的转型升级，实现城镇化与资源环境的协调发展，以解决城市内涝、水资源短缺、水污染等城市发展面临的挑战（图 10-23、图 10-24）。

图 10-23 海绵城市滨水步道及下凹式绿地示意图

海绵城市起源于国外低影响开发（Low Impact Development，LID）的雨水管理理念，但由于中国独特的城市发展历程，海绵城市的内涵已远远超出了这一范围，是一项涵盖了与

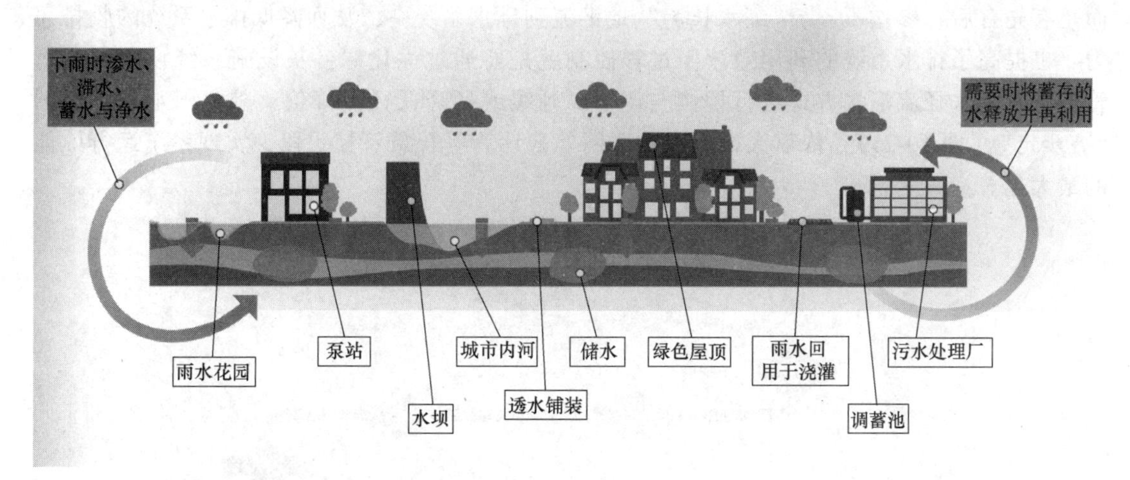

图 10-24　海绵城市建设示意图（摘自《2018 中国海绵城市建设白皮书》）

水环境相关各个方面的跨领域、跨专业的综合型建设理念。

中国的海绵城市建设在将绿色基础设施（如透水铺装、人工湿地和生物滞留设施等），与灰色雨洪基础设施（如污水处理厂、地下管网、深层隧道等）相结合，并融入城市设计，将城市转变为宜居、绿色和健康的生态环境。

海绵城市强调对城市原有生态系统的保护。最大限度地保护原有的河流、湖泊、湿地、坑塘、沟渠等水生态敏感区，留有足够涵养水源、应对较大强度降雨的林地、草地、湖泊、湿地，维持城市开发前的自然水文特征。

海绵城市强调生态恢复和修复。对传统粗放式城市建设模式下，已经受到破坏的水体和其他自然环境，运用生态的手段进行恢复和修复，并维持一定比例的生态空间。

二、海绵城市技术路径

海绵城市建设应遵循生态优先等原则，将自然途径与人工措施相结合，在确保城市排水防涝安全的前提下，最大限度地实现雨水在城市区域的积存、渗透和净化，促进雨水资源的利用和生态环境保护。在海绵城市建设过程中，应统筹自然降水、地表水和地下水的系统性，协调给水、排水等水循环利用各环节，并考虑其复杂性和长期性。

海绵城市是实现从快排、及时排、就近排、速排干的工程排水时代跨入到“渗、滞、蓄、净、用、排”六位一体的综合排水、生态排水的历史性、战略性的转变。

源头削减：即最大限度地减少或切碎硬化面积，充分利用自然下垫面的滞渗作用，减缓地表径流的产生，控制雨水径流污染、涵养生态环境、积存水资源。从降雨产汇流形成的源头，改变过去简单收集快排的做法，通过微地形设计、竖向控制、景观园林等技术措施控制地表径流，发挥“渗、滞、蓄、净、用、排”耦合效应。当场地下垫面对雨水径流达到一定的饱和程度或设计要求后，使其自然溢流排放至城市的市政排水系统中。以此维系和修复自然水循环，实现雨水径流及面源污染源头减控的要求，也有利于从源头解决雨污分流、错接混接等鸠占鹊巢的问题。

过程控制：充分发挥绿色设施渗、滞、蓄对雨水产汇流的滞峰、错峰、消峰的综合作用，减缓雨水共排效应，使从不同区域汇集到城市排水管网中的径流雨水不同步集中泄流，而是有先有后、参差不齐、“细水长流”地汇流到排水系统中，从而降低排水系统的收排压力，也提高了排水系统的利用效率。过程控制就是要通过优化绿、灰设施系统设计与运行管控，对雨水径流汇集方式进行控制与调节，延缓或者降低径流峰值，避免雨水产汇流的“齐步走”（图 10-25）；依靠大数据、物联网、云计算等智慧管控手段，实现系统运行效能的最大化。

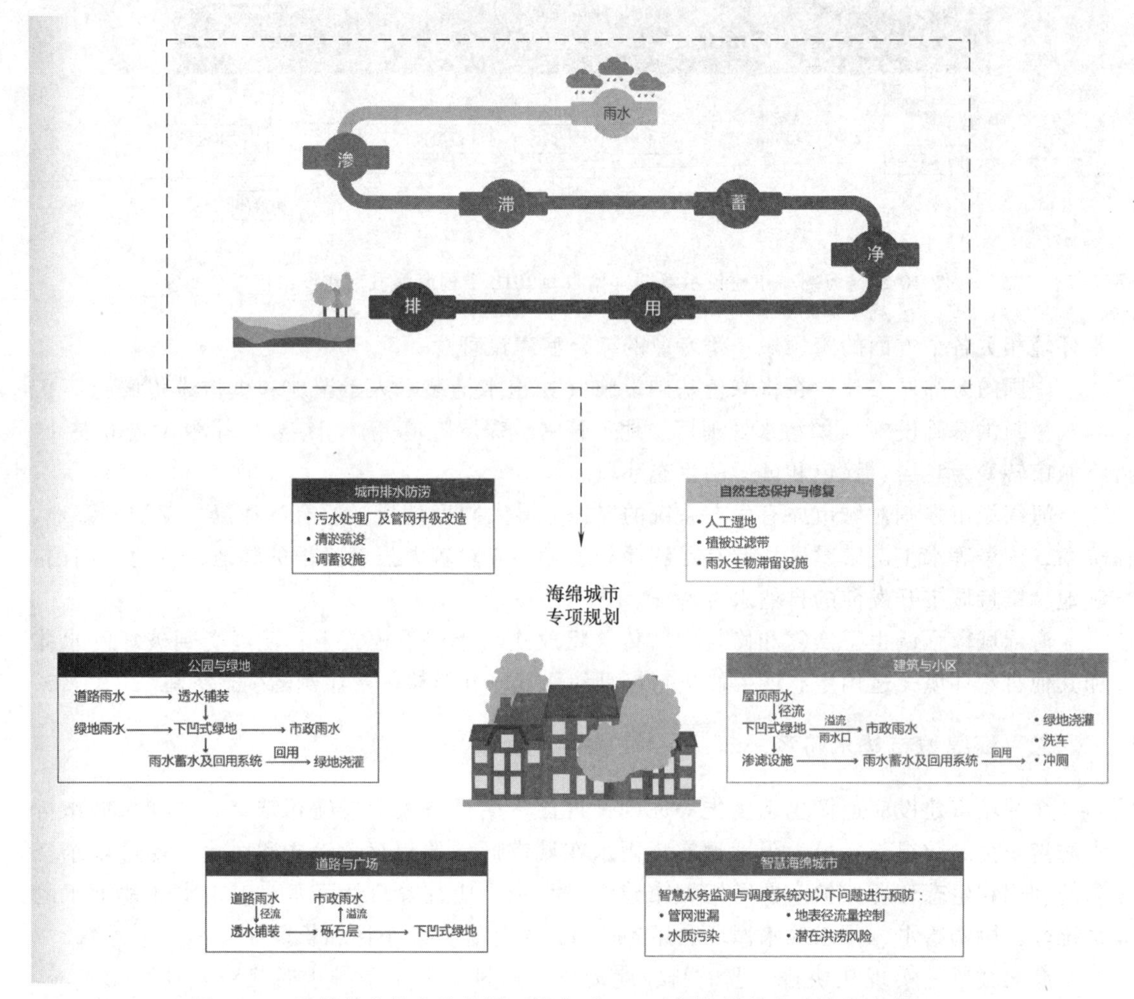

图 10-25　海绵城市技术示意图（摘自《2018 中国海绵城市建设白皮书》）

系统治理：首先，要从生态系统的完整性上来考虑，避免生态系统的碎片化，牢固树立“山水林田湖草”生命共同体的思想，充分发挥山水林田湖草等自然地理下垫面对降雨径流的积存、渗透、净化作用。其次，要建立完整的水系统，水环境问题的表象在水上，但问题的根源主要在岸上，事在人为。应充分考虑水体的岸上岸下、上下游、左右岸水环境治理和维护的联动效应。第三，要以水环境目标为导向建立完整的污染治理设施系统，构建从产汇流源头及污染物排口，到管网、处理厂（站）、受纳水体的完整系统。第四，构建完整的治理体系：控源截污、内源治理、生态修复、活水保质、长治久清。

海绵城市的建设途径主要有以下几方面：

一是对城市原有生态系统的保护。最大限度地保护原有的河流、湖泊、湿地、坑塘、沟渠等水生态敏感区，留有足够涵养水源，应对较大强度降雨的林地、草地、湖泊、湿地，维持城市开发前的自然水文特征，这是海绵城市建设的基本要求。

二是生态恢复和修复。对传统粗放式城市建设模式下，已经受到破坏的水体和其他自然环境，运用生态的手段进行恢复和修复，并维持一定比例的生态空间。

三是低影响开发。按照对城市生态环境影响最低的开发建设理念，合理控制开发强度，在城市中保留足够的生态用地，控制城市不透水面积比例，最大限度地减少对城市原有水生态环境的破坏，同时，根据需求适当开挖河湖沟渠、增加水域面积，促进雨水的积存、渗透和净化。

三、低影响开发雨水系统构建

2014 年 11 月住房和城乡建设部出台了《海绵城市建设技术指南——低影响开发雨水系统构建》，对海绵城市中低影响开发雨水系统构建进行了总体阐述，用于指导各地新型城镇化建设过程中，推广和应用低影响开发建设模式。

（一）低影响开发

低影响开发是指在场地开发过程中采用源头、分散式措施维持场地开发前的水文特征，也称为低影响设计或低影响城市设计和开发。其核心是维持场地开发前后水文特征不变，包括径流总量、峰值流量、峰现时间等。从水文循环角度，要维持径流总量不变，就要采取渗透、储存等方式，实现开发后一定量的径流量不外排；要维持峰值流量不变，就要采取渗透、储存、调节等措施削减峰值、延缓峰值时间。

（二）构建途径

海绵城市低影响开发雨水系统构建需统筹协调城市开发建设各个环节（图 10-26）。在城市各层级、各相关规划中均应遵循低影响开发理念，明确低影响开发控制目标，结合城市开发区域或项目特点确定相应的规划控制指标，落实低影响开发设施建设的主要内容。设计阶段应对不同低影响开发设施及其组合进行科学合理的平面与竖向设计，在建筑与小区、城市道路、绿地与广场、水系等规划建设中，应统筹考虑景观水体、滨水带等开放空间，建设低影响开发设施，构建低影响开发雨水系统。低影响开发雨水系统的构建与所在区域的规划控制目标、水文、气象、土地利用条件等关系密切，因此，选择低影响开发雨水系统的流程、单项设施或其组合系统时，需要进行技术经济分析和比较，优化设计方案。低影响开发设施建成后应明确维护管理责任单位，落实设施管理人员，细化日常维护管理内容，确保低影响开发设施运行正常。

（三）目标规划

城市政府应统筹协调规划、国土、排水、道路、交通、园林、水文等职能部门，在各相关规划编制过程中落实低影响开发雨水系统的建设内容。

城市总体规划应创新规划理念与方法，将低影响开发雨水系统作为新型城镇化和生态文明建设的重要手段。应开展低影响开发专题研究，结合城市生态保护、土地利用、水系、绿地系统、市政基础设施、环境保护等相关内容，因地制宜地确定城市年径流总量控制率及其对应的设计降雨量目标，制定城市低影响开发雨水系统的实施策略、原则和重点实施区域，并将有关要求和内容纳入城市水系、排水防涝、绿地系统、道路交通等相关专项（专业）规划。

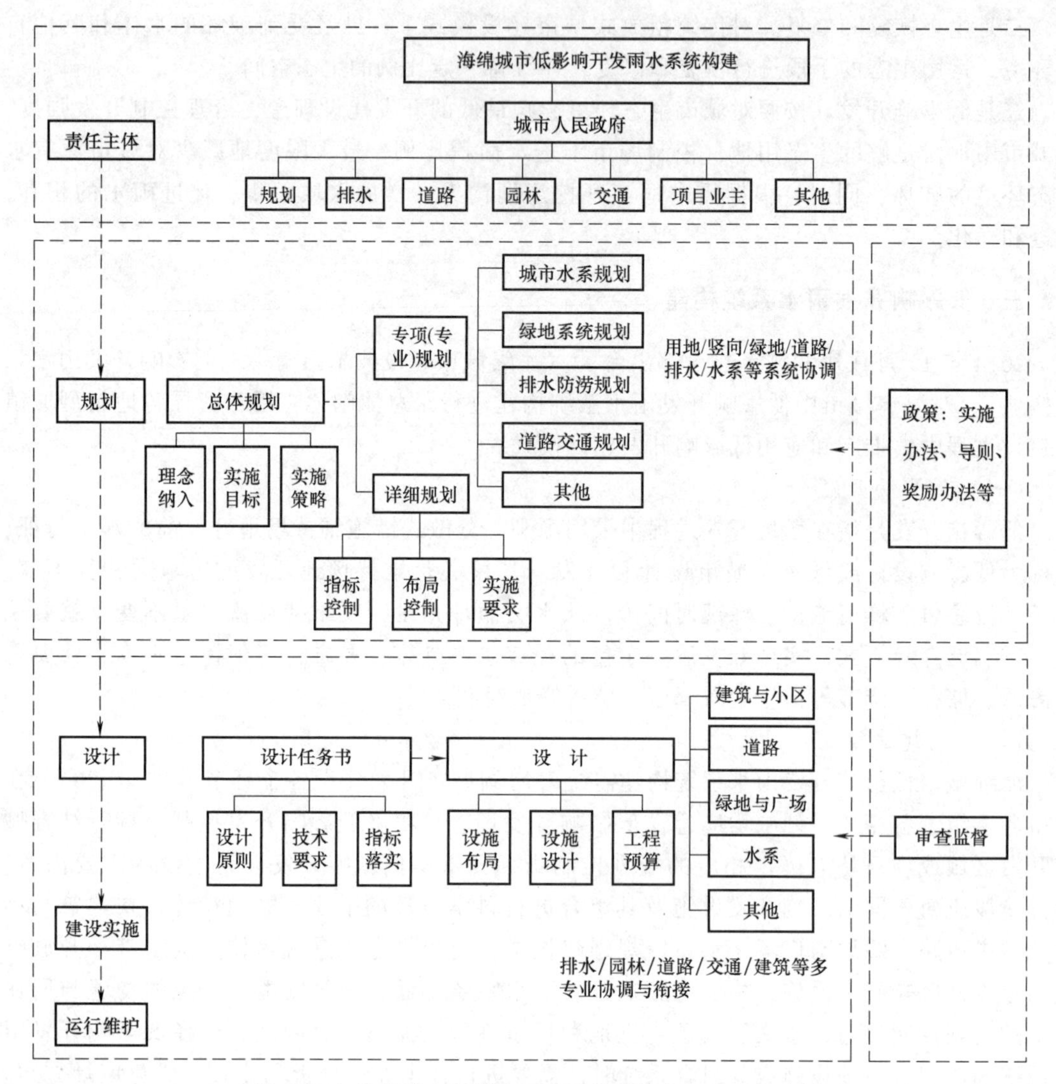

图 10-26　海绵城市低影响开发雨水系统构建途径示意图

构建低影响开发雨水系统（图 10-27），规划控制目标一般包括径流总量控制、径流峰值控制、径流污染控制、雨水资源化利用等。各地应结合水环境现状、水文地质条件等特点，合理选择其中一项或多项目标作为规划控制目标。鉴于径流污染控制目标、雨水资源化利用目标大多可通过径流总量控制实现，各地低影响开发雨水系统构建可选择径流总量控制作为首要的规划控制目标。

（四）规划要求

在城市总体规划阶段，应加强相关专项（专业）规划对总体规划的有力支撑作用，提出城市低影响开发策略、原则、目标要求等内容；在控制性详细规划阶段，应确定各地块的控制指标，满足总体规划及相关专项（专业）规划对规划地段的控制目标要求；在修建性详细规划阶段，应在控制性详细规划确定的具体控制指标条件下，确定建筑、道路交通、

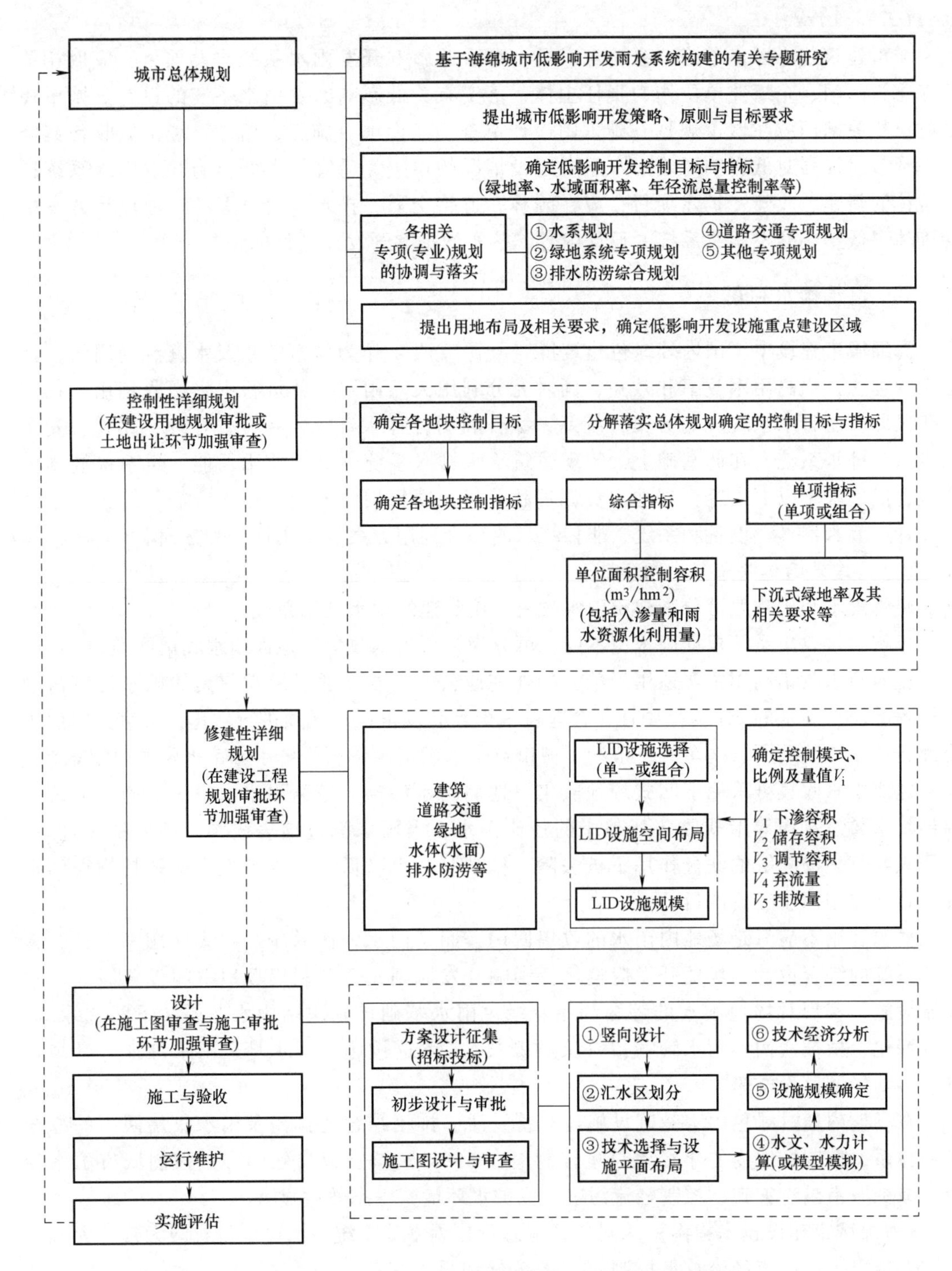

图 10-27　海绵城市低影响开发雨水系统构建技术框架图

绿地等工程中低影响开发设施的类型、空间布局及规模等内容；最终指导并通过设计、施工、验收环节实现低影响开发雨水系统的实施；低影响开发雨水系统应加强运行维护，保障实施效果，并开展规划实施评估，用以指导总规及相关专项（专业）规划的修订。

（五）设计要求

城市建筑与小区、道路、绿地与广场、水系低影响开发雨水系统建设项目，应以相关职能主管部门、企事业单位作为责任主体，落实有关低影响开发雨水系统的设计。城市规划建设相关部门应在城市规划、施工图设计审查、建设项目施工、监理、竣工验收备案等管理环节，加强对低影响开发雨水系统建设情况的审查。适宜作为低影响开发雨水系统构建载体的新建、改建、扩建项目，应在园林、道路交通、排水、建筑等各专业设计方案中明确体现低影响开发雨水系统的设计内容，落实低影响开发控制目标。

四、建筑雨水利用

海绵城市建设中，国内外绿色建筑将“开源节流”作为建筑节水及水资源利用的设计原则和理念，提高用水效率和效益，同时充分利用天然雨水，并进行中水回收利用。在开始阶段即应制订水系统规划方案，统筹、综合利用各种水资源，并设置合理、完善、安全的供水、排水系统，在此基础上，实现建筑给水排水系统良好的节水性能。水系统规划方案包含但不限于以下内容：当地水资源现状分析、项目用水概况、用水定额、给水排水系统设计、节水器具、设备和系统、非传统水源综合利用方案、用水计量等方面。

（一）建筑雨水收集与利用

建筑雨水利用一般可分为建筑雨水收集系统和建筑雨水利用系统。

建筑雨水收集系统根据雨水源不同，可分为屋顶雨水收集、地面雨水收集两类。

屋面雨水收集利用主要适用于独立的住宅或公共建筑，通过屋面收集的雨水比较清澈污染程度轻，雨水的 pH 值呈中性，含盐量很少，硬度很低，无须进行软化，可直接回用于浇灌花草、冲洗厕所、洗车等，节约了城市自来水的使用量，缓解了城市水资源短缺难题。

地面雨水收集可采用下凹式绿地收集、地面雨水渗透、道路雨水收集等措施。下凹式绿地集水通过草沟等形式收集场地中的径流雨水，当雨水流过地表浅沟，污染物在过滤、渗透吸收及生物降解的联合作用下被去除，植被同时也降低了雨水流速，使颗粒物得到沉淀，达到控制雨水径流的目的。

雨水利用不应只是场地内雨水的收集回用，而是雨水入渗系统、收集回用系统、调蓄排放系统的综合设计。场地开发应遵循低影响开发原则，合理利用场地空间设置绿色雨水基础设施，实现对场地雨水的综合利用。绿色雨水基础设施包括雨水花园、下凹式绿地、屋顶绿化、植被浅沟、雨水管截留（又称断接）、渗透设施、雨水塘、雨水湿地、景观水体、多功能调蓄设施等。

在场地内通过绿色雨水基础设施建立蓄、滞、排相结合的排涝及雨水收集回用的综合利用体系，控制场地内的年径流总量控制率在 55%～85%，以自然的方式控制城市雨水径流、减少城市洪涝灾害、控制径流污染、保护水环境，生态效益显著。

《海绵城市建设技术指南》未对年径流总量控制率提出统一的要求将我国大致分为五个区，并给出了各区年径流总量控制率 α 的最低和最高限值，即Ⅰ区（$85\% \leqslant \alpha \leqslant 90\%$）、Ⅱ区（$80\% \leqslant \alpha \leqslant 85\%$）、Ⅲ区（$75\% \leqslant \alpha \leqslant 85\%$）、Ⅳ区（$70\% \leqslant \alpha \leqslant 85\%$）、Ⅴ区（$60\% \leqslant \alpha \leqslant 85\%$），各地应参照此限值，因地制宜地确定本地区径流总量控制目标。

（二）建筑雨水利用适用范围

雨水入渗系统可涵养地下水，但在地下水位高、土壤渗透能力差或雨水水质污染严重等条件下雨水渗透技术会受到限制，但同时雨水入渗系统在降雨量相对少而集中、蒸发量大、地下水利用比例较大的地区更能凸显其优势。

对于降雨量在800mm以上的多雨但缺水地区，除雨水入渗系统外，还应结合当地气候和场地地形、地貌等特点，建立完善的雨水调蓄、收集、处理、回用等配套设施。收集的雨水井处理后可回用于景观补水、绿化浇洒、道路冲洗、冷却水补充、洗车、冲厕等非饮用水水源。其中，对于养老院、幼儿园、医院建筑，不建议使用非传统水源作为冲厕用水。

（三）建筑雨水利用技术措施

从区域角度看，雨水的过量收集会导致原有水体的萎缩或影响水系统的良性循环。应合理规划地表与屋面雨水径流，对场地雨水实施外排总量控制。在自然地貌或绿地的情况下，径流系数通常为0.15左右，因此建议根据项目情况，控制场地内的年径流总量控制率在55%~85%。对于场地占地面积超过10hm^{2}的项目，应进行雨水专项规划设计，小于10hm^{2}的项目可不做雨水专项规划设计，但也应根据场地条件合理采用雨水控制利用措施，编制场地雨水综合利用方案。

（1）雨水入渗。根据《建筑与小区雨水控制及利用工程技术规范》（GB 50400—2016），雨水入渗系统宜设雨水收集、入渗等设施。可采用绿地入渗、透水铺装地面入渗、浅沟与洼地入渗、浅沟渗渠组合入渗、渗透管沟、入渗井、入渗池、渗透管-排放系统等方式。在绿色建筑中，自然裸露地、公共绿地、绿化地面和面积大于等于40%的镂空铺地（如植草砖）等室外透水地面设计较多。

（2）雨水收集回用。雨水收集回用系统应优先收集屋面雨水，不宜收集机动车道路等污染严重的下垫面上的雨水。收集的雨水经净化处理后应首先考虑应用于景观用水、绿化、道路冲洗，如水量富足，也可用作车库冲洗、洗车、冷却水补水或冲厕等非饮用水水源。一般雨水收集回用流程如图10-28所示。

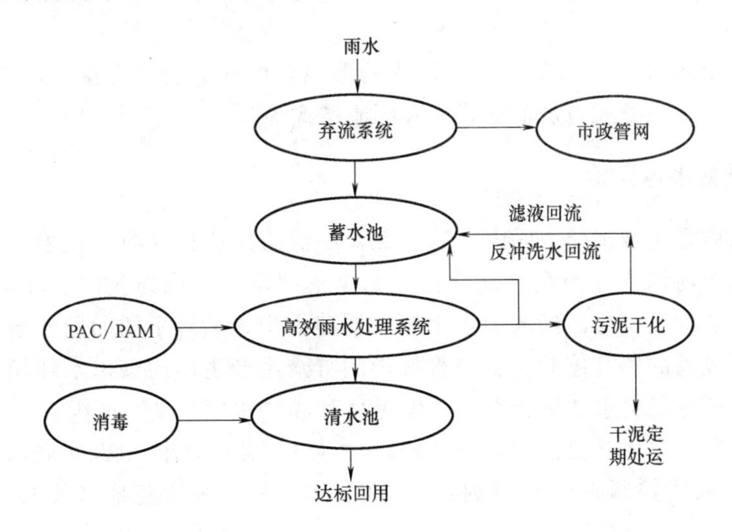

图10-28 雨水处理流程图

雨水收集回用系统的设计范围包括：初期雨水的弃流装置、雨水储水模块；回用系统的取水井、水泵坑、水泵及附件、控制箱；初期弃流井与雨水模块之间的雨水管道连接，包括初期雨水弃流管出弃流井、弃流井与雨水模块之间的构筑物和管道、雨水模块的溢流管道出模块，回用管道出泵坑。

雨水储存设施（蓄水池）的有效储水容积不宜小于集水面重现期1~2年的日雨水设计径流总量，扣除设计初期弃流流量。

雨水在蓄水池的停留时间较长，一般为1~3d或更长，具有较好的沉淀去除效率，蓄水池的设置应充分发挥其沉淀功能，雨水在进入蓄水池前，应考虑格栅拦截固体杂物。

雨水储存可采用钢筋混凝土水池、塑料模块组合水池等。其中塑料模块组合水池的材质为聚丙烯塑料（此类模块简称“pp储水模块”），模块外部包裹防渗不透水土工布保水，其相对钢筋混凝土水池，更便于安装，施工周期大大缩短，且pp储水模块还可回收使用。

（3）雨水处理工艺。雨水水质较为洁净，主要污染物为COD和SS，可生化性很差，且水源不稳定，因此推荐雨水处理采用物理、化学处理等便于适应季节间断运行的技术。

雨水回用水，经初期弃流后的雨水在储水模块池内有充分的时间完成沉淀作用，沉淀处理的雨水经简单消毒后完全可达到回水用水质标准，一般不需要做深度处理。

（4）调蓄排放。雨水调蓄即雨水调节和储存的总称。雨水调蓄属于雨水利用系统，一般在雨水利用系统中以调蓄池的形态存在，雨水调蓄不仅仅可储存雨水，在对雨水的收集上，也起到相应的作用。在进行雨水调蓄设计时，需进行水量平衡分析并防止雨水对原水体的面源污染。

利用场地的河流、湖泊、水塘、湿地、低洼地作为雨水调蓄设施，或利用场地内设计景观（如景观绿地和景观水体）来调蓄雨水，可达到有限土地资源多功能开发的目标。能调蓄雨水的景观绿地包括下凹式绿地、雨水花园、树池、干塘等。

在进行雨水管道设计时，可把雨水径流的高峰流量暂存在这些自然水体中，待洪峰径流量下降后，再从调节池中将水慢慢排出。由于调蓄池调蓄了洪峰流量，削减了洪峰，这样就可以大大降低下游雨水干管的管径，对降低工程造价和提高系统排水的可靠性很有意义。

当需要设置雨水泵站时，在泵站前设置调蓄池，可降低装机容量，减少泵站的造价。此类雨水调蓄池的常见方式有溢流堰式或底部流槽式等。

五、城市黑臭水体整治

城市黑臭水体是指城市建成区内，呈现令人不悦的颜色和（或）散发令人不适气味的水体的统称。城市河湖水体黑臭、富营养化和藻华频发已经成为我国水环境的突出问题，在城镇地区的河道的黑臭化已经成为水生态文明建设中最为棘手的问题。城市黑臭水体不仅给群众带来了极差的感官体验，也是直接影响群众生产生活的突出水环境问题。根据黑臭程度的不同，可将黑臭水体细分为“轻度黑臭”和“重度黑臭”两级。

国务院颁布实施《水污染防治行动计划》（“水十条”）要求2020年底前，地级及以上城市建成区黑臭水体控制在10%以内；到2030年，全国城市建成区黑臭水体总体得到消除。

（一）黑臭水体的成因分析

1）生活污水、工业污水等污染源控制不力。

2）截污纳管工程建设滞后。

3）污染物、生物残体等沉积形成淤泥，加剧内源污染。

4）固体废弃物的偷排倾倒。

5）建筑物占压河道、河涌、河岸、河堤现象较多。

6）水体生态流量不足，雨水得不到净化和利用。

7）排水管理水平低下。

（二）城市黑臭水体整治策略与流程

通过对污染源的摸查，按照“一河一策”的原则制定整治方案，通过“控源截污、内源治理、活水循环、生态修复”等多种工程组合措施，实现水环境质量的全面改善。城市黑臭水体整治技术路线图如图10-29所示。

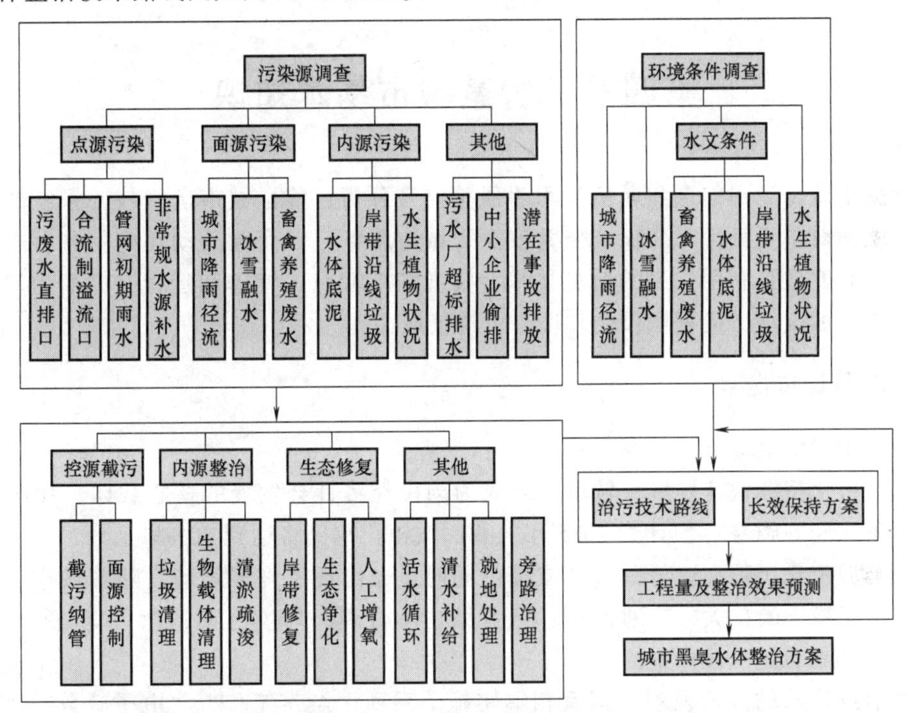

图10-29　城市黑臭水体整治技术路线图

坚持整体规划，实现长效保持。

1）重视控源截污，切断外部污染。

2）依托小型设施，解决区域污染。

3）加强内源治理，消除内部污染。

4）增加水体流量，增强自净能力。

5）结合生态修复，提升治理效果。

6）坚持黑臭水体整理阶段性模式。

（三）主要城市黑臭水体整治技术

（1）控源截污技术。截污纳管从源头控制污水向水体排放，主要用于水体沿岸污水排放口、分流制雨水管道初期雨水或旱流水排放口、合流制污水系统沿岸排放口等永久性工程治理。

面源控制主要用于城市初期雨水、畜禽养殖污水、地表固体废弃物等污染源的控制与治理。

（2）内源治理技术。垃圾清理水体沿岸垃圾清理是污染控制的重要措施，其中垃圾临时堆放点的清理属于一次性工程措施，应一次清理到位。河面垃圾应定期清理。

生物残体及漂浮物清理。水生植物、岸带植物和落叶等属于季节性的水体内源污染物，需在干枯腐烂前清理。清淤疏浚适用于所有黑臭水体，尤其是重度黑臭水体底泥污染物的清理。

（3）生态修复技术。岸带修复用于已有硬化河岸（湖岸）的生态修复，属于水体污染治理的长效措施。生态净化广泛应用于水体水质的长效保持，通过生态系统的恢复与系统构建，持续去除水体污染物，改善生态环境和景观。

第四节 智慧城市基本知识

智慧城市就是运用信息和通信技术手段感测、分析、整合城市运行核心系统的各项关键信息，从而对包括民生、环保、公共安全、城市服务、工商业活动在内的各种需求做出智能响应。其实质是利用先进的信息技术，实现城市智慧式管理和运行，进而为城市中的人创造更美好的生活，促进城市的和谐、可持续成长。

一、智慧城市内涵

1. 城镇化建设需求

我国城市化持续快速发展，城市已经成为国民经济社会发展的核心载体。2019 年，我国城市化率达到 60.6%，预计到 2035 年，我国城镇化比例将达到 70%以上。

我国的城市化历程在取得一系列成绩的同时，也出现了许多困境。随着城市人口不断增长，城市规模不断扩大，交通拥堵、产业结构不合理、环境污染、食品安全、“信息孤岛”等城市问题也进一步凸显。

随着信息技术的高速发展，国家相继实施了系列“金字工程”“电子政务”“电子商务”等重大信息化工程，大大推进了包括城市信息化在内的国家信息化进程。基于数字城市建设，继续向广度和深度推进智慧城市建设，成为我国城镇化建设发展的重大需求。

2. 智慧城市的建设发展

信息技术的高速发展带来了全球普遍的信息化浪潮，未来越来越需要依赖信息技术而推动智慧城市发展。现在全球大概有 200 多个“智慧城市”的项目正在实施中。发达国家和地区也是在产业转型和社会发展当中，相继提出了“智慧城市”的发展举措。2010 年以后，随着智慧城市理念在我国经历了短暂的概念普及，进入爆发式增长阶段。

在国家层面，《智慧城市技术参考模型》《智慧城市评价模型及基础评价指标》《智慧城市顶层设计指南》相继发布，智慧城市相关的国家标准体系逐渐形成。

在地方层面，越来越多的地区和城市发布了智慧城市相关的法规和条例，为智慧城市的落地实践创造条件。在 2013—2018 年的 6 年间，各地方政府推进的智慧城市项目达 162 个。

3. 智慧城市理念

智慧城市是以信息和通信技术为支撑，通过透明、充分的信息获取，广泛、安全的信息传递，有效、科学的信息利用，提高城市运行和管理效率，改善城市公共服务水平，形成低碳城市生态圈，构建城市发展的新形态。

智慧城市的理念就是把城市本身看成一个生态系统，城市中的市民、交通、能源、商业、通信、水资源构成了一个个的子系统。这些子系统形成一个普遍联系、相互促进、彼此影响的整体。在未来，借助新一代的物联网、云计算、决策分析优化等信息技术，通过感知化、物联化、智能化的方式，可以将城市中的物理基础设施、信息基础设施、社会基础设施和商业基础设施连接起来，成为新一代的智慧化基础设施，使城市中各领域、各子系统之间的关系显现出来，就好像给城市装上了网络神经系统，使之成为可以指挥决策、实时反应、协调运作的"系统之系统"。智慧的城市意味着在城市不同部门和系统之间实现信息共享和协同作业，更合理地利用资源、做出最好的城市发展和管理决策、及时预测和应对突发事件和灾害。

智慧城市的建设目标，是充分发挥城市智慧型产业优势，集成先进技术，推进信息网络综合化、宽带化、物联化、智能化，加快智慧型商务、文化教育、医药卫生、城市建设管理、城市交通、环境监控、公共服务、居家生活等领域建设，全面提高资源利用效率、城市管理水平和市民生活质量，努力改变传统落后的生产方式和生活方式。经过若干年的努力，将城市建成为一个基础设施先进、信息网络通畅、科技应用普及、生产生活便捷、城市管理高效、公共服务完备、生态环境优美、惠及全体市民的智慧城市。

4. 智慧城市特征

（1）全面感测。遍布各处的传感器和智能设备组成"物联网"，对城市运行的核心系统进行测量、监控和分析。

（2）充分整合。"物联网"与互联网系统完全连接和融合，将数据整合为城市核心系统的运行全图，提供智慧的基础设施。

（3）激励创新。鼓励政府、企业和个人在智慧基础设施之上进行科技和业务的创新应用，为城市提供源源不断的发展动力。

（4）协同运作。基于智慧的基础设施，城市里的各个关键系统和参与者进行和谐高效的协作，达成城市运行的最佳状态。

5. 智慧城市基础主要组成部分

（1）包括信息、交通和电网等智慧城市基础设施。现代化的信息基础设施就是要不断夯实信息化或智能化发展的基础设施和公共平台，让市民充分享受到有线宽带网、无线宽带网、4G和5G移动网以及智能电网等带来的便利。此外，还要整合城市周边交通环境资源，实现出行成本更低廉、更便捷，形成智慧交通框架。

（2）智慧政府。政府要逐步建立以公民和企业为对象、以互联网为基础、多种技术手段相结合的电子政务公共服务体系。重视推动电子政务公共服务延伸到街道、社区和乡村。加强社会管理，整合资源，形成全面覆盖、高效灵敏的社会管理信息网络，增强社会综合治理能力，强化综合监管，满足转变政府职能、提高行政效率和规范监管行为的需求，深化相应业务系统建设。要加快推进综合政务平台和政务数据中心等电子政务重点建设项目，完善城市管理、城市安全和应急指挥等若干与维护城市稳定和确保城市安全运行密切相关的信息化重点工程，使城市政府运行、服务和管理更加高效。

（3）智慧服务。完善、高效的城市公共服务是智慧城市的出发点和落脚点。智慧城市公共服务涉及智慧医疗、智慧社区服务、智慧教育、智慧社保、智慧平安和智慧生态等方面。

二、智慧城市顶层设计

智慧城市顶层设计在开展城市现状调研的基础上，结合城市自身对本地区智慧化愿景目标的初步设想，从城市面临问题、城市发展需求出发，明确城市智慧化建设目标，并将目标进行细化、拆解，针对每个细化目标规划、设计相应的建设内容和实施路径，明确相关信息技术手段及相关资源要素等内容。

智慧城市顶层设计是介于智慧城市总体规划和具体建设规划之间的关键环节，具有重要的承上启下作用，是指导后续智慧城市建设工作的重要基础。

1. 智慧城市顶层设计应遵循以下基本原则：

（1）以人为本：以“为民、便民、惠民”为导向。

（2）因城施策：依据城市战略定位、历史文化、资源禀赋、信息化基础以及经济社会发展水平等方面进行科学定位，合理配置资源，有针对性地进行规划和设计。

（3）融合共享：以“实现数据融合、业务融合、技术融合，以及跨部门、跨系统、跨业务、跨层级、跨地域的协同管理和服务”为目标。

（4）协同发展：体现数据流在城市群、中心城市以及周边县镇的汇聚和辐射应用，建立城市管理、产业发展、社会保障、公共服务等多方面的协同发展体系。

（5）多元参与：开展智慧城市顶层设计过程中应考虑政府、企业、居民等不同角色的意见及建议。

（6）绿色发展：考虑城市资源环境承载力，以实现“可持续发展、节能环保发展、低碳循环发展”为导向。

（7）创新驱动：体现新技术在智慧城市中的应用，体现智慧城市与创新创业之间的有机结合，将智慧城市作为创新驱动的重要载体，推动统筹机制、管理机制、运营机制、信息技术创新。

2. 智慧城市顶层设计基本过程

智慧城市顶层设计在明确智慧城市建设具体目标的基础上，自顶向下将目标层层分解，对智慧城市的建设任务、总体架构、实施路径等进行设计。

如图 10-30 所示，智慧城市顶层设计基本过程可分为需求分析、总体设计、架构设计、实施路径设计四项活动，开展总体设计、架构设计、实施路径设计三项活动的过程中，应针对上一项活动的输出内容进行检验并反馈。

3. 智慧城市顶层设计基本过程各项活动的主要任务

（1）需求分析。通过城市发展战略与目标分析、城市现状调研分析、智慧城市现状评估、其他相关规划分析等方面的工作，梳理出政府、企业、居民等主体对智慧城市的建设需求。

（2）总体设计在需求分析基础上，确定智慧城市建设的指导思想、基本原则、建设目标等内容，识别智慧城市重点建设任务，提出智慧城市建设总体架构。

（3）架构设计。依据智慧城市建设需求和目标，从业务、数据、应用、基础设施、安

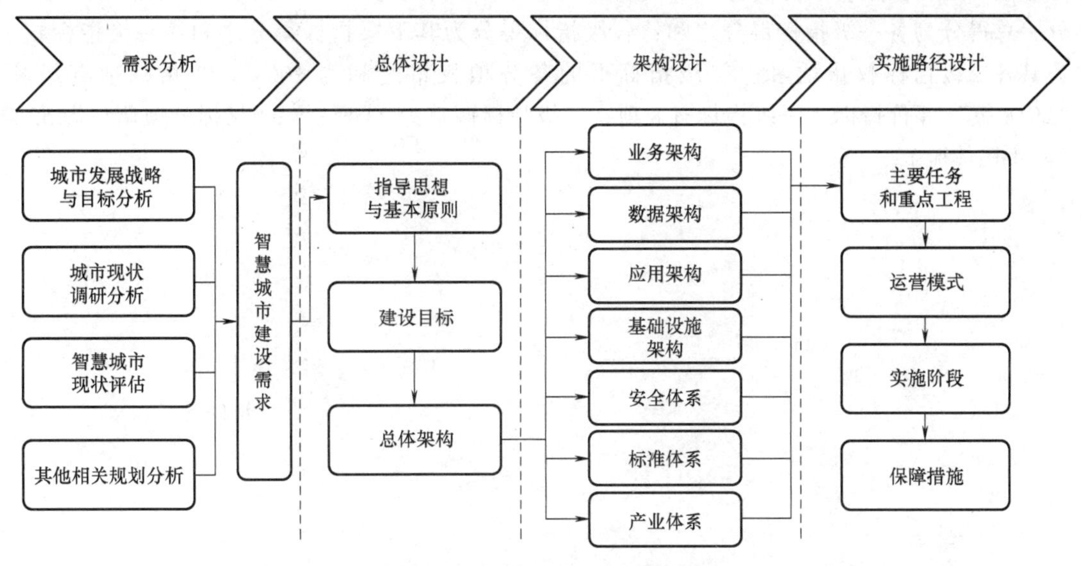

图 10-30　智慧城市顶层设计基本过程

全、标准、产业七个维度和各维度之间关系出发，对业务架构、数据架构、应用架构、基础设施架构、安全体系、标准体系及产业体系进行设计。

（4）实施路径设计。在前期阶段成果的基础上，依据智慧城市重点建设任务，提出智慧城市建设重点工程，并明确工程属性、目标任务、实施周期、成本效益、政府与社会资金、阶段建设目标等，设计各工程项目的建设运营模式、实施阶段计划和风险保障措施，确保智慧城市建设顺利推进。

三、智慧城市评价

智慧城市评价体系是由一套科学系统的评价指标构成的，是对智慧城市建设成果进行量化计算、科学评测的方法体系，是检验智慧城市成果的具体体现，将起到引领、监测指导、量化评估等作用。

智慧城市评价指标体系涵盖是否全面，层次结构是否清晰合理，直接关系到评价质量的好坏。智慧城市评价指标体系包括信息基础设施、智慧应用、支撑体系、价值实现四大类指标，通过这四大类指标形成以基础网络建设、公共支撑服务体系建设、智慧应用等为导向的智慧城市评价体系，反映智慧城市价值实现的程度。

2018 年，国家发展改革委办公厅中央网信办秘书局公布《新型智慧城市评价指标（2018）》（以下简称“2018 版”评价指标），相较“2016 版”评价指标存在一些调整。

《新型智慧城市评价指标（2018）》主要由基础评价指标和市民体验指标两部分组成。

（1）基础评价指标。重点评价城市发展现状、发展空间、发展特色，含 7 个一级指标，具体包括创新发展、惠民服务、精准治理、生态宜居、智能设施、信息资源、信息安全。

（2）市民体验指标。主要形式为“市民体验问卷”，通过调查市民直接感受情况进行评价，旨在突出公众满意度和社会参与度。

主要特点：①落地性增强。指标更简单、更便利、更科学、更能代表城市市民体验和智慧城市建设实效。②评价计算不变。“2018 版”评价指标采取百分制，总得分满分为 100 分；总得分为各一级指标得分之和；各级指标得分为其下层指标得分之和；一级指标权重为其各二级指标权重之和，二级指标下的各分项权重之和为 100%。③指标项有增减。“2018 版”评价指标，一级指标有 8 项；二级指标调整为 24 项；二级指标分项调整为 52 项（除市民体验）。

第十一章　市政工程新技术

市政工程是指市政设施建设工程。市政设施是指在城市区、镇（乡）规划建设范围内设置，基于政府责任和义务为居民提供有偿或无偿公共产品和服务的各种建筑物、构筑物、设备等。城市生活配套的各种公共基础设施建设都属于市政工程范畴。城镇道路、桥梁、地铁、管线、广场、绿化等，也都属于市政工程范畴。

第一节　道路施工技术

城镇道路工程由路基和路面两部分组成。路面由面层、基层和垫层组成，如图 11-1 所示。

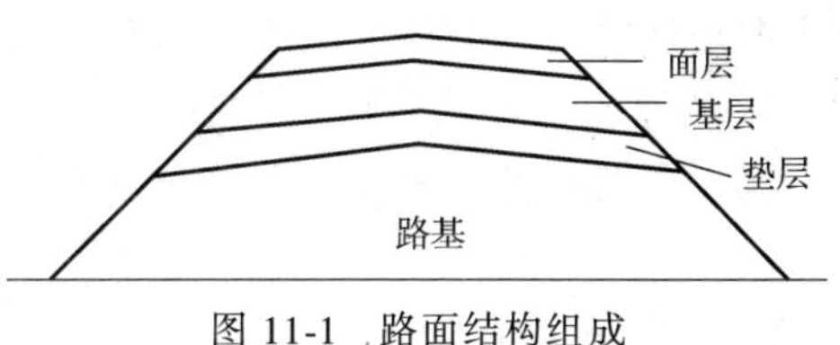

图 11-1　路面结构组成

一、城镇道路路基施工技术

（一）路基施工特点与程序

1. 施工特点

路基是按照路线位置和一定的技术要求修筑的带状构造物，它承受由路面传递下来的行车荷载，并承受水、冰冻等自然因素的作用。城市道路路基工程施工处于露天作业，受自然条件影响大；在工程施工区域内的专业类型多、结构物多、各专业管线纵横交错；专业之间及社会之间配合工作多、干扰多，施工变化大。

2. 城镇道路分类和分级

我国《城市道路工程设计规范》（CJJ 37—2012）将城镇道路分为快速路、主干路、次干路与支路四个等级，具体见表 11-1。

表 11-1　城市道路分类、路面等级和面层材料

城市道路分类	路面等级	面层材料	使用年限/年
快速路、主干路	高级路面	水泥混凝土	30
		沥青混凝土,沥青碎石、天然石材	15
次干路、支路	次高级路面	沥青贯入式碎(砾)石	10
		沥青表面处治	8

快速路又称城市快速路，完全为交通功能服务，是解决城市大容量、长距离、快速交通的主要道路。

主干路以交通功能为主，为连接城市各主要分区的干路，是城市道路网的主要骨架。

次干路是城市区域性的交通干道，为区域交通集散服务，兼有服务功能，结合主干路组成干路网。

支路为次干路与居住小区、工业区、交通设施等内部道路的连接线路，解决局部地区交通，以服务功能为主。

3. 城镇道路路面分类及特点

（1）按结构强度分类

1）高级路面：具有路面强度高、刚度大、稳定性好的特点。它使用年限长，车速高，运输成本低，养护费用少，但建设投资大，适用于繁重交通量的城市快速路、主干路、公交专用道路。

2）次高级路面：路面强度、刚度、稳定性、使用寿命、车辆行驶速度、交通量等均低于高级路面，但是维修、养护费用较高，适用于城市次干路、支路。

（2）按力学特性分类

1）柔性路面：荷载作用下产生的弯沉变形较大、抗弯强度小，在反复荷载作用下产生累积变形，它的破坏取决于极限垂直变形和弯拉应变。柔性路面主要代表是各种沥青类路面。

2）刚性路面：行车荷载作用下产生板体作用，抗弯拉强度大，弯沉变形很小，呈现出较大的刚性，它的破坏取决于极限弯拉强度。刚性路面主要代表是水泥混凝土路面。

4. 道路施工工艺流程

城市道路路基工程包括路基土（石）方及沿线的涵洞、挡土墙、路肩、边坡、排水管线等。

（1）准备工作

1）按照交通导行方案设置围挡，导行临时交通。

2）开工前，施工项目技术负责人应依据获准的施工方案向施工人员进行技术安全交底，强调工程难点、技术要点、安全措施，使作业人员掌握要点，明确责任。

3）施工控制桩放线测量，建立测量控制网，恢复中线，补钉转角桩、路两侧外边桩等。

4）施工前，应根据工程地质勘查报告，对路基土进行天然含水量、液限、塑限、标准击实、CBR 试验，必要时应做颗粒分析、有机质含量、易溶盐含量、冻胀和膨胀量等试验。

（2）附属构筑物

1）地下管线、涵洞（管）等构筑物与路基同时进行。

2）既有地下管线等构筑物的拆改、加固保护。

3）修筑地表水和地下水的排水设施，为土、石方工程施工创造条件。

（3）路基（土、石方）施工工序　开挖路堑→填筑路堤→整平路基→压实路基→修整路床→修建防护工程等。

（二）路基类型

（1）填方路基　填土前应事先找平，当地面坡度陡于 1∶5 时，需修成台阶形式，每层台阶高度不宜大于 300mm，宽度不应小于 1.0m。

分层填土、压实，碾压本着“先轻后重”原则，最后碾压应采用不小于 12t 级的压路机。填方高度内的管涵顶面填土 500mm 以上才能用压路机碾压。路基填方高度应按设计标高增加预沉量值。填土至最后一层时，应按设计断面、高程控制填土厚度并及时碾压修整。

（2）挖方路基 挖土时应自上向下分层开挖，严禁掏洞开挖。机械开挖时，在距管道边1m范围内应采用人工开挖；在距直埋缆线2m范围内必须采用人工开挖。

（3）石方路基 修筑填石路堤应进行地表清理，先码砌边部。填石路堤宜选用12t以上的振动压路机、25t以上轮胎压路机或2.5t的夯锤压（夯）实。路基范围内管线、构筑物四周的沟槽宜回填土料。

（三）路基施工

城市道路路基压实作业要点主要应掌握：合理选用压实机具、压实方法、压实厚度，达到所要求的压实密度。

（1）压实材料要求 压实填料的强度（CBR）值应符合设计要求，其最小强度值应符合表11-2规定。不应使用淤泥、沼泽土、泥炭土、冻土、盐渍土、腐殖土、有机土及含生活垃圾的土做路基填料。填土内不得含有草、树根等杂物，粒径超过100mm的土块应打碎。

表11-2 路基填料强度（CBR）的最小值

填方类型	路床顶面以下深度/cm	最小强度(%)	
		城市快速路、主干路	其他等级道路
路床	0~30	8.0	6.0
路基	30~80	5.0	4.0
路基	80~150	4.0	3.0
路基	>150	3.0	2.0

填土应分层进行。路基填土宽度每侧应比设计宽度宽500mm。对过湿土翻松、晾干，或对过干土均匀加水，使其含水量接近最佳含水量范围之内。

（2）路基压实施工 在正式进行路基压实前，有条件时应做试验段，以便取得路基或基层施工相关的技术参数。通过试验段的技术参数，合理选用每层虚铺厚度、压实方法、压实机具和压实遍数。

（3）路基压实 路基压实方法有重力静压和振动压实两种。土质路基压实应遵循的原则："先轻后重、先静后振、先低后高、先慢后快，轮迹重叠。"压路机最快速度不宜超过4km/h。碾压应从路基低处开始向高处进行，压路机轮外缘距路基边应保持安全距离。碾压不到的部位应采用小型夯压机夯实，防止漏夯，夯击面积应重叠1/4~1/3。若当管道位于路基范围内时，管顶以上500mm范围内不得使用压路机。

（4）土质路基压实质量检查 质量检查主要有压实度和弯沉值。压实度应符合表11-3的规定。路床应平整、坚实，无显著轮迹、翻浆、波浪、起皮等现象。路堤边坡应密实，稳定，平顺。

二、城镇道路基层施工

（一）常用的基层材料

常用的基层材料主要有石灰稳定土类基层、水泥稳定土基层、石灰工业废渣稳定土基层三大类。

石灰稳定土类基层具有良好的板体性，但其水稳性、抗冻性以及早期强度不如水泥稳

表 11-3　土质路基压实度

填方类型	路床顶面以下深度/cm	路基最小压实度(%)			
		快速路	主干路	次干路	支路
填方	0~80	96	95	94	92
	80~150	94	93	92	91
	>150	93	92	91	90
零填方或挖方	0~30	96	95	94	92
	30~80	94	93	—	—

定土。石灰土的强度随龄期增长，并与养护温度密切相关，温度低于 5℃时强度几乎不增长。

石灰稳定土的干缩和温缩特性十分明显，且都会导致裂缝。表面会遇水软化，容易产生唧浆冲刷等损坏，石灰土已被严格禁止用于高等级路面的基层，只能用作高级路面的底基层。

水泥稳定土基层有良好的板体性，其水稳性和抗冻性都比石灰稳定土好。水泥稳定土的初期强度高，其强度随龄期增长。水泥稳定土在暴露条件下容易干缩，低温时会冷缩，而导致裂缝。

石灰工业废渣稳定土中，应用最多、最广的是石灰粉煤灰类的稳定土（粒料），简称二灰稳定土（粒料），其特性在石灰工业废渣稳定土中具有典型性。

二灰稳定土有良好的力学性能、板体性、水稳性和一定的抗冻性，其抗冻性能比石灰土高很多。二灰稳定土早期强度较低，但随龄期增长并与养护温度密切相关，温度低于 4℃时强度几乎不增长；二灰中的粉煤灰用量越多，早期强度越低，3 个月龄期的强度增长幅度就越大。二灰稳定土也具有明显的收缩特性，但小于水泥土和石灰土，也被禁止用于高等级路面的基层，而只能做底基层。二灰稳定粒料可用于高等级路面的基层与底基层。

（二）城镇道路基层施工技术

施工流程：材料与拌和→运输→摊铺→压实→养护。

为保证配合比准确且达到文明施工要求，城区施工应采用厂拌方式，不得使用路拌方式，拌和时宜用强制式拌和机进行拌和，拌和应均匀。

拌成的稳定土类混合料应及时运送到铺筑现场。水泥稳定土材料自搅拌至摊铺完成，不应超过 3 小时。运输中应采取防止水分蒸发和防扬尘措施。宜在春末和气温较高季节施工，施工最低气温为 5℃。

水泥稳定土宜在水泥初凝前碾压成活。应由低处向高处方向碾压，压实时，每层最大压实厚度为 200mm，且不宜小于 100mm，碾压时采用先轻型、后重型压路机碾压，禁止用薄层贴补的方法进行找平。如遇纵、横接缝（槎），应设直槎。压实成活后应立即洒水（或覆盖）养护，保持湿润，直至上部结构施工为止。养护期应封闭交通，严禁其他车辆通行。

对二灰混合料基层和级配砂砾（碎石）、级配砾石（碎砾石）基层，混合料的养护采用湿养，始终保持表面潮湿，也可采用沥青乳液和沥青下封层进行养护，养护期视季节而定，常温下不宜小于 7 天（通常为 7~14 天）。未铺装面层前不得开放交通。

三、城镇道路面层施工

（一）沥青混合料面层施工技术

沥青混合料面层施工工艺：沥青混合料的运输→摊铺→沥青路面的压实和成型→接缝→开放交通等内容。

（1）施工准备 铺筑沥青面层前，应检查基层的质量。旧沥青路面或下卧层已被污染时，必须清洗或经铣刨处理后方可铺筑沥青混合料。为使沥青混合料面层与非沥青材料基层结合良好，沥青混合料面层摊铺前应在基层表面喷洒透层油，待透层油完全渗入基层后方可铺筑。为加强路面沥青层之间，沥青层与水泥混凝土路面之间的粘结而洒布的沥青材料薄层，粘层油宜采用快裂或中裂乳化沥青、改性乳化沥青，也可采用快凝或中凝液体石油沥青作粘层油。

透层、粘层宜采用沥青洒布车或手动沥青洒布机喷洒，喷洒应呈雾状，洒布均匀，用量与渗透深度宜按设计及规范要求并通过试洒确定。封层宜采用层铺法表面处治或稀浆封层法施工。

为防止沥青混合料粘结运料车车厢板，装料前应喷洒一薄层隔离剂或防粘结剂。运输中沥青混合料上宜用篷布覆盖保温、防雨和防污染。运料车轮胎上不得沾有泥土等可能污染路面的脏物，施工时发现沥青混合料不符合施工温度要求或结团成块、已遭雨淋则不得使用。应按施工方案安排运输和布料，摊铺机前应有足够的运料车等候。

（2）摊铺作业 热拌沥青混合料应采用机械摊铺。摊铺机在开始受料前应在受料斗涂刷薄层隔离剂或防粘结剂。

城市快速路、主干路宜采用多机全幅摊铺，以减少施工接缝。每台摊铺机的摊铺宽度宜小于 6m。通常采用 2 台或多台摊铺机前后错开 10~20m 呈梯队方式同步摊铺，两幅之间应有 30~60mm 宽度的搭接，并应避开车道轮迹带，上下层搭接位置宜错开 200mm 以上。

摊铺施工前应提前 0.5~1h 预热摊铺机熨平板使其不低于 100℃。铺筑时熨平板振捣或夯实装置应选择适宜的振动频率和振幅，以提高路面初始压实度。

摊铺机必须缓慢、均匀、连续不间断地摊铺，不得随意变换速度或中途停顿，以提高平整度、减少沥青混合料的离析。摊铺速度宜控制在 2~6m/min 的范围内。当发现沥青混合料面层出现明显的离析、波浪、裂缝、拖痕时，应分析原因，及时予以消除。

摊铺机应采用自动找平方式。下面层宜采用钢丝绳引导的高程控制方式，上面层宜采用平衡梁或滑靴并辅以厚度控制方式。

施工中随时检查铺筑层厚度、路拱及横坡，松铺系数的取值可参考表 11-4 中所给的范围。

表 11-4 沥青混合料的松铺系数

种类	机械摊铺	人工摊铺
沥青混凝土混合料	1.15~1.35	1.25~1.50
沥青碎石混合料	1.15~1.30	1.20~1.45

半幅施工时，路中一侧宜预先设置挡板；摊铺时应扣锹布料，不得扬锹远甩；边摊铺边整平，严防骨料离析；摊铺不得中途停顿，并尽快碾压；低温施工时，卸下的沥青混合

料应覆盖篷布保温。

（3）压实成型　压实施工应配备足够数量、状态完好的压路机，选择合理的压路机组合方式，根据摊铺完成的沥青混合料温度情况严格控制初压、复压、终压的时机。压实层最大厚度不宜大于100mm，各层压实度及平整度应符合要求。碾压时，压路机应以慢而均匀的速度碾压，且应符合规范要求。碾压温度应根据沥青和沥青混合料种类、压路机、气温、层厚等因素经试压确定。规范规定的碾压温度见表11-5。

表11-5　热拌沥青混合料的碾压温度　（单位：℃）

施工工序		石油沥青的标号			
		50号	70号	90号	110号
开始碾压的混合料内部温度，不低于	正常施工	135	130	125	120
	低温施工	150	145	135	130
碾压终了的表面温度，不低于	钢轮压路机	80	70	65	60
	轮胎压路机	85	80	75	70
	振动压路机	75	70	60	55
开放交通的路表温度，不高于		50	50	50	45

初压应采用钢轮压路机静压1~2遍。碾压时应将压路机的驱动轮面向摊铺机，从低处向高处碾压。复压应紧跟在初压后开始。碾压路段总长度不超过80m。

密级配沥青混合料复压宜优先采用重型轮胎压路机进行碾压，以增加密实性，其总质量不宜小于25t。相邻碾压带应重叠1/3~1/2轮宽。对粗骨料为主的混合料，宜优先采用振动压路机复压（厚度宜大于30mm），振动频率宜为35~50Hz，振幅宜为0.3~0.8mm。层厚较大时宜采用高频大振幅，厚度较薄时宜采用低振幅，以防止骨料破碎。相邻碾压带宜重叠100~200mm。当采用三轮钢筒式压路机时，总质量不小于12t，相邻碾压带宜重叠后轮的1/2轮宽，并不应小于200mm。

终压应紧接在复压后进行。宜选用双轮钢筒式压路机，碾压不宜少于2遍，至无明显轮迹为止。为防止沥青混合料粘轮，对压路机钢轮可涂刷隔离剂或防粘结剂，亦可向碾轮喷淋添加少量表面活性剂的雾状水，但是严禁刷柴油。

压路机不得在未碾压成型路段上转向、掉头、加水或停留。在当天成型的路面上，不得停放各种机械设备或车辆，不得散落矿料、油料及杂物。

（4）接缝　路面接缝必须紧密、平顺。上、下层的纵缝应错开150mm（热接缝）或300~400mm（冷接缝）以上。相邻两幅及上、下层的横向接缝均应错位1m以上。应采用3m直尺检查，确保平整度达到要求。

采用梯队作业方式摊铺时应选用热接缝，将已铺部分留下100~200mm宽暂不碾压，作为后续部分的基准面，然后跨缝压实。如半幅施工采用冷接缝时，宜加设挡板或将先铺的沥青混合料刨出毛槎，涂刷粘层油后再铺新料，新料跨缝摊铺与已铺层重叠50~100mm，软化下层后铲走重叠部分，再跨缝压密挤紧。

高等级道路的表面层横向接缝应采用垂直的平接缝，以下各层和其他等级的道路的各层可采用斜接缝。平接缝宜采用机械切割或人工刨除层厚不足部分，使工作缝成直角连接。清除切割时留下的泥水，干燥后涂刷粘层油，铺筑新混合料，接槎软化后，先横向碾压，再纵向充分压实，连接平顺。

(5) 开放交通　《城镇道路工程施工与质量验收规范》(CJJ 1) 强制性条文规定：热拌沥青混合料路面应待摊铺层自然降温至表面温度低于50℃后，方可开放交通。

(二) 水泥混凝土路面施工技术

水泥混凝土路面是城市道路常见的路面形式之一，属刚性路面。因其整体性好、沉降变形小、使用寿命长而广泛使用。

水泥混凝土路面施工工艺：混凝土的配合比设计→搅拌→运输→浇筑施工→接缝设置→养护。

(1) 施工准备　施工前，应按设计规定划分混凝土板块，板块划分应从路口开始，必须避免出现锐角。曲线段分块，应使横向分块线与该点法线方向一致。直线段分块线应与面层胀、缩缝结合，分块距离宜均匀。分块线距检查井盖的边缘，宜大于1m。

混凝土摊铺前，应完成下列准备工作：

1) 混凝土施工配合比已获监理工程师批准，搅拌站经试运转，确认合格。

2) 模板支设完毕，检验合格。

3) 混凝土摊铺、养护、成型等机具试运行合格。

4) 运输与现场浇筑通道已修筑，且符合要求。

模板安装，在支模前应核对路面标高、面板分块、胀缝和构造物位置。模板应安装稳固、顺直、平整，无扭曲，相邻模板连接应紧密平顺，不得错位。严禁在基层上挖槽嵌入模板。使用轨道摊铺机应采用专用钢制轨模。模板安装完毕，应进行检验，合格方可使用。其安装质量应符合《城镇道路工程施工与质量验收规范》(CJJ 1) 的规定。

钢筋安装前应检查其原材料品种、规格与加工质量。钢筋安装后应进行检查，钢筋网、传力杆、角隅钢筋等安装应牢固、位置准确，合格后方可进入下道工序施工。

混凝土抗压强度达8.0MPa及以上方可拆模。当缺乏强度实测数据时，侧模允许最早拆模时间宜符合表11-6的规定，其中，允许最早拆侧模时间从混凝土面板精整成型后开始计算。

表11-6　混凝土面板的允许最早拆模时间　(单位：h)

昼夜平均气温	-5℃	0℃	5℃	10℃	15℃	20℃	25℃	≥30℃
硅酸盐水泥、R型水泥	240	120	60	36	34	28	24	18
道路、普通硅酸盐水泥	360	168	72	48	36	30	24	18
矿渣硅酸盐水泥	—	—	120	60	50	45	36	24

(2) 搅拌　搅拌设备应优先选用间歇式拌和设备，并在投入生产前进行标定和试拌，搅拌机配料计量偏差应符合规范规定。搅拌过程中，应对拌合物的水胶比及稳定性、坍落度及均匀性、坍落度损失率、振动黏度系数、含气量、泌水率、视密度、离析等项目进行检验与控制，均应符合质量标准的要求。

(3) 运输　混凝土运输应根据施工进度、运量、运距及路况，选配车型和车辆总数。不同摊铺工艺的混凝土拌合物从搅拌机出料到铺筑完成的允许最长时间应符合规定。混凝土拌合物出料到运输、铺筑完毕允许最长时间见表11-7。

表 11-7　混凝土拌合物出料到运输、铺筑完毕允许最长时间　　（单位：h）

施工气温*/℃	到运输完毕允许最长时间		到铺筑完毕允许最长时间	
	滑模、轨道	三辊轴、小机具	滑模、轨道	三辊轴、小机具
5~9	2.0	1.5	2.5	2.0
10~19	1.5	1.0	2.0	1.5
20~29	1.0	0.75	1.5	1.25
30~35	0.75	0.50	1.25	1.0

注：表中“*”指施工时间的日间平均气温，使用缓凝剂延长凝结时间后，本表数值可增加 0.25~0.5h。

（4）混凝土面板施工　采用三辊轴机组铺筑混凝土面层，辊轴直径应与摊铺层厚度匹配，且必须同时配备一台安装插入式振捣器组的排式振捣机；当面层铺装厚度小于 150mm 时，可采用振捣梁；当一次摊铺双车道面层时应配备纵缝拉杆插入机，并配有插入深度控制和拉杆间距调整装置。

铺筑作业时卸料应均匀，布料应与摊铺速度相适应；设有纵缝、缩缝拉杆的混凝土面层，应在面层施工中及时安设拉杆；三辊轴整平机分段整平的作业单元长度宜为 20~30m，振捣机振实与三辊轴整平工序之间的时间间隔不宜超过 15min；在一个作业单元长度内，应采用前进振动、后退静滚方式作业，最佳滚压遍数应经过试验段确定。

采用轨道摊铺机铺筑时，最小摊铺宽度不宜小于 3.75m，并选择适宜的摊铺机型；坍落度宜控制在 20~40mm，轨道摊铺机应配备振捣器组，当面板厚度超过 150mm，坍落度小于 30mm 时，必须插入振捣；轨道摊铺机应配备振动梁或振动板对混凝土表面进行振捣和修整，面层表面整平时，应及时清除余料，用抹平板完成表面整修。

采用滑模摊铺机摊铺时应布设基准线，清扫湿润基层，在拟设置胀缝处牢固安装胀缝支架，支撑点间距为 40~60cm。调整滑模摊铺机各项工作参数达到最佳状态，应用高频振动，低速度摊铺；混凝土坍落度大，应用低频振动，高速度摊铺。

（5）接缝　为克服水泥混凝土硬化过程中的收缩和温度不均匀变化时对路面的影响，水泥混凝土路面需要设置横向和纵向接缝，这些接缝，主要包括缩缝（图 11-2）、胀缝（图 11-3）和施工缝（图 11-4）。

普通混凝土路面的胀缝应设置胀缝补强钢筋支架、胀缝板和传力杆。胀缝应与路面中心线垂直；缝壁必须垂直；缝宽必须一致，缝中不得连浆。缝上部灌填缝料，下部安装胀缝板和传力杆。

传力杆的固定安装方法有两种。一种是端头木模固定传力杆安装方法，宜用于混凝土板不连续浇筑时设置的胀缝。

横向缩缝采用切缝机施工，切缝方式有全部硬切缝、软硬结合切缝和全部软切缝三种。应由施工期间混凝土面板摊铺完毕到切缝时的昼夜温差确定切缝方式。对已插入拉杆的纵向缩缝，切缝深度不应小于 1/4~1/3 板厚，最浅切缝深度不应小于 70mm，纵横缩缝宜同时切缝。缩缝切缝宽度控制在 4~6mm，填缝槽深度宜为 25~30mm，宽度宜为 7~10mm。混凝土板养护期满后应及时灌缝。

灌填缝料前，缝中清除砂石、凝结的泥浆、杂物等，冲洗干净。缝壁必须干燥、清洁。填缝料灌注深度宜为 15~20mm，热天施工时填缝料宜与板面平，冷天填缝料应填为凹液面，中心宜低于板面 1~2mm。填缝必须饱满均匀、厚度一致、连续贯通，填缝料不得缺

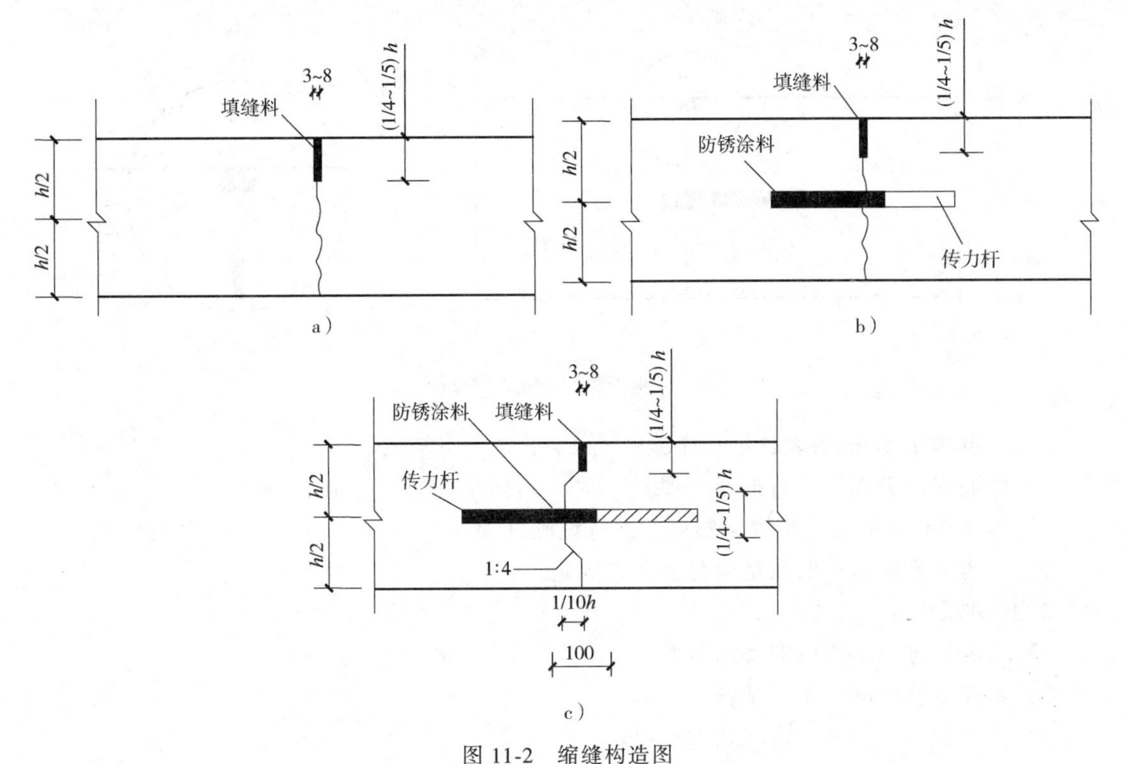

图 11-2　缩缝构造图

a）假缝型　b）假缝+传力杆　c）企口缝+传力杆

失、开裂、渗水。填缝料养护期间应封闭交通。

(6) 养护　混凝土浇筑完成后应及时进行养护，可采取喷洒养护剂或保湿覆盖等方式；昼夜温差大于 10℃以上的地区或日均温度低于 5℃施工的混凝土板应采用保温养护。养护时间应根据混凝土弯拉强度增长情况而定，不宜小于设计弯拉强度的 80%，一般宜为 14~21 天。应特别注重前 7 天的保湿（温）养护。

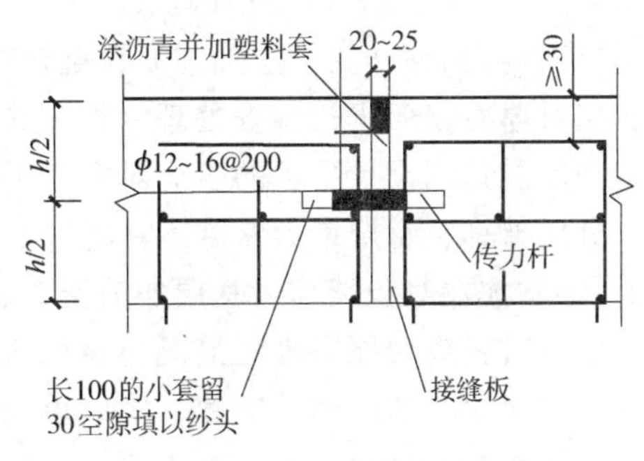

图 11-3　胀缝构造示意图

(7) 开放交通　在混凝土达到设计弯拉强度 40%以后，可允许行人通过。混凝土完全达到设计弯拉强度且填缝完成后，方可开放交通。

四、城镇道路大修维护技术要点

（一）微表处理工艺

微表处理技术应用于城镇道路维护，可达到延长道路使用期目的，且工程投资少、工期短。

1. 微表处理工程施工基本要求

1）对原有路面病害进行处理、刨平或补缝，使其符合要求。

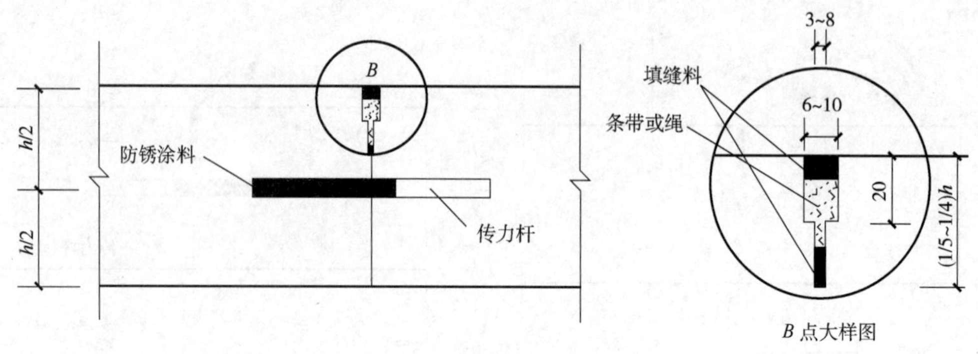

图 11-4　施工缝构造示意图

2）宽度大于 5mm 的裂缝进行灌缝处理。

3）路面局部破损处进行挖补处理。

4）深度 15~40mm 的车辙、壅包应进行铣刨处理。

5）微表处理混合料的质量应符合有关规定。

2. 施工流程

1）微表处理施工前应安排试验段。

2）清除原路面的泥土、杂物。

3）橡胶耙人工找平，清除超大粒料。

4）进行初期养护，养护期间禁止一切车辆和行人通行。

5）满足设计要求后可开放交通。

（二）旧路加铺沥青混合料面层工艺

1）旧沥青路面作为基层加铺沥青混合料面层。旧沥青路面作为基层加铺沥青混合料面层时，应对原有路面进行调查处理、整平或补强，符合设计要求。旧沥青路面有明显的损坏，但强度能达到设计要求的，应对损坏部分进行处理。填补旧沥青路面，凹坑应按高程控制、分层摊铺，每层最大厚度不宜超过 100mm。

2）旧水泥混凝土路作为基层加铺沥青混合料面层。旧水泥混凝土路作为基层加铺沥青混合料面层时，应对原有水泥混凝土路面进行处理、整平或补强，符合设计要求。对旧水泥混凝土路面层与基层间的空隙，应做填充处理。对局部破损的原水泥混凝土路面层应剔除，并修补完好。对旧水泥混凝土路面层的胀缝、缩缝、裂缝应清理干净，并应采取防反射裂缝措施。

（三）加铺沥青面层技术要点

基底的不均匀垂直变形导致原水泥混凝土路面板局部脱空，严重脱空部位的路面板局部断裂或碎裂。为保证水泥混凝土路面板的整体刚性，加铺沥青混合料面层前，必须对脱空和路面板局部破裂处的基底进行处理，并对破损的路面板进行修复。基底处理方法有两种：一种是开挖式基底处理，即换填基底材料；另一种是非开挖式基底处理，即注浆填充脱空部位的孔洞。

开挖式基底处理。对于原水泥混凝土路面局部断裂或碎裂部位，将破坏部位凿除，换填基底并压实后，重新浇筑混凝土。这种常规的处理方法，工艺简单，修复也比较彻底，但对交通影响较大，适合交通不繁忙的路段。

非开挖式基底处理。对于脱空部位的孔洞，采用从地面钻孔注浆的方法进行基底处理，灌注压力宜为1.5~2.0MPa。这是城镇道路大修工程中使用比较广泛和成功的方法。处理前应采用探地雷达进行详细探查，测出路面板下松散、脱空和既有管线附近沉降区域。

五、城镇道路新材料应用

随着科技的进步，建筑材料也得到了飞速发展，一些新材料在各个城市的市政工程建设中，尤其是在一些重点项目中广泛采用，出现了诸如：SEAM（沥青混合料改性剂）、SMA（沥青玛瑞脂碎石混合料）、EPS（聚苯乙烯泡沫）、DCPET（路用工程纤维）、CE（玻纤格栅）等新材料。

（一）SEAM在道路工程中的应用

（1）SEAM的组成　SEAM是一种新型的沥青混合料改性剂，是在硫黄里面添加烟雾抑制剂和增塑剂制成的半球状颗粒，主要成分为硫黄。SEAM是经过特别处理的石油炼制副产品，在沥青混合料拌和过程中，将其直接加入拌和仓可取代一定比例的沥青，按常规方法拌和后形成SEAM沥青混合料能同时达到对沥青混合料进行改性的目的，从而提高沥青混合料的路用性能。

（2）SEAM的特点　采用SEAM混合料能够很好地提高路面抗车辙性能。SEAM混合料的动稳定度较高，但残留稳定度比较低，与规范要求有一定差距；冻融劈裂强度比也不能满足规范要求，因此在工程中使用SEAM混合料时，可采用添加抗剥落剂的方法来提高路面的抗水损害性能。SEAM沥青混合料的拌和温度和碾压温度要低于普通沥青混合料，这对减少能源消耗意义重大。SEAM混合料的价格要低于普通沥青混合料，而路用性能尤其是高温抗车辙性能优于普通沥青混合料，为修建柔性基层提高路面使用寿命提出了新的途径。

（3）SEAM在国内外的应用　早在20世纪初，人们就知道硫黄具有提高沥青质量的特性，沥青混合料中加入硫黄能够改善混合料的物理结构和力学性能，因此，硫黄改性沥青在美国、加拿大、北美及一些温差较大、重载较多的地区得到了广泛应用。2000年我国开始引入SEAM沥青混合料，并于2002年在天津成功铺筑了试验路——津沽公路、津榆公路。从2002至2005年期间，在天津、黑龙江、内蒙古、云南等地修筑了一定量的小型试验段，且大都取得了较好的应用效果，但SEAM沥青混合料在我国的研究与应用仅属于初步探索阶段。

（二）SMA在道路工程中的应用

（1）SMA的组成　沥青玛瑞脂碎石混合料（SMA）是由沥青、纤维稳定剂、矿粉及少量的细骨料和沥青玛瑞脂填充间断级配的粗骨料骨架空隙而组成的沥青混合料，这种热拌热铺的间断级配骨架型密实沥青混合料由大比例粗骨料构成坚固的骨架结构，并由丰富的沥青玛瑞脂填充骨架进行稳定。

（2）SMA的特性

1）高温稳定性好。SMA的组成中粗骨料多，混合料中粗骨料之间的接触面很多，细骨料少，玛瑞脂仅填充粗骨料之间的空隙，交通荷载主要由粗骨料骨架承受。由于粗骨料之间良好的嵌挤作用，沥青混合料具有非常好的抵抗荷载变形能力和较强的高温抗车辙能力。

2）低温抗裂性好。低温条件下沥青混合料的抗裂性能主要由结合料的拉伸性能决定。

由于 SMA 的骨料间填充了沥青玛瑺脂，它包在粗骨料的表面，低温条件下，混合料收缩变形使骨料被拉开时，由于玛瑺脂有较好的黏结作用，使混合料有较好的低温变形性能。

3）水稳定性好。SMA 混合料的孔隙率很低，几乎不透水，混合料受水的影响很小，再加上玛瑺脂与骨料的黏结力好，使混合料的水稳定性有较大改善。

4）耐久性好。SMA 混合料内部被沥青玛瑺脂充分填充，且沥青膜较厚，混合料的孔隙率很低，沥青与空气的接触少，抗老化性能好，由于内部孔隙率低，其变形率小，因此有良好的耐久性；SMA 基本上是不透水的，使路面能保持较高的强度和稳定性。

5）具有良好的表面功能。SMA 采用坚硬、粗糙、耐磨的优质石料，间断级配，粗骨料含量高，路面压实后表面形成的孔隙大，构造深度大，因此抗滑性好。SMA 路面雨天行车不会产生大的水雾和溅水，粗糙的表面在夜间对灯光反射小，能见度好，噪声也大为降低。

（3）SMA 在国内外的应用　SMA 在国外已经有 30 多年的应用历史。炎热夏季，发现许多密级配沥青混凝土路面出现了严重的车辙变形，唯有铺筑 SMA 的路面几乎没有车辙变形。从此在欧洲很多国家开始将 SMA 用于承受重交通荷载及高轮胎压力的道路和机场道面。1992 年，我国从奥地利引进“Novophalt”沥青技术，并于 1993 年首次在广佛高速公路和首都机场高速公路上用 SMA 铺筑 5cm 厚上面层，经过长时间检验，路面状况良好。以后，又在厦门机场跑道、八达岭高速公路、保宁通公路等使用 SMA 铺筑路面。至 1998 年，全国用 SMA 铺筑的路面累计已达上千公里。目前，交通运输部在全国组织了 SMA 技术推广工作，并已将 SMA 路面的技术列入规范。

（三）EPS 在道路工程中的应用

（1）EPS 的组成　聚苯乙烯泡沫（Expanded Polystyrene，EPS）是一种轻型高分子聚合物。它是采用聚苯乙烯树脂加入发泡剂，加热软化产生气体，形成一种硬质闭孔结构的泡沫塑料。

（2）EPS 的特性　EPS 是性能优良的路基轻质填料，具有使用寿命长、化学性能稳定、经济效益显著和施工简便等优点。EPS 能很好地解决软基的过渡沉降和差异沉降及桥台和道路连接处的差异沉降，减轻高填涵洞上覆土压力及桥台的侧向压力和位移等问题。

（3）EPS 的应用　我国从 20 世纪 90 年代初期引进此项技术，并在同济大学和上海科研、设计单位的共同努力下，将 EPS 应用到桥坡高填土、软土地基处理等工程中。从 1992 年至今，上海浦东世纪大道、沪宁高速公路等重点工程都使用了 EPS，大量的工程实践证明，对于湿软路基，用 EPS 替代原土控制沉降，是一项非常有效的措施，尤其是目前大多数桥头跳车问题，通过使用 EPS 基本都可以得到解决。

（四）DCPET（路用工程纤维）在道路工程中的应用

ECPET 是以高分子聚酯类材料为主要原料，采用独特的生产工艺，纺制成直径 0.02～0.03mm 的单丝纤维，经超倍拉伸工艺和特殊化学剂表面涂层处理而成的路用材料。具有抗拉强度高、弹性模量高、吸油性能好、易分散、耐高温、抗变化、抗低温等优点，将其加入到沥青混凝土中，对路面起到明显的加筋作用，从而延长了道路的使用寿命。

（五）CE（玻纤格栅）在道路工程中的应用

CE（玻纤格栅），由聚丙烯、高密度聚乙烯为主要原料，经挤压、拉伸制成的孔片状物。这种材料具有较好的抗变形和增强结构层强度等功能，主要铺设于沥青混凝土路面的底部、中部或基层，它可以均匀分布上层路面传递下来的荷载或下层地基不均沉降引起的反射裂缝，提高路基、路面整体抗拉及抗变形的能力。目前，这种材料已经被广泛用在道路改造工程以及路基加固等方面。尤其是在白色路面改黑色路面的工程中应用最为广泛。

六、城镇道路施工新技术

（一）泡沫沥青冷再生技术

泡沫沥青是在热沥青中注入常温水，膨胀后产生大量的沥青泡沫并破裂。当泡沫沥青与骨料接触时，沥青泡沫就会化成大量的“小颗粒”，在骨料的表面散布，形成大量粘有沥青的细料填缝料，再经过搅拌能很好填充粗料之间的缝隙，保障混合料的稳定。这些混合料具有良好的性能，可用于沥青下面层和路面基层的使用，并对基层和沥青下面层材料进行全厚度再生。因此，泡沫沥青冷再生混合料级配比例就尤为重要。泡沫沥青再生技术的使用省去了加热骨料和烘干骨料的步骤，节约了能源，促进了旧路面材料的循环利用，具有很大的环保价值。

（二）非开挖技术

在传统的市政道路建设施工过程中，由于施工周期长，对道路附近的交通影响较大，导致车辆难以正常通行。这主要是由于传统的开挖式施工技术导致施工周期难以得到控制而导致的，开挖式的施工方式不但使得施工速度不能得到提高，而且会使得工程质量受到影响。加之当前市政道路附近都已经铺设了各种类型的管线，在开挖施工过程中容易对管线网络造成破坏，导致施工进度缓慢，而且容易影响周边居民的正常生活。

随着非开挖技术的不断成熟，通过采用非地表挖掘技术，诸如一些传统的钻井、岩土导向等技术，将之应用到市政道路的地下管线铺设工作中。例如导向钻进法，该种方法由于其特有的技术特点以及施工方法，在市政道路施工过程中应用范围极为广泛。该种方法主要应用于土层较为松软的地层中，适用于铺设长度较短、口径较小的管线。施工过程中，在预先开设的小口径导向孔中，使用导向钻机将测量设定的轨迹作为钻进依据，使用扩孔与回拉相结合的方式，完成整个地下管线的铺设工作。施工时，可以通过调节钻头的角度来改变钻进的方向。

（三）路基加固中化学加固技术的应用

路基是道路承重的直接结构层，直接影响到道路长时间使用的稳定性，在施工过程中需要采取对应的方式对路基进行加固。化学加固方法就是指利用水泥粉体、浆液、黏土浆液或者其他类似的化学浆液，通过机械搅拌或者高压喷射的方式将之灌入路基料中。通过这种方式使得土体颗粒与浆液在化学作用下粘接起来，从而对路基土体的力学性质进行改善。

目前采用的加固处理方法有水泥土搅拌法、灌浆胶粘法等。其中，搅拌法是利用回旋搅拌方式将压入土体中的水泥浆与周围的软土拌和形成水泥加固体。施工后需对加固区域进行质量检验，采用动、静力试验相结合的方式，对取样得到的土体芯体进行强度、承载能力以及外观等方面的检验。而灌浆胶粘法则是基于电化学原理，通过注浆管将加固浆液注入到待加固地层中，将土体颗粒或者岩石间隙中的水、气体等挤出，最终形成致密的、高强度人工路基。

（四）新型环保排水防滑降噪沥青路面

排水防滑降噪沥青面层，又称多孔性排水沥青面层。在美国和日本一般被称为 Open-

Graded Asphalt Friction Course（OGFC），在欧洲称为 Porous Asphalt 或者 Drainage Pavement。多孔性排水沥青面层具有较大的孔隙率，能迅速地让路表降水渗入结构层内，从结构层内部排至道路边缘，使沥青路面表面保持相对干燥。使用这种表层，不仅能有效地降低因表面积水引起的水雾、水溅及晴日眩光，而且提供了足够的表面粗糙度，提高了抗滑性能，并能降低道路沿线噪声。1997 年在杭州地区铺筑了 1000m 多孔性沥青路面，1999 年上海的西藏路—和田路畅通工程、延安中路地面道路和局门路铺筑了试验路。经受一个冬季和夏季的考验后，排水面层试验段保持着良好的使用性能，雨天行车状况具有明显的改善，无积水和水溅水雾现象。

施工工艺流程：试验路路面结构与排水系统的设计→OGFC 沥青混合料生产配合比设计→沥青混合料制备和运送→沥青混合料的摊铺→压实→开放交通。热拌沥青混合料路面应待摊铺层完成后自然冷却，施工结束后 3 天内，禁止车辆通行。

七、城镇道路“白改黑”施工

（1）“白改黑”技术　是指把原来的水泥混凝土路面改建为沥青混凝土路面，达到环保、防尘、降噪和增添行车舒适性的效果。

（2）路面白改黑典型方案及工艺　主要包括以下三种典型处理方案：

1）局部基层修复，拉毛处理，中间粘结层施工，摊铺沥青面层。

施工工艺流程：修复基层→（拉毛原路面）→喷油→铺土工布→（洒布橡胶沥青→洒布沥青碎石）→碾压→摊铺沥青面层→碾压。

2）处置基层，原板块破碎，新铺中间层，最后摊铺沥青面层。

施工工艺流程：基层处治→板块破碎→碾压→洒布透层油→撒布石屑→碾压→（摊铺水泥稳定碎石基层/沥青稳定碎石基层）→摊铺沥青面层→碾压。

3）移除原旧混凝土板块，局部路基修整，重新摊铺水稳层，最后摊铺沥青面层。

施工工艺流程：板块破碎→清理移除→碾压土基→摊铺水稳碎石层→碾压→养生→摊铺沥青面层→碾压。

（3）路面白改黑工艺的关键问题　路面白改黑的两个关键问题：一是治理和防止水泥路面裂缝的反射问题；二是处理好沥青面层和混凝土路面板块的层间粘结问题。

1）反射裂缝防治。世界各国在防裂研究上做了大量的试验和实践，取得了许多成功的经验，但至今没有形成统一的方案。总结历次防裂实践，其措施主要有以下四种方式。

① 改善沥青混合料性能。在沥青混合料中添加改性材料，提高沥青混凝土的变形能力和抗剪强度。改性后的沥青混凝土可铺筑于混凝土面板和上面层之间，作为应力消减层使用，以适应温度和荷载引起的变形，可抑止反射裂缝的出现。

② 加筋法。加筋法从本质上来说就是提高面层沥青混凝土的弹性模量，增加沥青面层的刚度，使沥青面层提高抗裂抗拉能力。在实际应用中，加筋有多种方法，常用的有铺设钢筋网、铺设玻璃纤维格栅、采用加筋纤维沥青混凝土等。

③ 破碎旧水泥路面法。破碎原水泥路面法就是将原水泥混凝土完全破碎成小块状，再用重型压路机压实，然后再在上面摊铺沥青混凝土。这种方法国外使用广泛，防反射裂缝效果最好，但是工艺复杂，需专用的破碎设备，理论上破碎后的路面在压实后不能有任何松动，否则将增加罩面层厚度，施工费用较高，施工噪声大。

④ 应力吸收法。应力吸收是指在罩面层和原路面之间设置隔离层，主要采用弹性模量较小的材料。这种方案本质上就是消除水泥混凝土板缝处的应力集中，把被加罩的沥青混凝土面层由应力产生的微小形变传递给低模量的隔离层，隔离层隔离了加罩层的形变，从而起到了吸收应力的作用。目前应力吸收使用较多的是土工布、纤毛胎基的改性沥青卷材等。

2）沥青面层和混凝土路面板块的层间粘结。解决沥青面层和混凝土路面的层间粘结，最主要的办法是正确进行粘层的施工。其施工流程为：清扫机清扫路面，并保持表面干燥→乳化沥青洒布车喷洒施工→人工补喷→铺筑沥青加铺层。

第二节　桥梁施工技术

一、桥梁基础施工

（一）明挖扩大基础施工

明挖扩大基础施工的主要内容包括基础的定位放样、基坑开挖、基坑排水、基底处理以及砌筑（浇筑）基础结构物等。

1. 准备工作

在基坑开挖前，应做好复核基坑中心线、方向和高程，并应按地质水文资料，结合现场情况，决定开挖坡度、支护方案以及地面的防水、排水措施。

2. 基坑开挖

1）坑壁不加支撑的基坑。对于干涸无水河滩、河沟，或有水但能排除地表水的河沟中，当地下水位低于基底，或渗透量少，不影响坑壁稳定；以及基础埋置不深，施工期较短，挖基坑时，不影响邻近建筑物安全的施工场所，可考虑选用坑壁不加支撑的基坑。

2）坑壁有支撑的基坑。当基坑壁坡不易稳定并有地下水，或放坡开挖场地受到限制或基坑较深、放坡挖工程数量较大，可根据具体情况，采取加固坑壁措施，如挡板支撑、钢木结合支撑、混凝土护壁及锚杆支护等。

3）基坑排水。桥梁基础施工中常用的基坑排水方法主要有集水坑排水法和井点降水法两种。集水坑排水法，除严重流沙外，一般情况下均可适用。当土质较差有严重流沙现象，地下水位较高，挖基较深，坑壁不易稳定，用普通排水方法难以解决时，可采用井点排水法。对于土质渗透性较大、挖掘较深的基坑，可采用板桩法、沉井法、帷幕法等。即基坑周围土层用硅化法、水泥灌浆法和冻结法等处理成封闭的不透水的帐幕。

4）基底检验和基底处理。基底检验的主要内容应包括：检查基底平面位置、尺寸大小，基底标高；检查基底土质均匀性，地基稳定性及承载力；检查基底处理和排水情况等。

基底处理的主要方法有：换填土法、桩体挤密法、砂井法、袋装砂井法、预压法加固地基、强夯法、电渗法、振动水冲法、深层搅拌桩法、高压喷射注浆法、化学固化剂法等。

5）基坑施工过程中注意要点。在基坑顶缘四周适当距离处设置截水沟，并防止水沟渗水，以避免地表水冲刷坑壁，影响坑壁稳定性。坑壁边缘应留有护道，静荷载距坑边缘不小于0.5m，动荷载距坑边缘不小于1.0m；垂直坑壁边缘的护道还应适当增宽。应经常注意观察坑边缘顶面土有无裂缝，坑壁有无松散塌落现象发生。如用机械开挖基坑，挖至坑底时，应保留不小于30cm厚度的底层，在基础浇筑污工前用人工挖至基底标高。基坑应尽量在少雨季节施工。基坑宜用原土及时回填，对桥台及有河床铺砌的桥墩基坑，则应分层夯实。

（二）桩基础施工方法

城市桥梁工程常用的桩基础通常可分为沉入桩基础和灌注桩基础，按成桩施工方法又可分为：沉入桩、钻孔灌注桩、人工挖孔桩。

二、城市桥梁下部结构施工

（一）围堰及开挖方式的选择

当承台位于水中时，一般先设围堰。围堰形式有：钢板桩围堰、套箱围堰、双壁钢围堰等。将群桩围在堰内，然后在堰内河底灌注水下混凝土封底。

围堰的形式根据地质情况、水深、流速、设备条件等因素综合考虑。各类围堰的适用范围见表11-8。

表11-8　围堰类型及适用条件

围堰类型		适用条件
土石围堰	土围堰	水深≤1.5m，流速≤0.5m/s，河边浅滩，河床渗水性较小
	土袋围堰	水深≤3.0m，流速≤1.5m/s，河床渗水性较小，或淤泥较浅
	木桩竹条土围堰	水深1.5~7m，流速≤2.0m/s，河床渗水性较小，能打桩，盛产竹木地区
	竹篱土围堰	水深1.5~7m，流速≤2.0m/s，河床渗水性较小，能打桩，盛产竹木地区
	竹、钢丝笼围堰	水深4m以内，河床难以打桩，流速较大
	堆石土围堰	河床渗水性很小，流速≤3.0m/s，石块能就地取材
板桩围堰	钢板桩围堰	深水或深基坑，流速较大的砂类土、黏性土、碎石土及风化岩等坚硬河床防水性能好，整体刚度较强
	钢筋混凝土板桩围堰	深水或深基坑，流速较大的砂类土、黏性土、碎石土河床。除用于挡水防水外还可作为基础结构的一部分，也可采取拔除周转使用，能节约大量木材
钢套筒围堰		流速≤2.0m/s，覆盖层较薄，平坦的岩石河床，埋置不深的水中基础，也可用于修建桩基承台
双壁围堰		大型河流的深水基础，覆盖层较薄、平坦的岩石河床

（二）墩台、盖梁施工技术

1. 现浇混凝土墩台、盖梁

1）重力式混凝土墩台施工。墩台混凝土浇筑前应对基础混凝土顶面做凿毛处理，清除锚筋污锈。墩台混凝土宜水平分层浇筑，每层高度宜为1.5~2m。墩台混凝土分块浇筑时，接缝应与墩台截面尺寸较小的一边平行，邻层分块接缝应错开，接缝宜做成企口形。分块数量，墩台水平截面积在200m^2内不得超过2块；在300m^2以内不得超过3块。每块面积不得小于50m^2。

2）柱式墩台施工。墩台柱与承台基础接触面应凿毛处理，清除钢筋污锈。浇筑墩台柱混凝土时，应铺同配合比的水泥砂浆一层。墩台柱的混凝土宜一次连续浇筑完成。柱身高度内有系梁连接时，系梁应与柱同步浇筑。V形墩柱混凝土应对称浇筑。

3）盖梁施工。在城镇交通繁华路段施工盖梁时，宜采用整体组装模板、快装组合支架，以减少占路时间。盖梁为悬臂梁时，混凝土浇筑应从悬臂端开始；预应力钢筋混凝土盖梁拆除底模时间应符合设计要求；如设计无要求，孔道压浆强度应达到设计强度后，方可拆除底模板。

2. 预制混凝土柱和盖梁安装

预制柱安装前，基础杯口的混凝土强度必须达到设计要求。杯口在安装前应校核长、宽、高，确认合格。杯口与预制件接触面均应凿毛处理，埋件应除锈并应校核位置。预制柱安装就位后应采用硬木楔或钢楔固定，并加斜撑保持柱体稳定。安装后应及时浇筑杯口混凝土，待混凝土硬化后拆除硬楔，浇筑二次混凝土，待杯口混凝土达到设计强度75%后方可拆除斜撑。

预制盖梁安装前，应对接头混凝土面凿毛处理，预埋件应除锈。在墩台柱上安装预制盖梁时，应对墩台柱进行固定和支撑，确保稳定。盖梁就位时，应检查轴线和各部尺寸，确认合格后方可固定，并浇筑接头混凝土。接头混凝土达到设计强度后，方可卸除临时固定设施。

3. 重力式砌体墩台

墩台砌筑前，应清理基础。墩台砌体应采用坐浆法分层砌筑，竖缝均应错开，不得贯通。砌筑墩台镶面石应从曲线部分或角部开始。桥墩分水体镶面石的抗压强度不得低于设计要求。

三、城市桥梁上部结构施工

（一）装配式梁（板）施工技术

（1）装配式梁（板）施工方案　装配式梁（板）施工方案编制前，应事先确定梁板预制和吊运方案并依据施工组织进度和现场条件，选择构件厂（或基地）预制和施工现场预制。依照吊装机具不同，梁板架设方法分为起重机架梁法、跨墩龙门式起重机架梁法和穿巷式架桥机架梁法。

（2）技术要求　安装构件前必须检查构件外形及其预埋件尺寸和位置，其偏差不应超过设计或规范允许值。装配式桥梁构件在脱底模、移运、堆放和吊装就位时，混凝土的强度不应低于设计要求的吊装强度，设计无要求时一般不应低于设计强度的75%。预应力混凝土构件吊装时，其孔道水泥浆的强度不应低于构件设计要求。如设计无要求时，不应低于30MPa。安装构件前，支承结构（墩台、盖梁等）的强度应符合设计要求，支承结构和预埋件的尺寸、标高及平面位置应符合设计要求且验收合格。

吊运梁（板）构件应编制专项方案，并按有关规定进行论证、批准。应按照起重吊装的有关规定，选择吊运工具、设备，确定起重机站位、运输路线与交通导行等。

（3）安装就位的技术要求　构件移运、吊装时的吊点位置应按设计规定或根据计算决定。吊装时构件的吊环应顺直，吊绳与起吊构件的交角小于60°时，应设置吊架或吊装扁担，尽量使吊环垂直受力。构件移运、停放的支承位置应与吊点位置一致，并应支承稳固。

每根大梁就位后，应及时设置保险垛或支撑，将梁固定并用钢板与已安装好的大梁预埋横向连接钢板焊接，防止倾倒。构件安装就位并符合要求后，方可允许焊接连接钢筋或浇筑混凝土固定构件。待全孔（跨）大梁安装完毕后，再按设计规定使全孔（跨）大梁整体化。梁板就位后应按设计要求及时浇筑接缝混凝土。

（二）支架法现浇预应力（钢筋）混凝土连续梁施工技术

支架法现浇预应力混凝土连续梁。支架就地现浇施工，就是在梁下搭设简易支架，然后在支架上立模板、绑扎钢筋、浇筑混凝土并养护成型后，同时卸落支架，一次形成设计要求的一跨简支梁或一联连续梁的方法。其优点是整体性好，施工简易可靠，不需大型起吊设备，并可采用强大预应力体系，方便施工；缺点是需要的支架和模板的数量多，施工工期长，场地要求严格，且受通航影响。

支架按其构造分为支柱式、梁式和梁柱式三种，如图 11-5 所示。对于陆地或不通航的河道，或桥墩不高的小跨径连续梁可采用支柱式支架，如图 11-5a、b 所示；对于有通航要求的中、小跨径桥梁可采用梁式支架，如图 11-5c、d 所示；跨径小于 10m 时可采用工字梁作为承重梁，大于 20m 时可采用钢桁梁；对于较高、跨径较大的桥梁则可采用梁柱式支架，如图 11-5e、f 所示，使梁支承在支架或临时墩上形成多跨连续支架。

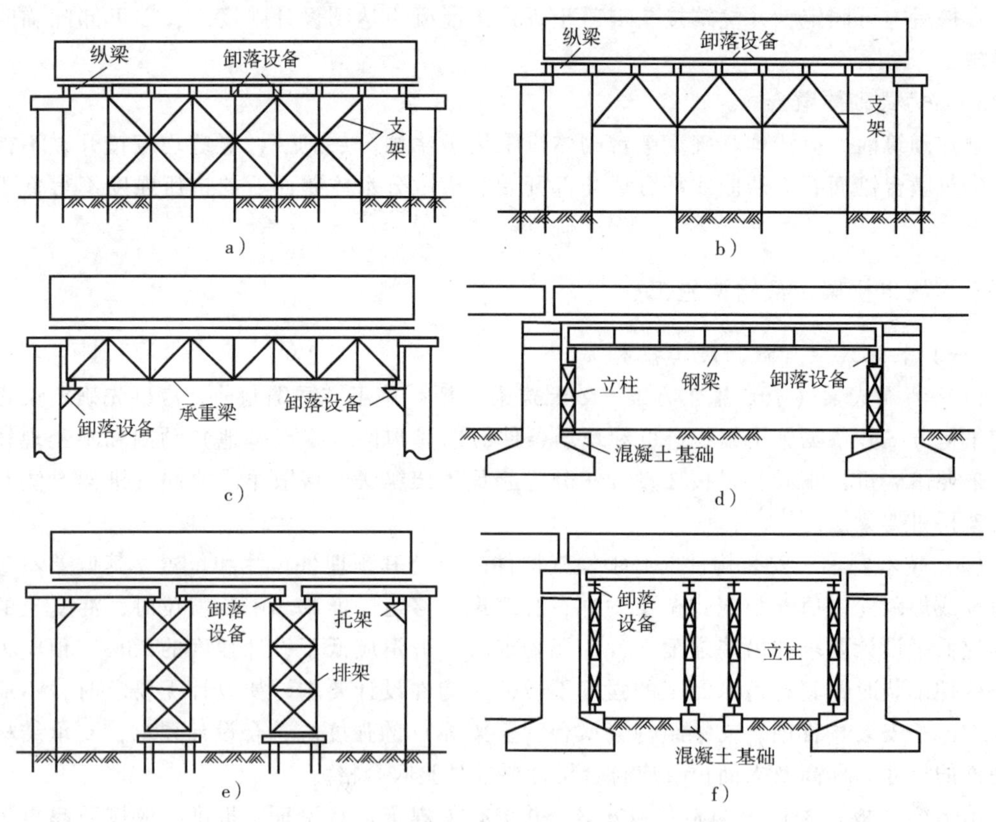

图 11-5　支架构造图

a）支柱式支架一　b）支柱式支架二　c）梁式支架一　d）梁式支架二　e）梁柱式支架一　f）梁柱式支架二

支架的地基承载力应符合要求，必要时，应采取加强处理或其他措施。应有简便可行的落架拆模措施。各种支架和模板安装后，宜采取预压方法消除拼装间隙和地基沉降等非弹性变形。安装支架时，应根据梁体和支架的弹性、非弹性变形，设置预拱度。支架底部应有良好的排水措施，不得被水浸泡。浇筑混凝土时应采取防止支架不均匀下沉的措施。

支架现浇又可分为固定式支架现浇和可移动式支架现浇。

1）固定支架现浇。固定支架现浇施工采用简支梁一跨或连续梁一联搭设支架，按照一定的程序一次完成浇筑工作，待预应力筋张拉、压浆后移架。小跨径板梁桥一般采用从一端向另一端浇筑的施工顺序，先梁身、后支点依次进行。图 11-6 表示一座五跨连续空心板梁桥的施工顺序，图中数字表示浇筑的先后次序。

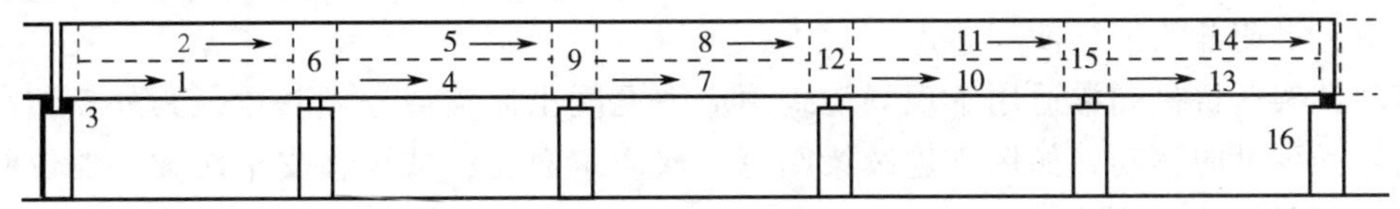

图 11-6　五跨一联连续空心板梁桥的施工顺序

大跨径桥通常采用箱形截面，施工时常分段进行。一种是水平分层施工法，即先浇筑底板，待达到一定强度后进行腹板施工，最后浇筑顶板。另一种是分段施工法，根据施工能力每隔 20~45m 设置连接缝，该连接缝一般设在弯矩较小的区域，接缝长 1m 左右，待各段混凝土浇筑完成后，最后在接缝处施工合拢。

2）移动支架现浇。当建造等截面的桥梁超过 3 孔时，可使用可移动支架现浇。这种方法逐孔架设支架，逐孔浇筑混凝土（或一直浇筑到下一孔的弯矩零点为止），待已做完的一孔预应力完毕后，可将模板连同支架一起落下并移至下一孔，如图 11-7 所示。这种方法仅

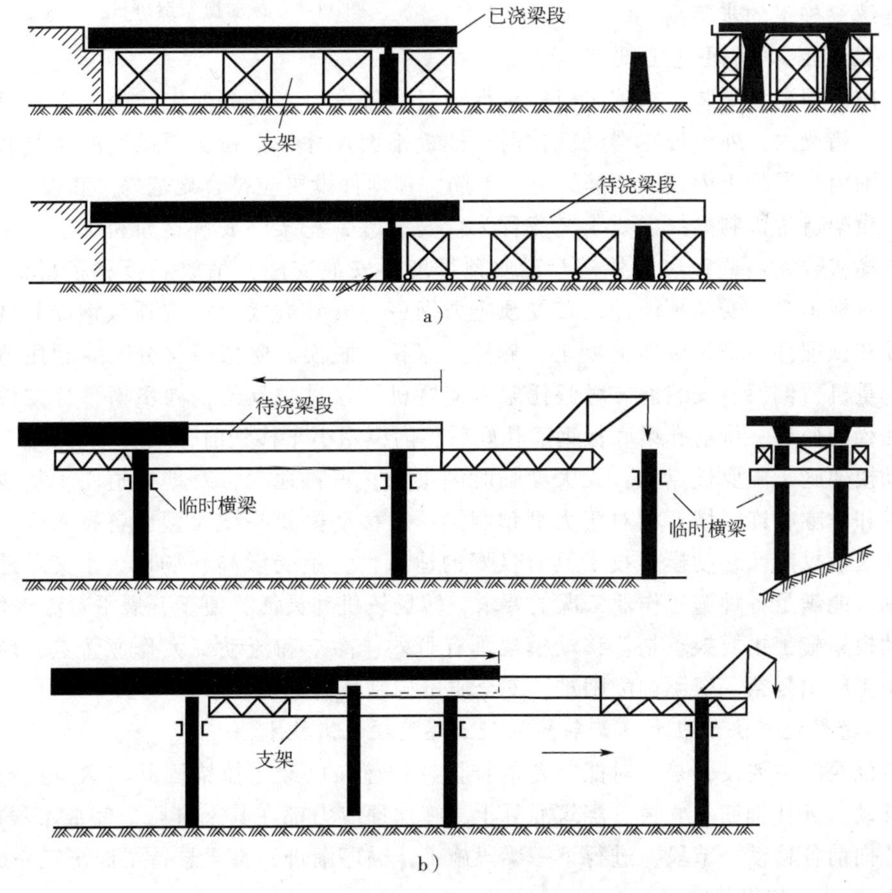

图 11-7　移动支架逐孔现浇施工

a）落地式支架　b）梁式支架

在地面比较平坦，地基有一定的承载能力，并且桥梁离地面不是太高时应用才是合理的。

（三）移动模架上浇筑预应力混凝土连续梁

移动模架施工工艺是当今世界上最先进的桥梁施工工艺之一，与传统的预制、安装、架桥等施工技术不同，此工艺集模板、支撑系统、过孔功能于一体。该技术21世纪初从国外引进后，迅速开始推广使用。

移动模架造桥机制梁适用于现场浇筑预应力混凝土简支或连续箱梁。其外模、内模和支架及导梁可纵向移动，如用于连续梁则可一次浇筑数孔，减少移支架次数，加快制梁进度。其内模可收缩后从箱室内逐节退出。

图 11-8　移动模架造桥机

移动模架包括支承台车、主梁、底模、侧模和模板调整机构，此外造桥机还包括导梁、墩旁托架、辅助门式起重机和内模及内模小车等，如图 11-8 所示。增加中段移动模架钢箱梁的孔跨数即可用于连续梁。图 11-9 是使用移动模架造桥机进行 $50\mathrm{m}\times n$ 连续梁施工的步骤图。

模架长度必须满足施工要求。模架应利用专用设备组装，在施工时能确保质量和安全。浇筑分段工作缝，必须设在弯矩零点附近。箱梁内、外模板在滑动就位时，模板平面尺寸、高程、预拱度的误差必须控制在容许范围内。混凝土内预应力筋管道、钢筋、预埋件设置应符合规范规定和设计要求。

移动模架造桥机制梁的主要工艺流程为：安装墩旁托架→安装造桥机，上、下游移动模架同步横移合龙→调整底、外模及梁底预拱度→安放支座，吊放底板和腹板钢筋骨架，绑扎底、腹板钢筋，安装预埋件，布置预应力钢束→安装内模、吊放顶板钢筋骨架，绑扎顶板钢筋和预埋件→浇筑梁体混凝土，养护→张拉，脱模，模架横移分开→利用造桥机辅助门式起重机，倒换、安装前方墩旁托架→造桥机纵移过墩到位，同步横移合龙模架→进入下一孔梁的循环。待前孔梁底板钢筋扎好后，内模用小车移到前孔梁。

移动模架施工主要优点是：无大型临时制梁场，占耕地少，对地方道路干扰少，适合丘陵地带和桥隧相连区域。相对于大型预制梁厂，移动模架制梁大型设备投入少，准备时间短，能快速投产。移动模架技术具有良好的适应性，不受墩高、场地、水文、地质等条件的限制，能满足各种施工作业工况的要求，转场较机动灵活，便于开展平行流水作业。

移动模架施工主要缺点是：移动模架具有野外、高空和流动三大作业特点，应用时工序多、施工组织复杂、资源调配困难，安全质量控制最为关键。

（四）悬臂浇筑法预应力（钢筋）混凝土连续梁施工技术

悬臂浇筑的主要设备是一对能行走的挂篮。挂篮在已经张拉锚固并与墩身连成整体的梁段上移动。绑扎钢筋、立模、浇筑混凝土、施加预应力都在其上进行。完成本段施工后，挂篮对称向前各移动一节段，进行下一梁段施工，循序渐进，直至悬臂梁段浇筑完成。

1. 挂篮设计与组装

（1）挂篮结构主要设计参数　应符合下列规定。就国内外现有的挂篮，按结构形式可

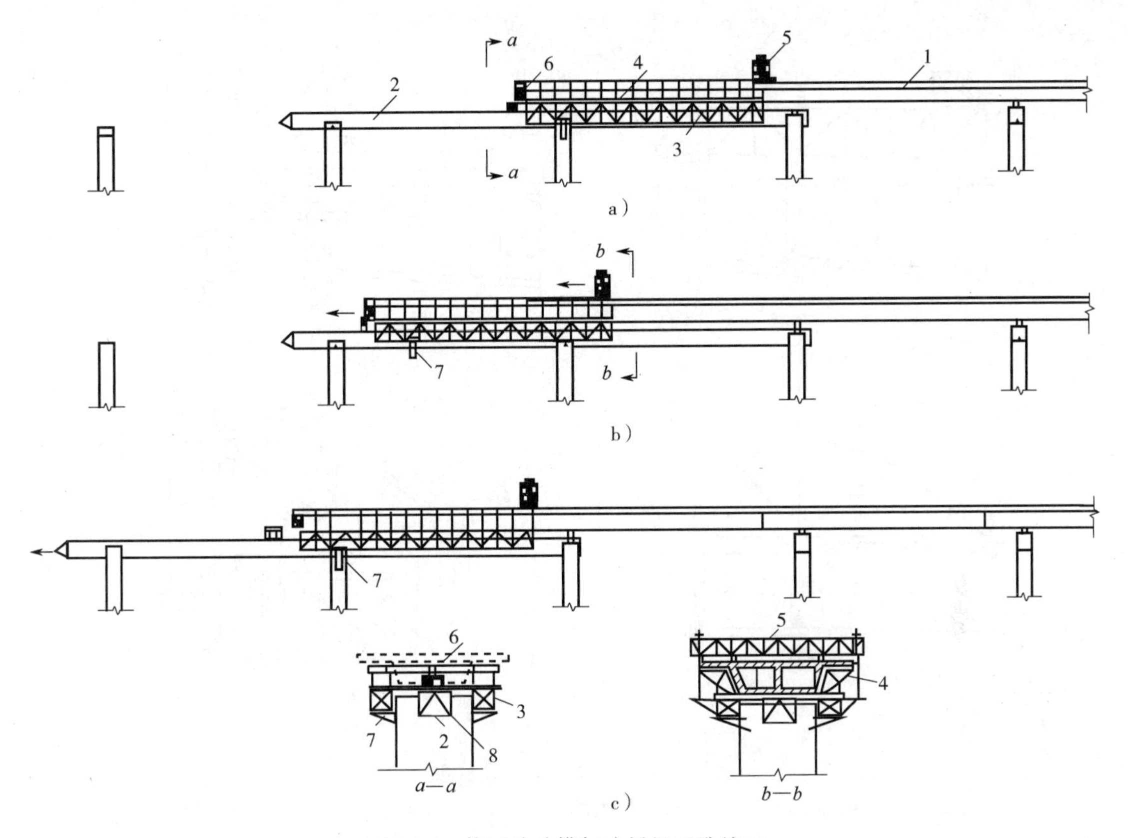

图 11-9　使用移动模架造桥机逐孔施工

a）浇筑混凝土，施加预应力　b）脱模移动模架梁　c）模架梁就位后移动导梁，浇筑混凝土前准备工作

1—已完成的梁　2—导梁　3—模架梁　4—模架　5—后端横梁和悬吊平车

6—前端横梁和支承平车　7—模架梁支承托架　8—墩台留槎

分为平行桁架式、三角形组合梁式、弓弦式、菱形桁架式等，如图 11-10 所示；按行走方式可分为滑移式和滚动式；按平衡方式可分为压重式和自锚式。对某一具体工程，应根据梁段分段情况、挂篮重量、承受荷载的要求及施工经验对挂篮进行认真详细的设计。

挂篮质量与梁段混凝土的质量比值控制在 0.3~0.5，特殊情况下不得超过 0.7。允许最大变形（包括吊带变形的总和）为 20mm。施工、行走时的抗倾覆安全系数不得小于 2。自锚固系统的安全系数不得小于 2。斜拉水平限位系统和上水平限位安全系数不得小于 2。

挂篮组装后，应全面检查安装质量，并应按设计荷载做载重试验，以消除非弹性变形。

（2）浇筑段落　悬浇梁体一般应分四大部分浇筑：

墩顶梁段（0 号块）→墩顶梁段（0 号块）两侧对称悬浇梁段→边孔支架现浇梁段→主梁跨中合龙段。

（3）悬浇顺序及要求　在墩顶托架或膺架上浇筑 0 号段并实施墩梁临时固结；在 0 号块段上安装悬臂挂篮，向两侧依次对称分段浇筑主梁至合龙前段；在支架上浇筑边跨主梁合龙段；最后浇筑中跨合龙段形成连续梁体系。

悬臂浇筑混凝土时，宜从悬臂前端开始，最后与前段混凝土连接。桥墩两侧梁段悬臂施工应对称、平衡，平衡偏差不得大于设计要求。

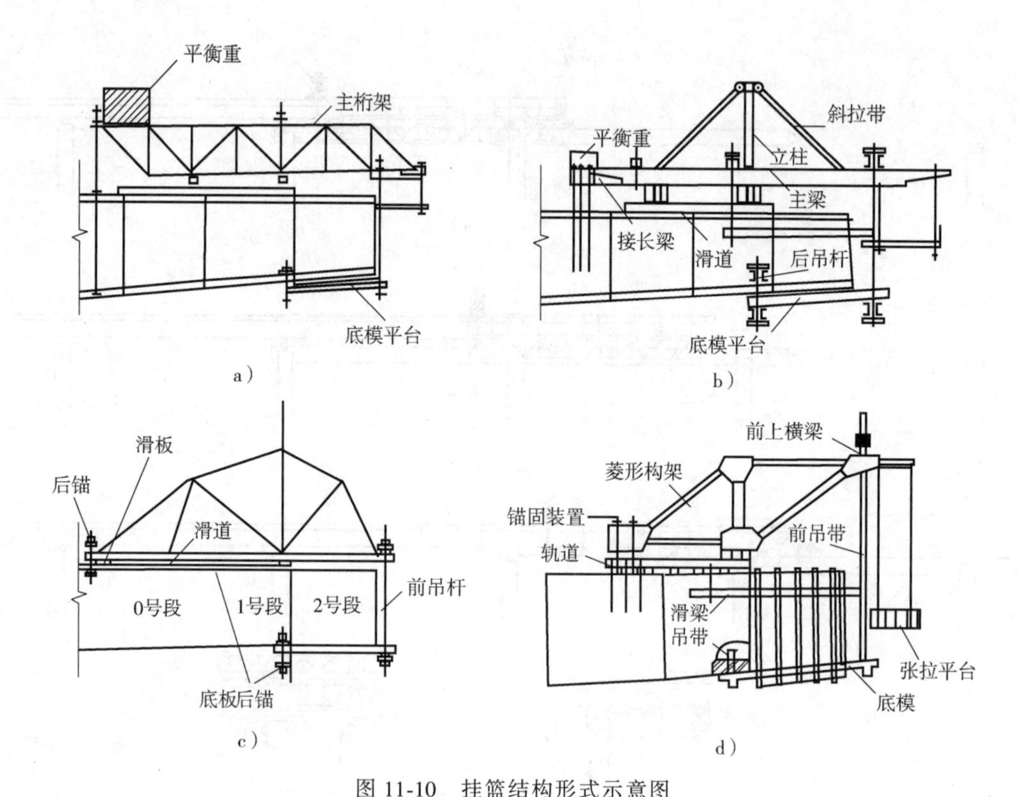

图 11-10 挂篮结构形式示意图

a）平行桁架式挂篮 b）三角形组合梁式挂篮 c）弓弦式挂篮 d）菱形桁架式挂篮

（4）张拉及合龙 预应力混凝土连续梁悬臂浇筑施工中，顶板、腹板纵向预应力筋的张拉顺序一般为上下、左右对称张拉，设计有要求时按设计要求施做。预应力混凝土连续梁合龙顺序一般是先边跨、后次跨、最后中跨。连续梁（T 构）的合龙、体系转换和支座反力调整应符合下列规定：

1）合龙段的长度宜为 2m。

2）合龙前应观测气温变化与梁端高程及悬臂端间距的关系。

3）合龙前应按设计规定，将两悬臂端合龙口予以临时连接，并将合龙跨一侧墩的临时锚固放松或改成活动支座。

4）合龙前，在两端悬臂预加压重，并于浇筑混凝土过程中逐步撤除，以使悬臂端挠度保持稳定。

5）合龙宜在一天中气温最低时进行。

6）合龙段的混凝土强度宜提高一级，以尽早施加预应力。

7）连续梁的梁跨体系转换，应在合龙段及全部纵向连续预应力筋张拉、压浆完成，并解除各墩临时固结后进行。

8）梁跨体系转换时，支座反力的调整应以高程控制为主，反力作为校核。

（5）高程控制 预应力混凝土连续梁，悬臂浇筑段前端底板和桥面标高的确定是连续梁施工的关键问题之一，确定悬臂浇筑段前端标高时应考虑：挂篮前端的垂直变形值；预拱度设置；施工中已浇段的实际标高；温度影响。因此，施工过程中的监测项目为前三项；必要时结构物的变形值、应力也应进行监测，保证结构的强度和稳定。

（五）钢梁制作与安装

（1）钢梁制造 钢梁制造焊接环境相对湿度不宜高于80%。焊接环境温度：低合金高强度结构钢不得低于5℃，普通碳素结构钢不得低于0℃。主要杆件应在组装后24小时内焊接。钢梁出厂前必须进行试拼装，并应按设计和有关规范的要求验收。钢梁出厂前，安装企业应对钢梁质量和应交付的文件进行验收，确认合格。

钢梁制造企业应向安装企业提供下列文件：产品合格证；钢材和其他材料质量证明书和检验报告；施工图，拼装简图；工厂高强度螺栓摩擦面抗滑移系数试验报告；焊缝无损检验报告和焊缝重大修补记录；产品试板的试验报告；工厂试拼装记录；杆件发运和包装清单。

（2）钢梁安装 钢梁的安装，对于城区内常用安装方法：自行式起重机整孔架设法、门式起重机整孔架设法、支架架设法、缆索起重机拼装架设法、悬臂拼装架设法、拖拉架设法等。钢梁工地安装，应根据跨径大小、河流情况、交通情况和起吊能力等条件选择安装方法。

（六）钢—混凝土结合梁施工技术

（1）钢—混凝土结合梁的构成与适用条件。钢—混凝土结（组）合梁结构适用于城市大跨径或较大跨径的桥梁工程，目的是减轻桥梁结构自重，尽量减少施工对现况交通与周边环境的影响。该梁一般由钢梁和钢筋混凝土桥面板两部分组成，钢梁由工字形截面或槽形截面构成。

（2）钢—混凝土结合梁施工。

1）基本工艺流程。钢梁预制并焊接传剪器→架设钢梁→安装横梁（横隔梁）及小纵梁（有时可不设）→安装预制混凝土板并浇筑接缝混凝土或支搭现浇混凝土桥面板的模板并铺设钢筋→现浇混凝土→养护→张拉预应力束→拆除临时支架或设施。

2）施工技术要点。钢主梁架设和混凝土浇筑前，应按设计要求或施工方案设置施工支架。混凝土浇筑前，应对钢主梁的安装位置、高程、纵横向连接及施工支架进行检查验收，各项均应达到设计要求或施工方案要求。钢梁顶面传剪器焊接经检验合格后，方可浇筑混凝土。现浇混凝土结构宜采用缓凝、早强、补偿收缩性混凝土。混凝土浇筑顺序：顺桥向应自跨中开始向支点处交汇，或由一端开始浇筑；横桥向应先由中间开始向两侧扩展。桥面混凝土表面应符合纵横坡度要求，表面光滑、平整，应采用原浆抹面成活，并在其上直接做防水层。不宜在桥面板上另做砂浆找平层。施工中，应随时监测主梁和施工支架的变形及稳定，设有施工支架时，必须待混凝土强度达到设计要求且预应力张拉完成后，方可卸落施工支架。

（七）钢筋（管）混凝土拱桥施工技术

1. 现浇拱桥施工

1）一般规定：钢管混凝土拱桥、劲性骨架拱桥及钢拱桥的钢构件制造应符合《城市桥梁工程施工与质量验收规范》（CJJ 2—2008）钢梁制造的有关规定。装配式拱桥构件在吊装时，混凝土的强度不得低于设计要求；设计无要求时，不得低于设计强度值的75%。拱圈（拱肋）放样时应按设计要求设预拱度，当设计无要求时，可根据跨度大小、恒载挠度、拱架刚度等因素计算预拱度，拱顶宜取计算跨度的1/1000~1/500。拱圈（拱肋）封拱合龙温度应符合设计要求，当设计无要求时，宜在当地年平均温度或5~10℃时进行。

2）在拱架上浇筑混凝土拱圈。跨径小于16m的拱圈或拱肋混凝土，应按拱圈全宽从两端拱脚向拱顶对称、连续浇筑，并在拱脚混凝土初凝前全部完成。不能完成时，则应在拱脚预留一个隔缝，最后浇筑隔缝混凝土。跨径大于或等于16m的拱圈或拱肋，宜分段浇筑。分段位置，拱式拱架宜设置在拱架受力反弯点、拱架节点、拱顶及拱脚处；满布式拱架宜设置在拱顶、1/4跨径、拱脚及拱架节点等处。各段的接缝面应与拱轴线垂直，各分段点应预留间隔槽，其宽度宜为0.5~1m。分段浇筑程序应符合设计要求，应对称于拱顶进行。各分段内的混凝土应一次连续浇筑完毕，因故中断时，应将施工缝凿成垂直于拱轴线的平面或台阶式接合面。间隔槽混凝土浇筑应由拱脚向拱顶对称进行；应待拱圈混凝土分段浇筑完成且强度达到75%设计强度且接合面按施工缝处理后再进行。分段浇筑钢筋混凝土拱圈（拱肋）时，纵向不得采用通长钢筋，钢筋接头应安设在后浇的几个间隔槽内，并应在浇筑间隔槽混凝土时焊接。浇筑大跨径拱圈（拱肋）混凝土时，宜采用分环（层）分段方法浇筑，也可纵向分幅浇筑，中幅先行浇筑合龙，达到设计要求后，再横向对称浇筑合龙其他幅。拱圈（拱肋）封拱合龙时混凝土强度应符合设计要求，设计无要求时，各段混凝土强度应达到设计强度的75%；当封拱合龙前用千斤顶施加压力的方法调整拱圈应力时，拱圈（包括已浇间隔槽）的混凝土强度应达到设计强度。

2. 装配式桁架拱和刚构拱安装

1）安装程序：在墩台上安装预制的桁架（刚架）拱片，同时安装横向连系构件，在组合的桁架拱（刚构拱）上铺装预制的桥面板。

2）安装技术要点：装配式桁架拱、刚构拱采用卧式预制拱片时，起吊时必须将全片水平吊起后，再悬空翻身竖立。在拱片悬空翻身整个过程中，各吊点受力应均匀，并始终保持在同一平面内，不得扭转。大跨径桁式组合拱，拱顶湿接头混凝土，宜采用较构件混凝土强度高一级的早强混凝土。安装过程中应采用全站仪，对拱肋、拱圈的挠度和横向位移、混凝土裂缝、墩台变位、安装设施的变形和变位等项目进行观测。拱肋吊装定位合龙时，应进行接头高程和轴线位置的观测，以控制、调整其拱轴线，使之符合设计要求。拱肋松索成拱以后，从拱上施工加载起，一直到拱上建筑完成，应随时对1/4跨、1/8跨及拱顶各点进行挠度和横向位移的观测。大跨度拱桥施工观测和控制宜在每天气温、日照变化不大的时候进行，尽量减少温度变化等不利因素的影响。

（八）斜拉桥施工技术

斜拉桥类型：通常分为预应力混凝土斜拉桥、钢斜拉桥、钢—混凝土叠合梁斜拉桥、混合梁斜拉桥、吊拉组合斜拉桥等。斜拉桥由索塔、钢索和主梁组成。

1. 施工技术要点

索塔的施工可视其结构、体形、材料、施工设备和设计要求综合考虑，选用适合的方法。裸塔施工宜用爬模法，横梁较多的高塔，宜采用劲性骨架挂模提升法。

斜拉桥主梁施工方法与梁式桥基本相同，大体上可分为顶推法、平转法、支架法和悬臂法；悬臂法分悬臂浇筑法和悬臂拼装法。由于悬臂法适用范围较广而成为斜拉桥主梁施工最常用的方法。

悬臂浇筑法，在塔柱两侧用挂篮对称逐段浇筑主梁混凝土。

悬臂拼装法，是先在塔柱区浇筑放置起吊设备的起始梁段，然后用适宜的起吊设备从塔柱两侧依次对称拼装梁体节段。

钢主梁应由资质合格的专业单位加工制作、试拼，经检验合格后，安全运至工地备用。堆放应无损伤、无变形和无腐蚀。钢梁制作的材料应符合设计要求。焊接材料的选用、焊接要求、加工成品、涂装等项的标准和检验按有关规定执行。应进行钢梁的连日温度变形观测对照，确定适宜的合龙温度及实施程序，并应满足钢梁安装就位时高强螺栓定位所需的时间。

2. 斜拉桥施工监测

（1）施工监测对象

1）施工过程中，必须对主梁各个施工阶段的拉索索力、主梁标高、塔梁内力以及索塔位移量等进行监测。

2）监测数据应及时反馈给设计等单位，以便分析确定下一施工阶段的拉索张拉量值和主梁线形、高程及索塔位移控制量值等，直至合龙。

（2）施工监测主要内容

1）变形：主梁线形、高程、轴线偏差、索塔的水平位移。

2）应力：拉索索力、支座反力以及梁、塔应力在施工过程中的变化。

3）温度：温度场及指定测量时间塔、梁、索的变化。

四、城市桥梁工程新材料简介

（一）纤维增强复合材料

纤维增强复合材料中，纤维的含量一般在50%以上。纤维增强复合材料筋的重量相对较轻，在普通钢筋重量占比中仅为20%。但是，它极具强度方面的优势，是普通钢筋强度的六倍。近年来，纤维增强复合材料在桥梁工程中的应用也日渐普遍。例如，悬索桥或者斜拉桥工程实施中，可选用该种材料作为缆索；混凝土桥梁中，也可选择该种材料作为预应力筋。

混凝土梁中，对纤维增强复合材料配筋的应用始于20世纪60年代。其主要是采用纤维增强复合材料，对近海地区或寒冷地区的钢筋混凝土结构中的盐蚀危害进行有效控制。纤维增强复合材料在岩土工程的加筋土中也极具适用性。它的主要优势是安装简便、耐久性好、价格低，极具应用前景。因科技水平的不断革新，我国现已生产出各类纤维增强复合材料筋、索产品和与之相配套的夹具等。

（二）树脂基玻璃纤维增强复合材料（FRP）

FRP因其比强度和比模量高，耐腐蚀、抗疲劳性、减震性能好以及破损安全性能好、可设计性和工艺性好，在航天航空、汽车、船舶、化工、电子和建筑等行业中已有广泛的应用。从20世纪70年代末开始，复合材料在桥梁工程中逐渐得到应用。目前，复合材料在桥梁工程中的应用主要包括：桥梁构件的加固补强；桥梁构件的替代应用，如桥面板；新人行桥和公路桥梁的设计和建造等方面。

（三）超高性能混凝土（Ultra-HighPerformance Concrete）

超高性能混凝土是指抗压强度在150MPa以上，同时具有超高韧性、超长耐久性的水泥基复合材料的统称。其中，最具代表性的超高性能混凝土材料为活性粉末混凝土RPC（Reactive Powder Concrete），最早由法国学者于1993年研发成功，主要由水泥、硅灰、细骨料、减水剂及钢纤维等材料组成，依照最大密实度原理构建，从而可使材料内部的缺陷（孔隙与微裂缝）减至最少。

UHPC材料组分内不包含粗骨料，颗粒粒径一般小于1mm，因高度的致密性而具有超高强度及优异的耐久性。研究表明，UHPC抗压强度可达200MPa以上，同时材料耐久性可达200年以上。此外，由于UHPC中分散的细钢纤维可大大减缓材料内部微裂缝的扩展，从而使材料表现出超高的韧性和延性性能。

据不完全统计，到2016年年底为止，世界各国已有超过400座桥梁采用UHPC作为主要或部分建筑材料，超过150座桥梁采用UHPC作为主体结构材料。

五、城市桥梁施工新技术简介

（一）大跨径拱桥整体提升施工

整体提升架设施工是拱桥施工安装中的一种新方法。它有着架设过程施工周期短，对于航运繁忙的河道，封航时间短，能基本保证主桥施工期间的通航，对航道的干扰小等优点。

该施工方法主要分为：拱肋节段组拼、拱肋节段上船、浮运、拱肋节段整体提升几个阶段。其中，主跨主拱中段的架设安装是较为重要的过程。

主跨主拱中段整体浮运、提升的工艺流程：拼装场混凝土预制桩基础、承台施工→万能杆件支架、运梁平车、门式起重机安装→在拱肋支架上放样拱肋→拱肋下弦杆安装→腹杆安装→上弦杆安装→接缝焊接，拱肋横撑安装→安装拱肋中段上船滑移支架及滑道，拆除组拼支架，拱肋荷载转移到滑移支架→张拉部分临时系杆→驳船上安装轨道、千斤顶→驳船进场就位，铺设过渡梁、缆绳固定、安装牵引索→千斤顶牵引拱肋滑移上驳船→进行加固并安装前端横撑和临时系杆→预抛锚→航道封航，浮运拱肋到主桥提升塔下→锚艇挂好锚绳，绞拉驳船就位→挂提升索吊耳，分阶段张拉临时系杆、平衡索，驳船同时抽排水作业保持恒定标高→对拱肋施加提升力→拆卸滑移支架与拱肋连接件→同步提升主拱中段离船→匀速提升拱肋就位→驳船撤离→精调拱肋位置、线形后，测量合龙段长度→切割合龙段，栓、焊连接拱肋合龙段。

主拱大段整体提升安装较缆索吊装扣索悬拼施工具有拱肋安装精度高、结构整体性好、工期短，易于保证质量、简化施工、风险小、安全可靠等优点，但该方法需建专用拼装场，动用特型船舶，要有保证船舶浮运的水深，其应用受外界条件的限制。

（二）复式钢箱拱桥卧拼竖提转体施工技术

竖向转体施工的常规做法，是利用设置在拱座处索塔上的扣索的牵引，将搭设支架现拼好的两半跨拱肋竖向转至设计标高，在跨中合龙完成结构的安装。

对于这样的施工体系，索塔和扣索受力大，因而成本高。整个竖转体系控制监测点分散，现场施工较为困难，因而安全性较低。而且索塔及扣索必须在拱座施工完毕后才能进行安装，因此需占用大量宝贵的施工时间。这种施工方案采用卧拼、垂提、竖转的施工方法，将索塔前移变成提升塔，张拉油缸从边拱移至提吊塔顶部。

关键技术：

1）大跨径、大吨位门式起重机及其基础设计和施工。

2）提升塔及其基础设计和施工。

3）提升索、平衡索布置形式的选择。

4）拱肋提升吊点及平衡索锚点布置。

5）竖转铰同心度控制。

6）竖提转体同步性控制。

7）拱肋节段拼装及转体线形精度控制。

8）转体过程中提升塔及拱肋等结构的应力和位移监测。

9）拱肋线形调整顶升方法。

第三节　城市管道工程施工技术

一、地下综合管廊施工技术

（一）地下综合管廊概述

传统中的各种市政管线，一般采用直埋或架空的方式进行铺设，但这种方法已难以满足现代城市发展的需要。目前，世界上比较先进的做法是采用地下综合管廊的模式。地下综合管廊是指在城市道路下面建造一个市政共用隧道，将电力、通信、供水、燃气等多种市政管线集中在一起，实行“统一规划、统一建设、统一管理”，以做到地下空间的综合利用和资源的共享。地下综合管廊是一种现代化、集约化的城市基础设施，为城市发展预留了有利的地下空间。

（二）地下综合管廊施工技术

1. 地下综合管廊常用的施工技术

根据诸多城市建设地下综合管廊的工程实践，在地下综合管廊的施工中，目前一般有三种方法，即明挖工法、暗挖工法、预制拼装法。

（1）明挖工法　明挖工法即在地下综合管廊的建设过程中，先进行基坑围护和降水，由上而下开挖地面土石方至设计标高后，再自基底由下而上顺作进行管廊主体结构施工，最后回填基坑恢复地面的施工方法。明挖工法是管廊施工的首选方法，在地面交通和环境条件允许的情况下采用明挖法施工，具有施工技术简单、快捷、经济、安全的优点；其缺点是中断交通时间长，施工噪声和渣土粉尘等对环境有一定的影响。明挖工法一般分布在道路的浅层空间，适用于场地地势平坦，没有需保护的建筑物且具备大面积开挖条件的地段，通常用于城市的新建区，与道路新建同步进行。一般有明挖现浇施工法和明挖预制拼装施工法。

（2）暗挖工法　暗挖工法即在地下综合管廊的建设过程中，采用盾构、矿山法等各种工法进行施工。暗挖工法地下综合管廊的造价较高，但其施工过程中对城市交通的影响较小，可以有效地降低地下综合管廊建设的外部成本，如施工引起的交通延滞成本、拆迁成本等，所以这种施工方法一般适用于城市中心区域或深层地下空间中的综合管廊建设，适用于城市交通繁忙、景观要求高、无法实施开挖作业的地区，也适用于松散地层、含水松散地层及坚硬土层和岩石层。一般有盾构法、矩形顶管法、矿山法和盖挖法等施工方法。

（3）预制拼装法　预制拼装法即将地下综合管廊的标准段在工厂进行预制加工，而在建设现场现浇地下综合管廊的接出口、交叉口特殊段，并与预制标准段拼装形成地下综合管廊本体。预制拼装式地下综合管廊可以有效地降低地下综合管廊施工的工期和造价，更好地保证地下综合管廊的施工质量。预制拼装式地下综合管廊适合于城市新区或高科技园区类的现代化工业园区等。预制拼装法虽然优点突出，是未来地下综合管廊建设发展的趋势，但是目前的技术还不是很成熟，正在完善。

2. 地下综合管廊建设中的若干技术难点

（1）地下综合管廊基础　地下综合管廊是线状地下空间设施，所以不均匀沉降的处理是地下综合管廊建设中的关键技术之一。一般而言，当地层介质为均匀的土层介质时（纵断面方向），传统的地下工程设计理论和现有的施工技术措施，完全可以解决地下综合管廊的不均匀沉降问题，但当地下综合管廊与其他地下构筑物建设相遇，或穿越土性变化大的地层介质时，尚需采取一些特殊的技术措施进行必要的处理来减少其不均匀沉降问题。

（2）软土层与土性变化大　当地下综合管廊建在软土地层或土性变化较大的地层时，必须进行地基处理，以减少其不均匀沉降或过大的沉降，常用的地基处理方法有压密注浆，地基土置换等，上海浦东新区张扬路地下综合管廊采取了粉喷桩，而关于地基处理的设计理论，目前已相当成熟，在此不作论述。

（3）与其他地下构筑物共构　当地下综合管廊与其他地下构筑物，如高架道路的基础、地铁、地下街共构建设时，在与独立建设的地下综合管廊的交接处，可以采取以下技术措施来减少两者间的差异沉降。

1）无法回填时。由于地下综合管廊有大量的自然通风口，强制排风口，人员进出口等附属设施，在这些部位或与其他地下构筑物相遇而无法回填或回填压实有困难时，应将该部位设计成空室构造。

2）穿越既有地下设施时。当地下综合管廊下穿既有地下设施，如高架道路基础时，在接头处也有可能产生不均匀沉降，为此也需要在接头部位做成弹性铰，以使其能自由变形。

（4）地下综合管廊与地下设施交叉　地下综合管廊与地下设施交叉包括与既有市政管线交叉、与地下空间开发和地下铁路交叉、桥梁基础交叉等，对于各种交叉，如果处理不当，势必造成地下综合管廊建设成本的增加和运行可靠度的下降等，原则上可以采取以下措施。

1）合理和统一规划地下各类设施的标高，包括主干排水干管标高，地铁标高，各种横穿管线标高等，原则是地下综合管廊与非重力流管线交叉时，其他管线避让地下综合管廊，当与重力流管线交叉时，地下综合管廊避让，与人行地道交叉时，在人行地道上部通过。

2）整体平面布局。在布置地下综合管廊平面位置时，充分避开既有各类地下管线和构筑物等，以及地铁站台和区间线等。

3）整合建设。可以考虑地下综合管廊在地铁隧道上部与地铁线整合建设或与地下空间开发项目在其上部或旁边整合建设。也可考虑在高架桥下部与桥的基础整合建设，但应考虑和处理好沉降的差异。

（5）地下综合管廊内管线的交叉和引出　地下综合管廊与地下综合管廊交叉或从地下综合管廊内将管线引出，是比较复杂的问题，既要考虑管线间的交叉对整体空间的影响，包括对人行通道的影响，也要考虑进出口的处理，如防渗漏和出口井的衔接等。无论何种地下综合管廊，管线的引出都需要专门的设计，一般有以下两种模式。

1）立体交叉。所谓立体交叉，就是类似于立交道路匝道的建设方式将管线引出，在交叉处或分叉处，地下综合管廊的断面要加深加宽，直线管线保持原高程不变，而拟分叉的管线逐渐降低高度，在垂井中转弯分出。

2）平面交叉。如因空间限制而无法加深加大地下综合管廊断面采取立体交叉时，只能采取平面交叉引出管线，此时不仅要考虑管线的转弯半径，还要考虑在交叉处工作人员必要的工作空间和穿行空间。

二、顶管施工技术

顶管施工技术是一种铺装地下管道的技术，有巨大推力的液压千斤顶被用在遥控的顶管掘进机的后方，使掘进机和紧随其后的管道穿越土层到达预先设计的位置，挖掘发生在顶管掘进机的前方，泥水平衡顶管机挖掘的物质，通过循环性泥水系统用泵排到地表，土压平衡顶管机挖掘的物质，通过螺旋出土机排到地表。顶管设备包括散开式掘进机、岩盘掘进机、泥水平衡掘进机、土压平衡掘进机等，城市管网建设中常用泥水平衡掘进机和土压平衡掘进机。

1. 泥水式顶管施工法

（1）基本原理　泥水式顶管施工法是在顶进过程中，通过送水管道将清水或泥水送至顶进面，与被掘削的土渣混合后用泵将泥浆排至泥水处理装置，经沉淀处理后，水被循环利用，而土渣则被沉淀运走。在整个顶进过程中通过调节送水压力，防止地下水的喷发和流失，故施工中无须采取井点降水等影响地盘隆起或沉降的措施，是一种全自动出渣的排泥方式，适用于小口径（小于800mm）顶管。在顶进的同时，操作人员通过监测仪器随时观察施工状况，采用激光定位保证顶进方向。

泥水平衡掘进机工艺原理是利用泥水压力来平衡顶进工作面上的水压力和土压力，通过调节出泥舱的泥水压力稳定开挖面，弃土以泥水方式排放出顶管机，在不开挖地表的情况下，利用液压顶进工作站从工作坑将铺设的管道顶入，从而在顶管机之后直接铺设管道。工艺原理如图11-11所示。

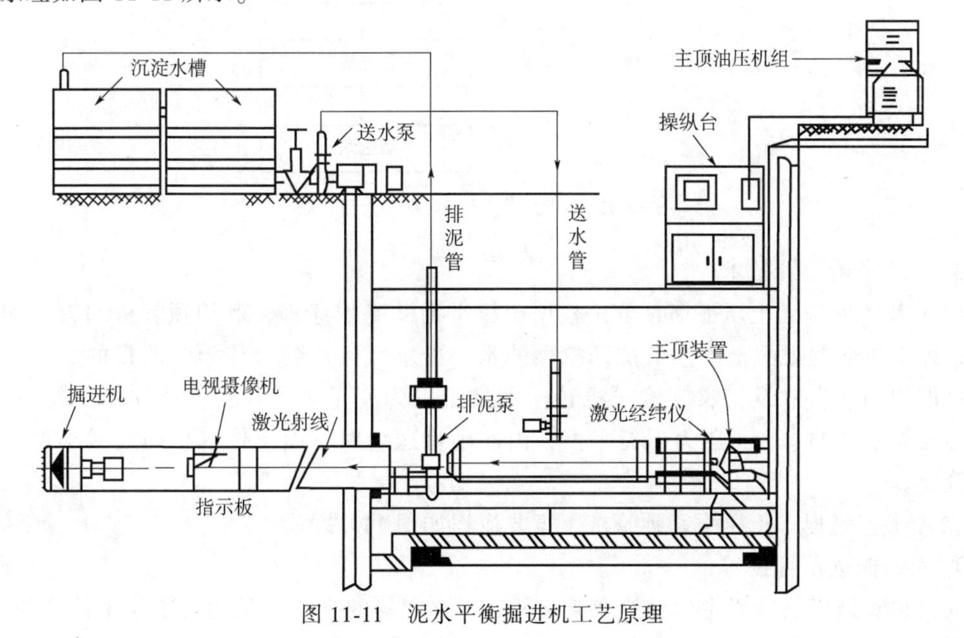

图11-11　泥水平衡掘进机工艺原理

（2）工艺流程　当顶管线路选定，各标段的工作井和接收井位置确定后，各标段开始施工的工艺流程如图 11-12 所示。

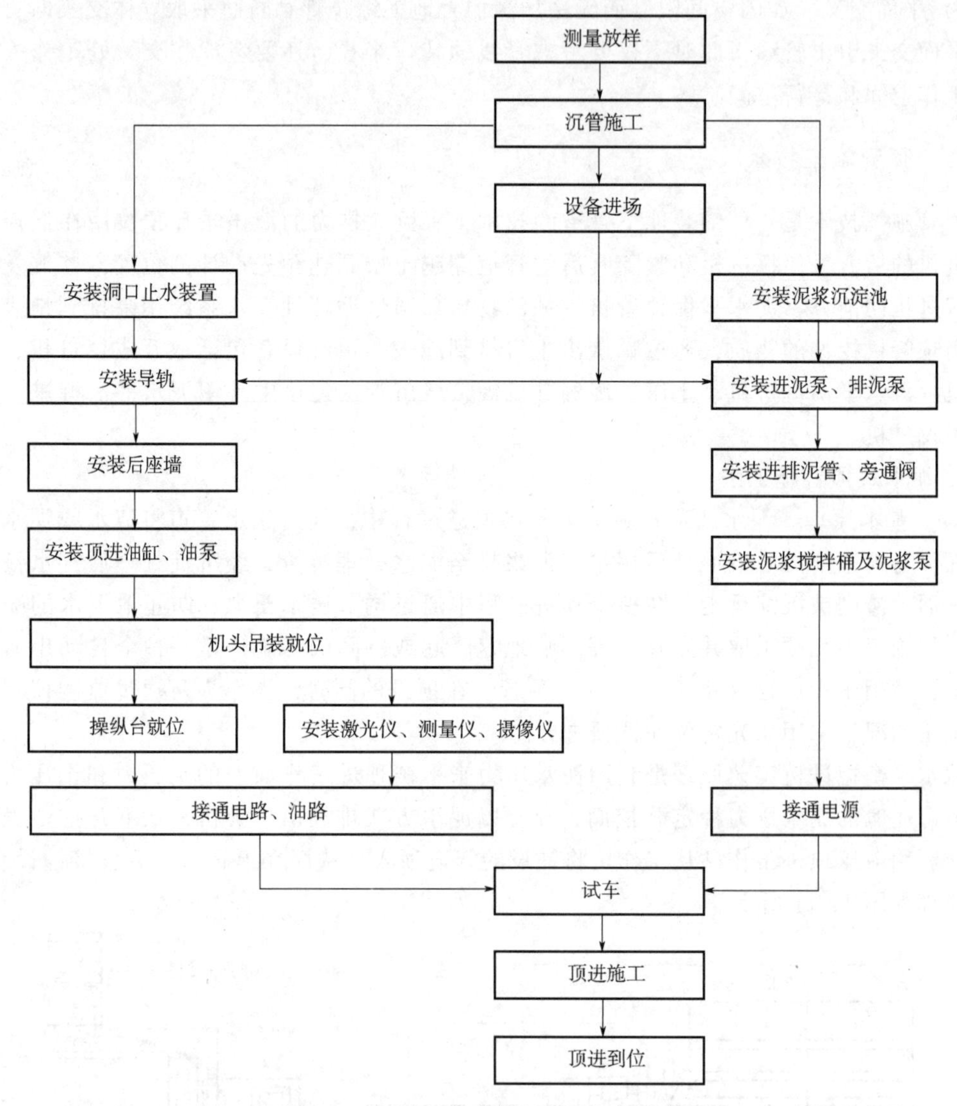

图 11-12　泥水式顶管施工工艺流程图

2. 土压平衡顶管技术

（1）基本原理　土压平衡顶管是根据土压平衡的基本原理，利用顶管机的刀盘切削和支承机内土压舱的正面土体，抵抗开挖面的水、土压力以达到土体稳定的目的。以顶管机的顶速即切削量为常量，螺旋输送机转速即排土量为变量进行控制，待到土压舱内的水、土压力与切削面的水、土压力保持平衡，由此则可减少对正面土体的扰动及减小地面的沉降与隆起。

（2）工艺流程　土压平衡顶管施工工艺流程如图 11-13 所示。

3. 人工掘进顶管技术

人工顶管施工借助于主顶油缸及管道间、中继间等的推力，采用人工挖土掘进的方法，

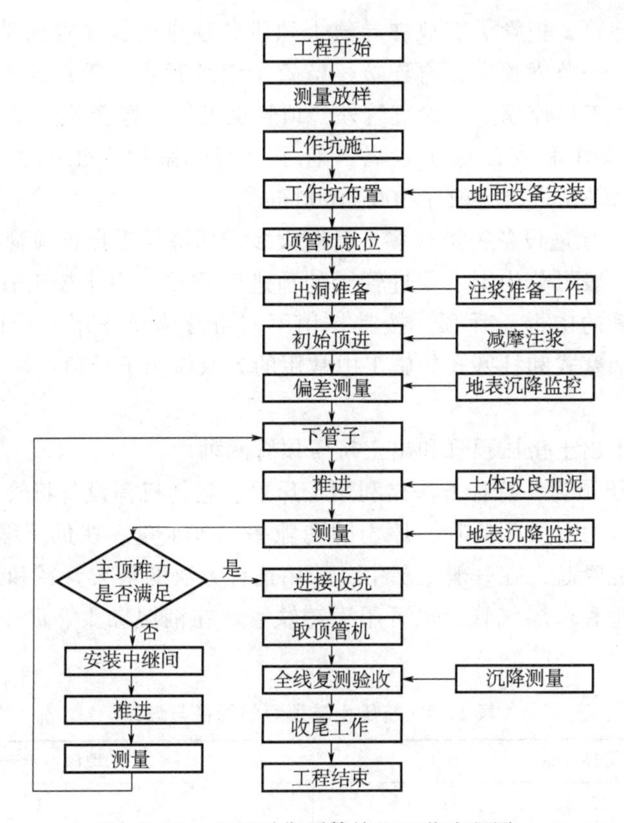

图 11-13 土压平衡顶管施工工艺流程图

把工具管或掘进机从工作井内穿过土层一直推到接收井内吊起。与此同时，也就把紧随工具管或掘进机后的管道埋设在两井之间，以期实现非开挖敷设地下管道的施工方法。其施工示意图如图 11-14 所示。

(1) 掘进顶管的工作过程 先开挖工作坑，再按照设计管线的位置和坡度，在工作坑

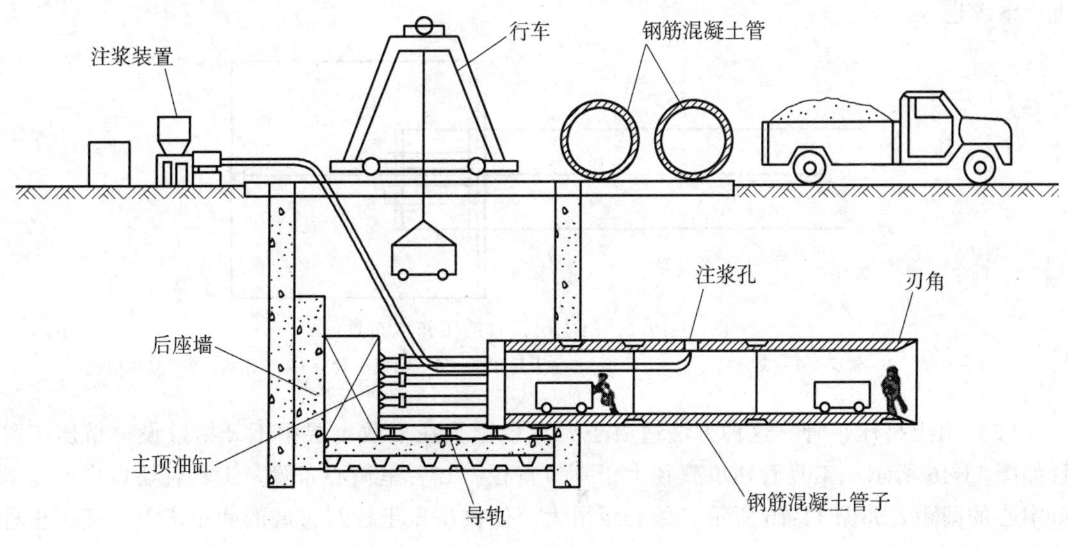

图 11-14 人工掘进顶管示意图

底修筑基础、设置导轨，把管子安放在导轨上顶进。顶进前，在管前端开挖坑道，然后用千斤顶将管子顶入。一节管顶完，再连接一节管子继续顶进。千斤顶支承于后背，后背支承于原土后座墙或人工后座墙上。除直管外，顶管也可用于弯管的施工。

为了便于管内操作和安放施工设备，管子直径，采用人工掘进时，一般不应小于900mm；采用螺旋水平钻进，一般在300~1000mm。

（2）顶进设备　顶进设备种类很多，目前大多采用液压千斤顶顶管。

顶管的千斤顶一般可分为用于顶进管子的顶进千斤顶，用于校正管子位置的校正千斤顶，用于中继间顶管的中继千斤顶。按其作用不同可分为单作用千斤顶和双作用千斤顶，按其构造又可分为活塞式和柱塞式。施工中常用的为双作用千斤顶。

4. 挤压土顶管

挤压土顶管分不出土挤压顶管和出土挤压顶管两种。

（1）不出土挤压顶管　这种方法是利用千斤顶、卷扬机等设备将管子直接顶进土层内，管周围土被挤密。顶力取决于管径、原土的孔隙率、含水量。在低压缩性土层中，如管道埋设较浅，地面可能隆起，在一般土层中，采用这种方法的最大管径和最小埋深见表11-9。这种方法适用于钢管和水煤气管，也可用于铸铁管。在潮湿黏土、砂土土层中顶进阻力较小，干砂阻力较大。

表11-9　挤压土层顶管的管径与埋深

管径/mm	埋深不小于/m
13~50	1
75~200	2
250~400	3

挤压土层顶管的工作坑布置如图11-15所示。顶进时，管子最前端安装管尖。管尖的长细比一般为1∶0.3，采用偏心管尖可以减少土与管壁的摩擦力。也可在管前端安装开口管帽，管子开始顶进时，土顶入管帽，形成土塞。当土塞长度为管径的5~7倍时，就可以阻止土继续进入。

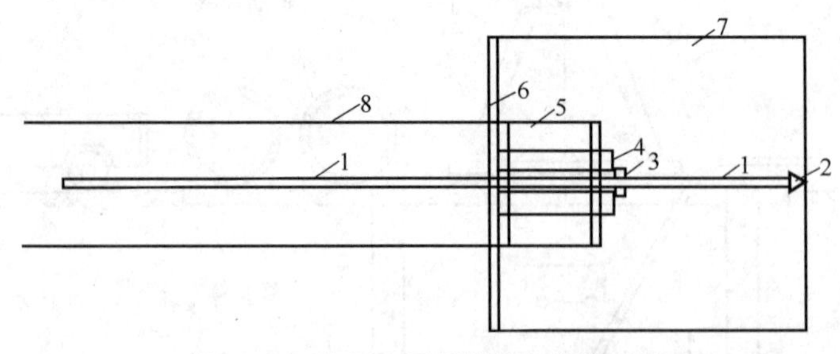

图11-15　挤压土层顶管的工作坑布置

1—管子　2—管尖　3—夹持器　4—千斤顶　5—千斤顶架　6—钢板后背　7—工作坑　8—工作尾坑

（2）出土挤压顶管　这种方法适用于大直径管子在松散土层中不开槽敷设。挤压工具管如图11-16所示。工具管切口直径大于割口直径，二者呈偏心布置。工具管切口中心与割口中心的间距δ如图11-16所示。偏心距增大，使被挤压土柱与管底的间距增大，便于土柱装载。土由工具管切口挤压进入渐缩段而至割口。挤压土柱断面减少，密实度提高。挤压土柱达到一定长度后，系紧设在割口的钢丝绳，将挤压土柱割下，落入弧形运土斗车，运至工作坑转运到地面。

含水土层内顶进，应考虑由于土体压缩，土内水被挤出而造成的对施工环境的影响。工作坑内应设置地面排水设备。

为了校正顶进位置，可在工具管内设置校正千斤顶。

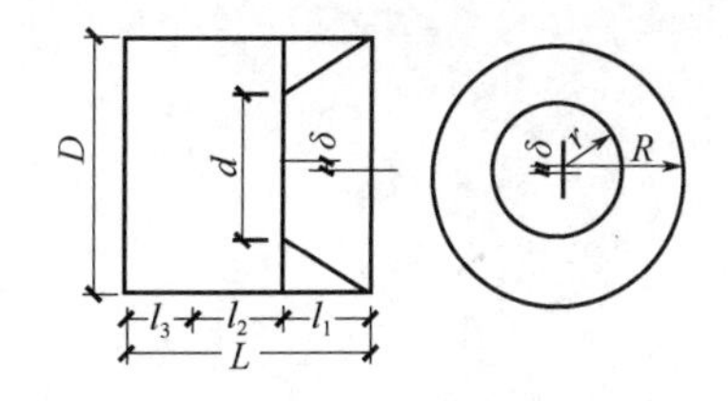

图 11-16　挤压切土工具管尺寸

5. 气压平衡法顶进施工

（1）工艺原理　气压平衡法顶管的工作原理是，通过作用于临时掘进工作面上的气体压力（这里的气体压力一般根据工具管底部的地下水压力来确定），来阻止地下水。在整个掘进工作面的高度范围内，作用的气体压力是相等的，但地下水的压力是有梯度的，因此在工具管的顶部就形成一个超过平衡压力的气体压力区。在这一压力作用下，地层空隙中的水被挤出，地层也从原来的饱和状态过渡到半饱和状态，从而起到平衡挖掘面的作用。工艺原理及设备布置分别如图 11-17、图 11-18 所示。

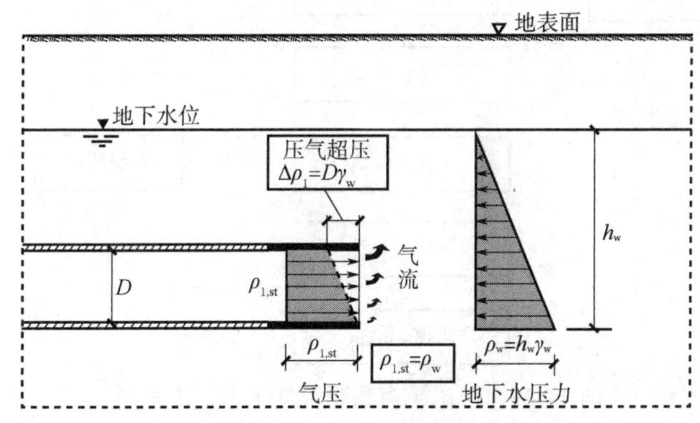

图 11-17　气压平衡法顶管工作原理

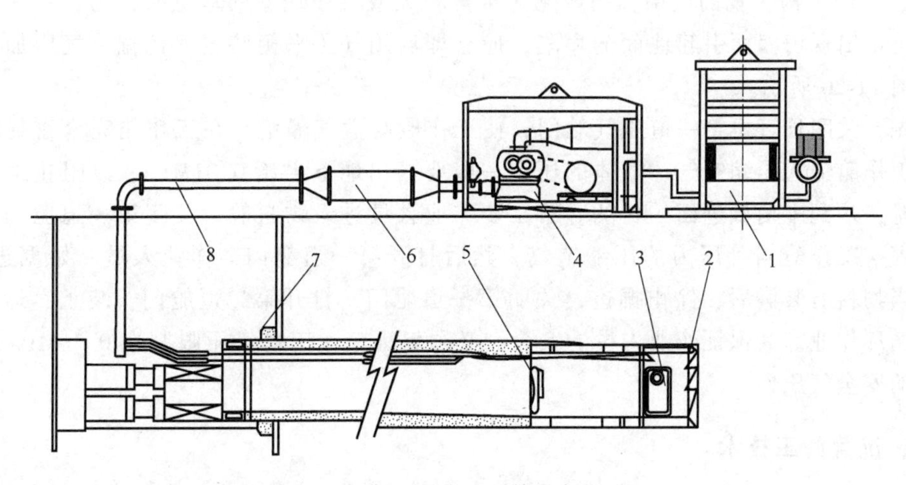

图 11-18　气压平衡法顶管设备布置图

1—冷却塔　2—带纠偏装置的工具管　3—第一道气闸门　4—空气压缩机
5—第二道气闸门　6—空气滤清器　7—防漏气装置　8—送气管道

（2）工艺流程　气压平衡法顶管施工工艺流程如图 11-19 所示。

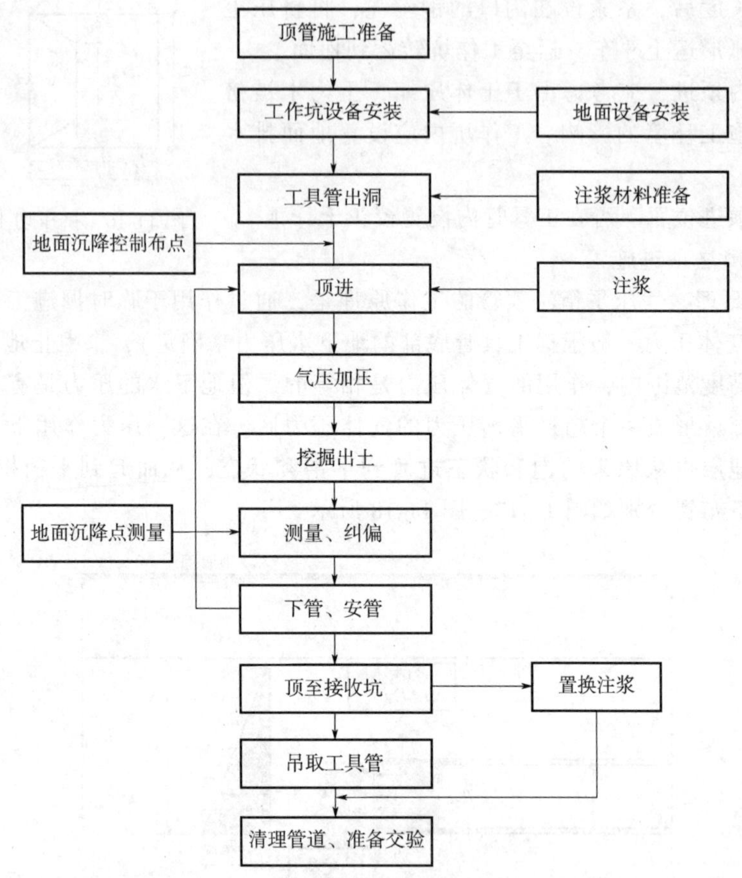

图 11-19　气压平衡法顶管施工工艺流程图

(3) 气压平衡装置的启用　当遇见含水量较大或流沙现象的地层时，为保持掘进面的稳定，防止出现坍塌而引起地面的塌陷，应立即启用气压平衡装置。挖掘、气压加压操作流程如图 11-20 所示。

首先，关闭顶管机第一道压气舱门，使工作舱与大气隔绝。在工作舱完全密封的情况下，向工作舱输入压缩空气，气体的压力一般要高出地下水压 0.01MPa，以阻止地下水涌入工作舱，达到平衡掘进面的目的。第二步作业人员进入物料舱、关闭第一道舱门，也向该舱输入与工作舱同等压力的压缩空气，然后打开第一道舱门，作业人员开始掘进作业。第三步当物料舱装满后，停止掘进，关闭第一道舱门，打开第二道舱门，装土、运输。如此反复循环作业。为保证作业人员的安全，必须保证最大工作气压限制在 0.36MPa 的人体能承受的安全气压内。

三、沉管施工技术

(一) 沉管法概述

管道过河一般采用河底穿越和河面跨越两种形式，河底穿越有顶管法、围堰法和沉管法，河面跨越有沿公路桥过河和管桥过河法。管道过河方法的选择应综合考虑以下几个因素：河床断面的宽度、深度、水位、地质等条件；过河管道水压、管材、管径，河岸工程地质条件；施工条件及作业机具布设的可能性等。

水下沉管施工主要适应于管道穿越江河、湖泊，是管道穿越水深较深、地质条件复杂、围堰施工困难、有通航要求的水域的主要施工方法之一，较之传统的围堰施工有以下几点优势：①工程造价合理；②施工工期短；③有利于保护水体环境及河道通航，不会影响通航与水流的正常流动，这尤其适用于有通航要求的河流；④适用面宽，一般河流均可采用，但是沉管法的缺点在于水下挖槽与吊管难度大，施工技术要求较高。

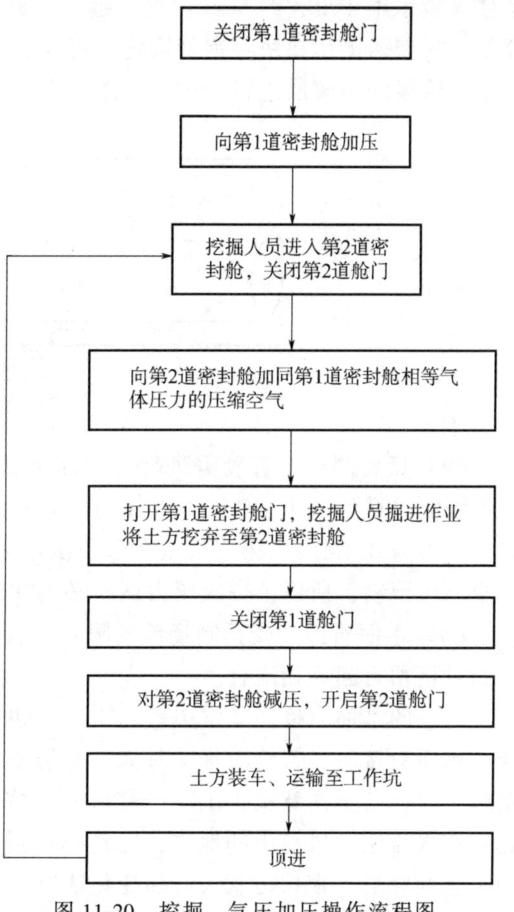

图 11-20 挖掘、气压加压操作流程图

（二）沉管施工技术

目前我国沉管多是小直径的钢管（大型隧道沉管除外），直径多为 1～3m 的钢管，而对于直径大于 3m 尤其接近 4m 的钢管还属少见，下面是直径 3.6m 的大型钢管的沉管施工技术要点，为类似工程提供施工经验。

1. 工程概况

某工程是该市保障供水水源安全、提高供水质量的重点工程，同时该工程对于满足和促进该市城市化建设的要求，扩大城市供水范围，保障居民身体健康都具有十分重大的意义。沉管工程是该工程的重点和难点，其共有 2 条过江管，2 根并行 *D*3680mm×40mm 钢管沉管施工，过河管长 510m，两管管中心间距 15m，成型管线成倒梯形。管道地基采用抛石处理后的复合地基，管道基础采用管底回填 40cm 的 15～30 级配碎石，每隔 10m 设置一个钢筋预制混凝土板（规格 4000mm×500mm×200mm）或砂包，沉管完成后抛 15～30 级配碎石 1m，再抛 30～50 级配块石 1m，再回填原土 3～4m。根据过江管的设计形状、水上拖运的河道情况和过江管成型地的地形，将每条过江管分为两段制作成型，要求一次下沉。

2. 施工工序

管段在靠近江边的预制场地预制，预制成型后，用气囊将管线平移至岸边，用 3 条吊船将其吊放下水，进行寄放，然后在水面进行管段对接。拖航与沉放时间，选择在高平潮时段，首先，将管段拖航到沉放水面，拖航过程中管尾横摆；然后吊船就位，按事先指定的位置连接沉放吊点，两端部起吊，管段两头的弯起部分及江中左侧的水平段吊离水面，使管段江中右侧的水平段绕水面旋转，扳正管段；灌水下沉，调整好位置后，将管段沉放在基槽上，管段两端临时固定，安装楔形块；做水压试验，验收。

3. 沉管施工技术要点分析

（1）管段平移　当近岸边的管段被吊放下水后，远岸边的管段将通过气囊拉移至岸边。

平移气囊采用4组，约50m设置一组。气囊所经过的场地，在下面铺设钢板，气囊上设置托架，托架两侧用垫块将钢管固定，托架前进方向的牵引钢丝由起重船提供，横移时，要注意对管段的防腐层进行保护，如图11-21所示。

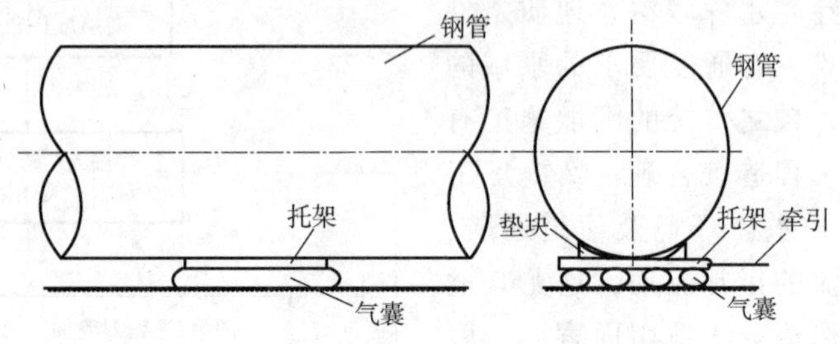

图11-21　管段平移示意图

（2）压力测试　管段需进行三次压力试验，第一次是管段在预制场拼装焊接完成后，在下水前进行的水压试验，试验压力为0.9MPa；第二次是在管段吊至水面后进行的气压试验，压力为0.1MPa；第三次是在管段沉放后回填前进行水压试验，压力为0.9MPa。由于管段分段预制，所以第一次压力试验必须在预制场分别对每条管段进行水压试验。

（3）水面对接　受预制场地的限制，管道计划分两段成型，在水面对接成设计的管段，水面对接须有起重船配合。

管段的水面对接是非常关键的工序，也是施工难点，直接影响管道成型质量和施工安全，水面对接时，若管段扰动过大，会影响定位，焊接困难，最终影响管道成型质量；焊接施工时，若不注意施工工序，有可能造成重大的质量和安全事故。因此，对接水域必须选择在水流缓、风浪小的地方，并选择合适的时机施工。施工过程中，必须注意外来船舶的干扰和影响，密切注意天气的变化情况。

管段在预制焊接完成后，用起重船吊至水面。水面对接如图11-22所示。

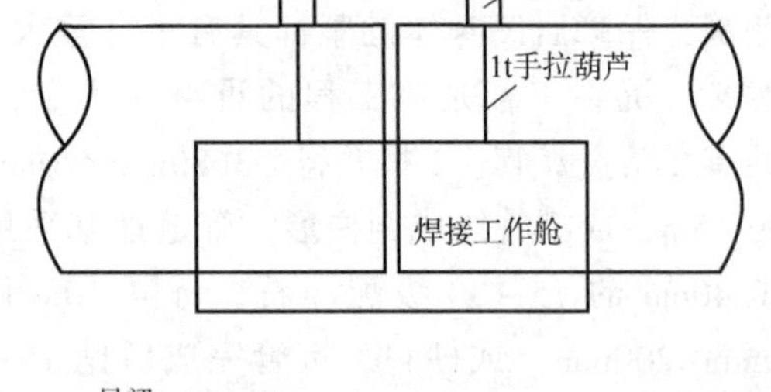

水面对接工序如下：

1）对接工作舱设计与制作。

2）对接工作舱试验。

3）水面对接工作舱的安装。

4）用2台ϕ20mm潜水泵抽干工作舱内的积水。

5）管口铆接。用板条将两管焊接拉合在一起。

6）焊工进入工作舱进行接口焊接，接口焊接达到设计和规范的要求，焊口打磨清理，焊口超声波检验，焊口清洁烘烤，焊口防腐处理。

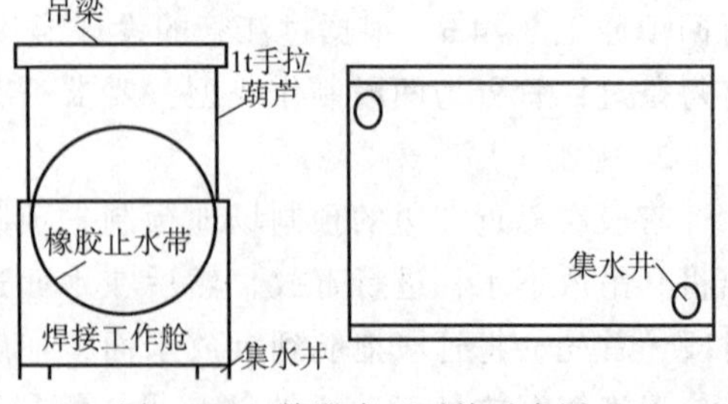

图11-22　管段水面对接示意图

7）拆除水面对接工作舱，水面对接工作结束。

（4）管道整体沉放　管道基槽验收合格，管道驳接达到设计要求后，即可进行管道整体沉放安装。管道的沉放安装拟由12艘起重船来完成，管道沉放吊装如图11-23所示。

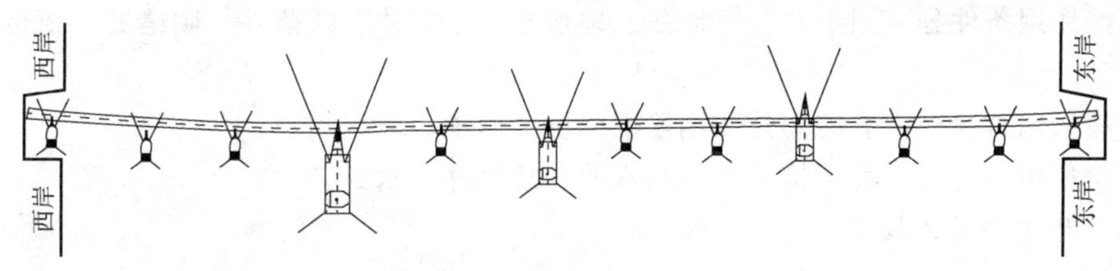

图 11-23 管道沉放吊装图

施工程序如下：

1）起重船在管段进场前到达施工现场，并布置在过江管沉放轴线两侧。

2）管道进场。锚艇拖带整条管道，在高平潮前的缓流时抵达安装现场。

3）横管就位。管道两端由小船拖带慢慢接近登陆点。

4）起重船就位，起重船抛前后锚，并穿挂吊络。

5）起重船吊着管段，使吊络保持受力，将整个管段按“着床位置”吊起，在测量员控制指挥下，管段慢慢移向基槽上方，进入粗就位状态。

6）潜水员下水，打开过河管段的两个进水阀门，同时打开管段两端的排气阀，管段进水。

7）此时管段开始下沉，控制好各起重船的受力，在测量监控下，缓慢沉放。在整个下沉过程中，要使管道受力平衡并且均匀，下沉要缓慢，不能过快。

8）复测管体里程、高程和方位，若有偏差由起重船配合移动管体纠正。由有关部门按测量数据验收。

9）潜水员下水，放好楔块，封好进水口法兰板。水压试验。合格后，固定好两端端头，稳定管体，解除吊络。

(5) 基槽回填　试压验收合格后，两岸测量人员先行利用红外线测距仪定位，然后进行抛石回填（石料先行装船准备好，采用机械抛填）。抛填时，船上安排一名测量人员，岸上两边各一名测量人员，船上测量人员根据岸上测量人员提供的数据，进行指挥抛石船的抛填方位，保证将石料准确回填到基槽、管顶及管道周围，达到设计的要求。

沉管的整个施工技术难度高，重点在于各个工种的配合作业和统一指挥、协调作业。在施工过程中，施工单位要密切关注河流水位的变化，对比河流设计时的水深和实际施工时的水深，考虑吊船的吃水深度，合理论证是否需要进行船位的开挖。沉管时机的选择也至关重要，宜选择在高平潮时进行。沉管完成后及运行期必须保证沉管管道内处于满水状态，禁止抽排管道中的水体，防止浮管。

水下沉管施工不需搭拆围堰，节省了搭拆围堰的施工工期，同时减少了对水体的污染，避免了围堰施工受水位影响的不利因素，降低了工程造价，比围堰施工更文明、更环保、更经济、更安全。

四、检查井的施工技术

（一）检查井的形式及作用

为便于管渠系统作定期检查、清通和其他特殊检查及检修功能而设置的井统称为检查井。

1）按使用条件分：圆形井、矩形井、扇形井、小方井、跌落井、闸槽井、沉泥井、耐腐蚀井。

2）按采用材料分：有砖砌井和钢筋混凝土井两种。

3）按使用功能分：普通检查井、跌水井、换气井、水封井。

（二）检查井施工技术

1. 施工准备

1）明挖管道铺设接口强度达到设计强度80%。

2）选定好砂、石子、水泥、砖、钢筋等原材料，送样到试验室作原材料试验，依据图样要求进行试配，现场按照试验室提供的配合比根据现场砂石含水量确定施工配合比。

2. 施工方法

（1）检查井砌筑

1）井底基础与管道基础同时浇筑。流槽一定与检查井壁同时砌筑。

2）砌筑井室，用水冲净基础后，先铺一层砂浆，再压砖砌筑，做到满铺满挤，砖与砖间灰缝保持1cm。

3）与检查井连接的所有管道端头，要经过凿毛处理并要清理干净，保证管道与检查井井壁结合牢固。

4）砂浆拌和均匀，保证砌筑砖含水量为10%~15%，砌体不得有竖向通缝，必须为上、下错缝，内外搭接。

5）砖砌圆形检查井时，随时检测直径尺寸，当需要收口时，如为四面收进，则每次收进不大于30mm；如为三面收进，则每次收进不大于50mm。

6）检查井接入圆管的管口应与井内壁平齐，当接入管径大于300mm时，砌砖圈加固。

7）砌筑井内踏步时，随砌随安，位置正确。砌筑检查井的预留支线时，随砌随安，预留管的直径、方向、高程符合设计要求，管与井壁衔接处严密不得漏水。

8）检查井用预制装配式构件施工时，企口坐浆与竖缝灌浆应饱满，装配后的砂浆凝结硬化期间应加强养护，并不得受外力碰撞或振动。

9）检查井砌筑或安装至规定高程后，及时浇筑或安装井圈，盖好井盖。

（2）检查井钢筋混凝土施工

1）模板施工。模板使用木模。模板拼装前先进行试拼，保证模板结构尺寸正确。模板安装加固保证模板结构的强度、刚度和稳定性。混凝土浇筑时，设专业工人值班，以保证模板不损坏。模板的安装应拼缝严密不得漏浆；与混凝土接触面无污物、钉子、裂缝或其他损伤；模板不得与钢筋和脚手架发生关系。拆除模板不得借助于锤凿或硬撬；拆除时间保证不小于24h。

2）钢筋施工。钢筋加工前根据图样和标准图集，对应现场检查井的深度，正确制作出钢筋下料单。钢筋批量加工前先进行试加工，保证钢筋形状尺寸正确，以免造成大量返工和不必要的损失。钢筋构件半成品分类放置，挂牌标出井的型号、所用部位和管段井号等。钢筋的绑扎与安装保证钢筋的规格型号、形状、尺寸、位置和间距正确。

3）混凝土施工。要在混凝土的拌制、运输、浇筑和振捣这四个方面加以管控。

3. 检查井及周围回填前必须符合的规定

1）井壁的勾缝、抹面和防渗层应符合质量要求。

2）井壁高程的允许偏差为±5mm。

3）井壁同管道连接处应采用水泥砂浆填实、严密，不得漏水。

4）检查井施工允许偏差见表 11-10。

表 11-10　检查井允许偏差　（单位：mm）

项　　目		允许偏差
井身尺寸	长度、宽度	±20
	直径	±20
井盖与路面高程差	非路面	±20
	路面	±5
井底高程	$D \leqslant 1000$	±10
	$D > 1000$	±15

4. 检查井施工质量的控制

检查井施工质量的控制的关键点：①施工排水；②基础施工；③井体砌筑；④检查井周的回填土。

5. 检查井施工的注意事项

（1）严格控制检查井的高程　检查井所在位置的标高应与道路的竖向标高、横坡相协调，避免出现高差。在进行沥青摊铺前，要严格控制检查井的高程，放线时要同时满足道路的纵坡、横坡，为此可采用十字线精确定位。检查井井框高程应顺道路纵、横坡 4 个方向测定，以免形成单侧高出路面。一般来讲，在施工中高程差比较容易控制，但在施工后却难以保持，因此必须保证井框与其底部结构筑实，防止变形。摊铺沥青时，及时调整摊铺厚度，使检查井与路面平顺衔接，路面与井框接顺高差不得超过 5mm。

（2）改进井身的施工方法　由于道路施工是以大型机械施工为主，为了提高机械施工效率，井壁在升高至路基顶高以后，应与道路基层和面层的施工同步进行，逐层加高。施工至最终的面层时，再进行井圈、井盖安装，以保证井盖周围的沥青混凝土能够与主路路面成为整体，保证压实效果，井圈安装时，砂浆要采用高强度等级砂浆。

（3）井盖安装与井圈加固的施工方法　井圈加固及井盖安装应在沥青面层施工前进行；根据加固井圈设计要求，确定检查井砌筑高度；制作牢固、适用的圆形井口模板；井框、井盖配套使用；混凝土浇筑前应用水冲洗并充分湿润基槽；混凝土应养护 7 天以上，养护期间严禁碾压。

（4）提高井壁周围回填质量　改善井周回填材料，加大井周回填密实度，对减少检查井沉降有直接作用。近几年的道路施工中，设计单位采用在检查井周围加设钢筋网加固，检查井周围 40cm 范围内以灰土回填等方法防止沉降，效果很好。

（5）加强施工管理　检查井砌筑时应选用技术素质好且责任心强的工人施工，并在施工前做好技术交底与培训，使之建立较强的质量意识，了解技术要求、标准和规范，并做好施工记录，与管理者建立质量责任制。

五、管道避让措施

城市排水管道的新建及改建过程中，往往会出现排水管道与先行建成的各类专业管

(道) 相互交叉的问题，这是排水管道工程施工中必须面对的一个较为棘手的问题。本节通过一些市政道路排水管道施工实践，结合相关设计、施工规范，归纳了排水管道施工中与其他管道（线）交叉时存在的问题及可行的处理措施。

排水管道与其他管线交叉冲突时的处理措施：

(1) 消除高程冲突　在新建排水管道与其他管道（线）交叉并有高程冲突时，应按照规范要求，在投资、工期、管顶覆土厚度、工作面大小允许的情况下，尽可能对其他管道（线）进行迁移，在排水管的上（下）方经过，消除高程冲突，满足排水管道的施工空间。

(2) 技术处理　对不能迁移的交叉管线进行必要的技术处理，特别是交叉并有高程冲突时不允许管线直接穿过排水管道，否则将破坏排水管道的整体性与密闭性，影响管道的使用寿命，造成污水、雨水泄漏，污染地下水，影响路基的稳定性和使排水管道的过水能力大为降低。

1) 在对管道交叉进行必要的处理时，要尽量保证或改善排水管道的水力条件，处理的基本原则是：

① 应遵循设计，按设计图样及有关规范进行施工。

② 管道交叉处理要尽量满足其最小净距。

③ 有压管道让无压管道。

④ 雨水管道让污水管道。

⑤ 支管避让干线管。

⑥ 小口径管避让大口径管。

⑦ 可弯曲管道让不可弯曲管道。

⑧ 临时管道让永久管道。

⑨ 尽可能减少开挖工作面和填挖土方量，降低造价，保证工期。

⑩ 应联系有关管道（线）主管部门，取得同意和协助。

2) 新建排水管道与其他管道（线）交叉，高程未发生冲突的处理措施如下：

① 新建排水管道在下，其他管线在上，通常采用槽底砌砖墩的方法对上面管线进行保护。当上面管线较多，且管径较大，采用开槽施工填挖土方过大，且对已建管道保护有困难时，宜采用顶管法施工排水管道。

② 新建排水管道在上，其他管线在下时。应先测算上、下管道之间间距和交叉处的槽底地基承载力，如果满足设计和规范要求，上方排水管道可直接施工，否则须进行必要的处理，通常做法是将两者之间的原状土全部挖除，填充中砂并振动压实后再施工上面的排水管道，必要时还可在排水管道的管基下增设保护垫层。

3) 新建排水管道与其他管道（线）交叉，高程发生冲突的处理措施如下：

① 多孔法。在管底设计标高不变的情况下，可采用较小管径的双（多）孔管道替代原设计排水管道，达到降低管顶标高要求，保证其他管线从上面通过。一般情况下。替代孔数应小于四孔，管径应大于 300mm。根据实践经验，如果替代管材采用高密度聚乙烯双壁波纹管实际过水效果更好。

② 暗渠法。采用现场浇筑制作矩形钢筋混凝土暗渠的施工方式进行施工。现场可根据交叉管线侵占过水断面的尺寸和排水管道流量、流速来确定暗渠顶板高程和横截面加宽尺

寸，以保证其他管线不直接穿越和排水管道的水力条件。

③ 倒虹管法。当排水管道与其他管线的高程冲突严重，不能按原高程径直通过时宜采用此法，铺设时应尽可能与障碍管线轴线垂直且上行、下行斜管与水平管的交角一般应小于30°。因该法易引起淤塞，须建造进、出水井。进水井应设置事故排出口，其前的检查井应设沉泥槽，另外当管内设计流速不能达到0.9m/s，则建成使用后应定期对倒虹管冲洗，冲洗流速不小于1.2m/s。

④ 检查井法。当排水管道和其他管线直接相交不可避免的情况下，如果穿越管线管径较小，可用检查井法解决。排水管道断开后用检查井相连，其他管线则加套管保护后按原高程从井内穿过。

4）在实际施工中，几种处理方法的具体运用见表11-11。

表11-11　管道交叉的处理方法

交叉位置	其他管线占排水管道内径	处理方法	其他处理措施
排水管线上、中、下部	<1/5D	检查井法	井底设置导流槽或沉泥槽
排水管线上、中部	>1/5D	暗渠法、双(多)孔法 结合HDPE管材	
排水管线中、下部	>1/5D,<1/3D	检查井法	检查井加宽、井底做沉泥槽
排水管线中、下部	>1/3D	倒虹吸法	进、出水井、沉泥槽

这几种处理措施，可根据施工现场的实际情况单独或组合使用。为了在市政管线建设中尽量避免高程冲突，提出以下几点建议：

① 设计单位应尽量掌握工程施工范围内各种管线的埋设情况，并据此对排水管道进行合理的设计。

② 切实加强城市综合管线的规划工作，合理规划与分配地下空间，并严格按规划实施。

第四节　轨道交通工程技术

轨道交通工程施工方法的选择受到建（构）筑物、道路、管线、城市交通、环境保护、地质条件、施工机具以及资金条件等因素的影响。随着城市轨道交通的快速发展，轨道交通施工遇到许多新问题需要新技术进行解决。下面介绍的几种轨道交通工程新技术，是对传统施工技术的有效补充也是今后地铁施工技术的发展趋势。

一、预制装配式地铁车站

城市地铁因其准时快速、安全舒适成为百姓出行的首选，在城市公共交通方面发挥着越来越大的作用。然而，在地铁的施工过程中，地铁建设会对地面交通产生较大的影响。预制装配式地铁车站具有施工速度快、占地少、节省劳动力、低碳环保等优点。

（一）装配式地铁车站的结构形式

（1）预制装配式单拱结构　俄罗斯利用单拱结构的基本原理和特点，修建了第一座地铁双层换乘枢纽奥林匹克站，车站整体结构形式为装配式层间楼板单拱结构（图 11-24），该车站的顶底板均为单拱结构，能够产生较大的侧向推力来平衡地下连续墙所受的主动土压力，构件之间采用错缝拼接以增强整体结构的稳定性，车站所有构件均为预制。

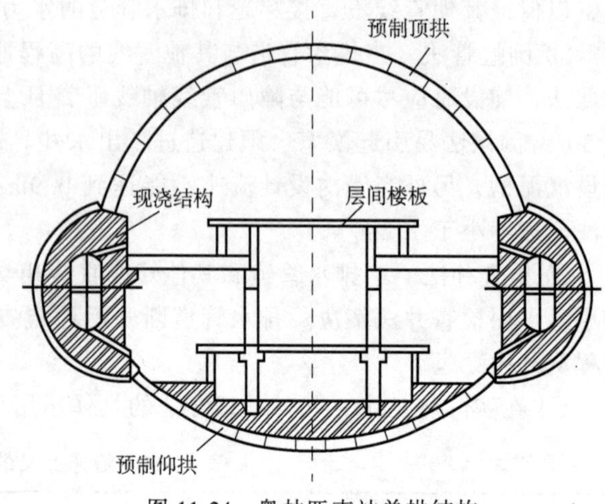

图 11-24　奥林匹克站单拱结构

(2) 预制装配式矩形结构　该结构适用于无水地层或降水的放坡开挖基坑和工字钢加木衬板围护的基坑工程，底板为现浇混凝土，其余为预制结构。长春地铁 2 号线有 5 座车站采用了预制单跨箱形装配式结构，顶板采用拱形，整个结构分为顶板、底板、侧壁共 7 个预制构件。

（二）装配式地铁车站的优点

1）装配式车站较普通明挖车站现浇混凝土结构施工速度快，节省占道时间。

2）我国北方地区寒冷天气持续时间长，施工现场难以保证混凝土施工质量，而预制构件在工厂内浇筑成型并养护，能有效保证构件质量。

3）现场材料堆放、加工厂区占地面积小，降低对周边环境的影响。

4）预制装配式结构在现场混凝土施工量小，无须采用大面积保暖措施，有效地保证冬季施工质量。

5）构件及材料实行工厂化生产，有利于应用成套机械设备进行标准化生产，节省劳动力，节约材料消耗，减少建筑垃圾，具有绿色、环保、节能的特点，工厂化生产也改善了工人作业环境，降低了安全风险。

（三）装配式地铁车站目前存在主要问题

1）对于地下装配式结构的防水和抗震方面需要研究，缺少对相关接头构造形式和防水方案的模型试验，缺乏相关试验数据，还需要加强抗震方面的研究，分析装配式结构在地震作用下的力学特性。

2）预制装配式地铁车站的拼装需要较大的操作空间，不能采用常规的基坑内支撑形式，这对基坑安全提出了严峻的考验，在富水软弱地质条件下的适用性较差。

（四）预制装配式车站施工工艺及施工流程

基底垫层施工→底板预制构件拼装→侧墙预制构件拼装→顶板预制构件拼装→基底填充注浆→榫槽注浆→壁后混凝土回填→顶板涂料防水及土方回填共 9 道工序。其中预制构件拼装为主工序，其余为辅助工序。顶板拼装采用研制的专用拼装台车进行，定位精准且操作简单易行。整个拼装过程中，底板可以紧跟基坑连续安装，侧墙预制构件安装时可比顶板超前 3 块，整个过程形成台阶式流水，极大地提高了拼装速度。

二、异形断面盾构技术

1865 年首次采用圆形盾构建造隧道以来，传统的盾构多以圆形断面为主，这是因为圆形隧道衬砌结构具有受力均匀、内力较小、设备制造简单、推进轴线容易控制、施工方便等优点，在地下隧道技术领域占有主导地位。圆形隧道的施工性能较好，故在此后的100多年内几乎所有的盾构隧道断面全部采用圆形。

随着地下空间的不断深入开发和利用，人们对隧道功能提出了新的要求和隧道断面的多样化需求。但是，人们发现利用圆形盾构掘进机加工异形断面隧道如矩形、椭圆形、马蹄形、双圆形和多圆形等时，往往会造成断面利用率低、浪费空间等弊端。而采用异形断面更为合理，可减少开挖面积、减少切削土量、渣土处理量和回填土量，从而提高效率和空间利用率，降低造价，使隧道施工技术更趋先进。

（一）异形断面盾构分类

按照施工原理和构造的不同，异形断面盾构可分为以下几类。

（1）自由断面盾构法　自由断面盾构法就是在一个普通圆形盾构主刀盘的外侧设置数个规模比主刀盘小的行星刀盘。随主刀盘的旋转，行星刀盘在外围作自转的同时绕主刀盘公转，行星刀盘公转的轨道由行星刀盘扇动臂的扇动角度确定。通过对行星刀盘扇动臂的调节可开挖各种非圆形断面的隧道。也就是说，通过对行星刀盘公转轨道的设计可选择如矩形、椭圆形、马蹄形、卵形等非圆形断面。此盾构法尤其适用于地下空间受限制如穿梭于既有管线和水道之间的中小型隧道工程。

（2）偏心多轴盾构法　偏心多轴盾构采用多根主轴，垂直于主轴方向固定一组曲柄轴，在曲柄轴上再安装刀架。运转主轴刀架将在同一平面内作圆弧运动，被开挖的断面接近于刀架的形状。因此，可根据隧道断面形状要求设计刀架是矩形、圆形、圆环形、椭圆形或马蹄形，如图11-25所示。

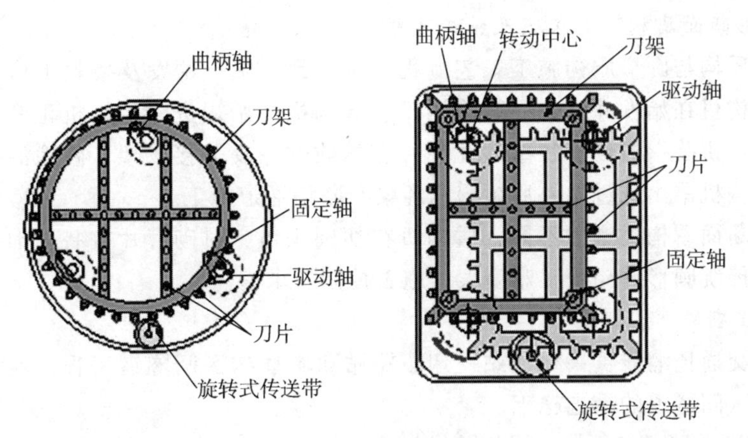

图11-25　偏心盾构原理示意图

（3）MF盾构法　MF盾构由多个圆形断面的一部分错位重合而成，可同时开挖多个圆形断面的盾构法。隧道有效面积较开挖面积相等的单圆断面而言要大，是一种较为经济合理的断面形式。两个或多个大小不同的圆形断面通过一定规则的叠合可提供任意断面形式的隧道，在隧道线路规划时对线形的选择有更多的灵活性。上下空间受限制的情况下则可选择横向叠合式。MF盾构法更适用于地铁车站，共同沟和地下停车场等大断面隧道的开挖。

（4）H&V盾构法　H&V盾构法是将几个圆形断面根据需要进行组合，以开挖多种隧道断面形式的一种特殊施工方法。H&V 盾构法可同时开挖多条隧道，推进方式有像绳子一样互相纠缠在一起的螺旋式推进和让其中的某一个断面从中独立出去的分叉式推进两种方式。可根据隧道的施工条件和用途，在地下自由的掘进和改变隧道断面形式和走向。其施工原理主要是采用了一种叉式铰接改向装置。这种装置可使盾构体前端各自沿着相反的方向旋转，以改变盾构的推进方向。利用这种铰接装置可使盾构机产生转动力矩，达到螺旋式推进的目的。

（5）球体盾构法　球体盾构是利用球体本身可自由旋转的特点，将一球体内藏于先行主机盾构的内部，在球体内部又设计一个后续次级盾构。先行盾构完成前期开挖后，利用球体的旋转改变隧道的推进方向，进行后期隧道的开挖。改向后盾构机刀具交换和维修非常方便。

（6）局部扩大盾构法　局部扩大盾构法就是在隧道的任意位置对局部断面进行扩大的一种施工方法。

1）正常段施工：首先进行等断面正常段隧道的施工，在局部断面扩大部分设置特殊管片，在正常段和特殊段管片之间同时设置导向环。

2）圆周盾构反力支墩施工：拆除特殊段下部的预制扇形衬砌块，设置围护结构后进行土体开挖，必要时可对局部土体进行加固，浇筑圆周盾构掘进时的反力支墩。

3）扩大部盾构的反力承台制作：在扩大部基础内的导向环片上安装圆周盾构后，边掘进边拼装圆周管片，最后形成扩大部盾构的反力承台（始发基地）。

4）扩大部盾构安装和掘进：在始发基地内安装扩大部盾构，进行扩大部隧道的开挖。

（二）异形断面盾构施工工艺及施工流程

异形断面盾构与圆形盾构施工工艺流程基本一致：施工始发及接收工作井→安装反力架及托架、盾构机在始发井就位→破除洞门、盾构机开始掘进→盾构机正常掘进、螺旋机出土→衬砌管片拼装→衬砌管片壁后注浆→在接收井内安装接收架、破除洞门→盾构机进入接收井→盾构机吊出或过站→后续洞门环梁及联络通道施工。

根据异形断面盾构类型的不同，盾构机在切削土体、衬砌管片拼装、轴线控制等方面不尽相同，比传统圆形盾构施工难度大、施工控制要求高。

（三）工程应用

上海轨道交通杨浦线黄兴绿地站—翔殷路站双圆盾构区间隧道工程，就是采用双圆盾构工艺来完成区间隧道的掘进施工。

（1）盾构机类型　工程掘进采用的是一台 ϕ6520mm×11120mm（外径×宽度）的双圆加泥式土压平衡盾构机，如图 11-26 所示。双圆盾构机是将以往采用的单圆形加泥式土压平衡盾构按左右、上下组合起来的盾构形式，能将双圆隧道断面一次构筑成型。结构上，刀盘以辐条（加劲肋）形为基本结构，由于二刀盘配置在同一平面上，为防止刀盘间冲突，采用同步控制装置控制刀盘旋转速度，并装备了拼装多联型管片的拼装机和管片提升上顶装置。

（2）隧道衬砌形式　隧道衬砌采用预制钢筋混凝土管片，错缝拼装；管片纵、环向连接采用球墨铸铁预埋手孔结合短螺栓（M27 螺栓）形式；每环由圆形管片 A（8 块）、大海鸥形管片 B（1 块）、小海鸥形管片 C（1 块）及柱形管片 D（1 块）共 11 块管片构

图 11-26　双圆盾构机

成，管片厚度为 300mm，环宽 1200mm，接缝防水均采用遇水膨胀橡胶止水条，如图 11-27 所示。

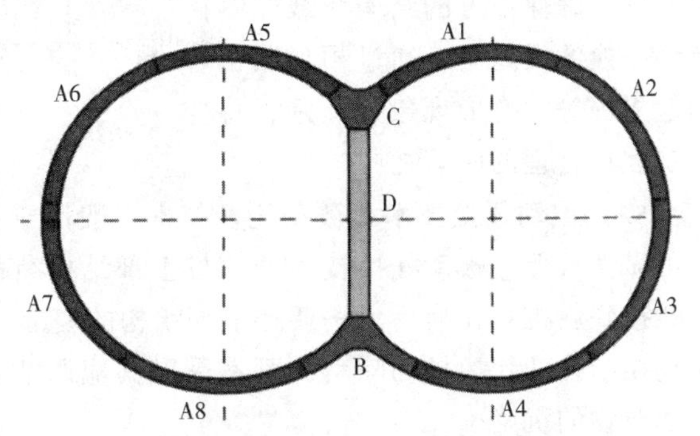

图 11-27　双圆盾构隧道衬砌设计

(3) 施工关键技术　该工程从双圆盾构轴线控制、出进洞、管片拼装、地层变形控制等方面着手，取得了理想的效果，如图 11-28 所示。双圆盾构区间隧道的顺利贯通，填补了我国施工双圆隧道的空白，形成了一套较为完整的双圆盾构施工工艺，为今后双圆盾构工法的全面推广应用奠定了扎实的基础。

图 11-28　隧道成型及盾构始发实景

三、桩基托换技术

地下交通线路的布置在原则上尽量避免对地上建筑物的影响，但实际上总会有部分隧道要从现有建筑物下面或相邻通过，很难避免对其的影响。桩基托换技术一般用于建筑物地下基础改造，是进行地基处理和加固的一种方式，它主要解决既有建筑物的地基加固问题。

(一) 桩基托换技术原理

桩基托换技术的核心是已建成建筑物中的桩和新建桩基间的荷载传递，在托换施工过程中，结构变形限制在设计允许的范围。当前我国的该项技术有两类：

（1）主动托换技术 主动托换的结构变形控制更主动。主动托换技术是施工前，运用顶升装置动态调整上部荷载及变形，对新建桩和托换体系施加荷载，部分消除已建成建筑物结构长期变形的效应，如图 11-29 所示。托换建筑物的托换荷载大、变形控制要求严格，被托换桩随托换梁一起上升，确保上方的结构荷载能够传递到托换的梁之中，通过预加载，合理地将桩等的变形现象处理好，将变形掌控在合理的区间之中。

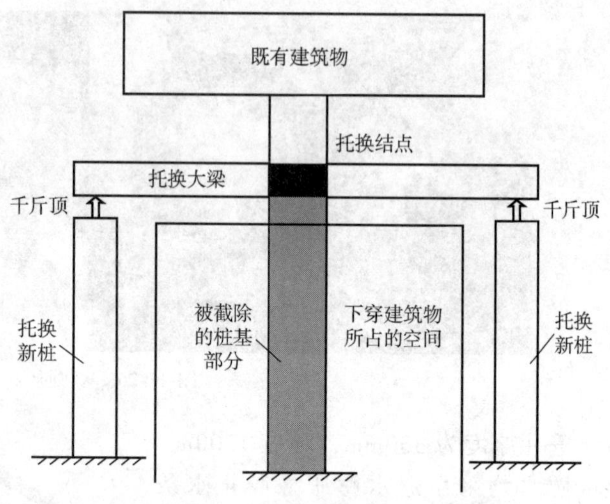

图 11-29 主动托换结构体系示意图

（2）被动托换技术 被动托换技术一般用于托换结构荷载较小的建筑物，在施工安全上可靠性较低。被动托换技术的原桩上部结构荷载在施工过程中，随托换结构的变形被动地转换到新桩，托换后无法调控上部结构的变形。当托换建筑物荷载小、变形要求不高时，在托换结构的托换桩切除后，可不采取其他调节变形，由托换结构承受变形的能力控制上部建筑物的沉降。

（二）桩基托换施工工艺流程

（1）主动托换 基坑开挖→施工托换桩（人工挖孔桩）及预顶承台→在被托换桩上植筋、进行界面处理→绑扎托换梁钢筋→浇筑托换梁→预顶→浇筑托换桩和托换梁之间的微膨胀混凝土→截除旧桩→后续结构施工。

（2）被动托换 基坑开挖→施工托换桩（人工挖孔桩）→在被托换桩上植筋、进行界面处理→绑扎托换梁钢筋→浇筑托换梁→截除旧桩→后续结构施工。

（三）托换施工关键工作

（1）既有桩体植筋 既有桩体植筋的技术性较强，托换过程中托换梁与既有桩能否有效连接是受力体系能否有效转换的关键，因此除了对连接面进行锯齿性凿毛处理和加微膨胀混凝土外，采取植筋处理方案，对受力要求较高的，还需要对托换梁施加预应力。

（2）千斤顶顶升 按“等变形、等荷载”的原则进行加载。在顶升过程中，对托换桩、托换梁、建筑物及其基础等进行监测，重点是沉降、应力、裂缝、变形和桩顶横向位移，确保荷载转换安全有效。

（3）托换梁与托换桩节点连接 在梁底和桩顶的混凝土表面涂抹环氧乳液水泥浆界面处理剂；把托换梁与托换桩各自预埋、预留的钢筋施焊连接起来。灌注微膨胀混凝土做整体式支垫，把托换梁和托换桩连接成整体。

四、预埋及锌镍渗层防腐技术

轨道交通工程建设中，后期设备、设施、构件安装的施工过程，对已施工的隧道土建结构破坏现象十分严重，部分零部件锈蚀，致使影响工程使用寿命，也增加了日常营运维修难度和成本。

（一）预埋技术

（1）哈芬槽、华盾槽、天盾槽预埋技术 哈芬槽预埋技术20世纪初源于德国，是随着混凝土工程的快速发展而研发应用的一种预埋件技术，广泛应用于隧道、桥梁工程等钢筋混凝土结构。在轨道交通工程中是接触网、通信信号及电力设备等固定安装的最佳选择，哈芬槽也适用于所有会发生动态承载的固定装置中，如起重轨或机械固定装置。哈芬槽是一种适用于各类混凝土构筑物的预埋装置，其基本工作原理是先将U形槽钢预埋于混凝土中，再将T形螺栓的大头扣进U形槽中，再将要安装固定的设备构件用T形螺栓固定，如图11-30所示。国内研发生产的哈芬槽同类产品有华盾槽、天盾槽等。

图11-30 哈芬槽构件及运用哈芬槽预埋技术的管廊

哈芬槽应用于地铁隧道各种设备安装时，具有以下显著优点：

1）对隧道结构零损伤，避免打孔作业导致结构破坏、开裂、渗漏水，可有效延长工程使用寿命。

2）虽然预埋件一次性投入成本费用增加，但从长远看降低了设备的运营维护费用，设备安装及维护总体成本降低。

3）安装作业环境大大改善，作业人员的身体健康得到保障，设备安装效率显著提高，平均每10km可缩短工期1个月。

4）有利于优化管线布置，便于在运营期更换及增加各种设备。

（2）绝缘尼龙套管预埋技术 绝缘尼龙套管预埋技术是为了便于各类设备安装时管子穿过砖墙、混凝土梁、混凝土墙等构件，在混凝土浇筑时以预埋套管的形式在混凝土构件上预留孔洞，如图11-31所示。该技术适用于人防、地下工程、化工、钢铁、自来水污水处理等管路穿墙壁要求严密防水之处，也可适用于地铁盾构区间。

图11-31 尼龙套管应用于盾构管片

尼龙套管的优点有：安全可靠、耐腐蚀、抗老化；节省投资、节省工期；避免杂散电流对其他地下金属结构的电化学腐蚀。缺点是安装精度难控，需要精细化设计、精细化施工。

（二）锌镍渗层防腐技术

地铁设备及安装部件腐蚀现象严重。在地铁运营系统设备中，有大量钢铁材质的零部件、设备部件、紧固件，这些设备部件和紧固件，由于应用环境条件特殊，会出现严重的氧化锈蚀现象，对设备的正常使用会产生不良影响，同时也造成了诸多设备的安全隐患。

锌镍渗层防腐技术是一种化学热处理技术，该技术是在渗锌技术的基础上，为增强渗层的耐磨性和防腐蚀性，在配方中添加镍、铝而发展起来的黑色金属防腐技术。该技术的原理是：在一定温度条件下钢铁件与锌、铝、镍、稀土等多种元素充分接触加热，使锌、铝、镍等多元金属原子均匀扩散入钢铁制品表面，在制品表面形成锌、铝、镍、铁比例不同的金属间化合物——合金共渗层。它的电位低于铁高于锌，作为阳极保护层，其防腐寿命自然长于同样厚度的纯锌防腐层。锌镍渗层处理技术的各项物理和力学性能，如抗拉强度、屈服点、抗腐蚀性和表面硬度方面均优于不锈钢材料。工程实践证明，推广锌镍渗层防腐技术是解决地铁设备及安装部件腐蚀问题的有效应对措施，如图 11-32 所示。全面推广锌镍渗层防腐技术，预防设备及安装部件锈蚀，可有效降低营运成本，提高设备的完好率和安全性。

图 11-32　防腐对比（使用 5 年后：左边为热浸锌处理，右边是锌镍渗层）

五、盾构始发接收技术

在复杂地质条件下盾构的始发与接收是盾构法施工较突出的风险点。在拆除围护结构时，裸露的洞门易发生土体坍塌、涌水，导致端头地面沉降、坍塌，盾构破除加固区土体时易发生涌水、涌砂，危及隧道安全。通过对盾构工法原理与工况的深入认识、针对不同的地质与环境条件，采用适宜的技术方案和措施，加强技术管理、现场管理，盾构始发与接收的风险是可控的。下面介绍一些新型的始发与接收技术。

（一）钢套筒接收技术

盾构机接收辅助工法，即在盾构机到达端头加固不具备或未完全具备施工作业条件时，为有效地规避盾构机进站到达存在的安全隐患，采用盾构机站内钢套筒接收（洞门破除后安装）与端头地面素混凝土连续墙加固（密贴车站到达端围护结构地下连续墙）相结合的盾构机接收工法。

钢套筒接收的工艺流程：破除洞门→洞门处回填素混凝土→安装钢套筒→钢套筒填料、加压并封闭检测→刀盘碰连续墙→盾构机掘削通过素混凝土进入钢套筒→盾尾补充注浆→排空钢套筒内泥浆→打开加料孔试水→拆开钢套筒上半部→吊出盾构机。

（二）土中接收技术

在围护结构凿除完毕后，接收井内开始进行填土回水作业。填土采用人工配合挖机回填夯实，凿除的洞门圈底部回填一定高度的中砂，防止盾构机低头，填土完成后进行回水。盾构土中接收技术最大的优点是免去了复杂的洞门临时密封装置，保证了洞内外的压力平衡，为管片安装、同步注浆、渣土排放提供了有利条件，大大提高了盾构接收效率。

土中接收的工艺流程：浇筑挡墙及接收导台→破除洞门→接收井内填土回水→盾构机

掘削通过洞门进入接收井→盾尾补充注浆→抽排挖除接收井内水土→吊出盾构机。

（三）玻璃纤维筋应用于盾构出进洞

玻璃纤维筋在性能上基本与钢筋相似，与混凝土有很好的黏结性，同时又具有很高的抗拉强度和较低的抗剪强度，可被盾构机的刀盘切割破碎。采用玻璃纤维筋代替普通钢筋应用于地铁盾构井围护结构中，可避免人工凿除、切割盾构范围内支护桩，能有效提高盾构出进洞效率，不仅能提高工程的安全性，还能使经济效益达到最大化，如图 11-33 所示。

图 11-33 玻璃纤维筋原材及钢筋笼

六、自动化监测技术

目前地铁施工监测仍以人工监测为主。人工监测技术成熟，通用性好。但在现场监测工作的开展中，限于隧道内复杂的作业环境以及监测手段的局限性，监测工作存在一些障碍和困难，复杂恶劣环境下监测的准确性和稳定性难以保证，静态单点监测难以满足实时性和自动化要求，应急监测和抢险滞后性明显，监测作业集成化程度较低等。

相比于人工监测，自动化监测系统精度较高，且能够实现分布式连续监测，实时提供监测数据，提高了监测效率，减少监测人员的劳动强度，保证监测数据的准确性和及时性。能够对各类监测数据进行全天候不间断的跟踪，并自动与报警控制值对比分析，在监测值超过报警值的时候自动报警，及时提醒参建各方采取措施，并辅助工程人员做出合理的决策，使施工安全处于受控状态。

（一）自动化监测系统基本组成

地铁自动化监测系统由数据采集系统、无线传输系统、监测数据管理平台组成。按照监测数据管理的功能需求，监测数据管理平台包括监测数据分析功能模块、监测信息预警预报功能模块和工程资料管理功能模块。

数据采集系统由传感器、数据采集设备等组成，用于对现场监测数据的自动采集、存储和预处理。

无线传输系统由中继器、网关、无线数据采集装置和服务器组成，用于数据的远程无线控制并可在任何有网络的地方经授权后实时查看监测数据。

监测数据分析功能模块主要对获取的监测数据进行关联比较分析，绘制监测数据的历史曲线。通过分析监测项目变化值或变化速率，获得监测数据的状态信息，并自动生成专业的监测报表。

监测信息预警预报功能模块根据监测控制指标的不同，将预警分为三级来进行监测过程管理，并用不同的颜色将三级预警信息反映在GIS地理信息图上。当监测数据在预警阈值之外时，第一时间触发报警机制，通过短信、软件界面、邮件等终端发布预警信息。

（二）监测设备及应用

城市轨道交通工程的监测对象主要有基坑工程中的支护桩（墙）、支撑锚杆，隧道工程中的初期支护、临时支护、二次衬砌等，工程周围的岩土体、地下水及地表工程周边建筑物、地下管线、既有铁路线等。根据监测对象的不同，监测内容可分为变形监测、内力监测、地下水位监测等。根据监测类型分类，目前广泛使用的监测设备有：沉降类采用静力水准仪、固定倾斜仪、光纤等监测设备；水平位移类采用测量机器人；微距离变化类采用裂缝计、变位计等监测设备；应力应变类采用钢筋计、应变片等监测设备。

（1）静力水准仪　静力水准仪是一种精密液位测量系统，该系统设计用于测量多个测点的相对沉降。在使用中，一系列的传感器容器均采用通液管连接，每一容器的液位由一精密振弦式传感器测得，该传感器挂有一个浮筒，当容器液位发生变化时，浮筒所受到的浮力即被传感器感应。

（2）测量机器人　测量机器人又称自动全站仪，是一种集自动目标识别、自动照准、自动测角与测距、自动目标跟踪、自动记录于一体的测量平台。

（3）固定测斜仪　围护结构深层水平位移采用导轮式固定测斜仪进行监测。导轮式固定测斜仪是由一定数量安装在测斜管里的固定测斜仪传感器通过钢导线进行串联而成，主要布置在基坑周边的中部、阳角处、深度变化及有代表性的部位。

（4）电压式水位计　地下水位采用电压式水位计进行监测，电压式水位计能够直接测量各种环境下水位的变化。由于大气压的变化会影响测量结果，在实际中通常搭配气压补偿计使用，用以消除大气压对测量结果的影响，提高测量精度。

（5）支撑轴力计　支撑轴力的监测根据钢筋混凝土支撑和钢支撑各自的受力特点选取合适的振弦式传感器进行。轴力监测点布设在基坑中部、阳角部位、深度变化部位、支护结构受力条件复杂部位及在支撑系统中起控制作用的支撑部位。

参 考 文 献

[1] 柏昌利. 专业技术人员职业道德修养教程 [M]. 西安：电子科技大学出版社，2012.

[2] 刘杰，王要武. 中国建设教育发展年度报告（2016）[M]. 北京：中国建筑工业出版社，2017.

[3] 韩玉麒，余佳佳. 基于 SWOT 分析的建筑行业道德发展研究 [J]. 建筑工程技术与设计，2013（3）.

[4] 朱树英. 建筑工程施工转包违法分包等违法行为认定查处管理办法适用指南 [M]. 北京：法律出版社，2014.

[5] 吴静.《建设工程工程量清单计价规范》新旧版本对照与条文解读 [M]. 北京：中国建筑工业出版社，2013.

[6] 规范编制组. 2013 建设工程计价计量规范辅导 [M]. 北京：中国计划出版社，2013.

[7] 曹珊. 对新版《建设工程施工合同（示范文本）》的解读 [J]. 建筑时报，2017（11）.

[8] 何佰洲. 建设工程施工合同（示范文本）条文注释与应用指南 [M]. 北京：中国建筑工业出版社，2013.

[9] 周吉高. 建设工程施工合同（示范文本）应用指南与风险提示 [M]. 北京：中国法制出版社，2013.

[10] 蔡祥，者丽琼. 建筑施工企业亟需破解的七大新风险 [J]. 中国建筑装饰装修，2013（7）.

[11] 孙杰，何佰洲. 建设工程契约信用制度研究 [M]. 北京：人民邮电出版社，2011.

[12] 王勇，刘自信. 建筑业信用体系建设研究 [J]. 建材世界，2009，30（4）.

[13] 上海隧道工程股份有限公司. 装配式混凝土结构施工 [M]. 北京：中国建筑工业出版社，2016.

[14] 裔小秋. EPC 总承包模式下的业主合同管理研究与实践 [D]. 郑州：郑州大学，2016（11）.

[15] 郑意叶. 工程总承包项目管理研究 [D]. 上海：华东理工大学，2016（3）.

[16] 谢能榕. 施工总承包合同管理研究与实践 [D]. 重庆：重庆大学，2006（10）.

[17] 尹润坪. 基于工程总承包的招标投标模式研究 [D]. 沈阳：沈阳建筑大学，2012（6）.

[18] 广东省建设执业资格注册中心. 二级建造师继续教育必修课教材之三：上册，[M]. 北京：中国环境出版社，2016.

[19] 游浩. 项目经理专业与实操 [M]. 北京：中国建材工业出版社，2015.

[20] 全国一级建造师职业资格考试用书编写委员会. 市政公用工程管理与实务 [M]. 4 版. 北京：中国建筑工业出版社，2017.

[21] 权生智. “白加黑”市政道路改造施工控制要点探讨 [J]. 城市建筑，2013（20）.

[22] 中华人民共和国住房和城乡建设部. 城市桥梁桥面防水工程技术规程：CJJ 139—2010 [S]. 北京：中国建筑工业出版社，2010.

[23] 韦璐，扈惠敏. 路基路面工程 [M]. 武汉：武汉大学出版社，2015.

[24] 刘小利，焦如义. 钢质管道非开挖顶管技术与装备 [J]. 油气储运，2010，29（7）：553-556.

[25] 王鹏飞，孔祥利，赵新义，等. 大型钢管沉管施工技术分析 [J]. 浙江水利水电专科学校学报，2010，22（3）：34-37.

[26] 王吉云. 港珠澳大桥岛隧工程沉管隧道施工新技术 [J]. 地下工程与隧道，2011（1）.

[27] 姚怡文，蒋理华，范益群. 地下空间结构预制拼装技术综述 [J]. 城市道桥与防洪，2012（9）.

[28] 王德超，王国富，乔南，等. 预制装配式结构在地下工程中的应用及前景分析 [J]. 中国科技论文，2018（1）.

[29]　刘巍. 分析预埋件施工技术及锌镍渗层防腐技术在地铁工程中的应用 [J]. 建筑工程技术与设计, 2014 (36).
[30]　于博, 李维洲. 自动化监测技术在青岛地铁 13 号线施工中的应用 [J]. 筑路机械与施工机械化, 2017 (7).
[31]　彭翔. 浅析 FRP 复合材料在土木工程中的实践效果 [J]. 四川水泥, 2014 (11): 166.
[32]　朱晶晶. 高性能混凝土与发展研究 [J]. 现代商贸工业, 2011 (14).
[33]　褚海林. 复合材料在土木建筑基础结构中的应用发展研究 [A]. 建材与装饰, 2016 (11).
[34]　胡玉银. 超高层建筑施工 [M]. 北京: 中国建筑工业出版社, 2013.
[35]　钟善桐. 钢管混凝土结构 [M]. 北京: 清华大学出版社, 2013.